Anatomie der Haussäugetiere
Band I Bewegungsapparat

H. E. König ■ H.-G. Liebich

Zweite, überarbeitete und erweiterte Auflage

Anatomie der Haussäugetiere

Lehrbuch und Farbatlas für Studium und Praxis

in zwei Bänden:

Band I Bewegungsapparat
Band II Organe und Organsysteme

Herausgegeben von:

Horst Erich König, Wien
Hans-Georg Liebich, München

Unter Mitarbeit von:

H. Bragulla, Berlin
K.-D. Budras, Berlin
C. Ĉerveny, Brno
J. Maierl, München
Chr. Mülling, Berlin
S. Reese, München
J. Ruberte, Barcelona
J. Sautet, Toulouse

Anatomie der Haussäugetiere

Lehrbuch und Farbatlas für Studium und Praxis

Band I
Bewegungsapparat

Herausgegeben von:

Horst Erich König, Wien
Hans-Georg Liebich, München

Unter Mitarbeit von:

J. Maierl, München

Zweite, überarbeitete und erweiterte Auflage

Mit 402 Abbildungen, davon 269 in Farbe, und 39 Tabellen

Schattauer Stuttgart New York

Anschriften der Herausgeber:

Univ.-Prof. Dr. Dr. habil. Dr. h. c. Horst Erich König
Institut für Anatomie
Veterinärmedizinische Universität Wien
Veterinärplatz 1, A-1210 Wien

Univ.-Prof. Dr. Dr. h.c. mult. Hans-Georg Liebich
Institut für Tieranatomie
Ludwig-Maximilians-Universität München
Veterinärstraße 13, D-80539 München

Ein Titeldatensatz für diese Publikation ist bei
Der Deutschen Bibliothek erhältlich.

Internet http://www.schattauer.de
Printed in Germany

Layout: Bernd Burkart, Hans-Georg Liebich
Illustrationen: Frau Diplomtierärztin Mag.
Eva Polsterer-Heindl, A-2431 Enzersdorf/Fischa
Satz, Druck und Einband:
Mayr Miesbach, Druckerei und Verlag GmbH
Am Windfeld 15, D-83714 Miesbach

Gedruckt auf chlor- und säurefrei gebleichtem Papier.

ISBN 3-7945-2153-6

Vorwort zur zweiten Auflage

Das von den Herausgebern mit der ersten Auflage angestrebte Ziel, den Studierenden und den in der Klinik Tätigen ein modernes Lehrbuch der Anatomie der Haussäugetiere, eingebunden in den informativen Charakter eines Farbatlasses, an die Hand zu geben, hat sich uneingeschränkt bewährt. Nur so ist es verständlich, daß bereits im 3. Jahr nach der ersten eine zweite, überarbeitete und erweiterte Auflage erscheinen mußte.

Auch die Bemühungen, zukünftige Perspektiven einer länderübergreifenden Harmonisierung der tierärztlichen Ausbildung zu fördern, fanden die angestrebte internationale Resonanz. So wurden in jüngster Zeit die Übersetzungen in das Englische abgeschlossen, sowie die Übertragungen ins Portugisische, Tschechische und Slowakische mit Nachdruck begonnen.

In dieser zweiten Auflage wurde das bewährte Konzept einer didaktisch neukonzipierten Lehrbuch-Farbatlas-Kombination konsequent beibehalten und durch neue Abbildungen, kolorierte schematische Darstellungen und neue wissenschaftliche Erkenntnisse erweitert.

Hervorheben wollen wir, daß uns aus den Reihen der Studierenden zahlreiche Hinweise und Anregungen erreichten, die wir in dankenswerter Weise in diese Auflage mit aufnahmen. Frau cand. med. vet. Brigitte Haschek, Wien, sind wir in diesem Zusammenhang zu besonderem Dank verpflichtet. Großen Dank schulden wir auch Frau Diplomtierärztin Mag. Eva Polsterer-Heindl, die nicht nur einige schematische Darstellungen verbesserte und neue hinzufügte, sondern auch innovative Gedanken zur besseren Gestaltung didaktischer Einzelheiten einbrachte. Ein besonderer Dank gebührt Herrn em. o. Univ.-Prof. Dr. Hugo Burtscher, Wien, der mit viel Engagement und konstruktiver Kritik uns eine entscheidende Hilfe für die zweite Auflage war. Auch Herrn em. o. Univ. Prof. DDr. Dr. h.c. Oskar Schaller, Wien, danken wir für die kritische Durchsicht und seine nomenklatorischen Hinweise.

An herausragender Stelle sind wir Frau Christel Schura, München, für ihren engagierten Einsatz bei der Gestaltung des druckfertigen Computerlayouts und die zahlreichen Vorschläge zur Optimierung dieser Auflage mit großer Dankbarkeit verbunden. Ebenso danken wir Herrn Dr. R. Böhmisch, Frau Dr. Jutta Friker und Herrn Dr. S. Reese ebenso wie Frau Silvia Mitterer (alle München) für die hilfreichen Korrekturen und wertvollen Anregungen bei der Überarbeitung des Manuskripts.

Unser Dank gilt auch den Mitarbeitern der Schattauer GmbH, insbesondere Herrn Dieter Bergemann, der auch diese Auflage nachdrücklich unterstützte und erneut die großzügige Ausstattung förderte.

Wien und München
Sommer 2001

Horst Erich König
Hans-Georg Liebich

Vorwort zur ersten Auflage

Das Studium der Veterinärmedizin konfrontiert alle Studierende vom ersten Tag an bis zum Ende ihrer akademischen Ausbildung zur Tierärztin bzw. zum Tierarzt mit der »Anatomie«. Als eines der Grundlagenfächer prägt dieses Fachgebiet entscheidend den Einstieg in das angestrebte Berufsziel und trägt maßgeblich dazu bei, Wissen für die spätere Praxis zu vermitteln.

So erschien der langjährig vorgetragene Wunsch der Studierenden und von in der Klinik Tätigen nach einem zeitgemäßen Buch der Anatomie der Haussäugetiere berechtigt und veranlaßte die Herausgeber zu einem neuen Konzept. In diesem wurde versucht, den didaktischen Charakter eines Lehrbuches mit dem informativen Charakter eines Farbatlasses zu kombinieren. Dabei tragen moderne bildgebende Verfahren und zahlreiche neukonzipierte schematische Darstellungen wesentlich zur Veranschaulichung des anatomischen Wissensstoffs bei.

In den letzten fünfzig Jahren ist der Wissensstoff des Faches Veterinäranatomie nahezu unüberschaubar angewachsen. Vor allem vergleichend-anatomisches Detailwissen und fachspezifische Einzelheiten machen es daher heute den Studierenden nahezu unmöglich, zwischen wichtigen und unwichtigen Gegebenheiten für Studium und Praxis zu unterscheiden. Ihnen beim Verstehen, beim Erlernen und beim Selbststudium anatomischer Inhalte eine Hilfe zu sein, ist das angestrebte Ziel dieses Buches. So erschien es den Herausgebern im Hinblick auf den Umfang des zu erlernenden anatomischen Wissensstoffs als sinnvoll und zweckmäßig, die »Anatomie« in Band I »Bewegungsapparat« und Band II »Organe und Organsysteme« zu teilen.

Europaweit wird derzeit versucht, die Stundenzahl in den vorklinischen Fächern zu reduzieren. Diese Entwicklung wird aus einer Vielzahl von Gründen als ein Weg in die falsche Richtung gesehen. Hierbei wird u.a. völlig vernachlässigt, daß vorzugsweise im Fach Anatomie zukünftige Tierärztinnen und Tierärzte zusätzlich zu einem fundierten Wissen über den Körperbau auch erlernen, in größeren Zusammenhängen medizinisch-biologisch zu denken und sich in der Fachterminologie auszudrücken. So wurde mit dem Konzept dieses Buches auch versucht, dieser negativen Entwicklung durch Hervorhebung fächerübergreifender Ansätze entgegenzuwirken, ohne dabei anatomisches Basiswissen zu vernachlässigen.

Die Anatomie ist keine isolierte Wissenschaft. Deshalb wurde an geeigneter Stelle auf klinische Zusammenhänge hingewiesen, ebenso wie auf verwandte Wissensgebiete der mikroskopischen Anatomie, der Histologie, der Embryologie, oder der Physiologie.

Auf ein Literaturverzeichnis im Stil eines Nachschlagewerkes wurde bewußt verzichtet. Ein umfassendes Sachverzeichnis mit entsprechenden Hinweisen auf Textstellen und eine große Zahl von Tabellen unterstützen die Benutzung dieses Buches.

Die Beteiligung von Wissenschaftlern aus mehreren europäischen Universitäten und veterinärmedizinischen Hochschulen an diesem Lehrbuch soll ein erster Schritt zur Harmonisierung der Ausbildung im Fach Anatomie sein. Diese Entwicklung weist auf eine zukünftige Perspektive, sollte doch bei aller Bewahrung der Eigenständigkeit bestehender veterinärmedizinischer Ausbildungsstätten dem Studierenden fächer- und länderübergreifend in Zukunft die Möglichkeit eröffnet werden, sein Studium und seinen Beruf nach einem Ort seiner Wahl anzustreben.

Es ist uns ein großes Anliegen, all denen zu danken, die uns bei der Erstellung dieses Lehrbuches und Farbatlasses der Anatomie der Haussäugetiere geholfen haben.

In einer Morphologie spielen die Abbildungen eine zentrale Rolle, so daß an erster Stelle Frau Diplomtierärztin Magister Eva Polsterer als wissenschaftliche Zeichnerin ein besonderer Dank gebührt. Ihre Aufgabe bei der Erstellung der Zeichnungen beschränkte sich nicht nur auf wissenschaftliche Exaktheit und künstlerische Gestaltung, sie brachte vielmehr als Kollegin zusätzlich praxisbezogene Informationen in die Abbildungen ein, die vor allem für Studierende von besonderem Wert sind.

Bei den wenigen Abbildungen, die modifiziert aus bestehenden Veröffentlichungen umgezeichnet und ergänzt wurden, ist dieses an entsprechender Stelle vermerkt. Die Tabellen sind in Anlehnung an das »Lehrbuch der Veterinär-Anatomie« von T. Koch und R. Berg, Gustav Fischer Verlag, Jena, Stuttgart (1992), und K.-D. Budras, W. Fricke und R. Richter, Atlas der Anatomie des Hundes, Schlütersche Verlagsanstalt, Hannover (1996), wiedergegeben und erweitert.

Die meisten Abbildungen anatomischer Originalpräparate wurden von den Autoren einzelner Kapitel zur Verfügung gestellt. Zusätzliche wissenschaftliche Abbildungen lieferten uns:

Univ.-Ass. Dr. Sabine Breit, Univ.-Ass. Dr. K. Ganzberger, Ass.-Prof. Dr. W. Künzel, Dr. R. Macher und Univ.-Ass. Dr. A. Probst (Institut für Anatomie der Vet.-Med. Univ. Wien), Dr. Sybille Kneissl (Röntgenklinik der Vet.-Med. Univ. Wien, Vorstand o. Univ.-Prof. Dr. Elisabeth Mayrhofer) und Dr. Ana Carretero, Dr. Marc Navarro, Dr. Javier Perez (Universidad Autonoma de Barcelona).

Herr Dr. J. Maierl (Institut für Tieranatomie, München) fertigte von Originalpräparaten der Münchner Präparatesammlung ergänzend photographische Abbildungen zu den verschiedensten Kapiteln an, wofür wir ihm an dieser Stelle besonders danken. Herr Dr. Reese (Institut für Tieranatomie, München) sei für die Bildverarbeitung herzlicher Dank gesagt. Durch seine Hilfsbereitschaft und seine tatkräftige fachliche Unterstützung war es erst möglich geworden, die vom Verlag erwünschte digitale Bearbeitung sämtlicher Abbildungen und schematischer Darstellungen durchzuführen.

Für die Herstellung und Vorbereitung der anatomischen Präparate danken wir Herrn Präparatormeister H. Dier und Herrn Präparatormeister L. Hnilitza sowie den Herren L. Habeler, H. P. Jany und F. Lembacher (Institut für Anatomie der Vet.-Med. Univ. Wien).

Besonders herzlich sei Frau Maria Koch (Wien) für die in Wien erstellten Manuskriptarbeiten gedankt. Unser Dank gilt auch Frau Christel Schura (München), die durch ihre unermüdliche Mithilfe bei der Erstellung des druckfertigen Computerlayouts entscheidend zum Gelingen dieses Buches mit beitrug. Die stete Geduld und freundliche Hilfsbereitschaft dieser beiden Mitarbeiterinnen auch außerhalb der Dienstzeiten stellten die termingerechte Fertigstellung dieses Buches sicher. Durch ihre engagierte Mitarbeit bei der Umsetzung des Computerlayouts unterstützten uns auch die Herren Kollegen Dr. J. Horn und Dr. R. Böhmisch (Institut für Tieranatomie, München), denen an dieser Stelle ebenso unser herzlicher Dank gilt.

Die »Anatomie der Haussäugetiere« wäre ohne die großzügige Unterstützung und nachdrückliche Förderung durch die F. K. Schattauer-Verlagsgesellschaft nicht entstanden. So danken wir für die hervorragende Zusammenarbeit während der Planung und Entstehung dieses Buches den Mitarbeitern des Verlags Herrn K. Pracht und Herrn B. Burkart für die redaktionelle Betreuung und die Mithilfe bei der graphischen Gestaltung.

Zu besonderem Dank sind wir Herrn Dieter Bergemann verpflichtet, der mit persönlichem Engagement und Ideenreichtum entscheidende Impulse bei der Drucklegung dieses Buches gab und durch seine Fachkompetenz maßgeblich zur hervorragenden Ausstattung dieser »Anatomie« mit beitrug.

Wien und München
Herbst 1998

Horst Erich König
Hans-Georg Liebich

Autorenverzeichnis

Priv.-Doz. Dr. H. Bragulla
Freie Universität Berlin
Fachbereich Veterinärmedizin
Institut für Veterinär-Anatomie
Koserstraße 20, D-14195 Berlin

Prof. Dr. K.-D. Budras
Freie Universität Berlin
Fachbereich Veterinärmedizin
Institut für Veterinär-Anatomie
Koserstraße 20, D-14195 Berlin

Prof. MVDr. C. Ĉerveny, C. Sc.
Institut für Anatomie,
Histologie und Embryologie
Veterinär und Pharmazeutische Universität
Palackeho 1–3, CS-61242 Brno

Prof. Dr. Dr. habil. Dr. h.c. H. E. König
Institut für Anatomie
Veterinärmedizinische Universität Wien
Veterinärplatz 1, A-1210 Wien

Prof. Dr. Dr. h.c. mult. H.-G. Liebich
Institut für Tieranatomie
Ludwig-Maximilians-Universität München
Veterinärstraße 13, D-80539 München

Dr. J. Maierl
Institut für Tieranatomie
Ludwig-Maximilians-Universität München
Veterinärstraße 13, D-80539 München

Dr. Chr. Mülling
Freie Universität Berlin
Fachbereich Veterinärmedizin
Institut für Veterinär-Anatomie
Koserstraße 20, D-14195 Berlin

Dr. S. Reese
Institut für Tieranatomie
Ludwig-Maximilians-Universität München
Veterinärstraße 13, D-80539 München

Prof. Dr. J. Ruberte
Unidad de Anatomia y Embriologia
Departamento de Patologia y
Producciones Animales
Facultad de Veterinaria
Universidad Autonoma de Barcelona
E-08193 Bellaterra
Barcelona
Spanien

Prof. Dr. J. Sautet
Laboratoire d'Anatomie
Ecole Nationale Vétérinaire de Toulouse
23, Chemin des Capelles
F-31076 Toulouse Cedex
Frankreich

Abkürzungen

A., Aa.	Arteria, Arteriae
Art., Artt.	Articulatio, Articulationes
Flfr.	Fleischfresser
For., Forr.	Foramen, Foramina
Ggl., Ggll.	Ganglion, Ganglia
Gl., Gll.	Glandula, Glandulae
Hd.	Hund
Ktz.	Katze
Lc.	Lymphocentrum
Lig., Ligg.	Ligamentum, Ligamenta
Ln., Lnn.	Lymphonodus, Lymphonodi
M., Mm.	Musculus, Musculi
N., Nn.	Nervus, Nervi
Pfd.	Pferd
Proc., Procc.	Processus (Sing. u. Pl.)
R., Rr.	Ramus, Rami
Rec., Recc.	Recessus (Sing. u. Pl.)
Schw.	Schwein
V., Vv.	Vena, Venae
Wdk.	Wiederkäuer

ant.	anterior, -is
caud.	caudalis, -e
cran.	cranialis, -e
dext.	dexter, tra, trum
dist.	distalis, -e
dors.	dorsalis, -e
ext.	externus, a, um
inf.	inferior, a, um
int.	internus, a, um
lat.	lateralis, -e
med.	medialis, -e
post.	posterior, -is
prof.	profundus, a, um
prox.	proximalis, -e
sin.	sinister, tra, trum
sup.	superior, a, um
supf.	superficialis, -e
ventr.	ventralis, -e

Inhaltsverzeichnis

4 Hinter- oder Beckengliedmaßen (Membra pelvina) 203

H.-G. Liebich und H. E. König

Einführung

H.-G. Liebich und H.E. König

Die Anatomie ist die Wissenschaft, die sich als Teil der **Morphologie (Formenlehre)** mit dem Bau, der Form, der Lage und dem funktionellen Zusammenwirken der Körperkonstruktionen beschäftigt. »Anatomie« stammt aus dem Griechischen und bedeutet zergliedern. Auch heute ist das Zergliedern toter Tiere die wichtigste und effizienteste Methode, Anatomie zu erlernen und zu verstehen. Schon frühzeitig haben sich von der makroskopischen Anatomie die allgemeine Gewebelehre, die Histologie, einschließlich der mikroskopischen Anatomie sowie die Entwicklungslehre, die Embryologie, getrennt. Diese Trennung ist durch den ständig wachsenden Wissensstand des Gesamtfaches zu erklären. Dem Studierenden sollte hieraus der Zugang zum Wissensstoff erleichtert werden, wohlwissend, daß makroskopische und mikroskopische Anatomie im Zusammenhang mit der Embryologie eine untrennbare Einheit bilden.

Die **systematische Anatomie** beschäftigt sich mit »Systemen«, d. h. mit Strukturen und Organen, die eine gemeinsame Aufgabe erfüllen. So dienen beispielsweise die Organe des Atmungssystems dem Gasaustausch, die des Nervensystems der Informationsaufnahme, der Nachrichtenleitung, der Umschaltung von Impulsen und der Informationsantwort. Dabei werden Unterschiede zwischen einzelnen Tierarten deutlich, die miteinander verglichen werden, so daß aus veterinärmedizinischer Sicht eine »Systematische Anatomie« in der Lehre gleichzeitig auch eine vorzugsweise auf Haussäugetiere und Nutzgeflügel eingeschränkte **»Vergleichende Anatomie«** darstellt.

Von ausschlaggebender Bedeutung ist die Tatsache, daß der Lernende sich beim Studium der systematischen Anatomie ein fundiertes Grundwissen aneignen muß, aus dem er übergreifende Zusammenhänge in Hinblick auf die Struktur und die Funktion der Organsysteme des tierischen Körpers ableiten kann. Kenntnisse der systematischen Anatomie sind die essentielle Grundlage für die **»Topographische Anatomie«**, die sich vor allem mit Organen und Strukturen einzelner Körperregionen und deren funktionellem Zusammenwirken beschäftigt. Ohne profunde Kenntnisse der systematischen Anatomie ist das Betreiben einer topographischen Anatomie nicht möglich. Systematische und topographische Anatomie als Ganzes sollen schlußendlich den Grundstein für klinisches Handeln legen.

Neue Untersuchungstechniken wie Ultraschall, Computertomographie und Magnetresonanztomographie fordern in diesem Zusammenhang immer mehr topographisch-anatomische Kenntnisse, die anhand von Schnitten gewonnen werden können. **»Schnittanatomie«** gehört daher heute in jedes Lehrbuch und sollte in keinem Lehrplan fehlen.

Im vorliegenden Lehrbuch wurde in Hinblick auf die Stoffülle und aufgrund der Tatsache, daß in der Praxis individuelle Behandlungen vor allem an Fleischfressern und Pferden ausgeführt werden, auf eine detaillierte Beschreibung bei Schwein und Wiederkäuer bis auf einige wichtige Kapitel bewußt verzichtet. Weitergehende Kenntnisse können in umfassenderen Lehrbüchern der Anatomie studiert und vertieft werden.

Im Kapitel »Kreislauf« wurde besonderer Wert auf die Hauptbahnen der Gefäße gelegt, Beschreibungen des Verlaufs sämtlicher Äste bis zu den kleinsten Abzweigungen wurden bewußt weggelassen (siehe Band II).

Die Venen wurden in Richtung des Blutflusses beschrieben. Veraltete Beschreibungen dieser Gefäße in retrograder Richtung führen bei den Studierenden zu Mißverständnissen, da sie die Richtung der Venenklappen, die intravenösen Injektionen sowie die Stauung der Venen im proximalen Abschnitt der entsprechenden Region nicht verstehen können (siehe Band II).

Bei der Beschreibung des Nervensystems wurde auf tierartliche Unterschiede weitgehend verzichtet, da sie weder für das Studium noch für die Praxis von besonderer Relevanz sind. Auch hier wurde nur auf wichtige Strukturen Wert gelegt (siehe Band II). Einzelheiten bleiben der Spezialliteratur vorbehalten.

In der Anatomie muß sich sowohl der Lernende als auch der Lehrende präzise und unmißverständlich ausdrücken. Seit 1968 ist eine international akzeptierte Nomenklatur gültig, die **Nomina Anatomica Veterinaria (NAV),** die auf lateinischen Bezeichnungen basiert. Im vorliegenden Buch wurden die Termini technici der 4. Auflage (1994) verwendet.

Für Studierende ist es zweckmäßig, sich vor allem auch die deutschen Namen einzuprägen, da diese oftmals eine höhere Aussagekraft beinhalten als die Bezeichnungen der NAV. Zusätzlich sollten jedoch auch die lateinischen bzw. griechischen Ausdrücke nicht vernachlässigt werden, sondern bekannt sein, da von diesen die meisten klinischen Begriffe abgeleitet werden. Letztere sind des öfteren griechischen Ursprungs, z.B. Gebärmutter, lateinisch = Uterus (NAV) und

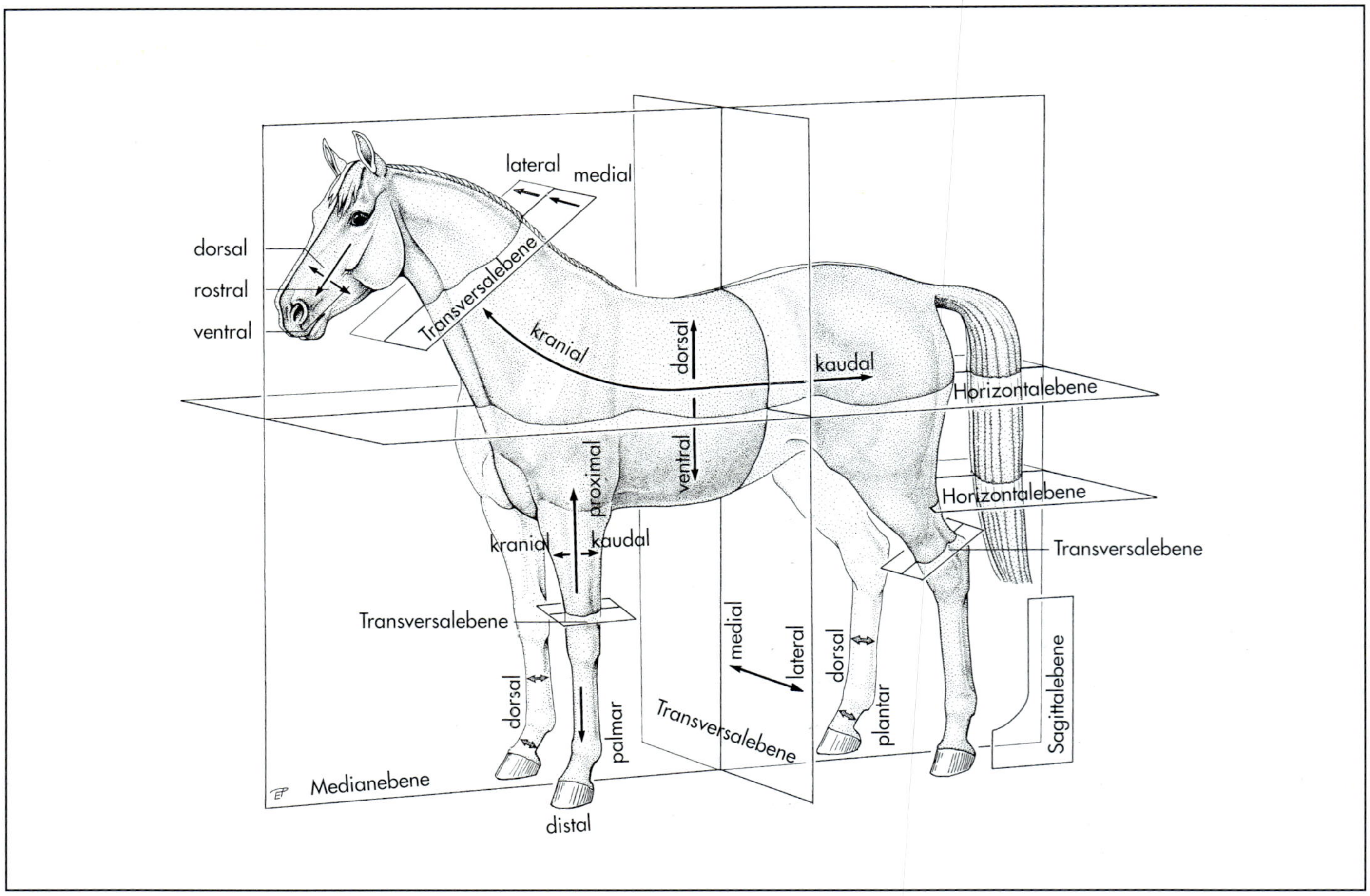

Abb. E-1. Lage- und Richtungsbezeichnungen am Tierkörper, nach Dyce et al., 1991.

griechisch = Metra, an dessen Wortstamm »itis« als Begriff für Entzündung angehängt wird, woraus »Metritis« als klinischer Begriff für »Entzündung der Gebärmutter« entsteht.

Alle anatomischen Namen sollten informativ und verständlich sein. Daher wird dem Studierenden empfohlen, ergänzend Wörterbücher der veterinärmedizinischen Fachbegriffe zu verwenden, in denen die Bedeutung wissenschaftlicher Fachausdrücke erläutert wird.

Lage- und Richtungsbezeichnungen am Tierkörper

Die Benennung von Lage- und Richtungsbezeichnungen ermöglicht eine unmißverständliche Beschreibung von Einzelteilen des tierischen Körpers. Die wichtigsten Bezeichnungen können der Abbildung E-1 und der Tabelle E-1 entnommen werden.

Der Tierkörper wird in Abschnitte gegliedert, die von außen deutlich voneinander zu unterscheiden sind. So sind der Kopf (Caput), der Hals (Collum), der Rumpf (Truncus), der Schwanz (Cauda) und die Gliedmaßen (Membra) zu nennen. Jeder dieser Körperteile wird zudem in Regionen unterteilt, die Gegenstand der Beschreibung innerhalb der topographischen Anatomie sind (siehe Band II).

Einteilung des Tierkörpers in Organe und Organsysteme

Strukturell und funktionell übereinstimmende Zellen und Gewebe sind im Sinne übergeordneter gemeinschaftlicher Aufgaben im Körper zu einzelnen Organen oder Organsystemen zusammengefügt, die synergistisch wirken und die Funktion des Organs oder des Gesamtorganismus prägen (Tab. E-2). Die verschiedenen Organsysteme sind stets aus unterschiedlichen Geweben zusammengesetzt.

Man unterscheidet in einem Organ:

- Parenchym und
- Interstitium.

Das **Parenchym** bestimmt in der Regel die Funktion eines Organs (z.B. Leberzellen die Leber, Nierenzellen die Niere, oder Drüsenzellen die Speicheldrüse). Das **Interstitium** stellt den bindegewebigen Anteil eines Organs dar. Dieses umfaßt z.B. kleinere Funktionseinheiten des Parenchyms oder trennt größere Bereiche eines Organs, beispielsweise in Läppchen (Lobuli) oder Lappen (Lobi). Das Interstitium ist eng mit den stoffwechselaktiven Transportvorgängen eines jeden Organs verbunden, es schließt die Versorgungsbahnen des Körpers ein. Darunter versteht man die Gefäße des Blutkreislauf- und Lymphsystems und die peripheren Nervenbahnen des Nerven-

Tab. E-1. Lage- und Richtungsbezeichnungen am Tierkörper.

Ausdruck	Bedeutung	Verwendung
kranial	kopfwärts	an Rumpf und Schwanz
rostral	nasenspitzenwärts	am Kopf
kaudal	schwanzwärts	an Kopf und Rumpf
dorsal	rückenwärts	am Rumpf, am Kopf entsprechend oben, an den Gliedmaßen distal des Handwurzel- bzw. Sprunggelenks für vorne-oben
ventral	bauchwärts	am Rumpf, am Kopf entsprechend unten
medial	zur Mitte hin	an Rumpf und Kopf
lateral	zur Seite hin	an Rumpf und Kopf
median	in der Mitte	an Rumpf, Kopf und Gliedmaßen
proximal	zum Rumpf hin	vor allem an den Gliedmaßen und bei Strukturen, die vom Körper weg stehen sowie nahe am Zentralorgan liegen
distal	vom Rumpf weg	vor allem an den Gliedmaßen und bei Strukturen, die vom Körper weg oder vom Zentralorgan entfernt stehen
palmar	zur Handfläche	an den Vordergliedmaßen distal des Karpalgelenks
plantar	zur Fußsohle	an den Beckengliedmaßen distal des Tarsalgelenks
axial	zur Zehenachse	an den Zehen
abaxial	von der Zehenachse weg	an den Zehen
externus	außen gelegen	an den Körperteilen und Organen
internus	innen gelegen	an den Körperteilen und Organen
superficialis	oberflächlich gelegen	an den Körperteilen und Organen
profundus	tief gelegen	an den Körperteilen und Organen von Kopf und Rumpf
temporal	zum Schläfenbein hin	am Auge
nasal	zur Nase hin	am Auge
superior	oben	am Augenlid
inferior	unten	am Augenlid
apical	zur Spitze hin	an der Nase, an der Zehe
oral	zum Mund hin	am Kopf
Medianebene	gedachte Ebene, die den Körper in zwei Hälften teilt	
Paramedianebenen	Ebenen, die in der Nähe der Medianebene parallel dazu verlaufen	
Sagittalebenen	Ebenen, die parallel zur Medianebene weiter außen verlaufen	
Dorsalebenen	Ebenen, die parallel zur dorsalen Oberfläche liegen	
Transversalebenen	Ebenen, die senkrecht zur Längsachse verlaufen	

Richtungsbezeichnungen verwendet man nicht mit dem Wort »nach«, dieses schließt bereits die Endung – »al« mit ein (z. B. zieht ein Nerv »distal« und nicht »nach distal«).

Tab. E-2. Organsysteme.

Name	Wichtigste Aufgaben
Äußere Haut	Decke und Schutz des gesamten Tierkörpers
Skelett und Gelenke	stützendes Gerüst des Körpers
Skelettmuskulatur	Mobilität des Körpers
Verdauungssystem	Nahrungsaufnahme, Zerkleinerung und Resorption
Atmungssystem	Sauerstoffversorgung, Elimination von Kohlendioxyd und Lautgebung
Harn- und Geschlechtssystem	Ausscheidung und Reproduktion
Kreislaufsystem	Stofftransport und Stoffaustausch
Nervensystem	Steuerung, Nachrichtenübermittlung, Reaktion auf Umwelt
Sinnesorgane	Umweltwahrnehmung
Inkretorische Drüsen	Steuerung von Zellfunktionen auf hormonellem Weg
Immunsystem	Körperabwehr

systems, die gemeinsam als organübergreifendene Systeme entscheidend den strukturellen und funktionellen Charakter eines Organs beeinflussen. Die **systematische Anatomie** beschäftigt sich im einzelnen mit jedem dieser Organsysteme, die tabellarisch angesprochen werden (Tab. E-2).

Die Tierarten, die in der Veterinäranatomie schwerpunktmäßig Gegenstand der systematischen und topographischen Anatomie sind, werden zoologisch wie folgt benannt: Hund (Canis lupus f. familiaris), Katze (Felis silvestris f. catus), Schwein (Sus scrofa f. domestica), Rind (Bos primigenius f. taurus), Schaf (Ovis ammon f. aries), Ziege (Capra aegagrus f. hircus) und Pferd (Equus przewalskii f. caballus).

Die Veterinäranatomie schließt auch das Geflügel, ausgehend vom Haushuhn (Gallus gallus f. domestica), als ein wichtiges Teilgebiet mit ein. Daher wird das Geflügel in einem eigenständigen Band, erweitert durch klinisch-propädeutische Kapitel, umfassend dargestellt (siehe »Anatomie und Propädeutik des Geflügels«, König und Liebich, 2000).

Bewegungsapparat

Der Bewegungsapparat ist ein **komplexes Organsystem,** dessen zentrale Funktion vorrangig eine mechanische Leistung ist. Die originären Bauelemente des Bewegungsapparates, das Skelett und die Muskeln, dienen zum einen der Formung und der Erhaltung der individuellen Körpergestalt, zum anderen der Lokomotion einzelner Teilbereiche des Körpers oder des Gesamtorganismus.

Das Skelett setzt sich aus einzelnen Elementen, den Knochen (Ossa), den Knorpeln (Cartilagines), den Bändern (Ligamenta) und den Gelenken (Articulationes) zusammen, die erst in ihrer Gesamtheit das System des Körpergerüstes, das **Skelettsystem (Systema skeletale),** bilden. Das Skelettsystem stellt den **passiven Bewegungsapparat** des Körpers dar. Demgegenüber wird der aktiv an der Lokomotion beteiligte Teil des Bewegungsapparates, das **Muskelsystem (Systema musculare),** als **aktiver Bewegungsapparat** bezeichnet. Beide Systeme sind unabtrennbar in das Kreislauf-, Lymph- und Nervensystem des Körpers eingebunden. Der Bewegungsapparat unterliegt in seinen zellspezifischen Stoffwechselleistungen und während seines Auf-, Um- und Abbaus auch hormonellen Steuermechanismen.

Skelettsystem (Systema skeletale)

Knochenlehre (Osteologia)

Bindegewebige Grundlagen des Skeletts

Grundlage sämtlicher Bestandteile des Skelettsystems ist das **mittlere Keimblatt (Mesoderm)** des Embryos, das sich bereits während der Entwicklung des Keimlings in ein embryonales, ein retikuläres und ein faseriges Bindegewebe differenziert. Diese Gewebearten bestehen aus **Zellen** (z. B. Faserzellen = Fibrozyten), aus **ungeformten, flüssigkeitsgefüllten Zwischenzellräumen (Interzellularräume)** und aus **geformten, faserigen Bestandteilen (kollagene** und **elastische Fasern).** Mit weitergehender Entwicklung des Fetus nimmt der faserig-bindegewebige Anteil dieser Gewebe zu, an genetisch determinierten Organabschnitten entwickeln sich Sehnen, Faszien und Bänder. (Näheres s. Lehrbücher der Histologie und der Embryologie.) Im Bereich der Anlagen für den Stamm und die Gliedmaßen führen ebenfalls bereits embryonal einsetzende Differenzierungsschritte zu strukturellen und funktionellen Umbauvorgängen. Diese lassen aus einem **lockeren, faserarmen Bindegewebe** (Textus connecticus collagenosus laxus) die beiden Elemente des Stützgewebes, den **Knorpel** und den **Knochen**, entstehen.

Gemeinsam ist diesen Stützgeweben ihr Ursprung im mesenchymalen Gewebe aus Vorläuferzellen, den **knorpel-** oder **knochenbildenden Zellen (Chondro-** oder **Osteoblasten).** Aus diesen fetalen Vorstufen entwickeln sich die **reifen Knorpelzellen (Chondrozyten)** und die **reifen Knochenzellen (Osteozyten).** Diese Zellen synthetisieren kollagene Bindegewebsfasern und ungeformte Interzellularsubstanzen als Zwischenmatrix.

Bildung des knorpeligen Skeletts

Das herausragende Merkmal des Knorpelgewebes liegt in der besonderen Struktur der **ungeformten Grundsubstanz,** der **Interzellularsubstanz**. In dieser lagern sich **Kollagenfasern** als strukturelle Grundelemente zueinander, eingespannt in eine ungeformte Grundsubstanz mit einem hohen Gehalt an **Glykosaminoglykanen.** Diese Strukturbesonderheit verleiht dem Knorpelgewebe seine herausragende Festigkeit und zudem die Fähigkeit, Wasser zu binden. Dadurch wird zusätzlich die Elastizität und die Verformbarkeit des Knorpelgewebes erhöht.

Das Knorpelgewebe bleibt weitgehend gefäßlos und schließt keine Nerven ein. Seine Ernährung erfolgt durch Diffusion aus dem lockeren Bindegewebe, aus Gelenkspalträumen oder durch die Gefäße des unterlagerten Knochens. Aufgrund der **unterschiedlichen Qualität** der geformten Knorpeleinlagerungen, der **Fasern,** unterteilt man das Knorpelgewebe in einen hyalinen, elastischen und kollagenfaserigen Knorpel. **Hyalinen Knorpel** findet man im adulten Organismus z. B. an den meisten Gelenkflächen (Cartilago articularis), als Rippenknorpel (Cartilago costae), in der Wand des Kehlkopfes (Cartilago laryngis), der Luftröhre (Cartilago tracheae) und in der Lunge (Cartilago bronchialis). **Elastische Knorpel** treten z. B. im Kehldeckel, in der Ohrmuschel oder als Hufknorpel auf. Aus **kollagenfaserigem Knorpel** sind die Zwischenwirbelscheiben, die Menisken im Kniegelenk und die Zwischenscheiben (Disci) im Kiefergelenk. Im Alter kann der Knorpel verkalken, beispielsweise im Rippenknorpel oder den Menisken im Kniegelenk der Katze.

Die **Knorpelbildung (Chondrogenese)** basiert auf dem mesenchymalen Bindegewebe (s. o.). Dieses liegt in einem höher entwickelten Stadium als **Knorpelhaut (Perichondrium)** außen dem Knorpel manschettenartig an, seine Zellen differenzieren sich als perichondrale **Faserbildner (Fibroblasten)** zu **Knorpelbildnern (Chondroblasten).** Chondroblasten scheiden die Knorpelmatrix (Knorpelgrundsubstanz, Interzellularsubstanz) aus, die überwiegend aus Wasser (70%), aus kollagenen oder elastischen Fasern und aus Glykosaminoglykanen besteht.

Das **Wachstum des Knorpels** erfolgt primär durch die Vermehrung von Vorläuferzellen des Knorpels (Chondroblasten) in der Knorpelhaut (Perichondrium), ein kontinuierlicher Vorgang, der den Knorpel nach außen hin vergrößert **(appositionelles Knorpelwachstum).** Diesem Wachstum steht das **interstitielle Knorpelwachstum** gegenüber, bei dem sich differenzierte Knorpelzellen vornehmlich in der noch nicht verfestigten Knorpelmatrix teilen und nachfolgend vermehrt neue Knorpelgrundsubstanz bilden: der Knorpel wächst von innen.

Bildung des knöchernen Skeletts

Während der fetalen Entwicklungsphase formt primär ein **knorpeliges Stützskelett** die Gestalt des Keimlings **(Primordialskelett).** Für die späteren Entwicklungsprozesse bis zur Bildung des knöchernen Skeletts ist die Tatsache entscheidend, daß dieses Knorpelstützskelett durch rasch aufeinanderfolgende mitotische Teilungen das Wachstum und damit die Gestalt des gesamten Körpers prägt. Ferner dient in vielen Fällen jedes einzelne dieser Knorpelstücke als Platzhalter für nachfolgend sich differenzierendes Knochengewebe.

Ab einem gewissen Entwicklungsstadium des heranwachsenden Keimlings setzen erste **Umbauvorgänge** ein, in deren Verlauf weite Teile des knorpeligen Skeletts wieder abgebaut und allmählich durch ein **knöchernes Skelett** ersetzt werden. Man spricht in diesen Fällen von einer **chondralen (sekundären)** oder **indirekten Verknöcherung (Ossifikation)** (Abb. E-2).

Durch diese Umbauvorgänge entsteht der sog. »unreife« **Geflechtknochen,** der während der nachfolgenden Knochenentwicklung erneut abgebaut und durch einen »reifen« **Lamellenknochen** ersetzt wird (Ersatzknochen). Der weitaus größere Teil des adulten knöchernen Skeletts (z. B. die Wirbel und die Knochen der Gliedmaßen) entsteht durch chondrale Ossifikation.

Die Umwandlung von Knorpel- in Knochengewebe setzt vielfach in **punktförmigen Ossifikationszentren** ein, von denen aus die Verknöcherungsprozesse gesteuert werden. Diese Umbauvorgänge beginnen während der mittleren Fetalperiode und finden in einzelnen Knochen oftmals erst im Erwachsenenalter ihren Abschluß. Radiologisch können gerade bei juvenilen Tieren vielfach noch unverknöcherte Knorpelreste nachgewiesen werden und bei Nichterkennen zu fehlerhaften Interpretationen Anlaß geben.

Neben der chondralen Ossifikation kann Knochen auch direkt aus dem mesenchymalen Bindegewebe **ohne knorpelige Zwischenstufen** entstehen. Man spricht dann von einer **desmalen (primären)** oder **direkten Ossifikation.** Diese Knochenbildung führt zur Entstehung des Bindegewebsknochens (z. B. einzelne Deckknochen des Schädels, die perichondralen Knochenmanschetten der Röhrenknochen). Die Heilung eines Knochenbruchs verläuft über die Differenzierungsschritte einer desmalen Verknöcherung.

Funktion und Bau des Knochens

Knorpel und Knochen übernehmen gemeinsame Aufgaben im Sinne einer Stützung des Körpers, sie stellen die Lokomotion des Körpers sicher und übernehmen eine herausragende

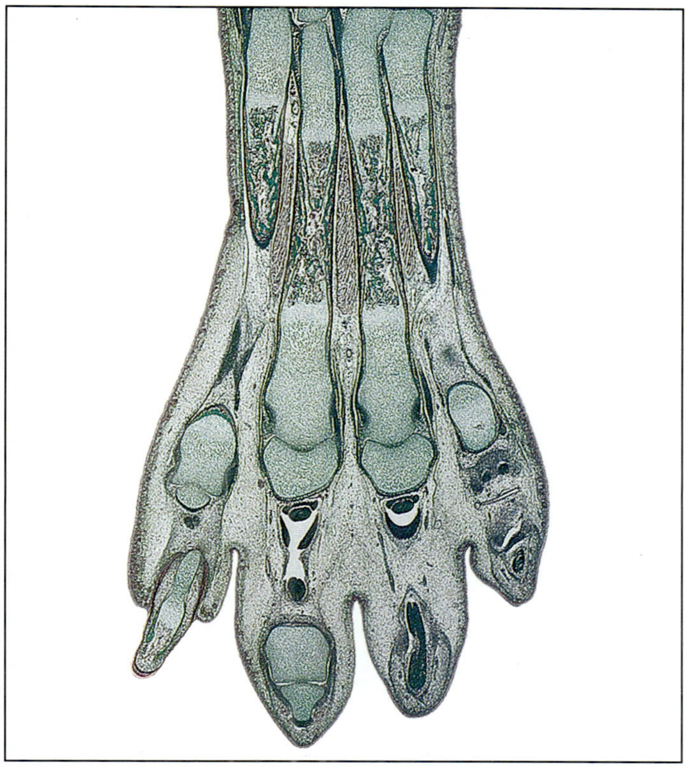

Abb. E-2. Histologischer Schnitt durch das Zehenendorgan einer jungen Katze im Stadium der chondralen Ossifikation (Goldner-Färbung, Vergr. 20fach).

Schutzfunktion für die Weichteile im Brust- und Beckenbereich sowie des zentralen Nervensystems (Gehirn und Rückenmark). Der Knochen schließt zusätzlich **blutbildende Organe (rotes Knochenmark, Hämopoese)** und Teile des **Mineralstoffhaushaltes** des Körpers ein (Abb. E-3).

Dem Knochen kommen damit zwei wesentliche Aufgaben zu, eine **Stütz-** bzw. **Schutz-** und eine **Stoffwechselfunktion.** Durch enge Wechselbeziehungen beider wird entscheidend die Struktur eines jeden einzelnen Knochens und damit die **Architektonik des gesamten Körpers** geprägt. Der Knochenbau paßt sich durch metabolische Stoffwechselleistungen der erforderlichen mechanischen Statik an. Diese Anpassungsvorgänge kommen vorzugsweise im wechselweisen Auf- und Abbau eines Knochens zum Ausdruck.

Jeder Knochen unterliegt zeitlebens adaptiven Umgestaltungsvorgängen. Änderungen der physiologischen Druck-, Zug- und Scherkräfte führen nach kurzer Zeit zum Umbau des Knochengewebes. Die Extremitäten, die Wirbelsäule oder die Beckenknochen unterliegen intensiveren Strukturveränderungen als z. B. die Knochen des Schädels. Physiologischerweise führen permanent wirkende mechanische Kräfte zu einer Verstärkung der Knochenwand, meist im stark belasteten mittleren Abschnitt des Knochens, der **Diaphyse.** An den Knochenenden, den **Epiphysen,** nimmt die Wandstärke in der **Rindenschicht** des Knochens **(Substantia corticalis)** wieder ab (Abb. E-3).

Die Funktion des Knochens wird auch beeinflußt von seiner bindegewebigen Hülle, der **Knochen-** oder **Beinhaut (Periost)** mit den beiden Anteilen, der **äußeren Faserhaut (Stratum fibrosum)** und der **inneren zellreicheren Kambiumschicht (Stratum cambium).** Das Periost umgibt, mit

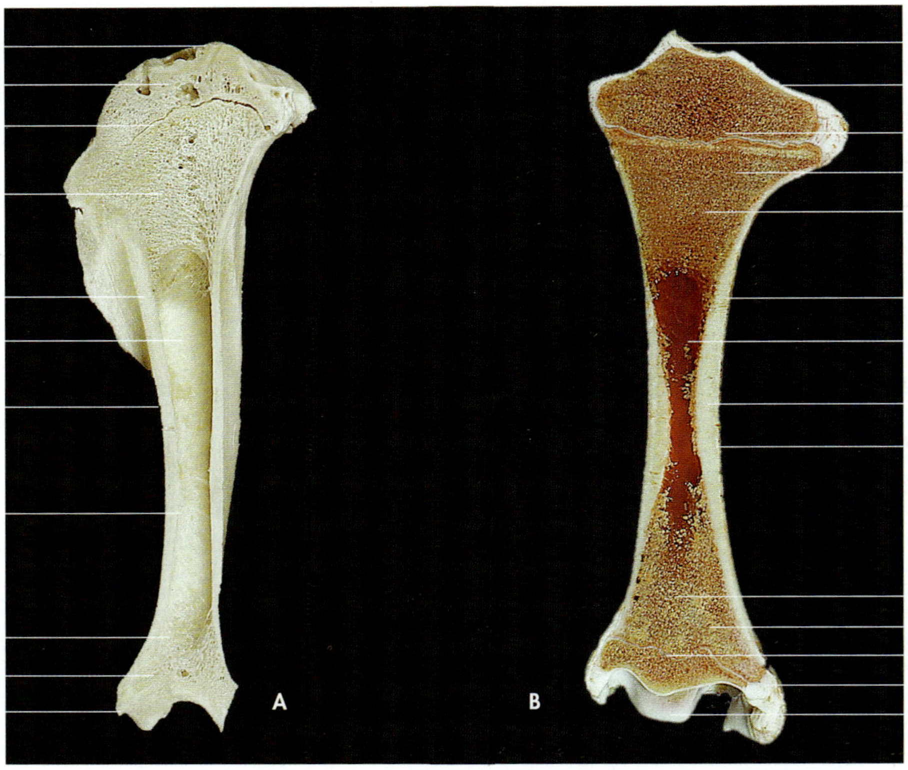

Abb. E-3. Längsschnitt durch einen mazerierten Röhrenknochen **(A)**, Längsschnitt durch einen frischen Röhrenknochen mit Gelenkknorpel und rotem Knochenmark **(B)**.

Ausnahme der Gelenkknorpel und zahlreicher Muskelansätze, flächenhaft ausgebreitet, vollständig den Knochen. Das Stratum cambium schließt in großer Zahl sensible Nervenfasern und ein enges Netz von Blut- und Lymphgefäßen zur metabolischen Versorgung des Knochens ein. Diese Schicht ist zudem zeitlebens in der Lage, Knochengewebe neu zu bilden. Dies gilt vorzugsweise für das Knochenwachstum, für sämtliche physiologischen Knochenumbauvorgänge und für die Knochenneubildung nach Knochenbrüchen (»Frakturheilung«). Das Stratum cambium bildet den **Knorpelkallus** und den **Knochenkallus,** mechanische Reize am Periost lassen Überbeine entstehen.

Eine herausragende Funktion des Knochens ist die **Speicherung von Kalzium und Phosphor.** So ist in der Substantia spongiosa (Abb. E-3) zahlreicher Knochen ein »mobiles« Kalziumdepot angelegt, das bei Bedarf rasch Kalzium für die Aufrechterhaltung der lebensnotwendigen Funktionen des Körpers ins Blut freisetzen kann. Endogene und exogene Regulationsmechanismen steuern diese Stoffwechselvorgänge.

Das Hormon der **Nebenschilddrüse (Parathormon)** erhöht durch Aktivierung **knochenabbauender Zellen (Osteoklasten)** den Kalziumspiegel im Blut. Zusätzlich wird die Aufnahme von Kalzium aus der Nahrung im Darm durch Vitamin D_3 (1,25-Dihydroxycholecalciferol) gefördert, die Kalziumabgabe durch die Niere gehemmt. Funktion des Hormons der **C-Zellen in der Schilddrüse (Calcitonin)** aktiviert die **knochenbildenden Zellen (Osteoblasten)** und steigert damit den Kalziumeinbau in den Knochen. Das Knochenwachstum wird ergänzend durch das somatotrope Hormon (STH), durch das adrenocorticotrope Hormon (ACTH), das thyreotrope Hormon (TSH) und durch männliche und weibliche Geschlechtshormone positiv beeinflußt.

Ossifikation (Osteogenese)

Unter Ossifikation versteht man die Bildung von Knochengewebe, man unterscheidet 2 Formen, eine:

- **desmale oder bindegewebige oder direkte Ossifikaton,**
- **chondrale oder indirekte Ossifikation,**
  die man unterteilt in eine
  - **perichondrale** und
  - **enchondrale Ossifikation.**

Die **desmale Ossifikation** ist im wesentlichen auf die Umwandlung von mesodermalen Bindegewebszellen in Zellen des Knochens zurückzuführen, die vielfältig sind und in unterschiedlichen Formen auftreten. Aus undifferenzierten Mesenchymzellen entwickeln sich **Präosteoblasten** als Vorläuferzellen der knochenbildenden Zellen **(Osteoblasten).** Diese synthetisieren die organischen Bestandteile der Knochenmatrix. Sie wandeln sich nach Mineralisierung der Knochengrundsubstanz in Knochenzellen **(Osteozyten)** um und bauen das Knochengewebe auf. Knochenzerstörende Zellen werden als **Osteoklasten** bezeichnet und bauen Knochengewebe wieder ab (Abb. E-4 u. 5).

Während der desmalen Ossifikation produzieren die Osteoblasten eine **unverkalkte Knochenmatrix (Osteoid),** in die sie sich selber einbauen. Durch Einlagerung von **anorganischen Knochenbestandteilen** wie Calciumphosphat (85–90%), Calciumcarbonat (8–10%), Magnesiumphosphat (1,5%) und Calciumfluorid (0,3%) über das Blutgefäßsystem in das Osteoid wird der Knochen mineralisert. Durch den Vorgang der Mineralisierung entsteht aus dem unverkalkten Osteoid das verkalkte **Ossein** (Abb. E-4 u. 5).

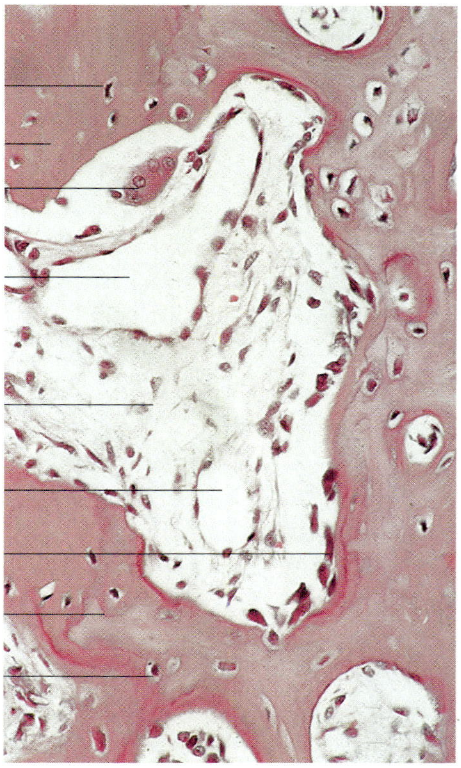

Abb. E-4. Desmale Ossifikation mit zentraler Kapillare im lockeren Bindegewebe mit Osteoblasten und Osteozyten (histologisches Schnittbild, H.E.-Färbung, Vergr. 400fach).

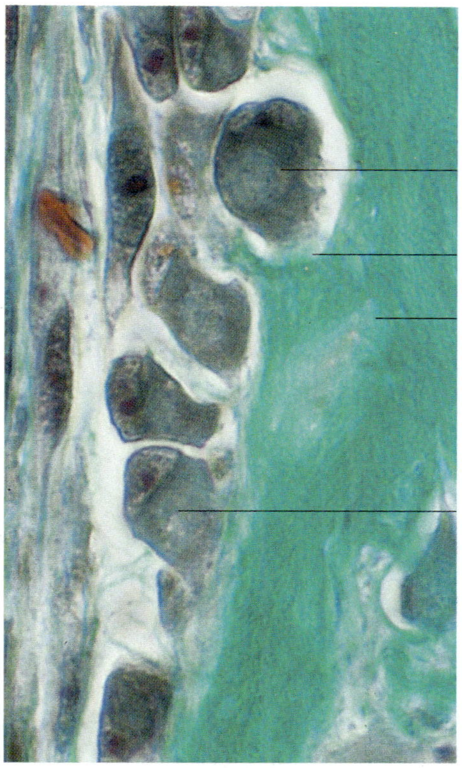

Abb. E-5. Desmale Ossifikation mit Osteoblasten, Osteoid und Ossein (histologisches Schnittbild, Goldner-Färbung, Vergr. 800fach).

Der Anteil anorganischer Stoffgruppen am Trockengewicht des Knochens beträgt etwa ⅔. Nach Säureeinwirkung können anorganische Bestandteile herausgelöst werden, es bleiben organische Substanzen übrig, der Knochen wird biegsam.

Zusätzlich schließt die Knochenmatrix **organische Knochengrundsubstanzen** in Form von Kollagenfasern (Typ I) (90%), Glykosaminoglykanen und Proteoglykanen sowie Chondroitin-4-sulfat, Chondroitin-6-sulfat und Keratansulfat ein. Diese dienen bei der Mineralisierung des Knochens als Leitstruktur (Kristallisationskern) für die appositionelle Anlagerung der kristallinen Kalzium-Phosphat-Verbindungen. Zusammen mit Lipiden (5–10%) bilden die Strukturproteine der Kollagenfasern ca. ⅓ der Trockensubstanz des Knochengewebes. Durch Ausglühen wird die organische Substanz zerstört, es bleiben als brüchige Reste die **Knochenerden,** auch **Knochenasche** genannt, zurück.

Die **chondrale Ossifikation** basiert auf dem hyalinen Knorpel, der als Platzhalter und als Ausgangsmaterial für das **Längenwachstum des Knochens** dient. Man unterscheidet während der chondralen Knochenbildung eine perichondrale und eine enchondrale Ossifikation (Abb. E-6–9).

Die **perichondrale Ossifikation** entspricht einer desmalen Knochenbildung. Chondroblasten des **Knorpelmantels (Perichondrium)** differenzieren sich direkt in Zellen der Vorstufen zur Knochenbildung, die Osteoblasten **(primäre Ossifikation).** Die Umwandlung von Bindegewebe in Knochengewebe setzt in der Mitte der späteren Diaphyse des Röhrenknochens **(Knochenmanschette)** ein. Aus dem Knorpelmantel entwickelt sich die **Beinhaut,** das **Periost.** Die Verknöcherung der Diaphyse schreitet in Richtung auf die Knochenenden, die **Epiphysen,** fort.

Der Knochenmantel hemmt den Stoffwechsel des hyalinen Knorpels, die Knorpelmatrix verkalkt. Gleichzeitig sprossen durch die Knochenmanschette Gefäße in den Knorpel. Mit diesen gelangen knorpelauflösende Zellen, die **Chondroklasten,** in die verkalkte Knorpelmatrix und zerstören den Knorpel. In die freiwerdenden Räume dringen nachfolgend kleinste Blutgefäße (Kapillaren) und Bindegewebe, sie füllen diese aus und dienen der Versorgung des neuzubildenden Gewebes. Knochenbildende Zellen **(Osteoblasten)** erreichen mit den Gefäßen die Markhöhle des Knochens und beginnen von innen mit der desmalen Verknöcherung des vormaligen Knorpels **(enchondrale Ossifikation).** Durch ständige Auf- und Abbauvorgänge von Knochengewebe entwickelt sich unter Bildung einer knöchernen, schwammähnlichen Binnenstruktur die **primäre Markhöhle** (Bildung der Substantia spongiosa).

Durch Umwandlung des lockeren Bindegewebes zu hämoretikulärem (= blutbildendem) Gewebe differenziert sich die primäre zur **sekundären Markhöhle (Cellulae medullares).** Diese ist ein vielgekammertes Hohlraumsystem, in dem ab der späteren fetalen Entwicklungsphase die **Blutbildung (Hämopoese)** stattfindet. Man spricht dann vom **roten Knochenmark (Medulla ossium rubra).**

Das **Knochenmark (Medulla ossium)** bleibt in Form des rotes Knochenmarks als blutbildendes Organ zeitlebens in den Markhöhlen der Epiphysen erhalten (Abb. E-3B). Mit zunehmendem Alter wandelt sich das blutbildende Mark, vorzugsweise in den mittleren Abschnitten des Knochens, in gelbliches **Fettmark (Medulla ossium flava),** das im hohen

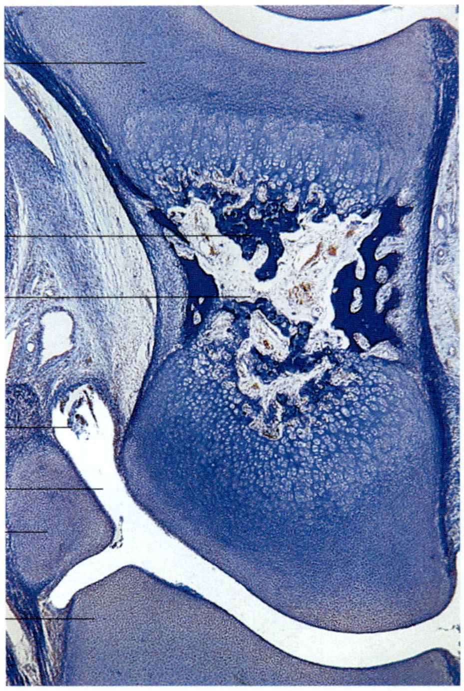

Abb. E-6. Histologisches Schnittbild durch die fetale Anlage des Kronbeins eines Pferdes (Azan-Färbung, Vergr. 25fach).

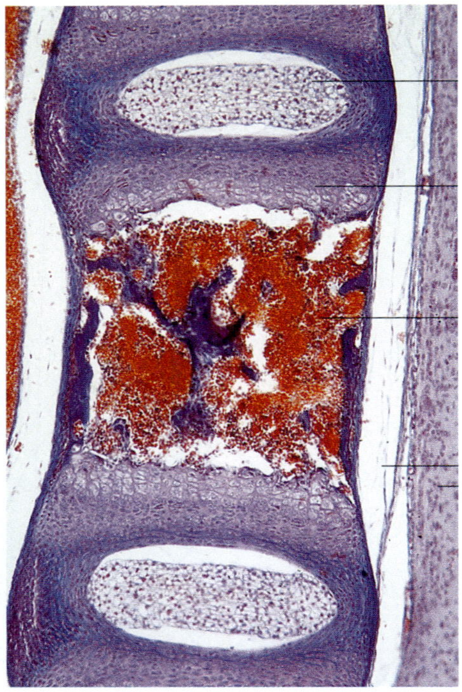

Abb. E-7. Histologisches Schnittbild durch die fetale Anlage eines Wirbelkörpers (Azan-Färbung, Vergr. 25fach).

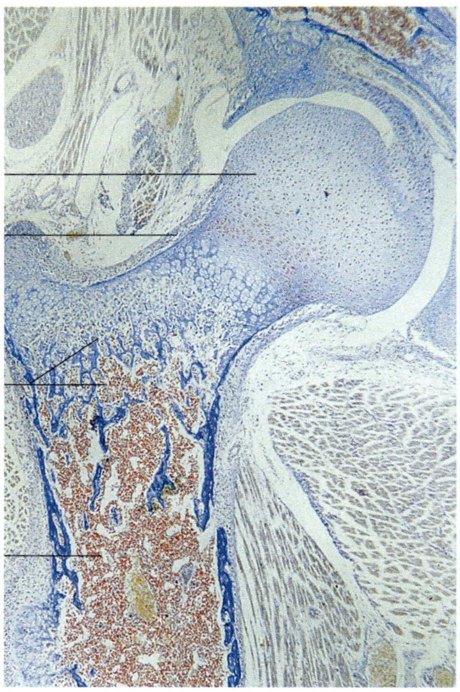

Abb. E-8. Histologisches Schnittbild durch die fetale Anlage eines Oberschenkels (Azan-Färbung, Vergr. 20fach).

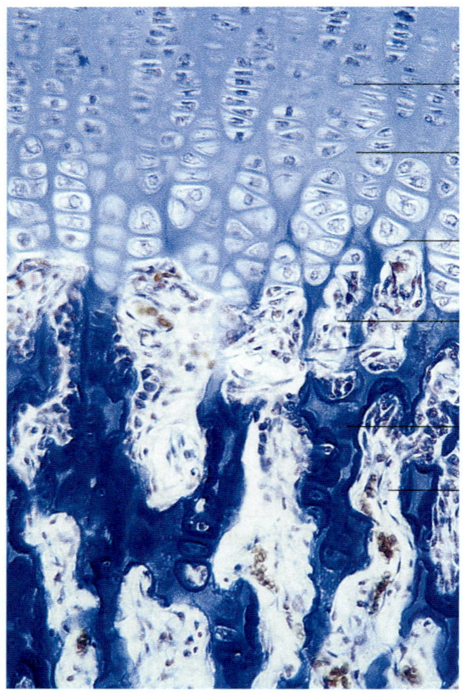

Abb. E-9. Histologisches Schnittbild durch die Epiphyse eines Röhrenknochens mit chondraler Ossifikation (Azan-Färbung, Vergr. 40fach).

Alter oder nach schweren Krankheiten in das **Gallertmark (Medulla ossium gelatinosa)** übergeht.

Die Vorgänge der **enchondralen Ossifikation** sind durch den inneren Umbau des Knorpelgewebes zwischen der Diaphyse und der Epiphyse eines Röhrenknochens an den **Epiphysenplatten (Metaphyse, Wachstumszone)** besonders ausgeprägt (Abb. E-3B). In dieser Knochenzone umfaßt peripher die perichondrale (desmale) Knochenmanschette der Beinhaut gürtelartig den Röhrenknochen und engt das allseitige Knorpelwachstum ein. **Knorpelzellen (Chondrozyten)** werden angeregt, sich unter gleichzeitiger mitotischer Vermehrung säulenartig anzuordnen, der Knorpel verlängert sich. Dieses **Längenwachstum des Knorpels** ist wesentliche Voraussetzung für das Wachstum des späteren Knochens. Diese Umbauvorgänge des Knorpels spiegeln sich in verschiedenen Zonen wider.

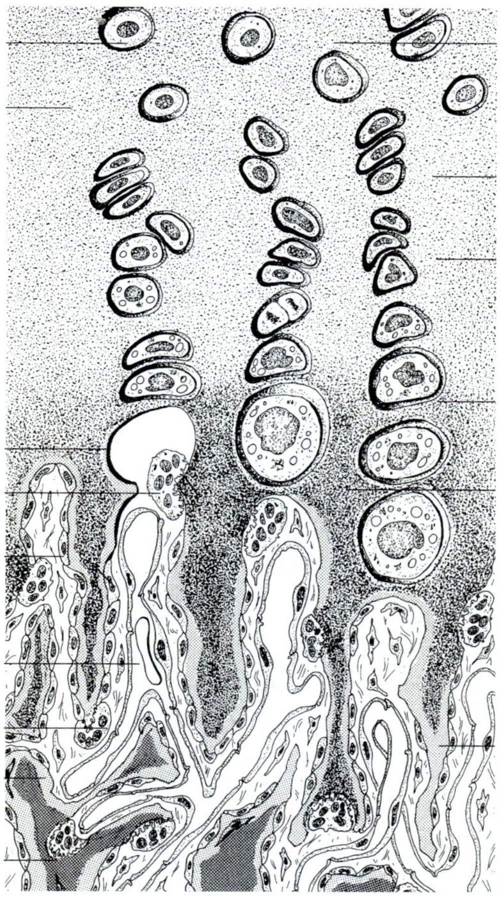

Abb. E-10. Schematische Darstellung der strukturellen Umbauvorgänge während der chondralen Ossifikation eines Röhrenknochens, Liebich, 1999.

In den knorpeligen Enden des Knochens liegen im Bereich der Epiphysen die Chondrozyten des hyalinen Knorpels diffus ungeordnet. In Richtung Markhöhle schließt sich eine breite **Zone der Proliferation** von Knorpelzellen an, die sich vermehrt teilen (Abb. E-9 u. 10). Die räumliche Begrenzung durch die periphere knöcherne Manschette des Periostes induziert die Knorpelzellen, sich zu Säulen zu ordnen **(Zone des Säulenknorpels)**. Nachfolgend degenerieren Knorpelzellen unter Wasseraufnahme blasenartig, die Interzellularsubstanz beginnt zu verkalken **(Zone des Blasenknorpels)**.

Durch Umbauvorgänge in der anschließenden **Verknöcherungszone** wird die Kalzifizierung der Knorpelmatrix abgeschlossen. Der Knorpelabbau wird durch die Aktivitäten von knorpelabbauenden Zellen, den Chondroklasten, fortgeführt **(Eröffnungszone)**. Chondroklasten gelangen über die Blutgefäße und das Bindegewebe aus der Markhöhle bis an die Verknöcherungszone und lösen enzymatisch die Reste der verkalkten Knorpelmatrix auf. Damit ist der Abbau des Knorpelgewebes abgeschlossen (Abb. E-10).

Mit den eindringenden Gefäßen gelangen sekundär Knochenbildner (Osteoblasten) in die Eröffnungszone und beginnen mit der Neubildung von Knochengrundsubstanz (Osteoid) durch desmale Ossifikation. Der anfänglich gebildete Geflechtknochen wird nachfolgend durch den permanenten Lamellenknochen (siehe unten) ersetzt.

Arten des Knochengewebes

Man unterscheidet den Geflecht- oder Faserknochen und den Lamellenknochen. Der **Geflecht-** oder **Faserknochen (Os membranaceum reticulofibrosum)** ist der entwicklungsgeschichtlich einfachere, er wird als verknöchertes Bindegewebe angesehen. Diese Knochenform tritt bei jeder Knochenneubildung auf, sie wird während der embryonalen Entwicklung angelegt und nach der Geburt durch den höher differenzierten Lamellenknochen ersetzt. Geflechtknochen bleibt zeitlebens im knöchernen Labyrinth des Ohres, im äußeren Gehörgang und an den Ansatzstellen größerer Sehnen am Knochen erhalten.

Der **Lamellenknochen (Os membranaceum lamellosum)** ist durch die streng parallel oder konzentrisch geschichtete Ordnung der Kollagenfasern (Knochenlamellen) gekennzeichnet. Diese Knochenart ist die im adulten Körper am häufigsten auftretende, sie ist Grundlage der Röhrenknochen sowie der platten und kurzen Knochen. Die strukturelle Grundlage des Lamellenknochens ist das Osteon (Havers-System).

Das **Osteon** (Abb. E-11) besteht in seinem Inneren aus einem Zentralkanal **(Havers-Kanal),** der mit lockerem Bindegewebe gefüllt ist und ein zentrales Gefäß **(Havers-Gefäß)** und vegetative Nerven führt. Dieser zentrale Bereich wird von konzentrischen Knochenlamellen **(Havers-Lamellen, Speziallamellen)** aus kollagenen Fasern und der mineralisierten

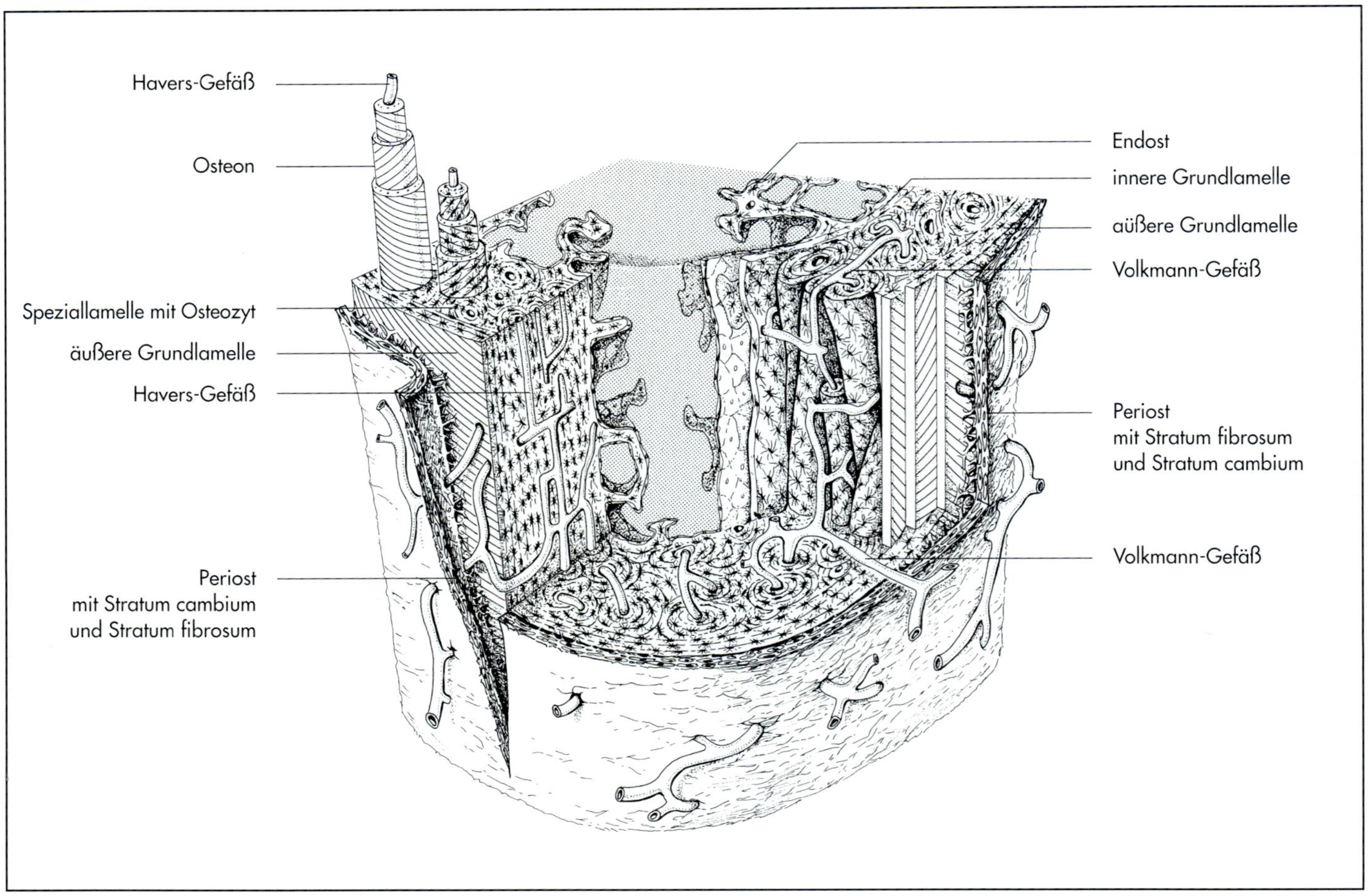

Abb. E-11. Schematische Darstellung eines Abschnitts aus der Substantia compacta der Diaphyse eines Röhrenknochens, Liebich, 1999.

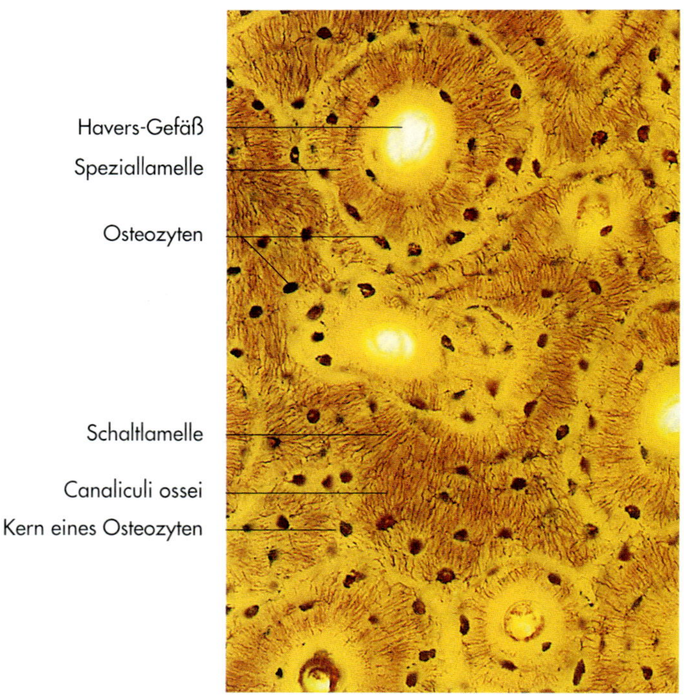

Abb. E-12. Histologisches Schnittbild durch die Substantia compacta eines Röhrenknochens (Querschnitt, Schmorl-Färbung, Vergr. 100fach).

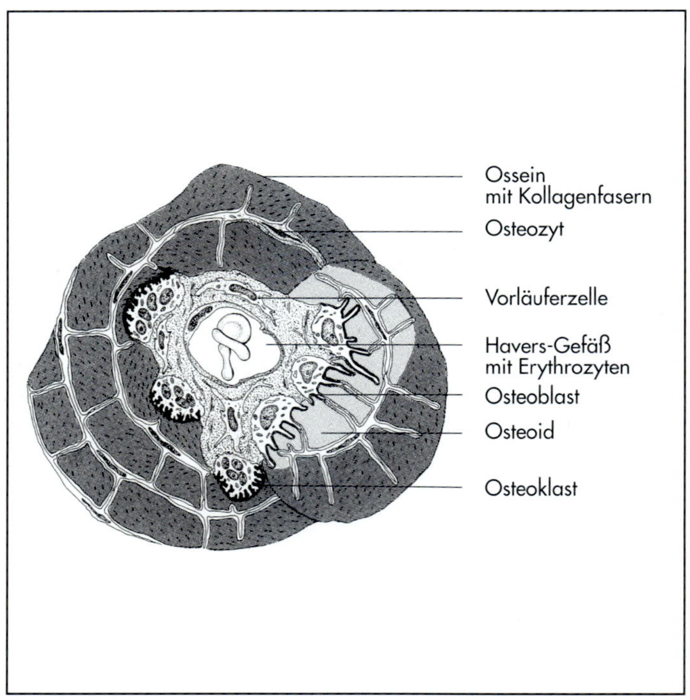

Abb. E-13. Schematische Darstellung eines Querschnitts durch ein Havers-System im Stadium des Umbaus, Liebich, 1999.

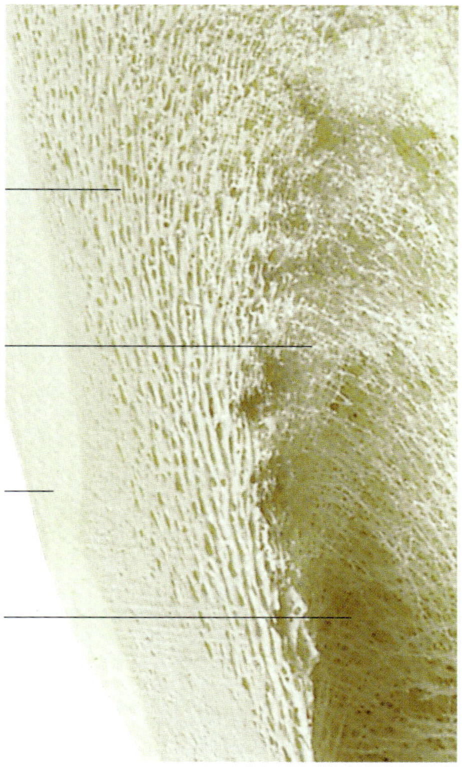

Abb. E-14. Wandbau eines Röhrenknochens mit Bälkchenwerk.

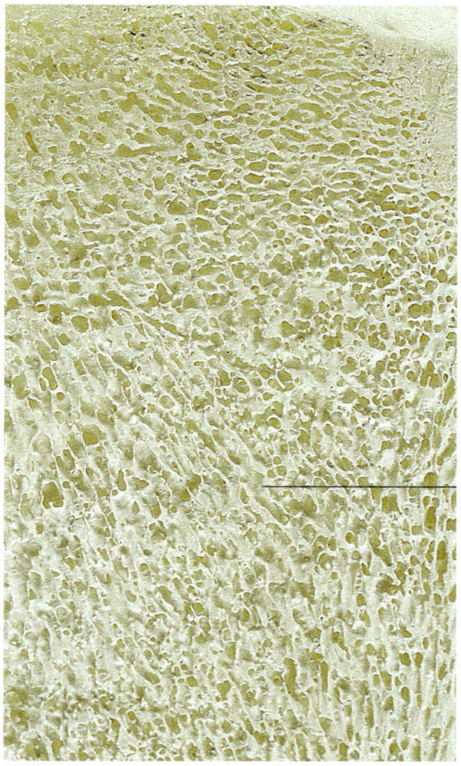

Abb. E-15. Spongiosa lamellosa eines Röhrenknochens (Ausschnitt).

Knochenmatrix umgeben. Die Kollagenfasern sind spiralförmig und stets gegensinnig angeordnet. Durch Querverbindungen treten anliegende Lamellensysteme untereinander in Verbindung. Dadurch entsteht ein Konstruktionsprinzip, das den Knochen bei Zug- und Druckbelastungen stabilisiert (Abb. E-11 – 13).

Im Lamellenknochen liegen die Knochenzellen zwischen den konzentrisch geschichteten Lamellen um den Zentralkanal. Sie stehen durch lange, radiär in **Knochenkanälchen (Canaliculi ossei)** verlaufende Zytoplasmafortsätze in Verbindung (Abb. E-12). Dieses innige Kontaktsystem zwischen Osteozyten ermöglicht einen intensiven Stofftransport aus dem Havers-Gefäß zur Knochenmatrix. Die Zentralgefäße der Osteone sind durch querverlaufende Gefäße (Volkmann-Gefäße) mit der äußeren und inneren Knochenhaut in Kontakt (Abb. E-11). Durch dieses dichte Netz von Gefäßen wird der Knochen zu einem stark vaskularisierten Gewebe.

Jede Änderung der statisch-mechanischen Belastung des Knochens führt zu einer funktionellen Adaptation der Knochenbinnenstruktur. Osteone ohne funktionelle Aufgaben werden abgebaut. Diese werden als **Schaltlamellen** bezeichnet (Abb. E-12).

An der äußeren Knochenoberfläche sind die Lamellen plattenartig zu einer **äußeren Grundlamelle** geschichtet, der das Periost außen aufliegt. Entsprechend ist eine **innere Grundlamelle** ausgebildet, der eine flache Innenschicht, das **Endost,** anliegt (Abb. E-11). In die äußere Grundlamelle strahlen Kollagenfasern ein, die das Periost straff mit dem Knochen verbinden **(Fibrae perforantes, Sharpey-Fasern).** Diese stellen Endabschnitte der Sehnen dar und dienen der Kraftübertragung auf den Knochen.

Knochenformen

Knochen unterscheiden sich in ihrer Form, Größe und Stärke erheblich. Dies gilt innerhalb eines Tieres, aber auch im tierartlichen Vergleich. Dabei spielen beispielsweise neben der genetischen Determination der embryonalen Knochenanlage auch statisch-dynamische Gesichtspunkte oder ernährungsbedingte Strukturänderungen während der juvenilen und adulten Differenzierung eines Knochens eine entscheidende Rolle. Vorzugsweise durch den mechanischen Kräftezug flächenhafter Muskelplatten oder strangförmiger Endsehnen an punktuellen Ansatzstellen entwickeln sich am Knochen Fortsätze, Einziehungen, Höcker, rauhe Flächen, Kämme oder Gräten. Auch vermögen Blutgefäße, Nervenbahnen oder Organe (z.B. das Gehirn, das Auge, die Schnecke im Innenohr) die Oberfläche eines Knochens mitzugestalten.

Trotz der erheblichen Variabilität von Knochen können diese in gemeinsame Strukturmerkmale gegliedert werden.

Röhrenknochen oder **lange Knochen (Ossa longa)** kennzeichnet ein **Körper (Mittelstück, Schaft)** die **Diaphyse,** die oberflächlich von einem dichten Knochenmantel **(Substantia compacta)** begrenzt wird und innen eine Markhöhle **(Cavum medullare)** einschließt (Abb. E-3A).

Röhrenknochen weisen zwei Endstücke auf, die **Epiphysis proximalis** und die **Epiphysis distalis,** die jeweils mit einer dünnen Knochenrinde **(Substantia corticalis)** überzogen sind. Die Epiphysen schließen ein inneres Bälkchenwerk ein, das vergleichbar einem feinporigen, verknöcherten Schwamm **(Substantia spongiosa)** aufgebaut ist (Abb. E-14 u. 15). Ihren funktionellen Aufgaben folgend können die Bälkchen strukturell unterschieden werden in eine:

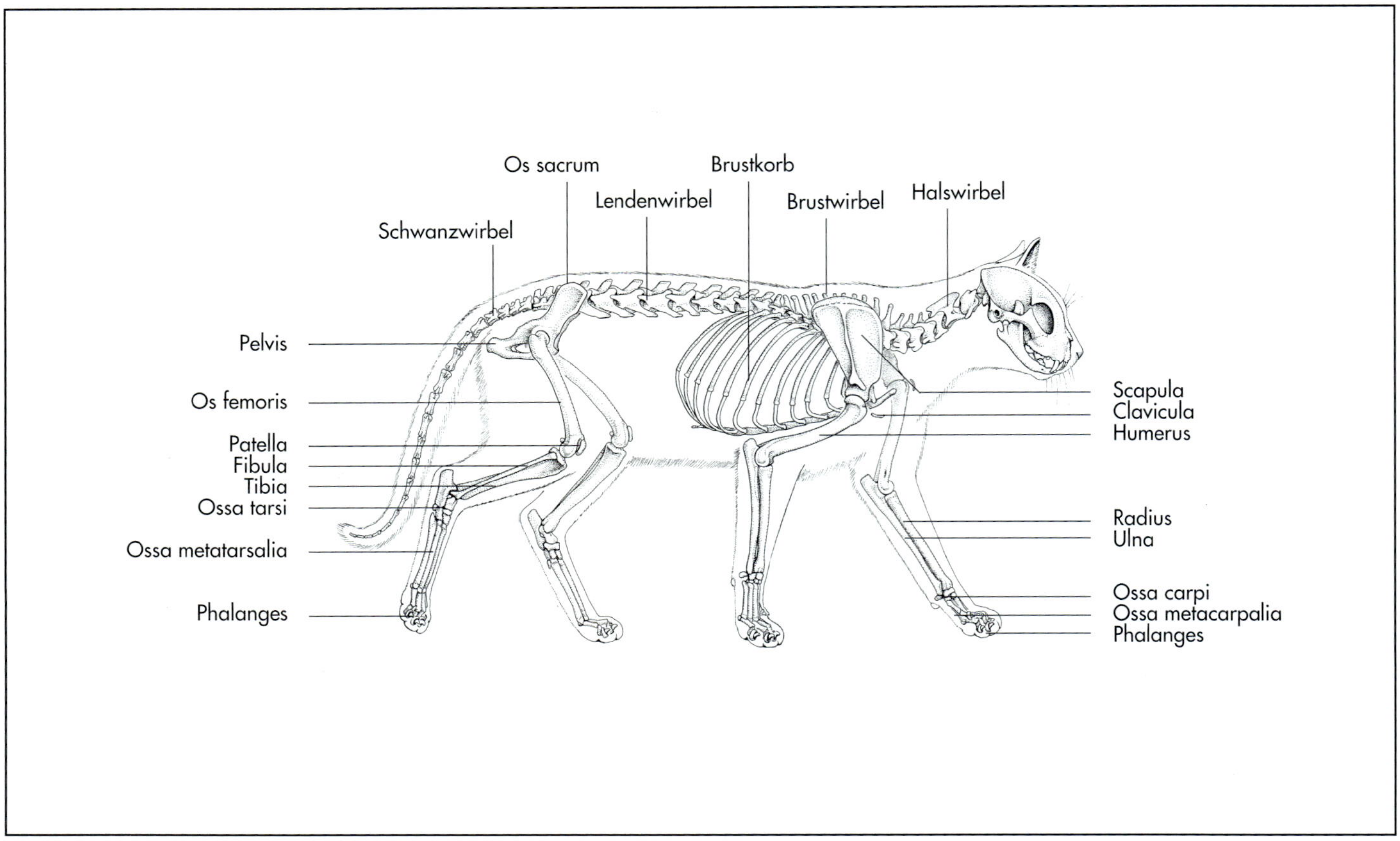

Abb. E-16. Skelett der Katze.

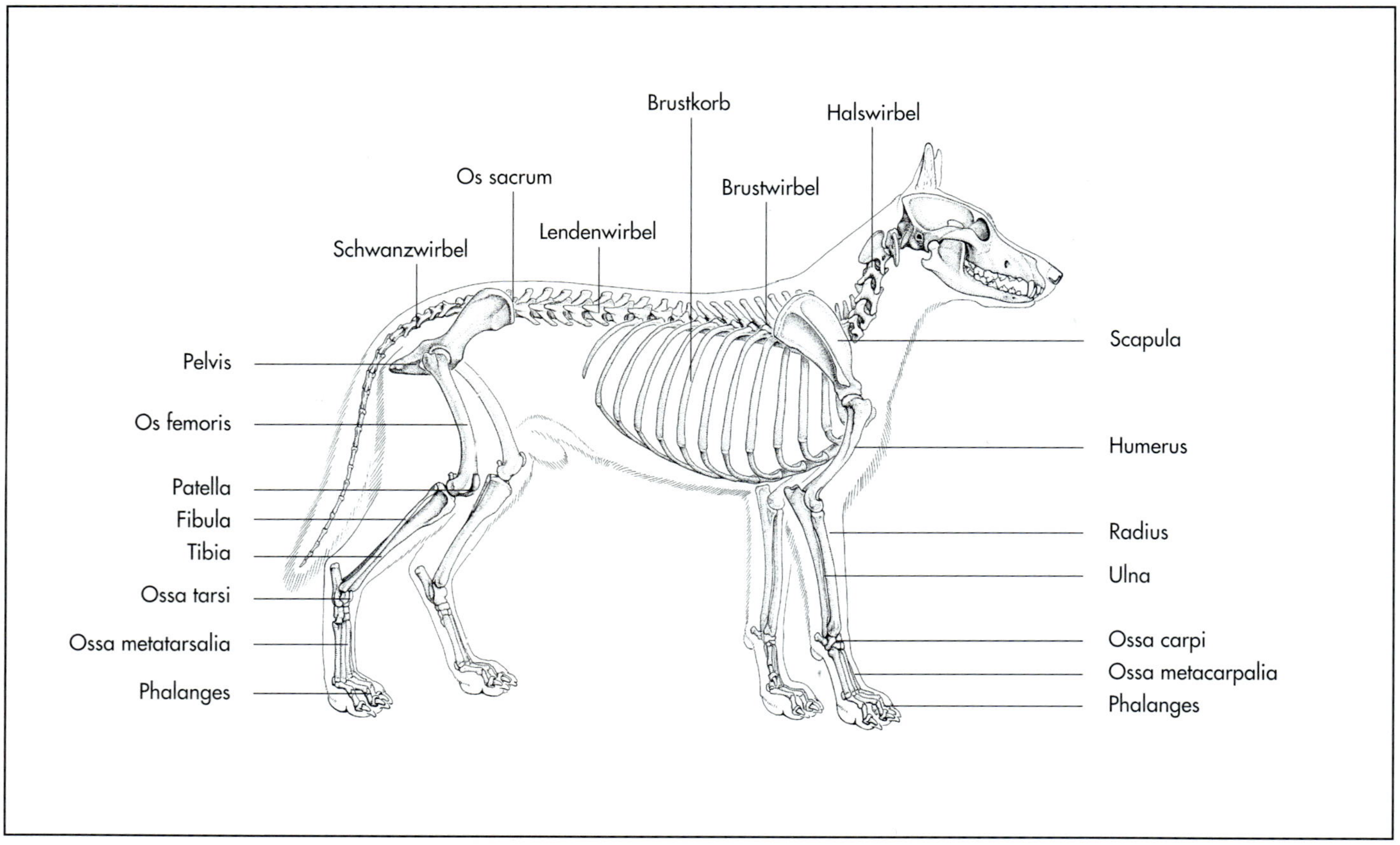

Abb. E-17. Skelett des Hundes.

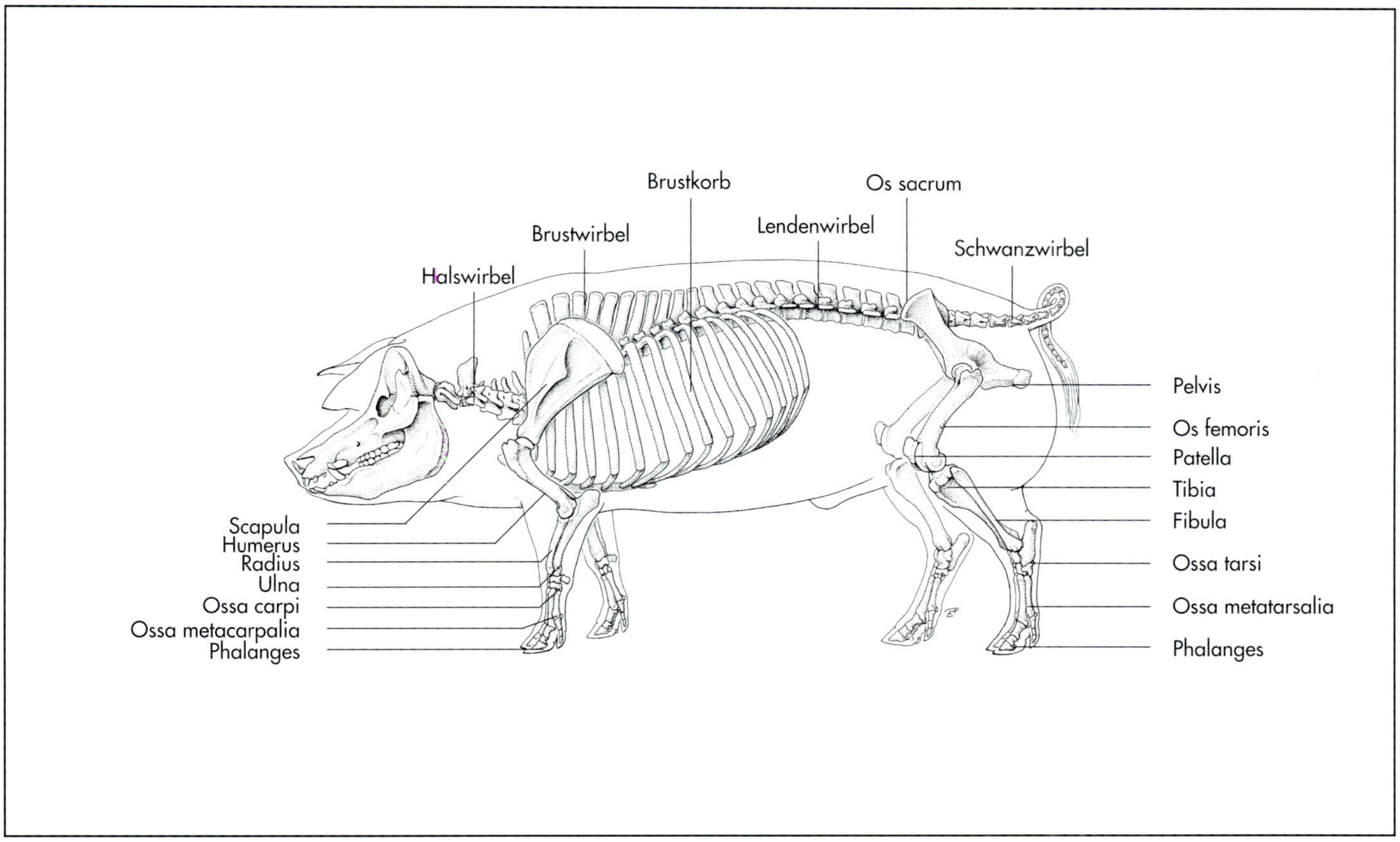

Abb. E-18. Skelett des Schweines.

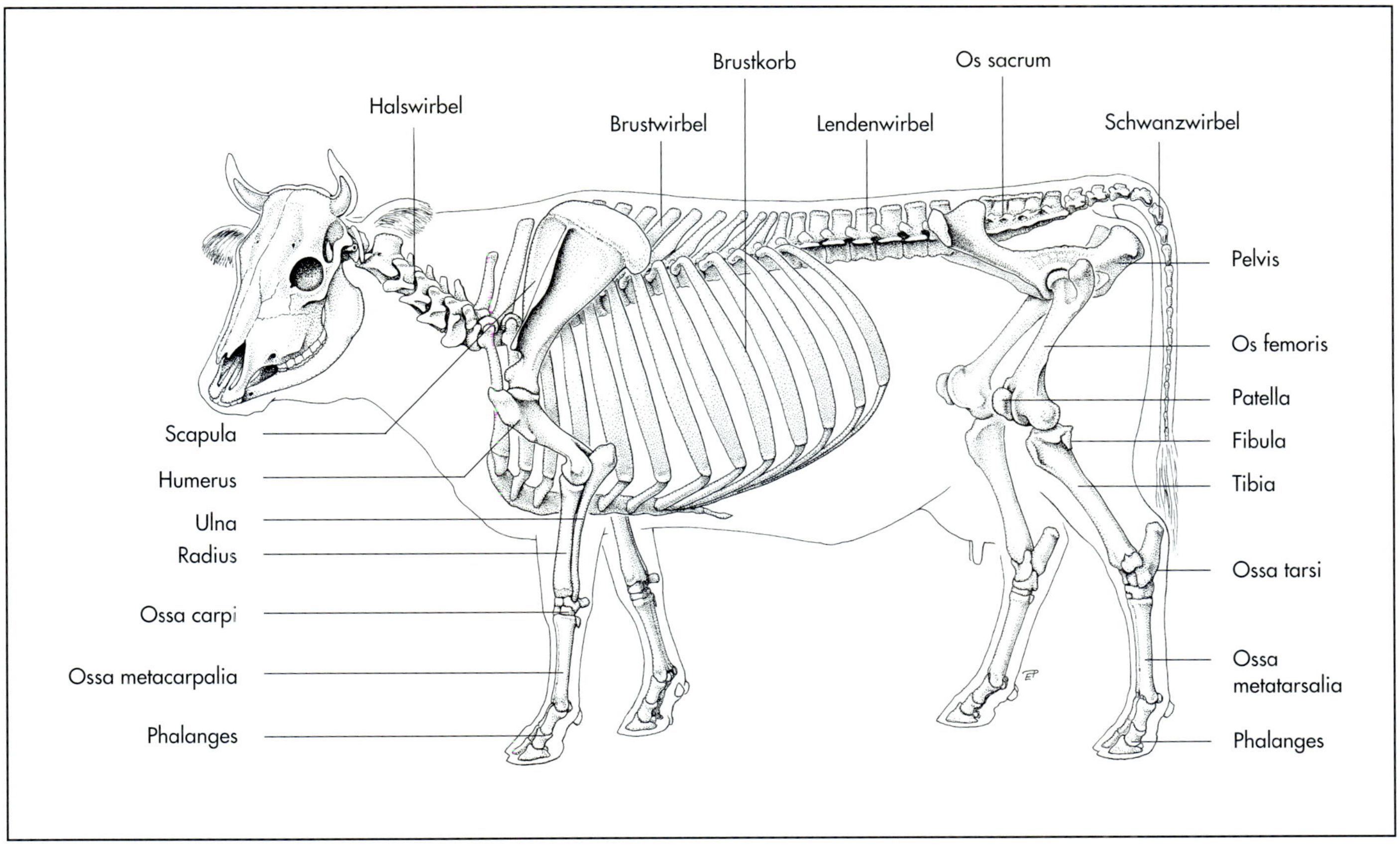

Abb. E-19. Skelett des Rindes.

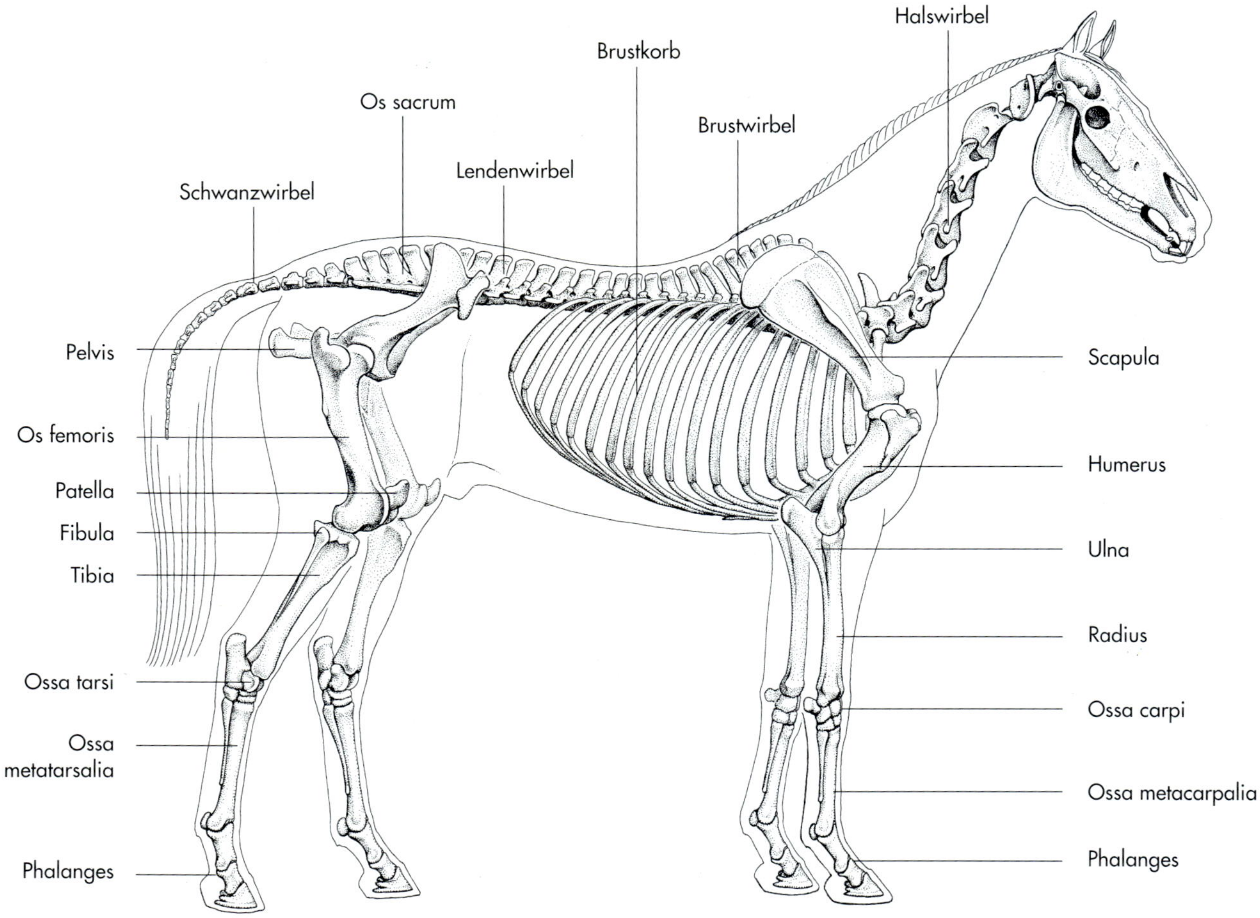

Abb. E-20. Skelett des Pferdes.

- Spongiosa tubulosa,
- Spongiosa trabeculosa oder
- Spongiosa lamellosa.

Sie werden dann als Röhrenknochen bezeichnet und bilden die Grundlagen der Gliedmaßen.

Platte und **breite Knochen (Ossa plana)** bestehen aus zwei meist kompakten Knochentafeln (Tabulae), die als Platten zwischen sich spongiosagefüllte Hohlräume (Diploe) oder belüftete Höhlen (Sinus) einschließen. Platte Knochen sind beispielsweise das Schulterblatt, das Darmbein, die Rippen. Am Schädel sind manche Knochen als platte Knochen pneumatisiert (Ossa pneumatica).

Kurze Knochen (Ossa brevia) weisen eine große Formenvielfalt auf, sie sind zylindrisch, würfelförmig oder rundlich. Im Inneren schließt diese Knochenform ein ausgeprägtes Netzwerk von Spongiosa ein, in die hämoretikuläres Gewebe eingelagert ist. Kurze Knochen sind z. B. die Knochen der Wirbelsäule (Abb. 1-104) und der Fußwurzelgelenke.

Sehnen- oder **Sesambeine (Ossa sesamoidea)** liegen in Gelenknähe entweder in einer Sehne oder sie unterlagern diese (z. B. die Kniescheibe und an den Gelenken des Fußes) (Abb. E-25).

Organknochen stehen nicht in Zusammenhang mit dem Bewegungsapparat, solche Knochen sind im Penis des Katers und des Rüden sowie im Herzskelett des Rindes vorhanden.

Übersichtshalber werden in den Abbildungen E-16–20 die Skelette von Katze, Hund, Schwein, Rind und Pferd schematisiert dargestellt, um ein Gesamtbild der Lage und Anordnung der Knochen zueinander und vergleichend anatomisch zu gewinnen. Die einzelnen Knochen werden in den entsprechenden Kapiteln des Bewegungsapparates eingehend behandelt.

Gelenklehre (Arthrologia)

Der Freiheitsgrad der Mobilität zweier anliegender Knochen bzw. Knorpel hängt entscheidend von der Struktur des Zwischenraumes ab. Ist dieser permanent **ohne Zwischenspalt** überbrückt, spricht man von einer **Synarthrose.** Wird das

Abb. E-21. Fadenförmige Synovialzotten in der Gelenkhöhle mit Synovia (Lupenpräparat), Präparat Dr. Margit Teufel, Wien.

Abb. E-22. Synovialzotten in der Gelenkhöhle mit injizierten Kapillaren (Lupenpräparat), Präparat Dr. F. Teufel, Wien.

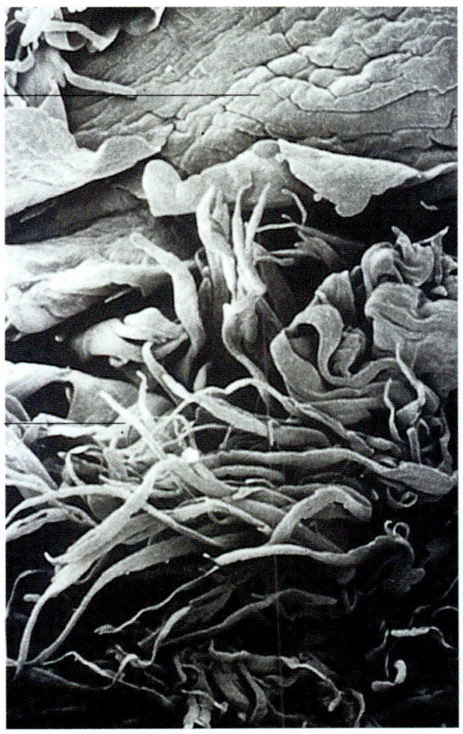

Abb. E-23. Rasterelektronenmikroskopische Aufnahme von Synovialzotten aus dem Schultergelenk eines Pferdes, Präparat Dr. R. Böhmisch, München.

Abb. E-24. Rasterelektronenmikroskopische Aufnahme von Synovialzotten aus dem Schultergelenk eines Pferdes, Präparat Dr. R. Böhmisch, München.

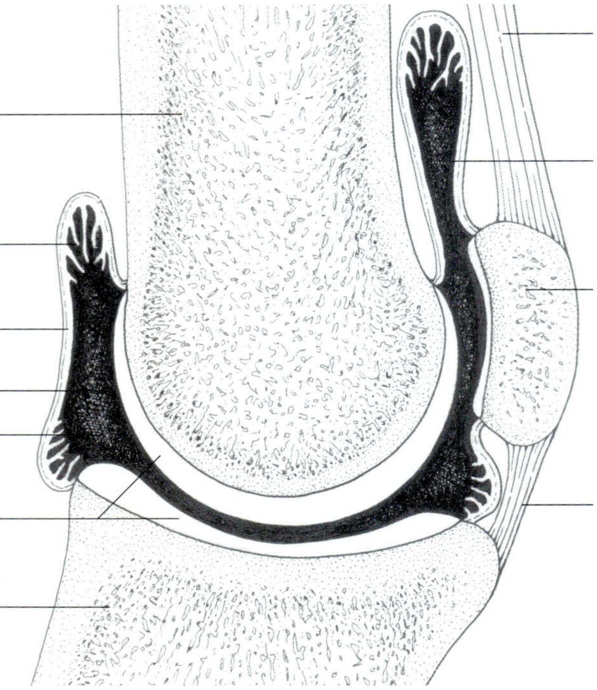

Abb. E-25. Schematische Darstellung eines Gelenks mit anliegendem Sesambein und Halteapparat.

spaltfreie Gelenk mit Bindegewebe ausgefüllt, liegt eine Verbindung in Form einer **Junctura fibrosa** oder eines Gelenks als **Articulatio fibrosa** vor. Füllt Knorpel die spaltfreie Verbindung aus, nennt man dieses Gelenk eine **Articulatio cartilaginea**. Eine Steigerung der Beweglichkeit anliegender Skelettstücke wird dann erreicht, wenn ein **spalthaltiges Gelenk (Diarthrose)** entwickelt ist. Echte Gelenkverbindungen **(Juncturae synoviales** seu **Articulationes synoviales)** entwickeln eine Gelenkhöhle (Cavum articulare) mit einer darin eingeschlossenen Gelenkflüssigkeit (Synovia).

Spaltfreie Knochenverbindungen, Synarthrosen

Bindegewebige Verbindungen (Juncturae fibrosae) können untergliedert werden in:

- **Bandhafte Verbindungen (Syndesmoses),** z. B. Verbindungen der Afterzehen mit dem Mittelfuß,
- **Knochennähte (Suturae)** am Schädel,
  - Zahnnaht (Sutura serrata),
  - falsche Naht (Sutura plana),
  - Schuppennaht (Sutura squamosa),
  - Blattnaht (Sutura foliata) und
- **Einkeilungen (Gomphoses),** z. B. die Verbindungen der Zahnwurzel im Zahnfach durch straffes Bindegewebe.

Neben den bindegewebigen Verbindungen treten auch **knorpelige** auf **(Juncturae cartilagineae),** an denen man unterscheiden kann:

- **Verbindungen durch hyalinen Knorpel (Synchondroses),** z. B. zwischen der Schädelbasis und dem Zungenbein,
- **Verbindungen durch Faserknorpel (Symphyses),** z. B. an der Beckensymphyse oder der Verbindung der Unterkieferhälften oder zwischen den Wirbelkörpern (Symphyses intervertebrales), zwischen denen sich zusätzlich die Zwischenwirbelscheiben (Disci intervertebrales) einfügen und
- **knöcherne Verbindungen (Synostoses),** z. B. zwischen der Speiche und der Elle beim Pferd.

Echte Gelenkverbindungen (Articulationes synoviales)

Die gelenkigen Verbindungen unterscheiden sich in der Anzahl der gelenkbildenden Knochen, im Grad ihrer Bewegungsmöglichkeiten oder nach der Form der Gelenkflächen. Trotz dieser zum Teil erheblichen Unterschiede stimmen Gelenke in ihrem Grundbauplan grundsätzlich überein (Abb. E-25 u. 26). Man unterscheidet an einer gelenkigen Verbindung:

- die umfassende **Gelenkkapsel (Capsula articularis),**
- die **Gelenkhöhle (Cavum articulare)** sowie
- den hyalinen **Gelenkknorpel (Cartilago articularis),** der die freien Enden zweier oder mehrerer Knochen überzieht.

Die **Gelenkkapsel** (Abb. E-25) setzt sich aus einer äußeren, derb-faserigen Schicht, dem **Stratum fibrosum,** und einer inneren zell-, gefäß- und nervenreichen Schicht, dem **Stratum synoviale (Synovialmembran),** die die Gelenk-

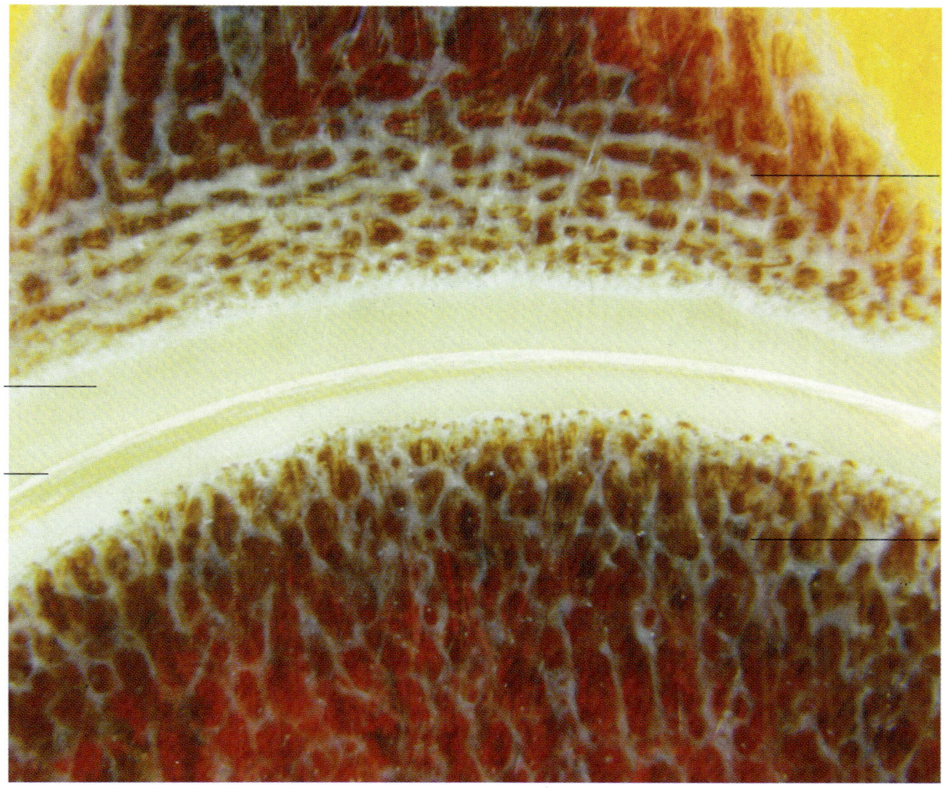

Abb. E-26. Schnitt durch das Schultergelenk eines Hundes mit angrenzenden Knochenenden (plastiniertes Präparat).

höhle auskleidet, zusammen. Die Faserschicht der Gelenkkapsel setzt sich in das angrenzende Perichondrium bzw. in das Periost fort (Abb. E-25).

Die **Faserschicht (Stratum fibrosum)** kann durch kapsuläre Bänder verstärkt sein, die sich in der Regel der Kapselwand außen anlegen. Die fibrilläre Kapsel variiert erheblich im Grad ihrer Entwicklung und Wandstärke, diese richtet sich allein nach der mechanischen Belastung an der jeweiligen Stelle. Schäden an der Kapsel benötigen lange Heilungszeiten, da die Durchblutung dieser Schicht äußerst gering ist. Dagegen erscheint die sensible (nervale) Versorgung dieser Wandschicht ausgeprägt. Bei Erkrankungen der Kapsel oder nach Überdehnung der Wand durch vermehrte Synoviabildung sind erhebliche Schmerzen meist unvermeidlich.

Die **Synovialmembran (Stratum synoviale)** erscheint weißgelblich, sie bildet **Synovialzotten (Villi synoviales)** bzw. **Synovialleisten (Plicae synoviales)** aus, die in Zahl, Größe, Form und Verteilung innerhalb ein und desselben Gelenks differieren. Die Synovialmembran läßt eine innere Deckschicht (Intima synovialis, Synoviozytenschicht) von einem unterlagernden Gewebe, dem Stratum subsynoviale (Subsynovialis), unterscheiden (Abb. E-21–25).

Die Intima synovialis schließt in ihrer Deckzellschicht **Synoviozyten** ein, die zum einen der Stoffaufnahme durch Phagozytose (A-Synoviozyten), zum anderen der Stoffabgabe, der Sekretion von Proteinen (B-Synoviozyten), dienen.

Die Synovialmembran scheidet die **Gelenkschmiere (Synovia)** in die Gelenkhöhle ab, eine blaßgelbliche, klare Flüssigkeit von visköser Konsistenz, die auch in Sehnenscheiden und in Schleimbeuteln auftritt (s. dort). Die Synovialflüssigkeit reduziert den Reibungswiderstand anliegender Gelenkflächen, sie dient in geringem Maß auch der Ernährung des Knorpels. Hierfür enthält die Synovia Hyaluronsäurekomplexe, Zucker, Elektrolyte und Enzyme. Gelenkgallen sind vermehrte Zubildungen an Synovia. Freie Gelenkkörper, sog. **Gelenkmäuse,** können als Folge pathologischer Veränderungen aus verkalkten Synovialzotten oder aus Absprengungen intraartikulärer Knorpel entstehen, sie können sehr schmerzhaft sein.

Der **Gelenkknorpel** liegt über einer schmalen verkalkten Fläche der unterlagerten Epiphyse des Knochens fest an, er ist nicht von Perichondrium bedeckt, sondern zur Gelenkhöhle hin glatt (Abb. E-25 u. 26). Der Gelenkknorpel erscheint an konkaven Flächen in der Mitte dünner, an der konvexen Gelenkerhöhung dagegen verdickt. Bei Huftieren weichen in zahlreichen Gelenken die knorpeligen Grenzflächen stellenweise zurück, es entstehen **Synovialgruben (Fossae synoviales).** Die Textur der kollagenen Faserbündel in der Knorpelmatrix ist streng nach den mechanischen Gesetzmäßigkeiten von Druck- und Zugspannungen orientiert. Die hyaline Knorpelmatrix wirkt stoßbrechend, sie ist verformbar und viskoelastisch. Der Knorpel enthält keine Nerven und ist mit wenigen Ausnahmen gefäßlos.

Der Gelenkknorpel erscheint als ein aus mehreren Zonen zusammengesetztes Gewebe. Man unterscheidet eine:

- Tangentialzone,
- Übergangszone,
- Radiärzone und
- Verkalkungszone.

Die **Tangentialzone** schließt als eine der Oberfläche naheliegende Zone tangential verlaufende, eng verwobene Kollagenfasern ein. Diese Fasern verlaufen bogenförmig zur

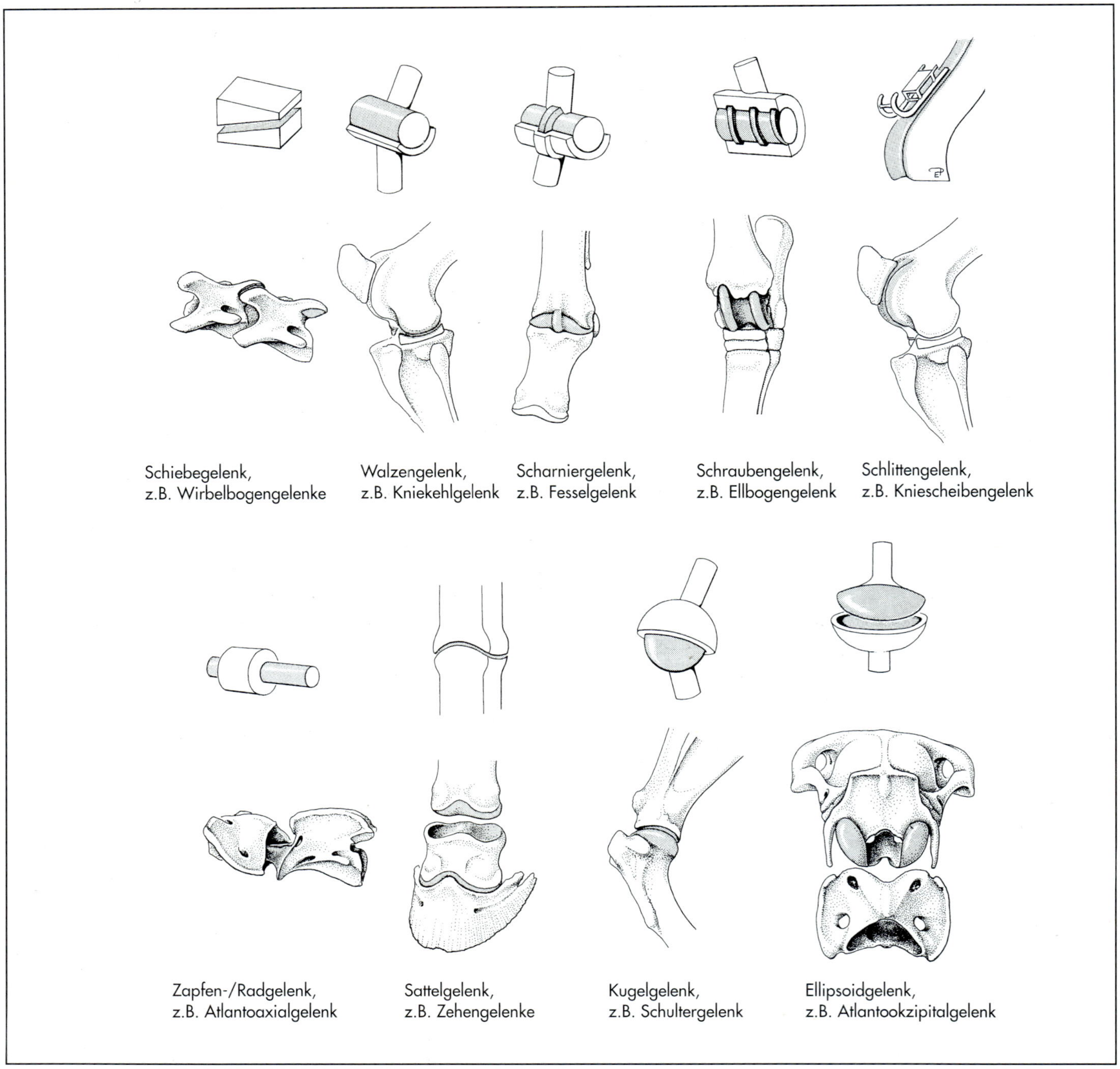

Abb. E-27. Schematische Darstellung der verschiedenen Gelenktypen.

Knorpeloberfläche und orientieren sich dort zu einer weitgehend **parallelen Faserausrichtung.** Diese Anordnung der Kollagenfasern verstärkt die oberflächennahe Stabilität des Gelenkknorpels.

Mittlere Abschnitte des Knorpels sind dagegen strukturell homogen **(Übergangszone).** Die **Radiärzone** umfaßt in der Tiefe gelegene Kollagenfasern, die sich zu teilweise radiär angeordneten Bündeln vereinigen. In der **Verkalkungszone** verankern sich Kollagenfasern über eine kalzifizierte Zwischenschicht im unterlagerten Knochen. Hierdurch wird eine feste Verbindung von Gelenkknorpel und Knochen gewährleistet.

Dem Gelenkknorpel unterlagert ist eine **subchondrale Knochenplatte,** die Teile der kalzifizierten Zwischenschicht des Gelenkknorpels und lamelläre Knochenschichten umfaßt. Diese Platte unterstützt die dynamischen Funktionen des Gelenkes, schützt den Knorpel als mechanischer Stoßdämpfer vor axialen Belastungen und fördert die metabolische Stoffwechselversorgung tieferer Knorpelschichten.

Der Gelenkknorpel weist einen anaeroben Stoffwechsel auf. Die **Ernährung** erfolgt **bradytroph durch Diffusion,** seltener über die Synovialflüssigkeit aus den Spalträumen der Gelenkhöhle oder über die Markgefäße des unterlagerten Knochens. Der hohe Gehalt an Proteoglykanen und die damit verbundene hohe Wasserbindungskapazität erleichtern den intrachondralen Transport von Stoffwechselprodukten.

Gelenke werden durch intrakapsuläre, kapsuläre oder extrakapsuläre **Gelenkbänder (Ligamenta articularia)** in ihrer Verbindung gehalten. Einige Gelenke enthalten zusätzlich faserknorpeliges **Zwischengewebe (Menisci articulares** im Kniegelenk bzw. **Disci articulares** im Kiefergelenk), die dem Ausgleich inkongruenter Gelenkflächen und der Gelenkstabilisierung dienen. Ferner können Fettpolster intraartikulär eine Pufferfunktion übernehmen.

Die synovialen Gelenke werden nach verschiedenen Gesichtspunkten eingeteilt:

- nach **Anzahl der gelenkbildenden Knochen:**
  - **Articulatio simplex,** an der zwei Knochen beteiligt sind (z.B. das Schultergelenk),
  - **Articulatio composita,** an der mehrere Knochen beteiligt sind (z.B. das Handwurzelgelenk),
- nach den **Bewegungsmöglichkeiten** (Abb. E-27):
  - **einachsige Gelenke:**
    - Scharniergelenk (Ginglymus), bei dem die Gelenkachse quer zur Längsachse des Knochens liegt (z.B. das Fesselgelenk),
    - Zapfengelenk (Articulatio trochoidea), bei dem die Gelenkachse parallel zur Längsachse des Knochens liegt (z.B. das Atlantoaxialgelenk zwischen dem 1. und 2. Halswirbel),
  - **zweiachsige Gelenke:**
    - Sattelgelenk (Articulatio sellaris), z.B. zwischen den Zehengelenken,
    - Ellipsoidgelenk (Articulatio ellipsoidea), z.B. das Atlantookzipitalgelenk zwischen dem Hinterhauptsbein und dem 1. Halswirbel,
  - **vielachsige Gelenke:** z.B. das Schultergelenk oder das Hüftgelenk,
  - **straffe Gelenke (Amphiarthrosis):** z.B. das Kreuzbein-Darmbein-Gelenk,
- nach der **Form der Gelenkflächen:**
  - Kugelgelenk (Articulatio sphaeroidea), z.B. das Hüftgelenk, das Schultergelenk,
  - als Sonderform des Kugelgelenks: Nußgelenk (Articulatio cotylica), bei dem die Gelenkpfanne mehr als die Hälfte der Kugel umfaßt (Hüftgelenk des Menschen),
  - Ellipsoidgelenk (Articulatio ellipsoidea), z.B. zwischen dem Hinterhauptsbein und dem 1. Halswirbel,
  - Sattelgelenk (Articulatio sellaris), z.B. zwischen den Zehengelenken und
  - Walzengelenk (Articulatio condylaris), z.B. das Kniekehlgelenk.

In der letztgenannten Gruppe werden aufgrund funktioneller Merkmale mehrere Formen unterschieden:

- **Scharniergelenk (Ginglymus),** z.B. das Fesselgelenk,
- **Schraubengelenk (Articulatio cochlearis),** z.B. das Sprunggelenk beim Pferd,
- **Schnappgelenk,** ein federndes Gelenk, gleichzeitig ein Scharnier- und Schraubengelenk, bei dem die Seitenbänder über der Drehachse ansetzen, z.B. das Ellbogen- und das Sprunggelenk beim Pferd,
- **Schlittengelenk (Articulatio delabens),** z.B. das Kniescheibengelenk,
- **Spiralgelenk (Articulatio spiralis),** bei dem die Seitenbänder unter der Drehachse inserieren (sie sind in der mittleren Stellung am kürzesten, bei Streckung oder Beugung tritt eine Bremswirkung ein, z.B. das Kniegelenk des Pferdes),
- **ebenes Gelenk (Articulatio plana),** ein Schiebegelenk, z.B. die Wirbelbogengelenke,
- **inkongruente Gelenke** sind solche, bei denen die Gelenkflächen nicht ineinander passen, z.B. das Kniegelenk oder das Kiefergelenk; diese Inkongruenz wird von faserknorpeligen Scheiben, den Menisci im Kniegelenk und den Disci articulares im Kiefergelenk, ausgeglichen.

Muskelsystem (Systema musculare)

Muskellehre (Myologia)

In höher entwickelten Organismen vermögen sich **Zellen des mittleren Keimblattes (Mesoderm)** in Somiten und deren Abkömmlinge zu spezialisieren, die die Fähigkeit der Kontraktion kennzeichnet. Diese Zellpopulationen differenzieren sich zu Muskelgewebe, das chemische Energie in mechanische Energie bzw. Wärmeenergie umwandelt. Der funktionellen Spezialisierung folgend können auch nach morphologischen Gesichtspunkten **zwei Arten von Muskelgewebe** (Abb. E-28, 29, 31 u. 32) unterschieden werden:

- das **glatte Muskelgewebe**, das kontraktile Funktionen u.a. in inneren Organen übernimmt, Ausführungsgänge von Körperdrüsen umhüllt und die Wände von Blut- und Lymphgefäßen bildet und
- die sog. **quergestreifte Muskulatur**, die sich in die **Skelett-** und in die **Herzmuskulatur** untergliedern läßt.
  (Näheres siehe Lehrbücher der Histologie.)

Die **Skelettmuskulatur** stellt den aktiven Teil des Bewegungsapparates dar, sie wird im herkömmlichen Sprachgebrauch als »Muskulatur« oder Muskeln (Musculi) bezeichnet. Diese Muskulatur ist stark durchblutet und von zerebrospinalen (sensiblen und motorischen) und vegetativ autonomen (sympathische und parasympathische) Nerven innerviert, die in ihrem physiologischen Zusammenwirken eine untrennbare funktionelle Einheit bilden. Flächenhaft ausgebreitete bindegewebige Hüllen, die Faszien bzw. Aponeurosen, sowie Sehnenscheiden und Schleimbeutel unterstützen diese Muskulatur in ihren unterschiedlichsten Funktionen.

Skelettmuskulatur liefert die Kraft zur Bewegung von Skelettteilen, sie setzt stets an Knorpeln oder Knochen an. Damit wird die Bewegung einzelner Körperabschnitte oder die Lokomotion des Gesamtorganismus (siehe auch Kap. »Statik und Dynamik«) ermöglicht. Diese Muskeln tragen auch Teile der Körperlast, bilden die Brust- und Bauchwand mit und unterstützen die Aktivitäten innerer Organe (z.B. Atmungsmuskulatur, Zwerchfell).

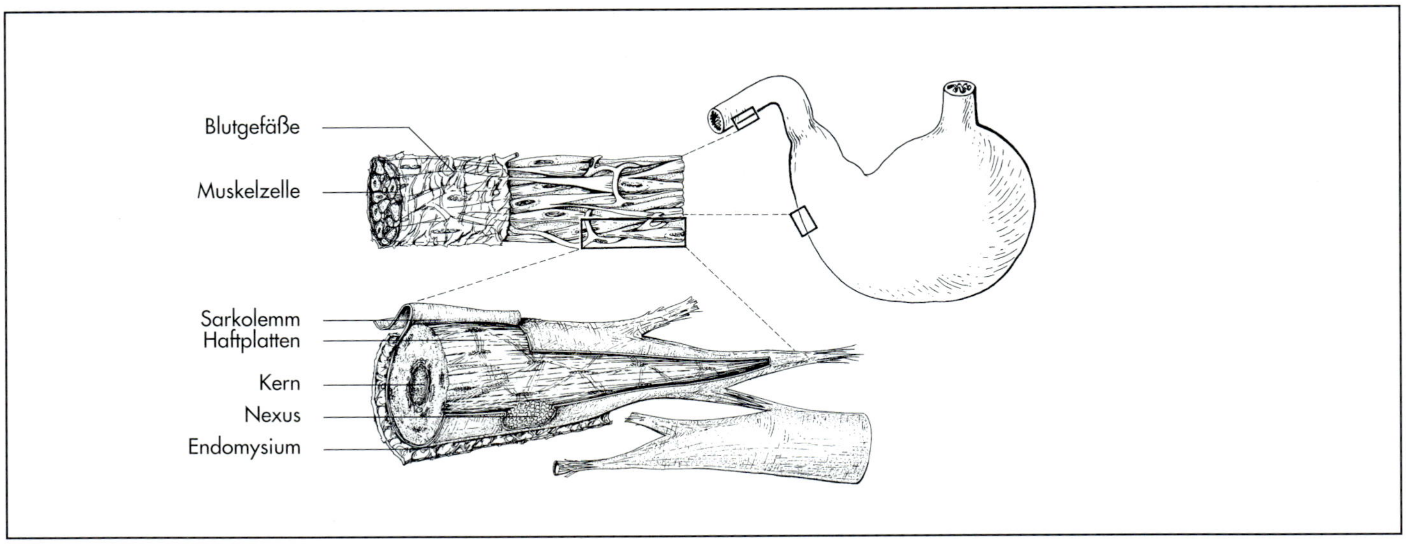

Abb. E-28. Schematische Darstellung des glatten Muskelgewebes, Liebich, 1999.

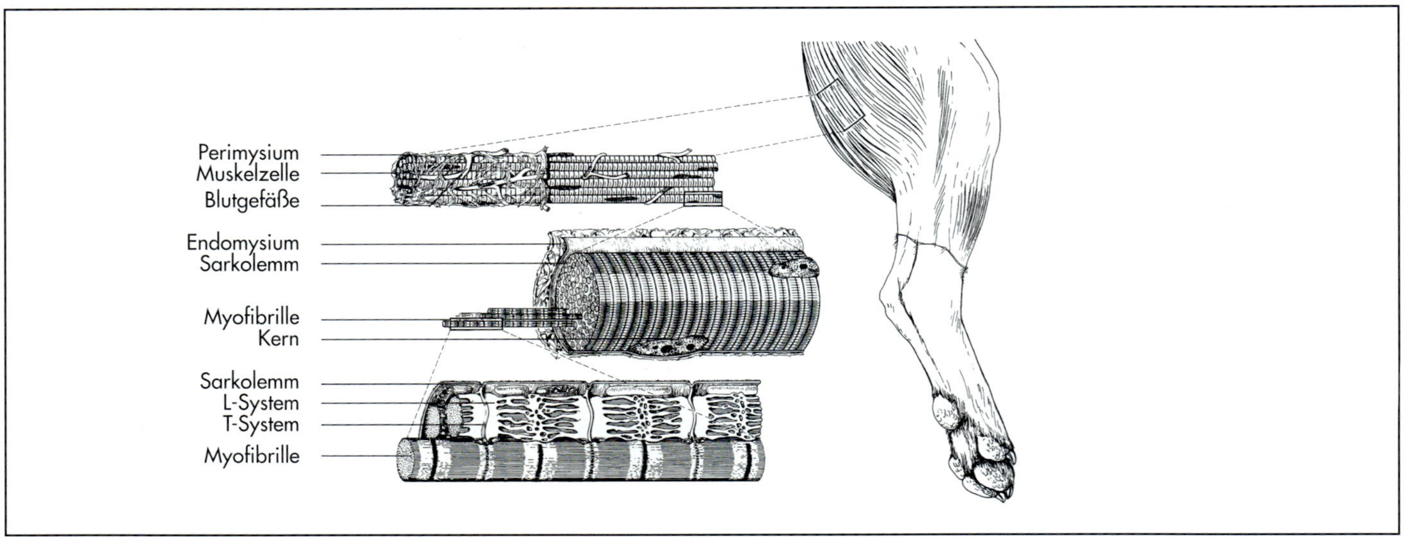

Abb. E-29. Schematische Darstellung des quergestreiften Skelettmuskelgewebes, Liebich, 1999.

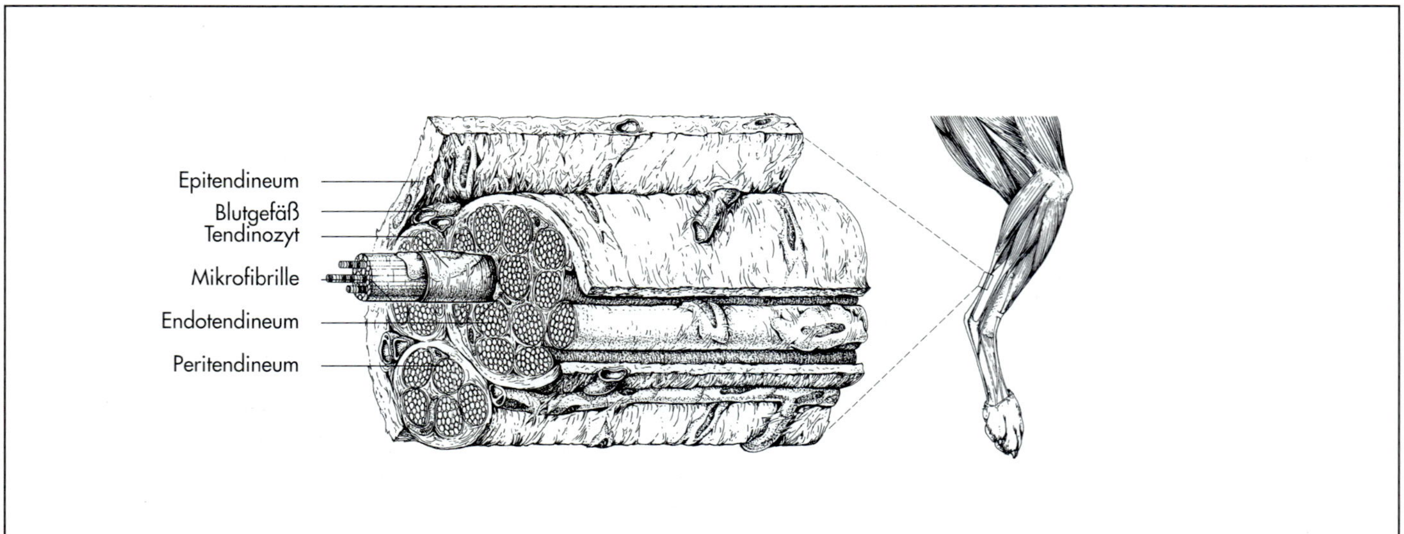

Abb. E-30. Schematische Darstellung des Aufbaus einer Sehne, Liebich, 1999.

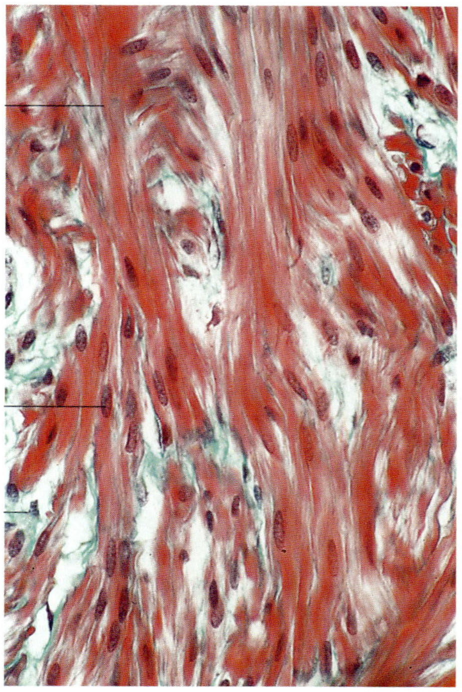

Abb. E-31. Längsschnitt durch glattes Muskelgewebe (Goldner-Färbung, Vergr. 400fach).

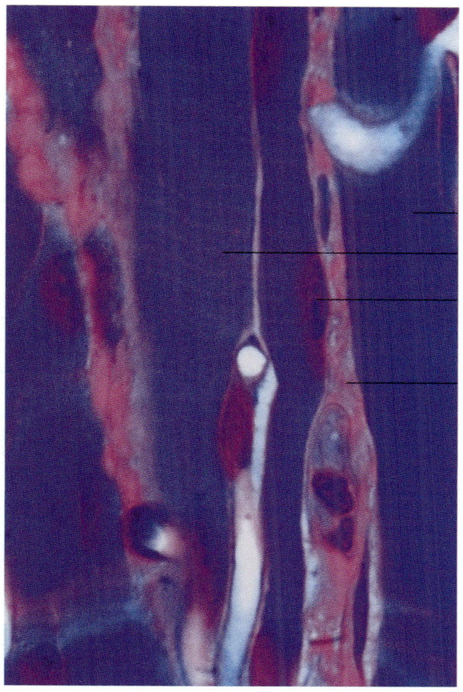

Abb. E-32. Längsschnitt durch quergestreiftes Skelettmuskelgewebe (Methylenblau-Safranin-Färbung, Vergr. 800fach).

Entwicklung, Degeneration, Regeneration und Adaptation von Muskelfasern

Die embryonale Entwicklung von Muskelzellen setzt mit der Differenzierung von **mesenchymalen Stammzellen** aus Somiten des mittleren Keimblattes über **Prämyoblasten** zu **kontraktilen Myoblasten** ein. Diese lagern **Myosin-** und **Aktinfilamente** als die für die Kontraktion verantwortlichen Zytoplasmaproteine in der zellspezifischen Anordnung als **Querstreifung** ein. Durch Verschmelzung anliegender Myoblasten entstehen langgestreckte Muskelzellen bzw. Muskelfasern, die im adulten Stadium eine Länge von über 10 cm und einen Querdurchmesser von über 100 µm erreichen können.

Undifferenzierte Stammzellen bleiben als sog. **Satellitenzellen** zeitlebens erhalten und spielen bei der Muskelregeneration eine wichtige Rolle. Verschiedene Einflüsse (u.a. Durchblutungsstörungen, mangelnde nervale Impulse, Druck, Gifte) führen zu lokaler Degeneration des Muskels, ein Neuaufbau ist im wesentlichen von der Aktivität und der Anzahl ungeschädigter Satellitenzellen abhängig.

Die **Stärke eines Muskels** und damit der Grad der Bemuskelung hängt entscheidend vom Trainingszustand ab. Ein Einstellen der Bewegung, verbunden mit einer vollständigen Unterbrechung der Innervation, führt zur Muskelatrophie, eine andauernde Belastung durch Training zu einer Zunahme der Muskelmasse (Hyperplasie) durch Verstärkung der bindegewebigen Hüllen, der Faserdicke und der Durchblutung.

Bau der Muskulatur

Die Muskeln des Skeletts bestehen aus einem aktiv zur Kontraktion befähigten **Muskelbauch** und seinen, die Kraft übertragenden **Ursprungs-** und **Endsehnen** (Abb. E-30). Diese Muskeln weisen aufgrund der regelmäßigen und parallelen Anordnung der Aktin- und Myosinfilamente innerhalb einer jeden Muskelfaser eine mikroskopisch nachweisbare **Querstreifung** auf (Abb. E-29 u. 32). Sie bilden zusammen mit den bindegewebigen Hüllen und dem eingelagerten Fettgewebe das **Muskelfleisch.**

Muskelzellen schließen in unterschiedlicher Zahl und Dichte kontraktile Myofilamente ein. Überwiegen diese Einlagerungen, so vermag das **Zytoplasma der Muskelfaser (Sarkoplasma)** nur geringfügig den roten **Muskelfarbstoff Myoglobin** zu speichern, die Muskulatur erscheint heller (**»weißer Muskeltyp«**). Dieser Muskeltyp ermüdet rasch, die Kontraktionsfähigkeit einer jeden Faser ist jedoch erhöht. Von **»rotem« Muskeltyp** (»rotem Fleisch«) spricht man dann, wenn wenig Myofibrillen, jedoch vermehrt der rote Muskelfarbstoff Myoglobin im Sarkoplasma der Zellen eingelagert ist (z.B. bei älteren Haussäugetieren und Wildtieren). (Näheres siehe Lehrbücher der Physiologie und der Histologie.)

Die **Innervation des Muskels** erfolgt über myonervale Verknüpfungen. Muskel und Nerv stellen eine funktionelle Einheit dar. Dabei wird jede Muskelfaser von mindestens einem Axon eines **motorischen Nerven** des **Zentralnervensystems (zerebrospinaler Nerv)** versorgt. Die Kontaktstelle zur Muskelzelle wird von einer Sonderform einer synaptischen Verbindung, der **motorischen Endplatte,** ge-

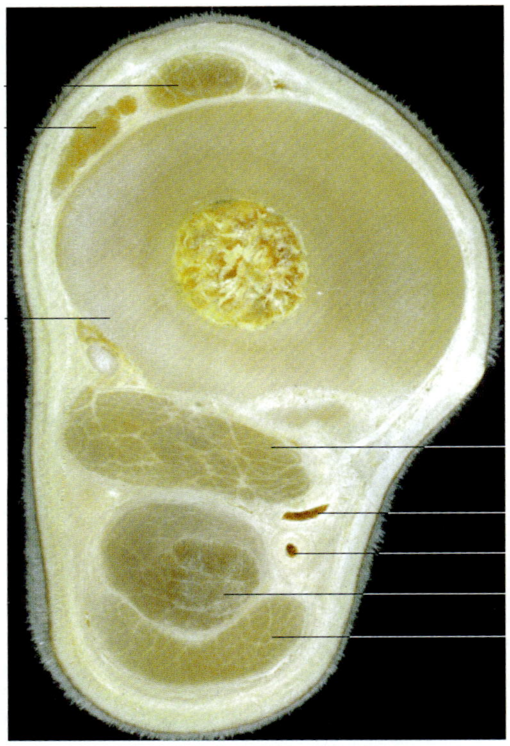

Abb. E-33. Querschnitt durch die Mittelhand eines Pferdes in dessen mittlerem Drittel (plastiniertes Präparat).

bildet, die der Erregungsübertragung des **Neurotransmitters (Acetylcholin)** dient.

Neben den motorischen Endplatten treten im Muskel in Gruppen **Muskelspindeln** auf, die, in eine Kapsel gehüllt, **sensible Nervenendigungen** besitzen. Diese dienen als **Rezeptoren der Tiefensensibilität** und liefern durch Mechanorezeptoren Informationen über den Muskeltonus und den Spannungszustand der Sehne und der Gelenkkapsel. Darüber hinaus dienen diese der Wahrnehmung von Bewegungsabläufen und der Änderung von Lagebeziehungen einzelner Körperteile zueinander.

Sehnenspindeln wirken als Dehnungsrezeptoren, die den Spannungszustand des Muskel-Sehnen-Systems wahrnehmen. Zusätzlich werden die intramuskulären Leitungsbahnen, die Blut- und Lymphgefäße, durch **vegetative Nerven** sympathisch und/oder parasympathisch versorgt. Dadurch wird die funktionsgerechte Durchblutung des Muskels sowie das interstitielle Lymphgefäßsystem nerval gesteuert.

Große Muskelbäuche werden, makroskopisch erkennbar, an ihrer Oberfläche von einer straffen, flächenhaft sich überkreuzenden Bindegewebsschicht überzogen, dem **Epimysium,** das sich als **Epitendineum** um die Sehne fortsetzt. Diese äußerste Muskelhülle grenzt anliegende Muskeln gegenseitig ab, sie dient als Verschiebeschicht und Träger größerer Leitungsbahnen. Eintritts- und Austrittspforte dieser Leitungsbahnen werden als **Hilus** eines Muskels benannt. Größere Muskelbündel werden innerhalb eines Muskelbauches durch intramuskuläres Bindegewebe **(Perimysium)** in mehr oder weniger kleinere funktionelle Untereinheiten gegliedert (Abb. E-29). Durch feinmaschige Quervernetzung stehen diese scherengitterartig geschichteten Kollagenfasergeflechte untereinander in Verbindung, sie dienen der Feinabstimmung während der Muskelkontraktion und der Aufnahme kleinerer Gefäße und Nerven. Jede einzelne Muskelfaser wird für sich von einem feinen kollagenen Fibrillennetz **(Endomysium)** überzogen. Dieses bildet einen »Gitterfaserstrumpf«, der anliegende Bindegewebszellen, kleinste Blutgefäße und Nervengeflechte mit einschließt (Abb. E-29). Die genannten Bindegewebshüllen sind von an Größe zunehmenden Primär-, Sekundär- und Tertiärbündeln ineinander geordnet, sie bilden eine funktionelle Einheit und finden unmittelbar Anschluß an den inneren Aufbau der Sehne.

Die **Übertragung der Muskelkraft** auf die **Sehne** erfolgt am Muskelfaserende durch zahlreiche, **fingerförmige Verzahnungen** von Muskelzellen und kraftübertragenden kollagenen Sehnenfibrillen.

Die **Sehne (Tendo)** ist ein parallelfaseriger, weißer Strang von unterschiedlichem Querdurchmesser und Länge, der sich aus den bindegewebigen Hüllen des Innenaufbaus der Muskelbäuche ableitet (Abb. E-30). Durch diese Verknüpfung werden die Haftflächen zwischen der Muskulatur und der Sehne nachdrücklich verstärkt. So findet man in den Sehnen eine **Aufteilung in Sehnenfaserbündel** (Primär-, Sekundär- und Tertiärbündel), die als **Epitendineum** bzw. **Peritendineum** die funktionell-strukturelle Untergliederung der Gesamtsehne widerspiegeln. Flächenhaft ausgebreitete oder platte Muskeln entlassen Sehnenplatten **(Aponeurosen),** deren Faseranordnung ebenso wie bei strangartigen Sehnen in Richtung des mechanischen Zugs ausgerichtet ist. Die Sehne weist aufgrund des hohen Anteils an Kollagenfasern, bei ge-

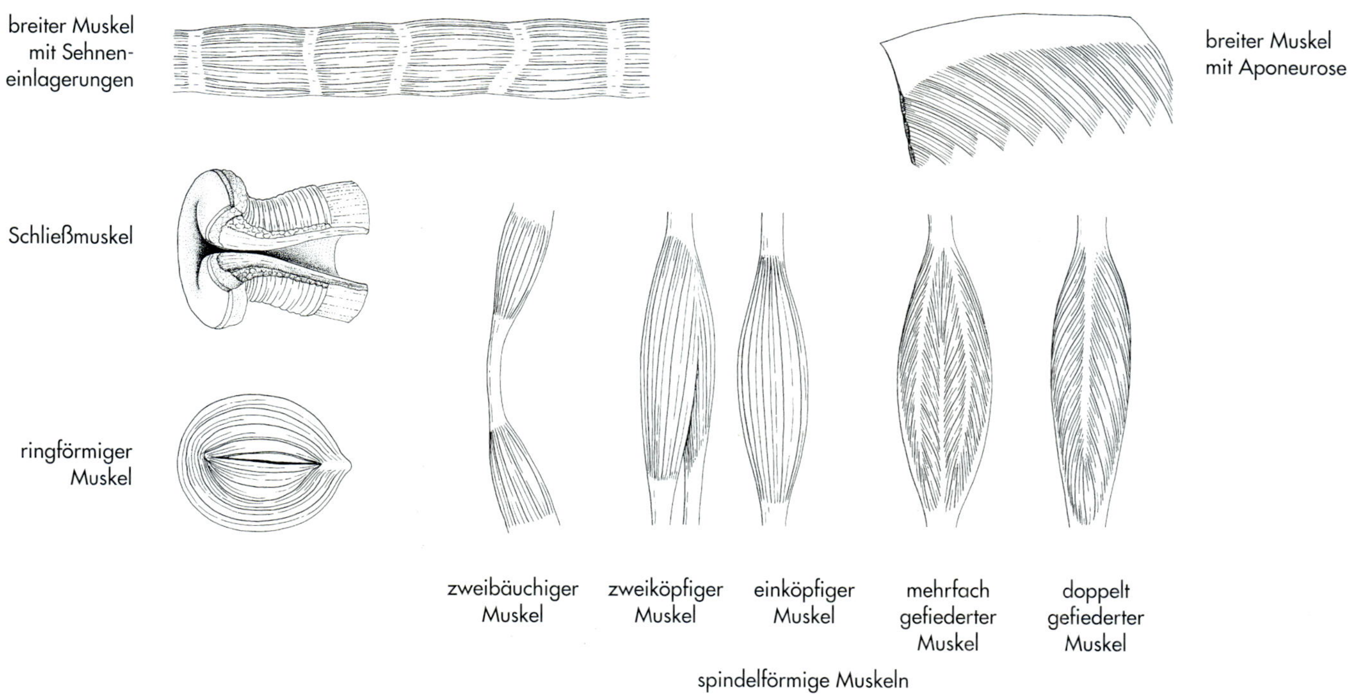

Abb. E-34. Schematische Darstellung der Einteilung von Skelettmuskulatur in verschiedene Arten, nach Putz und Pabst, 1993.

ringfügiger Einlagerung von elastischen Elementen, einen erheblichen Grad an **Zug-** und **Reißfestigkeit** auf, die deutlich die des Muskelgewebes übersteigt.

Lange Sehnen an der Gliedmaßenspitze besitzen allerdings auf ihrer Gesamtlänge eine erhebliche Elastizität, die sich bei Belastung in einer Federwirkung äußert. Eine extreme Wirkung erreicht beispielsweise der Fesselträger (M. interosseus medius) beim Pferd (Abb. E-33), wobei bei starker Belastung das Fesselgelenk den Boden berühren kann.

Beim Ansatz der Sehne am Knochen (oder Knorpel) strahlen die Sehnenfasern in das **Periost** oder das **Perichondrium** ein und setzen sich als **Sharpey-Fasern** in den Knochen fort. Die Anheftung des Knochens kann flächenhaft verteilt oder punktförmig in einem spitzen oder stumpfen Winkel erfolgen. Sehnen, die in die Haut oder die Zungenmuskulatur einstrahlen, besitzen zahlreiche elastische Fasern, die die Spannung dieser Organe erhöhen.

Bei makroskopischer Betrachtung wird bereits deutlich erkennbar, daß die Muskelfasern oftmals staffelförmig unter einem mehr oder minder wechselgroßen Winkel am Sehnenblatt oder mit einer kurzen oder langen Sehne am Knochen ansetzen. Durch diese Ausbreitungsform des Sehnengewebes erscheinen sämtliche Muskeln dann mehr oder weniger gefiedert **(Sehnenspiegel).** Die Sehnenspiegel können sich extrem aufgliedern, wodurch eine stark sehnige Binnenstruktur des Muskels entsteht.

Nach **Struktur** und **Faserverlauf** unterscheidet man verschiedene **Muskelarten** (Abb. E-34):

- **einfach gefiederter Muskel (M. unipennatus)** mit zwei parallel verlaufenden Sehnenspiegeln,
- **zweifach gefiederter Muskel (M. bipennatus)** mit doppeltem Sehnenspiegel,
- **mehrfach gefiederter Muskel (M. multipennatus)** mit mehrfachen Sehnenspiegeln.

An einem Muskel werden der **anatomische Querschnitt,** der quer durch den Muskelbauch verläuft, und der **physiologische,** der senkrecht zum Faserverlauf gerichtet erscheint, unterschieden. Die **Kraft** eines Muskels ist um so größer, je mehr Fasern von seinem physiologischen Querschnitt getroffen werden. Die **Arbeit** eines Muskels (Kraft mal Weg) ist vom Faserquerschnitt und von der Hubhöhe abhängig. Die **Hubhöhe** des Muskels ist der Änderung seines Ansatzwinkels und der Länge der Muskelfaserbündel proportional. Die **Leistung** eines Muskels entspricht der Schnelligkeit der Kontraktion (Kraft mal Hubhöhe pro Zeit).

Die Muskelfasern kräftiger Muskelbäuche setzen vorzugsweise spitzwinklig am Sehnenblatt oder an der Knochenfläche an, so daß der Muskel Raum für die mit der Kontraktion einhergehende Umfangsvermehrung gewinnt. Der Ansatzwinkel vermag sich zu vergrößern. Durch diese strukturelle Besonderheit wird die **Durchblutung** des Muskelgewebes verbessert und der **muskuläre Stoffwechsel** gefördert. Das Wechselspiel zwischen Muskelkontraktion und Muskelerschlaffung spielt als aktiver Regelmechanismus für den **gesamten Kreislauf** eine herausragende Rolle.

Muskelformen

Muskeln unterscheiden sich in ihrer Form, Lage und Größe. Vorzugsweise an spindelförmigen Muskeln kann ein **Kopf (Caput)** im Bereich der passiven Ursprungssehne, in der Mitte der aktive **Muskelbauch (Venter)** und als passive Endsehne der **Schwanz (Cauda)** differenziert werden. Dementsprechend unterscheidet man den **Muskelursprung (Origo)** von seinem **Ansatz (Insertio).** Ursprung und Ansatz sind konventionell festgelegt. Gewöhnlich ist das proximale, das der Körpermitte oder der Körperachse näher liegende Muskelende als Ursprung bezeichnet, das distale Ende als Ansatz.

Nach der **Form der Muskeln** (Abb. E-34) unterscheidet man einen:

- spindelförmigen Muskel (M. fusiformis),
- breiten Muskel (M. planus), dessen Sehne eine Aponeurose bildet,
- zweiköpfigen Muskel (M. biceps),
- dreiköpfigen Muskel (M. triceps),
- vierköpfigen Muskel (M. quadriceps),
- zweibäuchigen Muskel (M. biventer bzw. digastricus),
- ringförmigen Muskel (M. orbicularis) und
- Schließmuskel (M. sphincter).

Bewegungsabläufe

An den natürlichen Bewegungsabläufen sind stets mehrere Muskeln gleichzeitig oder nacheinander beteiligt. Wirken Muskeln gleichsinnig, so spricht man von **Synergisten,** wirken sie gegensinnig, von **Antagonisten**. Während eines Bewegungsvorgangs können ein **Punctum fixum** und ein **Punctum mobile** unterschieden werden. Dabei stellt das Punctum fixum jenen Teil dar, der in der Regel in bezug auf eine feste Unterlage oder den Rumpf des Körpers unbeweglich bleibt. Das Punctum mobile ist aufgrund der geringeren Masse der bewegte Anteil. Die tatsächliche Wirkung eines Muskels ist allein aus seinem Ursprung, seinem Verlauf und aus seinem Ansatz einerseits und aus seinem **Drehpunkt**, dem **Hypomochlion,** abzuleiten.

Die meisten natürlichen Bewegungen (z. B. Atmen, Schritt, Trab, Galopp) laufen rhythmisch unter abwechselnder Kontraktion und Erschlaffung antagonistisch wirkender Muskelgruppen ab. Dabei befindet sich der Muskel in Ruhe in einem Spannungszustand, dem **Muskeltonus,** der aufgrund einer reflektorischen Dauererregung durch die Muskelspindeln verursacht wird. Wird der Muskeltonus beispielsweise bei einer Narkose erniedrigt, spricht man von **Hypotonus.** Zahlreiche Muskeln erfüllen durch die Aufrechterhaltung eines bestimmten Muskeltonus eine **besondere Haltefunktion.** Sie können durch sehnige Einlagerungen passiv unterstützt werden.

Eine sichtbare Bewegung beginnt, wenn ein anfänglicher Widerstand gegen den Muskeltonus des Antagonisten und gegen die Schwerkraft überwunden wird. Der einsetzenden Erhöhung des Spannungszustandes **(isometrische Kontraktion)** folgt in einem kontinuierlichen Ablauf die eigentliche Kontraktion des Muskelbauches unter Verkürzung der Muskelfibrillen **(isotonische Kontraktion).**

Die Mechanik des Muskels an Gelenken vollzieht sich nach dem Hebelgesetz. Je nach **Anzahl der bewegten Gelenke** werden die Muskeln eingeteilt in:

- eingelenkige Muskeln,
- zweigelenkige Muskeln,
- mehrgelenkige Muskeln.

In Anlehnung an diese Gesetzmäßigkeit ergibt sich, daß Gelenke ausgebildet sind, von denen sich einige bei einer Muskelkontraktion immer gemeinsam bewegen (»obligat kombinierte Gelenke«), und andere, die nur gelegentlich gemeinsam bewegt werden (»fakultativ kombinierte Gelenke«).

Nach der **funktionellen Wirkung der Muskeln** an Gelenken kann die nachfolgende Spezifizierung vorgenommen werden, nämlich in:

- Strecker (M. extensor),
- Beuger (M. flexor),
- Einwärtszieher (M. adductor),
- Auswärtszieher (M. abductor),
- Dreher (M. rotator),
  - Einwärtsdreher (M. pronator),
  - Auswärtsdreher (M. supinator),
- Schließer (M. sphincter),
- Erweiterer (M. dilatator),
- Heber (M. levator) und
- Niederzieher (M. depressor) u. a.

Aus didaktischen Gründen erscheint es sinnvoll, am Ende des allgemeinen Kapitels zur Einführung in die allgemeine Muskellehre übersichtshalber die oberflächlichen Muskeln von Katze, Hund, Schwein, Rind und Pferd in ihrer Gesamtheit darzustellen (s. Abb. E-36–40). Auf Einzelheiten zu Lage, Bau und Funktion der Muskulatur wird in den Spezialkapiteln zum Bewegungsapparat näher eingegangen.

Hilfseinrichtungen der Muskeln

Die Muskeln werden in der Vielfalt ihrer Funktionen durch passive Einrichtungen des Bewegungsapparates unterstützt, man unterscheidet:

- Faszien oder Muskelbinden (Fasciae),
- Schleimbeutel (Bursae synoviales),
- Sehnenscheiden (Vaginae synoviales tendinum).

Faszien oder **Muskelbinden** umhüllen die Muskeln großflächig strumpfartig. Sie bestehen als geflechtartiges Bindegewebe aus kollagenem und teilweise elastischem Gewebe, das in seiner Verlaufsrichtung nach Zug und Druck orientiert ist. Die scherengitterartige Anordnung der Fasern gewährleistet eine funktionell erforderliche Anpassung an die unterschiedlichen Kontraktionszustände der Muskeln. Faszien dienen als Verschiebeschicht anliegender Muskeln sowie oftmals als deren Urspungs- bzw. Ansatzfläche. Als Sonderformen treten diese in Form von **Septa intermuscularia** zwischen Muskeln auf und sind am Periost verankert. Als bindegewebig-bandartige Verstärkungen dienen Faszien

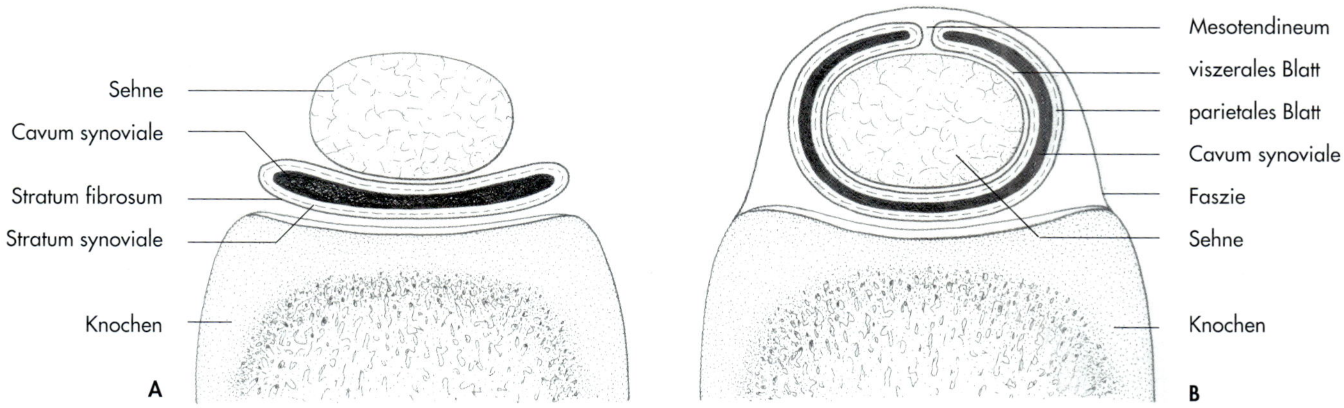

Abb. E-35. Schematische Darstellung von Hilfseinrichtungen der Muskeln, Schleimbeutel **(A)** und Sehnenscheide **(B)**.

auch als Haltebänder in der Streck- bzw. Beugefläche von Gelenken **(Retinacula tendineum).**

Faszien überziehen den gesamten Körper, sie lassen aufgrund ihrer Lage eine dünnere **oberflächliche Faszie (Fascia superficialis)** und eine kräftigere **tiefe Faszie (Fascia profunda)** unterscheiden. Die oberflächliche Faszie schließt an manchen Körperregionen die **Hautmuskeln (Mm. cutanei)** ein, die tiefe kann besonders beim Pferd durch gelbliche, elastische Fasern großflächig verstärkt sein (Tunica flava der ventralen Bauchwand).

Schleimbeutel werden von einer Bindegewebskapsel umgeben (Abb. E-35). Sie sind unterschiedlich groß, gelegentlich gekammert und stets mit einer Synovia gefüllt. Schleimbeutel sind kleinen Wasserkissen vergleichbar, die den Druck aufliegender Sehnen verteilen. Der Wandaufbau eines Schleimbeutels ähnelt dem eines Gelenks. Danach kann ein innen anliegendes **Stratum synoviale** und ein äußeres **Stratum fibrosum** unterschieden werden.

Schleimbeutel trifft man an Körperstellen, an denen Muskeln, Sehnen oder Bänder über Knochen gleiten. Fakultativ können Schleimbeutel auch unter der Haut an mechanisch besonders belasteten Stellen entstehen.

Entsprechend ihrer **Lage** unterscheidet man:

- subtendinäre Schleimbeutel (Bursae synoviales subtendinosae),
- submuskuläre Schleimbeutel (Bursae synoviales submusculares),
- subligamentäre Schleimbeutel (Bursae synoviales subligamentosae) und
- subkutane Schleimbeutel (Bursae synoviales subcutaneae).

Sehnenscheiden (Abb. E-35) sind Schleimbeuteln vergleichbare schlauchförmige Hüllen um Sehnen, die die Reibung und den Druck auf das darunterliegende Gewebe vermindern und der Sehne die erforderliche Gleitfähigkeit verleihen. Im Gegensatz zum subtendinären Schleimbeutel umgibt eine Sehnenscheide die strangförmige Sehne vollständig. Sehnenscheiden entstehen häufig aus **Aussackungen (Recessus)** der Gelenkkapsel.

Der **Innenraum** einer Sehnenscheide (Synovialraum, Cavum synoviale) ist mit **Synovia** gefüllt. An der inneren **Wandfläche (Stratum synoviale)** unterscheidet man ein der Sehne aufliegendes **viszerales Blatt,** das über ein dünnes **doppelblättriges Gekröse (Mesotendineum)** in das äußere **parietale Blatt** übergeht. Das Mesotendineum (Mittelblatt) schließt Gefäße und Nervengeflechte ein und kann stellenweise unterbrochen sein **(Vincula tendinum).**

Funktionen der synovialen Wandflächen

Durch die Wand der Sehnenscheide erfolgen die Filtration von Flüssigkeiten, die Diffusion von gelösten Stoffen und sämtliche aktiven makromolekularen Transportprozesse. Hydrostatische und osmotische Kräfte regulieren das Austreten von Flüssigkeiten aus dem Synovialraum der Sehnenscheide in das Bindegewebe und umgekehrt. Hierfür weisen die in den synovialen Raum der Sehnenscheide ragenden Falten und Synovialzotten spaltförmige Öffnungen auf, die aus unterschiedlichen Zwischenräumen zwischen den synovialen Deckzellen resultieren. Das unterlagerte Bindegewebe schließt zahlreiche Blut- und Lymphgefäße ein, die entscheidend die Funktion der Sehnenscheide mitbeeinflussen. Ein physiologisches Gleichgewicht herrscht vor, wenn die filtrierte Flüssigkeitsmenge der resorbierten gleicht.

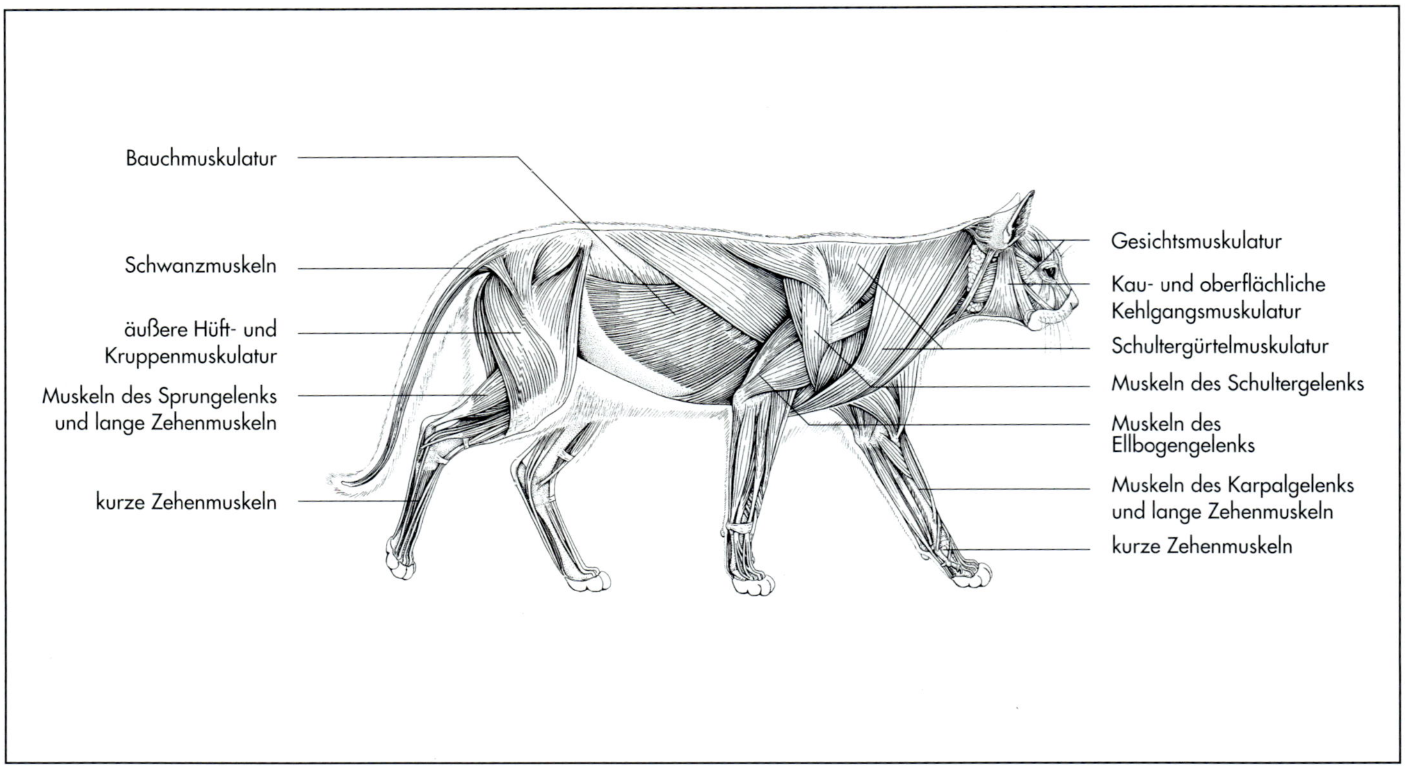

Abb. E-36. Schematische Darstellung der oberflächlichen Skelettmuskulatur der Katze und Benennung der Muskelgruppen.

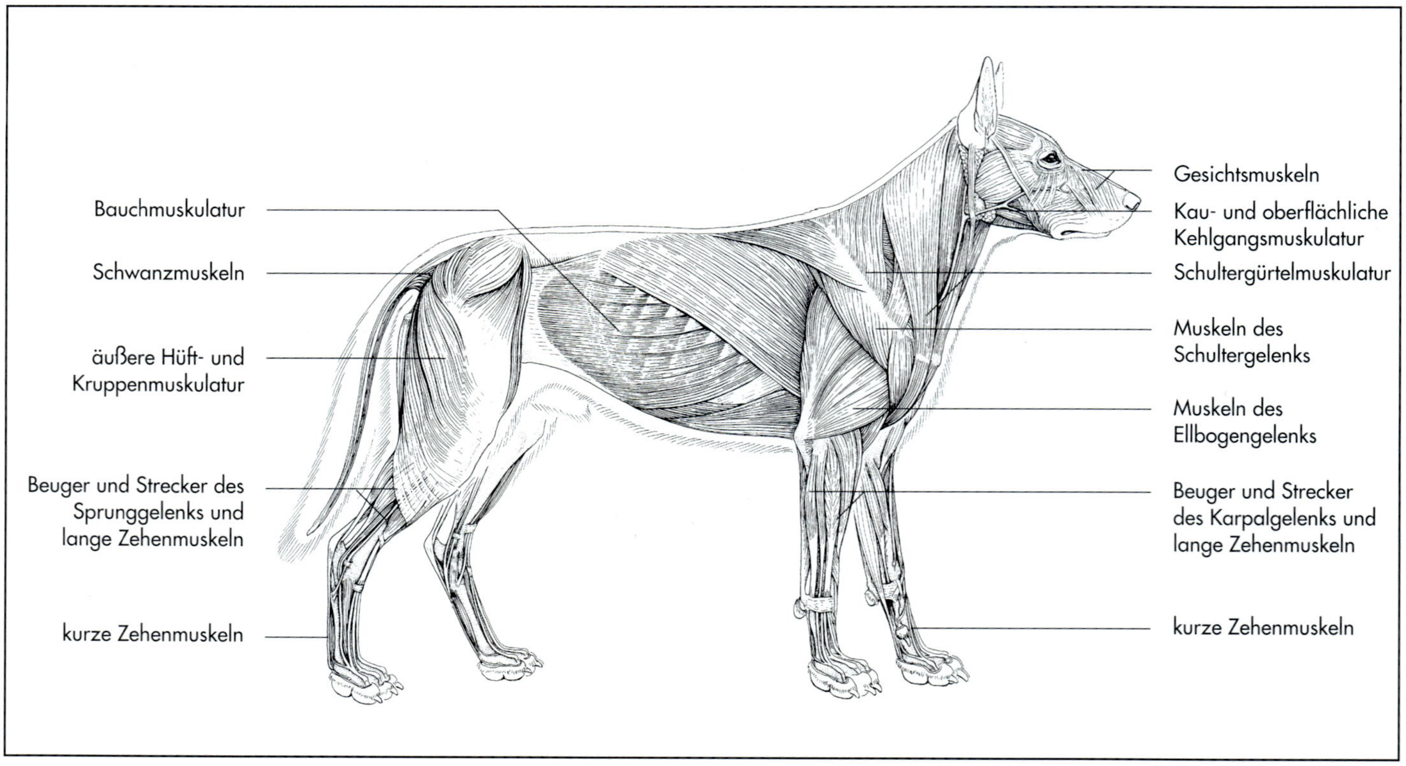

Abb. E-37. Schematische Darstellung der oberflächlichen Skelettmuskulatur des Hundes und Benennung der Muskelgruppen.

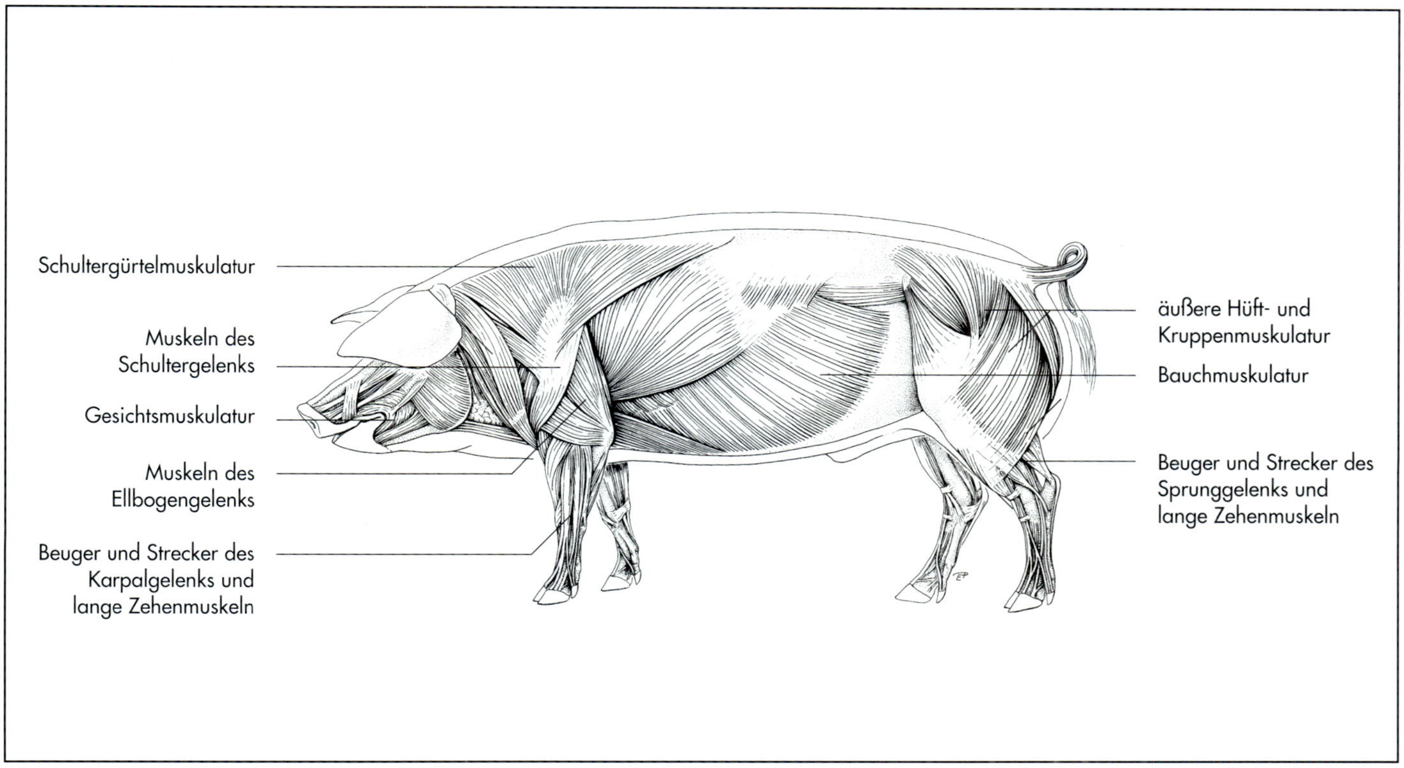

Abb. E-38. Schematische Darstellung der oberflächlichen Skelettmuskulatur des Schweines und Benennung der Muskelgruppen.

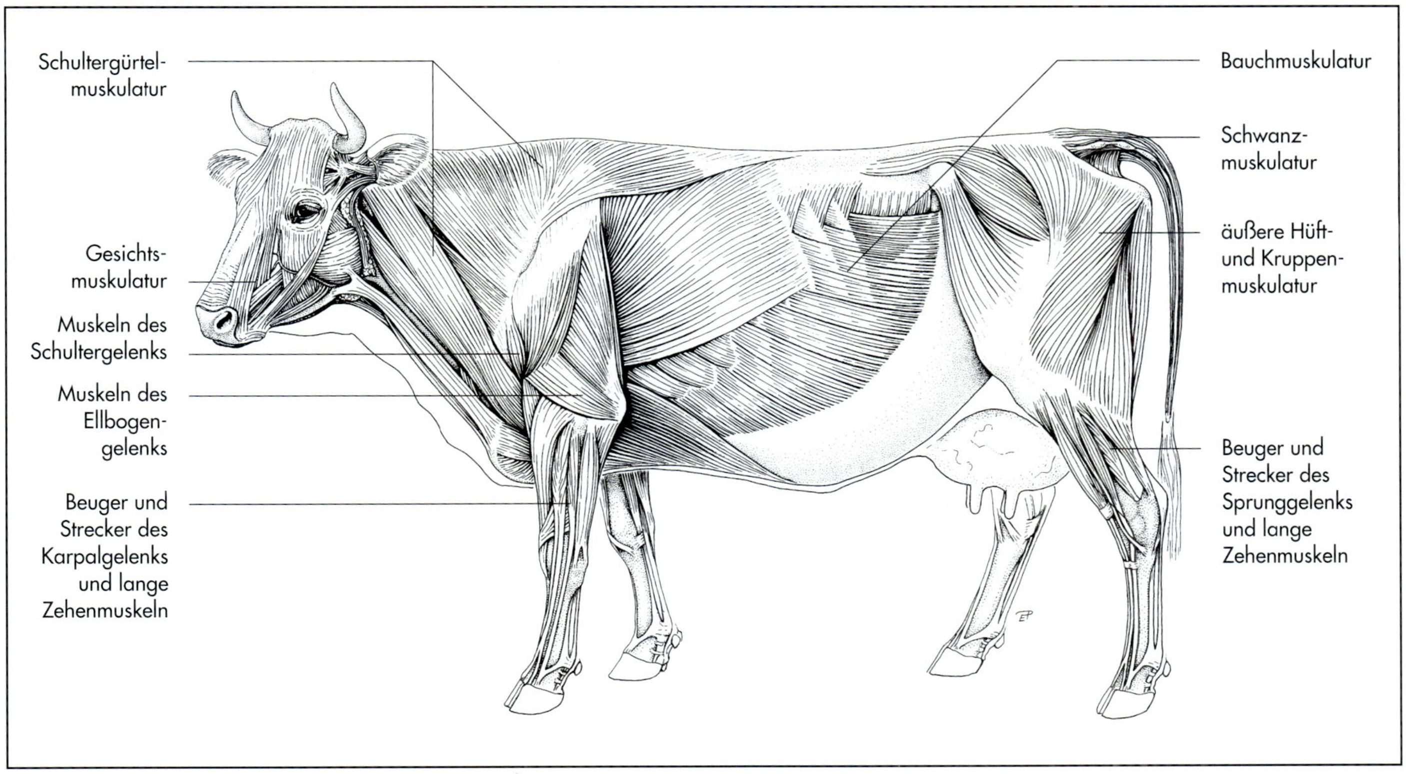

Abb. E-39. Schematische Darstellung der oberflächlichen Skelettmuskulatur des Rindes und Benennung der Muskelgruppen.

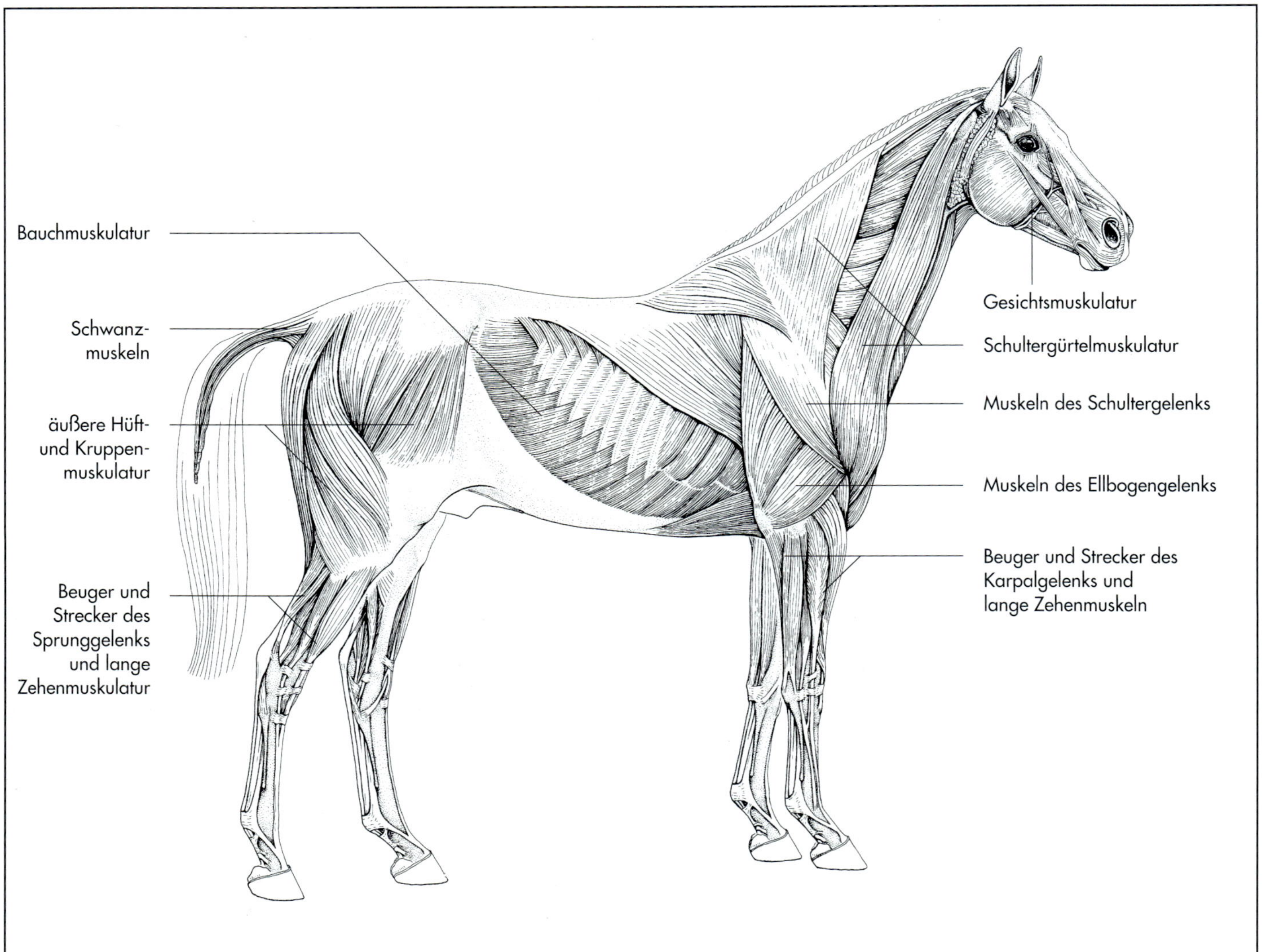

Abb. E-40. Schematische Darstellung der oberflächlichen Skelettmuskulatur des Pferdes und Benennung der Muskelgruppen.

Treten in diesem Gleichgewicht Störungen auf, so sind z. B. Stauungen und ein Anschwellen der Sehnenscheide, verbunden mit eventuellen Entzündungen der Wand, oftmals die klinische Folge. Dem Lymphgefäßsystem kommt bei der Regulation des Flüssigkeitsdruckes eine besondere Bedeutung zu, da durch dessen Wände bei rhythmischen Kontraktionen der Muskulatur überschüssige Synovia abgeleitet werden kann.

Klinische Ausdrücke, die mit anatomischen Benennungen zusammenhängen:
Osteopathia, Ostitis, Osteomyelitis, Periostitis, Osteosynthese, Osteoklastom, Osteolyse, Osteomedullographie, Osteom, Osteomyelofibrose, Osteonekrose, Osteoperiostitis ossificans, Osteopetrose, Osteoplastik, Osteoporose, Osteochondrosis, Spina bifida, Osteosarkom, Abduktorenfraktur, Adduktorenlähmung, Arthropathia, Arthritis, Arthrose, Arthroskopie, Arthrolyse, Nucleus-pulposus-Prolaps, Hüftgelenksdysplasie (HD), Myopathia, Myodistrophie, Myofibrosis, Myometritis, Myocarditis, Myom, Myospasmen, Tendopathia, Tendinitis, Bursitis, Synovitis, Synovialhernie, Achillobursitis, Achillotenotomie, Insertionstendinose u. v. a.

1 Skelett des Stammes (Skeleton axiale)

H.-G. Liebich und H. E. König

Das Skelett des Stammes (Skeleton axiale) setzt sich zusammen aus:

- den **knöchernen Teilen des Kopfes (Kopfskelett),**
- dem Schädel, mit seinen Hauptbestandteilen
  - Hirnschädel (Cranium, Neurocranium) und
  - Gesichtsschädel (Facies, Viscerocranium),
- der **Wirbelsäule (Columna vertebralis),**
- dem **Brustkorb (Skeleton thoracis).**

Knöcherne Teile des Kopfes (Kopfskelett, Schädel)

Der Schädel fügt sich aus einer Vielzahl meist paariger Einzelknochen zu einem in sich starren Hohlraumsystem zusammen, welches das Gehirn, den Gesichts-, Hör- und Gleichgewichtssinn sowie den Geruchs- und Geschmackssinn einschließt. Zusätzlich umfaßt der Schädel obere Teile des Atmungs- und Verdauungsapparats. Freie Knochenflächen dienen der Kau- und Gesichtsmuskulatur als Ursprung und Ansatz. Die Einzelknochen des Kopfes sind vorzugsweise durch Knochennähte (Suturae) fest miteinander zum **Oberschädel** (Schädel im eigentlichen Sinn) verbunden; diesem sind der **Unterkiefer (Mandibula)** und der **Zungenbeinapparat (Apparatus hyoideus)** beweglich angelagert (Abb. 1-1, 2, 34ff. u. 39ff.).

Nur der kleinere Teil der Schädelknochen gehört dem **Achsenskelett** an, während die Mehrzahl den auf den Kopf beschränkten Überrest eines Hautskeletts bildet. Bei den Haussäugetieren bilden durch chondrale Ossifikation die dem Achsenskelett zugeordneten Knochen **(Primordial-** oder **Ersatzknochen)** vorzugsweise die basalen Teile der Schädelhöhle, reichen jedoch auch in den Gesichtsschädel. Durch desmale Ossifikation wird die ganze Schädeldecke gebildet **(Deck-** oder **Belegknochen)**.

Die **Einzelknochen** entwickeln sich aus unabhängigen Ossifikationszentren, die bei jungen Tieren meist bindegewebig, seltener knorpelig miteinander verbunden sind. Dieses Konstruktionsprinzip ermöglicht eine dynamische Anpassung des Schädels während des postnatalen Wachstums. Der Gesichtsschädel ist wegen des beim Neugeborenen noch unentwickelten Kauapparats, der geringen Ausdehnung der Nebenhöhlen und der Nasenhöhlen noch relativ klein. Bereits frühzeitig setzen jedoch harmonisch ablaufende Entwicklungsvorgänge ein, die sich nach unterschiedlichen Gesetzmäßigkeiten vollziehen. Diese umfassen primär die Entwicklung des Schädeldachs, ferner die Ausprägung der Eigenform der Einzelknochen, das Wachstum des Schädels, vielfach geprägt durch die Entwicklung der Zähne und die Ausbildung der Nebenhöhlen, sowie die Streckung der Schädelbasis nach den für jede Tierart charakteristischen Merkmalen. Der Prozeß der Umformung der Einzelknochen ist langwierig und dauert in kleinsten Bereichen funktionsbedingt lebenslang an.

Wirbelsäule

Die knöchernen Teile der Wirbelkörper gehen aus dem axialen, perichondralen Mesenchym der Stammzone (Sklerotom) hervor, das in umgewandelter Form in Restabschnitten als Zwischenwirbelscheiben (Disci intervertebrales) erhalten bleibt. Dorsal schließt sich die Mesenchymanlage der Wirbelkörper zu einem knöchernen Bogen und bildet unter Einschluß des Rückenmarks das zentrale Wirbelloch (Foramen vertebrale).

Die Wirbel stehen untereinander durch Gelenkfortsätze und Bänder in Verbindung. Durch das segmentale Aneinanderreihen der Wirbel vom großen **Hinterhauptsloch des Schädels (Foramen magnum)** bis zum Ende des **Wirbelkanals des Kreuzbeins (Canalis sacralis)** baut sich ein durchgehender **Wirbelkanal (Canalis vertebralis)** auf, der neben dem Rückenmark (Medulla spinalis) und seinen Hüllen (Meninges) auch austretende Rückenmarksnerven (Nervi spinales), Gefäße und Bindegewebe einschließt. Die einzelnen Wirbelkörper liegen einander jedoch nicht geschlossen an, sondern lassen zum Durchtritt der Rückenmarksnerven seitlich in Zwischenräumen Spalten (Spatia intervertebralia) offen.

Die Wirbelsäule weist in ihrem Verlauf **drei Krümmungen** auf, nämlich die:

- dorsal-konvexe Kopf-Hals-Krümmung,
- dorsal-konkave Hals-Brust-Krümmung,
- dorsal-konvexe Brust-Lenden-Krümmung.

Die Wirbelsäule unterstützt die Körperachse und nimmt im Mechanismus des Bewegungsapparats als Wirbelbrücke mit der Funktion eines Brückenbogens eine zentrale Stellung

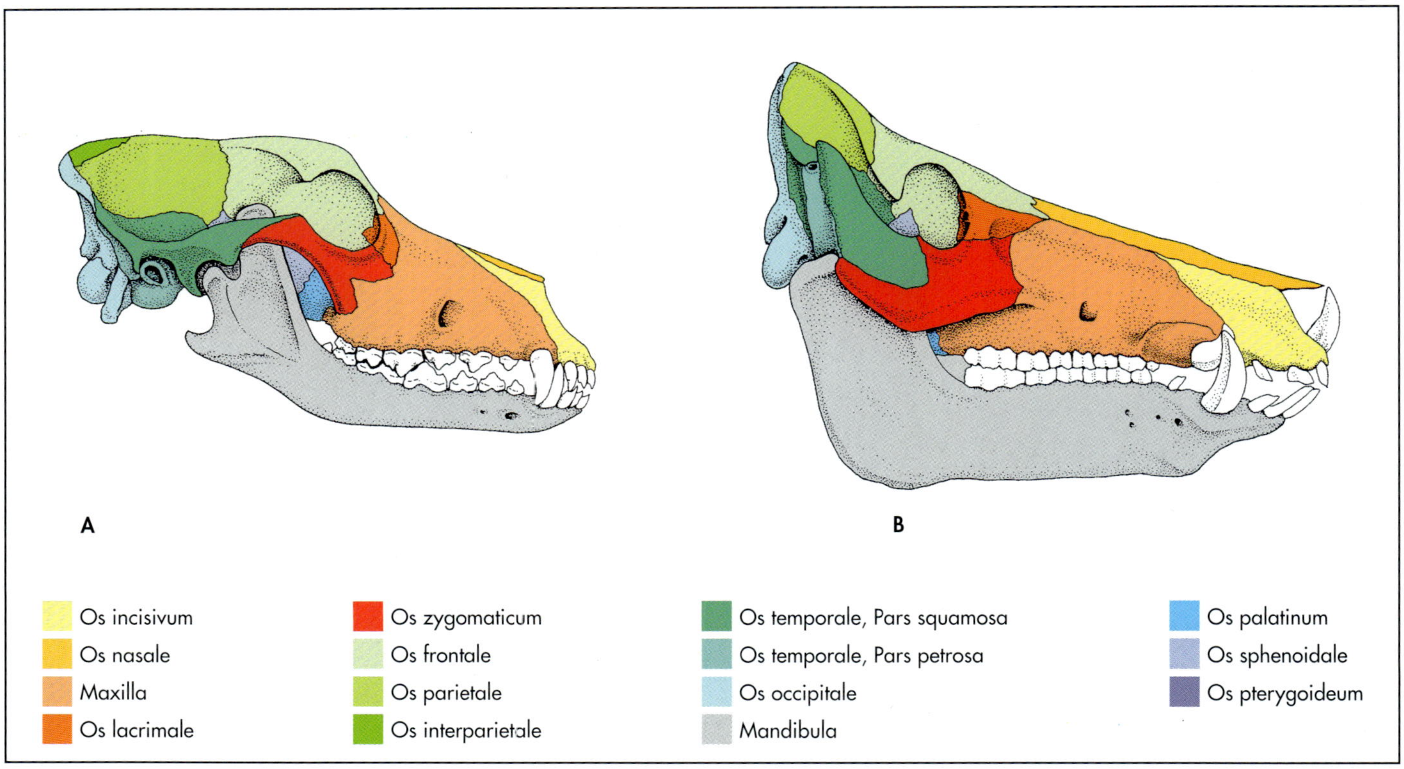

Abb. 1-1. Schematische Darstellung der Knochen des Schädels und des Unterkiefers von rechts (**A** Hund und **B** Schwein), nach Ellenberger u. Baum, 1943.

zwischen den als Pfeilerpaare wirkenden Schulter- und den Beckengliedmaßen ein. Im Bereich der ersten Brustwirbel ist die Wirbelsäule über die Rippen bis zum Brustbein gestützt, die ihrerseits zusammen mit der seitlichen Brustwand zur Schulterextremität durch Muskeln und Sehnen in Verbindung treten. Dieses Prinzip gewährleistet der Wirbelsäule bei großer Stabilität ein hohes Maß an Elastizität und Beweglichkeit. Im Beckenbereich steht dagegen die Wirbelsäule über die **Kreuzbeinflügel (Alae sacrales)** mit dem **Darmbein (Os ilium)** in fester Verbindung; die Kraft wird hier durch das Hüftgelenk und durch die starke Bemuskelung des Beckens und der Kruppen direkt auf die Beckengliedmaße übertragen.

Die Wirbelsäule erfüllt unter funktionellen Aspekten darüber hinaus eine Vielzahl weiterer Aufgaben. Zur Beibehaltung der Körperhaltung übernimmt sie statische Funktionen, bei der die einzelnen Wirbelkörper gegeneinander zeitweise sehr wenig bewegt werden. Andererseits bilden sie die Grundlagen für die Mobilität des Rückens und erfüllen damit kinematische und dynamische Funktionen, einschließlich der Dämpfung und Weiterleitung von mechanischen Stößen beim Gehen, Laufen oder Springen. Dabei stellt die kleinste statische und dynamische Funktionseinheit das »Bewegungssegment« dar, bestehend aus dem funktionellen Zusammenwirken zweier benachbarter Wirbelkörper, den Zwischenwirbelscheiben, den Wirbelbogengelenken und den anliegenden Bändern einschließlich der Muskulatur. Kleinste strukturelle Veränderungen dieses Mechanismus können bereits zu erheblichen Funktionsstörungen des gesamten Bewegungsablaufs führen.

Die Beweglichkeit ist in den einzelnen Abschnitten der Wirbelsäule sehr verschieden. Während die Wirbelsäule im Bereich des Kreuzbeins nahezu unbeweglich ist, bleiben die Schwanzwirbel relativ flexibel. Im Bereich der Brust- und Lendenwirbel (»Wirbelbrücke«) sind Bewegungen nach drei Seiten möglich. Dabei wird in der Medianebene ein augenscheinliches Krümmen und Einbiegen des Rückens sowie eine Seitenbewegung trotz geringer Beweglichkeit der Einzelgelenke in derselben Richtung summiert. Die Halswirbelsäule ist dagegen in der Medianebene und nach der Seite sehr beweglich.

Brustkorb

Der Brustkorb (knöcherner Thorax) wird von den **Brustwirbeln (Vertebrae thoracicae)**, den **Rippen (Costae)** und dem **Brustbein (Sternum)** gebildet. Diese stellen den knöchernen Anteil der Thoraxwand dar, sie werden funktionell von einer Reihe von Bändern, Knorpelverbindungen und Gelenken verbunden und durch Muskeln in Spannung gehalten. Die Rippen sind mit einem Spanngerüst vergleichbar, die einen Raum, die **Brustkorbhöhle (Cavum thoracis),** seitlich begrenzen. Der Thorax der Haussäugetiere weist die Form eines bilateral abgeplatteten Kegels auf, dessen Spitze kranial und dessen Basis kaudal weist, er besitzt eine **vordere** und **hintere Öffnung (Apertura thoracis cranialis** et **caudalis).**

Skelett des Kopfes, Schädel

Knochen des Hirnschädels (Ossa cranii)

Die Knochen des Hirnschädels umfassen die **Schädelhöhle (Cavum cranii),** die das Gehirn mit seinen Hüllen und die

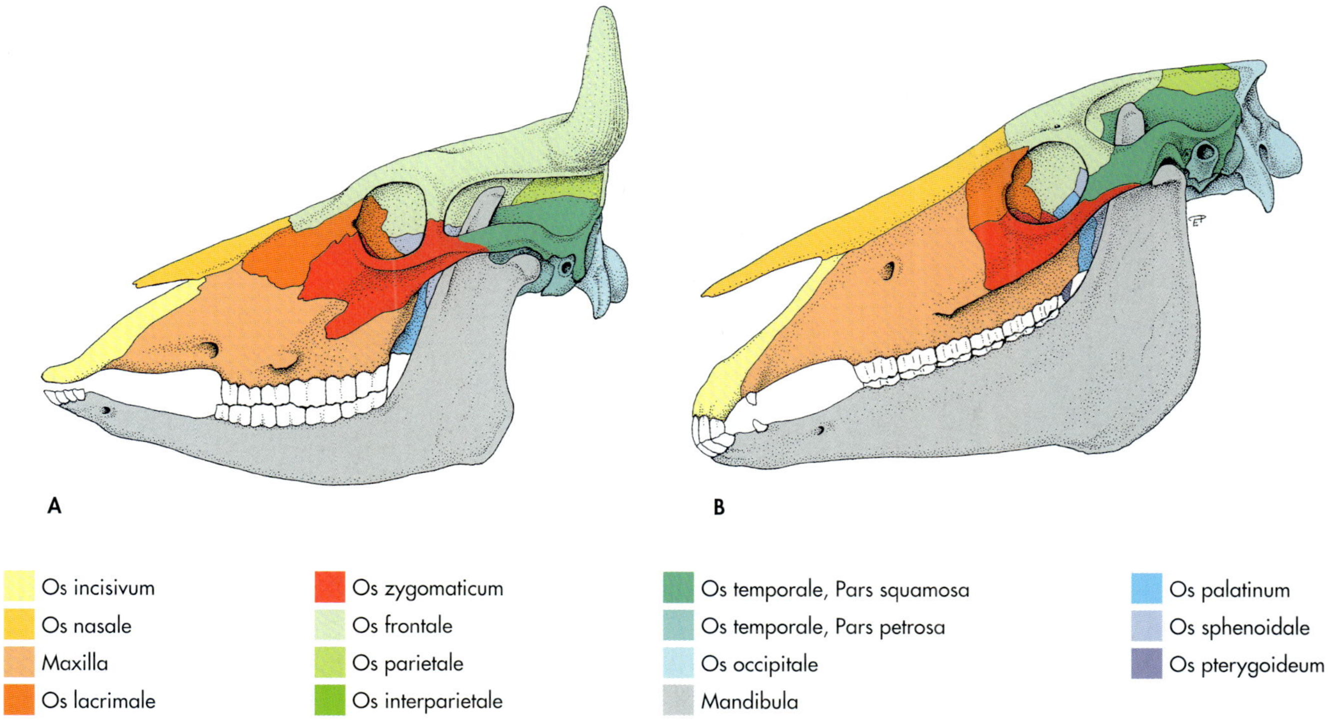

Abb. 1-2. Schematische Darstellung der Knochen des Schädels und des Unterkiefers von links (**A** Rind und **B** Pferd), nach Ellenberger u. Baum, 1943.

zur Versorgung notwendigen Gefäße einschließt. Diese knöcherne Wand setzt sich aus zahlreichen Einzelknochen zusammen, die in tierartlich z.T. sehr unterschiedlicher Weise ausgebildet sind. Dies gilt sowohl für die verschiedenen Haussäugetiere (Spezies und Rasse) als auch in Hinblick auf differierendes Alter und Geschlecht. Nachfolgend soll ein allgemein gültiges Bauprinzip dargestellt werden, wobei entscheidende tierartliche Besonderheiten gesondert hervorgehoben werden. Die Wände der Schädelhöhle bestehen bei allen Haussäugetieren aus verschiedenen Knochen:

- die **Bodenwand** aus
  - dem unpaarigen Hinterhauptsbein (Os occipitale) mit seinem basalen Teil (Pars basilaris) und
  - den unpaarigen Keilbeinen (Os basisphenoidale und Os praesphenoidale),
- die **Genickwand** aus
  - dem unpaarigen Hinterhauptsbein (Os occipitale) mit seiner Schuppe (Squama occipitalis) und seinen Seitenteilen (Partes laterales),
- die **Seitenwände** aus
  - dem paarigen Schläfenbein (Os temporale),
- die **Dachwand** aus
  - dem paarigen Stirnbein (Os frontale),
  - dem paarigen Scheitelbein (Os parietale) und
  - dem unpaarigen Zwischenscheitelbein (Os interparietale) und
- die **Nasenwand** aus
  - dem unpaarigen Siebbein (Os ethmoidale).

Hinterhauptsbein (Os occipitale, Okziput, Hinterhaupt)

Das Hinterhauptsbein bildet die Nackenwand des Schädels, es können an ihm der basale Körper, die Schuppe und die beiden Seitenstücke unterschieden werden (Abb. 1-1, 2, 6–8). Das Okziput umschließt das große Hinterhauptsloch (For. magnum), den Ausgang der Schädelhöhle in den Rückenmarkskanal.

Der **Körper (Pars basilaris)** liegt rostral des For. magnum (Abb. 1-6), er ist mit dem Keilbein (Basisphenoid) durch eine knorpelige Naht verbunden und bildet den hinteren Abschnitt der Schädelbasis. Die Außenfläche bietet paarig mit je einem **Tuberculum musculare** ausgeprägte Ansatzstellen für Kopfbeugemuskeln, die Innenfläche weist in der **hinteren Schädelgrube (Fossa cranii caudalis)** Vertiefungen (Impressiones pontinae et medullares) für die Brücke (Pons) des Gehirns und für das verlängerte Mark (Medulla oblongata) auf (Abb. 1-5). Seitlich der Pars basilaris an der Grenze zur Bulla tympanica öffnet sich das **Foramen jugulare**. Bei Schwein und Pferd bildet der scharfe Seitenrand des Körpers mit der Pars petrosa des Schläfenbeins die tiefe Fissura petrooccipitalis sowie das Foramen lacerum (Abb. 1-60 u. 61).

Die **Schuppe (Squama occipitalis)** liegt oberhalb des For. magnum den beiden **Gelenkknorren (Condyli occipitales)** und den **paarigen Seitenstücken (Partes laterales ossis occipitalis)** dorsal auf und schließt den Schädel nuchal ab (Abb. 1-7 u. 8). An seiner **Außenfläche (Lamina externa)** ist meist ein scharf begrenzter, leistenartiger **Genickkamm (Crista nuchae)** (Abb. 1-3, 4 u. 7), bei Wiederkäuern hingegen eine ausgeprägte **Nackenlinie (Linea nuchae)** (Abb. 1-7)

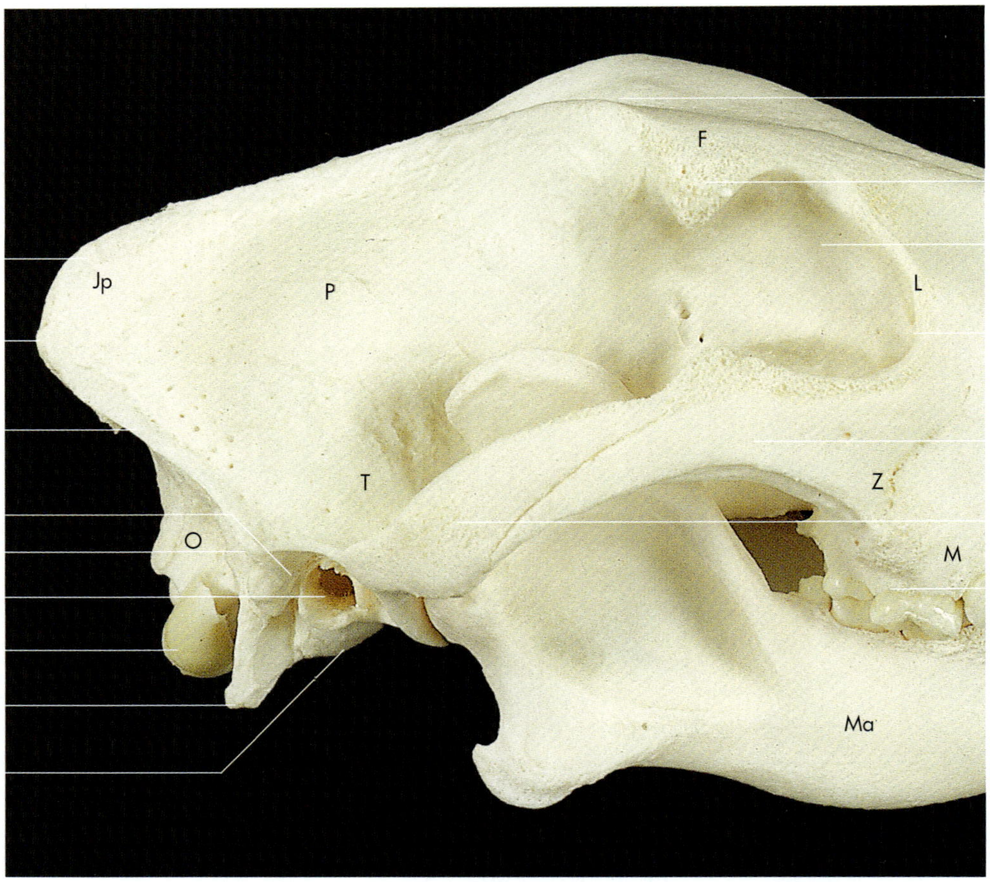

Abb. 1-3. Knochen des Hirnschädels eines Hundes (Lateralansicht von rechts).

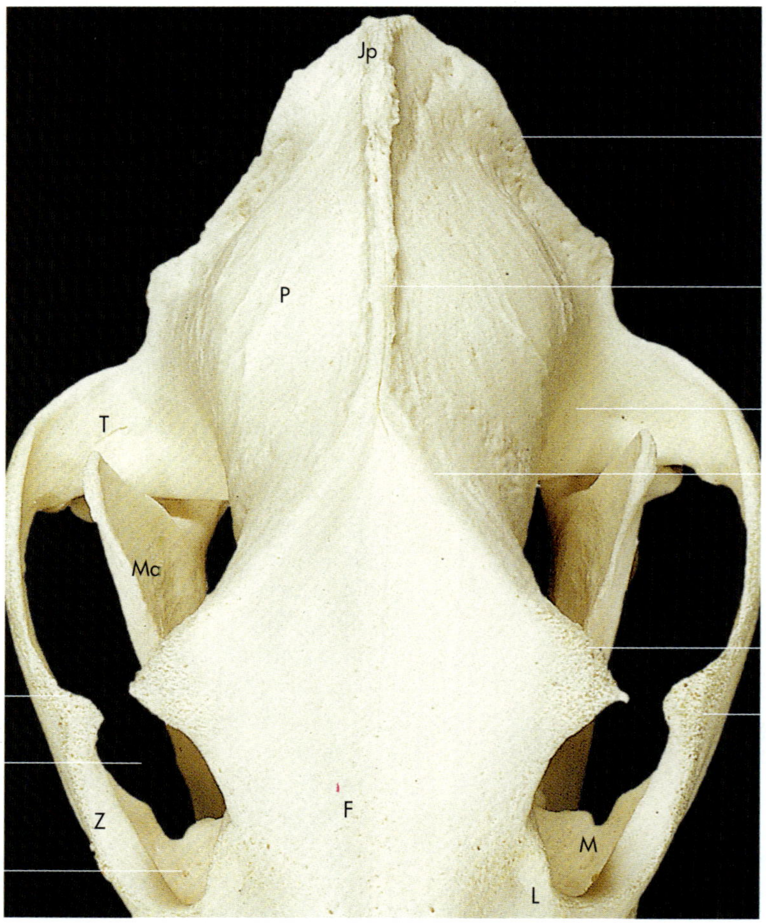

Abb. 1-4. Knochen des Hirnschädels eines Hundes (Dorsalansicht).

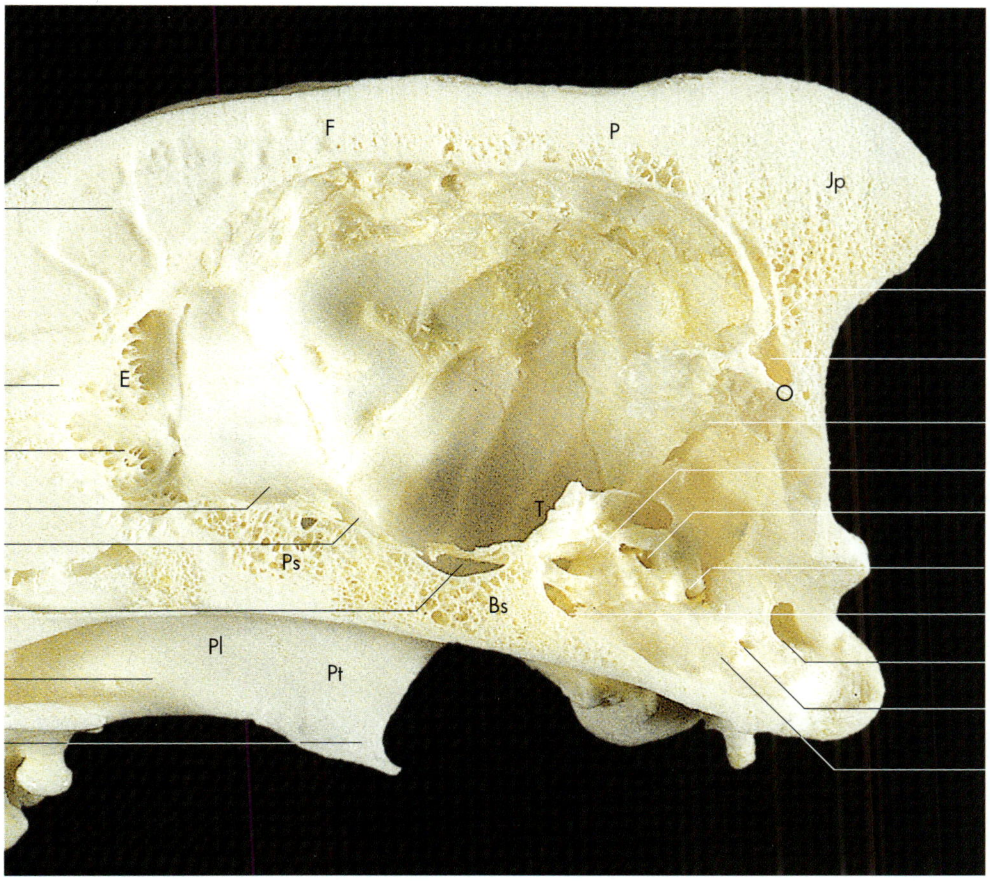

Bs Os basisphenoidale
E Os ethmoidale
F Os frontale
Jp Os interparietale
O Os occipitale
P Os parietale
Pl Os palatinum
Ps Os praesphenoidale
Pt Os pterygoideum

Abb. 1-5. Knochen des Hirnschädels eines Hundes (Medialansicht der rechten Hälfte).

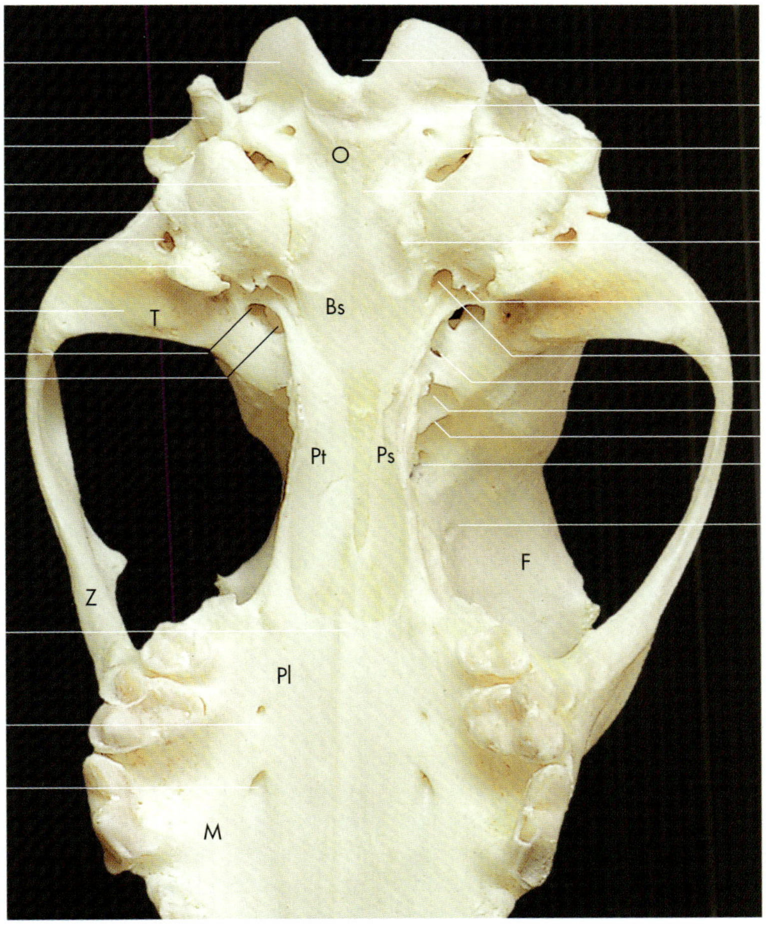

Bs Os basisphenoidale
F Os frontale
M Maxilla
O Os occipitale
Pl Os palatinum
Ps Os praesphenoidale
Pt Os pterygoideum
T Os temporale
Z Os zygomaticum

Abb. 1-6. Knochen des Hirnschädels eines Hundes (Ventralansicht).

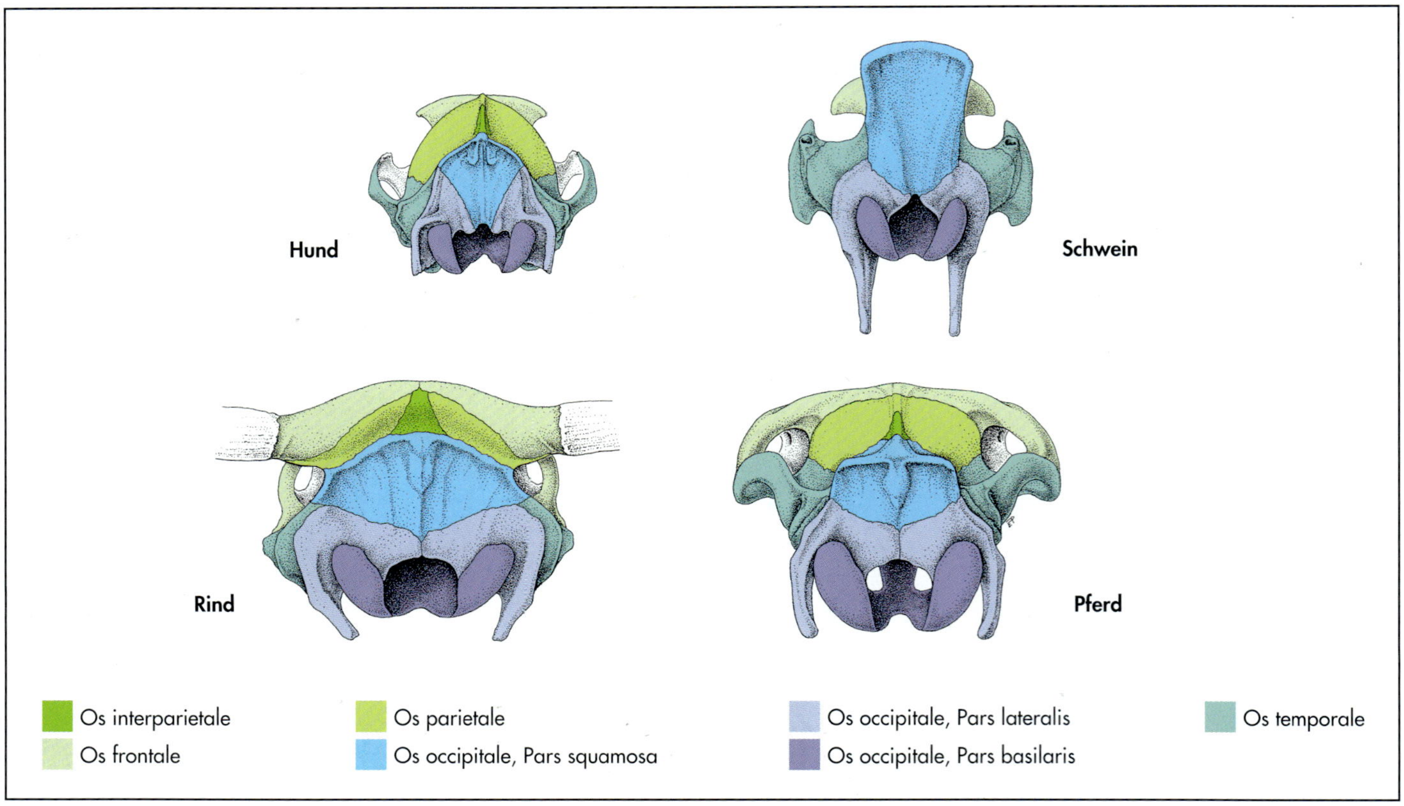

Abb. 1-7. Schematische Darstellung der Nackenwand des Schädels von Hund, Schwein, Rind und Pferd, nach Ellenberger u. Baum, 1943.

ausgebildet. Die Crista nuchae ist gut palpierbar und dient in Verbindung mit dem 1. Halswirbel der Orientierung zur Gewinnung von Liquor cerebrospinalis (Cisterna cerebellomedullaris).

Aus dem Genickkamm zieht in der Medianen des Schädels bei Fleischfressern und Pferd ein markanter **Scheitelkamm (Crista sagittalis externa)** (Abb.1-3, 19 u. 20). Zur Schädelbasis hin breitet sich keilförmig flächenhaft der **Hinterhauptsstachel (Protuberantia occipitalis externa)** zur Anheftung des **Nackenbands (Lig. nuchae)** bei Wiederkäuern und Pferd aus (Abb. 1-7 u. 8), von welchem zum For. magnum bei Fleischfressern eine undeutliche Crista occipitalis externa zieht.

An seiner **Innenfläche (Lamina interna)** treten flache Vertiefungen als Abdrücke des Kleinhirns (Impressiones vermiales) oder von basalen Blutgefäßen (Sulci sinus transversi) auf, zusätzlich ist eine rauhe **Erhebung (Protuberantia occipitalis interna)** bei Schwein (Abb. 1-11) und Wiederkäuern oder bei Fleischfressern und Pferd der ausgeprägte **Sichelfortsatz (Processus tentoricus)** als Teil des **knöchernen Hirnzelts (Tentorium cerebelli osseum)** entwickelt (Abb. 1-5).

Die **Seitenstücke (Partes laterales)** liegen dem Hinterhauptsloch seitlich mit den **Gelenkknorren (Condyli occipitales)** an, die die Artikulationsflächen zu den kranialen Gelenkgruben des 1. Halswirbels am Atlantookzipitalgelenk bilden (Abb. 1-3 u. 6).

Seitlich der Gelenkknorren sind paarig kräftige **Fortsätze (Processus paracondylares)** als Ansatzstellen für die Muskulatur der Beweger des Kopfes entwickelt, die insbesondere beim Schwein lang ausgeprägt sind, kürzer bei Wiederkäuern und Pferd und knopfartig bei Fleischfressern (Abb. 1-3 u. 6).

Der **Drosselfortsatz (Processus paracondylaris)** entspricht rudimentär einem transversalen Wirbelfortsatz. Zwischen dem Gelenkknorren und dem Proc. paracondylaris liegt die tiefe Fossa condylaris ventr. (Abb. 1-6 u. 12), von der aus der Zugang zum **Canalis nervi hypoglossi** als Durchtritt des N. hypoglossus erfolgt. Dorsal des For. magnum schließt sich plattenartig die Fossa condylaris dors. an.

Keilbein (Os sphenoidale)

Das Keilbein bildet die vorderen Abschnitte des Bodens der Schädelhöhle und ist zusammengesetzt aus zwei gleichartigen Segmenten, dem **nasalen vorderen Keilbein (Os praesphenoidale)** und dem **nuchalen hinteren Keilbein (Os basisphenoidale)** (Abb. 1-6 u. 12). Beide Knochen bestehen median jeweils aus dem **Körper (Corpus ossis sphenoidalis)** und seitlich jeweils aus den **Flügeln (Alae ossis sphenoidalis).** Beim Menschen verbinden sich diese beiden Knochen bereits in frühen Jahren zu einem einheitlichen Keilbein. Bei den Haussäugetieren bleiben diese anfänglich durch eine knorpelige Naht getrennt, die erst später verknöchert. Sie werden daher als zwei getrennte Knochen angesehen.

Vorderes Keilbein (Os praesphenoidale)

Der Körper des vorderen Keilbeins (Corpus ossis praesphenoidalis) formt zusammen mit seinen Flügeln die knöchernen Teile der **vorderen Schädelgrube (Fossa cranii rostralis)** und überragt am Schädelboden das Basisphenoid (Abb. 1-13). Der Körper ist pneumatisiert, er enthält die durch ein Septum unvollständig getrennten **paarigen Keilbeinhöhlen (Sinus**

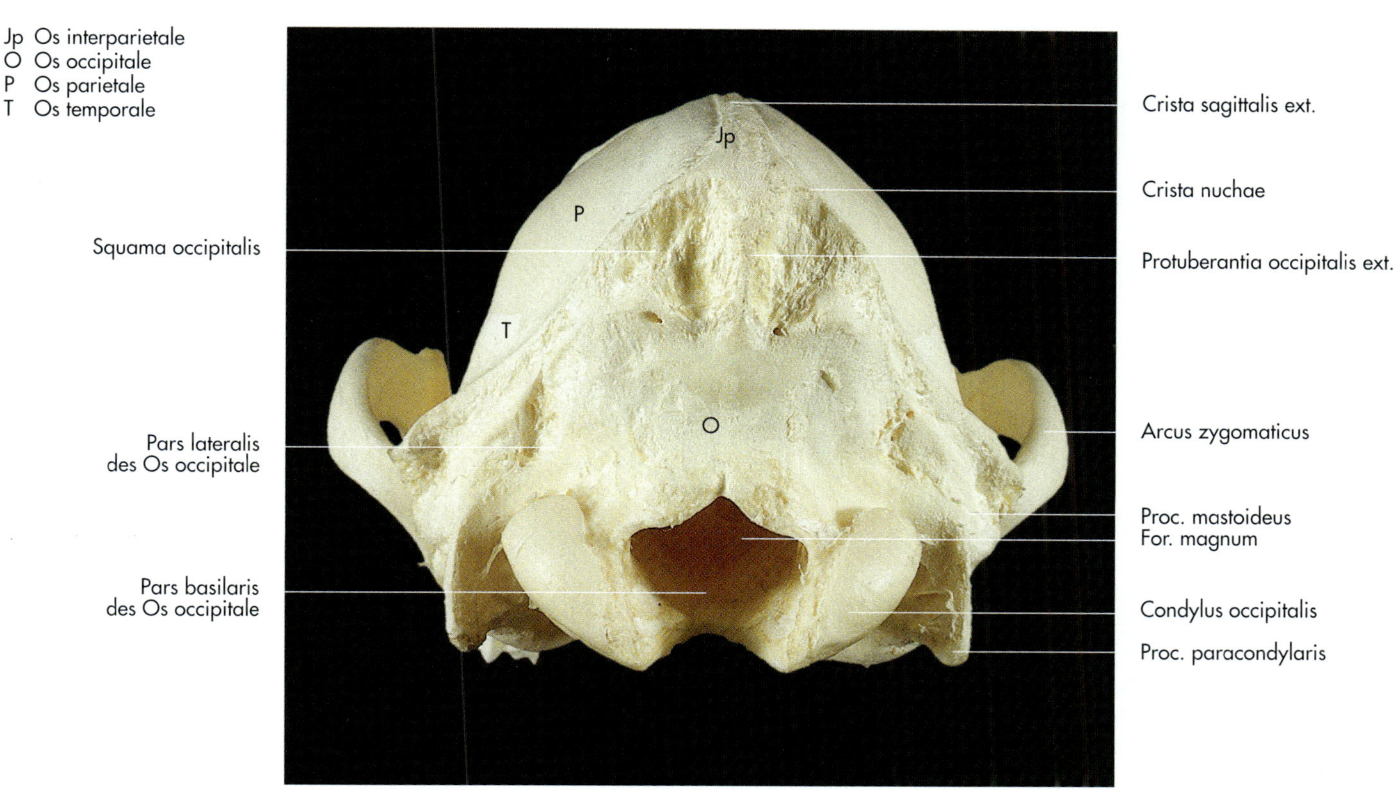

Abb. 1-8. Nackenwand des Schädels eines Hundes (Kaudalansicht).

sphenoidales) (Abb. 1-21). Rostral entläßt der Keilbeinkörper einen **schnabelartigen Fortsatz (Rostrum sphenoidale),** der sich bis zum Siebbein vorschiebt. Im kaudalen Bereich liegt die **Rinne für die Sehnervenkreuzung (Sulcus chiasmatis),** von der aus jeweils über die beidseitigen Flügel des Keilbeins der knöcherne **Canalis opticus** für den Durchtritt des Sehnerven zur Augenhöhle führt (Abb. 1-11 u. 13).

Die **Flügel des vorderen Keilbeins (Alae ossis praesphenoidalis)** sind mit ihren Außenflächen am knöchernen Teil der Augenhöhle und des Canalis opticus, mit ihren Innenflächen an der Bildung der Schädelhöhle beteiligt.

Hinteres Keilbein (Os basisphenoidale)

Der Körper des hinteren Keilbeins (Corpus ossis basisphenoidalis) formt zusammen mit seinen Flügeln die **mittlere Schädelhöhle (Fossa cranii media),** die den rostral gelegenen Türkensattel (Sella turcica), die Hirnanhangsgrube (Fossa hypophysialis) und kaudal (Ausnahme Pferd) die erhöhte Sattellehne (Dorsum sellae turcicae) einschließt (Abb. 1-13).

Die **Flügel des hinteren Keilbeins (Alae ossis basisphenoidalis)** weisen flächige Anteile zum Gehirn (Facies cerebralis), zum Schläfenbein (Facies temporalis), zum Oberkieferbein (Facies maxillaris) und zur Augenhöhle (Facies orbitalis) auf. Die Fossa piriformis nimmt die Lobi piriformes des Gehirns auf.

Der kaudale Rand eines jeden Flügels ist tierartlich unterschiedlich mit an der Bildung von Spalten bzw. Löchern beteiligt, die dem Durchtritt von Nerven und Gefäßen dienen. Beim Pferd wird der Vorderrand des For. lacerum in eine medial gelegene Incisura carotica zum Durchtritt der A. carotis int., eine lateral folgende Incisura ovalis für den N. mandibularis und eine Incisura spinosa für die A. meningea media unterteilt (Abb. 1-61). Bei Fleischfressern ist an Stelle des For. lacerum ein For. ovale, ein Canalis caroticus und ein For. spinosum ausgebildet, bei Wiederkäuern allein ein For. ovale (Abb. 1-6 u. 17).

Rostral des Basisphenoids entspringt beidseitig der **Flügelfortsatz (Processus pterygoideus)** (Abb. 1-12), der rostroventral verlaufend in Verbindung mit dem Gaumen- und Flügelbein den **knöchenern Rachenraum (Choane)** (Abb. 1-5) begrenzt. Der Flügelfortsatz schließt an seiner Basis bei Fleischfressern und Pferd einen Flügelkanal (Canalis alaris) ein, der mit dem For. alare caudale beginnt und im For. alare rostrale endet. Er schließt die A. maxillaris ein.

Schläfenbein (Os temporale)

Das Schläfenbein entsteht aus der Verschmelzung mehrerer Einzelknochen, die beim Neugeborenen noch getrennt angelegt sind. Man unterscheidet:

- die **Schläfenbeinschuppe (Pars squamosa,** Squama temporalis),
- den **Felsenteil (Pars petrosa, Petrosum)** mit einem Warzenfortsatz (Proc. mastoideus) und
- einen **Paukenteil (Pars tympanica).**

Die **Schläfenbeinschuppe (Pars squamosa, Squama temporalis, Squamosum)** trägt mit seiner **Schädelhöhlenfläche (Facies cerebralis)** mit zur Wand der seitlichen Schä-

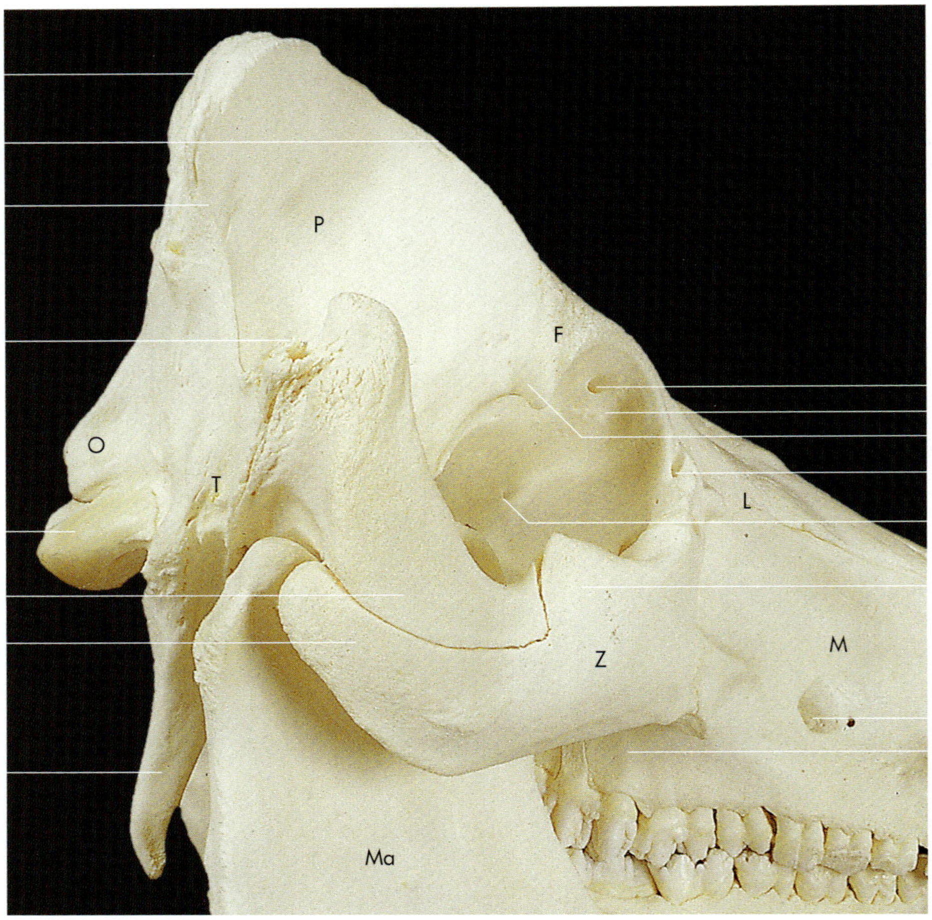

Abb. 1-9. Knochen des Hirnschädels eines Schweines (Lateralansicht von rechts).

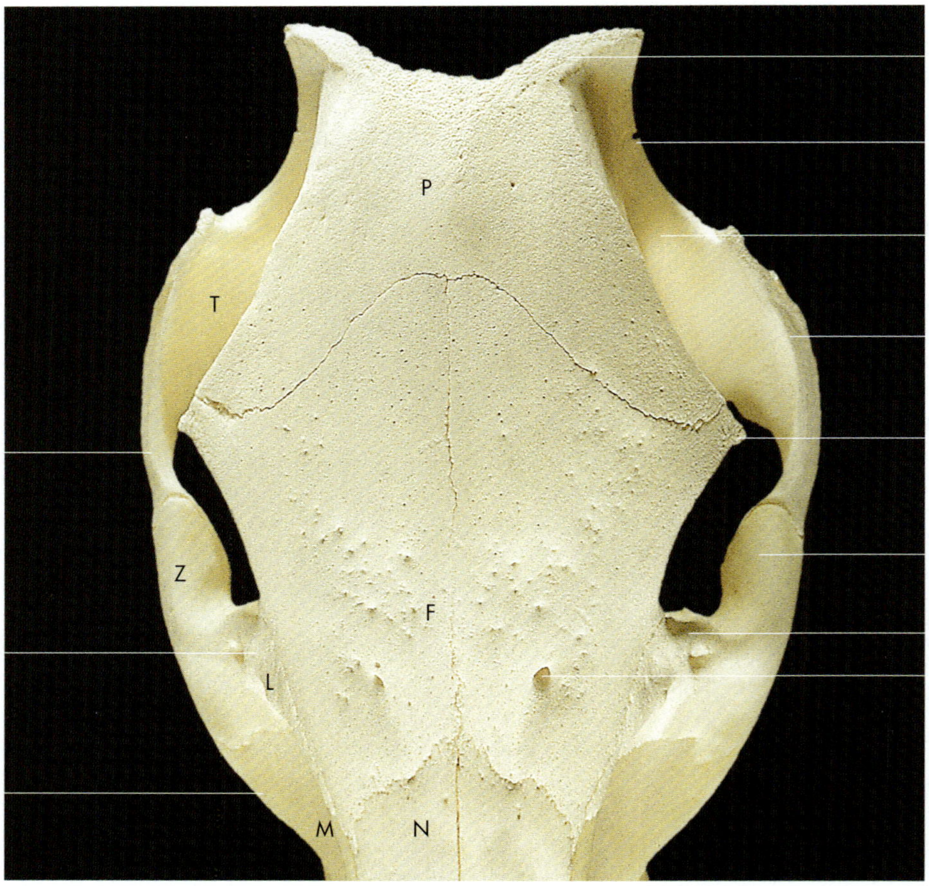

Abb. 1-10. Knochen des Hirnschädels eines Schweines (Dorsalansicht).

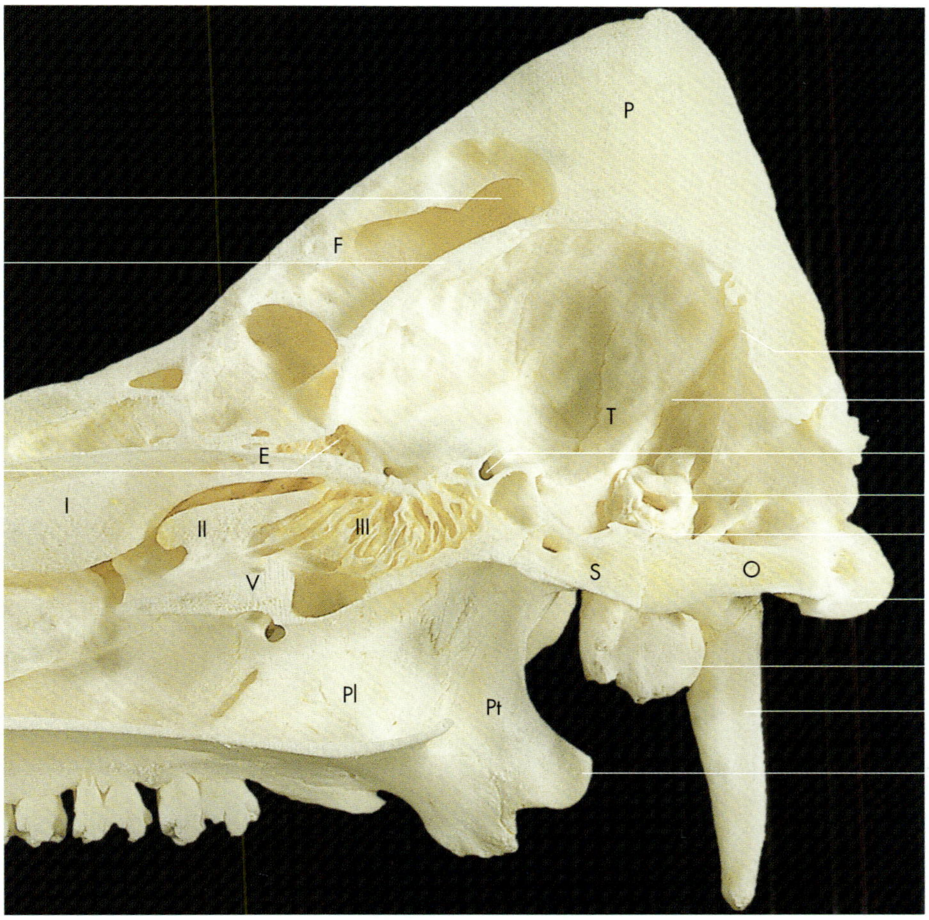

Abb. 1-11. Knochen des Hirnschädels eines Schweines (Medialansicht der rechten Hälfte).

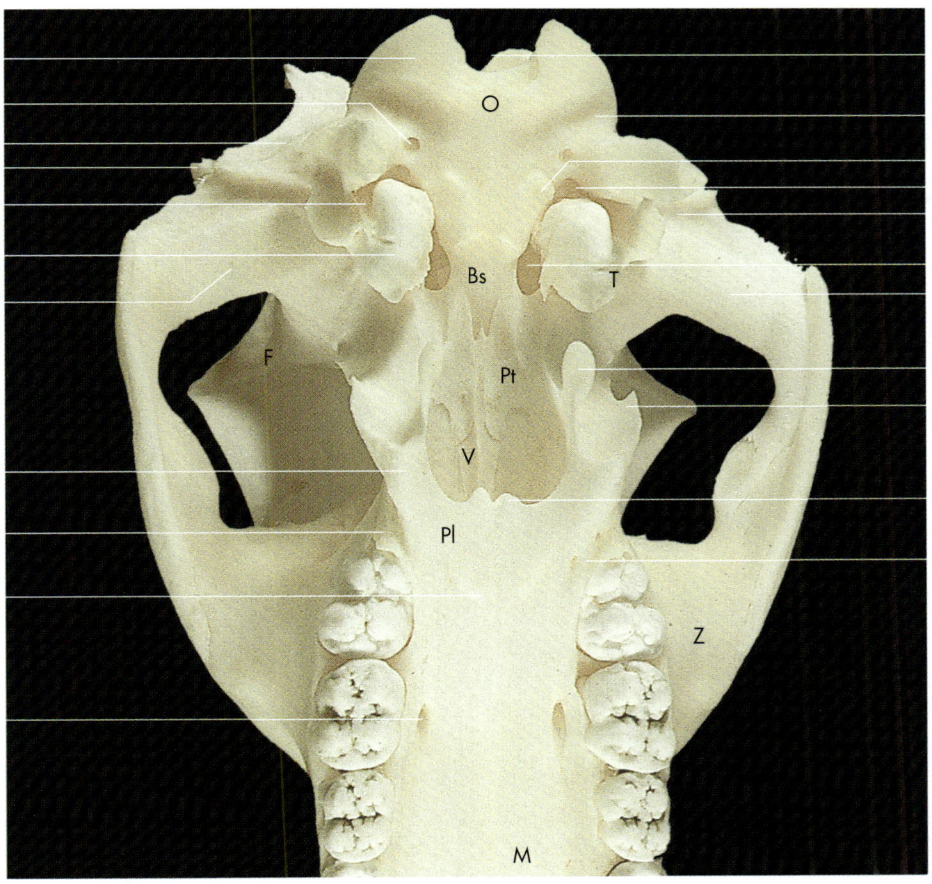

Abb. 1-12. Knochen des Hirnschädels eines Schweines (Ventralansicht).

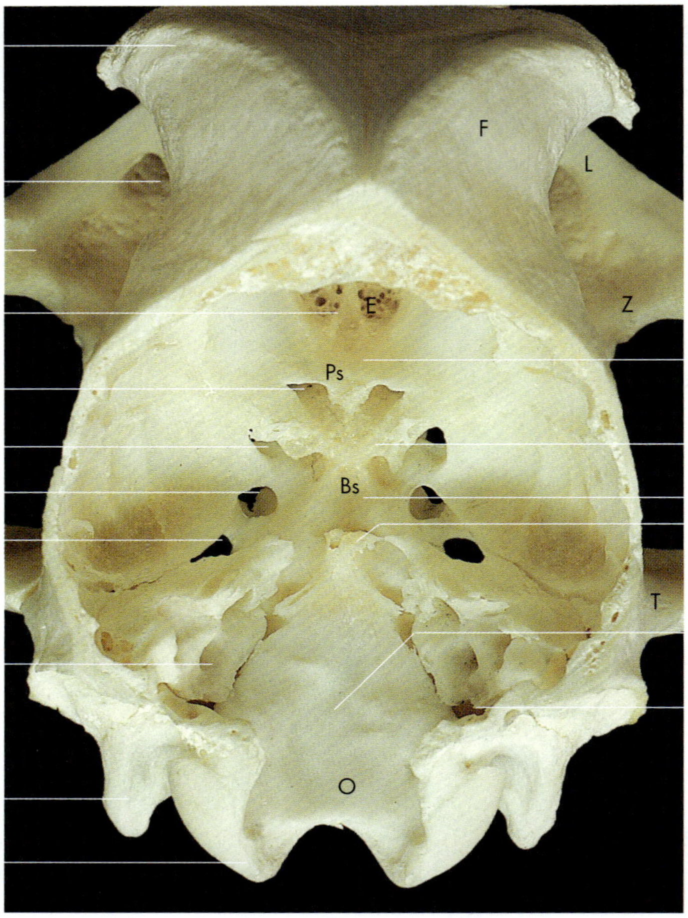

Abb. 1-13. Schädelhöhle eines Hundes (dorsokaudale Ansicht nach Eröffnung der Schädeldecke).

delhöhle bei und grenzt mit festen Knochennähten an das Scheitelbein, das Stirnbein und das Keilbein an. Die **Außenfläche der Schuppe (Facies temporalis)** entläßt nach lateral und rostral den markanten **Jochfortsatz (Processus zygomaticus)**, der mit dem Schläfenfortsatz des Jochbeins (Os zygomaticum) durch eine Schuppennaht den **Jochbogen (Arcus zygomaticus)** bildet (Abb. 1-3, 4 u. 10). An der Basis des Jochfortsatzes wölbt sich die Gelenkfläche für das **Kiefergelenk (Articulatio temporomandibularis)** zur gelenkigen Verbindung zum Unterkiefer vor. Bei den Haussäugetieren ist hierfür in unterschiedlicher Ausbildung rostral eine **quergestellte Walze (Tuberculum articulare),** in der Mitte eine **Gelenkgrube (Fossa mandibularis)** mit der Facies articularis und kaudal der **Processus retroarticularis** entwickelt (Abb. 1-12). Dem Fleischfresser fehlt die Gelenkwalze, dieser besitzt jedoch einen ausgeprägten Proc. retroarticularis (Abb. 1-6). Kaudal entläßt die Schuppe einen Proc. occipitalis sowie ventral den Proc. retrotympanicus, der den äußeren Gehörgang kaudal umgreift. Hinter diesem Fortsatz liegt im For. retroarticulare der Zugang zum **Schläfengang (Meatus temporalis)** (Abb. 1-6), der bei Katze und Schwein rudimentär bleibt.

Der **Felsenteil (Pars petrosa, Petrosum)** wird zusammen mit der **Pars tympanica** auch als **Felsenbeinpyramide** bezeichnet und verschmilzt bei Fleischfressern und Rind mit dem Squamosum, bleibt bei den anderen Haussäugetieren jedoch von diesem getrennt. Das Petrosum bildet den kaudoventralen Abschluß des Schläfenbeins und schließt das Innenohr mit der **Schnecke (Cochlea)**, dem **Vorhof (Vestibulum)** und den **Bogengängen (Canales semicirculares)** ein. Es liegt zwischen dem Tympanikum und der Squama temporalis in der Tiefe eingekeilt. Seine der Schädelhöhle zugewandte **Innenfläche (Facies medialis)** schließt den **Eingang (Porus acusticus internus)** zum **inneren Gehörgang (Meatus acusticus internus)** (Abb. 1-5 u. 11) ein, durch den der Nerv des Angesichts (N. facialis) und des Gleichgewichts- und Gehörsinnes (N. vestibulocochlearis) eintritt. Zwischen der rostralen und medialen Fläche des Petrosum erhebt sich bei Fleischfressern und Pferd die deutlich ausgebildete Crista partis petrosae.

Der kaudale Anteil des Petrosum erreicht über den nach ventral gerichteten **Warzenfortsatz (Processus mastoideus)** die Schädeloberfläche. Letzterer ist vorzugsweise beim Pferd knollenartig verdickt, bei den anderen Haussäugetieren jedoch eher unauffällig. Beachtung muß der **Ansatz des Zungenbeins** finden. So setzt dieses bei Wiederkäuer und Pferd am zylindrisch geformten **Griffelfortsatz (Processus styloideus)** rostroventral des äußeren Gehörganges der Pars tympanica an (Abb. 1-18 u. 22). Bei Fleischfressern setzt, wegen des Fehlens dieses Fortsatzes, das Zungenbein am **Processus mastoideus des Petrosum** (Abb. 1-3 u. 6) an, beim Schwein am **Processus nuchalis der Squama temporalis**, nahe der Basis des Proc. paracondylaris. Zwischen dem Paukenteil und dem Proc. mastoideus (Fleischfresser) bzw. dem Proc. styloideus und dem Proc. mastoideus liegt das **Foramen stylomastoideum** als der Zugang zum Canalis facialis, der den N. facialis einschließt (Abb. 1-60).

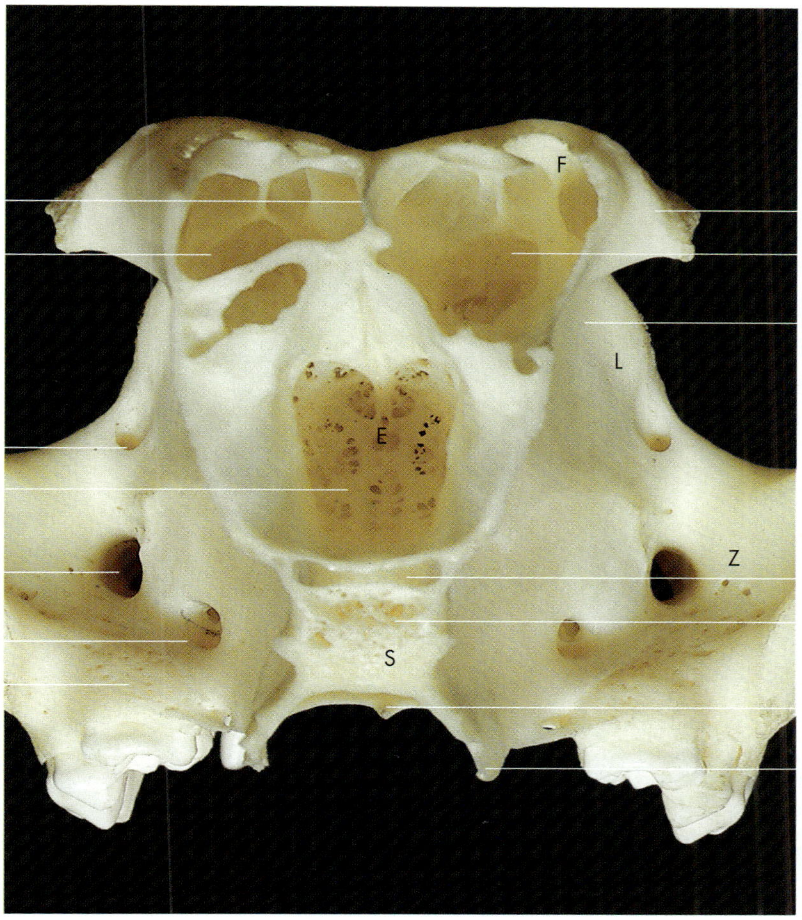

Abb. 1-14. Querschnitt durch die Schädelhöhle eines Hundes kaudal des Proc. zygomaticus des Os frontale (Kaudalansicht).

Der **Paukenteil (Pars tympanica, Tympanicum),** rostroventral an der Basis des Schläfenbeins gelegen, schließt in der **Paukenblase (Bulla tympanica)** die **Paukenhöhle (Cavum tympani)** des Mittelohrs ein (Abb. 1-6, 12, 17 u. 22). Bei der Katze, bei der die Paukenhöhle in zwei Abschnitte unterteilt ist, wird die mediale Wand der Paukenblase aus einer knorpeligen Anlage der gesonderten Pars endotympanica gebildet. Dorsolateral öffnet sich der **äußere Gehörgang (Meatus acusticus externus)**, der mit dem Porus acusticus ext. endet (Abb. 1-18). Für die Befestigung des **Trommelfells (Membrana tympani)** ist ein meist nicht geschlossener Ring (Anulus tympanicus) ausgebildet. In der Dorsalbucht der Paukenhöhle liegen die **Gehörknöchelchen (Ossicula auditus),** der **Hammer (Malleus),** der **Amboß (Incus)** und der **Steigbügel (Stapes).**

Mediorostral der Paukenblasenwand liegt der Proc. muscularis, besonders ausgebildet bei Wiederkäuern und Pferd. Medial dieses Muskelfortsatzes verläuft die rinnenförmige knöcherne Hörtrompete (Semicanalis tubae auditivae) zusammen mit dem Semicanalis musculi tensoris veli palatini, die gemeinsam im Canalis musculotubarius gelegen, eine Verbindung der Paukenhöhle mit dem Nasenraum herstellen.

Stirnbein (Os frontale)

Das Stirnbein liegt beidseitig zwischen Scheitel und Nase, verbunden in der Sutura interfrontalis. Jedes Stirnbein schließt eine oder mehrere Stirnhöhlen (Sinus frontales) ein, die tierartlich differieren. Der Lage einzelner Abschnitte des Stirnbeins nach können unterschieden werden:

- Stirnbeinschuppe (Squama frontalis),
- Nasenabschnitt (Pars nasalis),
- Augenhöhlenplatte (Pars orbitalis) und
- Schläfenfläche (Facies temporalis).

Die **Stirnbeinschuppe** liegt bei Schwein und Wiederkäuern langgezogen, keilförmig zwischen dem Nasen- und dem Tränenbein, weniger ausgeprägt beim Pferd. Beim Fleischfresser begrenzt sich die Squama frontalis auf den Augenhöhlenrand. Der keilförmige, rostrale Nasenabschnitt wird auch als Pars nasalis bezeichnet.

Seitlich entspringt zur Bildung des **oberen Augenbogenrandes (Margo supraorbitalis)** (Abb. 1-16) der **Jochfortsatz (Processus zygomaticus)** (Abb. 1-3, 4, 10, 19 u. 20). Dieser weist tierartliche Besonderheiten auf. Beim Wiederkäuer verbindet er sich knöchern mit dem **Stirnfortsatz des Jochbeins (Processus frontalis ossis zygomatici),** beim Pferd mit dem **Jochfortsatz des Schläfenbeins (Processus zygomaticus ossis temporalis).** Bei Fleischfressern und Schwein schließt bindegewebig das **Ligamentum orbitale** den oberen Augenhöhlenrand. Dieses Band verknöchert oft bei der Katze. Der Proc. zygomaticus bzw. das Lig. orbitale wird von der Tränendrüse unterlagert, die in der knöchernen Orbitalfläche die **Tränendrüsengrube (Fossa glandulae lacrimalis)** ausspart.

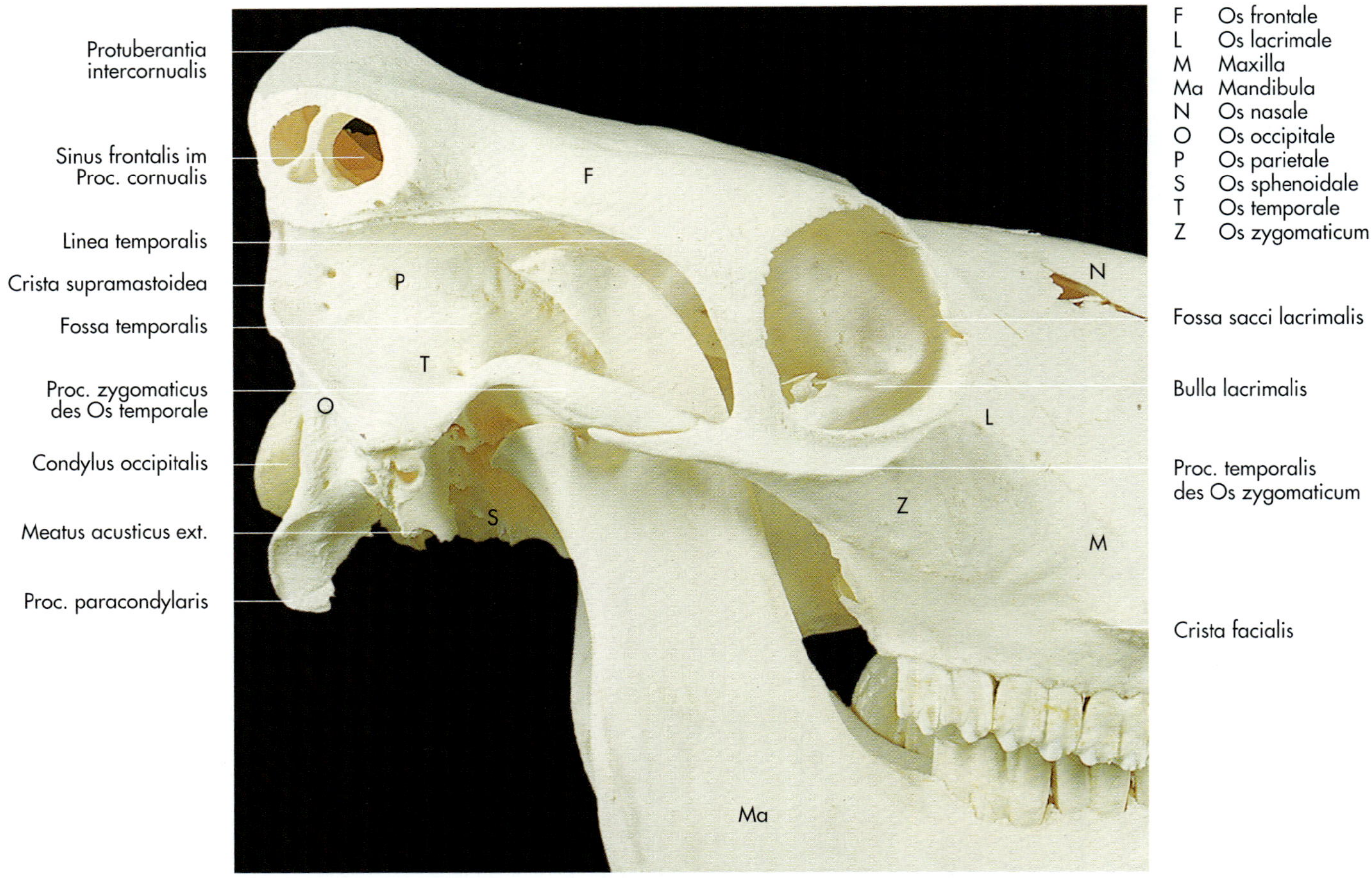

Abb. 1-15. Knochen des Hirnschädels eines Rindes (Lateralansicht von rechts).

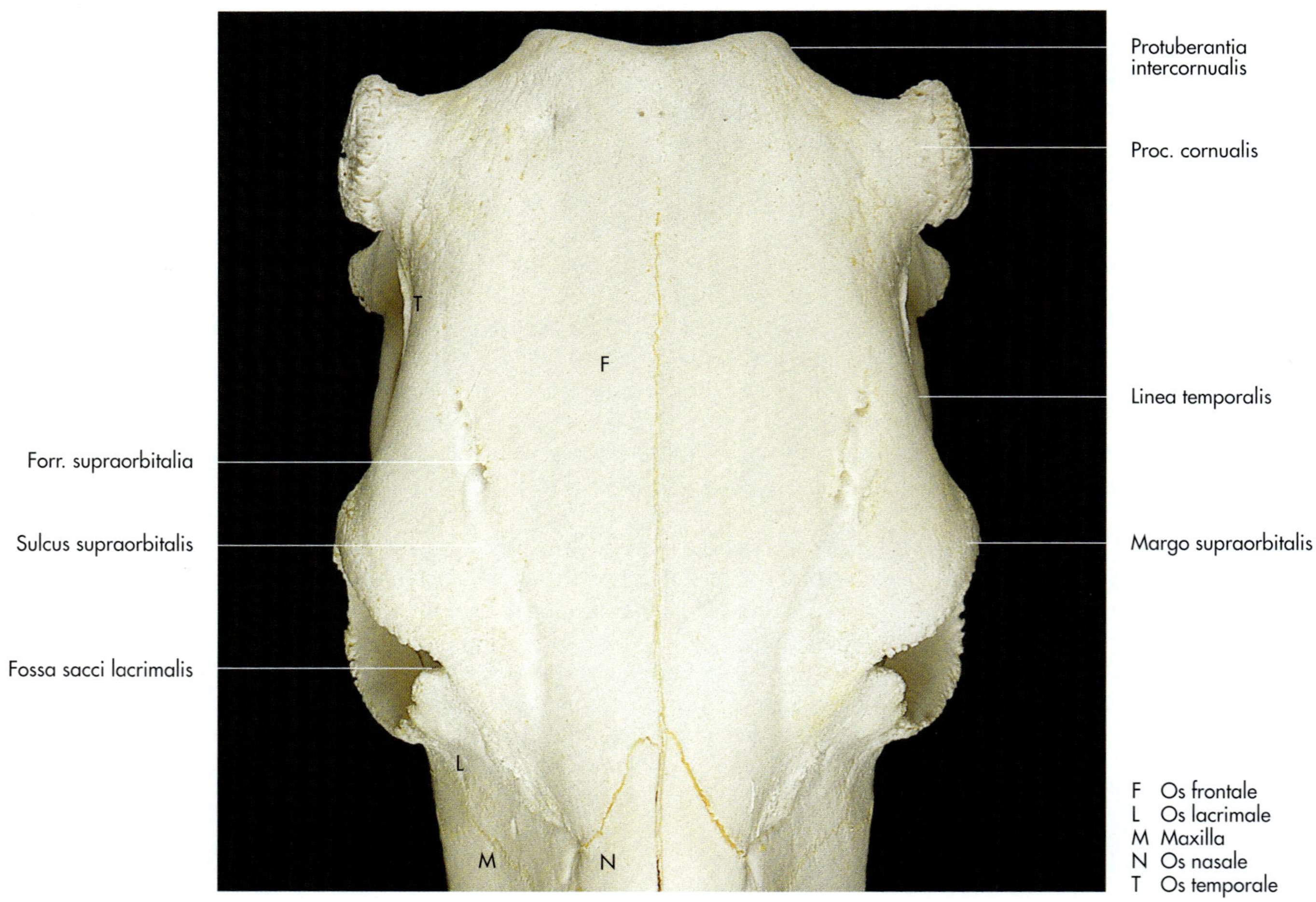

Abb. 1-16. Knochen des Hirnschädels eines Rindes (Dorsalansicht).

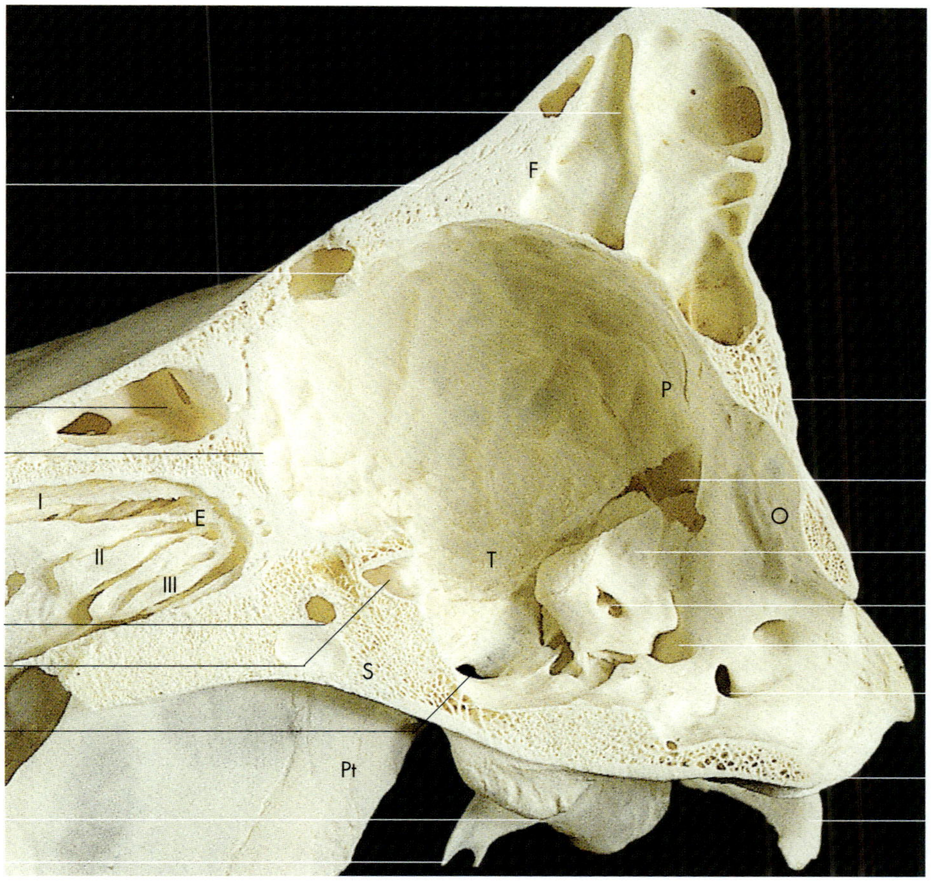

Abb. 1-17. Knochen des Hirnschädels eines Rindes (Medialansicht der rechten Hälfte).

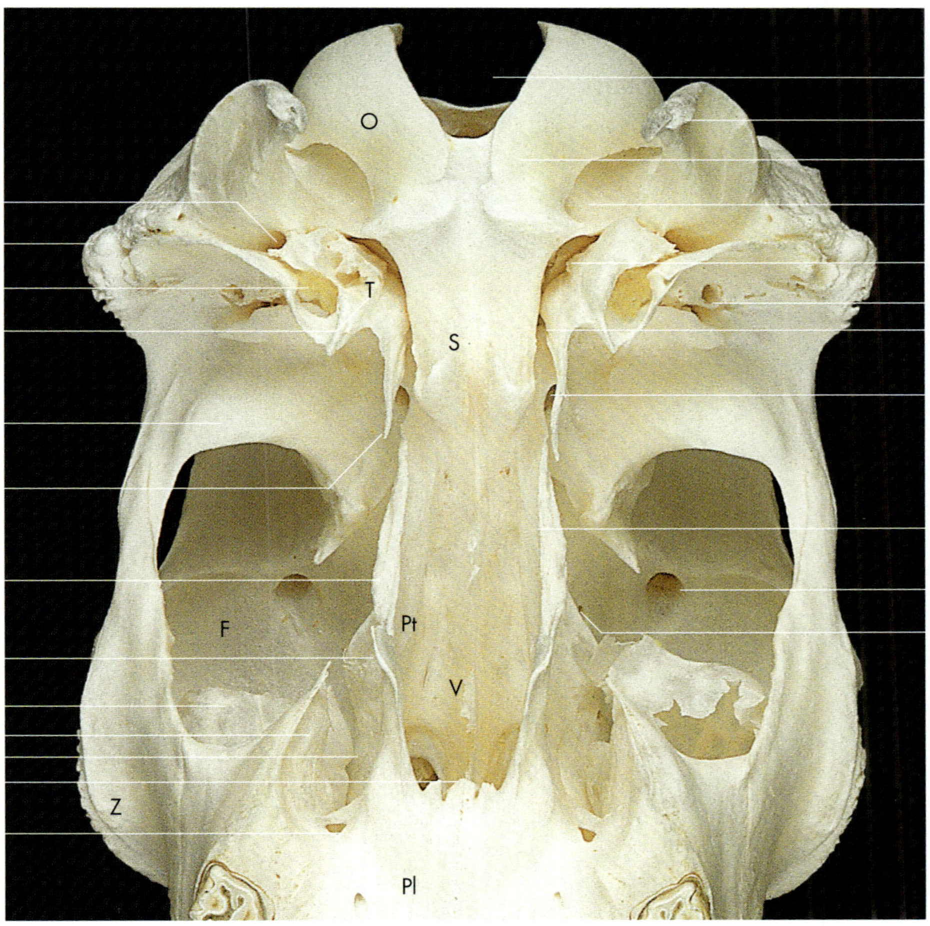

Abb. 1-18. Knochen des Hirnschädels eines Rindes (Ventralansicht).

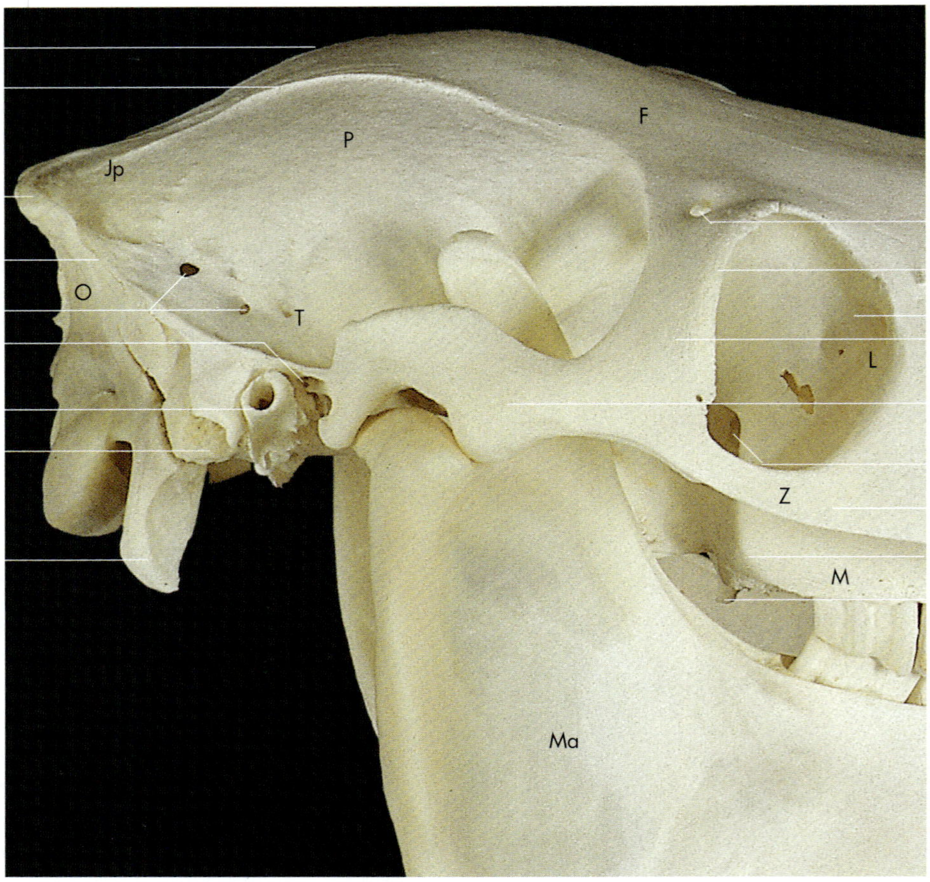

Abb. 1-19. Knochen des Hirnschädels eines Pferdes (Lateralansicht von rechts).

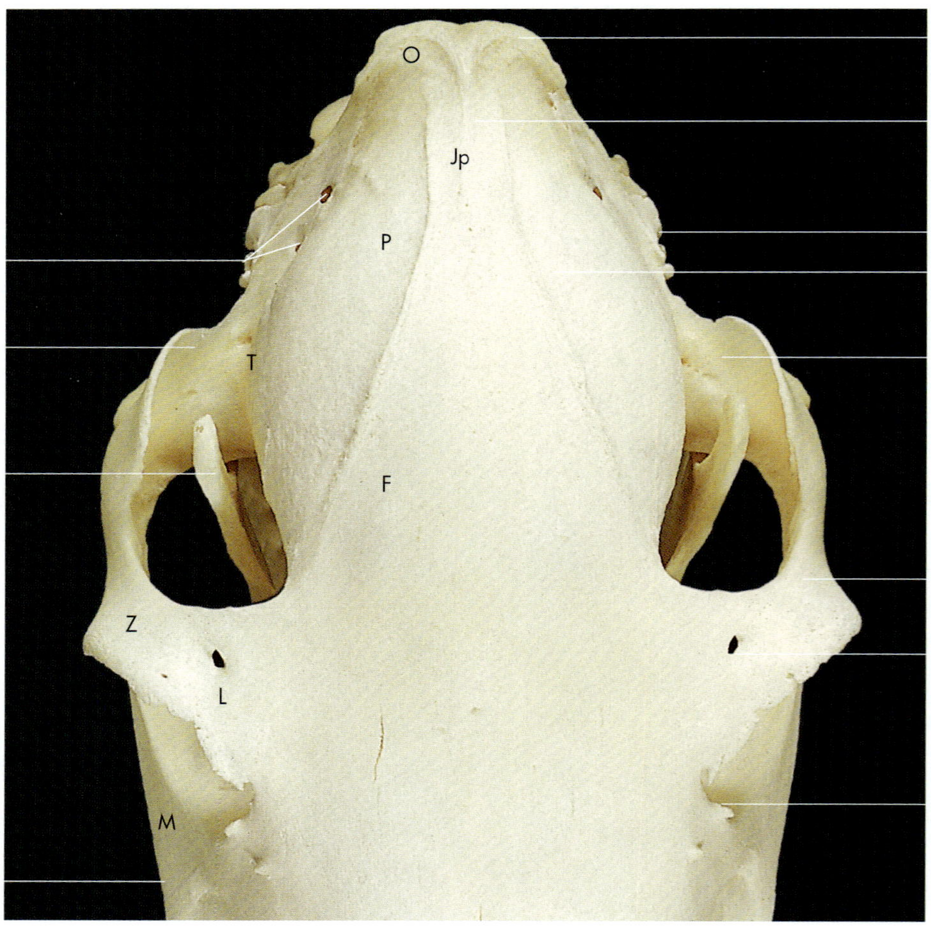

Abb. 1-20. Knochen des Hirnschädels eines Pferdes (Dorsalansicht).

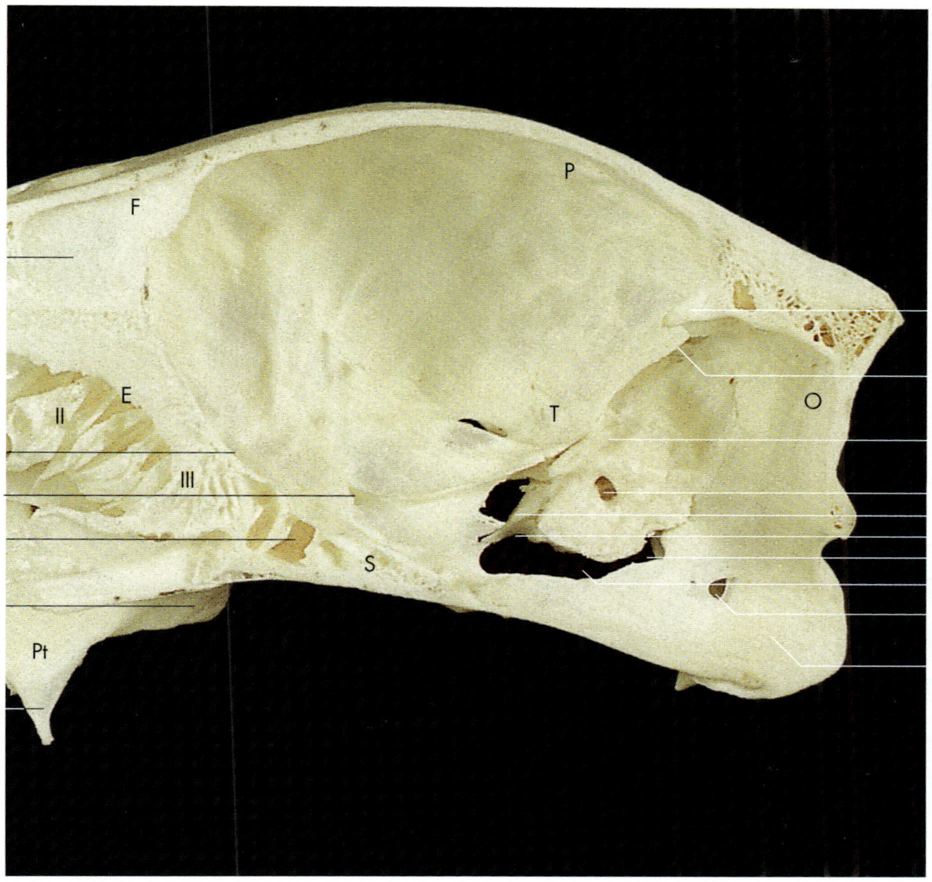

F Os frontale
E Os ethmoidale
O Os occipitale
P Os parietale
Pt Os pterygoideum
S Os sphenoidale
T Os temporale

II Endoturbinale II
III Endoturbinale III

Abb. 1-21. Knochen des Hirnschädels eines Pferdes (Medialansicht der rechten Hälfte).

F Os frontale
O Os occipitale
Pt Os pterygoideum
S Os sphenoidale
T Os temporale
V Vomer
Z Os zygomaticum

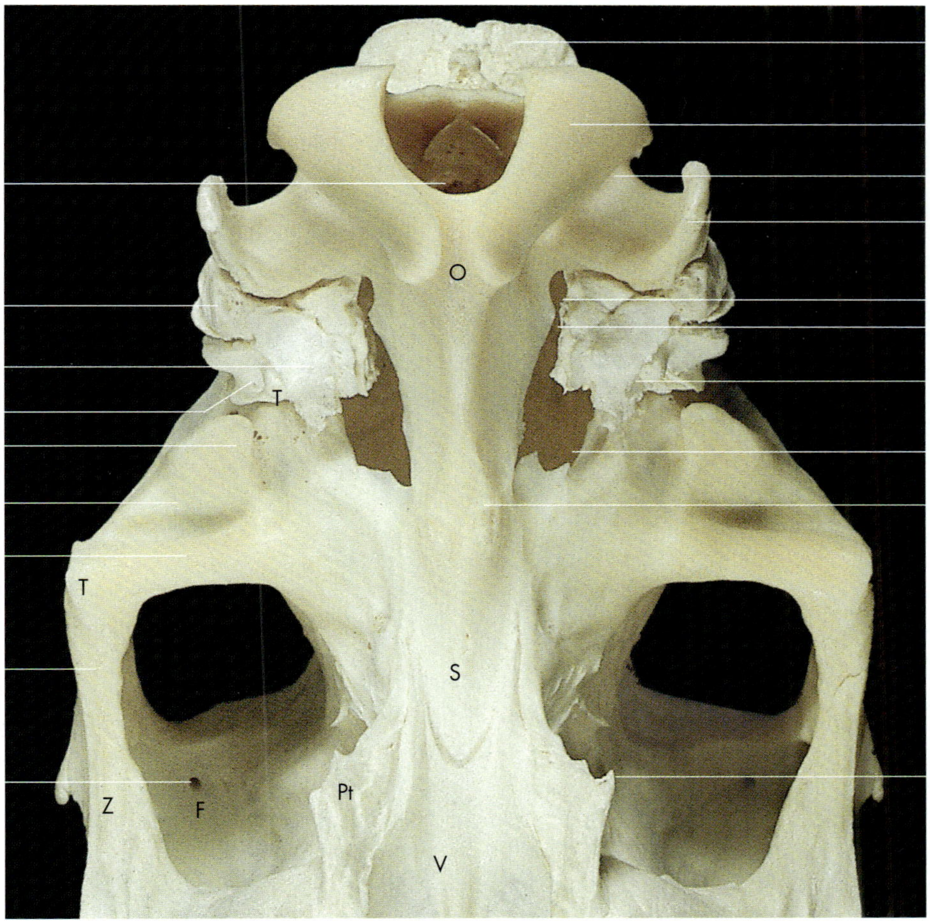

Abb. 1-22. Knochen des Hirnschädels eines Pferdes (Ventralansicht).

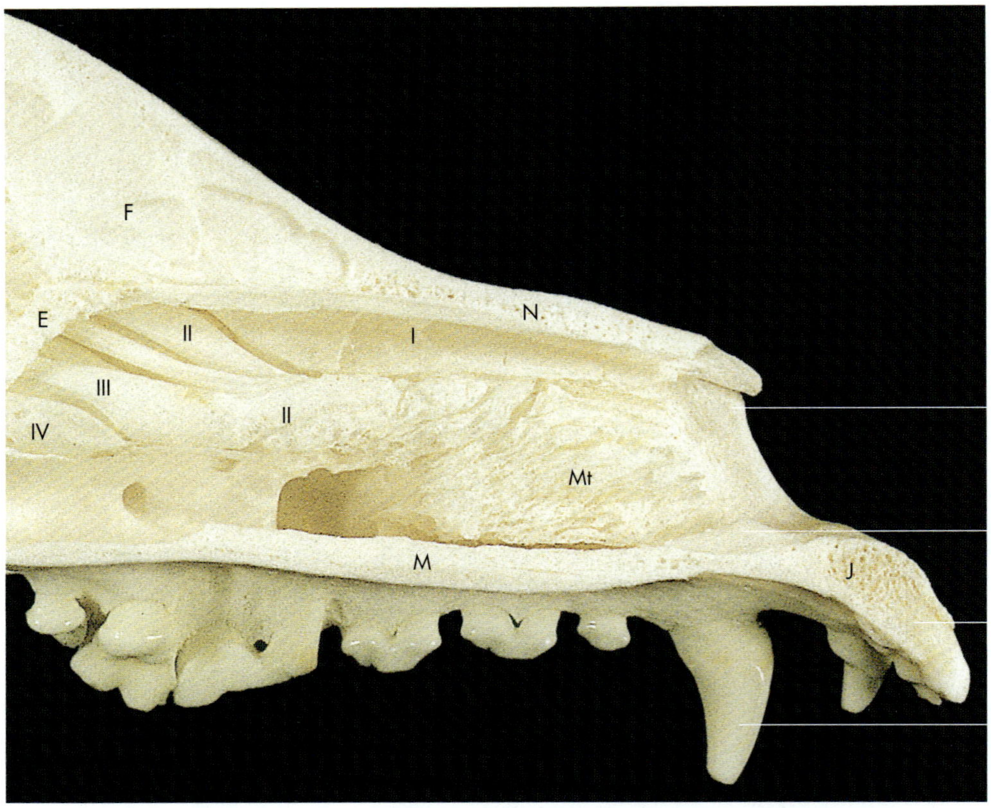

Abb. 1-23. Knochen des Gesichtsschädels eines Hundes (Paramedianschnitt, Medialansicht der linken Hälfte).

Zwischen der Stirnbeinschuppe und der Schläfenfläche ist bei Hund, Rind und Pferd eine deutliche **Linea temporalis** ausgebildet, die in der Crista sagittalis ext. ihre Fortsetzung findet (Abb. 1-3, 4, 15 u. 16). Bei den anderen Haussäugetieren ist die Linea temporalis eher unauffällig entwickelt. Bei gehörnten Wiederkäuern liegen hier die charakteristischen paarigen knöchernen Grundlagen für die **Hornfortsätze (Processus cornuales)** (Abb. 1-16).

Die **Augenhöhlenplatte (Pars orbitalis)** bildet die mediale Wand der Augenhöhle, an deren unterem Rand das **Foramen ethmoidale** lokalisiert ist (Abb. 1-18). Dieses liegt beim Pferd allerdings an der Grenze zum Keilbein. Die Fovea trochlearis vertieft sich medial des Ursprungs des Jochfortsatzes für den Ansatz des schrägen dorsalen Augenmuskels.

Die Augenhöhlenplatte geht in eine kleine, konkave Fläche, die **Schläfenfläche (Facies temporalis)** des Stirnbeins, über, die rostale Abschnitte der Fossa temporalis bildet und damit Ansatzfläche für den Schläfenmuskel (M. temporalis) bietet (Abb. 1-20).

Scheitelbein (Os parietale)

Das Scheitelbein ist paarig angelegt und bildet zwischen dem Hinterhauptsbein und dem Stirnbein Dach- und Seitenflächen, beim Rind zusätzlich noch Anteile der Nackenfläche des Schädels. Die Außenflächen (Facies externae) lassen demzufolge ein Planum parietale am Dach (Rind: Planum nuchale) und ein Planum temporale an der Seitenwand erkennen. Die Schädelinnenfläche (Facies interna) ist durch Gefäßrinnen, Vertiefungen und Erhabenheiten der Gehirnoberfläche unregelmäßig gestaltet. Bei Pferd und Schwein liegt in der Medianen die **Crista sagittalis interna,** die von einem Sulcus sinus sagittalis dors. begleitet sein kann. In die Schädelhöhle springt der **Sichelfortsatz (Processus tentoricus)** vor und formt bei Fleischfressern und Pferd mit jenem des Hinterhauptsbeins und des Zwischenscheitelbeins das **knöcherne Kleinhirnzelt (Tentorium cerebelli osseum)** (Abb. 1-5 u. 21).

Zwischenscheitelbein (Os interparietale)

Das Zwischenscheitelbein entsteht ebenfalls paarig und liegt in der Medianen zwischen den Scheitelbeinen und dem Hinterhauptsbein. Dieser Knochen verwächst im späteren Leben mit dem Okziput und dem Scheitelbein, allein bei der Katze bleibt eine Naht bestehen. Es bildet an seiner Innenfläche bei Fleischfresser und Pferd den bereits angesprochenen Sichelfortsatz (Proc. tentoricus) aus und ist damit an der Gestaltung des knöchernen Kleinhirnzeltes (Tentorium cerebelli osseum) beteiligt (Abb. 1-3, 4 u. 21).

Siebbein (Os ethmoidale)

Das Siebbein liegt im Nasengrund zwischen den Augenhöhlen und besteht aus der frontal gerichteten **Dachplatte (Lamina tectoria),** den paarigen papierdünnwandigen **Seitenplatten (Lamina orbitalis)** und der **Bodenplatte (Lamina basalis),** die, zu einem liegenden Rohr zusammengefügt, die **Außenwand (Lamina externa)** formen. Zur Schädelhöhle hin ist das Siebbein durch eine quergestellte **Siebplatte (Lamina**

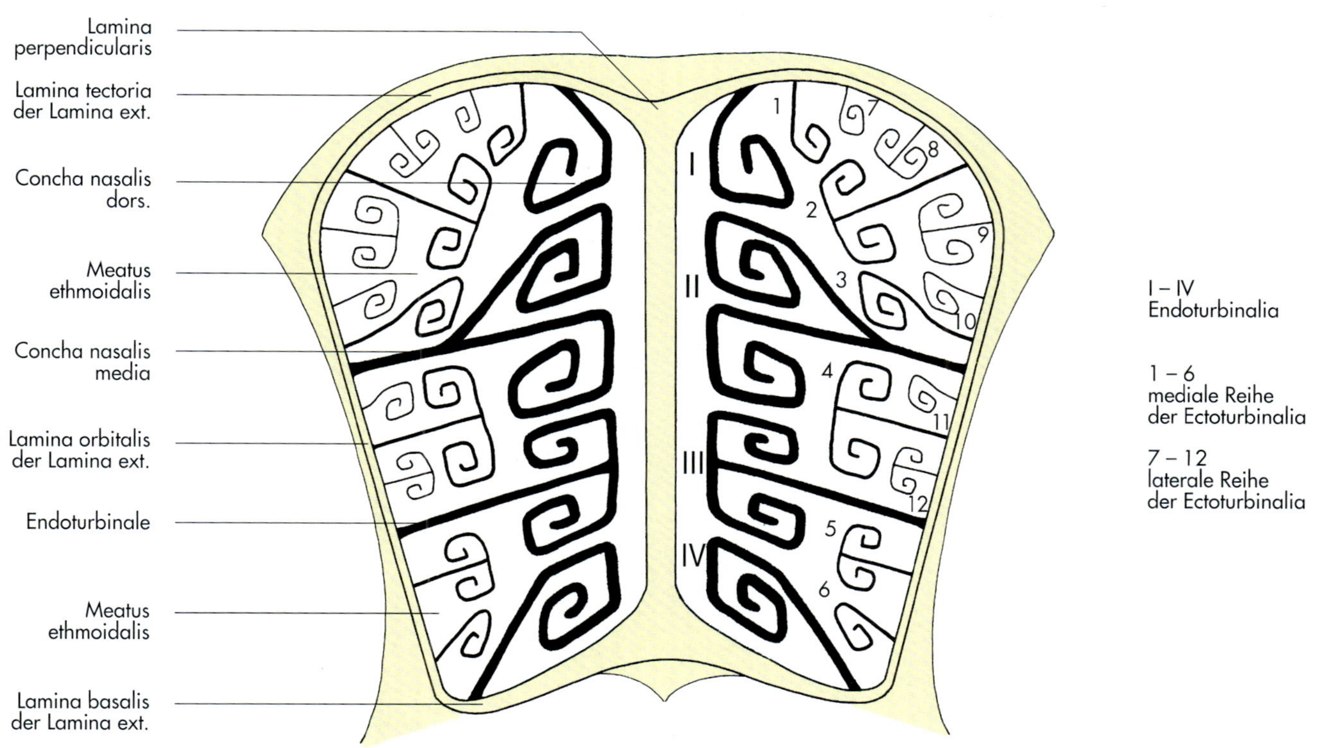

Abb. 1-24. Schematische Darstellung des Siebbeinlabyrinths des Pferdes (Querschnitt), nach Nickel, Schummer u. Seiferle, 1992.

cribrosa) begrenzt. In der Medianen trennt eine knöcherne **Scheidewand (Lamina perpendicularis)** den äußerlich einheitlichen Zylinder in zwei Doppelrohre, von deren Dach- und Seitenplatten paarig das **Siebbeinlabyrinth (Labyrinthus ethmoidalis)** in das Innere ragt. Aus diesem entwickeln sich die aufgerollten **Siebbeinmuscheln (Ethmoturbinalia),** die zwischen sich die Siebbeingänge (Meatus ethmoidales) für die durchströmende Atmungsluft frei lassen (Abb. 1-23 u. 24).

Die **Siebbeinplatte (Lamina cribrosa)** (Abb. 1-5, 13 u. 14) trennt die Nasenhöhle von der Schädelhöhle und wird von zahlreichen Foramina durchbohrt, durch welche die Nervenfortsätze der Riechschleimhaut zum Riechkolben des Gehirns durchtreten. Die mediale Scheidewand setzt sich bogenförmig in die Schädelhöhle fort und teilt durch die **Crista galli** die Siebplatte in zwei **Siebbeingruben (Fossae ethmoidales),** in denen die Riechkolben lokalisiert sind (Abb. 1-13).

In das **Siebbeinlabyrinth (Labyrinthus ethmoidalis)** ragen von den Dach- und Seitenplatten die **Siebbeinmuscheln (Ethmoturbinalia),** die in der Regel in zwei (beim Pferd in drei) Reihen angeordnet sind (Abb. 1-24). Eine Siebbeinmuschel besteht aus einer an der Außenwand und an der Siebplatte ansetzenden Basallamelle, die sich in das Innere der Siebbeingänge vorschiebt und sich dort als Spirallamelle meist nach ventral einrollt. Ist dieses Blatt gespalten, so ist zusätzlich ein dorsales Einrollen möglich. Darüber hinaus sind, vorzugsweise beim Hund, auch weitere Nebenlamellen ausgebildet.

Größere, weit in das Innere reichende Ethmoturbinalia werden als **Endoturbinalia,** kleinere, außen anliegende als **Ectoturbinalia** bezeichnet. Ectoturbinalia liegen bei den meisten Haussäugetieren in einer Reihe (Ausnahme beim Pferd in zwei). Die Anzahl der Endoturbinalia zu Ectoturbinalia pro Seite ist tierartlich unterschiedlich: Hund 4 zu 6, Schwein 7 zu 20, Wiederkäuer 4 zu 18 und Pferd 6 zu 25.

Das **Endoturbinale I** liegt am weitesten dorsal und ragt als die längste Siebbeinmuschel weit in die Nasenhöhle. Es bildet die knöcherne Grundlage der **oberen Nasenmuschel (Concha nasalis dorsalis)** und setzt an der **Crista ethmoidalis** des Nasenbeins an. Das **Endoturbinale II**, das dem Endoturbinale I unten folgt, bildet die Grundlage für die **mittlere Nasenmuschel (Concha nasalis media)** (Abb. 1-24). Die anderen Endoturbinalia nehmen zunehmend an Ausdehnung ab. Eine Ausnahme tritt beim Hund auf, bei dem die II. bis IV. Endoturbinalia extrem lang entwickelt sind und die III. meist noch ausgeprägter als die IV. ist. Zu wissen ist die Tatsache, daß die **ventrale Nasenmuschel (Concha nasalis ventralis)** eine eigenständige Bildung des **Oberkieferbeins** ist und nicht zu den Ethmoturbinalia gerechnet wird.

Die strukturellen Grundlagen für die Muschelbeine (Ossa conchae) werden nachfolgend zusammenfassend dargestellt. Man unterscheidet als knöcherne Grundlagen:

- **Endoturbinale I**
  für die dorsale Nasenmuschel (Concha nasalis dorsalis),
- **Endoturbinale II**
  für die mittlere Nasenmuschel (Concha nasalis media),
- **Maxilloturbinale**
  für die untere Nasenmuschel (Concha nasalis ventralis).

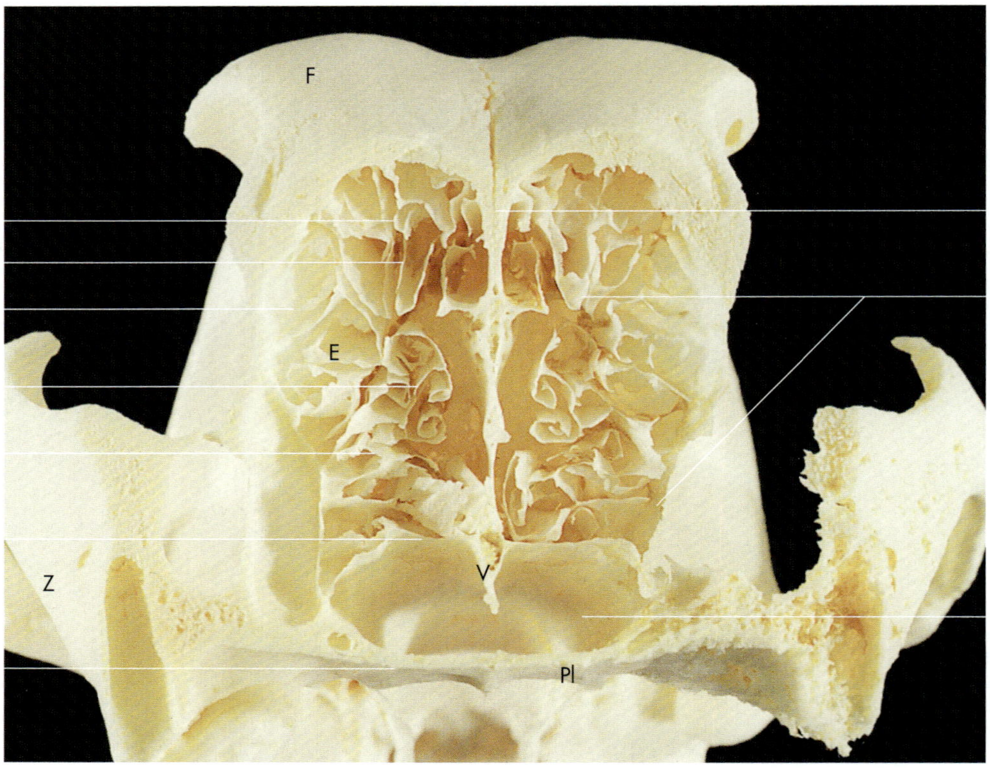

Abb. 1-25. Nasenhöhle eines Hundes (Querschnitt durch die Nasenmuscheln).

Die Muschelbeine ragen in den Nasengang vor und tragen so zur Bildung der drei Nasengänge bei. Man unterscheidet:

- **den oberen Nasengang (Meatus nasi dorsalis)** zwischen Nasendach und der oberen Nasenmuschel,
- **den mittleren Nasengang (Meatus nasi medius)** zwischen beiden Nasenmuscheln und
- **den unteren Nasengang (Meatus nasi ventralis)** zwischen der unteren Nasenmuschel und dem Nasenboden.

Knochen des Gesichtsschädels (Ossa faciei)

Die Knochen des Gesichtsschädels bilden die **Nasenhöhlen,** deren ventrale Flächen gleichzeitig das Dach der Mundhöhle formen, unterlagert vom **Unterkiefer (Mandibula)** und dem **Zungenbein (Os hyoideum).** Die Wände des Gesichtsschädels lassen bei allen Haussäugetieren unterscheiden:

- **das Nasendach (Dorsum nasi)**, bestehend aus dem
  - paarigen Stirnbein (Os frontale),
  - paarigen Nasenbein (Os nasale),
- **die Seitenwände**, bestehend aus dem
  - paarigen Tränenbein (Os lacrimale),
  - paarigen Jochbein (Os zygomaticum),
  - paarigen Oberkieferbein (Maxilla),
  - paarigen Zwischenkieferbein (Os incisivum),
- **die Bodenwand der Nasenhöhle / die Dachwand der Mundhöhle**, bestehend aus dem
  - paarigen Gaumenbein (Os palatinum),
  - paarigen Oberkieferbein (Maxilla),
  - paarigen Zwischenkieferbein (Os incisivum),
  - unpaaren Pflugscharbein (Vomer) und
- **das Dach bzw. die Seitenwand der Schlundkopfhöhle**, bestehend aus dem
  - paarigen Flügelbein (Os pterygoideum)
  - Teilen des Pflugscharbeins (Vomer),
  - paarigen Gaumenbein (Os palatinum),
  - paarigen Keilbein (Os sphenoidale).

Tief im Nasengrund trennt das quergestellte **Siebbein (Os ethmoidale)** die Nasenhöhle von der Schädelhöhle. Vom Siebbein aus schieben sich die Muschelbeine (Ossa conchae) als Endoturbinalia I und II zusammen mit dem Os conchae nasalis ventr. (Maxilloturbinale) weit rostral in die Nasenhöhle vor. Eine mediane **Scheidewand (Septum nasi)** trennt die Nasenhöhle in eine rechte und linke Höhle (Abb. 1-25).

Nasenbein (Os nasale)

Das Nasenbein bildet die knöcherne Grundlage des Nasenrückens und zeigt eine flach konkav gewölbte **Außenfläche (Facies externa),** die vorzugsweise bei der Katze, dem Schwein und bei rammsköpfigen Pferden jedoch auch leicht konvex sein kann. Die **Innenfläche (Facies interna)** bietet

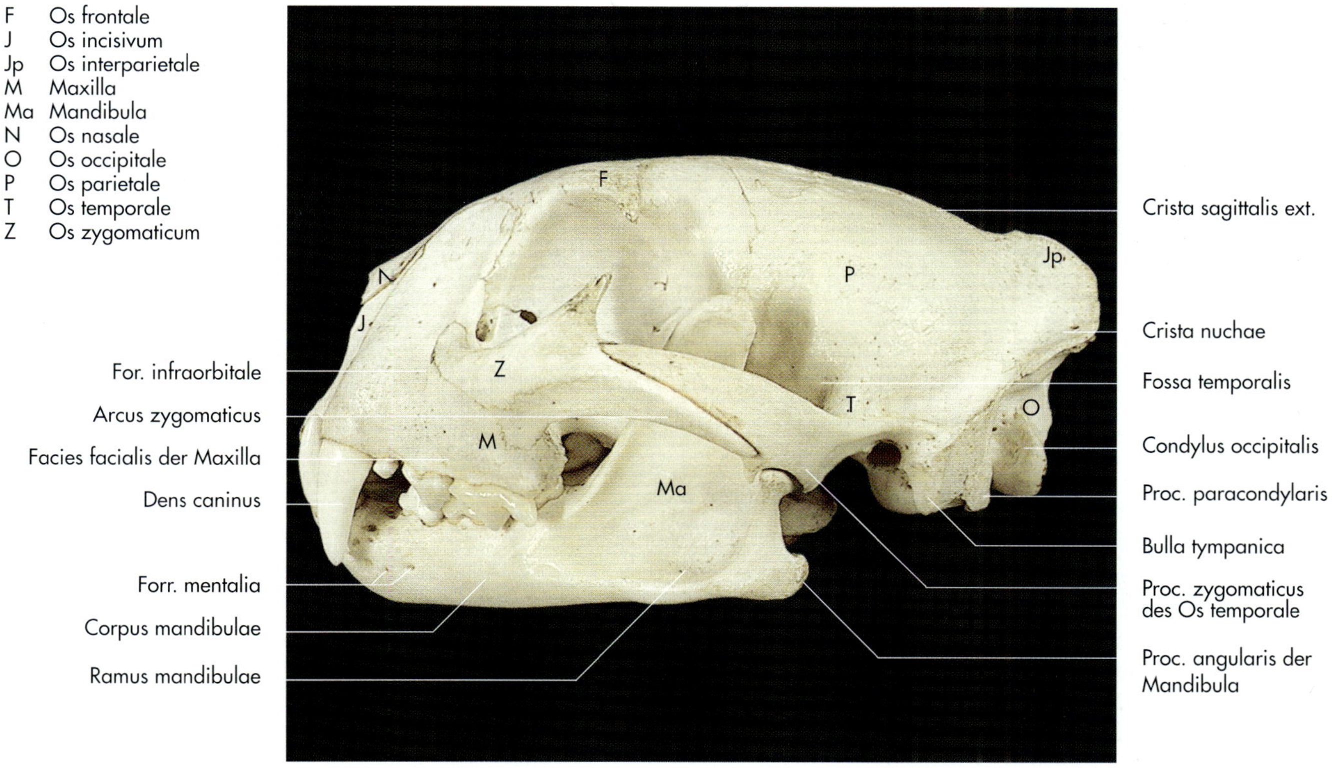

Abb. 1-26. Schädel eines Puma (Lateralansicht von links).

an der Crista ethmoidalis der **dorsalen Nasenmuschel (Endoturbinale I)** Ansatz. Die beiden Nasenbeine, medial verbunden durch einen stumpfen Rand (Sutura plana), entlassen zur Spitze einen **Processus rostralis** (Abb. 1-30 u. 32). Dieser endet bei Schwein, Schaf und Pferd mit einer medialen, beim Fleischfresser mit einer lateralen und beim Rind mit einer medialen und einer lateralen Spitze. Beim Fleischfresser entspringt nach innen der Proc. septalis, dieser ist Teil der Nasenscheidewand. In seiner Gesamtheit überragt, außer beim Fleischfresser, der Proc. rostralis ventrale Knochenanteile, wodurch ein deutlicher Ausschnitt zwischen dem Nasenbein und dem Zwischenkiefer entsteht (Incisura nasoincisiva) (Abb. 1-32).

Tränenbein (Os lacrimale)

Das Tränenbein ist ein kleiner, nahe dem medialen Augenwinkel zum Teil an der Seitenfläche des Gesichts, zum Teil in der Orbita gelegener Knochen, der sich mit dem Stirnbein, dem Jochbein und dem Oberkieferbein verbindet. Bei Wiederkäuern und Pferd bestehen zusätzliche Kontaktränder zum Nasenbein, beim Fleischfresser zum Gaumenbein.

Die **Außenfläche (Facies lateralis)** läßt eine **Augenhöhlenfläche (Facies orbitalis)** und eine **Angesichtsfläche (Facies facialis)** unterscheiden. Die Facies orbitalis, die von der Facies facialis durch den **Margo supra-** bzw. **infraorbitalis** geschieden wird, besitzt mit Ausnahme des Schweines nahe diesem die trichterförmige **Fossa sacci lacrimalis (Tränentrichter)** (Abb. 1-19) und kaudal davon eine Fossa muscularis für den Ursprung des M. obliquus bulbi ventralis. Beim Wiederkäuer ist die Orbitalfläche sehr groß, dünnwandig und blasig zur **Bulla lacrimalis** aufgetrieben, deren Hohlraum in die Kieferhöhle einbezogen ist (Abb. 1-15). Die Facies facialis ist bei Wiederkäuern und Schwein großflächig, beim Fleischfresser sehr klein und trägt beim Pferd zusätzlich einen **Processus lacrimalis rostralis** (Abb. 1-20).

Die **Innenfläche (Facies nasalis)** ist ungefähr in der Mitte durch den längsverlaufenden knöchernen **Tränenkanal (Canalis lacrimalis)** unterteilt. Sie ist beteiligt an der Begrenzung zur Kieferhöhle oder nimmt Teile der Tränenbeinhöhle auf (Wiederkäuer). Zusätzlich bestehen noch Aussackungen zur Stirnbeinhöhle (Schwein und kleine Wiederkäuer) sowie zur Kieferhöhle (Pferd).

Jochbein (Os zygomaticum)

Das Jochbein liegt ventrolateral des Tränenbeins (Abb. 1-3 u. 4, 9 u. 10). Es hilft mit, die knöcherne Augenhöhle und den **Jochbeinbogen (Arcus zygomaticus)** (Abb. 1-8 u. 10) zu bilden. Dieser knöcherne Bogen ist zusammengesetzt aus dem **Schläfenfortsatz (Processus temporalis)** des Os zygomaticum und dem **Jochbeinfortsatz (Proc. zygomaticus)** des Os temporale (Abb. 1-19). Er spaltet, außer beim Pferd, einen stirnwärts gerichteten Fortsatz (Proc. frontalis) ab, der sich allein beim Wiederkäuer mit dem Proc. zygomaticus des Stirnbeins verbindet. Hieraus entsteht die knöcherne Begrenzung des oberen **Augenhöhlenrands (Margo supraorbitalis)** (Abb. 1-19 u. 46). Das Pferd weist ebenfalls eine knöcherne

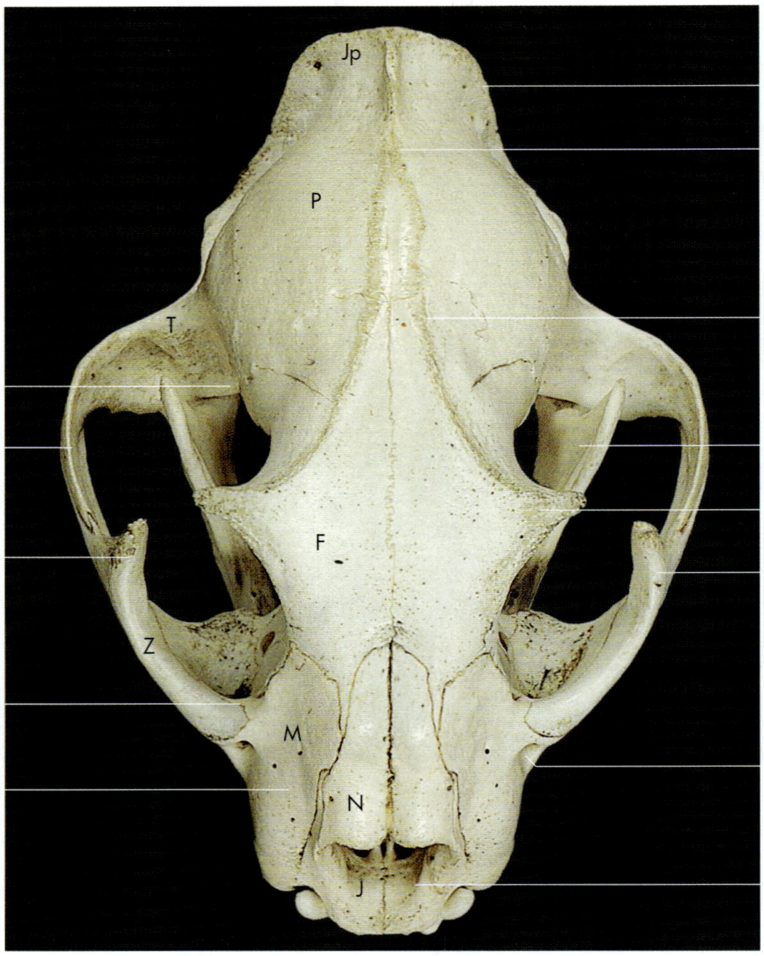

Abb. 1-27. Schädel eines Puma (Dorsalansicht).

obere Begrenzung des Augenhöhlenrands auf, diese setzt sich jedoch aus Anteilen des Jochfortsatzes des Os temporale mit dem Jochfortsatz des Os frontale zusammen.

Bei Fleischfressern und Schwein hingegen ist der Augenhöhlenrand durch das **Ligamentum orbitale** bindegewebig geschlossen. Dieses Band verknöchert des öfteren bei der Katze. Die Augenhöhlenfläche (Facies orbitalis) und die lateral gelegene Angesichtsfläche (Facies lat.) stoßen im **Margo infraorbitalis** aneinander.

Die Facies lat. trägt beim Pferd nahe dem ventralen Rand eine längsverlaufende markante **Gesichtsleiste (Crista facialis)**, die sich auf die gleichnamige des Oberkieferbeins fortsetzt. Beim Wiederkäuer ist diese S-förmig geschwungen, beim Schwein und Fleischfresser undeutlich ausgeprägt (Abb. 1-38 u. 57). Das Jochbein ist tierartlich unterschiedlich pneumatisiert und damit am System der Kieferhöhlen beteiligt.

Oberkieferbein (Maxilla)

Das paarige Oberkieferbein bildet die knöcherne Grundlage für den größten Teil des Gesichtsschädels, formt die Seitenwände des Gesichts, die Nasen- und Mundhöhle und das Gaumendach mit und verbindet sich mit allen anderen Knochen des Gesichts (Abb. 1-27, 28 u. 30). An diesem größten Knochen des Gesichtsschädels lassen sich unterscheiden:

- **Körper (Corpus maxillare)** mit
  - Außenfläche (Facies facialis),
  - Innenfläche (Facies nasalis),
  - Flügelgaumenfläche (Facies pterygopalatina),
  - Augenhöhlenfläche (Facies orbitalis) bei Katze und Pferd,
- **Zahnfachfortsatz (Processus alveolaris),**
- **Gaumenfortsatz (Processus palatinus),**
- **Stirnbeinfortsatz (Processus frontalis),** bei Fleischfressern und
- **Jochbeinfortsatz (Processus zygomaticus).**

Die Maxilla ist, mit Ausnahme der Fleischfresser, in ihrem Körper pneumatisiert und schließt als Nasennebenhöhle gemeinsam mit dem Tränenbein und dem Jochbeinkörper die Kieferhöhle (Sinus maxillaris) ein. Beim Wiederkäuer ist auch der Gaumenfortsatz gekammert, er findet Anschluß an die Horizontalplatte des Gaumenbeins und bildet die Gaumenhöhle (Sinus palatinus).

Der **Körper (Corpus maxillare)** gestaltet mit seiner seitlich aufgerichteten Wand die Außenfläche des **Gesichts (Facies facialis)** (Abb. 1-26 u. 27). Markantes Merkmal ist hier die **Gesichtsleiste (Crista facialis),** die besonders beim Pferd ausgeprägt ist (Abb. 1-57). Bei Wiederkäuern beginnt diese Leiste erst am Tuber faciale in Höhe des 4. Backen-

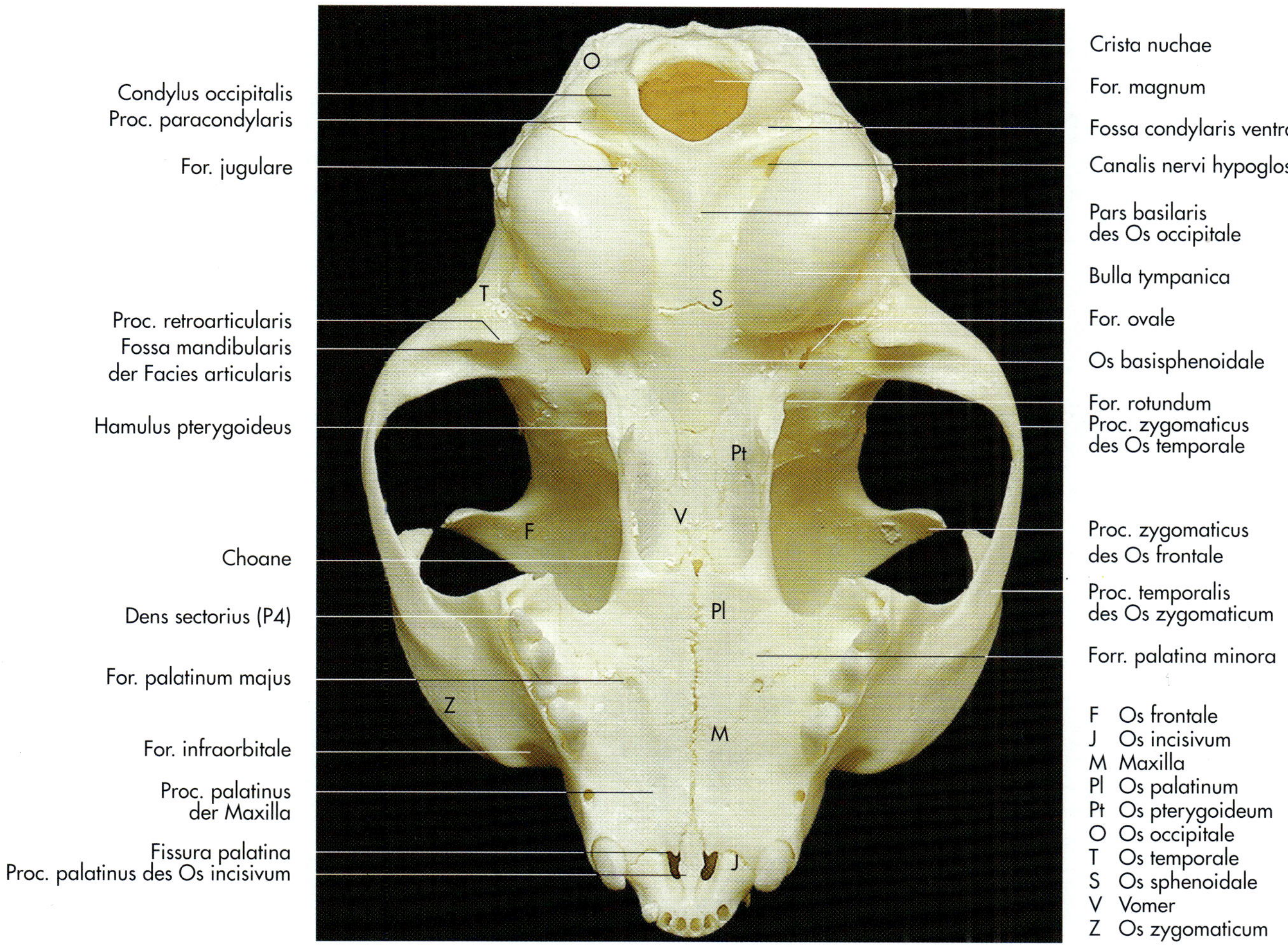

Abb. 1-28. Schädel einer Katze (Ventralansicht).

zahns und bleibt kaudal nur schwach entwickelt (Abb. 1-15), beim Schwein zieht sie als deutliche Crista rostral zur Fossa canina, beim Fleischfresser bleibt sie unbedeutend.

Ein weiteres Merkmal, das von großer Bedeutung für die Durchführung einer Leitungsanästhesie ist, bestimmt die Außenfläche: das **Foramen infraorbitale** (Abb. 1-26, 27, 38 u. 1-57). In dieser seitlichen Knochenöffnung des Gesichtsschädels tritt der **Canalis infraorbitalis** nach außen, ein Kanal, der ventral der Orbita beginnend im **Foramen maxillare** der Fossa pterygopalatina neben der A. und V. infraorbitalis die sensiblen Nervenfasern des N. infraorbitalis einschließt (Abb. 1-47). Kurz vor seinem Austritt, noch vor dem For. infraorbitale, entläßt dieser Kanal einen weiteren, in die **Alveolartaschen (Canalis alveolaris)** der Schneidezähne des Zwischenkieferbeins, der ebenfalls sensible Nervenfasern und Gefäße führt.

Das For. infraorbitale ist tastbar und liegt beim Pferd auf einer Verbindungslinie zwischen der Incisura nasoincisiva und dem Beginn der Crista facialis, beim Rind zwei Finger breit dorsal des 1. Oberkieferbackenzahns und beim Hund dorsal fingerbreit vom 3. Oberkieferbackenzahn (Reißzahn).

Die **Innenfläche (Facies nasalis)** bildet eine deutliche Crista conchalis aus, die mit einer Basallamelle der Anheftung der **unteren Nasenmuschel (Concha nasalis ventralis = Maxilloturbinale)** dient (Abb. 1-29, 30, 31 u. 32). Diese ist beim Pferd mit einer Spirallamelle dorsal zum mittleren Nasengang (Meatus nasi medius) aufgerollt und umschließt kaudal eine tütenförmige **Nebenhöhle (Sinus conchae nasalis ventralis)**, die über die **rostrale Kieferhöhle (Sinus maxillaris rostralis)** mit der Nasenhöhle in Verbindung steht. Bei den anderen Haussäugetieren ist die Spirallamelle doppelt aufgerollt, eine dorsale Spirale zum mittleren und eine ventrale zum unteren Nasengang. Oberhalb der Crista conchalis öffnet sich beim Pferd im For. lacrimale der knöcherne **Tränenkanal (Canalis lacrimalis),** bei allen anderen Haussäugetieren liegt dieses darunter.

Die **Flügelgaumenfläche (Facies pterygopalatina)** nimmt die kaudale Fläche des Kiefers bis zur **Oberkieferbeule (Tuber maxillare)** (Abb. 1-57) ein und begrenzt die medial gelegene **Flügelgaumengrube (Fossa pterygopalatina).** In dieser liegen das **Foramen maxillare,** das **Foramen sphenopalatinum** und das **Foramen palatinum caudale** (Abb. 1-47 u. 52).

Der **Zahnfachfortsatz (Processus alveolaris)** (Abb. 1-32, 33 u. 46) bildet an seinem **freien Rand (Margo alveolaris)** die **Zahnfächer (Alveoli dentales)** für die Backen- oder Eckzähne, getrennt durch Scheidewände (Septa interalveolaria) aus. Zwischen Backen- und Eckzahn bleibt ein **zahnfreier Abschnitt (Margo interalveolaris)** (Abb. 1-38), die Zahnwurzeln drücken sich als **Leisten (Juga alveolaria)** nach außen vor.

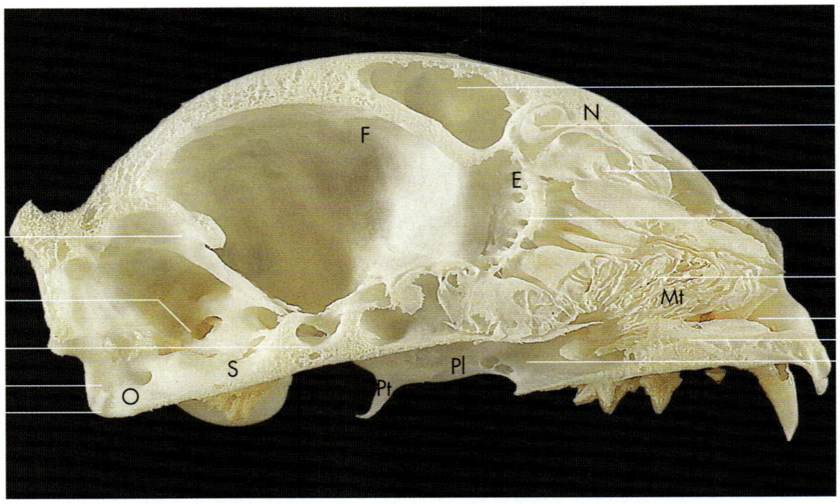

Abb. 1-29. Schädel einer Katze (Medianschnitt, Medialansicht der linken Hälfte).

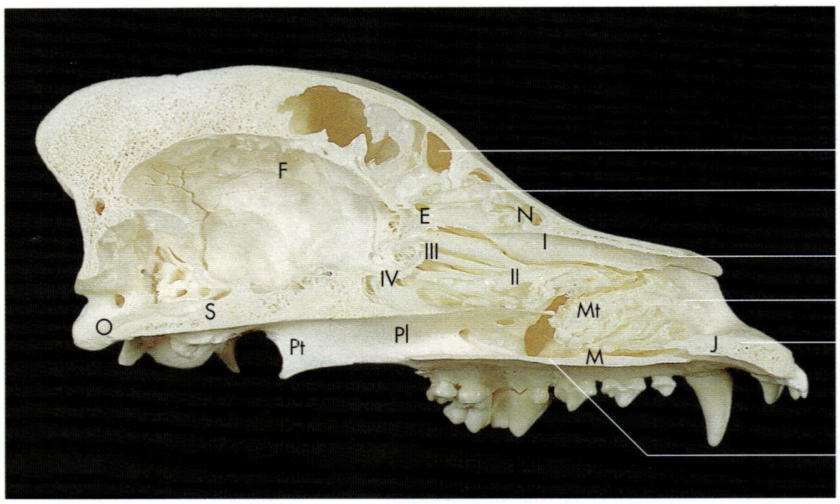

Abb. 1-30. Schädel eines Hundes (Medianschnitt, Medialansicht der linken Hälfte).

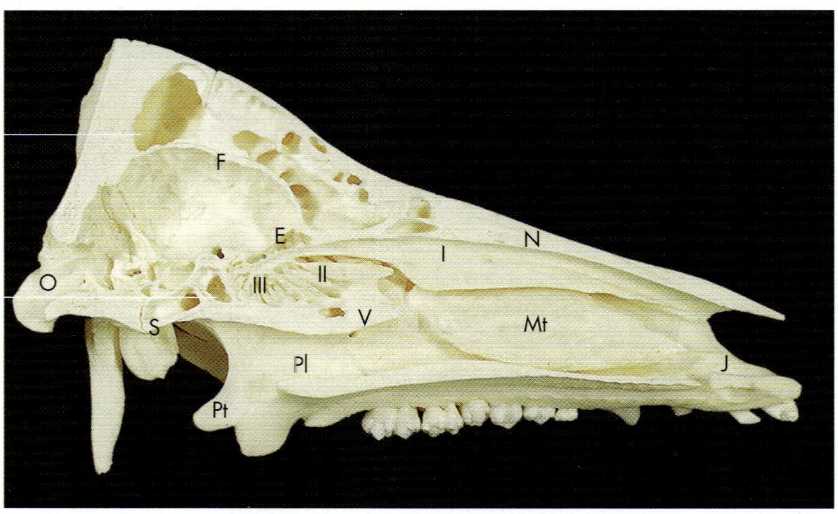

Abb. 1-31. Schädel eines Schweines (Medianschnitt, Medialansicht der linken Hälfte).

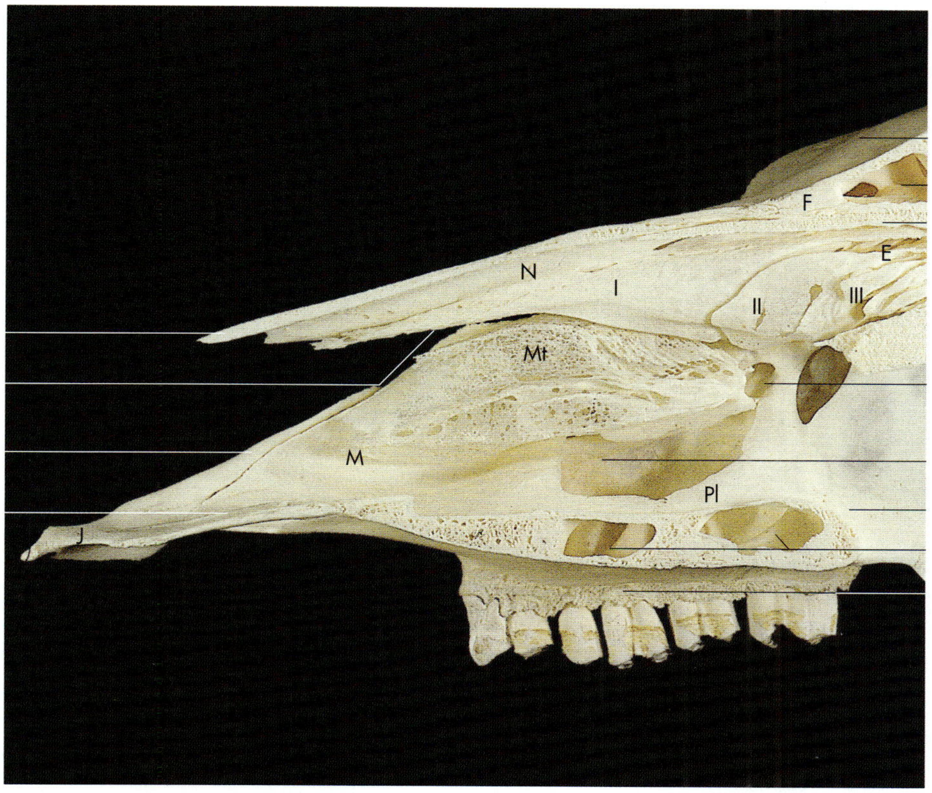

Abb. 1-32. Schädel eines Rindes (Paramedianschnitt durch den vorderen Teil, Medialansicht der rechten Hälfte).

Der **Gaumenfortsatz (Processus palatinus)** verläuft, als horizontale Platte dem Proc. alveolaris entspringend, medial und stößt in der Medianen mit dem der anderen Seite als Sutura palatina mediana zusammen (Abb. 1-28 u. 33). Kaudal setzt sich diese Horizontalplatte in die des Gaumenbeins fort, rostral bildet dieser Fortsatz mit Teilen des Zwischenkieferbeins die knöcherne **Gaumenspalte (Fissura palatina)** (Abb. 1-33).

In ihrer paarigen Gesamtheit bilden diese Horizontalplatten mit dem Inzisivum den Boden der Nasenhöhle und gleichzeitig das Dach der Mundhöhle. An der Nasenfläche dient die Crista nasalis der Anheftung des **Pflugscharbeins (Vomer)** (Abb. 1-31), die Mundfläche weist das **große Gaumenloch (Foramen palatinum majus)** tierartlich unterschiedlich lokalisiert auf (Abb. 1-33). Auch der Gaumenfortsatz des Oberkiefers ist mit einem **Sinus palatinus** pneumatisiert (Abb. 1-32).

Zwischenkieferbein (Os incisivum)

Das paarige Zwischenkieferbein setzt sich aus dem **Körper (Corpus ossis incisivi)** (Abb. 1-27, 28 u. 32), dem **Nasenfortsatz (Processus nasalis),** dem **Gaumenfortsatz (Processus palatinus** und dem **Zahnfachfortsatz (Processus alveolaris)** (Abb. 1-33), der dem Wiederkäuer fehlt, zusammen (Abb. 1-32). Diese Anteile bilden als geschlossener Knochen die Spitze des Gesichtsschädels und sind mit an der Form des Naseneingangs und des Gaumendachs beteiligt.

Am Körper des Inzisivum ist der freie Rand der Lippen- und der Gaumenflächen zu **Zahnfächerfortsätzen (Processus alveolares)** geformt, die unterkieferwärts die Fächer für die drei Schneidezähne jeder Seite einschließen. Eine Ausnahme findet sich hier für die Wiederkäuer, die am Zwischenkieferbein zahnlos sind. Ihnen fehlen diese Zähne ebenso wie der Hakenzahn in der Maxilla.

Kaudal setzt sich dieser Fortsatz bei allen Haussäugetieren in den Margo interalveolaris fort, der beim Pferd relativ lang, bei Fleischfressern und Schwein nur kurz ist. In der Medianen treffen sich die beiden Incisiva jeweils mit ihrem Processus palatinus in einer festen Naht (Fleischfresser und Pferd) oder in einer engen Spalte. Sie begrenzen dadurch die Fissura palatina von medial.

Beim Menschen ist das Inzisivum nur bis zum 4. Lebensjahr als separater Knochen zu erkennen (»Goethe-Knochen«). Er verschmilzt dann mit der Maxilla.

Gaumenbein (Os palatinum)

Das paarige Gaumenbein, zwischen dem Oberkieferbein, dem Keilbein sowie dem Flügelbein gelegen, beteiligt sich durch seine **Horizontalplatte (Lamina horizontalis)** (Abb. 1-25 u. 33) mit an der Bildung des harten Gaumens und mit seiner sagittal stehenden **Perpendikularplatte (Lamina perpendicularis)** an der Seiten- und der Dachwand des **Nasen-Rachen-Gangs (Meatus nasopharyngeus)** sowie am **Nasenrachen (Choane)** (Abb. 1-32).

In der Tiefe des Gesichtsschädels gelegen, verbindet das Gaumenbein damit die Nasenhöhle über den Nasen-Rachen-Gang mit dem Nasenrachen. Die meist breite **Lamina horizontalis** bildet mit ihrem freien Rand (Margo liber) am Cho-

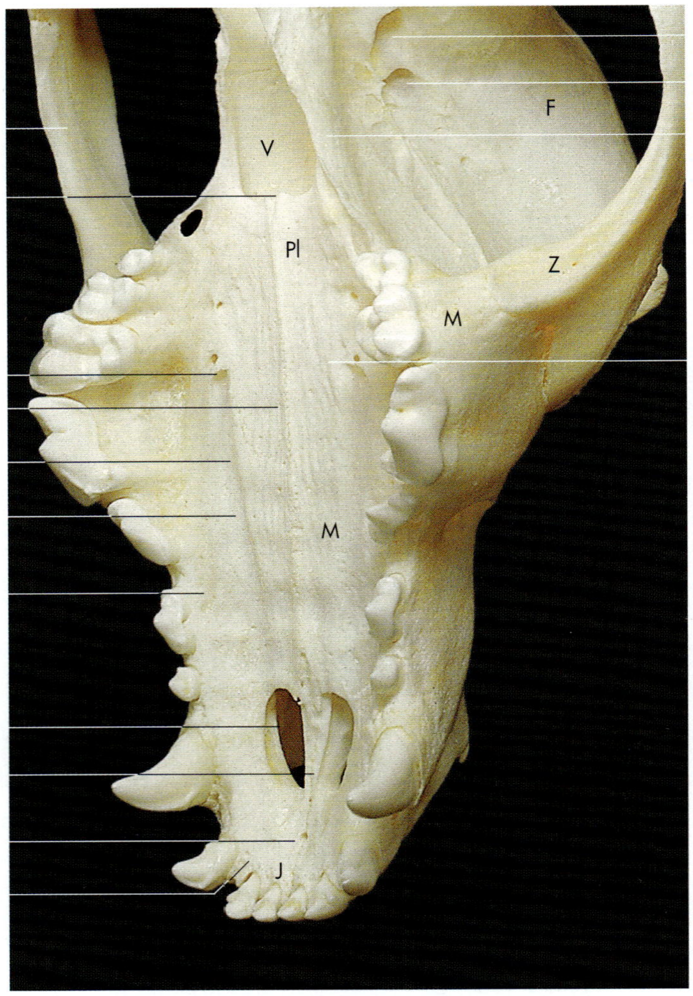

Abb. 1-33. Knochen des Gesichtsschädels eines Hundes (Ventrolateralansicht von rechts).

anenrand den knöchernen Abschluß des Gaumendaches und gibt dort dem Gaumensegel Ansatz. In der Medianen ist der **Choanenstachel (Spina nasalis caudalis)** entwickelt (Abb. 1-33 u. 62). Diese Horizontalplatte enthält beim Rind zusammen mit dem Gaumenfortsatz des Oberkiefers die **Gaumenhöhle (Sinus palatinus).** Die Platte schließt den **Gaumenkanal (Canalis palatinus major)** ein.

Die **Lamina perpendicularis,** senkrecht zur Horizontalplatte stehend, reicht kaudal bis an das Keil- und Flügelbein sowie mit einem Fortsatz bis in die Augenhöhle (Abb. 1-33). Medial entläßt diese die Lamina sphenoethmoidalis, die sich mit dem Vomer und der Bodenplatte des Ethmoids verbindet. Der freie Rand ergänzt seitlich den Rand der Choane. Die Perpendikularplatte schließt beim Pferd die **Gaumenhöhle (Sinus palatinus)** ein.

Pflugscharbein (Vomer)

Das unpaare Pflugscharbein liegt in der Tiefe des Gesichtsschädels, es durchzieht den Nasenraum und liegt in der Medianen der Nasenhöhle der Crista nasalis auf (Abb. 1-31). Mit seiner Bodenplatte ist der Vomer über die Crista nasalis mit der Horizontalplatte des Os palatinums (Fleischfresser) bzw. am Gaumenfortsatz der Maxilla (Wiederkäuer) verbunden, er setzt sich kaudal in die Crista vomeris fort. Die beiden Seitenplatten bilden, nach oben aufgerichtet, zusammen mit der Bodenplatte den Sulcus septalis, der die Nasenscheidewand aufnimmt.

Flügelbein (Os pterygoideum)

Das paarige Flügelbein schiebt sich als platter Knochen zwischen Keilbein und Lamina perpendicularis des Gaumenbeins und bildet das **Dach** bzw. die **Seitenwand des Nasen-Rachen-Raumes** mit. An seinem freien Rand ist ein besonders beim Pferd auffälliges **Häkchen (Hamulus pterygoideus)** ausgebildet, das weit über den Choanenrand ragt (Abb. 1-28 und 63).

Unterkiefer (Mandibula)

Der Unterkiefer entwickelt sich paarig aus den vorderen mesodermalen Anlagen des 1. Kiemenbogens und verwächst rostral in der Medianen im **Kinnwinkel (Angulus mentalis)** durch eine Synchondrosis et Sutura intermandibularis. Diese Verbindung ist bei Schwein und Pferd nach dem ersten Lebensjahr fest. Bei Fleischfressern und Wiederkäuern tritt dieser Schluß erst später ein oder kann auch völlig fehlen.

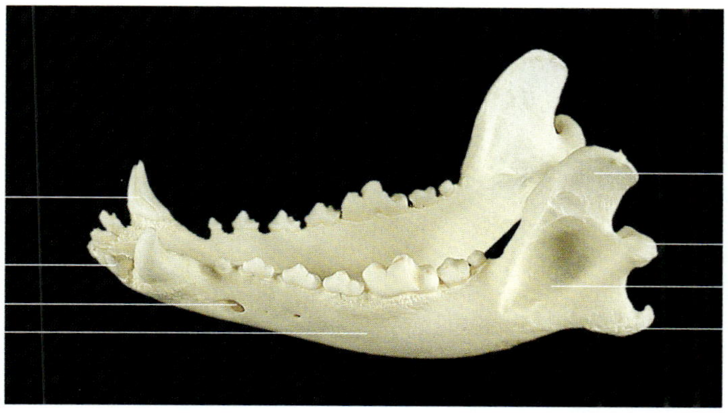

Abb. 1-34. Mandibula eines Hundes (Lateralansicht von links).

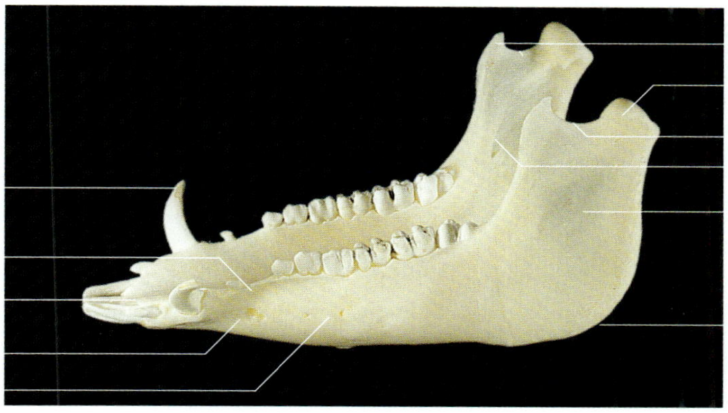

Abb. 1-35. Mandibula eines Schweines (Lateralansicht von links).

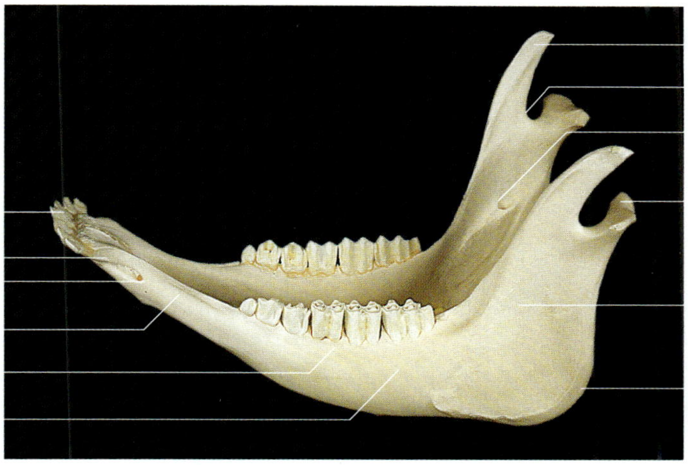

Abb. 1-36. Mandibula eines Rindes (Lateralansicht von links).

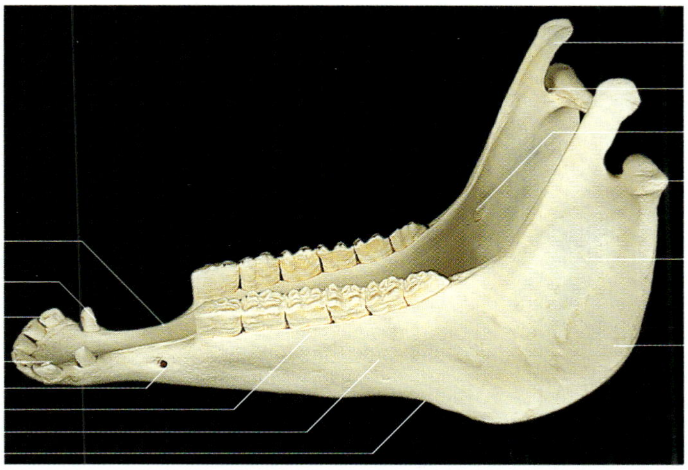

Abb. 1-37. Mandibula eines Hengstes (Lateralansicht von links).

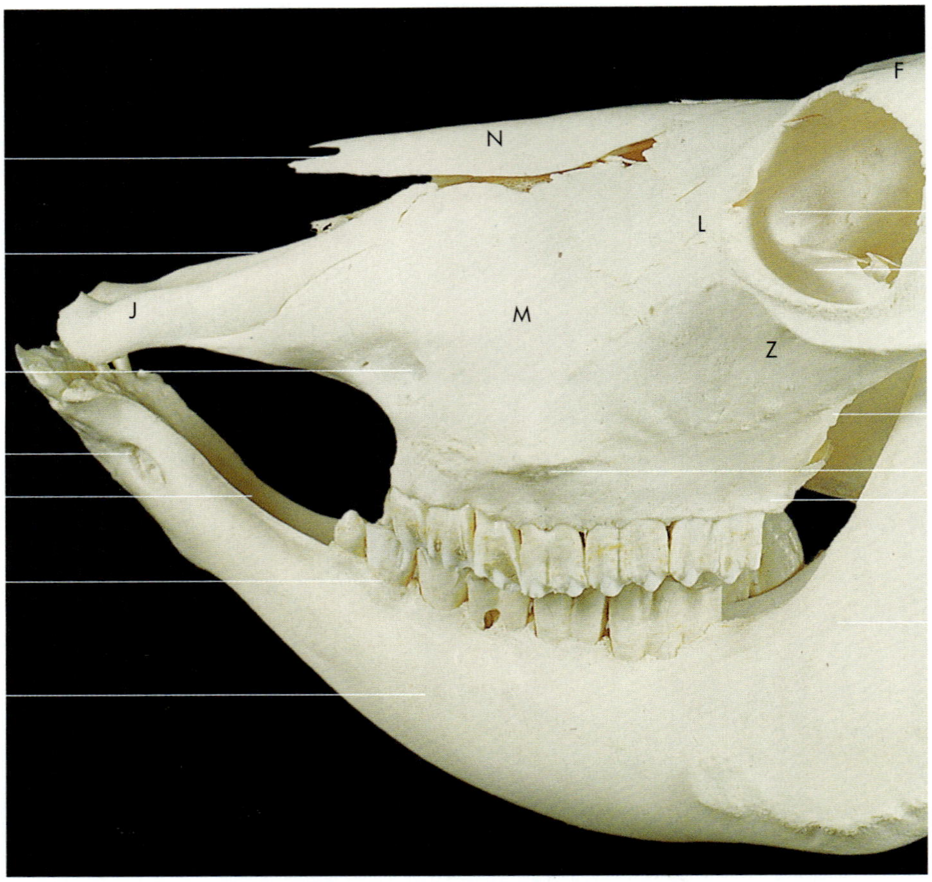

Abb. 1-38. Schädel eines Rindes (vorderer Teil, Lateralansicht von links).

Am Unterkiefer (Abb. 1-34ff.) sind zu unterscheiden:

- zähnetragender **Unterkieferkörper (Corpus mandibulae),**
- **Unterkieferast (Ramus mandibulae).**

Beide Unterkiefer umschließen den **Kehlgang (Spatium mandibulae).**

Am Unterkieferkörper (Corpus mandibulae) kann ein **rostraler Schneidezahnanteil (Pars incisiva)** und ein **kaudaler Backenzahnanteil (Pars molaris)** unterschieden werden. Die Pars incisiva stellt eine horizontale Platte mit einer konvexen **Lippenfläche (Facies labialis)** und einer konkaven **Zungenfläche (Facies lingualis)** dar, verbunden im Arcus alveolaris. Auf diesem sind in den Zahnfächern die sechs Schneidezähne verankert. Bei Fleischfressern und Wiederkäuern schließt sich unmittelbar das Zahnfach für den Eckzahn an, bei Schwein und Pferd erst nach einem geringen Abstand. An der Pars molaris kann eine seitliche **Backenfläche (Facies buccalis)** und eine mediale **Zungenfläche (Facies lingualis)** mit einem **unteren Rand (Margo ventralis)** unterschieden werden. Am dorsalen Rand sind kaudal im Margo alveolaris die Fächer für die Backenzähne (drei bei der Katze, sieben bei Hund und Schwein, sechs beim Wiederkäuer und sechs bis sieben beim Pferd) lokalisiert. Rostral schließt sich das **Diastema (Margo interalveolaris)** an, das bei Wiederkäuer und Pferd besonders lang ist.

Der Unterkieferkörper (Corpus mandibulae) wird von einem Kanal, dem **Canalis mandibulae,** durchzogen, der den sensiblen N. alveolaris mandibularis einschließt. Er beginnt mit dem For. mandibulae auf der hinteren Medialfläche, zieht unterhalb der Zahnfächer rostral und mündet auf der Lateralfläche in Höhe des Margo interalveolaris (Diastema) im For. mentale. Dieses besteht bei Wiederkäuern und Pferd aus einer einfachen Öffnung, bei Fleischfressern aus zwei bis drei, beim Schwein aus bis zu fünf. Der Canalis mandibulae entläßt zu den Fächern der Schneidezähne und des Eckzahns den Canalis alveolaris. Der Ventralrand des Corpus mandibulae zeigt die **Incisura vasorum facialium** (Abb. 1-37). Beim Pferd kann hier der Puls gefühlt werden.

Die Lage des For. mentale ist ebenso wie die des For. mandibulae zur **Leitungsanästhesie** von Bedeutung.

Das **For. mentale** liegt beim Hund in der Mitte der Lateralfläche unterhalb des 1. Backenzahns, beim Rind fingerbreit hinter und unter dem Eckschneidezahn und beim Pferd auf der Lateralfläche fingerbreit unter dem Margo interalveolaris in Höhe des Lippenwinkels.
Das **For. mandibulae** findet man beim Hund 2 cm kaudal des hinteren Alveolarrandes des letzten Unterkieferbackenzahns. Es liegt bei Pferd und Rind an der Medialfläche in der Mitte einer Verbindungslinie vom Proc. condylaris schräg rostral bis zum vorderen Rand der Incisura vasorum facialium.

Der **Unterkieferast (Ramus mandibulae)** (Abb. 1-34ff.) verläuft als platter Knochen in Richtung auf den Jochbogen und schließt auf seiner Lateralfläche die **Fossa masseterica**

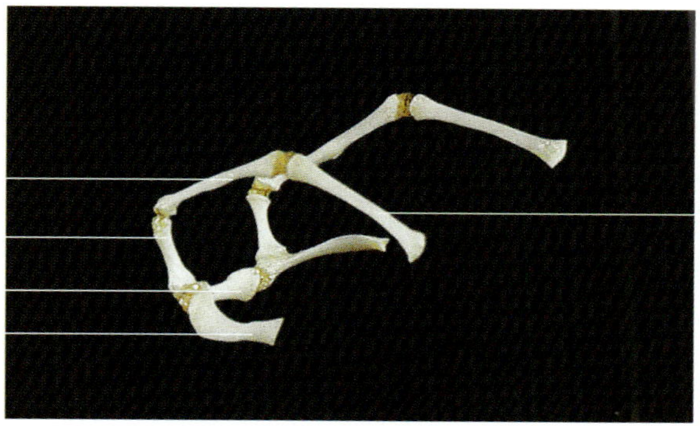

Abb. 1-39. Zungenbein einer Katze (Kaudolateralansicht von links).

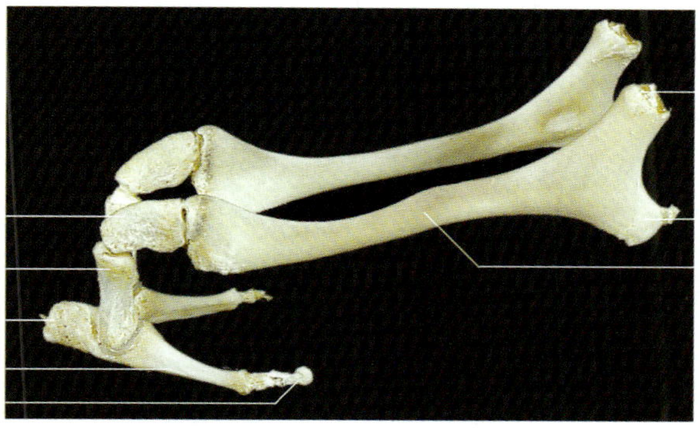

Abb. 1-40. Zungenbein eines Rindes (Lateralansicht von links).

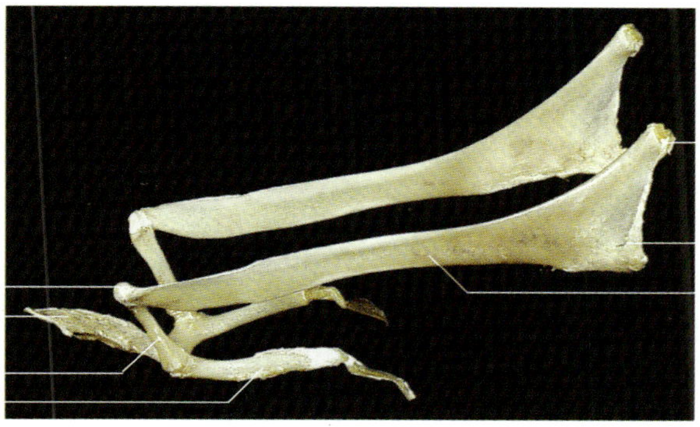

Abb. 1-41. Zungenbein eines Pferdes (Lateralansicht von links).

zur Anheftung des M. masseter, medial die **Fossa pterygoidea** für den Ansatz des M. pterygoideus med. ein. Im **Kieferwinkel (Angulus mandibulae),** der am unteren Rand des Körpers und am Kaudalrand des Unterkieferastes liegt, ist beim Fleischfresser ein deutlicher **Processus angularis** ausgebildet. Das freie Ende des Unterkieferastes entläßt kaudal den **Processus condylaris** mit einer querkonvexen **Gelenkwalze (Caput mandibulae)** zur Artikulation mit dem Os temporale. Rostral schließt sich der hohe und breitausladende **Processus coronoideus** zum Ansatz des Schläfenmuskels (M. temporalis) an. Die beiden Fortsätze sind durch die **Incisura mandibulae** getrennt (Abb. 1-34ff.).

Zungenbein, Apparatus hyoideus (Os hyoideum)

Das Zungenbein geht aus Teilen des zweiten und dritten Kiemenbogens hervor, deren Einzelknorpel frühzeitig verknöchern und eng miteinander verbunden zwischen den Unterkieferästen, rostral im Zungengrund, liegen. Das Zungenbein artikuliert mit dem Schläfenbein. Man unterscheidet zwei Anteile, das Hyoid im engeren Sinn, seitlich der Zunge gelegen, und den Aufhängeapparat.

Das **Hyoid im engeren Sinn** (Abb. 1-39ff.) setzt sich aus drei Teilen zusammen, nämlich aus:

- **Zungenbeinkörper (Corpus ossis hyoidei = Basihyoideum),**
- **Kehlkopfhorn (Thyreohyoideum),**
- **Zungenhorn (Ceratohyoideum).**

Der **Zungenbeinkörper** liegt im Zungengrund und formt das Querstück des Zungenbeins und weist einen kurzen (Wiederkäuer) bzw. langen (Pferd) **Zungenfortsatz (Processus lingualis)** auf. An beiden Seiten entläßt dieser je ein beweglich artikulierendes **Kehlkopfhorn (Thyreohyoideum)** zum Schildknorpel. Das Thyreohyoid verwächst bei

Tab. 1-1. Öffnungen und hindurchtretende Strukturen am Schädel.

Öffnung	Knochen	Hindurchtretende Strukturen	Besonderheiten
Canalis nervi hypoglossi	Os occipitale	N. hypoglossus (XII), A. u. V. condylaris	Rind oft doppelt, Pferd For.
Canalis opticus	Os praesphenoidale	N. opticus (II)	Liegt über dem Sinus sphenoidalis
Fissura orbitalis	Os praesphenoidale	N. ophthalmicus (V_1), III., IV. u. VI. Gehirnnerv	bei Flfr. u. Pferd
For. rotundum	Os praesphenoidale	N. maxillaris (V_2)	Wdk. u. Schwein For. orbitorotundum
For. alare caudale	Os basisphenoidale	A. maxillaris	beim Pferd auch For. alare parvum
For. alare rostrale		A. maxillaris	beim Hund auch N. maxillaris (V_2)
For. lacerum	Os basioccipitale, Os temporale, Os basisphenoidale		Pferd u. Schwein
For. jugulare		IX., X. u. XI. Gehirnnerv, Hd. A. carotis int.	kaudaler Teil For. lacerum
For. ovale	Os basisphenoidale	N. mandibularis (V_3)	Pferd Incisura ovalis im For. lacerum
Canalis caroticus	Os basisphenoidale	A. carotis int. (exkl. Flfr.), N. caroticus int.	Pferd Incisura carotica, For. lacerum
For. spinosum	Os basisphenoidale	N. trochlearis (IV), A. meningea media	Pferd Incisura spinosa, For. lacerum
For. supraorbitale	Os frontale	N. frontalis (V_1), A. u. V. frontalis	Fehlt bei Flfr.

Wiederkäuer und Pferd mit dem **Basihyoid.** Das **Zungenhorn** ist mit dem Basihyoid durch ein schwaches Gelenk verbunden und dient der Anheftung des Aufhängeapparats mit dem Schläfenbein. Bei Wiederkäuer und Pferd erfolgt diese mit dem **Processus styloideus,** bei Fleischfressern mit dem **Processus mastoideus** des Os petrosum, beim Schwein mit dem **Processus nuchalis** der Schläfenbeinschuppe. Der Aufhängeapparat besteht aus dem:

- proximalen Zungenbeinast (Tympanohyoideum),
- mittleren Zungenbeinast (Stylohyoideum),
- distalen Zungenbeinast (Epihyoideum).

Das **Tympanohyoideum** ist meist knorpelig, beim Fleischfresser bindegewebig. Das **Stylohyoideum** ist bei Wiederkäuern und Pferd ein abgeplatteter Knochenstab, der bei Fleischfressern und Schwein im distalen Bereich knorpelig bleibt. Das **Epihyoideum** ist bei Fleischfressern stabförmig und verknöchert, am Ende knorpelig, beim Schwein rein bindegewebig (Lig. epihyoideum) und beim Pferd frühzeitig mit dem Stylohyoid knöchern verschmolzen.

Nebenhöhlen der Nase (Sinus paranasales)

Die Nebenhöhlen der Nase stellen pneumatisierte Hohlräume zwischen der Lamina ext. und int. der Schädelknochen dar, deren Zugang durch die Nasenhöhle erfolgt (Abb. 1-14, 15, 17, 25, 29ff., 51, 64 u. 65). Man unterscheidet beidseitig in den Schädelknochen:

- Kieferhöhle (Sinus maxillaris),
- Stirnhöhle (Sinus frontalis),
- Gaumenhöhle (Sinus palatinus),
- Keilbeinhöhle (Sinus sphenoidalis),
- Tränenbeinhöhle (Sinus lacrimalis) nur bei Schwein und Wiederkäuern,
- dorsale Muschelhöhle (Sinus conchae dorsalis),
- ventrale Muschelhöhle (Sinus conchae ventralis) bei Schwein, Rind und Pferd und
- Cellulae ethmoidales bei Schwein und Wiederkäuern.

Diese Nebenhöhlen weisen z.T. erhebliche tierartliche Unterschiede auf, die bei den einzelnen Tierarten gesondert angesprochen werden.

Tab. 1-1. Öffnungen und hindurchtretende Strukturen am Schädel (Fortsetzung).

Öffnung	Knochen	Hindurchtretende Strukturen	Besonderheiten
For. ethmoidale	Os frontale	N. ethmoidalis (V_1), A. u. V. ethmoidalis	
Fissura petrooccipitalis	Os temporale/ Os occipitale	N. petrosus major (VII), Chorda tympani (VII)	
For. retroarticulare	Squama temporalis	Emissarium für Sinus temporalis	
Area nervi facialis	Pars petrosa	N. facialis (VII)	Meatus acusticus int.
Area cochleae	Os temporale	N. cochlearis ((VIII)	Meatus acusticus int.
Area vestibularis dors.	Os temporale	N. vestibularis (VIII)	Meatus acusticus int.
Area vestibularis ventr.	Os temporale	N. vestibularis (VIII)	Meatus acusticus int.
For. stylomastoideum	Petrosum/ Tympanicum	N. facialis (VII)	
For. maxillare	Maxilla	N. maxillaris (V_2), A. u. V.	Fossa pterygopalatina
For. palatinum caudale	Maxilla	N. palatinus major (V_2), A. u. V.	Fossa pterygopalatina
For. sphenopalatinum	Maxilla	N. nasalis caud. (V_2), A. u. V.	Fossa pterygopalatina
For. infraorbitale	Maxilla	N. infraorbitalis (V_2), A. u. V.	
Canalis interincisivus	Os incisivum	A. palatina major	
For. mandibulae	Mandibula	N. mandibularis (V_3), A. u. V.	
For. mentale	Mandibula	N. mentalis (V_3), A. u. V.	

Schädel als Ganzes

Schädel der Fleischfresser

Die **Form des Schädels** von Fleischfressern weist vergleichend zwischen Hund und Katze strukturelle Unterschiede auf, die insbesondere bei den verschiedenen Hunderassen von erheblichem Ausmaß sind. So sind langköpfige (dolichozephale) und kurzköpfige (brachyzephale) von intermediären (mesozephalen) Hunderassen zu unterscheiden.

Langköpfige Hunderassen weisen einen ausgeprägten Gesichtsschädel und eine markante Crista sagittalis ext. am meist nur schmalen Hirnschädel für den Ursprung der starken Temporalismuskulatur auf (Abb. 1-42). Die Stirn fällt flach zur Nase ab, die Jochbögen sind weniger stark lateral gewölbt (z. B. Dobermann, Collie oder Windhunde).

Kurzköpfige Hunderassen kennzeichnet ein gegenüber dem Gesichtsschädel vergrößerter Hirnschädel und die meist gedrungenere, kugelige Form des Gesamtschädels bei stark reduzierter oder fehlender Crista sagittalis ext. Die Augenhöhlen liegen weit auseinander (z. B. Pekinese, Mops, Zwergspitz, Zwergspaniel). Manche dieser Rassen besitzen Dauerfontanellen. Einige brachyzephalen Rassen weisen eine **Prognathia inferior** auf, bei der das Wachstum des Unterkiefers das des Gesichts übertroffen hat (Abb. 1-45). Bei mesozephalen Hunderassen ist die Länge und die Breite des Schädels ausgewogen, der Hirnschädel mehr rundlich (z. B. Beagle, Teckel).

Trotz der genannten Unterschiede, die durch alters- und geschlechtsspezifische Merkmale ergänzt werden, stimmen die Schädel der Hunde in ihrem Grundbauplan weitestgehend überein. Danach besitzen Hunde relativ große Schädel; dies ist für jagende Tiere zur Unterbringung ausgeprägter Sinnesorgane (z. B. Gesichts-, Gehör- und Geruchssinn) und des Gehirns von lebenswichtiger Bedeutung. Dieser Schädeltypus zeichnet sich durch einen gut entwickelten Gesichtsteil, dominante Augenhöhlen und Schläfengruben, einen unvollständigen, bindegewebigen Augenbogen und ausgeprägte Bullae tympanicae aus.

Bei der Katze ist der Gesichtsbereich kürzer als bei mesozephalen Hunden, die Schädel von Katern sind massiver als

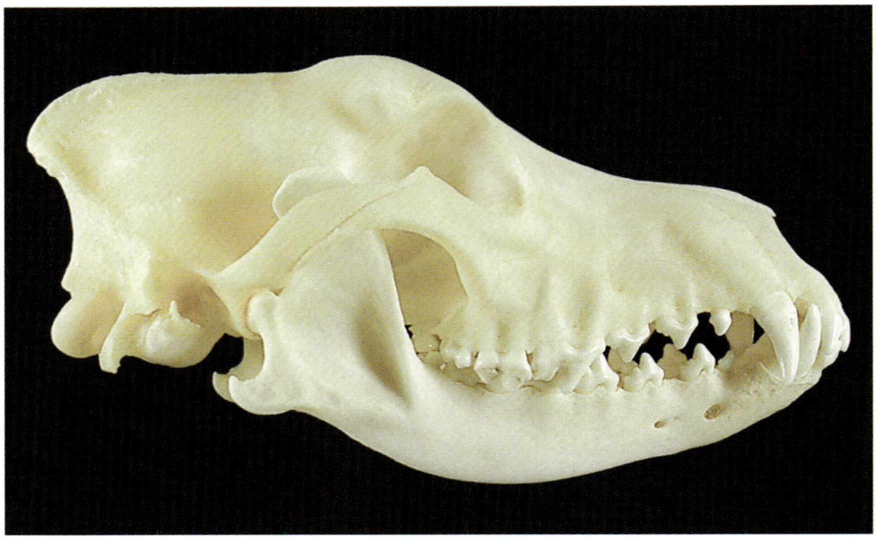

Abb. 1-42. Schädel eines fünfjährigen Husky (Lateralansicht von rechts).

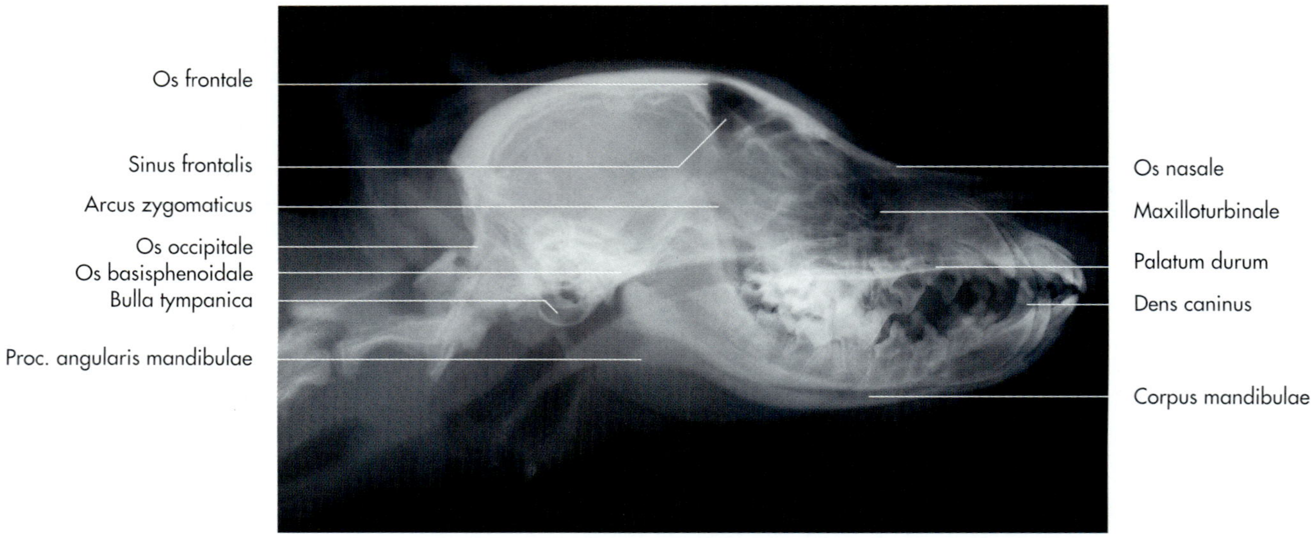

Abb. 1-43. Hundeschädel (laterolateraler Strahlengang) (Röntgenbild), Aufnahme Prof. Cordula Poulsen Nautrup, München.

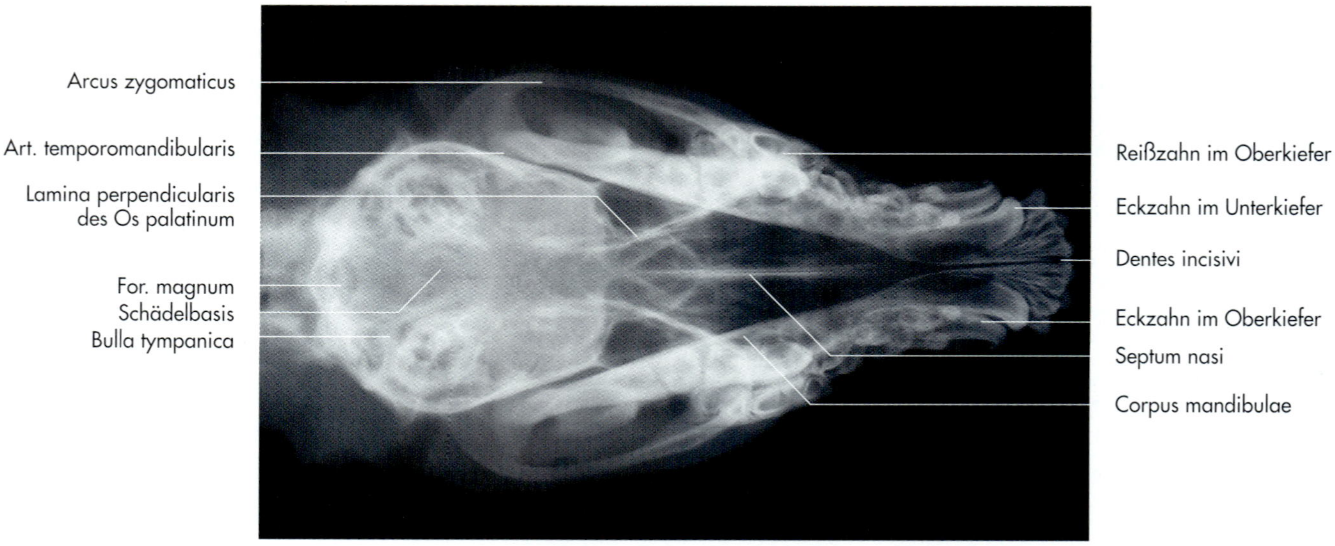

Abb. 1-44. Hundeschädel (ventrodorsaler Strahlengang) (Röntgenbild), Aufnahme Prof. Cordula Poulsen Nautrup, München.

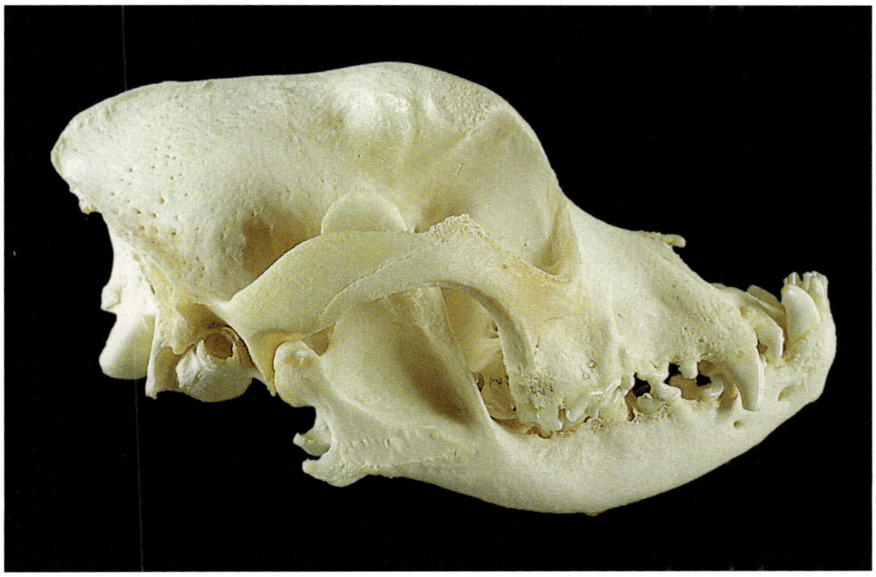

Abb. 1-45. Schädel eines Boxers mit Prognathia inferior (Lateralansicht von rechts).

die weiblicher Tiere, die Augenhöhlen relativ groß und mehr nach vorne gerichtet als beim Hund. Damit ist bei der Katze das binokuläre Gesichtsfeld erweitert (Abb. 1-26 u. 27).

Die Nackenfläche beim Schädel des Fleischfressers wird von der Schuppe und den beiden Seitenstücken des Okziputs und schmalen Randabschnitten des Felsenbeinteils des Os temporale (Hund) geformt. Gegen das Schädeldach ist diese durch die Protuberantia occipitalis ext. und durch die Crista nuchae, beides Ansatzflächen für die Nacken- und Halsmuskulatur, und deren laterale Fortsetzung gegen die Seitenflächen durch die Crista supramastoidea abgegrenzt. An der Nackenbasis öffnet sich das große Hinterhauptsloch (For. magnum) für den Durchtritt des verlängerten Marks des Gehirns (Medulla oblongata), beidseitig begleitet von je einem Gelenkfortsatz (Condylus occipitalis), die dem 1. Halswirbel als Artikulationsflächen (Atlantookzipitalgelenk) dienen. Die Procc. paracondylares und die beiden Tubercula nuchalia sind beim Hund deutlich ausgebildet und dienen, wie sämtliche anderen Rauhigkeiten und Fortsätze, ebenfalls dem Ansatz von Hals- und Nackenmuskulatur.

Die **Dachfläche** des Schädels gliedert sich in die **Hirnschädelabschnitte** und die **Nasenschädelabschnitte** (Nasenrücken). Der Hirnschädel wird im Scheitel von den paarigen Außenblättern (Laminae ext.) des nur sehr schmalen Hinterhauptsbeins, des Scheitelbeins und des Zwischenscheitelbeins gebildet und setzt sich rostral ebenfalls paarig in das Stirnbein fort. Die Crista sagittalis ext. ist nur bei dolichozephalen Hunderassen und bei der Katze ausgeprägt, sie setzt sich beim Hund im Os parietale als Linea temporalis fort. In Höhe des Augenhöhlenrands erfährt die Dachfläche ihre größte Breite, hier setzt am Proc. zygomaticus des Os frontale das Lig. orbitale zur bindegewebigen Begrenzung des Margo supraorbitalis an.

Die **Nasenschädelabschnitte (Nasenrücken)** des Schädeldachs werden vorzugsweise durch die paarigen Nasenbeine, aber lateral auch durch rostrale Anteile des Oberkiefers und durch die Procc. nasales des Zwischenkieferbeins geformt. Das rostrale Ende des Nasenrückens wird allein durch die lateralen Spitzen der paarigen Nasenbeine gebildet, diese formen zusammen eine scharfe, konkave Grenzlinie.

Die **Seitenflächen des Hirnschädels** werden bei den verschiedenen Hunderassen sehr unterschiedlich entwickelt. Sie setzen sich aus mehreren Anteilen zusammen, dem Jochbogen, der Schläfengrube, dem Ohrausschnitt, der knöchernen Augenhöhle und der Flügelbein-Gaumengrube.

Der **Jochbogen (Arcus zygomaticus)** ist bei brachyzephalen Hunderassen und der Katze weitausladend, bei dolichozephalen Tieren weniger ausgeprägt. Er zieht in einem konvexen Bogen unterhalb der Orbita rostral zum Gesichtsschädel und wird aus der Schuppe des Schläfenbeins und dem Os zygomaticum gebildet, verbunden mit einer festen Sutur. Der Proc. frontalis des Os zygomaticum und der Proc. zygomaticus des Os frontale treffen sich nicht zu einem knöchernen Bogen, sondern werden an ihren freien Enden durch das **Lig. orbitale** als dorsale Begrenzung der Augenhöhle überbrückt. An der kaudalen Basis des Jochbeinfortsatzes des Os temporale ist die transversale Gelenkfläche für das Kiefergelenk (Articulatio temporomandibularis) zur gelenkigen Verbindung mit der Mandibula durch eine Fossa mandibularis mit einer Facies articularis und einem deutlichen Proc. retroarticularis entwickelt.

Die **Schläfengrube (Fossa temporalis)** dient dem Schläfenmuskel als Ansatz. Sie ist sehr flach und wird vom Schläfenbein, vom Scheitelbein und der Flügelplatte des Basisphenoids gebildet. Die Seitenfläche schließt auch äußere Teile des **Ohres (Auris)** ein. Diese ist als Incisura otica nur schwach entwickelt. Markantes Kennzeichen ist der knöcherne äußere Gehörgang (Meatus acusticus ext.), der als kurzes Rohr Ansatz für den knorpeligen Gehörgang und die Ohrmuscheln bietet, er fehlt der Katze. Der äußere Gehörgang ist in der Tiefe durch das bindegewebige Trommelfell geschlossen. Er liegt über der blasenförmigen Bulla tympanica, die einen Teil der Mittelohrhöhle umfaßt, und rostral der Öffnung für den Canalis nervi facialis, dem For. stylomastoideum, dessen gleichnamige Arterie und Nerv zusammen mit dem N. facialis das Mittelohr durchziehen.

F Os frontale
J Os incisivum
L Os lacrimale
M Maxilla
N Os nasale
V Vomer
Z Os zygomaticum

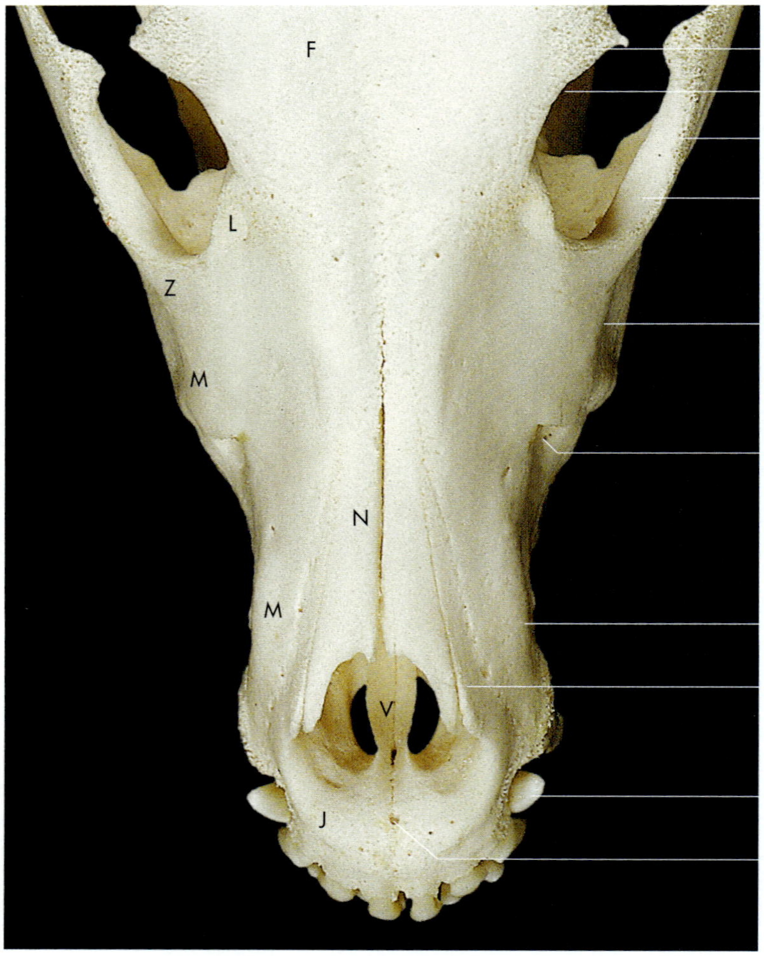

Abb. 1-46. Gesichtsschädel eines Hundes (vorderer Abschnitt, Dorsalansicht).

Die **knöcherne Augenhöhle (Orbita)** ist die herausragendste Struktur der Dach- und Seitenansicht. Sie bildet mit die Grenze zum Gesichtsschädel und ist beim Hund nach lateral, bei der Katze dagegen mehr frontal orientiert. Die Winkel zur Orbitaachse betragen beim Hund 79° und bei der Katze 49°.

Der **Margo supraorbitalis** wird in vivo bindegewebig vom **Ligamentum orbitale** gebildet, das bei der Katze oft verknöchert. Der **Margo infraorbitalis** ist als Bestandteil des Jochbogens stets knöchern (Abb. 1-46). Die rostromediale Wand entspringt dem Tränenbein und schließt als Zugang zum Tränennasenkanal (Canalis nasolacrimalis) die Fossa sacci lacrimalis für den Tränensack ein, eine Fovea trochlearis ist dorsomedial ebenso deutlich. An der medialen Orbita sind folgende Öffnungen zur Schädelhöhle sichtbar: der Canalis opticus, die Fissura orbitalis und das For. alare rostrale. Die Öffnung zum Canalis opticus ist Eintrittspforte für den Sehnerven und die A. ophthalmica int., die Fissura orbitalis dient als Durchtrittsstelle für die V. ophthalmica ext. und den N. ophthalmicus sowie die Nn. oculomotorius, trochlearis und abducens, die die Augenmuskeln versorgen. Durch das For. alare rostrale zieht der N. maxillaris, der aus der Schädelhöhle austretend zusammen mit der A. maxillaris durch den Canalis alaris verläuft.

Die **Fossa pterygopalatina** schließt sich unmittelbar ventral an und beinhaltet das For. maxillare als Eintrittsöffnung zum Canalis infraorbitalis für die A. maxillaris und den N. maxillaris (Abb. 1-47). Ferner liegen hier das For. sphenopalatinum zur Nasenhöhle und das For. palatinum caudale zum Canalis palatinus (Abb. 1-52).

Die **Seitenfläche des Gesichts** wird vom Oberkieferbein und dem Zwischenkieferbein, zusätzlich beim Hund auch noch vom Jochbein und dem Tränenbein gebildet. Das hervorstehendste Merkmal der Seitenfläche ist das For. infraorbitale. Aus diesem tritt der N. infraorbitalis aus dem Canalis infraorbitalis aus, der bei der Katze sehr kurz ist. Das For. infraorbitale ist leicht tastbar und liegt beim Hund dorsal fingerbreit vom 3. Oberkieferbackenzahn, während dieses bei der Katze, nicht fühlbar, im Winkel zwischen Jochbogen und Oberkiefer liegt.

Die **basale Schädelfläche** läßt drei Bereiche unterscheiden, die Schädelbasis, das harte Gaumendach und die Choanen zwischen Nasenhöhlen und Rachenraum.

Die **Schädelbasis (Basis cranii externa)** wird von den beiden Condyli occipitales und vom Körper des Hinterhauptsbeins, den Körpern der beiden Keilbeine und den Flügelplatten bzw. Fortsätzen des Flügelbeins gebildet. Die genannten Anteile liegen etwa in einer Ebene, allein die paarigen Procc. paracondylares überragen beim Hund mehr als bei der Katze ventral die Basalfläche. Rostral dieser kaudal gelegenen Fortsätze ist die Schädelbasis flach, in der Medianen liegen Anheftungsstellen für Muskeln, die den Kopf im Genick beugen. Zahlreiche Öffnungen sind in diesem Bereich ausge-

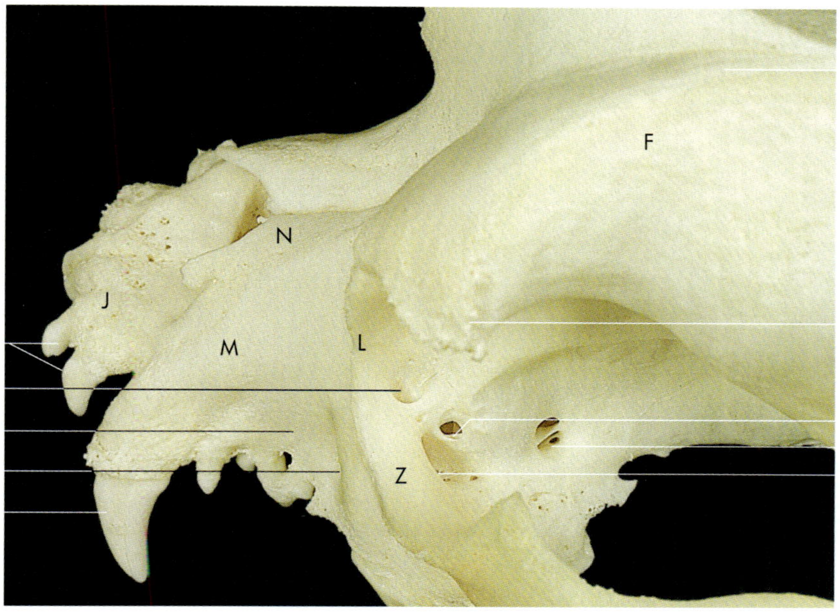

Abb. 1-47. Schädel eines Boxers (vorderer Abschnitt, Dorsolateralansicht von links).

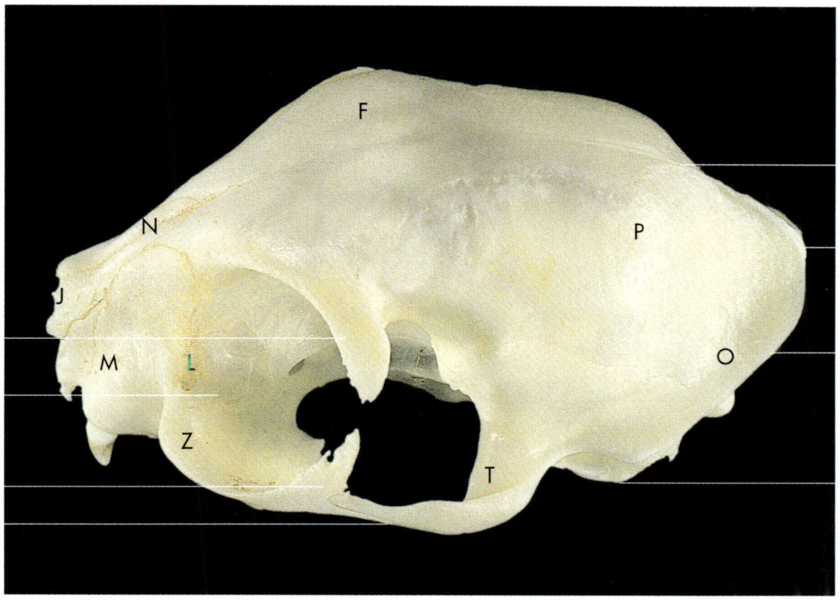

Abb. 1-48. Schädel einer Katze (Dorsolateralansicht von links).

bildet, die dem Übertritt von Gefäßen und Gehirnnerven dienen. Vor dem Gelenkknorren öffnet sich der Canalis nervi hypoglossi als Durchtritt für den gleichnamigen XII. Gehirnnerven. Zwischen dem Okziput und der Bulla tympanica liegt das For. jugulare, durch das der N. glossopharyngeus (IX), der N. vagus (X), und der N. accessorius (XI) übertreten. Am Rand des Okziputs und des Basisphenoids liegt die Austrittsstelle für den N. mandibularis (For. ovale).

Das **Gaumendach (Palatum osseum)** ist in seinem hinteren Abschnitt weit und verengt sich rostral. Dieses wird von Zahnfächern (Alveoli dentales) umrahmt, die in den Procc. alveolares der Ober- und Zwischenkieferbeine liegen. Das Palatum osseum wird größtenteils von den Horizontalplatten des Gaumenbeins, weniger von denen des Zwischenkiefers gebildet. In Höhe der Nahtstelle zwischen Gaumenbein und Oberkieferbein liegen paarig die Forr. palatina majora, durch die sich der Canalis palatinus für den Durchtritt des N. palatinus major und gleichnamiger Gefäße öffnet.

Die **Choanen (Choanae)** führen von den Nasenhöhlen zum Rachenraum, sie sind damit gerade bei langköpfigen Hunderassen lang und schmal. Die Seitenwände werden von den Perpendikularplatten des Gaumenbeins und des Flügelbeins gebildet, im Choanendach verbinden sich diese mit dem Keilbein und dem Pflugscharbein. Am Choanenrand entläßt die horizontale Gaumenplatte den Choanenstachel, die Spina nasalis caudalis, sowie rostral am Flügelbein das Häkchen (Hamulus pterygoideus).

Der **Unterkiefer (Mandibula)** bleibt mit seinen beiden Körpern im Kinnwinkel (Angulus mentalis) meist durch eine Articulatio intermandibularis fest verbunden. Das Corpus

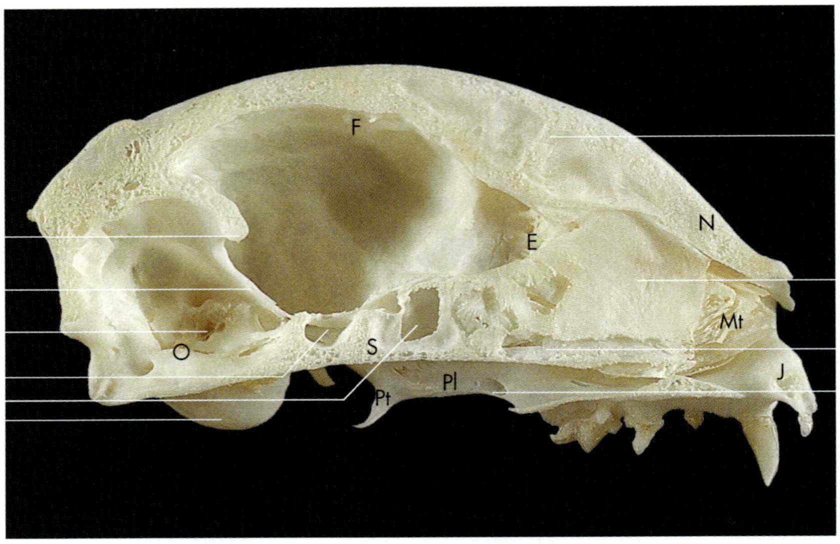

Abb. 1-49. Schädel einer Katze (Medianschnitt, Medialansicht der linken Hälfte).

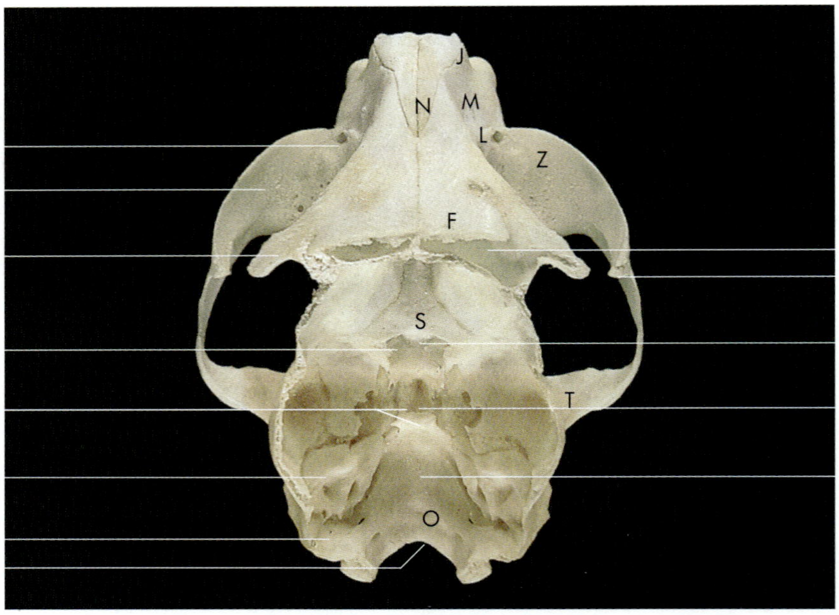

Abb. 1-50. Schädel einer Katze (Dorsalansicht mit eröffneter Schädelhöhle).

mandibulae entläßt kaudal den Proc. angularis, sein Margo ventr. ist konvex, eine bei anderen Hausäugetieren typische Incisura vasorum facialium fehlt den Fleischfressern. Der Unterkieferkörper schließt in seinen Alveolarfächern (Margo alveolaris) sieben (Hund) bzw. drei (Katze) Backenzähne, den Eckzahn und die drei Schneidezähne ein, der Margo interalveolaris (Diastema) ist kurz. Der Unterkieferast (R. mandibulae) senkt sich an seiner Lateralfläche tief zur Fossa masseterica ein, die von einer Crista mandibularis rostralis bzw. caudalis begrenzt wird. Die quergestellte Gelenkwalze des Kiefergelenks (Caput mandibulae) sitzt einem kurzen Proc. condylaris auf und wird von einem ausgeprägten Proc. coronoideus zum Ansatz des M. temporalis überragt.

Der Unterkieferast schließt den Canalis mandibulae ein, der den sensiblen N. alveolaris mandibularis führt. Beginnend an der Medialfläche des R. mandibulae mit dem For. mandibulare zieht dieser im Knochen bis zum Margo interalveolaris (Diastema) und tritt auf der Lateralfläche im For. mentale nach außen. Letzteres besteht bei Fleischfressern aus zwei bis drei Öffnungen. Der Canalis mandibulae setzt sich zu den Fächern der Schneidezähne und des Eckzahns als Canalis alveolaris rostral fort. Die Lage des größten For. mentale ist beim Hund in der Mitte der Lateralfläche unterhalb des 1. Backenzahns, das des For. mandibulare 2 cm kaudal des hinteren Alveolarrands des letzten Unterkieferbackenzahns.

Zungenbein (Os hyoideum)

Das Zungenbein besteht aus dem **querverlaufenden Körper (Basihyoideum),** der gelenkig rostrodorsal das **paarige Ceratohyoideum** als Verbindung zum Aufhängeapparat entläßt. Kaudal zieht ebenfalls gelenkig das **paarige Thyreohyoideum,** von dem aus Verbindungen zum Schildknorpel des Kehlkopfes abgehen. Der Aufhängeapparat des Zungenbeins besteht, untereinander ausschließlich knorpelig verbunden,

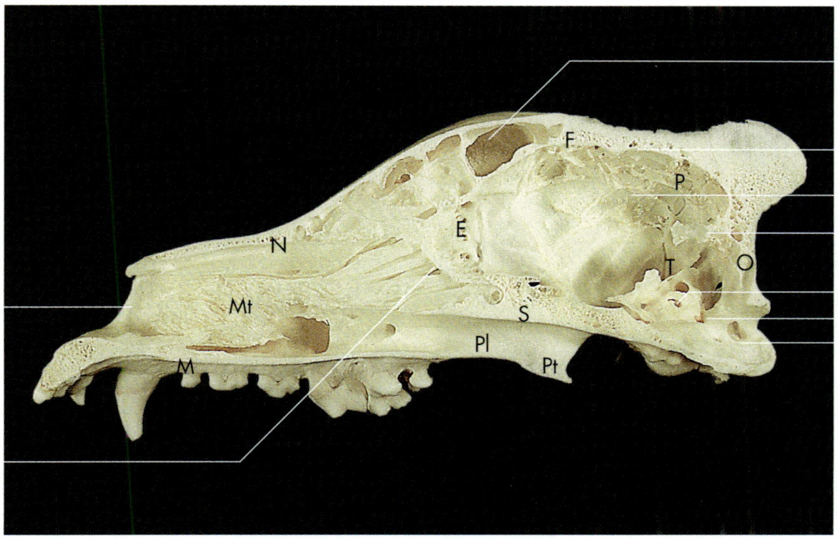

Abb. 1-51. Schädel eines Hundes (Paramedianschnitt, Medialansicht der rechten Hälfte).

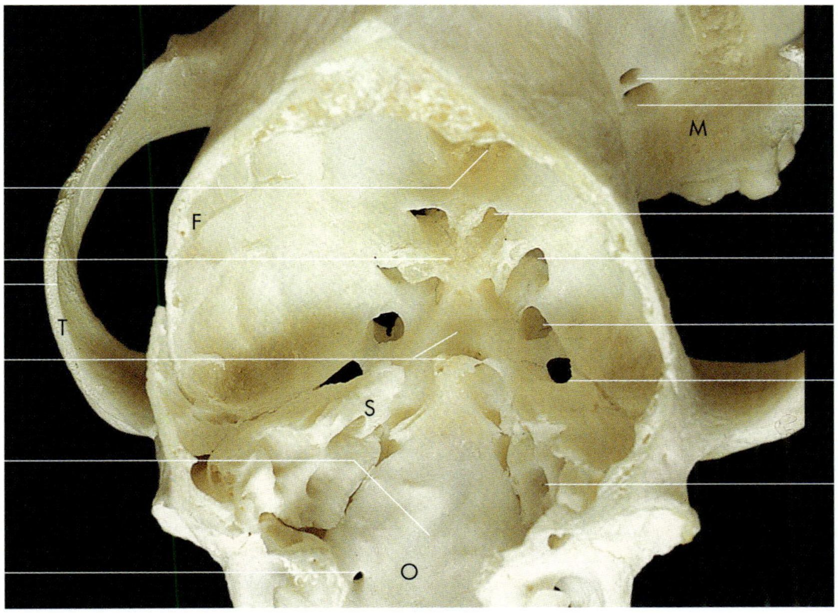

Abb. 1-52. Schädelbasis eines Hundes (Dorsokaudalansicht).

seinerseits aus dem knöchernen Epihyoideum, dem ebenfalls knöchernen Stylohyoideum und dem knorpeligen Tympanohyoideum. Letzteres findet am Proc. mastoideus der Pars petrosa, kaudal des Meatus acusticus ext., syndesmotisch seine Anheftung an die Schädelbasis. Durch die aufgezeigten bindegewebigen Knorpel-Knochen-Verbindungen ist ein beweglicher Mechanismus entwickelt, der den Zungengrund, die Schädelbasis und den Kehlkopf flexibel verbindet. Röntgenologisch lassen sich die einzelnen Knochenabschnitte darstellen, wobei die Verknöcherung des Zungenbeins im engeren Sinn erst ein bis zwei Monate nach der Geburt erfolgt.

Höhlen des Kopfes

Schädelhöhle (Cavum cranii)

Die Schädelhöhle wird in eine rostral größere, das Großhirn aufnehmende Abteilung und in eine kleinere, für das Rautenhirn, unterteilt. Die Grenze zwischen beiden ist durch das von dorsal einziehende Tentorium cerebelli osseum, die lateral gelegenen paarigen Cristae partis petrosae und das basale Dorsum sellae turcicae markiert.

Das **Schädeldach (Calvaria)** läßt eine Außenplatte (Lamina ext.) von einer Innenplatte (Lamina int.) unterscheiden, die nur in den rostralen zwei Dritteln durch den Sinus frontalis zu Nebenhöhlen pneumatisiert sind (Abb. 1-51). Die Innenfläche ist durch Eindrücke des Gehirnoberflächenreliefs (Impressiones digitatae) und durch niedrige Leisten (Juga cerebralia) sowie durch Sulci und Gyri gegliedert. In der Medianen liegt die wenig ausgeprägte Crista sagittalis int., die der Hirnsichel (Falx cerebri) Ansatz bietet. Diese Leiste wird beidseitig vom Sulcus sinus sagittalis dors. als Träger des gleichnamigen Blutleiters begleitet. Diese Blutsinusräume treten durch das For. sinus sagittalis in das knöcherne Kleinhirnzelt (Tentorium cerebelli osseum) und in den Canalis sinus transversi über, münden in den Meatus temporalis

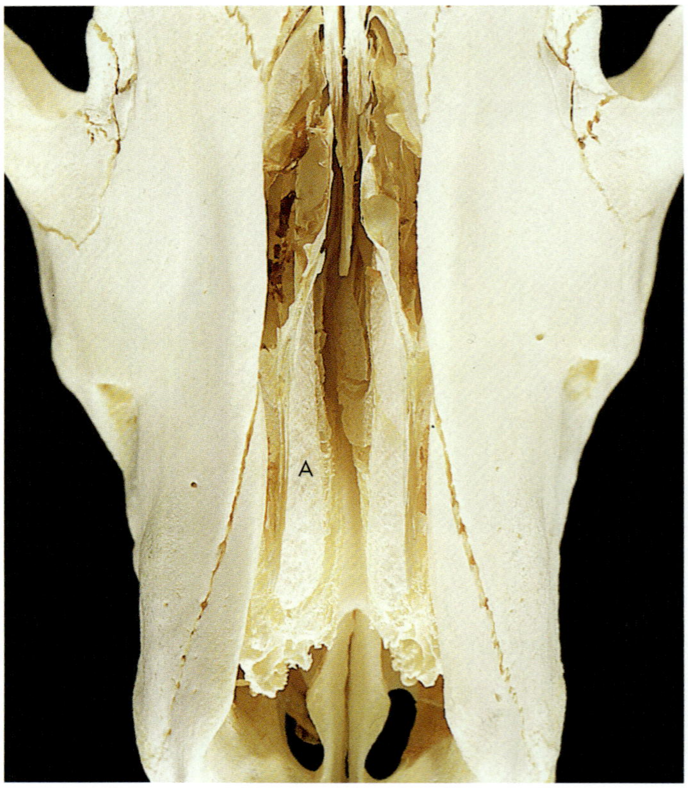

Abb. 1-53. Schädel eines Hundes und Aufsicht auf die Concha nasalis dorsalis (A) und die Concha nasalis media (vorderer Anteil, Dorsalansicht mit eröffneter Nasenhöhle).

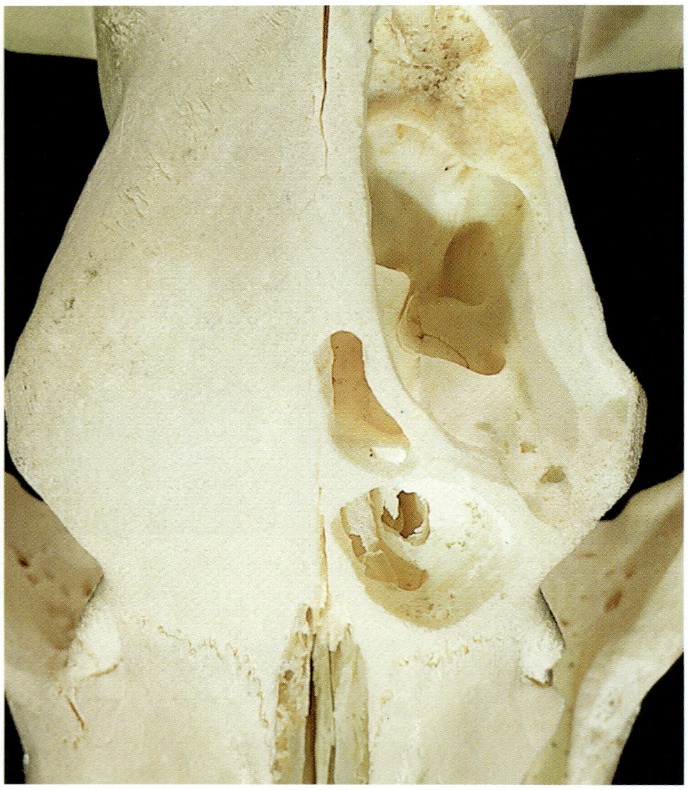

Abb. 1-54. Schädel eines Hundes und Einblick in den linken Sinus frontalis (hinterer Anteil, Dorsalansicht mit eröffneter Nasenhöhle).

und treten aus dem For. retroarticulare nahe dem äußeren Gehörgang wieder aus. Der Katze fehlt der Meatus temporalis.

Die nasenseitige Wand wird durch die quergestellte Fläche der Lamina cribrosa des Siebbeins (Siebbeinplatte) und Teile der Innenplatte des Stirnbeins gebildet. Die in der Medianen lokalisierte Crista galli ragt nur dorsal vor und läßt so ventral eine weitgehend einheitliche Siebbeingrube (Fossa ethmoidalis) für den Übertritt der Fila olfactoria und der Blutgefäße durch die Siebbeinplatte entstehen. Beidseitig schließen sich die Forr. ethmoidalia (Hund) zur Aufnahme des N. ethmoidalis und der A. und V. ethmoidalis ext. an. Dieses Foramen ist bei der Katze nur einfach entwickelt.

Die **Schädelbasis (Basis cranii interna)** (Abb. 1-52) läßt drei Schädelgruben unterscheiden. Die **vordere Schädelgrube (Fossa cranii rostralis)** überdacht das Praesphenoid, ist relativ lang und reicht von der Siebbeinplatte bis zur Crista orbitosphenoidalis. Sie bedeckt den Sulcus chiasmatis der Sehnervenkreuzung und schließt paarig den Canalis opticus für den Sehnerv ein. Die **mittlere Schädelgrube (Fossa cranii media)** ist von der **hinteren Schädelgrube (Fossa cranii caudalis)** durch die steil aufragende Sattellehne (Dorsum sellae turcicae) getrennt. Rostral dieser liegt die Grube des Türkensattels (Sella turcica), der sich die Fossa hypophysialis und seitlich je eine tiefe Fossa piriformis zur Aufnahme des Lobus piriformis des Gehirns anschließen.

In die **mittlere Höhle** treten zahlreiche Nerven und Gefäße über, deren Durchtrittsöffnungen sehr unterschiedlich ausgebildet sind (Abb. 1-52):

- rostral die **Fissura orbitalis** für den Durchtritt des N. oculomotorius, des N. trochlearis, des N. abducens sowie beim Hund des R. anastomoticus mit der A. carotis int.,
- in der Mitte das **Foramen rotundum** für den Durchtritt des N. maxillaris und
- kaudal das **Foramen ovale** für den Durchtritt des N. mandibularis und der A. meningea media.

Die knöcherne Grundlage der hinteren Schädelgrube (Fossa cranii caudalis) (Abb. 1-52) bildet das Basiokzipitale, seitlich begrenzt durch den Felsenteil des Schläfenbeins. Diese reicht bis zum großen Hinterhauptsloch, dem For. magnum. Die innere Fläche ist durch zwei Vertiefungen (Impressio pontina und Impressio medullaris) eingesenkt. Nahe der Sutura occipitotympanica treten durch das For. jugulare der N. glossopharyngeus, der N. vagus und der N. accessorius hindurch.

Nasenhöhle (Cavum nasi)

Die Nasenhöhle erstreckt sich von der knöchernen Nasenöffnung (Apertura nasi ossea) bis zur Lamina cribrosa, der quergestellten Siebbeinplatte, getrennt durch die mediane Scheidewand (Septum nasi). Kaudal setzt sich diese Trennwand in die Lamina perpendicularis des Siebbeins, rostral in die knorpeligen, beweglichen Abschnitte (Pars mobilis septi nasi) der Nase fort (Abb. 1-56).

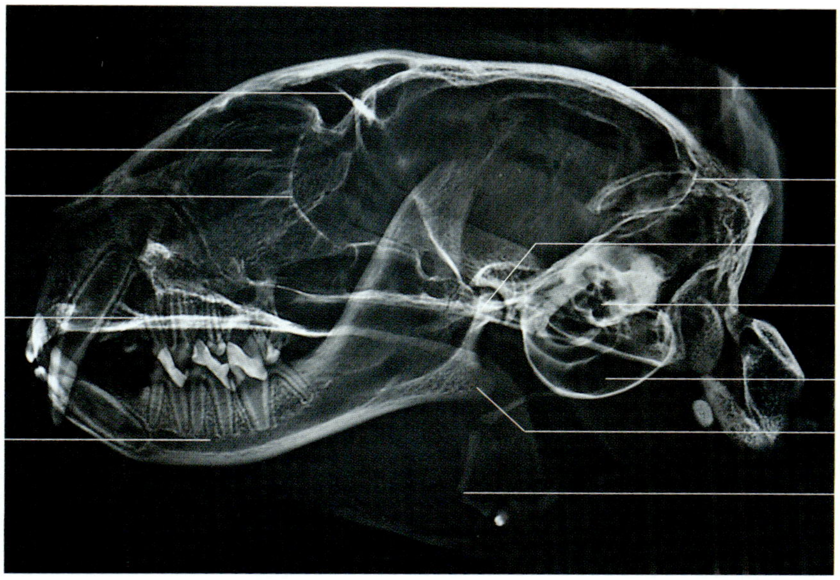

Abb. 1-55. Schädel einer Katze (laterolateraler Strahlengang) (Röntgenbild), Aufnahme Prof. Cordula Poulsen Nautrup, München.

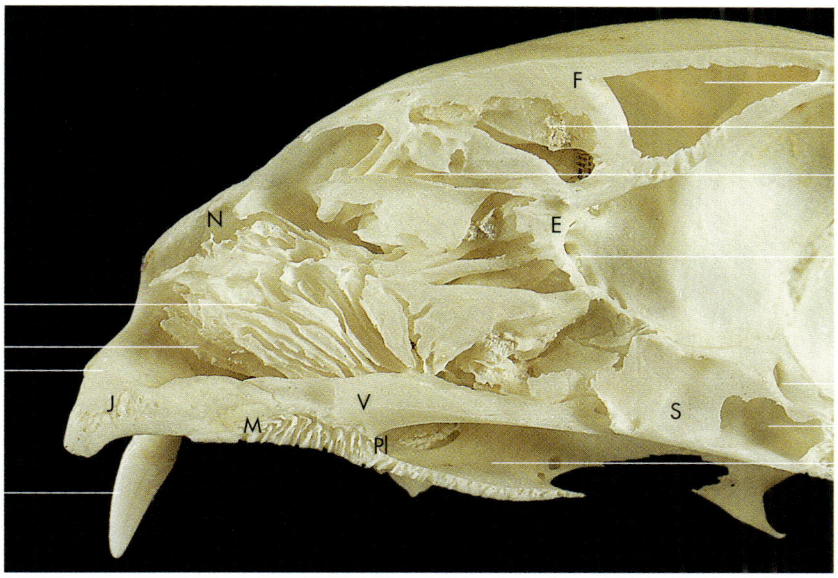

Abb. 1-56. Schädel einer Katze (Paramedianschnitt, Medialansicht der rechten Hälfte).

Beidseitig in den Nasenhöhlen befinden sich die Muschelbeine (Ossa conchae). Der blind endende Nasengrund (Fundus nasi) schließt die Siebbeinmuscheln (Ossa ethmoturbinalia) ein. Die Nasenhöhle geht in den Nasen-Rachen-Gang (Meatus nasopharyngeus) über, der zum Nasenrachen (Pars nasalis pharyngis) (Abb. 1-56) führt.

Die Nasenmuscheln (Conchae nasales) werden mit einer Basallamelle vom Endoturbinale I für die dorsale Nasenmuschel (Concha nasalis dors.), mit zwei Spirallamellen vom Endoturbinale II für die mittlere Nasenmuschel (Concha nasalis media) und vom Maxilloturbinale für die untere Nasenmuschel (Concha nasalis ventr.) (Abb. 1-56) gebildet.

Die Ethmoturbinalia sind an den Dach-, Sieb- und Seitenplatten befestigt und schieben sich als tütenförmige Rollen in die geräumige Nasenhöhle vor. Man unterscheidet beim Hund vier größere Endoturbinalia und bis zu sechs kleinere Ectoturbinalia.

Das Endoturbinale I liegt am weitesten dorsal und entspringt mit seiner Basallamelle an der Lamina perpendicularis des Siebbeins. Es bildet die knöcherne Grundlage der oberen Nasenmuschel (Concha nasalis dors.), setzt an der Crista ethmoidalis des Nasenbeins an und ragt weit in die Nasenhöhle rostral. Das Endoturbinale II ist sehr lang und bildet mit seinen beiden Spirallamellen (dorsal und ventral) die Grundlage für die mittlere Nasenmuschel (Concha nasalis media) (Abb. 1-53 u. 56). Die II. bis IV. Endoturbinalia sind beim Hund extrem lang entwickelt, wobei das III. meist noch ausgeprägter ist als das IV.

Die ventrale Nasenmuschel (Concha nasalis ventr.) entspringt beim Hund an der Innenfläche des Oberkieferbeins in Höhe des 3. Backenzahns bis zum Nasenfortsatz des Zwischenkieferbeins. Von der Basallamelle aus spalten sich dorsal und ventral Spirallamellen ab, die jeweils kleinere Lamellen abgeben, die ein extrem stark gefaltetes Lamellensystem entstehen lassen.

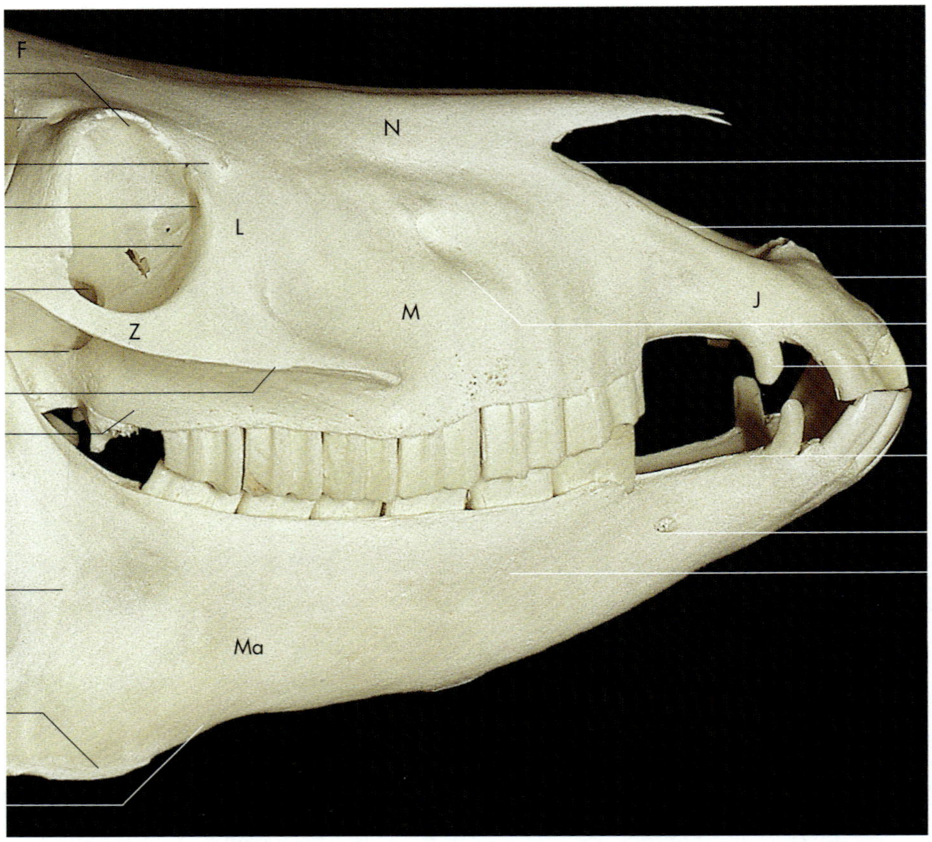

Abb. 1-57. Schädel eines Pferdes (vorderer Abschnitt, Lateralansicht).

Durch das Hervortreten der Nasenmuscheln in den gemeinsamen Nasengang (Meatus nasi communis) wird dieser gegliedert in den oberen Nasengang (Meatus nasi dors.) zwischen Nasendach und oberer Nasenmuschel, den mittleren Nasengang (Meatus nasi medius) zwischen der dorsalen und den hintereinander liegenden mittleren und ventralen Nasenmuscheln und den unteren Nasengang (Meatus nasi ventr.) zwischen der ventralen und mittleren Nasenmuschel und dem Nasenboden.

Nebenhöhlen der Nase (Sinus paranasales)

In Höhe der mittleren Nasenmuschel ist eine **Kieferbucht (Recessus maxillaris)** ausgebildet, die beim Hund vom Oberkieferbein, vom Tränenbein, vom Gaumenbein und vom Siebbein außen begrenzt wird. Die weite **Apertura nasomaxillaris** zwischen dem mittleren Nasengang ermöglicht hierfür den Zugang.

Beim Hund sind als **Stirnhöhlen (Sinus frontales)** die rostralen zwei Drittel des Stirnbeins mit einem Sinus frontalis lat. und med. und rostralis pneumatisiert. Zugänge bestehen zwischen dem 2. und 3. Ektoturbinale. Bei der Katze ist die Stirnhöhle jederseits einheitlich sowie eine rechte und linke Keilbeinhöhle entwickelt (Abb. 1-51 u. 56).

Schädel des Pferdes

Der Schädel des Pferdes (Abb. 1-57) ist nach Alter, Geschlecht und Rasse arttypisch ausgebildet. Das Schädeldach des Fohlens ist der Gestalt des Gehirns angepaßt, der Gesichtsschädel kurz und flach. Das Wachstum des Gebisses und die Entwicklung der Nebenhöhlen beeinflußt entscheidend die Veränderungen zur adulten Schädelform. So führt die Vergrößerung der Stirnhöhlen zu einer dorsalen Vorwölbung des Gesichts- und Hirnschädels zum Ramskopf (z. B. Kladruber) oder eine konkave Einziehung des Schädels zum Hechtkopf (z. B. Araber) als rassespezifische Merkmale.

Die **Nackenfläche** beim Schädel des Pferdes wird von der Schuppe und den beiden Seitenstücken des Os occipitale geformt, deutlich abgegrenzt zum Schädeldach durch die Crista nuchae bzw. die Protuberantia occipitalis ext., beides Ansatzflächen für die Nacken- und Halsmuskulatur, und deren laterale Fortsetzung gegen die Seitenflächen, die Crista supramastoidea. An der Nackenbasis öffnet sich zwischen den beiden Condyli occipitales das große Hinterhauptsloch (For. magnum) für den Durchtritt des verlängerten Marks (Medulla oblongata).

Die **Dachfläche** des Schädels gliedert sich in die **Hirnschädelabschnitte** und die **Nasenschädelabschnitte** (Nasenrücken).

Der **Hirnschädel** wird paarig vom Hinterhauptsbein, dem Scheitelbein und dem Zwischenscheitelbein gebildet, die fest miteinander verwachsen sind. Rostral schließt sich, durch eine Knochennaht getrennt, das Stirnbein an. Die Crista sagittalis ext. ist unpaarig ausgeprägt, sie teilt sich und setzt sich rostral zur Begrenzung des Augenhöhlenrands als paarige Lineae temporales fort. In Höhe des For. supraorbitale, an der Basis des Proc. zygomaticus des Os frontale, erfährt die Dachfläche ihre größte Breite. Der Jochfortsatz verbindet sich mit dem Proc. frontalis des Os zygomaticum zum knöchernen Margo supraorbitalis.

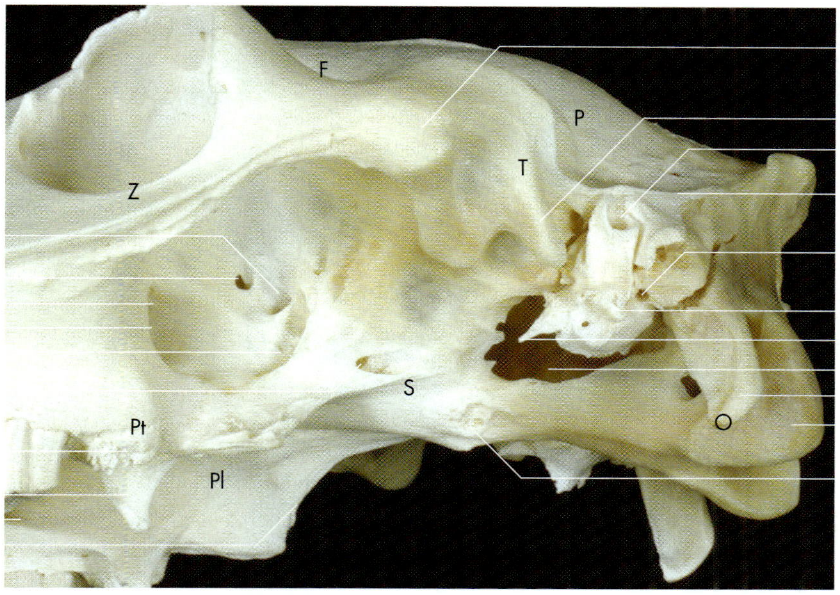

Abb. 1-58. Schädelbasis eines Pferdes (Ventrolateralansicht von links).

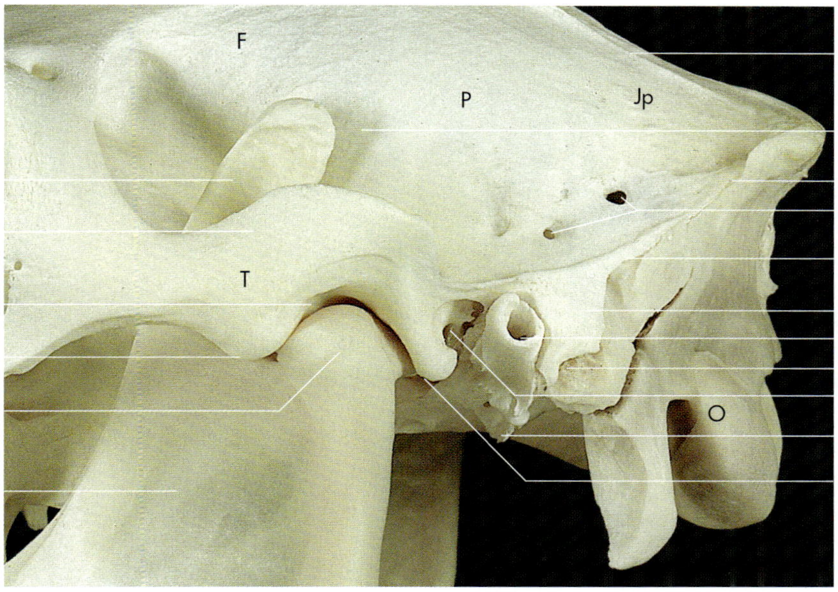

Abb. 1-59. Schädel eines Pferdes (kaudaler Abschnitt, Lateralansicht von links).

Die **Nasenschädelabschnitte** (Nasenrücken) des Schädeldachs werden durch die paarigen Nasenbeine, aber lateral auch durch Anteile des Oberkiefers und durch die Procc. nasales des Zwischenkieferbeins gebildet. Dem vorderen Ende des Nasenrückens entspringt zur Medianen die Spitze des paarigen Nasenbeins (Proc. rostralis).

Die **Seitenflächen** lassen sich ebenfalls in einen **Hirnschädelabschnitt** und einen **Nasenschädelabschnitt** (Nasenrücken) unterteilen, von denen ersterer besonders gegliedert ist in:

- Jochbogen (Arcus zygomaticus),
- Schläfengrube (Fossa temporalis),
- Ohrausschnitt (Incisura otica),
- knöcherne Augenhöhle (Orbita) und
- Flügelbein-Gaumen-Grube (Fossa pterygopalatina).

Der **Jochbogen (Arcus zygomaticus)** (Abb. 1-58) ist stark ausgeprägt, er zieht in einem leicht geschwungenen, auswärtsgerichteten Bogen rostral zum Gesichtsschädel und überdeckt lateral basale Anteile der Fossa temporalis und der Orbita. Er setzt sich aus dem Proc. zygomaticus des Os frontale und dem Proc. zygomaticus des Os temporale zusammen. An seiner Basis ist der Jochbeinfortsatz des Os temporale von der transversalen Gelenkfläche des Kiefergelenks (Articulatio temporomandibularis) unterlagert, dessen Gelenkwalze (Tuberculum articulare) liegen kaudal die Gelenkgrube (Fossa mandibularis) mit einer Facies articularis und der Proc. retroarticularis an (Abb. 1-59).

Die Schläfengrube (Fossa temporalis) (Abb. 1-59) wird in einem Halbbogen von rostral über laterobasal durch den Arcus zygomaticus und die Crista supramastoidea bis zur Crista nuchae in der Nackenregion begrenzt. Sie dient dem M. temporalis als Ursprung.

Die Seitenfläche schließt im kaudalen Bereich äußere Teile des **Ohres (Auris)** ein (Abb. 1-58 u. 59). Kaudal des Kiefergelenks liegt die breite Incisura otica, in deren Spalt-

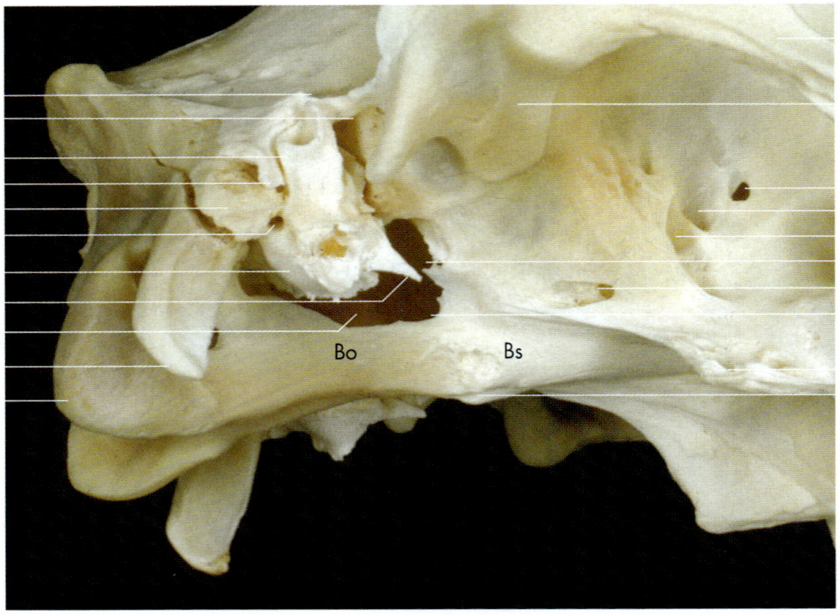

Abb. 1-60. Schädel eines Pferdes (kaudaler Abschnitt, ventrolaterale Ansicht von rechts).

raum der knöcherne äußere Gehörgang (Meatus acusticus ext.) als auffälliges Rohr mit seiner Öffnung (Porus acusticus ext.) zieht. Rostral des äußeren Gehörgangs öffnet sich in der Tiefe das For. retroarticulare als Zugang zum Meatus temporalis, basal zu diesem ragt der Proc. styloideus zur Anheftung des Zungenbeins vor. Kaudal zu diesem liegt als Öffnung für den Canalis nervi facialis das For. stylomastoideum, dessen gleichnamige Arterie und Vene zusammen mit dem VII. Gehirnnerven (N. facialis) das Mittelohr durchziehen.

Die **knöcherne Augenhöhle (Orbita)** (Abb. 1-57) wird vom Frontale, dem Lakrimale, dem Zygomatikum, dem Temporale mit seinem Jochfortsatz und dem basalen Keilbein gebildet. Sie ist extrem nach lateral orientiert, der Winkel zur Orbitaachse beträgt 115°.

Der Margo supraorbitalis ist scharf begrenzt und entläßt rostral den Proc. lacrimalis rostralis bzw. caudalis. Im rostromedialen Augenwinkel der Orbita senken sich die Fossa sacci lacrimalis und die Fossa musculi obliqui ventr. ein. Kaudomedial dieser Gruben liegt unter dem Ansatz des Jochbogenfortsatzes die Fovea trochlearis neben der Fossa glandulae lacrimalis.

An der medialen Orbitawand sind rostral der Flügelleiste (Crista pterygoidea) von oben nach unten folgende Öffnungen zur Schädelhöhle sichtbar (Abb. 1-58):

- **Foramen ethmoidale** nahe der knöchernen Naht zwischen Stirnbein und Flügel des Praesphenoids,
- **Canalis opticus** zum Durchtritt des N. opticus,
- **Fissura orbitalis** und das **Foramen rotundum** als Durchtrittsstelle für die V. ophthalmica ext. und den N. ophthalmicus sowie der N. oculomotorius, der N. trochlearis und der N. abducens zur Versorgung der Augenmuskeln,
- **Foramen alare rostrale** und
- **Foramen alare caudale.**

Durch das **Foramen alare rostrale** tritt die A. maxillaris aus dem Canalis alaris nach rostral in die Fossa pterygopalatina über.

Die **Fossa pterygopalatina** (Abb. 1-58) schließt sich basal an die Orbita an und weist rostral das mächtige For. maxillare als Eintrittsöffnung zum Canalis infraorbitalis für die A. maxillaris und den N. maxillaris auf. Dorsomedial davon gelegen sind das For. sphenopalatinum zur Nasenhöhle und das For. palatinum caudale zum Canalis palatinus, beide führen Abzweigungen der A. und V. bzw. des N. maxillaris. Die Flügelgaumenhöhle wird lateral durch das Tuber maxillare, medial durch die Lamina perpendicularis des Palatinum begrenzt.

Die **Seitenfläche des Gesichts** wird vom Oberkiefer-, dem Zwischenkiefer- und Nasenbein sowie dem Joch- und Tränenbein gebildet. Die markanten Merkmale der Seitenfläche sind das For. infraorbitale und die Crista facialis (Abb. 1-57). Aus dem For. infraorbitale tritt der N. infraorbitalis aus dem Canalis infraorbitalis aus, dieses ist leicht tastbar drei Finger breit dorsal und zwei Finger breit vor dem rostralen Ende der Crista facialis, bedeckt von Haut- und Lippenmuskeln (M. levator labii sup. und M. levator nasolabialis). Die Crista facialis wird als markante Leiste von der Maxilla und vom Os zygomaticum gebildet und geht kaudal in den Jochbogen über.

Die **basale Schädelfläche**, bestehend aus der Schädelbasis, dem harten Gaumendach und den Choanen zwischen Nasenhöhlen und Rachenraum, liegt weitgehend auf einer Ebene.

Die **Schädelbasis (Basis cranii externa)** (Abb. 1-60 u. 61) wird kaudal von den beiden Condyli occipitales, getrennt durch die Incisura intercondylaris, abgeschlossen, die an ihrer Basis den weiten Canalis nervi hypoglossi als Durchtritt für den gleichnamigen XII. Gehirnnerven führt. Rostral der Kondylen schließen sich beidseitig die hakenförmigen und abgeplatteten Procc. paracondylares an, abgesetzt durch die tiefe Fossa condylaris ventralis. Rostral der Basis des Os occipitale, an der Grenze zum Basisphenoid, liegen in der Medianen am

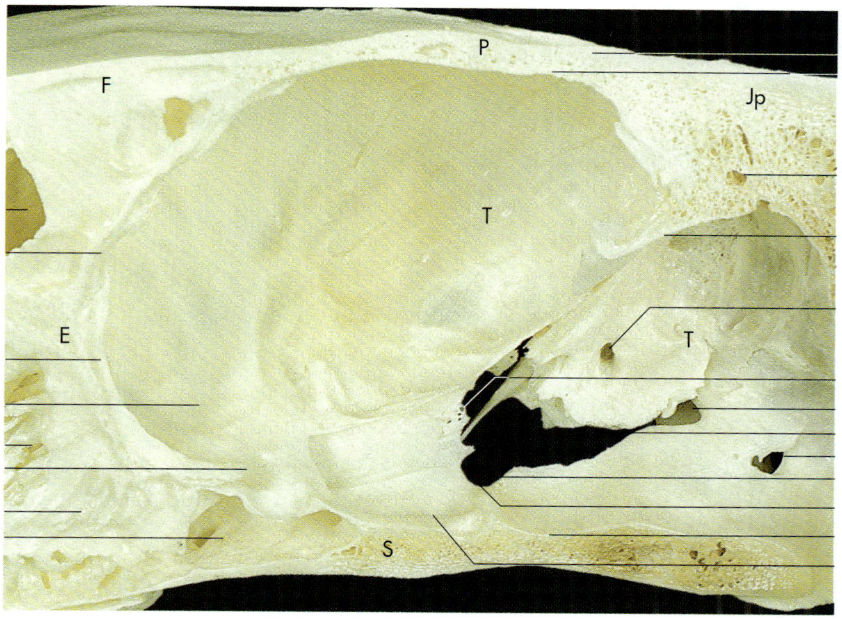

Abb. 1-61. Schädelhöhle eines Pferdes (Medialansicht der rechten Hälfte).

Tuberculum musculare die Anheftungsstellen für die Kopf- und Genickbeuger.

Weitere Öffnungen, die dem Übertritt von Gefäßen und Gehirnnerven dienen, sind an der Schädelbasis ausgebildet. Zwischen der Basis des Okziputs und der Bulla tympanica liegt kaudal der Fissura petrooccipitalis das For. jugulare als Teil des For. lacerum, durch das der N. glossopharyngeus (IX), der N. vagus (X) und der N. accessorius (XI) übertreten (Abb. 1-61). Rostral davon, vom weitausladenden Flügel des Basisphenoids scharf begrenzt, liegt der rostrale Abschnitt des For. lacerum, das beim Pferd in mehrere Inzisuren unterteilt wird (Incisura carotica, ovalis und spinosa) (Abb. 1-61).

Das **Gaumendach (Palatum osseum)** ist relativ schmal und langgezogen (Abb. 1-62). Es wird durch die Zahnfächer (Alveoli dentales) für die sechs bis sieben Backenzähne umrahmt, die aus den Proc. alveolares der Oberkiefer- und Zwischenkieferbeine entspringen. Rostral schließen sich die Zahnfächer für die drei Schneidezähne an, im Margo interalveolaris ist das Zahnfach für den Eckzahn entwickelt. Das Palatum osseum wird zum geringen Teil von den schmalen Horizontalplatten des Gaumenbeins, meist jedoch von der Pars horizontalis der Maxilla und des Zwischenkieferbeins gebildet. In Höhe der Nahtstelle zwischen dem schmalen Gaumenbein und dem Oberkieferbein liegt paarig das For. palatinum majus, durch das sich der Canalis palatinus für den Durchtritt des N. palatinus major und das gleichnamige Gefäß öffnet.

Die **Choanen (Choanae)** (Abb. 1-62) führen von den Nasenhöhlen zum Rachenraum. Die Seitenwände des Rachenraums werden von den Perpendikularplatten des Gaumenbeins und den Flügelbeinen gebildet, sein knöchernes Dach aus Anteilen des Keilbeins und des Pflugscharbeins geformt. Am Choanenrand entläßt die horizontale Gaumenplatte den Choanenstachel (Spina nasalis caudalis) sowie am Flügelbein das Häkchen (Hamulus pterygoideus).

Die beiden **Unterkiefer (Mandibulae)** (Abb. 1-37) sind ab dem zweiten Lebensjahr mit ihren Körpern im Kinnwinkel (Angulus mentalis) fest verbunden. Das Corpus mandibulae zeigt kaudodorsal des Angulus mandibulae die Tuberositas musculi sternomandibularis und schließt in seinen Alveolarfächern (Margo alveolaris) sechs Backenzähne, im Margo interalveolaris den Eckzahn und in der Pars incisiva die drei Schneidezähne ein.

Das **Caput mandibulae** (Abb. 1-37) des Proc. condylaris steht als Gelenkwalze quer zur Längsachse, sein Proc. coronoideus zieht weit in die Schläfengrube. Der Zugang zum Canalis mandibulae im Unterkieferast liegt im For. mandibulae, das durch eine Verbindungslinie vom Proc. condylaris schräg über den M. masseter bis zum rostralen Rand der **Incisura vasorum facialium** erreichbar ist (Abb. 1-57). Der Unterkiefernerv tritt aus der Lateralfläche der Mandibula im For. mentale wieder aus. Dieses ist fingerbreit unter dem Margo interalveolaris in Höhe des Lippenwinkels tastbar.

Zungenbein (Os hyoideum)

Der querliegende Körper (Basihyoideum) (Abb. 1-41) des Zungenbeins entläßt median einen langen Zungenfortsatz (Proc. lingualis) in den Zungengrund. Kaudal zieht das paarige Thyreohyoideum zum Schildknorpel des Kehlkopfs. Das paarige Ceratohyoideum verbindet sich mit dem knöchernen Epihyoideum, letzteres ist im Alter fest mit dem knöchernen Stylohyoideum und dem knorpeligen Tympanohyoideum verwachsen. Dieses findet am Proc. styloideus des Tympanikums syndesmotisch seine Anheftung an die Schädelbasis.

Höhlen des Kopfes beim Pferd

Schädelhöhle (Cavum cranii)

Die Schädelhöhle wird in einen rostral größeren, das Großhirn aufnehmenden Abschnitt und in einen kleineren für das Rautenhirn unterteilt. Die Grenze zwischen beiden wird

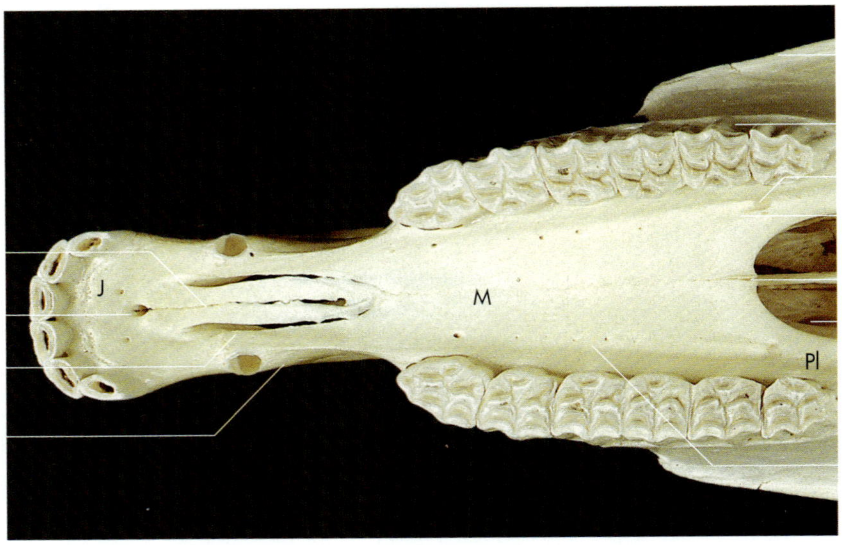

Abb. 1-62. Knochen des harten Gaumens eines Pferdes (Ventralansicht).

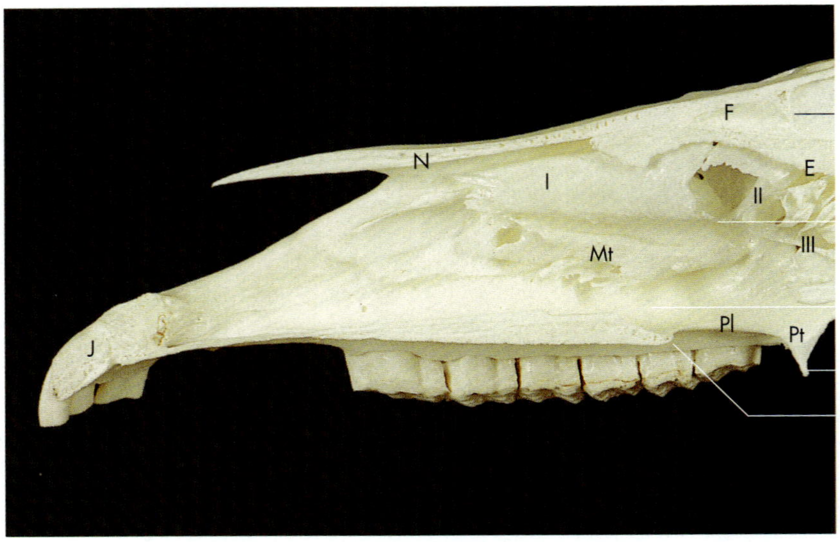

Abb. 1-63. Gesichtsschädel eines Pferdes (Paramedianschnitt, Medialansicht der rechten Hälfte).

durch das rostral in einem Halbbogen ziehende Tentorium cerebelli osseum gezogen, das sich lateral in den paarigen Cristae partes petrosae fortsetzt.

Das **Schädeldach (Calvaria)** (Abb. 1-61) ist zwischen der Außenplatte (Lamina ext.) und der Innenplatte (Lamina int.) im vordersten Drittel zum Sinus frontalis pneumatisiert. Die Innenfläche ist durch Impressiones digitatae, Jugae cerebralia sowie durch Sulci und Gyri gegliedert. In der Medianen liegt die Crista sagittalis int., die der Hirnsichel (Falx cerebri) Ansatz bietet; sie wird beidseitig vom Sulcus sinus sagittalis dors. als Träger des gleichnamigen Blutleiters begleitet. Diese Sinusräume treten in den Canalis sinus transversi über, münden in den Meatus temporalis und öffnen sich im For. retroarticulare nahe dem äußeren Gehörgang.

Die nasenseitige Wand wird durch die Lamina cribrosa des Siebbeins (Siebbeinplatte) und Teile der Innenplatte des Stirnbeins gebildet (Abb. 1-61). In der Medianen trennt eine ausgeprägte Crista galli die beiden tiefgebuchteten Siebbeingruben (Fossae ethmoidales) in zwei Hälften. Diese dienen der Aufnahme der Fila olfactoria und schließen die Forr. ethmoidalia zum Durchtritt des N. ethmoidalis und der A. und V. ethmoidalis ext. ein.

Die **Schädelbasis (Basis cranii interna)** (Abb. 1-61) läßt drei Schädelgruben unterscheiden. Die **vordere Schädelgrube (Fossa cranii rostralis)** überragt die nachfolgende mittlere und reicht von der Siebbeinplatte bis zur Crista orbitosphenoidalis, die den Sulcus chiasmatis mit dem Canalis opticus der Sehnervenkreuzung bedeckt. Die **mittlere Schädelgrube (Fossa cranii media)** ist von der **hinteren Schädelgrube (Fossa cranii caudalis)** nur undeutlich zur Fossa hypophysialis, andeutungsweise zur Fossa piriformis zur Aufnahme des Lobus piriformis des Gehirns vertieft.

In die mittlere Schädelgrube treten Nerven und Gefäße über. Deren Durchtrittsöffnungen sind:

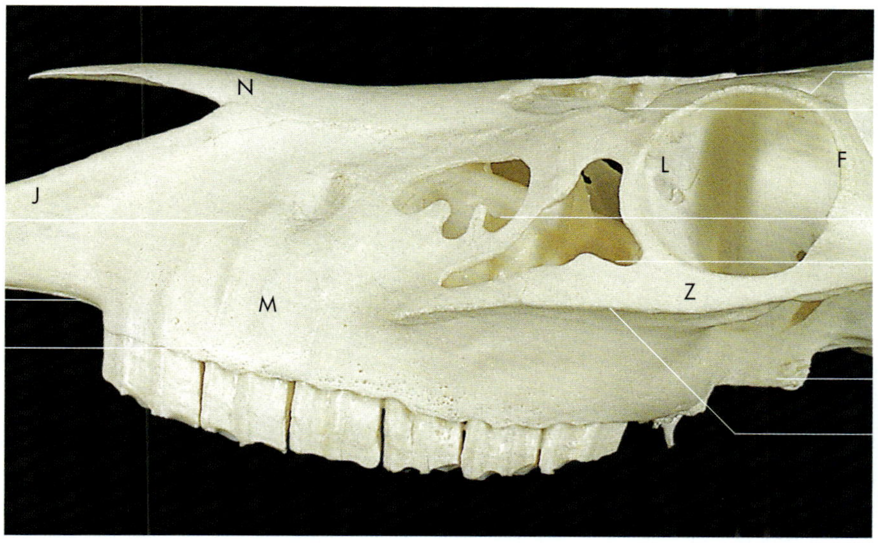

Abb. 1-64. Stirnhöhle und Kieferhöhle des Gesichtsschädels eines Pferdes (eröffnet) (Lateralansicht von links).

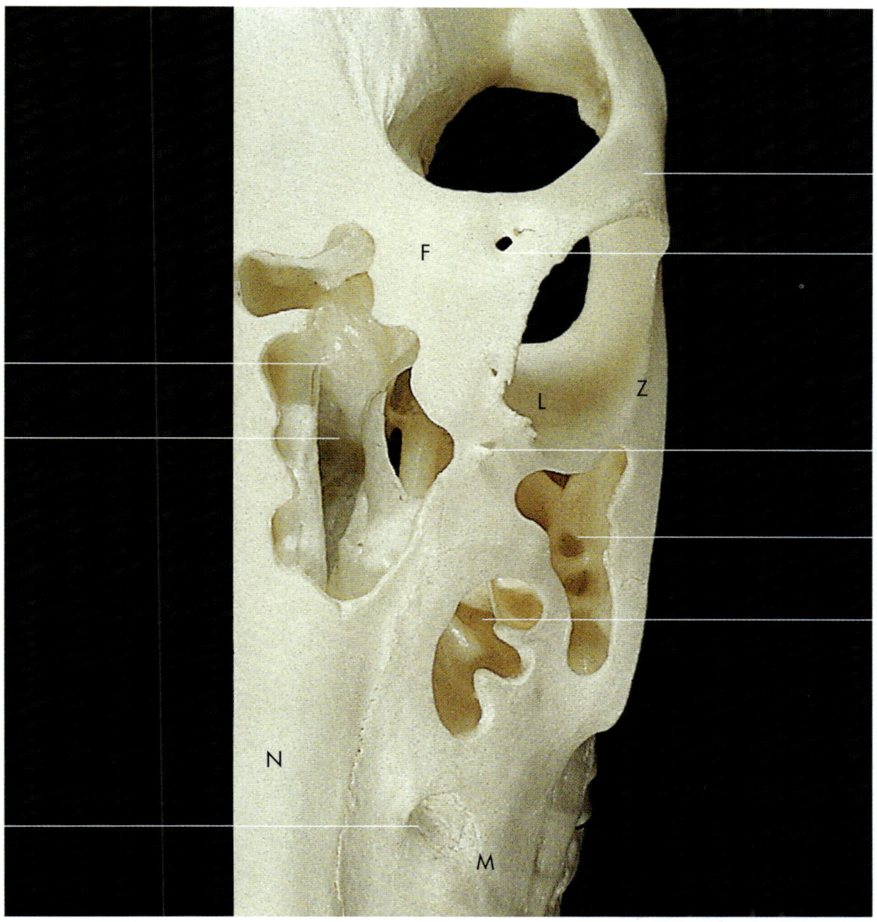

Abb. 1-65. Stirnhöhle und Kieferhöhle des Gesichtsschädels eines Pferdes (eröffnet) (Dorsalansicht der linken Seite).

- medial die **Fissura orbitalis**
  mit einem Sulcus nervi ophthalmici (N. ophthalmicus, N. oculomotorius und N. abducens),
- lateral das **Foramen rotundum**
  mit einem Sulcus nervi maxillaris für den N. maxillaris und
- das **Foramen trochleare** für den N. trochlearis.

Das Basiokzipitale und der Felsenteil des Schläfenbeins bilden die knöcherne Grundlage der **hinteren Schädelgrube (Fossa cranii caudalis)** (Abb. 1-61). Sie reicht bis zum großen Hinterhauptsloch, dem For. magnum. Die innere Fläche ist durch flache Vertiefungen eingesenkt. In der laterobasalen Schädelwand liegen das For. lacerum und dessen Einziehungen sowie dessen kaudaler Teil, das For. jugulare, für den N. glossopharyngeus (IX), den N. vagus (X) und den N. accessorius (XI). Die Basis schließt auch den Canalis nervi hypoglossi ein.

Nasenhöhle (Cavum nasi)

Die **Nasenmuscheln (Conchae nasales)** des Pferdes (Abb. 1-24 u. 63) unterscheiden sich wesentlich von denen anderer Haussäugetiere. So bildet das Endoturbinale I eine Spirallamelle, die einen rostralen, ventral eingerollten Abschnitt ausbildet und einen kaudalen, der sich mit der Stirnhöhle vereint. Der vordere Abschnitt grenzt den Rec. conchae dors. ab. Der hintere ist ein in sich geschlossener Hohlraum (Sinus conchae dors.), der sich mit der Stirnhöhle zur **Stirnmuschelhöhle (Sinus conchofrontalis)** verbindet, der Zugang erfolgt allein über die große Kieferhöhle. Die Maxilla formt die knöcherne Grundlage für das Os conchae nasalis ventralis. Sie ist dorsal aufgerollt und bildet den Meatus nasi medius. Hieraus entwickelt sich eine ventrale Bucht (Rec. conchae ventr.), die kaudal als Sinus conchae ventr. mit der kleinen Kieferhöhle in Verbindung steht. Man unterscheidet beim Pferd sechs Endoturbinalia und 25 kleinere Ectoturbinalia.

Das Endoturbinale I überragt am weitesten rostral alle anderen in der Tiefe liegenden Endoturbinalia. Das Endoturbinale II bleibt kurz und kommuniziert mit der kaudalen Kieferhöhle über den Sinus conchae mediae. Die Ectoturbinalia stehen in zwei Reihen, einer lateralen mit kleineren und einer medialen mit größeren Siebbeinmuscheln.

Nebenhöhlen der Nase (Sinus paranasales)

Beim ausgewachsenen Pferd können folgende Nebenhöhlen der Nase (Abb. 1-61 u. 63ff.) unterschieden werden, eine:

- **große Kieferhöhle (Sinus maxillaris caudalis),**
- **kleine Kieferhöhle (Sinus maxillaris rostralis),**
- **Stirnmuschelhöhle (Sinus conchofrontalis)** mit einer dorsalen Muschelhöhle (Sinus conchae dors.) und einer Stirnhöhle (Sinus frontalis),
- **Gaumenkeilbeinhöhle (Sinus sphenopalatinus)** und
- **untere Muschelhöhle (Sinus conchae nasalis ventr.).**

Die **große Kieferhöhle (Sinus maxillaris caudalis)** liegt im kaudalen Teil der Maxilla, im Jochbein und im Tränenbein. Die **kleine Kieferhöhle (Sinus maxillaris rostralis)** liegt lediglich im rostralen Abschnitt der Maxilla. Die Kieferhöhlen sind voneinander durch eine knöcherne Scheidewand getrennt. Dieses **Septum sinuum maxillarium** liegt etwa 4–6 cm kaudal des vorderen Endes der Crista facialis. Am Boden der beiden Kieferhöhlen ragen die Alveolarfortsätze der letzten drei Backenzähne vor. Durch eine weiter medial gelegene Knochenplatte, die an ihrem freien Rand den Canalis infraorbitalis einschließt, werden beide Höhlen in eine laterale und eine mediale Bucht unterteilt.

Beide Kieferhöhlen öffnen sich über die spaltförmige **Apertura nasomaxillaris** in den Meatus nasi medius. Diese Öffnung liegt in Höhe des 5. Oberkieferbackenzahns (Abb. 1-63).

Die große Kieferhöhle steht mit den übrigen Nasennebenhöhlen in direkter Verbindung, eine Tatsache, die für eine ungehinderte Ausbreitung von Infektionen von Bedeutung sein kann. Die große Kieferhöhle ist mit der Stirnmuschelhöhle durch die Apertura frontomaxillaris, eine Öffnung in Höhe des Ductus lacrimalis osseus und des entsprechenden Teils der medialen Orbitawand, in Verbindung.

Die **Stirnmuschelhöhle (Sinus conchofrontalis)** umfaßt die **dorsale Muschelhöhle (Sinus conchae dorsalis)** und die **Stirnhöhle (Sinus frontalis),** deren Zugang über die Apertura frontomaxillaris erfolgt. Die **Gaumenkeilbeinhöhle (Sinus sphenopalatinus)** entsteht aus der Vereinung der Keilbein- und der Gaumenhöhle. Der kleinen Kieferhöhle nachgeschaltet ist die untere Muschelhöhle (Sinus conchae ventr.), deren Öffnung (Apertura conchomaxillaris) über den Canalis infraorbitalis zu erreichen ist.

Wirbelsäule (Columna vertebralis)

Die Wirbelsäule setzt sich aus **Wirbeln (Vertebrae)** zusammen, deren Anzahl bei den verschiedenen Tierarten variiert. Trotz der unterschiedlichen Funktionsvielfalt, der die einzelnen Wirbel innerhalb der verschiedenen Regionen des Stammes unterliegen, besitzen die Wirbel eine gemeinsame Grundform (Abb. 1-68). Wirbel sind **Ossa brevia**, zentral mit einer **Spongiosa** ausgefüllt und marginal von einer **Substantia compacta** ummantelt. Man unterscheidet an ihnen:

- Wirbelkörper (Corpus vertebrae),
- Wirbelbogen (Arcus vertebrae),
- Wirbelfortsätze (Processus vertebrae).

Der **Wirbelkörper (Corpus vertebrae)** ist der nahezu dreiseitig prismatische oder auch zylindrische, ventrale Grundbestandteil eines jeden Wirbels, den eine **kraniale konvexe Endfläche (Extremitas cranialis** seu **Caput vertebrae)** und eine **kaudale konkave Endfläche (Extremitas caudalis** seu **Fossa vertebrae)** kennzeichnen (Abb. 1-68). Diese Terminalflächen werden mit einer hyalinen Knorpelplatte, dem unverknöcherten Anteil der Wirbelbeinkörperepiphyse, bedeckt. Mit diesen Flächen verbinden sich spaltfrei die benachbarten Wirbel durch knorpelige **Zwischenwirbelscheiben (Disci intervertebrales)**. Die Dorsalfläche des Wirbelkörpers wird von Längsrinnen und Forr. nutritia für Blutgefäße und einer Bandleiste durchzogen, die Ventralfläche nimmt die Crista ventralis ein, die in den verschiedenen Abschnitten der Wirbelsäule unterschiedlich ausgeprägt ist.

Der **Wirbelbogen (Arcus vertebrae)**, auch Neuralbogen genannt, überspannt die Dorsalfläche des Wirbelkörpers und bildet mit seinem ventralen (Pediculus arcus vertebrae) und seinem dorsalen Anteil (Lamina arcus vertebrae) das **Wirbelloch (Foramen vertebrale)** (Abb. 1-68). Die einzelnen Forr. vertebralia reihen sich zum **Wirbelkanal (Canalis vertebralis),** der das Rückenmark, dessen Hüllen, Segmentalnerven, Blutgefäße, Bänder, Fett- und lockeres Bindegewebe aufnimmt. Der Durchmesser des Wirbelkanals ist im Bereich des 1. und 2. Halswirbels am größten, er verjüngt sich in der Halsregion, wächst im Bereich der Schultergliedmaße wieder an, um sich kaudal im Brustbereich wieder zu verengen. In der Lendenregion erweitert sich dieser erneut und verengt sich bis zu seinem Ende am ersten Schwanzwirbel. Dem Wirbelkörper ventral aufgesetzt erstreckt sich

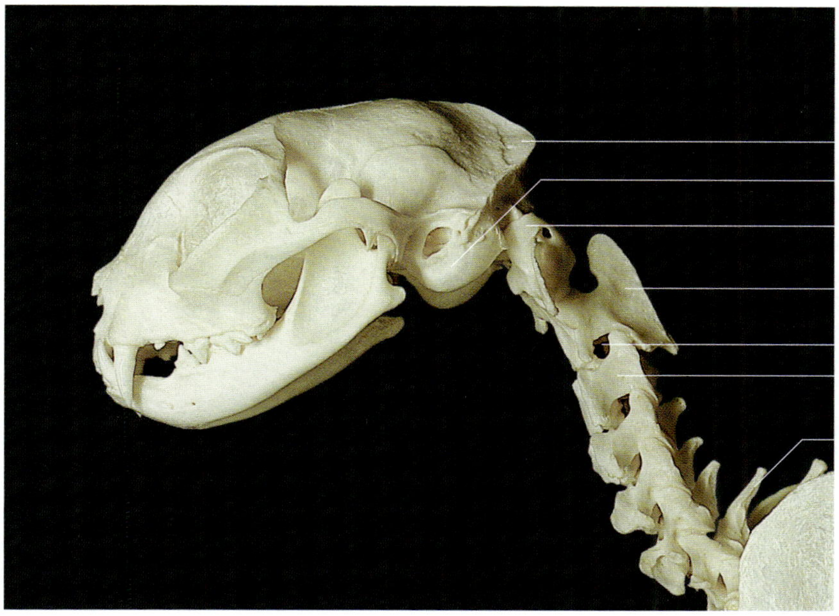

Abb. 1-66. Schädel und Halswirbelsäule einer Katze (Lateralansicht).

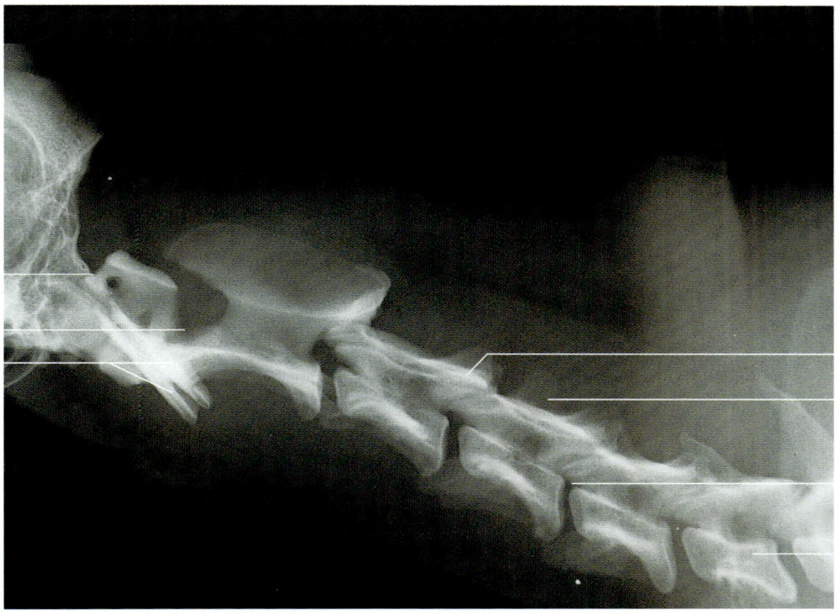

Abb. 1-67. Halswirbelsäule eines Hundes mit Schädelanschnitt (laterolateraler Strahlengang) (Röntgenbild), Aufnahme Dr. Sabine Breit, Wien.

der **Hemalbogen (Arcus hemalis)** (Abb. 1-102). Dieser ist als Rest nur noch an den Schwanzwirbeln des Rindes, der Katze und des Hundes ausgebildet.

Die Wirbelbögen sind kranial und kaudal zu **Einschnitten (Incisura vertebralis cranialis** bzw. **caudalis)** eingezogen, die mit dem Einschnitt des nachfolgenden Wirbels aneinandergereiht das **Zwischenwirbelloch (Foramen intervertebrale)** bilden (Abb. 1-66 u. 67). Aus diesen Öffnungen treten die Segmentalnerven des Rückenmarks aus dem Wirbelkanal aus. Weite Abschnitte der Wirbelsäule sind dorsal meist eng verbunden, nur an prädestinierten Stellen erweitert sich diese bewegliche Verbindung zu einem breiten **Zwischenbogenspalt (Spatium interarcuale)** (Abb. 1-67 u. 79), nämlich zum:

- **Spatium atlantooccipitale** zwischen dem Okziput und dem 1. Halswirbel,
- **Spatium atlantoaxiale** zwischen dem 1. und 2. Halswirbel und
- **Spatium lumbosacrale** zwischen dem letzten Lendenwirbel und dem Kreuzbein.

- Diese Räume sind für **Injektionen** bzw. **Punktionen** von besonderer klinischer Bedeutung.

Die **Wirbelfortsätze (Processus vertebrae)** dienen der Anheftung von Muskeln und ggf. auch von Bändern sowie der gelenkigen Verbindung der Wirbelkörper im Bereich der Zwischenwirbelscheiben.

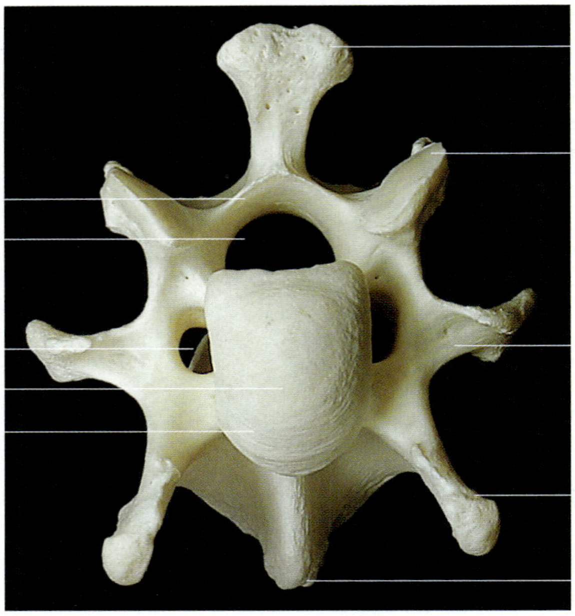

Abb. 1-68. Halswirbel eines Rindes (Kranialansicht).

Man unterscheidet an Wirbeln (Abb. 1-68):

- **einen Dornfortsatz (Processus spinosus)** in der Medianen des Wirbelbogens,
- **zwei Querfortsätze (Processus transversi)** lateral an der Basis des Wirbelbogens,
- **vier Gelenkfortsätze (Processus articulares craniales** bzw. **caudales)** kranial bzw. kaudal des Ansatzes des Dornfortsatzes,
- **zwei Zitzenfortsätze (Processus mamillares)** nur kranial an den Brust- und Lendenwirbeln zwischen den Quer- und den kranialen Gelenkfortsätzen.

Zusätzlich sind bei einigen Tierarten ausgebildet:

- **zwei Hilfsfortsätze (Processus accessorii)** nur an den letzten Brustwirbeln (Fleischfresser und Schwein) und an sämtlichen Lendenwirbeln (Fleischfresser) zwischen den Quer- und den kaudalen Gelenkfortsätzen.

Jeder Abschnitt der Wirbelsäule hat für die einzelne Tierart eine charakteristische Zahl an Wirbeln (Tab. 1-2).

Halswirbel (Vertebrae cervicales)

Der **erste Halswirbel (Atlas)** dient zusammen mit dem **zweiten Halswirbel (Axis)** der Bewegung des Kopfes (Kopfträger) (Abb. 1-66, 67, 69ff. und 79). Ihm fehlt ein eigenständiger Körper, so daß allein ein knöcherner Ring entwickelt ist, der aus einem **dorsalen Bogen (Arcus dorsalis)** mit einem **Tuberculum dorsale** und einem **ventralen Bogen (Arcus ventralis)** mit einem **Tuberculum ventrale** zusammengesetzt ist.

Dieser Knochenring entläßt an seinem dorsalen **Seitenteil (Massa lateralis)** jederseits einen breit ausladenden **Querfortsatz (Processus transversus),** der seiner Form wegen auch als **Atlasflügel (Ala atlantis)** bezeichnet wird (Abb. 1-69ff.). Auf seiner Unterseite beult sich die **Atlasgrube (Fossa atlantis)** ein. An seiner Basis ist der Atlasflügel vom **Flügelloch (Foramen alare)** durchbohrt, das beim Fleischfresser als Inzisur ausgebildet ist. Neben dem Flügelloch öffnet sich das **seitliche Wirbelloch (Foramen vertebrale laterale).** Am kaudalen Rand des Atlasflügels schließt sich (außer beim Wiederkäuer) das **Foramen transversarium** an (Abb. 1-69ff.).

Am ventralen Bogen sind kopfseitig tief die **Foveae articulares craniales** eingezogen, die mit den **Gelenkknorren des Okziputs (Condyli occipitales)** artikulieren. Kaudal stülpt sich in der Medianen zur Artikulation mit dem **Zahn (Dens)** des zweiten Halswirbels die **Fovea dentis** ein, beidseitig lateral sind die flachen **Gelenkfortsatzflächen (Foveae articulares caudales)** zur Verbindung mit den kranialen Gelenkfortsätzen des zweiten Halswirbels entwickelt (Abb. 1-71 u. 72).

Die Form des Atlas erklärt sich aus dessen Funktion. Der erste Halswirbel dient mit seinen weitausladenden Flügeln (Alae atlantis) zum einen der Anheftung der ventralen und dorsalen Kopfnickmuskulatur; diese stellt die kraniale muskuläre Verbindung zur Nackenfläche des Os occipitale her. Die kaudale Artikulationsfläche des Atlas verbindet sich zum anderen mit dem zweiten Halswirbel; die paarigen Atlasflügel mit ihren breiten Seitenrändern bieten hierbei großflächig Ansatz für die Kopfdrehmuskulatur. Die freien Bewegungsabläufe der Nick- und Drehbewegungen im Kopf-Hals-Bereich werden durch die geräumigen Gelenkspalten des Atlantookzipital- und des Atlantoaxialgelenkes unterstützt.

Der **zweite Halswirbel (Axis, Epistropheus)** dient vorzugsweise der Drehbewegung des Kopfes (Abb. 1-73ff.). Der **Körper (Corpus vertebrae)** ist meist zylindrisch, dieser entläßt ventral eine ausgeprägte Crista ventr. Das kraniale Ende ist durch die Gestaltung des **Zahns (Dens)** hervorgehoben, der sich entwicklungsgeschichtlich aus dem Körper des Atlas ableitet. Dieser ist beim Pferd schaufelförmig abgeplattet, der Form der Fovea dentis des Atlas angepaßt, beim Rind ist er dorsal konkav. Die Gelenkfläche des **Dens (Facies articularis ventralis dentis)** geht bei Rind und Pferd fließend in

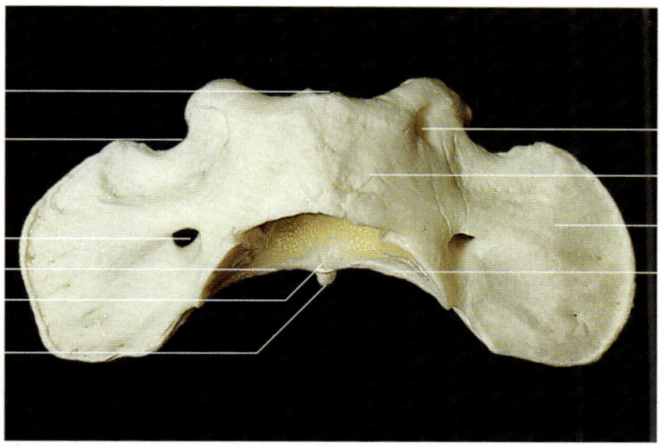

Abb. 1-69. 1. Halswirbel eines Hundes (Dorsalansicht).

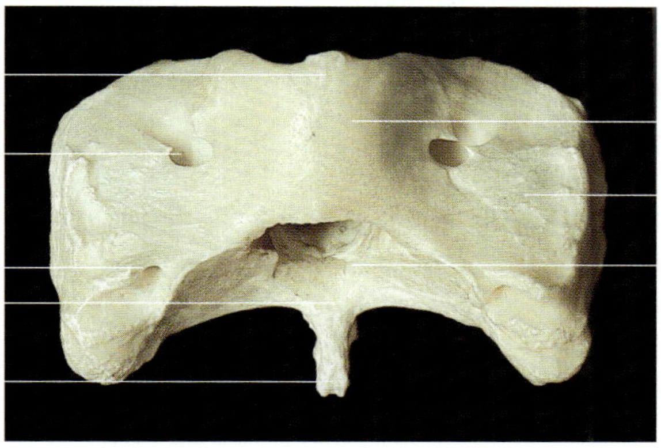

Abb. 1-70. 1. Halswirbel eines Schweines (Dorsalansicht).

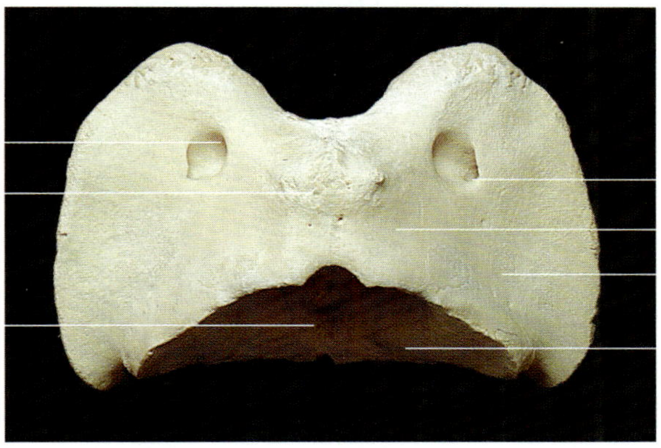

Abb. 1-71. 1. Halswirbel eines Rindes (Dorsalansicht).

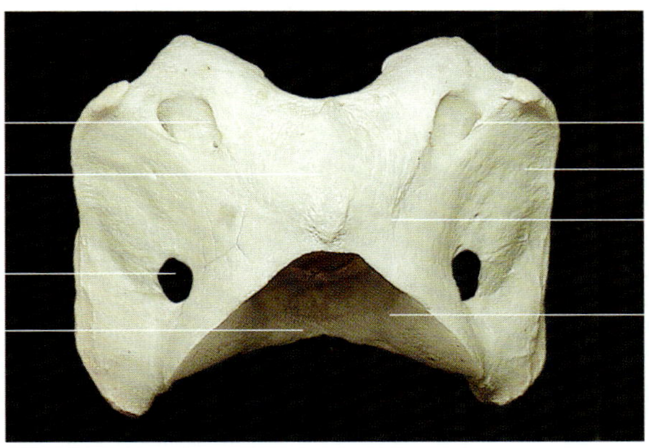

Abb. 1-72. 1. Halswirbel eines Pferdes (Dorsalansicht).

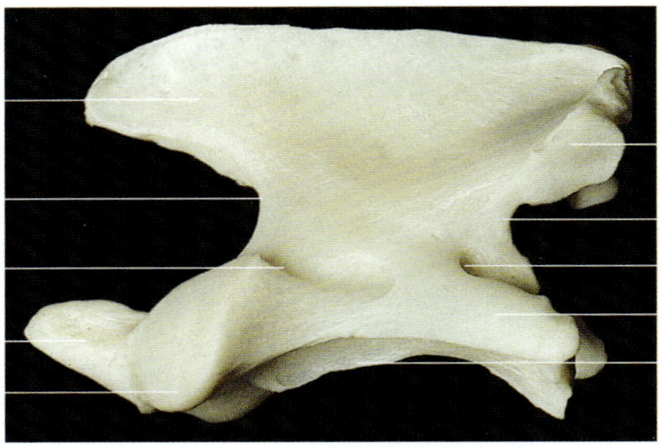

Abb. 1-73. 2. Halswirbel eines Hundes (Lateralansicht).

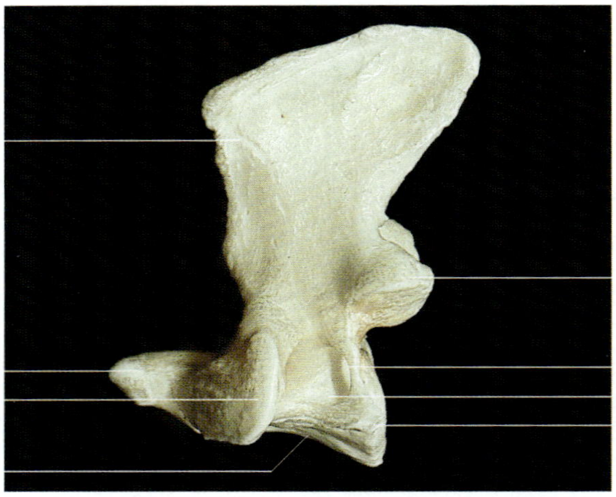

Abb. 1-74. 2. Halswirbel eines Schweines (Lateralansicht).

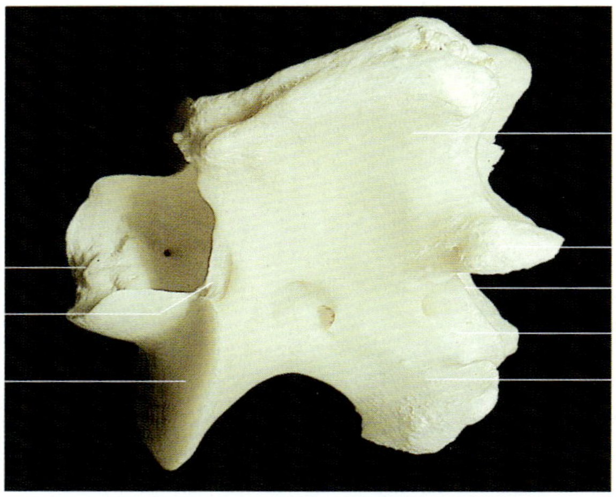

Abb. 1-75. 2. Halswirbel eines Rindes (Ansicht von dorsolateral).

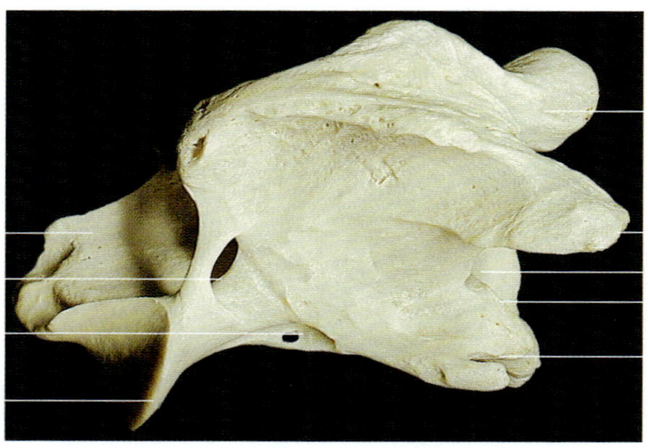

Abb. 1-76. 2. Halswirbel eines Pferdes (Ansicht von dorsolateral).

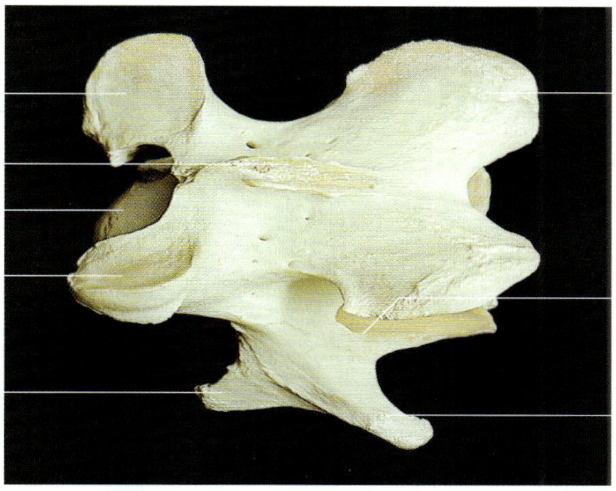

Abb. 1-77. 3. Halswirbel eines Pferdes (Ansicht von dorsolateral).

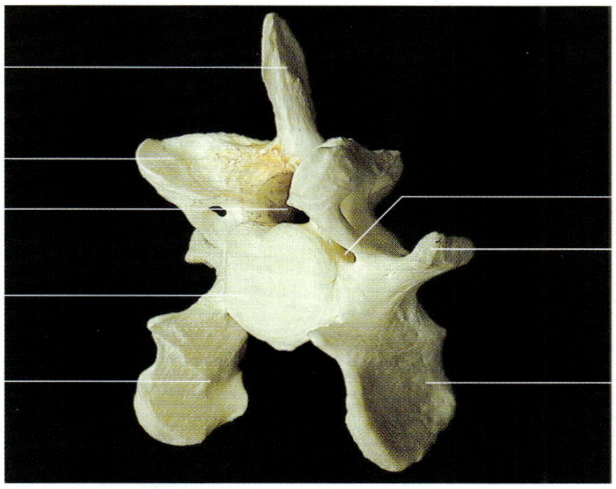

Abb. 1-78. 6. Halswirbel eines Schweines (Ansicht von kraniolateral).

die **Facies articulares craniales** über, während sie bei den anderen Tierarten getrennt ist. Die **Facies articularis caudalis** ist konkav und glatt, sie dient der Zwischenwirbelscheibe zur Anlagerung.

Der **Wirbelbogen (Arcus vertebrae)** entläßt einen breitflächigen, **kammförmigen Fortsatz (Processus spinosus),** der beim Fleischfresser den Wirbelkörper deutlich kranial und kaudal, beim Schwein nur kaudal überragt, beim Rind ist er rechteckig, beim Pferd kaudal gespalten. Entsprechend ausgeprägt erscheint bei allen Haussäugetieren eine **Incisura vertebralis caudalis.** Dieser Dornfortsatz schließt kaudal bei Fleischfressern und Pferd die Procc. articulares caudales mit den Gelenkflächen ein, während diese bei Schwein und Rind getrennt als selbständige Flächen angelegt sind (Abb. 1-73ff.).

Die paarigen **Querfortsätze (Processus transversi)** sind an ihrer Basis jeweils von einem **Foramen transversarium** durchbohrt. Eine breite Incisura vertebralis cranialis ist nur

Tab. 1-2. Vergleich der Anzahl der Wirbel.

	Fleischfresser	Schwein	Rind	Kleine Wiederkäuer	Pferd
Halswirbel	7	7	7	7	7
Brustwirbel	12–14	13–16	13	13	18
Lendenwirbel	(6) 7	5–7	6	6	5–7
Kreuzwirbel	3	4	5	(3) 4–5	5
Schwanzwirbel	20–23	20–23	18–20	13–14	15–21

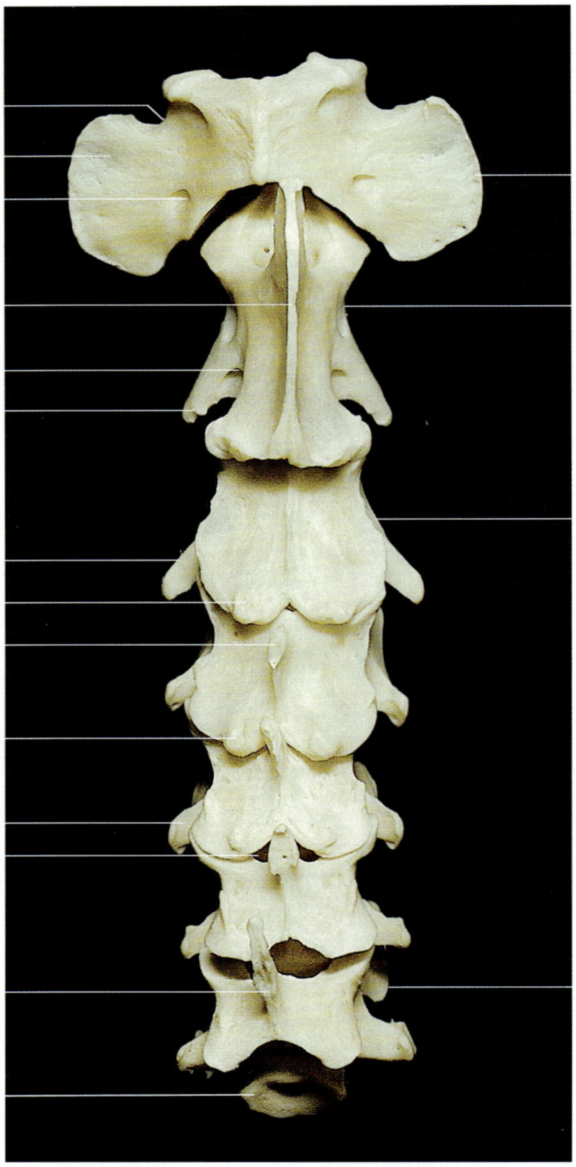

Abb. 1-79. Halswirbelsäule eines Hundes (Dorsalansicht).

beim Fleischfresser ausgebildet, sonst ist diese Einziehung durch einen Knochensteg zum **Foramen vertebrale laterale** geschlossen.

Die Form des zweiten Halswirbels ist auch hier Ausdruck besonderer Funktionsleistungen. Der **Zahn (Dens)** ist die Achse, um die sich der 1. Halswirbel und durch diesen der Kopf dreht. Grundlage hierfür bieten die beidseitig breiten Ansatzflächen des Proc. spinosus zur elastisch-muskulären Anheftung von Bändern (elastisches Nackenband) und Muskeln.

Die Körper der **dritten** bis **siebten Halswirbel** nehmen kaudal an Länge ab, an ihren Ventralflächen ist bis zum 5. Wirbel jeweils eine kräftige Crista ventr. entwickelt, die ab dem 6. Wirbel fehlt oder undeutlich bleibt (Abb. 1-77, 78 u. 79). Die Extremitas cranialis ist hablkugelförmig ausgebildet, die Extremitas caudalis entsprechend tief konvex eingezogen (Ausnahme Fleischfresser und Schwein).

Die **Dornfortsätze (Processus spinosi)** sind bei den meisten Haussäugetieren niedrig, leistenförmig, sie nehmen kaudal allmählich an Länge zu, beim Pferd besitzt allein der 7. Halswirbel diesen Spinalfortsatz.

Die **Quer-** und **Gelenkfortsätze** sind stets kräftig entwickelt. Die Procc. transversi werden mit Ausnahme des 7. Halswirbels an ihrer Basis von einem For. transversarium durchbohrt.

Aus der Summe der einzelnen transversalen Wirbelöffnungen ergibt sich beidseitig an der Halswirbelsäule ein durchgehender **Canalis transversarius** zur Aufnahme der A. vertebralis, der V. vertebralis und des N. vertebralis. Peripher teilen sich die Querfortsätze in einen kranialen ventralen und einen kaudalen dorsalen Vorsprung (Tuberculum ventr. bzw. dors.), die als Rippenanlagen bzw. als Querfortsatz eines Brustwirbels angenommen werden.

Das **Tuberculum ventrale** wird am 6. Halswirbel in charakteristischer Weise durch eine **Lamina ventralis** ersetzt. Die **Gelenkfortsätze (Processus articulares craniales** bzw. **caudales)** sind kräftig ausgebildet, sie stehen meist horizontal und tragen abgeflachte Gelenkflächen. Die Wirbelbögen weisen beidseitig kranial und kaudal ausgeprägte **Einziehungen (Incisurae vertebrales craniales** bzw. **caudales)** auf, die mit denen des vorhergehenden bzw. des nachfolgenden Wirbels

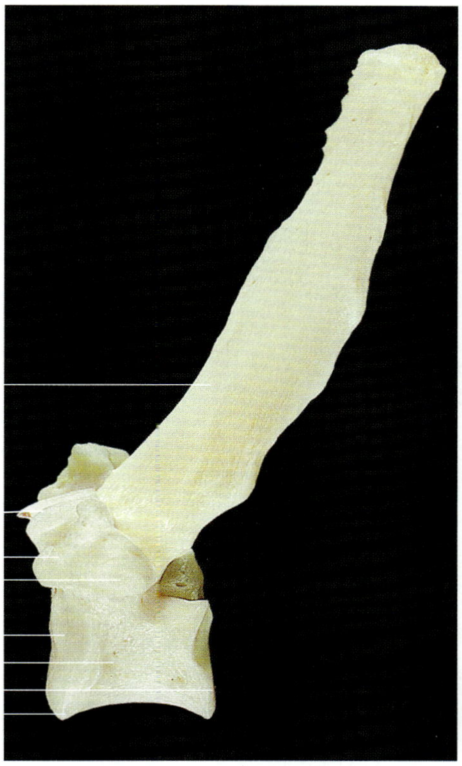

Abb. 1-80. Brustwirbel eines Schweines (Lateralansicht von links).

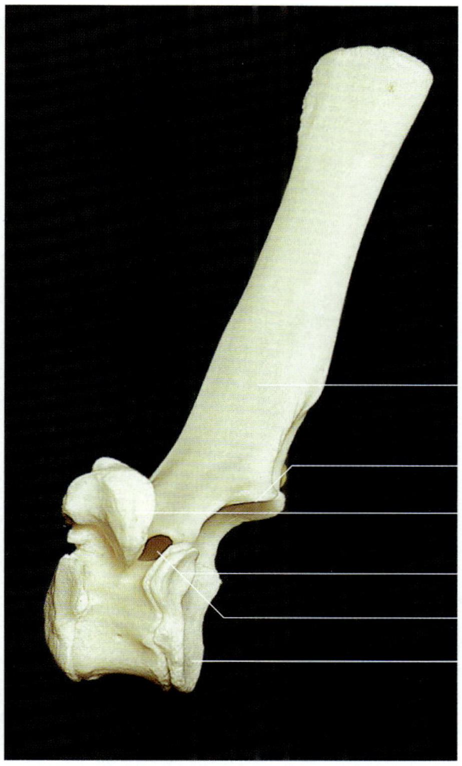

Abb. 1-81. Brustwirbel eines jungen Rindes (kaudolaterale Ansicht von links).

stark erweiterte Forr. intervertebralia entstehen lassen. Der Wirbelkanal verengt sich in der Mitte des Halses.

Der **siebte Halswirbel** weist besondere Merkmale auf. So kennzeichnet ihn das Fehlen der Crista ventr. (Ausnahme Hund), die Ausbildung eines spitzen Proc. spinosus und das meist fehlende For. transversarium bei schwach ausgebildetem Proc. transversus. Am kaudalen Rand des Wirbelkörpers liegt paarig eine Fovea costalis caudalis, die mit der Gelenkgrube des 1. Brustwirbels eine gemeinsame Gelenkpfanne für das Köpfchen der 1. Rippe formt.

Brustwirbel (Vertebrae thoracicae)

Die Brustwirbel bilden aneinandergereiht und z.T. ineinander verzahnt die strukturellen Grundlagen für die Brustwirbelsäule, die, einem leicht dorsokonvexen Knochenstab vergleichbar, nur geringe Biegsamkeit kennzeichnet. Funktionsbedingt sind ferner bei Pflanzenfressern und beim Schwein zur Anheftung der ausgeprägten Kopf- und Halsmuskulatur Sonderbildungen in Form langer Dornfortsätze an den Wirbeln entwickelt. Die vorderen Brustwirbel übernehmen darüber hinaus als Teil der Gesamtwirbelsäule die Aufgabe der Lastübertragung auf die Schultergliedmaße und, unter Einbeziehung der Rippen, die Verankerung der Brust-Rippen-Schulter-Muskulatur.

Die Brustwirbel sind mit den Rippen gelenkig verbunden, sie stimmen mit diesen in ihrer Zahl überein. Rasse- und tierartspezifisch sind hiervon geringfügige Abweichungen ausgebildet, diese werden durch entsprechende Anpassungen im Lendensegment ausgeglichen. Die einzelnen Brustwirbel stimmen in ihrem Grundbauplan meist überein (Abb. 1-80, 81, 82ff. u. 86), ihre gemeinsamen Merkmale sind:

- kurze **Wirbelkörper mit abgeflachten Enden (Extremitates),**
- kurze **Gelenkfortsätze (Procc. articulares),**
- dicht aneinanderliegende **Wirbelbögen (Arcus vertebrae),**
- dorsal langgezogene **Dornfortsätze (Procc. spinosi),**
- **Gelenkflächen zur Artikulation mit den Rippen (Foveae costales)** an beiden Wirbelenden für die **Rippenköpfchen** und an den Querfortsätzen für die **Rippenhöcker.**

Die Wirbelkörper sind bis zur Mitte der Wirbelsäule schwächer entwickelt, sie nehmen kaudal wieder an Größe zu und tragen dann eine Crista ventralis. Die Extremitates craniales und caudales sind kaudal zur Verbindung mit den Zwischenwirbelscheiben abgeflacht, wodurch die Beweglichkeit aneinanderpassender Wirbelkörper deutlich reduziert wird. Die Gelenkfortsätze sind an kranialen Brustwirbeln nur an flachen Gelenkflächen erkennbar. Die **Foveae articulares craniales** liegen kraniodorsal an der Basis des Dornfortsatzes, tangential zum Wirbelbogen; die **kaudalen Gelenkflächen (Foveae articulares caudales)** liegen ebenfalls am Grund des Spinalfortsatzes, sagittal zum Wirbelbogen. Die Anordnung der Gelenkflächen ist Grundlage für die freiere Rotationsbewegung vorderer Wirbel, im Gegensatz zur eingeschränkten dorsoventralen Beweglichkeit hinterer Brust- und der Lendenwirbel. Am Wirbelkörper sind kranial die **Incisurae vertebrales craniales** flach eingezogen, tief hingegen die kaudalen. Das **Foramen intervertebrale** ist für den Durchtritt der Segmentalnerven und der Blutgefäße ausgeprägt, beim Wiederkäuer meist zweigeteilt.

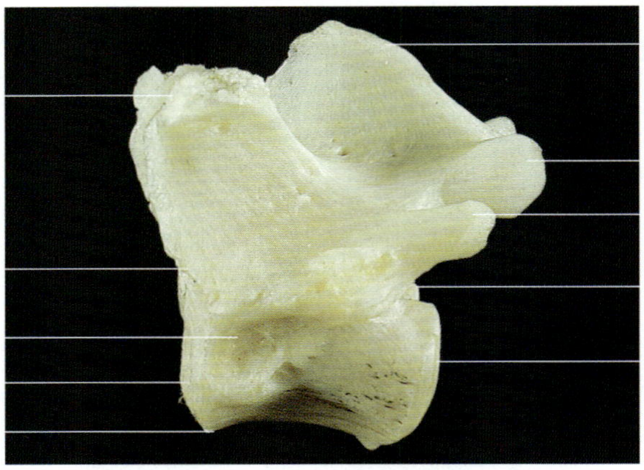

Abb. 1-82. 13. Brustwirbel eines Hundes (Lateralansicht).

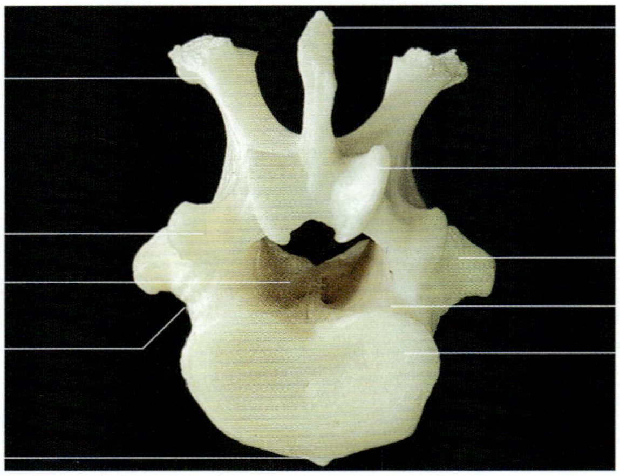

Abb. 1-83. 13. Brustwirbel eines Hundes (Kaudalansicht).

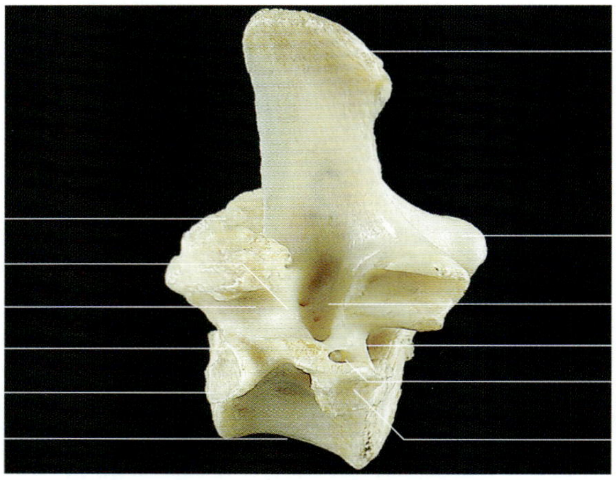

Abb. 1-84. 13. Brustwirbel eines Schweines (Lateralansicht).

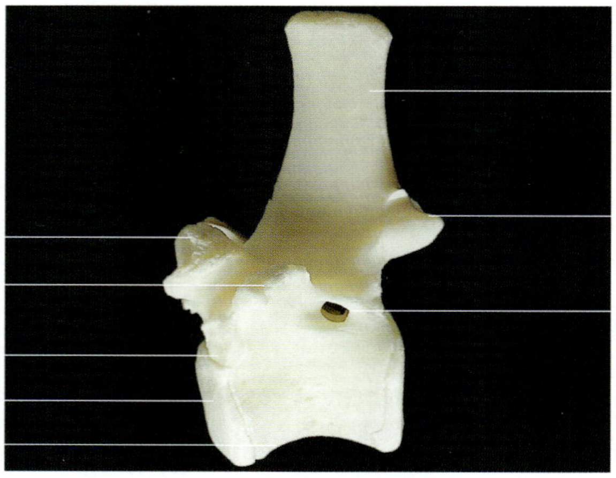

Abb. 1-85. 13. Brustwirbel eines Rindes (Lateralansicht).

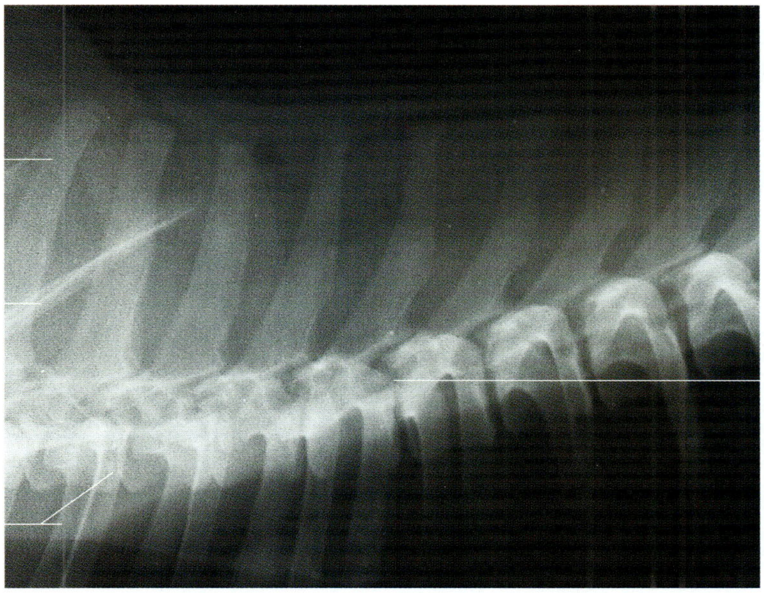

Abb. 1-86. Brustwirbelsäule eines Hundes (laterolateraler Strahlengang) (Röntgenbild), Aufnahme Dr. Sabine Breit, Wien.

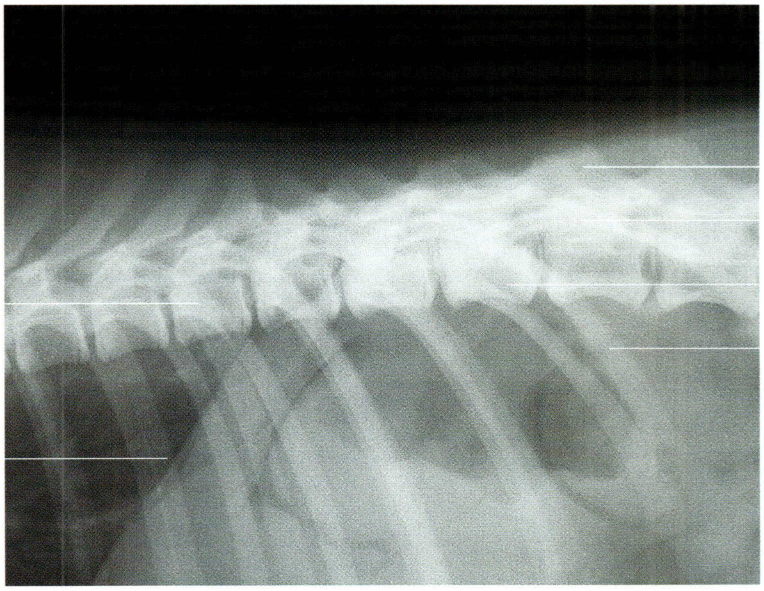

Abb. 1-87. Brust- und Lendenwirbelsäule eines Hundes (laterolateraler Strahlengang) (Röntgenbild), Aufnahme Dr. Sabine Breit, Wien.

Die **Dornfortsätze (Processus spinosi)** sitzen dem Wirbelbogen auf, sie sind an den vorderen Brustwirbeln sehr hoch (Abb. 1-80 u. 81). Bei Fleischfressern nehmen die langen Fortsätze allmählich an Höhe ab; beim Schwein und Wiederkäuer steigen die Proc. spinosi bis zum dritten Brustwirbel an, fallen bis zum 11. (Schwein) bzw. bis zum 12. (13.) beim Wiederkäuer langsam ab und bilden bis in die Lendengegend ein gleich hohes Plateau.

Beim Pferd nimmt die Länge der Dornfortsätze vom ersten bis zum vierten zu und verkürzt sich ebenfalls bis zum 12. bis 13. Wirbel.

Die **hohen Dornfortsätze** der ersten drei bis vier Brustwirbel sind die knöcherne Grundlage für den **Widerrist** (Abb.1-86). Die kranialen Wirbel sind darüber hinaus leicht kaudodorsal geneigt. Die hinteren Brustwirbel, wie auch die Lendenwirbel, richten sich dagegen nach kraniodorsal (Abb. 1-82 u. 85). Den Brustwirbel in senkrechter Stellung bezeichnet man als den **diaphragmatischen Brustwirbel (Vertebra anticlinalis);** beim Hund ist dies der 10. (Abb. 1-87), bei Schwein und Ziege der 12., beim Rind der 13. und beim Pferd der 16. Brustwirbel.

Zitzenfortsätze (Processus mamillares) sind allein an Brust- und Lendenwirbeln entwickelt, sie liegen bis zum diaphragmatischen Wirbel kranial den Querfortsätzen benachbart. Kaudal von diesem nähern sich diese den Gelenkfortsätzen und verschmelzen zu **Processus mamilloarticulares.**

Die **Brustwirbelkörper** bilden seitlich an der Basis des Arcus vertebrae **Gelenkgruben (Foveae costales craniales** und **caudales)** zur Artikulation mit den Rippenköpfchen. Die Artikulationsgrube wird durch die Zwischenwirbelscheibe benachbarter Wirbelkörper ergänzt. Zusätzlich sind kraniolateral **Querfortsätze (Processus transversi)** entwickelt, deren freie **Gelenkgruben (Foveae costales processus transversi)** der gelenkigen Verbindung der Rippenhöcker dienen.

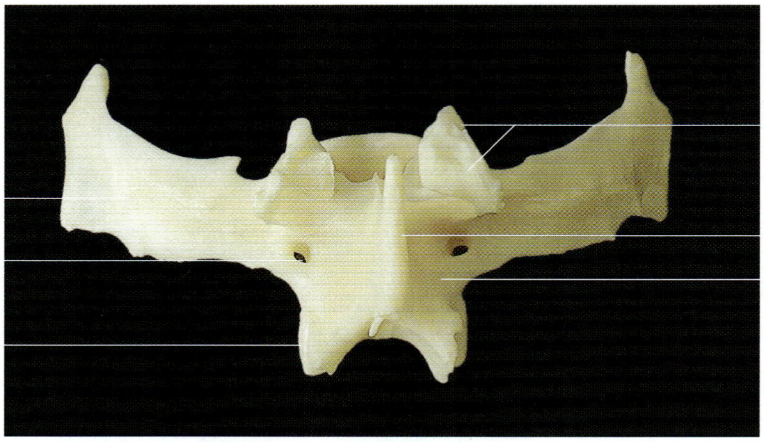

Abb. 1-88. Lendenwirbel eines Schweines (Dorsalansicht).

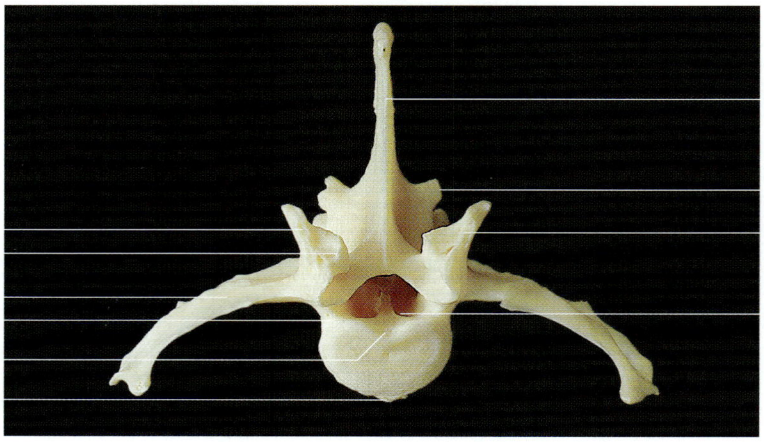

Abb. 1-89. Lendenwirbel eines Schweines (Kranialansicht).

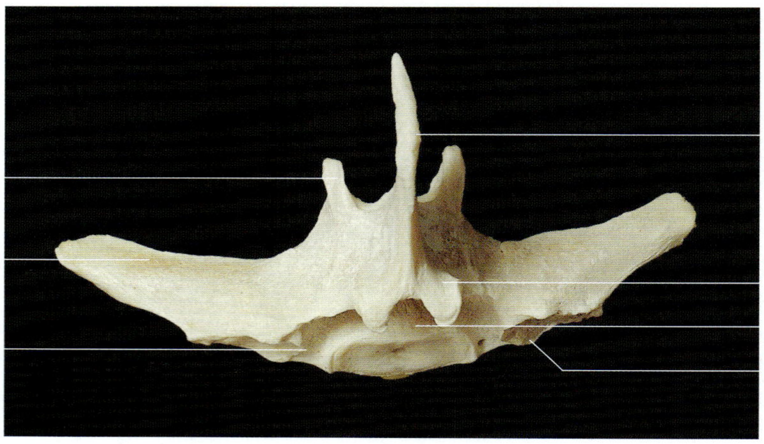

Abb. 1-90. 5. Lendenwirbel eines Pferdes (Ansicht von kaudodorsal).

Die Gelenkgruben für Rippenköpfchen bzw. Rippenhöcker liegen an vorderen Brustwirbeln relativ weit voneinander getrennt, die Gelenkgruben sind tief ausgehöhlt. Dies bedingt eine erhebliche Stabilität der kranialen Brustrippen. Bei hinteren Rippen sind diese Gelenkgruben angenähert und flach; damit ist die Beweglichkeit der Rippen erhöht.

Lendenwirbel (Vertebrae lumbales)

Die Lendenwirbel zeichnen sich gegenüber den Brustwirbeln durch ihre größere Länge und einheitlichere Form ihrer Körper aus (Abb. 1-88ff., 91ff. u. 94). Es fehlen die Gelenkflächen für die Rippen, die Spinalfortsätze sind niedriger und meist kraniodorsal geneigt, die Querfortsätze sind lang, weitausladend und abgeplattet.

Die **Wirbelkörper** sind, insbesondere beim Rind, sehr kräftig ausgebildet, deren **Wirbelköpfe (Extremitates craniales)** und **Wirbelpfannen (Extremitates caudales)** kennzeichnen nur flache Gelenkflächen.

Die Wirbelbögen umschließen einen deutlich erweiterten **Kanal (Canalis vertebralis)** zur Aufnahme der Lendenschwellung **(Intumescentia lumbalis)** des Rückenmarks.

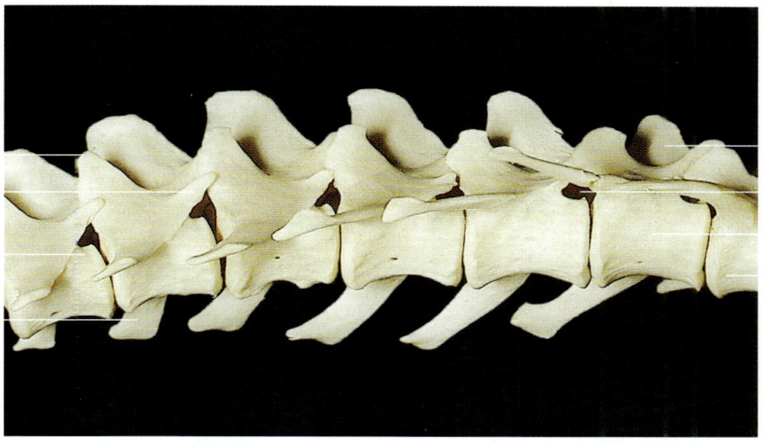

Abb. 1-91. Lendenwirbelsäule eines Hundes (Ansicht von lateroventral).

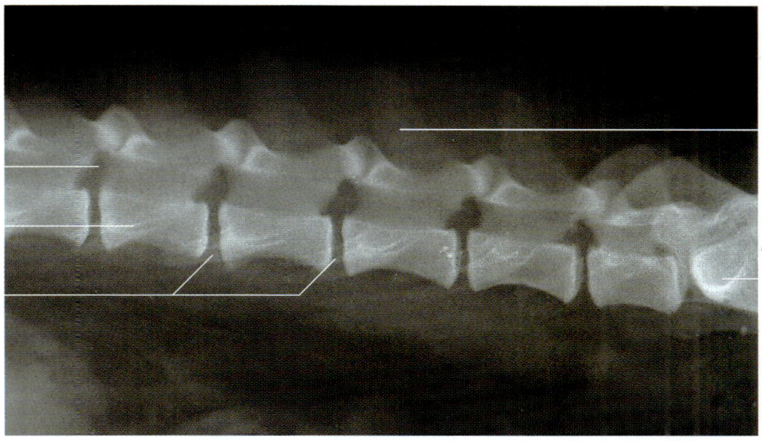

Abb. 1-92. Lendenwirbelsäule eines Hundes (laterolateraler Strahlengang) (Röntgenbild), Aufnahme Dr. Sabine Breit, Wien.

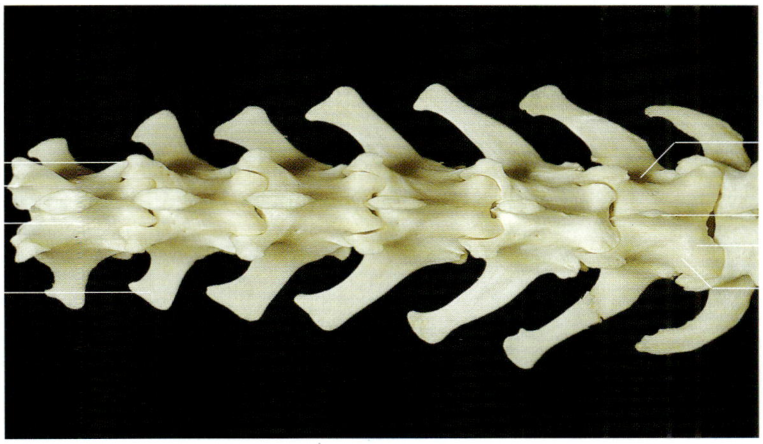

Abb. 1-93. Lendenwirbelsäule eines Hundes (Dorsalansicht).

Die **Dornfortsätze** sind meist gleich lang und kranial geneigt. Nur beim Fleischfresser nehmen diese bis zum 4. bis 5. Lendenwirbel an Höhe zu. Allein beim Rind zeigen diese nach kaudal, beim kleinen Wiederkäuer stehen sie senkrecht.

Die **Querfortsätze (Processus costales)** stellen als Rudimente der Rippen das markante Strukturmerkmal der Lendenwirbel dar. Diese sind weit ausladend, beim Fleischfresser und Schwein kranioventral, bei Wiederkäuer und Pferd horizontal gerichtet (Abb. 1-88, 89 u. 91ff.). Der erste Lendenwirbel bleibt allgemein der mit dem kürzesten Querfortsatz, der längste ist meist der des dritten oder vierten Lendenwirbels. Bei Fleischfressern ist der fünfte oder sechste der längste. Als Besonderheit artikulieren beim Pferd die beiden letzten Querfortsätze miteinander, ebenso wie der letzte mit dem ersten Kreuzwirbel; auch sind demzufolge die Forr. intervertebralia an dieser Stelle in einen dorsalen und einen ventralen Ausgang unterteilt.

Die **Quer-** und **Dornfortsätze** sowie die ausgeprägte **Crista ventralis** geben der inneren Lenden- bzw. der Bauch-, Stammes- und Beckenmuskulatur breite Ansatzflächen. Die **Gelenkfortsätze (Processus articulares craniales** und **caudales)** lassen auf Grund ihrer sagittalen Stellung nur ein

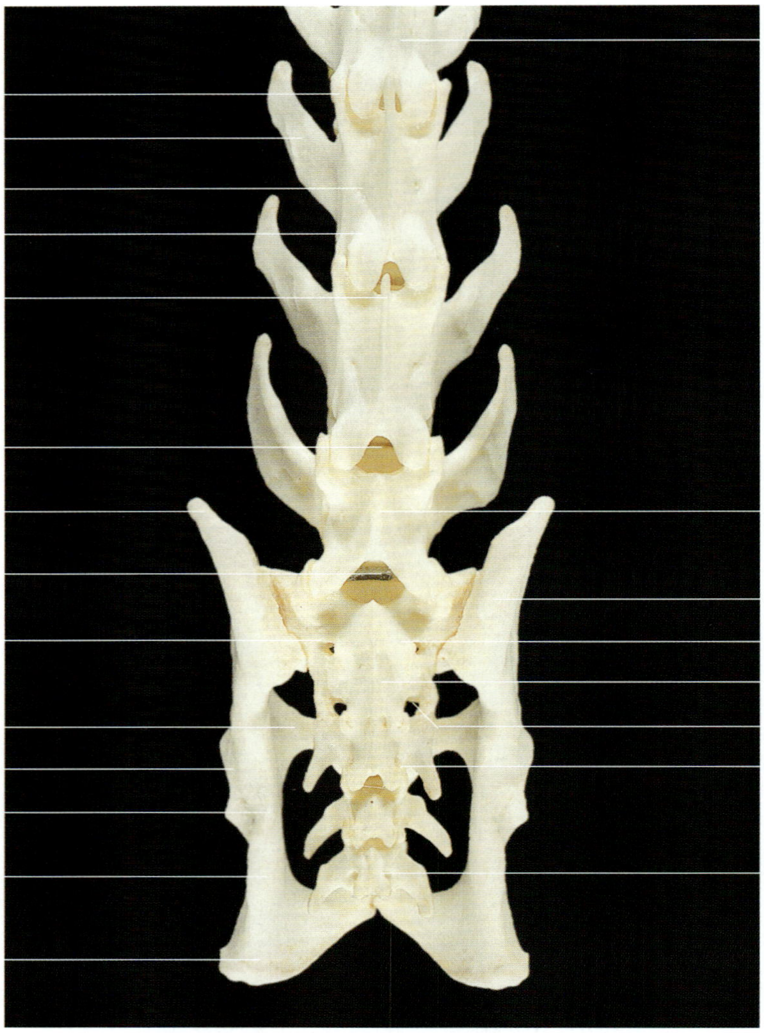

Abb. 1-94. Letzte Lendenwirbel, Kreuzbein und Beckenknochen einer Katze (Dorsalansicht).

Aufkrümmen der Lendenwirbelsäule zu, seitliche Bewegungen sind beinahe unmöglich. Diese Gelenkflächen sind weitgehend mit den Zitzenfortsätzen meist beulenartig zu **Processus mamilloarticulares** verschmolzen.

Die **Spatia interarcualia** sind eng, allein der zwischen dem letzten Lenden- und dem ersten Kreuzwirbel bestehende Spaltraum **(Spatium interarcuale lumbosacrale)** ist bei allen Tieren für Injektionen und Punktionen zugänglich, bei der Katze auch der davorliegende.

Kreuzwirbel (Vertebrae sacrales)

Die Wirbel des Kreuzbeins sind bei allen Haussäugetieren zu einem **einheitlichen Kreuzbein (Os sacrum)** unter Verknöcherung auch der Zwischenwirbelscheiben verwachsen (Abb. 1-94 u. 95ff.). Diese Verschmelzung einzelner Wirbel ist bei Fleischfressern und Schwein nach eineinhalb, beim Wiederkäuer nach drei bis vier und beim Pferd nach vier bis fünf Jahren abgeschlossen. Die Verknöcherung führt zum Verlust der Beweglichkeit der Kreuzwirbelsäule. Die damit verbundene Steigerung der Stabilität im Kreuzbein erhöht jedoch entscheidend die Fortbewegungskraft der Hinterhand über das Becken auf die Wirbelsäule ohne nennenswerten Kraftverlust. Die Kraftübertragung des Beckengürtels auf das Kreuzbein erfolgt dabei durch ein straffes Gelenk, an dem immer der erste Sakralwirbel durch die Ausbildung einer breiten Flügelfläche beteiligt ist. Die kaudalen Kreuzbeinwirbel sind nicht in die Kraftübertragung eingebunden, diese beteiligen sich allein an der Dorsalbegrenzung der Beckenhöhle. Die Einschränkung der Funktionsvielfalt der Kreuzwirbel, vorzugsweise auf kraftübertragende Momente, drückt sich auch in einer vereinfachten Struktur des Kreuzbeins aus.

Das **Kreuzbein (Os sacrum)** ist meist dreiseitig (Ausnahme Fleischfresser: vierseitig) (Abb. 1-95ff.). An ihm unterscheidet man kranial eine verbreiterte **Basis (Basis ossis sacri)** und zwei durch die Kreuzbeinflügel vergrößerte **Seitenflächen (Partes laterales),** die kaudal in die **Kreuzbeinspitze (Apex ossis sacri)** einmünden. Das Kreuzbein weist darüber hinaus eine **dorsale Fläche (Facies dorsalis)** mit Dornfortsätzen oder deren Rudimenten und verschiedene Leisten und eine ventrale, dem Becken zugewandte Fläche **(Facies pelvina)** mit **Querlinien (Lineae transversae)** auf. Die Facies dors. dient der Hüft- und Kruppenmuskulatur und der Hinterbackenmuskulatur als Anheftungsfläche sowie dem Austritt der dorsalen Äste der Segmentalnerven des Plexus lumbosacralis. Die ventrale Facies pelvina ist glatt und leicht konkav, auf ihr treten in parallel angeordneten Öffnungen die ventralen Äste der Sakralnerven aus. Der **Wirbelkanal des Kreuzbeins (Canalis sacralis)**

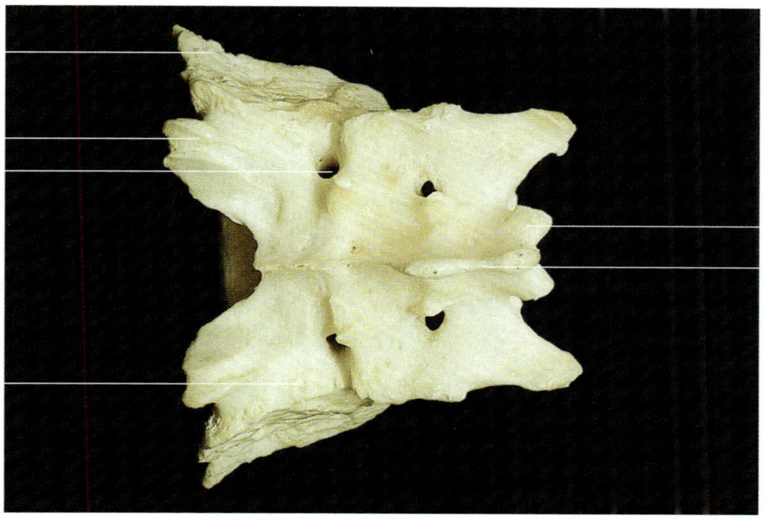

Abb. 1-95. Kreuzbein eines Hundes (Dorsalansicht).

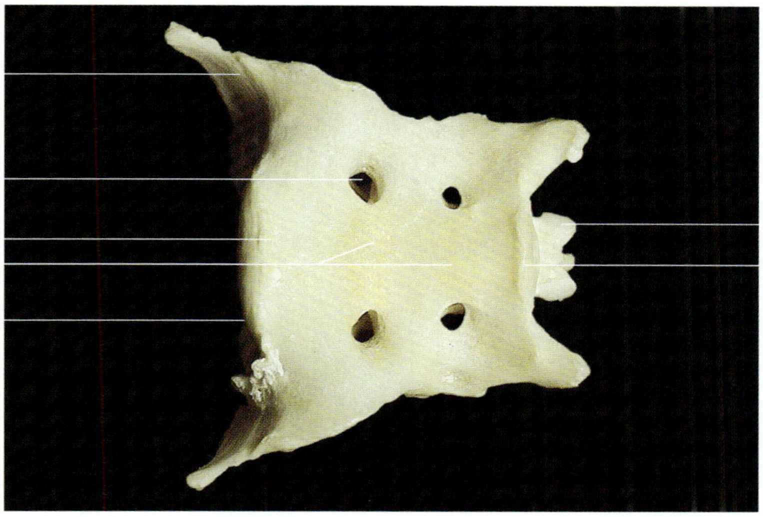

Abb. 1-96. Kreuzbein eines Hundes (Ventralansicht).

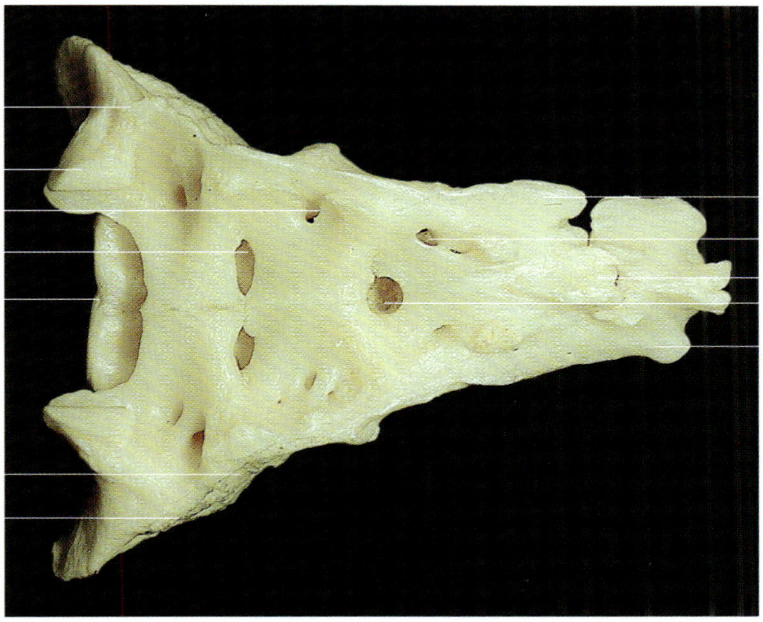

Abb. 1-97. Kreuzbein eines älteren Schweines (Dorsalansicht).

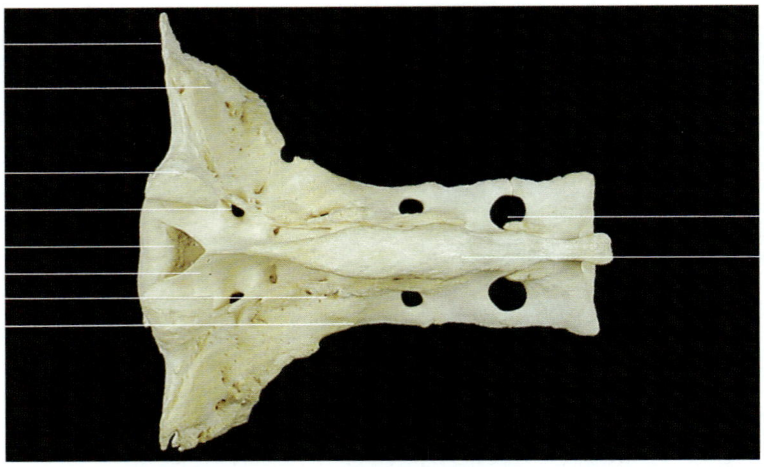

Abb. 1-98. Kreuzbein eines Rindes (Dorsalansicht).

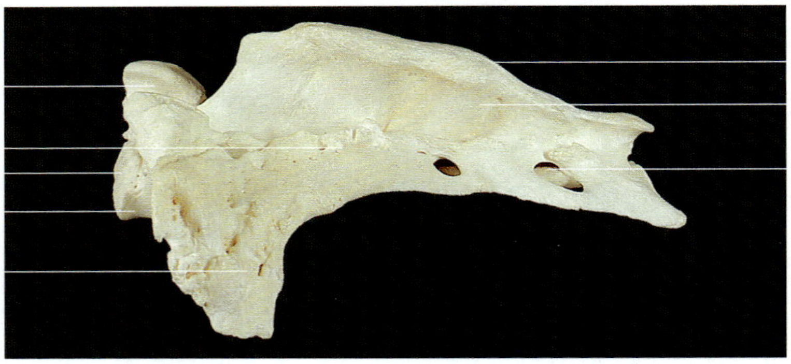

Abb. 1-99. Kreuzbein eines Rindes (Lateralansicht).

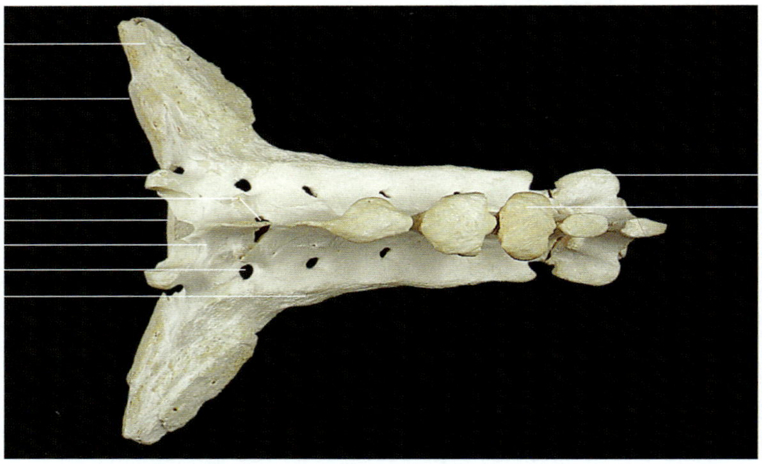

Abb. 1-100. Kreuzbein eines Pferdes (Dorsalansicht).

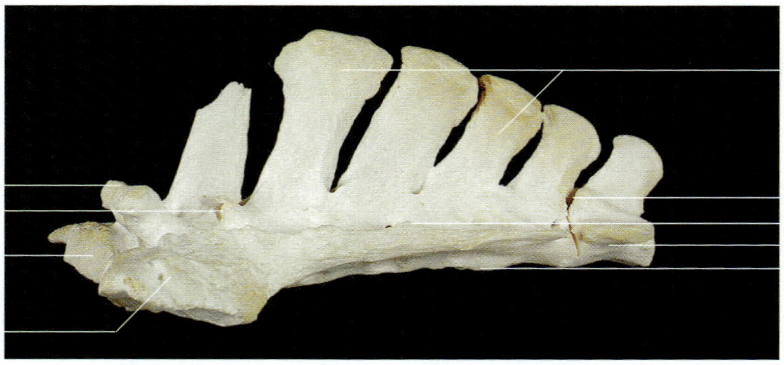

Abb. 1-101. Kreuzbein eines Pferdes (Lateralansicht).

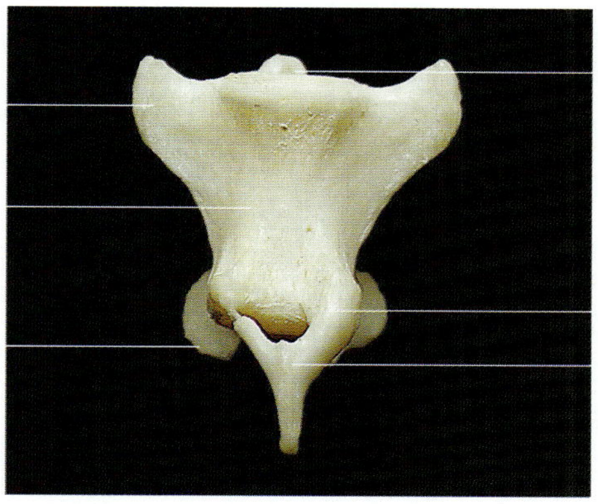

Abb. 1-102. 4. Schwanzwirbel eines Hundes (Ventralansicht).

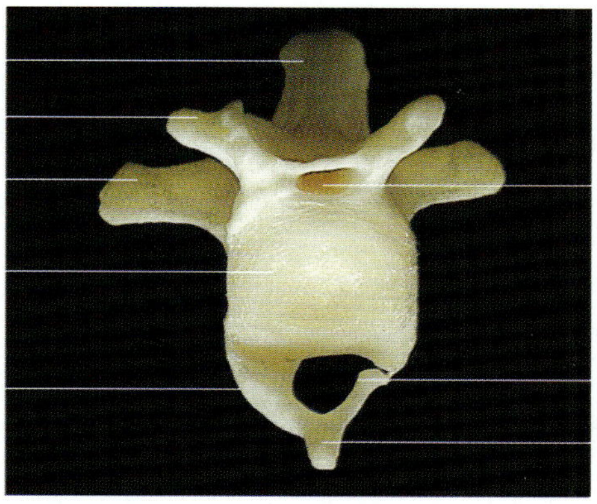

Abb. 1-103. 5. Schwanzwirbel eines Hundes (Kranialansicht).

verengt sich bis zur Kreuzbeinspitze auf die Hälfte seines anfäng-lichen Durchmessers. Die **Basis ossis sacri** nimmt die **kraniale Endfläche (Extremitas cranialis)** zur Artikulation mit dem letzten Lendenwirbel auf, einschließlich der Incisura vertebralis cranialis. Am Ventralrand springt die vordere Endfläche vor und formt das **Promontorium,** dorsal sind die Procc. articulares craniales schwach entwickelt.

Die **Seitenfläche (Pars lateralis)** ist aus der Verschmelzung der Querfortsätze entstanden, an ihr ragt beidseitig jeweils ein kräftiger **Kreuzbeinflügel (Ala sacralis)** weit lateral, der in der Regel aus dem 1. Kreuzwirbel entspringt (Abb. 1-98ff.). Bei Fleischfressern, Schwein und kleinen Wiederkäuern nimmt an der Bildung auch der 2. Kreuzwirbel teil. Die **dorsale Fläche des Flügels (Facies auricularis)** ist überknorpelt und mit dem Darmbeinflügel durch ein straffes Gelenk verbunden. Der dorsale Rand des Kreuzbeinflügels dient mit seiner **Tuberositas sacralis** der Anheftung der Kreuz-Darmbein-Bänder.

Die **Dorsalfläche** entläßt die nach kaudal schräg stehenden **Dornfortsätze,** die jedoch tierartlich sehr unterschiedlich entwickelt sind (Abb. 1-95 u. 99ff.). So sind diese bei älteren Pferden noch als eigenständige Spinalfortsätze erkennbar, meist jedoch an der Basis verschmolzen. Beim Wiederkäuer besteht in der Medianen eine kräftige, in sich geschlossene **dorsale Leiste (Crista sacralis mediana),** bei Fleischfressern verwachsen diese Fortsätze an der Wurzel, die freien Fortsätze sind schmal und kurz. Beim Schwein ist allein eine undeutliche Leiste erkennbar.

Die **Querfortsätze** sind auf jeder Seite zur **Crista sacralis lateralis** verwachsen, die besonders beim Schwein und beim Pferd ausgeprägt ist, sonst nur angedeutet erscheint. Die rudimentären Gelenkfortsätze bleiben beim Wiederkäuer als **Crista sacralis intermedia** vorhanden, sonst bilden sie nur kleine Erhebungen.

Zum Durchtritt der Nerven des **Plexus lumbosacralis** aus dem Wirbelkanal treten, wie oben erwähnt, **ventral Öffnungen (Foramina sacralia ventralia)** auf, denen an der Facies dors. die **Foramina sacralia dorsalia** gegenüberstehen.

Schwanzwirbel (Vertebrae caudales)

Die Schwanzwirbel nehmen bis zur knöchernen Schwanzspitze kontinuierlich an Größe ab, gleichzeitig verlieren diese auch die charakteristischen Merkmale eines Wirbels, die Wirbelkörper, -bögen und -fortsätze. Der letzte Schwanzwirbel ist allein nur noch sanduhrförmig eingeschnürt.

Die **ersten Schwanzwirbel** weisen noch alle Struktureigentümlichkeiten von Wirbeln auf, verlieren diese jedoch allmählich, vorzugsweise die Fortsätze. So deutet sich beim Pferd eine Spaltung der Dornfortsätze (Procc. spinosi) bereits ab dem zweiten Schwanzwirbel an, ab dem dritten ist dieser schon offen. Damit eröffnet sich auch der Canalis vertebralis. Die Querfortsätze sind auf kurze Höcker reduziert, ab dem siebten Wirbel fehlen alle Fortsätze, leistenartige Erhebungen deuten deren Lage noch an.

Die Ausbildung von **Hemalfortsätzen (Processus hemales),** paramedian an der Ventralfläche der Wirbelkörper, ist beim Rind (1. bis 8. Wirbel), beim Hund und bei der Katze (5. bis 15. Wirbel) zu erwähnen. Diese Fortsätze können sich zu einem **Bogen (Arcus hemalis)** schließen (Rind

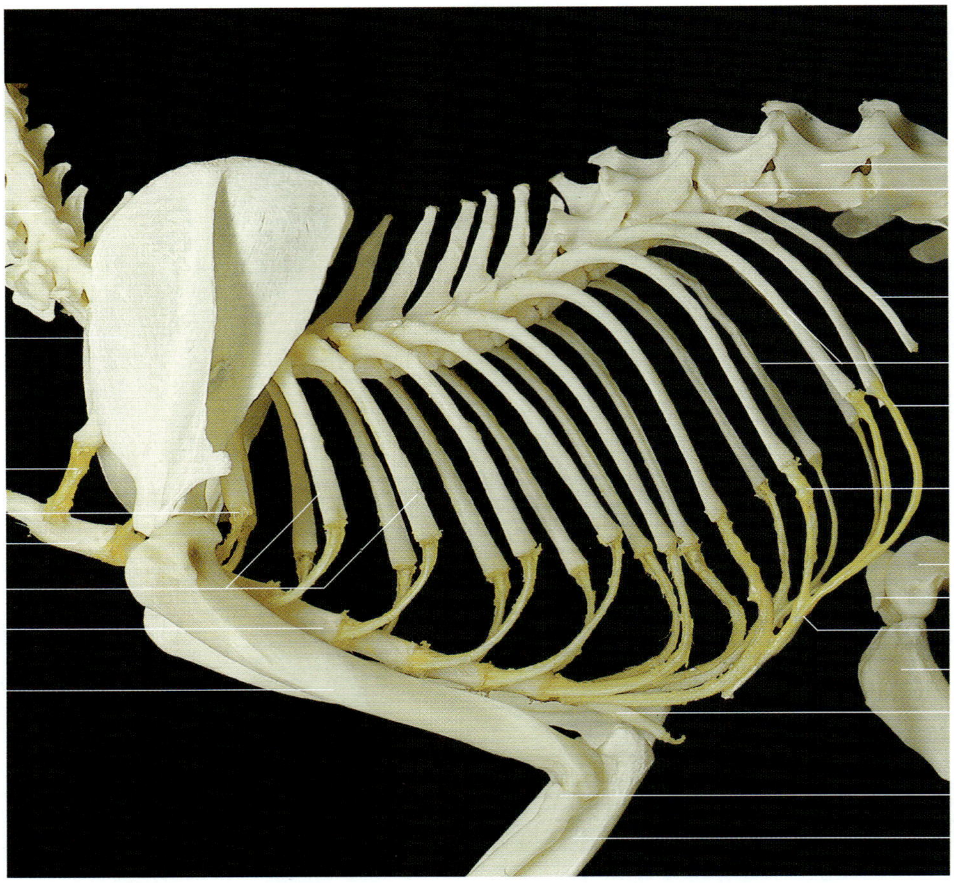

Abb. 1-104. Knochen des Brustkorbs einer Katze (Lateralansicht).

2. und 3. Wirbel, Hund und Katze 3. bis 8. Wirbel) (Abb. 1-102 u. 103). Diese Hemalfortsätze nehmen die Schwanzgefäße auf. Die Spatia intervertebralia zwischen dem Kreuzbein und dem 1. Schwanzwirbel sind ebenso erweitert wie die ersten nachfolgenden Zwischenräume und damit zur Injektion geeignet.

Knochen des Brustkorbs (Skeleton thoracis)

Zu den Knochen des Brustkorbs (Thorax) zählen die **Brustwirbel (Vertebrae thoracicae)**, die **Rippen (Costae)** und das **Brustbein (Sternum)** (Abb. 1-104). Der vom Thorax umgebene Raum, die **Brustkorbhöhle (Cavum thoracis),** ist kranial durch die Öffnung zwischen den beiden ersten Rippen, die **Apertura thoracis cranialis,** von vorne zugänglich. Die hintere Öffnung **(Apertura thoracis caudalis)** liegt zwischen den Rippenbögen. An der Wand des Thorax unterscheidet man den **Rippenbogen (Arcus costalis),** die **Rippenzwischenräume (Spatia intercostalia)** und den **Angulus arcuum costalium,** der den Winkel zwischen dem rechten und linken Rippenbogen bildet. Bei den Pflanzenfressern stellt der Thorax einen seitlich zusammengedrückten, spitz zulaufenden Raum dar, bei Fleischfressern ist dieser eher gedrungener und ventral tiefer.

Rippen (Costae)

Die Rippen formen die seitliche knöcherne Brustwand, sie sparen zwischen sich Zwischenräume (Spatia intercostalia) aus und sind paarweise angeordnet. Jede Rippe besteht aus einem proximalen knöchernen **Abschnitt (Os costale),** der Rippe im eigentlichen Sinn (Abb. 1-105ff), und einem distalen knorpeligen Teil **(Cartilago costalis),** dem **Rippenknorpel** (Abb. 1-104).

Sämtliche Rippen artikulieren dorsal mit den Brustwirbeln, ventral hingegen unterscheiden sie sich in ihrer Verbindung zum **Brustbein (Sternum)** (Abb. 1-104 u. 109ff.). Die kranialen ersten sieben bis neun Rippen sind über ihren distalen knorpeligen Anteil direkt mit dem Sternum verbunden und werden daher echte oder **sternale Rippen (Costae sternales)** genannt. Demgegenüber werden kaudale Rippen, die nur indirekt über den knorpeligen **Rippenbogen (Arcus costalis)** Anschluß an das Brustbein finden, als falsche oder **asternale Rippen (Costae spuriae** bzw. **asternales)** bezeichnet. Endet das letzte Rippenpaar, wie bei Hund und Katze, ohne ventrale knorpelige Anbindung frei in der seitlichen Körperwand, so sind dies **Fleischrippen (Costae fluctuantes).**

Die **Anzahl der Rippen** entspricht der Zahl der Brustwirbel. Danach hat der Fleischfresser 12 bis 14, das Schwein 13 bis 16, die Wiederkäuer 13 und das Pferd 18 Rippen. Das Verhältnis sternaler zu asternalen Rippen beträgt für die Fleischfresser 9:4, für das Schwein 7:7 (8), für die Wieder-

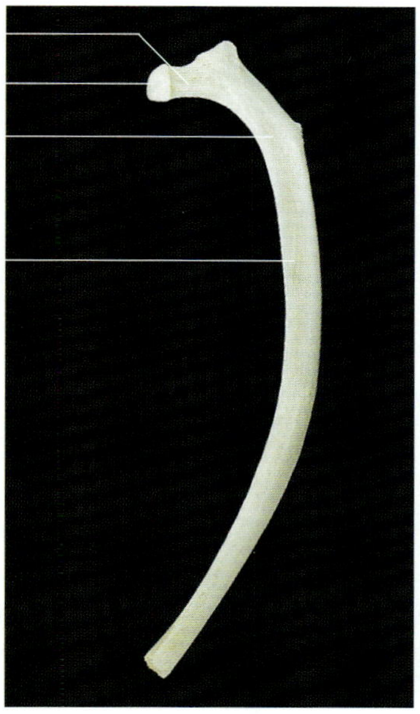

Abb. 1-105. Rippe eines Hundes (Kaudalansicht).

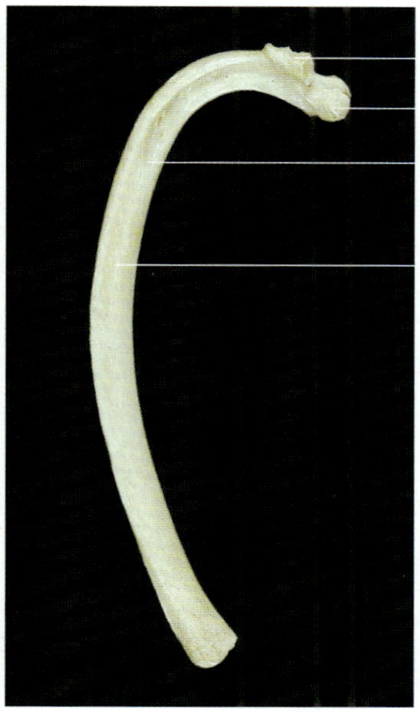

Abb. 1-106. Rippe eines Schweines (Kaudalansicht).

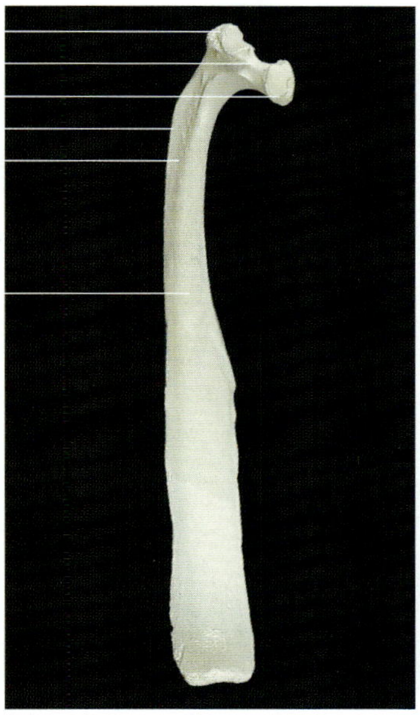

Abb. 1-107. Rippe eines Rindes (Kaudalansicht).

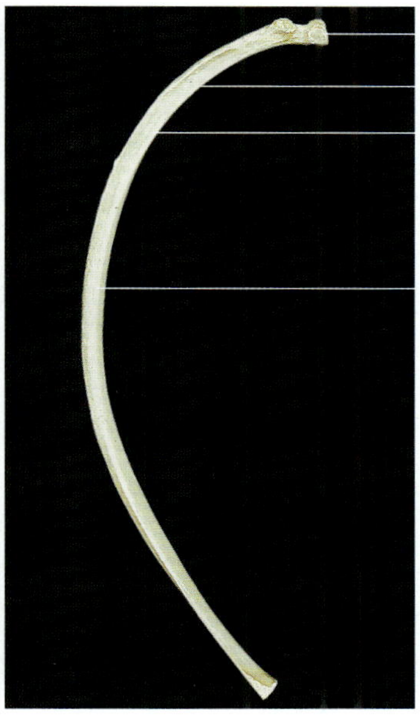

Abb. 1-108. Rippe eines Pferdes (Kaudalansicht).

käuer 8:5 und für das Pferd 8:10. Auch hier gilt eine Varianz, die von der Zahl der tatsächlichen Brustwirbel abhängt.

Die Rippen kennzeichnet eine gemeinsame Grundstruktur (Abb. 1-105 – 108), man unterscheidet:

- **Rippenkopf (Caput costae)** und **Rippenhals (Collum costae),**
- **Rippenköpfchen** mit seiner Gelenkfläche **(Facies articularis capitis costae),**
- **Rippenhöcker** mit seiner Gelenkfläche **(Facies articularis tuberculi costae)** und
- **Rippenkörper (Corpus costae).**

Der beinahe kugelige **Rippenkopf (Caput costae)** liegt am proximalen Ende der Rippe und trägt eine kraniale und eine kaudale **Gelenkfläche (Facies articularis capitis costae),** die mit den **Rippenkopfgruben (Fovea costalis cranialis** und **caudalis)** zweier anliegender Wirbelkörper artikulieren. Zwischen den Rippenkopfgelenkflächen ist der Sulcus capitis eingesenkt. Der Rippenkopf ist durch einen deutlichen **Rippenhals (Collum costae)** abgesetzt, dieser entläßt am Übergang zum Rippenkörper den **Rippenhöcker (Tuberculum costae),** dessen **Gelenkfläche (Facies articularis tuberculi costae)** mit dem Proc. transversus des gleichzähligen Brustwirbels gelenkig in Verbindung steht. Die Länge des Rippenhalses nimmt, mit Ausnahme des Rindes, in Richtung auf den Rippenbogen kaudal kontiniuerlich ab, so daß sich sekundär Rippenköpfchen und Rippenhöcker nähern, um sich endlich zu vereinigen. Das Zusammenwachsen der Gelenkflächen bedingt im hinteren Brustraum eine Erhöhung der Beweglichkeit dieser Rippenpaare. Vom Rippenkopf durch den deutlichen Rippenwinkel (Angulus costae) abgesetzt, schließt sich distal als Mittelstück der Rippenkörper an.

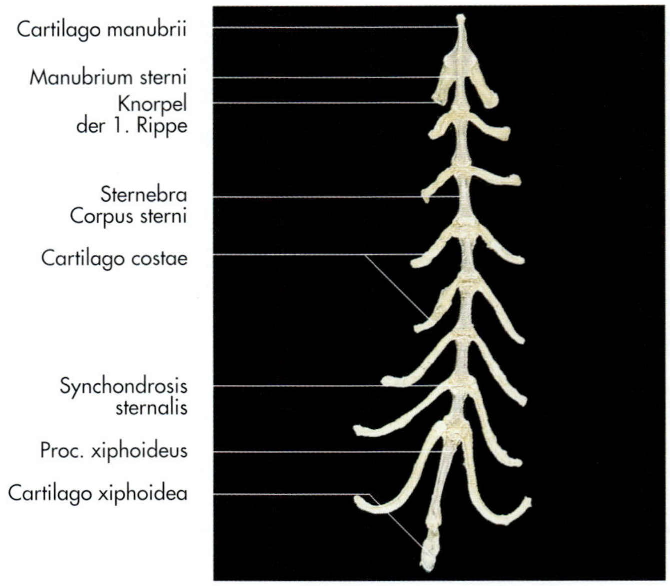

Abb. 1-109. Brustbein einer Katze (Dorsalansicht).

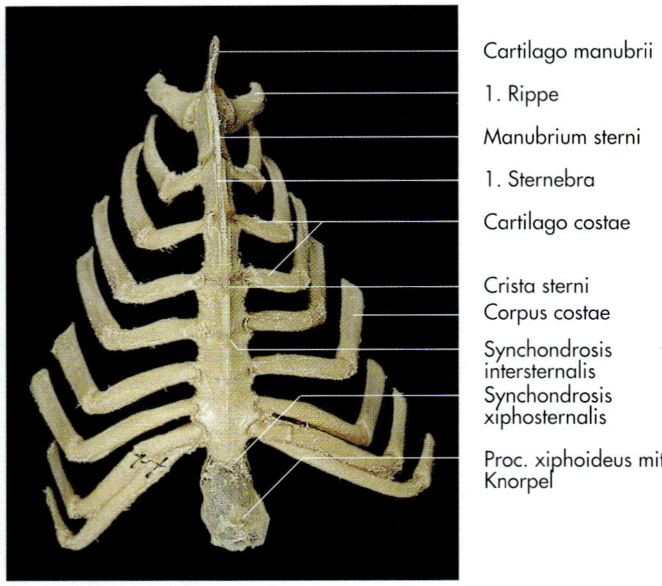

Abb. 1-110. Brustbein eines Pferdes (Ventralansicht).

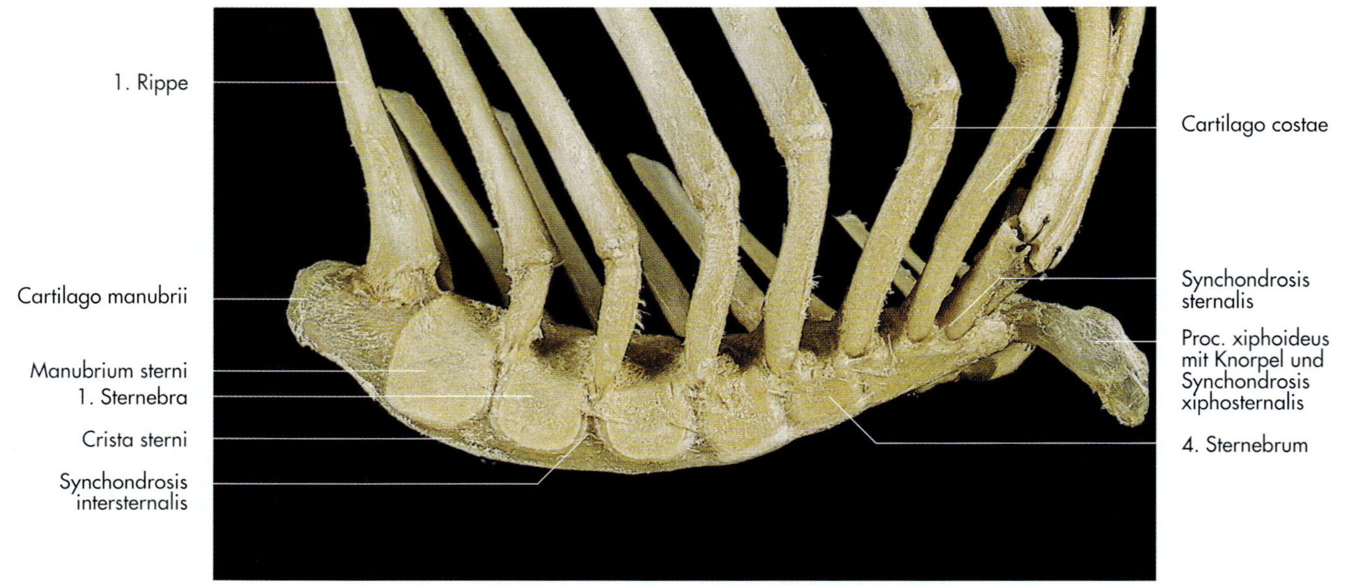

Abb. 1-111. Brustbein eines Pferdes (Lateralansicht).

Der **Körper der Rippen (Corpus costae)** bietet den Muskeln des Stammes, vorzugsweise den Atmungsmuskeln, Anheftungsflächen und schließt an seinem kaudalen Rand Rinnen (Sulci costae) zur Aufnahme von Interkostalgefäßen und Segmentalnerven ein.

Die Rippenkörper weisen tierartlich z.T. erhebliche Unterschiede auf (Abb. 1-105 – 108). So sind die Rippen von Fleischfressern stärker gekrümmt als die anderer Haussäugetiere. Die Länge der Rippen nimmt bis zur 10. Rippe zu, dann erst verkürzen sich diese. Die kranialen Rippenflächen sind abgeplattet, die kaudalen hingegen rund. Beim Schwein sind die 2. bis 4. Rippen platt und auffällig breit, kaudal werden diese schmaler. Die 1. Rippe ist beim Schwein am sternalen Ende stark verdickt und artikuliert mit der der anderen Seite über einem nur schwachen Rippenknorpel gemeinsam in einer einheitlichen sternalen Gelenkfläche. Die Rippen des Rindes sind platt, beidseitig scharf begrenzt und sternal verbreitert. Die 6. bis 8. Rippen sind die breitesten, die 7. bis 10. Rippen die längsten. Beim Pferd nimmt die Rippenkrümmung bis zur 11. Rippe ständig zu, dann aber bei zunehmender Schrägstellung wieder ab. Die Rippen nehmen von vorne nach hinten an Breite ab und an Dicke zu.

Das distale Ende des Rippenkörpes verbindet sich in einer Rippenfuge in Form einer Symphyse mit dem Rippenknorpel. Dabei findet gleichzeitig auch ein Abbiegen der seitlichen Brustwand zum Sternum in der Rippenfuge statt, es entsteht das **Rippenknie (Genu costae).** Bei Fleischfressern liegt diese Umbiegung allein in den nachfolgenden Rippenknorpeln.

Der **Rippenknorpel (Cartilago costalis)** endet bei den sternalen Rippen mit einer Walze gelenkig am Brustbein, Knorpelpaare fügen sich dabei zwischen anliegende Brustbeinsegmente (Abb. 1-104). Eine Ausnahme macht dabei die 1. Rippe, die direkt mit dem Manubrium sterni artikuliert. Die asternalen Rippenknorpel fügen sich halbbogenförmig kaudoventral zum **Rippenbogen (Arcus costalis)** zusammen. Die beiden Rippenbögen lassen ventral den **Angulus arcu-**

um costalium entstehen, in den der Proc. xiphoideus des Brustbeines ragt.

Brustbein (Sternum)

Das Brustbein besteht aus mehreren **Knochenstücken (Sternebrae),** die allmählich unter Verknöcherung auch der dazwischenliegenden **Fugenknorpel (Synchondroses sternales)** zum größten Teil miteinander verschmelzen (Abb. 1-109, 110 u. 111). Man unterscheidet am Sternum:

- das **Manubrium sterni (Praesternum),**
- den **Körper (Corpus sterni, Mesosternum)**,
- den **Proc. xiphoideus (Xiphosternum).**

Das **Manubrium sterni (Praesternum)** überragt den kranial vom 2. Rippenknorpel-Brustbein-Gelenk gelegenen Teil des Brustbeins, es ist bei den Haussäugetieren im Hinblick auf deren nur rudimentäres Schlüsselbein schwach entwickelt. Es trägt die Gelenkgruben für das 1. Rippenpaar und wird von einem weit kranial reichenden **Knorpel (Cartilago manubrii, Habichtsknorpel)** überragt, der an der Halsbasis palpierbar ist. Dieser ist bei Fleischfressern zapfenförmig stumpf, beim Pferd lang, dorsal aufgebogen und bilateral komprimiert. Beim Wiederkäuer fehlt ein eigenständiger Knorpel oder überzieht als nur dünner Knorpelbelag das freie Ende des Manubrium.

Der **Körper des Brustbeins (Corpus sterni)** ist bei Fleischfressern zylinderförmig, beim Wiederkäuer breit und flach und beim Pferd ventral mit einem kielförmigen Vorsprung versehen **(Crista sterni)** (Abb. 1-109, 110 u. 111). Der Körper besteht aus 4 bis 6 Sternebrae (Hund 6, Wiederkäuer und Pferd 5, Schwein 4) und ist bei der Katze zylinderförmig, beim Hund vierkantig und höher als breit. Beim Schwein und beim Wiederkäuer ist der Körper dorsoventral abgeflacht, beim Pferd ist eine kielartig bilateral komprimierte Form entwickelt. Der dorsolaterale Rand des Körpers trägt eine Reihe von Einziehungen (Incisurae costales) zur Aufnahme der Rippenknorpel sternaler Rippen. Die kaudal gelegenen Einziehungen liegen dichter zusammen und bieten mehreren Knorpelpaaren Ansatz.

Der **Processus xiphoideus (Xiphosternum)** besteht aus einem flachen, schwertförmigen Knorpel, dem sich kaudal der **Schaufelknorpel (Cartilago xiphoidea)** anlagert. Dieser ragt in den von den beiden Rippenbogen begrenzten Raum, die Regio xiphoidea. Der Schaufelknorpel ist bei Wiederkäuern und Pferd breit und abgeplattet, ansonsten schmal. Er stützt die ventrale Bauchwand und dient der sehnigen Linea alba abdominis zur flächenhaften Anheftung.

Verbindungen der Knochen des Kopfes und des Stammes

Verbindungen des Hirnschädels (Synchondroses cranii)

Die Schädelknochen sind untereinander durch **Knochennähte (Suturae capitis)** verbunden, die beim juvenilen Tier als **knorpelige Verbindungen (Synchondroses)** angelegt sind und unterschiedlich lang erhalten bleiben. Zeitlebens ausgebildet und radiologisch erkennbar bleiben einige knorpelige Verbindungen an der Schädelbasis, wobei ihre Benennung der Lage zu benachbarten Knochen entspricht (z. B. Synchondrosis sphenooccipitalis, Synchondrosis sphenopetrosa, Synchondrosis intersphenoidalis, Synchondrosis petrooccipitalis). Der weitaus größte Teil der Knochennähte verknöchert und wird damit unbeweglich. Einige anliegende Knochen an der Stirn und am Hinterhaupt bleiben in seltenen Fällen (bei manchen Hunderassen) als **Dauerfontanellen** erhalten.

Am Schädel sind drei gelenkige Verbindungen angelegt:

- Articulatio intermandibularis,
- Articulatio temporohyoidea,
- Articulatio temporomandibularis (Kiefergelenk).

Die **Articulatio intermandibularis** stellt die knöcherne Verbindung der Körper des rechten und des linken Unterkiefers in der Medianen dar **(Sutura intermandibularis),** die bei Schwein und Pferd zu einer Synostose wird. Eine kleinere Fläche bleibt knorpelig durch eine Synchondrosis verbunden.

Die **Articulatio temporohyoidea** stellt die Verbindung des aus dem Epi-, Stylo- und Tympanohyoid bestehenden Aufhängeapparats des Zungenbeins zur Schädelbasis dar. Dabei ist das Tympanohyoid syndesmotisch bzw. synchondrotisch beim Wiederkäuer und Pferd mit dem Proc. styloideus, beim Fleischfresser mit dem Proc. mastoideus des Felsenbeins und beim Schwein mit dem Proc. nuchalis der Schläfenbeinschuppe verbunden. Auf die Verbindungen der Zungenbeinanteile untereinander wurde bereits hingewiesen (s. S. 55).

Das **Kiefergelenk (Articulatio temporomandibularis)** ist die gelenkige Verbindung des Ramus mandibulae mit der Pars squamosa des Os temporale (Schläfenbein). Dieses Gelenk stellt ein **inkongruentes Walzengelenk (Articulatio condylaris)** dar, dessen Gelenkflächen durch den Discus articularis ausgeglichen werden. Bei Hund und Katze ist das Kiefergelenk nahezu kongruent.

Im Kiefergelenk artikulieren einerseits das Tuberculum articulare, die Fossa mandibularis mit ihrer Facies articularis bzw. dem Proc. retroarticularis als quergestellte Gelenkfläche des Os temporale mit andererseits dem Caput mandibulae des Proc. condylaris. Die **Gelenkkapsel (Capsula articularis)** entspringt an den freien Gelenkrändern und inseriert am Diskus. Das innere **Stratum synoviale** der Gelenkkapsel teilt eine größere dorsale von einer engeren ventralen Gelenkhöhle ab. Das **Stratum fibrosum** wird seitlich durch das straffe **Ligamentum laterale** und das **Ligamentum caudale** zwischen dem Proc. retroarticularis und der Basis des Proc. coronoideus verstärkt, letzteres Band fehlt dem Fleischfresser und dem Schwein. Das Kiefergelenk ermöglicht Öffnungs- bzw. Schließbewegungen und evtl. auch seitliche Kau- oder Vor- und Rückbewegungen der Mandibula. Die tierartlichen Besonderheiten werden im wesentlichen durch die Kaumuskulatur mitbestimmt.

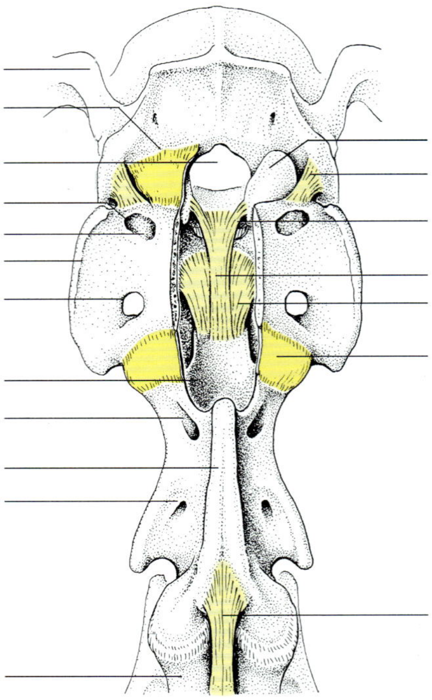

Abb. 1-112. Schematische Darstellung der Bänder und der Gelenkkapsel des 1. und 2. Kopfgelenks des Pferdes (Dorsalansicht), nach Ellenberger u. Baum, 1943.

Verbindungen der Wirbelsäule, des Brustkorbs und des Schädels (Articulationes columnae vertebralis, thoracis et cranii)

Die Verbindungen der Wirbelsäule, des Brustkorbs und des Schädels lassen sich unterteilen in:

- **Verbindungen des Hirnschädels mit der Wirbelsäule,**
  - das erste Kopfgelenk (Articulatio atlantooccipitalis),
  - das zweite Kopfgelenk (Articulatio atlantoaxialis),
- **Verbindungen der Wirbel untereinander** (Articulationes columnae vertebralis),
- **Verbindungen der Rippen mit den Wirbeln** (Articulationes costovertebrales),
  - Rippenkopfgelenk (Articulatio capitis costae),
  - Rippenhöckergelenk (Articulatio costotransversaria),
- **Verbindungen des Brustkorbes** (Articulationes thoracis),
  - Verbindungen zwischen dem Brustbein und den Rippen (Articulationes sternocostales),
  - Verbindungen von Rippen und Rippenknorpeln (Articulationes costochondrales),
  - Verbindungen der Rippenknorpel (Articulationes interchondrales) und
  - Verbindungen der Sternebrae zum Brustbein (Synchondroses sternales).

Die Verbindungen der Wirbelsäule mit dem Schädel, die Kopfgelenke, dienen der Bewegung des Kopfes; diese lassen sich funktionell in eine kraniale gelenkige Verbindung zwischen dem ersten Halswirbel und dem Hinterhauptsbein **(Articulatio atlantooccipitalis, erstes Kopfgelenk)** und eine kaudale zwischen dem ersten und dem zweiten Halswirbel **(Articulatio atlantoaxialis, zweites Kopfgelenk)** unterteilen (Abb. 1-112). Die Bewegungen der beiden Gelenke können nicht isoliert voneinander betrachtet werden. Der Atlas wird als ein knöchernes Zwischensegment zwischen Axis und Okziput gesehen, der in seinem Bewegungsablauf von Bändern geführt wird. Die Wirbelfolge Atlas-Axis stellt eine funktionell in sich geschlossene Bewegungsregion zwischen dem Schädel und dem 3. Halswirbel dar.

Das **erste Kopfgelenk (Articulatio atlantooccipitalis)** ist aus zwei **Ellipsoidgelenken (Articulationes ellipsoideae)** zusammengesetzt, in diesen artikuliert der jeweilige Condylus occipitalis des Os occipitale mit der jeweiligen Fovea articularis cranialis des Atlas (Abb. 1-112, 113 u. 114). Jede der beiden Gelenkflächen wird von einer eigenständigen Gelenkkapsel (Capsula articularis) umgeben, die an den jeweiligen Gelenkrändern inseriert. Ventral kommunizieren die beiden Gelenkhöhlen bei Fleischfressern und Wiederkäuern stets, beim Schwein und Pferd erst im Alter. Zusätzlich treten bei Fleischfressern diese Gelenkhöhlen mit der des zweiten Kopfgelenks in Verbindung. Dorsal bestehen wegen der weiten Ausdehnung der Kapsel keine Verbindungen untereinander.

Dieses Gelenk wird in seiner Funktion durch Gelenkbänder (Ligg. articularia) geführt. Als Seitenbänder (Ligg. lateralia) überbrücken diese den Gelenkspalt zwischen der medialen Fläche der Procc. paracondylares des Hinterhauptsbeins und der Basis der Atlasflügel (Alae atlantis). Als eigenständige, flächenhafte, bindegewebige Verstärkung der Gelenkkapsel werden die **Membrana atlantooccipitalis ventralis** und die **Membrana atlantooccipitalis dorsalis** gesehen, die gemeinsam den erweiterten **Gelenkspalt (Spatium atlantooccipitale)** verschließen.

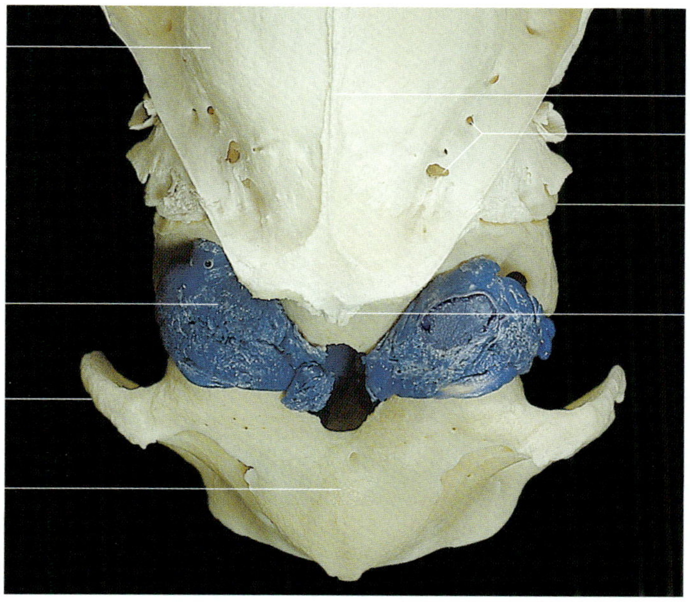

Abb. 1-113. Schädel mit 1. Halswirbel mit Ausguß der Articulatio atlantooccipitalis eines Pferdes (Dorsalansicht).

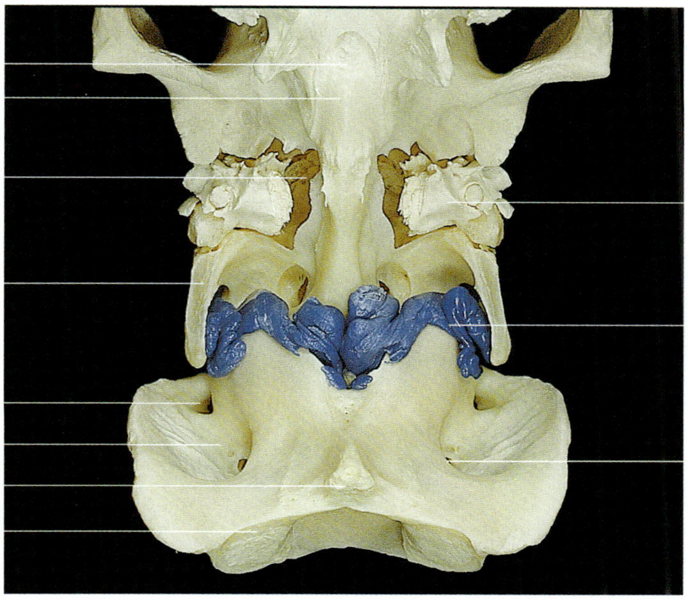

Abb. 1-114. Schädelbasis mit 1. Halswirbel mit Ausguß der Articulatio atlantooccipitalis eines Pferdes (Ventralansicht).

Die Form der Gelenkflächen läßt für das erste Kopfgelenk vorzugsweise eine Streck- und Beugebewegung zu, andere Richtungsänderungen im Raum können nur angedeutet werden.

Das **zweite Kopfgelenk (Articulatio atlantoaxialis)** ist ein **Zapfengelenk (Articulatio trochoidea),** gekennzeichnet durch die gelenkige Verbindung zwischen dem Zahn (Dens) des zweiten Halswirbels (Axis) und der Fovea dentis des Atlas (Abb. 1-112). Dieses Gelenk weist als erweiterte Gelenkflächen zusätzlich lateral und teilweise auch ventral die Foveae articulares craniales des Axis und die Foveae articulares caudales des Atlas auf. Sämtliche Gelenkflächen werden von einer gemeinsamen Gelenkkapsel umgeben, damit ist allein eine Gelenkhöhle ausgebildet. Die Form der zapfenförmigen Gelenkfläche des Zahns läßt im zweiten Kopfgelenk vorzugsweise eine Drehbewegung um die Längsachse des Dens zu. Die Gelenkbänder sind z. T. tierartlich unterschiedlich ausgebildet.

Gemeinsam ist allen Haussäugetieren die kollagenfaserige Verstärkung der Gelenkkapsel durch die **Membrana atlantoaxialis dorsalis** zwischen den Wirbelbögen und, mit dieser eng verbunden, das elastische **Ligamentum axiale dorsale** zwischen den Dornfortsätzen der beiden Wirbel des Gelenks. Zusätzlich sind **Ligamenta alaria** entwickelt, die bei allen Haussäugetieren am Dens axis entspringen und beim Wiederkäuer und Pferd an der Innenfläche des ventralen Wirbelbogens des Atlas, bei Fleischfressern an der Medialfläche der Kondylen und beim Schwein am For. magnum inserieren.

Als ventrale Verstärkung des Gelenks wirkt das **Ligamentum atlantoaxiale ventrale,** das, allein beim Wiederkäuer und Pferd ausgebildet, das Tuberculum ventrale des Atlas und die Crista ventralis des Axis verbindet. Im Wirbelkanal liegt, ebenfalls nur beim Wiederkäuer und Pferd, das **Ligamentum longitudinale dentis,** das von der Dorsalfläche des Dens flächig verbreitert an der Hinterhauptsbeinbasis und an

Abb. 1-115. Zwischenwirbelscheibe aus dem Lendenbereich eines Hundes.

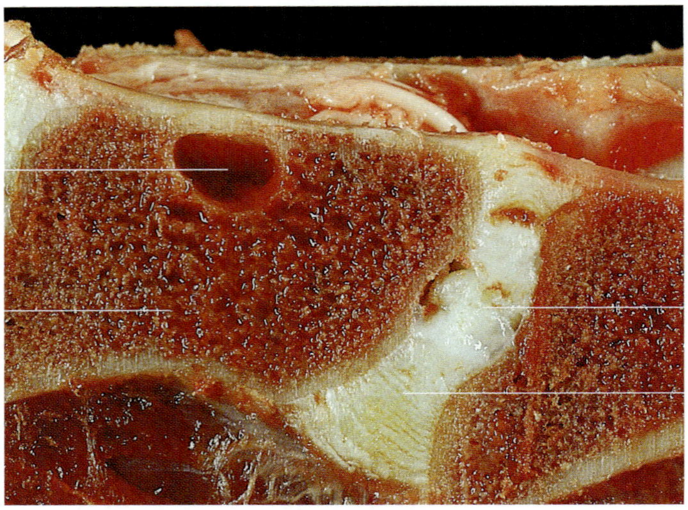

Abb. 1-116. Zwischenwirbelscheibe aus dem Lendenbereich eines Hundes (Medianschnitt).

den Condyli occipitales inseriert. Schwein und Fleischfressern stabilisiert zusätzlich das **Ligamentum transversum atlantis** als ein dorsales Querband den Zahn zum Atlas. Damit wird verhindert, daß der Zahn gegen den Wirbelkanal bewegt werden kann, gleichzeitig wird, bei fehlendem Nackenband, das verlängerte Mark (Medulla oblongata) des Gehirns als lebenswichtiges Zentrum vor mechanischen Schäden geschützt.

Verbindungen der Wirbel untereinander (Articulationes columnae vertebralis)

Die Wirbelsäule erfüllt eine Vielzahl von Funktionen, die im wesentlichen auf das synergistische Ineinandergreifen bindegewebiger, knorpeliger und knöchener Strukturen zurückzuführen sind. So stellt beispielsweise die Kraftübertragung auf die Wirbelsäule während des Bewegungsablaufs ein zusammenhängendes Geschehen dar, an dem der gesamte Bereich zweier benachbarter Wirbel als knöcherne Grundlagen, die faserknorpeligen Zwischenwirbelscheiben, die Wirbelbogengelenke und eine Reihe von Bändern beteiligt sind (**»Bewegungssegment«**). Ergänzt wird diese funktionelle Einheit durch die Zwischenwirbellöcher mit ihrem Inhalt, den Nervenstämmen der Rückenmarksnerven und den Blutgefäßen. In den Bewegungsablauf mit eingeschlossen ist die außen anliegende Muskulatur der Hals-, Brust-, Lenden- und Kreuzbeinregion.

Die **Verbindungen der Wirbel untereinander (Articulationes columnae vertebralis)** sind im Bereich der Wirbelkörper nicht gelenkig, sondern erfolgen durch **Zwischenwirbelfugen (Symphyses intervertebrales)** mit **Zwischenwirbelscheiben (Disci intervertebrales)** (Abb. 1-115 u. 116). Diese sind zwischen den kranialen Endflächen (Extremitates craniales, Capita vertebrae) und den kaudalen Endflächen (Extremitates caudales, Fossae vertebrales) lokalisiert. Gelenkig verbunden sind allein die kranialen und kaudalen Gelenkfortsätze der Wirbelbögen (Articulationes processus articularium), die als Schiebegelenke (Articulationes planae) wirken. Die einzelnen Wirbel stehen an der gesamten Wirbelsäule durchgehend durch kurze und lange Bänder in

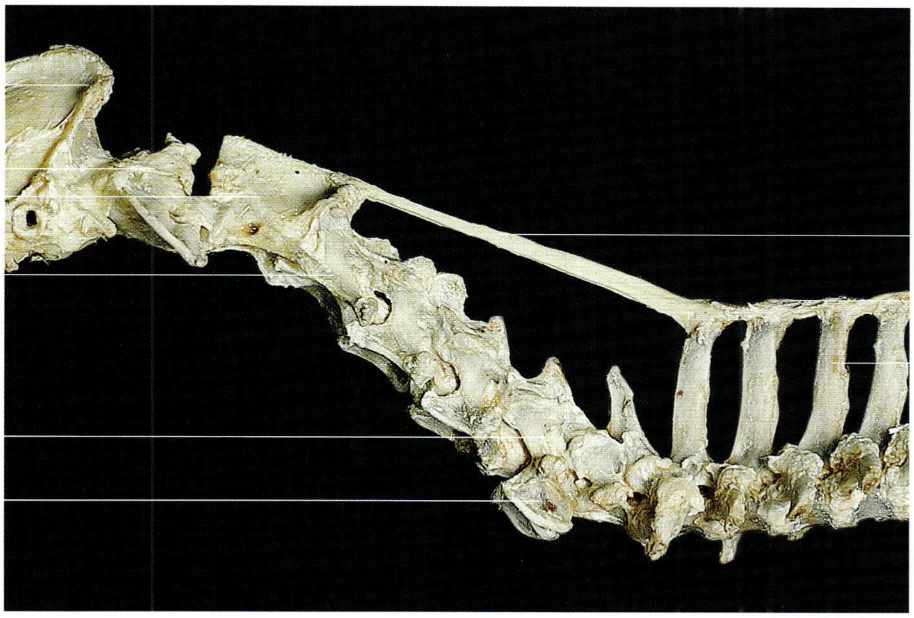

Abb. 1-117. Nacken- und Rückenband eines Hundes (Lateralansicht).

Verbindung, unterstützt durch das Nackenband (außer Katze und Schwein) bzw. das Rückenband (s. unten).

Form und Länge der Wirbelsäule werden entscheidend vom Bau der Zwischenwirbelscheiben mitbestimmt, sie tragen wesentlich zur Krümmung der Wirbelsäule bei. Die Breite der Scheiben verringert sich innerhalb der Brust- und Lendenwirbelsäule, in der Halswirbelsäule sind diese ventral breiter als dorsal. Am stärksten verjüngt sind die Disci intervertebrales im Lendenbereich.

Jede **Zwischenwirbelscheibe (Discus intervertebralis)** besteht aus einem **Gallertkern (Nucleus pulposus),** der von einem **faserknorpeligen Faserring (Anulus fibrosus)** umgeben wird (Abb. 1-115 u. 116). Diesem liegt außen faseriges Bindegewebe auf. Juvenile Disci intervertebrales verlieren ihre Blutgefäße und werden später allein durch Diffusion ernährt **(»bradytrophes Gewebe«).** Die scheibenförmigen Kontaktflächen der Disci intervertebrales gehen kontinuierlich in die Endflächen der Gelenke über, wobei sich die Kollagenfasern des Anulus fibrosus straff mit der chondralen Interzellularsubstanz vernetzen **(Synchondrose).** Die Kollagenfasern des Faserknorpels verlaufen schräg-spiralig zur Längsachse der Wirbel und kreuzen sich in aufeinanderfolgenden Schichten (»Lamellenschichtung«). Diese Anordnung der Fasern verleiht der Zwischenwirbelscheibe eine erhöhte Stabilität und hemmt entscheidend die Bewegungsfreiheit anliegender Wirbel.

Die Mittelwerte der Stärke der Zwischenwirbelscheiben beim Pferd liegen zwischen 2 und 3 mm im thorakalen Bereich, allein zwischen dem 1. und 2. Brustwirbel ist bei dieser Tierart der Anulus fibrosus fast doppelt so dick wie bei den nachfolgenden Zwischenwirbelscheiben.

Das Innere des Discus intervertebralis, der **Gallertkern (Nucleus pulposus),** liegt im Zentrum der Bewegungsachse der Wirbelsäule, er weist einen erhöhten Binnendruck auf; bei Belastung verlagert sich dieser Druck gleichmäßig nach allen Seiten **(»Wasserkissenfunktion«)** und versetzt den Faserring und die dorsal und ventral aufliegenden langen Bänder in Spannung. Dabei kommt es auf der Druckseite des Ringes zur Kompression, auf der Zugseite wird dieser gedehnt. Ein Nucleus pulposus ist beim Pferd im Brustbereich nicht entwickelt.

Erst das **physiologische Zusammenwirken** von Gallertkern und Faserring läßt die Wirbelsäule funktionell zu einem »elastischen Stab« werden. Treten im Anulus fibrosus regressive Veränderungen auf, drängt der unter Druck stehende Gallertkern den geschwächten Faserring nach außen (Protrusion oder Diskushernie, bis hin zum Prolaps). Vorgelagertes Material kann nachfolgend das Rückenmark, den Inhalt des For. intervertebrale, die Nervenwurzeln und die Begleitgefäße komprimieren.

Bänder der Wirbelsäule

Man unterscheidet zwischen **kurzen Bändern**, die allein benachbarte Wirbel verbinden, und **langen Bändern,** die über längere Wegstrecken die Wirbelsäule zu einer funktionellen Einheit verbinden (Abb. 1-117, 118 u. 119). Kurze Bänder:

- **Zwischenbogenbänder (Ligamenta flava),** die die Spatia interarcualia als elastische Platten bedecken; sie wirken dem Gewicht des Körpers und der Rumpfmuskulatur entgegen und entlasten die Rückenmuskulatur,
- **Zwischendornenbänder (Ligamenta interspinalia),** die zwischen den Dornfortsätzen liegen; sie sind beim Pferd im kranialen Bereich der Wirbelsäule elastisch, beim Rind im kaudalen, bei Fleischfressern im Brust- und Lendenbereich muskulär; sie verhindern eine Dorsalverschiebung der Wirbelkörper und begrenzen die Ventralflexion und
- **Zwischenquerbänder (Ligamenta intertransversaria)** zwischen den Querfortsätzen der Lendenwirbel; sie werden bei Seitenneigung und Drehung gespannt.

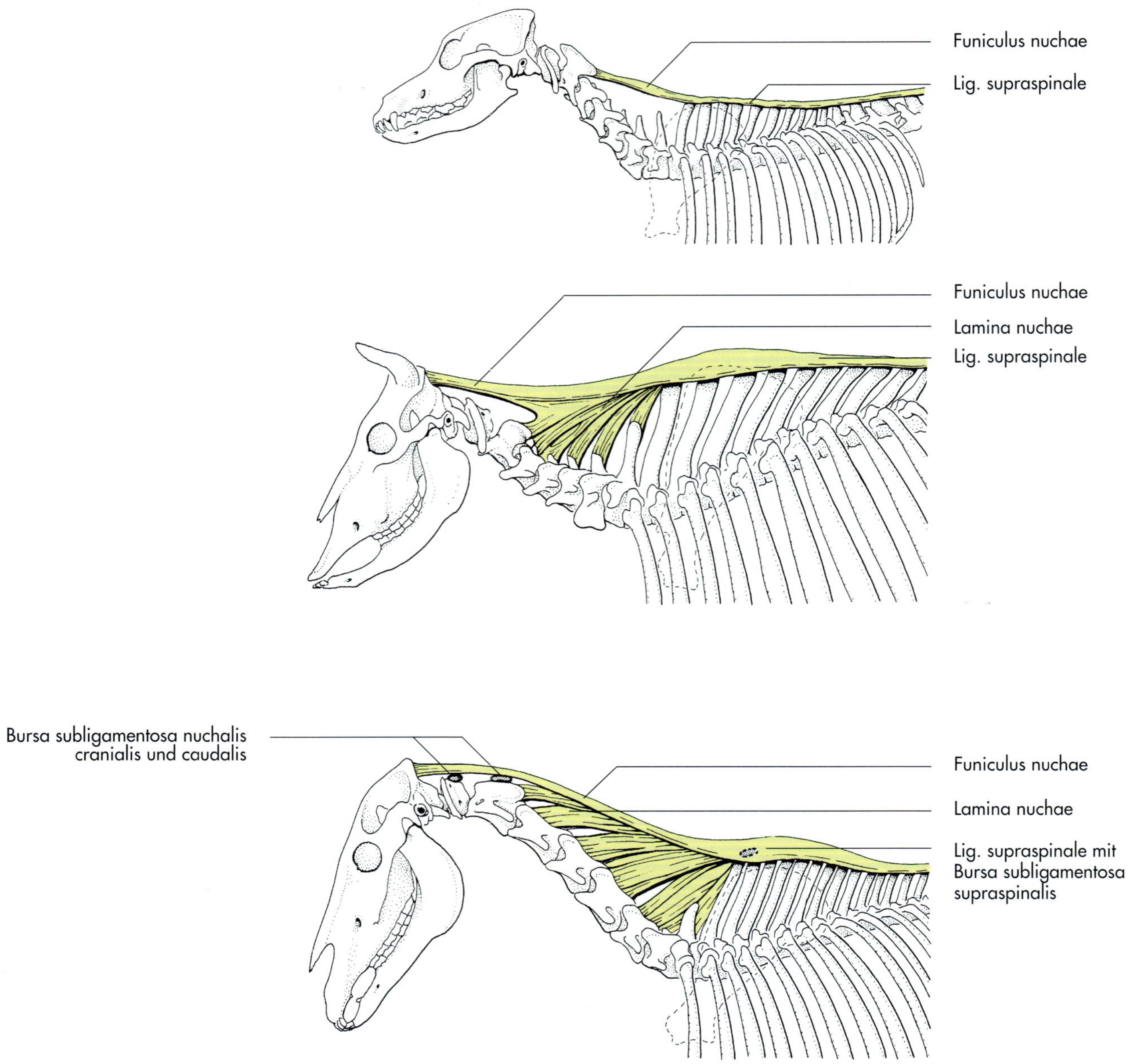

Abb. 1-118. Schematische Darstellung des Nacken- und Rückenbandes von Hund, Rind und Pferd (Lateralansicht), nach Ellenberger u. Baum, 1943.

Gelenkübergreifende lange Bänder sind:

- **dorsales Längsband (Ligamentum longitudinale dorsale):** Es liegt im Wirbelkanal vom Dens axis bis zum Kreuzbein auf der Dorsalfläche des Wirbelkörpers und heftet sich den Bandleisten und den Zwischenwirbelscheiben an;
- **ventrales Längsband (Ligamentum longitudinale ventrale):** Es verbindet sich vom 8. Brustwirbel bis zum Kreuzbein mit der Ventralfläche der Wirbel und den Disci intervertebralia;
- **Nackenband (Ligamentum nuchae),** bestehend aus
  - dem **Nackenstrang (Funiculus nuchae)** und
  - der **Nackenplatte (Lamina nuchae)** und
- **Rückenband (Lig. supraspinale).**

Das Nackenband wird durch die Last des Kopfes stets im Zustand der Spannung gehalten, es entlastet die Kopf-Hals-Muskulatur. Die kräftige Entwicklung dieses Bandes und der Nackenmuskulatur hat auch eine entsprechend verstärkte Ausbildung ihrer Insertionsflächen an den Dornfortsätzen der Brustwirbel induziert.

Das Nackenband entspringt beim Hund am Axis und bei Wiederkäuern und Pferd an der Squama occipitalis und geht kaudal in das **Rückenband (Ligamentum supraspinale)** über (Abb. 1-117 u. 118). Das Nackenband fehlt der Katze und dem Schwein, diese besitzen allein das Lig. supraspinale.

Beim Hund ist allein ein **Nackenstrang (Funiculus nuchae)** ausgebildet, der kaudal am Axis entspringt und am Dornfortsatz des ersten Brustwirbels ansetzt, um von dort in das Lig. supraspinale überzugehen. Dieses zieht an den freien Enden der Dornfortsätze bis zum dritten Kreuzwirbel.

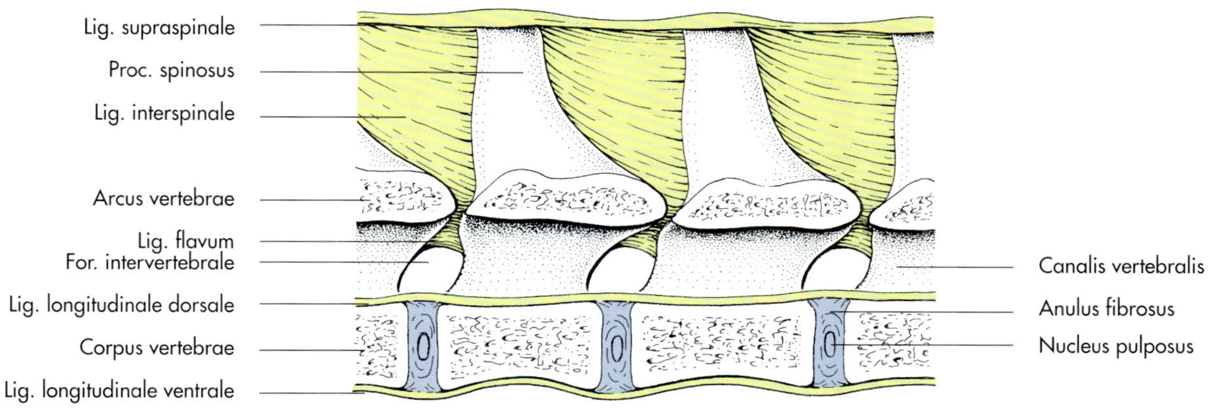

Abb. 1-119. Schematische Darstellung der langen und kurzen Bänder der Lendenwirbelsäule (Paramedianschnitt), nach Ghetie, 1954.

Beim Wiederkäuer ist das Lig. nuchae als **runder Nackenstrang (Funiculus nuchae)** paarig angelegt, dieser entspringt an der Protuberantia occipitalis ext., verbreitert sich kaudal ab dem zweiten Halswirbel zu einer Doppelplatte, die seitlich an den freien Dornfortsätzen der ersten Brustwirbel flächig ansetzt **(Widerristkappe).** Von dort zieht dieses Band als Lig. supraspinale bis zum Kreuzbein. Beim Wiederkäuer tritt zusätzlich eine Lamina nuchae auf, die kranial paarig aus dem 2. bis 4. Halswirbeldornfortsatz entspringt und von ventral flächig in den Nackenstrang einstrahlt. Der kaudale Abschnitt der Nackenplatte ist unpaar und zieht von den Dornfortsätzen des 5. bis 7. Halswirbels unter der Widerristkappe zum Proc. spinosus des 1. Brustwirbels.

Beim Pferd besteht das Nackenband aus dem **Nackenstrang (Funiculus nuchae)** und der **Nackenplatte (Lamina nuchae),** beide paarig angelegt. Der Nackenstrang verbindet die Protuberantia occipitalis ext., nimmt in Höhe des 3. Halswirbels die Nackenplatte auf und inseriert am Proc. spinosus des 4. Brustwirbels. Von dort ab verläuft das paarige Rückenband (Lig. supraspinale) auf den Dornfortsätzen bis zu den Kreuzbeindornen. Im Widerristgebiet verbreitert sich das Nackenband zur Widerristkappe.

Die Nackenplatte entspringt am Kamm des Axis und an den Tubercula dors. der nachfolgenden Halswirbel sowie an den Procc. spinales der letzten Halswirbel und strahlt kaudal in den Nackenstrang ein, um letztlich am Dorn des 1. Brustwirbels zu inserieren.

Die Nackenplatte wird zwischen der Widerristkappe und dem Dornfortsatz des 2. (3.) Brustwirbels vom **Widerristschleimbeutel (Bursa subligamentosa supraspinalis)** unterlagert. Dieser liegt in einer Senkrechten über dem Tuber spinae scapulae. Als **inkonstante Schleimbeutel** sind die **Bursa subligamentosa nuchalis cranialis** in Höhe des Atlas und die **Bursa subligamentosa nuchalis caudalis** in Höhe des Axis bekannt (Abb. 1-118).

Verbindungen der Rippen mit den Wirbeln (Articulationes costovertebrales)

Verbindungen der Rippen mit den Wirbeln sind funktionell **Wechselgelenke**, sie dienen gemeinsam der Erweiterung und Verengung des Brustkorbs. Je kürzer der Abstand der beiden Gelenke zueinander, um so größer wird die Bewegungsfreiheit dieser Verbindungen. Dies ist vorzugsweise bei den letzten Atmungsrippen der Fall.

Das **Rippenkopfgelenk (Articulatio capitis costae)** ist ein Kugelgelenk, in ihm artikulieren die beiden Gelenkflächen des Rippenkopfs jeweils mit den Gelenkgruben zweier anliegender Brustwirbel, im ersten Rippenkopfgelenk auch mit der kaudalen Gelenkfläche des letzten Halswirbels (Abb. 1-120). Die Zwischenwirbelscheibe steht dabei dem Sulcus capitis costae gegenüber. Das Gelenk umfaßt wegen der zwei getrennten Gelenkhöhlen auch zwei eigenständige Gelenkkapseln. Verstärkungen dieser Kapseln werden als Lig. capitis costae radiatum bezeichnet (Abb. 1-120). Zwischen zwei gegenüberliegenden Rippenköpfchen verkehrt das **Ligamentum intercapitale.** Es scheint an den letzten Rippen und auch bei chondrodystrophischen Hunden schwächer zu sein, so daß es vermehrt zum Bandscheibenvorfall (Discus prolaps, »Teckellähme«) mit der Folge von Lähmungserscheinungen kommen kann.

Das **Ligamentum intercapitale** entspringt im **Sulcus capitis costae.** Es verbindet sich mit dem der gegenüberliegenden Seite, bedeckt vom **Ligamentum longitudinale dorsale.**

Zwischen dem Lig. intercapitale und der Zwischenwirbelscheibe findet sich eine synoviale Bandscheide. Das Lig. longitudinale dors. wird vom Lig. intercapitale durch einen Schleimbeutel getrennt.

Das **Rippenhöckergelenk (Articulatio costotransversaria)** ist ein straffes Gelenk, in ihm artikulieren die Gelenkflächen des Rippenhöckers mit jeweils einem Querfortsatz des gleichzähligen Brustwirbels. Dieses Gelenk umfaßt nur eine Gelenkkapsel.

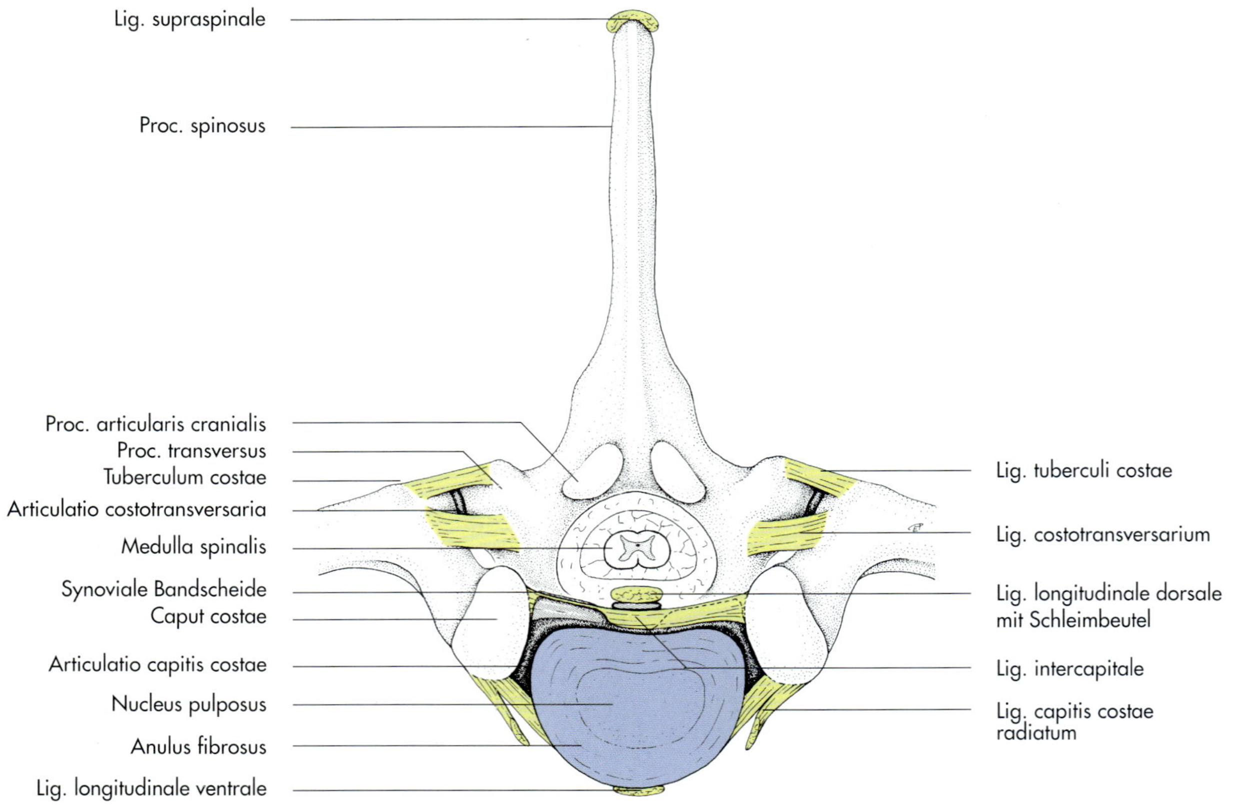

Abb. 1-120. Schematische Darstellung der Bänder der Rippengelenke des Hundes (Kranialansicht), nach Dr. Sabine Breit und Prof. Dr. W. Künzel, Wien.

Verbindungen des Brustkorbs (Articulationes thoracis)

Die **Verbindungen von Rippen und Rippenknorpeln (Articulationes costochondrales)** sind bei Fleischfressern und Pferd als **Symphysen** ausgebildet, beim Schwein und Rind vorzugsweise als **straffe Gelenke.** Die **Verbindungen zwischen dem Brustbein und den Rippengelenken (Articulationes sternocostales)** sind direkt, während sich die Knorpel der falschen Rippen in kaudaler Folge von ventral aneinanderlegen und durch elastisches Bindegewebe zum **Rippenbogen (Arcus costalis)** verbinden.

Die **Brustbein-Rippen-Gelenke** sind **Walzengelenke** mit der Funktion als **Wechselgelenke,** das Knorpelgelenk der wahren Rippe trägt eine Gelenkwalze, das Sternum die Gelenkgrube. Allein das 1. Rippenpaar artikuliert mit dem Manubrium sterni beim Schwein und Pferd in einer gemeinsamen Gelenkgrube. Die übrigen wahren Rippen verbinden sich beidseitig mit dem Corpus sterni in den Gelenkgruben (Incisurae costales), überzogen von straffen Gelenkkapseln.

Die **Verbindungen der Sternebrae zum Brustbein (Synchondroses sternales)** bleiben im juvenilen Alter erhalten und bilden eine **Synchondrosis manubriosternalis** sowie **Synchondroses intersternales** und **Synchondroses xiphosternales** aus, die allmählich verknöchern (Abb. 1-109, 110 u. 111). Beim Schwein und Wiederkäuer bleibt als Wechselgelenk eine Articulatio synovialis manubriosternalis erhalten. Dem Sternum liegt dorsal das **Ligamentum sterni** auf, das kaudal vom 1. Rippenpaar ansetzt und sich nach hinten verbreitert. Es kann bei den Fleischfressern fehlen, ist beim Schwein und Wiederkäuer bis auf den Schaufelknorpel leicht gefächert und endet beim Pferd mit drei Schenkeln an den letzten wahren Rippen bzw. am Schaufelknorpel.

Wirbelsäule als Ganzes

Die **Beweglichkeit der Wirbelsäule** ist im Bereich der Halswirbel groß. Kräftige und meist horizontal gestellte Gelenkflächen und weite Gelenkkapseln ermöglichen erweiterte Dreh-, Seiten-, Hebe- und Senkwinkel. In der Brust- und Lendenregion nimmt an der Wirbelsäule die Beweglichkeit nach kaudal kontinuierlich ab. Dabei können im kranialen Bereich der Brustwirbelsäule noch Rotationsbewegungen stattfinden. Diese gehen kaudal verloren, dort ist nur noch eine dorsoventrale Krümmung **(Kyphose bzw. Lordose)** möglich. Eine seitliche Bewegung der Wirbelsäule **(Skoliose)** bleibt unverändert auch kaudal, wenn auch eingeschränkt, erhalten (beim Pferd: Articulationes intertransversariae lumbales).

Im Lenden-Kreuzbein-Gelenk (Articulatio lumbosacralis) artikuliert unter Einschluß der Zwischenwirbelscheibe der letzte Lendenwirbel mit dem Kreuzbein. Die Gelenkfortsätze werden vom Lig. iliolumbale funktionell unterstützt und beim Pferd durch die Articulatio intertransversaria lumbosacralis ergänzt.

Die Wirbel des Kreuzbeins sind unter Einbeziehung der Zwischenwirbelscheiben, der Reduktion der Fortsätze und Verschmelzung der Körper zu einem einheitlichen Ganzen verknöchert, ein Vorgang, der weitgehend der unmittelbaren Übertragung der Kraft der Beckengliedmaße auf den Rumpf dient. Die Schwanzwirbelsäule ist beweglich, ihre Wirbelkörper sind durch Zwischenwirbelscheiben verbunden.

2 Faszien und Muskeln des Kopfes und des Stammes

H.-G. Liebich, J. Maierl und H. E. König

Faszien (Fasciae)

Die Oberfläche des Kopfes und des Stammes wird unter der Haut von Faszien ummantelt, die als straffe, flächenhaft ausgebreitete Bindegewebshäute Muskeln zum Ursprung oder Ansatz dienen, aber auch mit zu deren Verschiebbarkeit gegeneinander beitragen. Sie bilden auch Hüllen für eingelagerte Organe (z.B. am Hals für die Speiseröhre, die Luftröhre, die Speicheldrüsen).

Darüber hinaus schließen sie in der Tiefe neben den Gefäßen und Nerven oberflächlich auch quergestreifte Hautmuskulatur (Mm. cutanei) in ihren Spalträumen ein. Man unterscheidet entsprechend der Lage am Körper:

- **oberflächliche Kopf-, Hals- und Rumpffaszien,**
  - Fascia capitis superficialis
  - Fascia cervicalis superficialis,
  - Fascia trunci superficialis,
- **tiefe Kopf-, Hals-, Rumpf- und Schwanzfaszien,**
  - Fascia capitis profunda,
  - Fascia cervicalis profunda,
  - Fascia trunci profunda,
  - Fascia thoracolumbalis,
  - Fascia spinocostotransversalis und
  - Fascia caudae profunda.

Oberflächliche Kopf-, Hals- und Rumpffaszien

Die **Fascia capitis superficialis (oberflächliche Kopffaszie)** überzieht bei Fleischfressern leichtverschieblich den gesamten Kopf, beim Pferd und Wiederkäuer liegt diese dem Nasenrücken und der Stirnhaut fest an. Diese Faszie ist am Schädel an der Crista facialis, am Arcus zygomaticus und an der Crista sagittalis externa fixiert. Sie bedeckt die Ohrspeicheldrüse, den M. masseter und den M. temporalis. Zusätzlich schließt diese Faszie die Hautmuskeln des Kopfes sowie Teile der oberflächlichen Ohrmuskulatur ein. Rostral strahlen in diese die Backen- und Nasenmuskeln ein, ventral schließt sie den Kehlgang ab. Kaudal setzt sie sich in der Halsfaszie fort.

Die **Fascia cervicalis superficialis (oberflächliche Halsfaszie)** läßt sich in ein **oberflächliches** und ein **tiefes Blatt** teilen. Das oberflächliche schließt die oberflächlichen Muskeln des Halses (Hautmuskel, M. brachiocephalicus, M. trapezius) ein, das tiefe Blatt bedeckt den M. serratus ventralis in seinem Halsteil und den M. splenius und inseriert am Nackenband. Diese Faszie umhüllt die A. carotis communis (Karotisscheide). Sie setzt sich kaudal in die Schulter- und Rumpffaszie fort.

Die **Fascia trunci superficialis (oberflächliche Rumpffaszie)** umhüllt bei allen Haussäugetieren großflächig den Bauchhautmuskel (M. cutaneus trunci). Diese strahlt im Rücken- und Lendengebiet in die Fascia thoracolumbalis ein, beim Wiederkäuer und Pferd ist sie an den Dornfortsätzen der Wirbelkörper fixiert. Bei Fleischfressern verbindet sich die Faszie der einen Seite mit der der anderen, oftmals unterlagert von reichen Fettpolstern. Ventral verschmilzt sie mit der Brustmuskulatur und der Linea alba und geht in die Faszienblätter der Vorder- und Hintergliedmaße über.

Tiefe Kopf-, Hals-, Rumpf- und Schwanzfaszien

Die **Fascia capitis profunda (tiefe Kopffaszie)** überzieht als **Fascia buccopharyngea** weite Anteile der Außenfläche des Unterkiefers, sie verschmilzt stellenweise mit der oberflächlichen Kopffaszie. Ein tiefes Blatt der tiefen Kopffaszie verbindet sich mit der Backenschleimhaut, während eine oberflächlicher gelegene Schicht unter den M. masseter tritt und über die Gesichtsmuskulatur hinweg zur Crista facialis zieht und an dieser ansetzt. Einzelne Gesichtsmuskeln (z.B. der M. buccinator oder der M. caninus) werden von ihr umhüllt. Im Bereich des Nasenrückens strahlt die tiefe Faszie in die oberflächliche ein. Halswärts geht die tiefe Kopffaszie in die **Fascia pharyngobasilaris (Rachenfaszie)** über, die am Flügelbein entspringt und dorsal am Mandibularand bzw. am Stylo- und Thyreohyoid ansetzt. Die tiefe Kopffaszie liegt stets unter den größeren Kopfgefäßen. Als **Fascia temporalis** überzieht sie den Schläfenmuskel und inseriert am Augen- und Jochbogen. Bei Fleischfressern verbindet sich diese Faszie mit dem Periost des Planum parietale und der Stirnfaszie.

Die **Fascia cervicalis profunda (tiefe Halsfaszie)** ist zweiblättrig. Das oberflächliche Blatt nimmt seinen Ursprung am Atlasflügel, am M. longus capitis und an den Mm. scaleni, zieht ventral und umfaßt dort die Speiseröhre, den N. laryngeus recurrens, den Truncus vagosympathicus sowie die A. carotis communis. Diese Faszie inseriert kranial am Zungenbein und in der Rachenfaszie, kaudal am 1. Rippenpaar und am Brustbein. Das tiefe Blatt entspringt aus den Mm. intertransversarii und schließt den M. longus colli und den M. longus capitis ein. Beim Pferd reicht dieses Blatt kranial zwischen die Luftsäcke.

Die **Fascia trunci profunda (tiefe Rumpffaszie)** ist meist kräftig, oftmals sehnig verstärkt und dient großflächig zahlreichen Muskeln des Stammes als Beginn ihrer Ursprungsaponeurosen. Die in der Rücken-Lenden-Region ausgebreitete Portion findet als **Fascia thoracolumbalis** ihren Ursprung an den Dornfortsätzen der Brust-, Lenden- und Kreuzwirbel, am Lig. supraspinale, am Tuber sacrale, an der Crista iliaca und am Tuber coxae. Aus dieser Faszie entwickelt sich die Aponeurose des M. latissimus dorsi und des M. serratus dorsalis caudalis. Sie setzt sich kranioventral in die Fascia axillaris, kaudal in die Fascia glutaea fort. Ventral bildet diese die bei großen Pflanzenfressern vorwiegend aus **elastischen Fasern** bestehende **gelbe Bauchhaut (Tunica flava abdominis).** Unmittelbar neben der Linea alba spaltet paramedian die tiefe Rumpffaszie das Aufhängeband für den Penis **(Lig. suspensorium penis)** und die Haltebänder für das Euter **(Apparatus suspensorius mammarius)** ab.

Die tiefe Rumpffaszie entläßt in der Widerrist- und Schulterregion die beim Pferd dreiblättrige **Fascia spinocostotransversalis.** Diese nimmt ihren Ursprung zwischen den Dornfortsätzen **(Spinal-Anteil)** der ersten fünf Brustwirbel und der ersten acht Rippen und den entsprechenden Querfortsätzen **(Kostotransversal-Anteil).** Das **oberflächliche Blatt** ist funktionell zu den unermüdlichen Einrichtungen des Körpers zu rechnen, die der stoßdämpfenden Aufhängung des Rumpfes dienen. Dieses Blatt verbindet sich sehnig mit dem M. serratus ventralis. Das **mittlere Blatt** umhüllt und trennt die einzelnen Muskelportionen des lateralen Systems der Rückenmuskulatur (M. longissimus, M. iliocostalis). Das **tiefe Blatt** teilt die Muskeln des medialen Systems und dient diesen vielfach als Ansatzfläche (M. semispinalis).

Diese Rumpffaszie setzt sich auch in der Tiefe fort und wird hier als **innere Rumpffaszie** bezeichnet. Die innere Rumpffaszie kleidet die Brust-, Bauch- und Beckenhöhle aus und verschmilzt mit dem wandständigen Blatt der Serosaflächen. Als **Fascia endothoracia** liegt sie der Brusthöhle, als **Fascia transversalis** der Bauchhöhle und als **Fascia iliaca** den inneren Lendenmuskeln an. In der Beckenhöhle wird sie als **Fascia pelvis** bezeichnet.

Die **Fascia caudae profunda (tiefe Schwanzfaszie)** setzt sich aus der tiefen Fascia glutaea fort und verschmilzt distal mit der oberflächlichen Schwanzfaszie. Diese zieht meist zwischen die Stränge der Schwanzmuskeln und setzt diese voneinander ab. Sie inseriert an den Schwanzwirbeln.

Hautmuskeln (Musculi cutanei)

Die Hautmuskeln bilden zusammen mit den oberflächlichen und tiefen Faszien eine strumpfartige, kontraktile **Spannfläche,** der besondere funktionelle Bedeutung zukommt. So ermöglicht diese insbesondere bei Fleischfressern und Pferden die Verstärkung mimischer Reaktionen an den Lippen und den Nasenöffnungen oder die Feinabstimmung der Stellung der Ohrmuscheln. Auch dienen die Hautmuskeln dem Anspannen der Haut oder deren Faltenlegen.

Hautmuskeln des Kopfes (Musculi cutanei capitis)

Die Hautmuskeln des Kopfes liegen in der oberflächlichen Faszie eingebettet und werden als Teil der oberflächlichen Fazialismuskulatur ausschließlich vom N. facialis innerviert.

Man unterscheidet:

- M. sphincter colli superficialis,
- M. cutaneus faciei,
- M. sphincter colli profunda und
- M. frontalis.

Der **M. sphincter colli superficialis** wirkt nur bei Fleischfressern als Spanner der Faszie am Kehlgang und erstreckt sich als schmales, querverlaufendes Muskelband vom Kehlkopf ventral am Hals entlang kaudal. Der **M. cutaneus faciei** stellt eine großflächige Muskelplatte auf dem M. masseter dar. Er zieht den Mundwinkel zurück und wirkt als Spanner und Beweger der Kopfhaut. Der **M. sphincter colli profundus** liegt unter dem Platysma bzw. dem M. cutaneus faciei auf der Seitenfläche von Hals und Kopf. Dieser Hautmuskel spannt die oberflächliche Faszie in der Kehlkopfgegend.

Der **M. frontalis** ist bei Schwein und Wiederkäuern, zuweilen auch beim Fleischfresser, als ein Runzler und Beweger der Stirnhaut ausgebildet.

Hautmuskeln des Halses (Musculi cutanei colli)

Die Hautmuskeln des Halses werden nach ihrer Lage und Funktion benannt. Sie werden vom Ramus colli des N. facialis innerviert. Man unterscheidet:

- M. sphincter colli superficialis,
- Platysma,
- M. sphincter colli profunda und
- M. cutaneus colli.

Der **M. sphincter colli superficialis** tritt nur beim Fleischfresser als eine schwache, transversal verlaufende Muskelplatte auf, die dem Hals ventral aufliegt und vom Kehlgang bis zur Brust reicht. (Näheres siehe auch oben). Das **Platysma** ist eine bei Fleischfressern und Schwein gut entwickelte Muskelplatte, die in den Gesichtsmuskel einstrahlt und als Spanner und Beweger der Haut in der Nacken- und seitlichen Kopfregion dient. Der **M. sphincter colli profundus** wird als Hautmuskel des Kopfes dort beschrieben (siehe oben). Der **M. cutaneus colli** (fehlt Fleischfressern) ist eine Muskelplatte an der ventralen Fläche des Halses, die am Manubrium sterni entspringt und die Drosselrinne überzieht.

Hautmuskeln des Rumpfes (Musculi cutanei trunci)

Die Hautmuskeln des Rumpfes lassen sich untergliedern in:

- M. cutaneus trunci,
- M. cutaneus omobrachialis,
- Mm. praeputiales und
- Mm. supramammarii.

Der **M. cutaneus trunci** (Rumpf- oder Bauchhautmuskel) tritt bei allen Haussäugetieren als ein mächtiger, großflächiger Hautmuskel auf, der die seitliche Rumpfwand und die gesamte Kruppen- und seitliche Oberschenkelregion überzieht. Bei Fleischfressern stehen dorsal seine Endfasern mit denen der anderen Seite in Verbindung. Im Widerrist legen sich diese dem M. latissimus dorsi auf und bilden mit diesem den muskulösen Achselbogen. Die ventralen Flächen konvergieren zur Schaufelknorpelgegend und verschmelzen. Aus diesem Ansatz entwickeln sich kaudal die Mm. praeputiales beim Rüden und die Mm. supramammarii bei der Hündin.

Die Ausdehnung des Rumpfhautmuskels reduziert sich beim Wiederkäuer und Pferd vorzugsweise auf kaudoventrale Wandabschnitte, deren dorsale Begrenzung schräg auf die Kniefalte zuläuft. Dieser Hautmuskel ist der wichtigste Spanner und Beweger der Rumpfhaut, der in seiner Funktion von der oberflächlichen Rumpffaszie unterstützt wird.

Der **M. cutaneus omobrachialis** (Schulterhautmuskel) ist ein Spanner und Beweger der Schulterhaut. Nur beim Wiederkäuer und Pferd ausgebildet, liegt dieser vom Schulterblatt bis zum Ellbogengelenk dem Oberarm als Muskelplatte auf. Er ist als Fortsetzung des Rumpfhautmuskels auf die Vordergliedmaße anzusehen.

Die **Mm. praeputiales** (Vorhautmuskeln) sind beim Bullen am kräftigsten ausgebildet. Sie lassen Mm. praeputiales craniales als Vorwärtszieher und Mm. praeputiales caudales als Rückwärtszieher des Präputiums unterscheiden.

Die **Mm. supramammarii** treten allein bei der Hündin und der Katze auf. Sie entspringen aus der Regio xiphoidea und ziehen als dünne Muskelstränge über das Gesäuge kaudal. Sie wirken als Spanner und Beweger der Bauchhaut in der Gegend des Gesäuges.

Muskeln des Kopfes (Musculi capitis)

Die Muskeln des Kopfes lassen sich in Hinblick auf ihre embryonale Entwicklung, ihre Innervation oder ihre Funktionen unterschiedlich gruppieren. Nachfolgend erscheint eine Gliederung nach ihrer Herkunft aus den Kiemenbögen und deren Beziehungen zu entsprechenden Kiemenbogennerven am geeignesten.

Aus den ersten und zweiten Kiemenbögen geht die Gesichts- und Kaumuskulatur hervor, aus den dritten und vierten entwickeln sich die lateralen und ventralen Wände des Schlundkopfes und deren Organe. Die sie begleitenden Kiemenbogennerven, der fünfte, der siebte, der neunte und der zehnte Kopfnerv, bleiben zeitlebens mit diesen Muskeln verbunden.

Im nachfolgenden wird allein auf die Gesichts- und Kau- sowie Kehlgangsmuskulatur eingegangen. Die anderen Muskelgruppen (Kehlkopfmuskulatur und intraorbitale Augenmuskeln) werden nach Lage und Funktion Organmuskeln zugerechnet und daher in den entsprechenden Kapiteln (s. Band II) im Zusammenhang näher geschildert.

Gesichts- oder Fazialismuskulatur

Die Gesichts- oder Fazialismuskulatur läßt sich in eine oberflächliche und eine tiefe Schicht unterteilen, die beide grundsätzlich vom N. facialis versorgt werden (Abb. 2-1 u. 2, Tab. 2-1).

Die **oberflächliche Schicht** schließt die Hautmuskulatur des Kopfes und des Halses sowie eine Vielzahl von kleineren Muskeln ein, die für die Bewegung der Lippen, Nüstern, Nasenrücken, Augenlider und der Ohrmuscheln verantwortlich sind. Diese oberflächliche Muskelgruppe kann im weitesten Sinn auch als **mimische Muskulatur** zusammengefaßt werden.

Die **tiefere Schicht** umfaßt am Kopf verteilt liegende Muskeln, die mit dem Zungenbein verbunden sind, als Teil des M. digastricus verstanden werden oder in das Mittelohr (M. stapedius) verlagert sind. Die tiefe Gesichtsmuskulatur wird von tiefer gelegenen Ästen des VII. Gehirnnerven, des N. facialis, innerviert.

Man untergliedert die Gesichts- oder Fazialismuskulatur in:

- **Muskeln der Lippen und Backen:**
  - M. orbicularis oris,
  - Mm. incisivi,
  - M. levator nasolabialis,
  - M. levator labii superioris,
  - M. caninus,
  - M. depressor labii superioris,
  - M. depressor labii inferioris,
  - M. mentalis,
  - M. zygomaticus,
  - M. buccinator,
- **Muskeln der Nase:**
  - M. dilatator naris apicalis,
  - M. dilatator naris medialis,
  - M. lateralis nasi,
  - M. transversus nasi,
- **Extraorbitale Muskeln der Augenlider:**
  - M. orbicularis oculi,
  - M. levator anguli oculi medialis,
  - M. retractor anguli oculi lateralis,
  - M. malaris,
- **Muskeln der Ohrmuschel:**
  - M. scutularis,
  - M. parotidoauricularis,
  - Mm. auriculares caudales,
  - Mm. auriculares dorsales,
  - Mm. auriculares rostrales,
  - Mm. auriculares profundi und
  - M. styloauricularis.

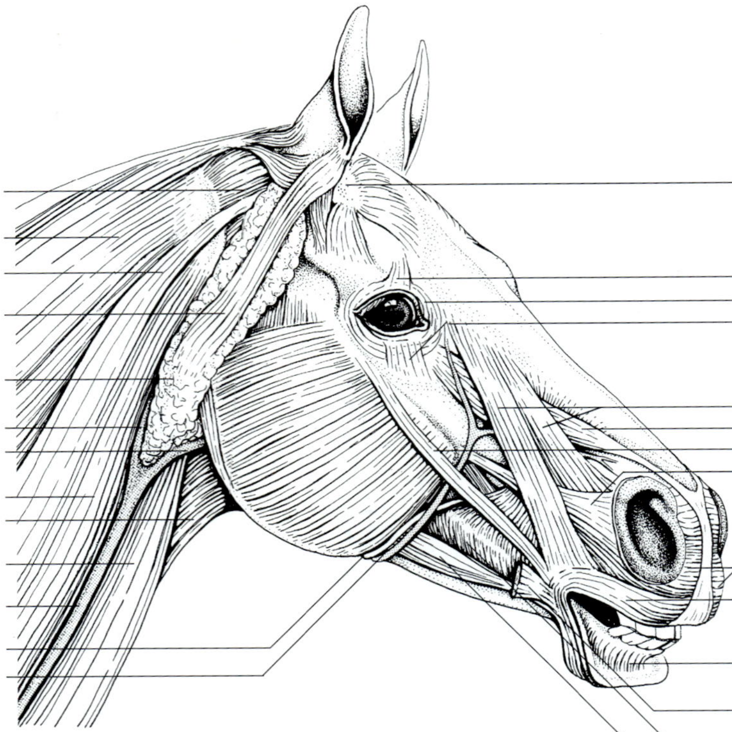

Abb. 2-1. Schematische Darstellung der oberflächlichen Gesichts- oder Fazialismuskulatur des Pferdes (Lateralansicht), nach Ghetie, 1954.

Muskeln der Lippen und Backen (Musculi labiorum et buccarum)

Der **M. orbicularis oris (Lippenschließmuskel)** umgibt als ein in sich kreisförmig geschlossener Ringmuskel die Mundöffnung und formt die Lippen (Abb. 2-1). Er setzt sich aus einer Vielzahl von Faserbündeln zusammen, deren Einzelfasern isoliert in die Lederhaut einstrahlen. Eng mit der Lippenschleimhaut verwachsen, strahlen in diesen Muskel die übrigen Lippen- und Backenmuskeln ein.

Beim Hund läßt sich ein stärkerer Oberlippenanteil von einer schwächeren Unterlippenportion unterscheiden, die in der Medianen unterbrochen bleibt. Tiefreichende Sinushaare (Schnurrhaare) sind mit diesem Kreismuskel verbunden und werden durch diesen bewegt. Beim Wiederkäuer sind die Oberlippenanteile nicht geschlossen, woraus eine gewisse Unbeweglichkeit dieses Lippenabschnittes erklärbar wird.

Die **Mm. incisivi (Schneidezahnmuskeln)** liegen dicht unter der Schleimhaut und strahlen als schwache Muskelplatten aus dem Bereich der Schneidezahnfächer des Ober- und Unterkiefers in den M. orbicularis oris (Abb. 2-1). Sie drücken auf die Lippendrüsen, heben die Oberlippe und drücken die Unterlippe nieder.

Der **M. levator nasolabialis (Nasenlippenheber)** entwickelt sich aus der Faszie der Stirn- und Nasenregion (Abb. 2-1). Mit Ausnahme des Pferdes ist dieser platte Muskel bandförmig verbreitert. Er zieht beim Pferd zweigespalten, beim Wiederkäuer unter den M. caninus in die Oberlippenportion des M. orbicularis oris und zur lateralen Wand des Nasenloches. Er hebt die Oberlippe und erweitert das Nasenloch.

Der **M. levator labii superioris (Heber der Oberlippe)** ist der kräftigste Gesichtsmuskel, er entspringt tierartlich unterschiedlich am medialen Augenwinkel (Abb. 2-1). Unter Verzweigung in mehrere Endsehnen inseriert dieser Muskel seitlich am Nasenloch und in der Oberlippe (Fleischfresser, Schwein, Wiederkäuer). Beim Pferd setzt er als breite, derbe Endplatte in der Medianen der Oberlippe an.

Bei Fleischfressern entspringt dieser meist kleine Muskel an der Facies facialis des Oberkieferbeins, kaudal des Foramen infraorbitale, und strahlt, feinsehnig verzweigt, in den Rand der seitlichen Nasenöffnung und in die Oberlippe.

Beim Schwein füllt er die Fossa canina aus und zieht mit zahlreichen kleineren Einzelsehnen in die Rüsselscheibe. Beim Rind läuft dieser Muskel in Form von mehreren dünnen Sehnen in den dorsolateralen Rand der Nasenöffnung und in die Oberlippe aus.

Beim Pferd liegt der M. levator labii sup. mit einem langgestreckten Bauch breitflächig dem Oberkieferbein auf, z.T. auch noch dem Tränen- und dem Jochbein. Als Heber der Oberlippe geht er in Höhe des Nasen-Kiefer-Winkels, von einer Sehnenscheide umhüllt, in eine rundliche Sehne über und strahlt gemeinsam mit der Sehne der anderen Seite als mediane Sehnenplatte in die Oberlippe ein.

Tab. 2-1. Muskeln der Lippe und der Backe.

Name Innervation	Ursprung	Ansatz	Funktion
M. orbicularis oris N. facialis, Rr. buccolabiales	Kreismuskel		Schließen der Mundspalte
Mm. incisivi N. facialis, Rr. buccolabiales – M. incisivus superior – M. incisivus inferior	 Arcus alveolaris Arcus alveolaris	 M. orbicularis oris M. orbicularis oris	 Heben der Oberlippe Anziehen der Lippen
M. levator nasolabialis N. facialis, R. zygomaticus	Stirn- und Nasenrücken	M. orbicularis oris seitlich am Nasenloch	Heben der Oberlippe Erweitern des Nasenlochs
M. levator labii sup. N. facialis, Rr. buccolabiales	variabel an der Maxilla	Oberlippe	Heben und Rückziehen der Oberlippe und des Nasenspiegels
M. caninus N. facialis, Rr. buccolabiales	rostral an der Crista facialis bzw. am Tuber faciale	seitlich am Nasenloch	Erweitern des Nasenlochs bzw. Rückwärtsziehen der Oberlippe
M. depressor labii sup. **(exkl. Pferd)** N. facialis, Rr. buccolabiales	Tuber faciale	Oberlippe	Niederziehen der Oberlippe
M. depressor labii inf. N. facialis, Rr. buccolabiales	Tuber maxillae	Unterlippe	Niederziehen der Unterlippe
M. mentalis N. facialis, Rr. buccolabiales	seitlich an der Pars incisiva mandibulae	Kinn	Kinnbewegungen
M. zygomaticus N. facialis, R. zygomaticus	Jochbogen	M. orbicularis oris	Rückwärtsziehen des Mundwinkels
M. buccinator N. facialis, Rr. buccolabiales	Kieferränder	Mittelsehne	Verengen des Backenvorhofs

Der **M. caninus (Eckzahnmuskel)** wird bei den meisten Haussäugetieren vom M. levator labii sup. bedeckt, allein bei Fleischfressern wird er seinem Namen gerecht und strahlt in Höhe des Eckzahnes in die Oberlippe. Beim Wiederkäuer entspringt er ventral des Hebers der Oberlippe und z. T. mit diesem gemeinsam am Tuber faciale, tritt unter den M. levator nasolabialis und inseriert seitlich an der Nasenöffnung und anliegenden Portionen der Oberlippe. Beim Pferd liegt dieser platte, dünne Muskel zwischen dem rostralen Ende der Crista facialis und dem Seitenrand der Nasenöffnung (Abb. 2-1).

Der **M. depressor labii superioris (Niederzieher der Oberlippe)** tritt nur beim Schwein und Wiederkäuer auf. Er entspringt rostral vom Tuber faciale, ventral vom M. caninus. Vor seiner Insertion geht er beim Schwein in eine langgezogene Endsehne über, die nahe der Mundspalte in die Rüsselscheibe einstrahlt und sich mit der der anderen Seite verbindet. Beim Wiederkäuer spaltet er sich in zahlreiche dünne Endfasern auf, die sich im Bereich der Oberlippe und des Flotzmauls verflechten.

Der **M. depressor labii inferioris (Niederzieher der Unterlippe)** fehlt dem Fleischfresser, beim Wiederkäuer tritt er aus der Pars molaris des M. buccinator hervor. Er bleibt schmal und dünn und strahlt außen am Unterkiefer in die Muskulatur der Unterlippe ein. Beim Pferd, bedeckt vom M. masseter, entspringt er am Tuber maxillae und aus dem M. buccinator, verläuft rostral unter der flächenhaften Ausdehnung des M. cutaneus faciei und zieht mit der Zahnreihe des Unterkiefers bis zur Unterlippe (Abb. 2-1).

Der **M. mentalis (Kinnmuskel)** erscheint bei allen Haussäugetieren schwach und bindegewebig durchsetzt. Er kann auch als Abspaltung des M. buccinator gesehen werden. Vorzugsweise beim Pferd bildet dieser Muskel das deutlich vorspringende Kinn, das bei den anderen Haussäugetieren weit undeutlicher ausgebildet ist.

Der **M. zygomaticus (Jochmuskel)** entspringt beim Pferd als ein meist bandartiger, flacher Muskel rostral aus der Gegend der Crista facialis (Abb. 2-1), beim Wiederkäuer aus der Fascia masseterica. Er strahlt nahe dem Mundwinkel in den M. orbicularis oris ein. Bei Fleischfressern fächert er sich, vom Schildchen des Ohrknorpels kommend, rostral zum Mundwinkel, halswärts in die Kehlgangsfaszie auf.

Der **M. buccinator (Backenmuskel)** bildet die muskuläre Grundlage der Backe (Abb. 2-1). Als flächenhaft verbreiterter Muskel spannt er sich zwischen die Alveolarfortsätze des Ober- und des Unterkiefers und schließt damit seitlich die Mundhöhle ab. Dieser Muskel vermag durch Kontraktion das

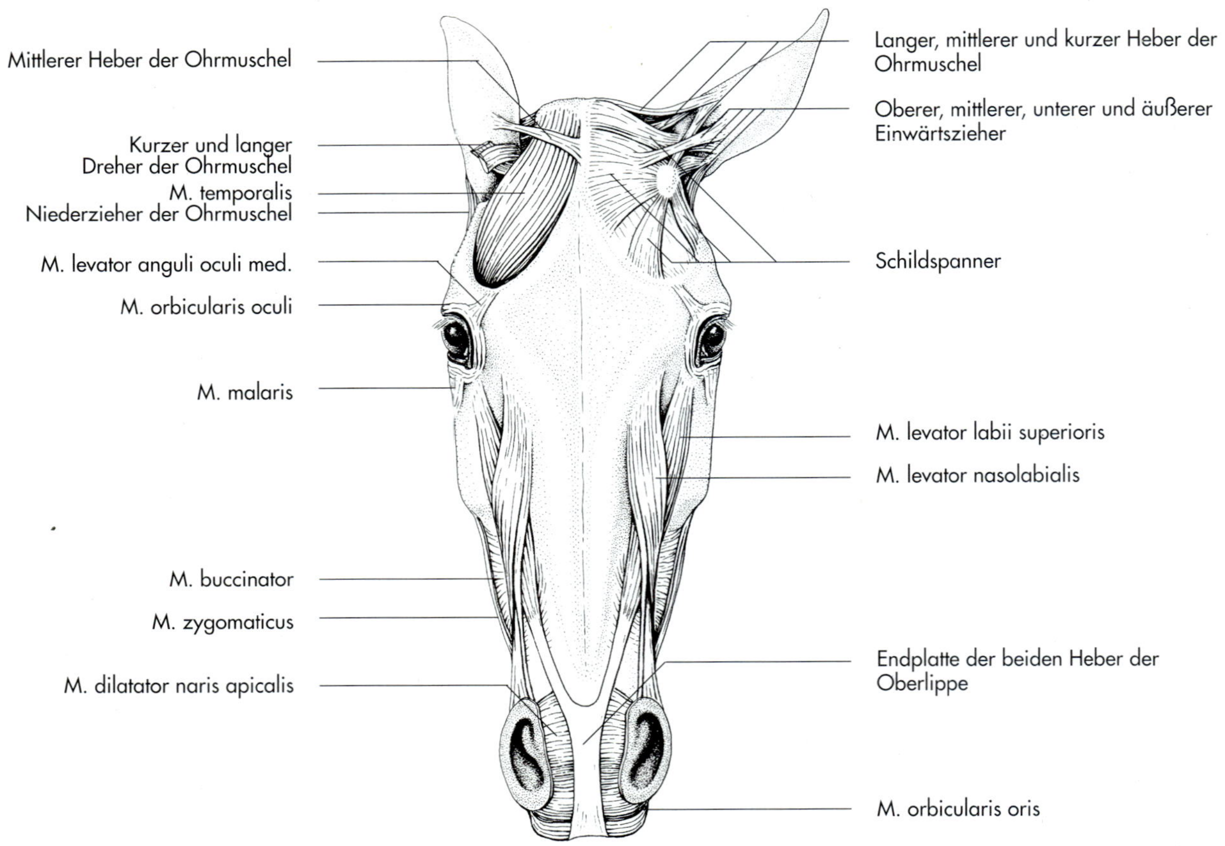

Abb. 2-2. Schematische Darstellung der Nasen-, Ohren- und anderen Kopfmuskeln des Pferdes (Frontalansicht), nach Ghetie, 1971.

Vestibulum oris zu verengen. Man unterscheidet vorzugsweise bei Wiederkäuern und Pferd eine oberflächliche **rostrale Pars buccalis** und eine **tiefe kaudale Pars molaris.** Bei den Fleischfressern läßt er sich in einen Oberkiefer- und einen Unterkieferabschnitt gliedern (Abb. 2-1).

Beide Anteile des M. buccinator formen bei Fleischfressern eine dünne Platte, die in Höhe der beiden letzten Backenzähne an den Alveolarfortsätzen des Ober- und des Unterkiefers ihren Ursprung nimmt. Am Vorderrand des M. masseter tritt er mit seinem stärkeren **Oberkieferabschnitt** hervor, verläuft bogenförmig nach vorne und oben, unterkreuzt die oberflächliche Portion des Unterkieferanteils und inseriert rostral des For. infraorbitale am Oberkiefer. Sein schwächerer **Unterkieferanteil** weist einen entgegengesetzten Faserverlauf auf. Dieser zieht aus der Unterlippe und dem Alveolarrand der ersten drei prämolaren Zähne nach hinten und oben und findet am Oberkiefer seinen Ansatz.

Beim Rind, und vergleichbar ähnlich beim Pferd, sind eine **Pars buccalis** und eine **Pars molaris** deutlich isolierbar. Sein oberflächlicher Anteil bildet mit vorwiegend senkrechtem Faserverlauf die oberflächliche Schicht der Backe. Die Einzelfasern laufen in einer Mittelsehne zusammen und lassen einen kräftigeren dorsalen von einem schwächeren ventralen Teil unterscheiden. Die **Pars molaris** entspringt am Rand der Zahnalveolen kaudal bis zum Processus coronoideus des Unterkiefers und strahlt in den Oberlippenteil des M. orbicularis oris ein. Zur Mundhöhle liegen diesem Muskel die Backendrüsen und die Backenschleimhaut an.

Muskeln der Nase (Musculi nasi)

Die Muskeln der Nase sind bei Fleischfressern und Schwein rudimentär ausgebildet, allein beim Wiederkäuer und Pferd finden diese Beachtung. Ihre jeweilige Bezeichnung drückt bereits deren Funktion aus. Diese Muskeln wirken als Erweiterer des Nasenloches bis hin zum Blähen der Nüstern beim Pferd (Abb. 2-1 u. 2).

Im einzelnen unterscheidet man beim Pferd:

- **M. dilatator naris apicalis** (vorderer Nasenerweiterer),
- **M. lateralis nasi** (Nasenseitenmuskel),
- **M. dilatator naris medialis** (seitlicher Nasenerweiterer).

Extraorbitale Muskeln der Augenlider (Musculi extraorbitales)

Der **M. orbicularis oculi (Augenringmuskel)** stellt eine weitgehend in sich geschlossene Kreismuskelplatte dar, die als Schließmuskel der Lidspalte ringförmig anliegt (Abb. 2-1 u. 2, Tab. 2-2). Der tiefere kräftigere Anteil (Pars orbitalis) liegt dem Orbitalrand direkt auf, dieser bewirkt ein »Zukneifen«

Tab. 2-2. Extraorbitale Muskeln der Augenlider.

Name Innervation	Ursprung	Ansatz	Funktion
M. orbicularis oculi N. facialis, R. zygomaticus	Kreismuskel des Auges		Verengen der Lidspalte
M. levator anguli oculi med. N. facialis, R. zygomaticus	Stirnfaszie	medial am Augenlid	Heben des medialen Abschnitts des Augenlids
M. retractor anguli oculi lat. N. facialis, R. zygomaticus	Schläfenfaszie	seitlicher Augenwinkel	Rückziehen des seitlichen Abschnitts des Augenlids
M. malaris N. facialis, Rr. buccolabiales	Gesichtsfaszie	unteres Augenlid	Niederziehen des unteren Augenlids

der Augen. Der oberflächlichere Anteil (Pars palpebralis) ist schwächer, strahlt in die Augenlider ein und dient dem Lidschluß.

Der **M. levator anguli oculi medialis (Heber des Oberlids)** bildet eine schwache, nur bei Fleischfressern kräftigere Muskelplatte, die aus der Stirnfaszie hervortritt und dorsomedial in das Oberlid einstrahlt (Abb. 2-2). Beim Hund bewirkt dessen Kontraktion den oftmals so »mitleiderregenden Augenausdruck«. Der nur bei Fleischfressern auftretende **M. retractor anguli oculi lateralis** entwickelt sich aus der Schläfenfaszie und zieht am seitlichen Augenwinkel das Augenlid zurück.

Der **M. malaris (Wangenmuskel)** wird als Lidabspaltung des M. sphincter colli prof. angesehen und ist mit Ausnahme der Wiederkäuer meist schwach entwickelt (Abb. 2-2). Beim Hund entspringt dieser Muskel, teilweise bedeckt vom Platysma, mit einzelnen, isolierten Faserbündeln, die mit dorsoventralem Verlauf vom Unterkieferrand von ventral in den M. orbicularis oculi und in die Oberkiefergegend ziehen. Beim Wiederkäuer ist sein Faserverlauf beinahe senkrecht zum M. zygomaticus. Er setzt stark gefächert in der Gegend des medialen Augenwinkels am Tränenbein an. Beim Pferd entwickelt sich dieser schwache Muskel nahe der Crista facialis aus der tiefen Gesichtsfaszie und strahlt in den Unterlidteil des M. orbicularis oculi ein.

Muskeln der Ohrmuschel (Musculi auriculares)

Die Haussäugetiere besitzen eine große Zahl kleinerer Ohrmuskeln, die teilweise an einer drei- oder viereckigen Knorpelplatte, dem **Schildchen (Scutulum),** entspringen oder direkt am Schädel ihren Ursprung nehmen und mit radiärem Faserverlauf sternförmig an der Ohrmuschel inserieren (Abb. 2-3). Topographisch und funktionell unterscheidet man **N**iederzieher, **A**uswärtszieher, **H**eber und **E**inwärtszieher der Ohrmuschel (zusammengefaßt in dem Hilfswort **»NAHE«**) sowie Schildspanner, Dreher und den Gehörgangsmuskel. Zusätzlich zu den angeführten Muskeln treten noch kleinere Faserzüge auf, die der Ohrmuschel unmittelbar anliegen, das Knorpelgrundgerüst der Ohrmuschel gegenseitig verschieben und den Gehörgang erweitern bzw. verengen.

Der **M. scutularis (Schildspanner)** stellt eine dünne Muskelplatte dar, die die Anheftung des knorpeligen Schildchens am Schädel vermittelt und seine Stellung verändern kann. Man unterscheidet nach deren Lage den M. frontoscutularis, den M. interscutularis und den M. cervicoscutularis (Abb. 2-3).

Der **M. parotidoauricularis (Niederzieher der Ohrmuschel)** ist ein langes Muskelband aus der vorderen Hals- und Ohrspeicheldrüsengegend, das zum ventralen Muschelwinkel verläuft und die Ohrmuschel nieder- und zurückzieht (Abb. 2-1 u. 3).

Die Mm. auriculares caudales (Auswärtszieher der Ohrmuschel) lassen einen langen (M. cervicoauricularis medius) und einen kurzen (M. cervicoauricularis prof.) Auswärtszieher unterscheiden, die beide von der Hinterhauptsbein- und der vorderen Nackengegend kommen und lateral an der Ohrmuschel enden (Abb. 2-3). Beide Muskeln stellen die Ohrmuscheln nach außen und vermögen diese auch zurückzuziehen.

Die **Mm. auriculares dorsales (Heber der Ohrmuscheln)** stellen eine Gruppe von drei Muskeln dar, die aus der Nackenregion (M. cervicoauricularis supf.), vom Schädeldach (M. parietoauricularis) und dem Skutulum (M. scutuloauricularis supf. accessorius) entspringen und zur Dorsalfläche der Ohrmuschel ziehen (Abb. 2-3). Neben der Funktion als Heber der Ohrmuschel vermögen diese Muskeln auch die Ohrmuschel nach rückwärts oder nach vorwärts zu ziehen.

Die **Mm. auriculares rostrales (Einwärtszieher der Ohrmuschel)** sind eine Gruppe von vier kleineren Einzelmuskeln, die ihrer Lage nach unterteilt werden (Abb. 2-3). Man unterscheidet einen oberen Einwärtszieher (M. scutuloauricularis supf. dors.), einen mittleren Einwärtszieher (M. scutuloauricularis supf. medius), einen unteren Einwärtszieher (M. scutuloauricularis supf. ventr.) und einen äußeren Einwärtszieher (M. zygomaticoauricularis). Sämtliche Muskeln treten von vorne an den rostromedialen Rand der Ohrmuschel heran und beteiligen sich an der Aufrichtung der

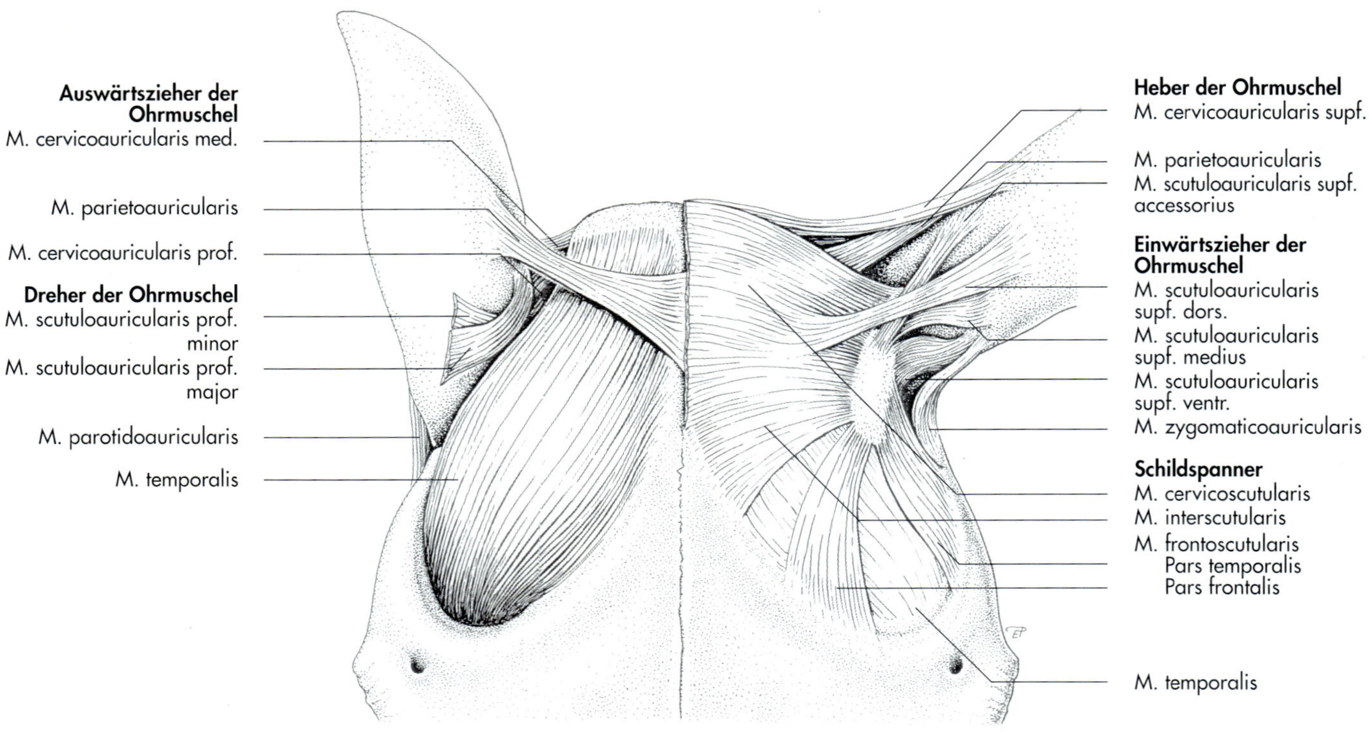

Abb. 2-3. Schematische Darstellung der Ohrmuskulatur des Pferdes (Frontalansicht), nach Ghetie, 1971.

Ohrmuschel. Der äußere Einwärtszieher dreht den Muschelgrund nach vorne.

Die **Mm. auriculares profundi (Dreher der Ohrmuschel)** nehmen ihren Ursprung an der Ventralseite des Schildchens und inserieren am Grund der Ohrmuschel (Abb. 2-3). Ihrer Ausdehnung nach unterscheidet man einen langen Dreher (M. scutuloauricularis prof. major) und einen kurzen Dreher (M. scutuloauricularis prof. minor).

Der **M. styloauricularis (Gehörgangsmuskel)** ist ein schmales Muskelband, das zum medialen Muschelrand zieht und den Gehörgang verkürzt.

Die Innervation der Muskeln an der Ohrmuschel erfolgt durch zwei Äste des N. facialis. Diese zweigen nach Austritt aus dem Foramen stylomastoideum ab und ziehen rostral und kaudal der Ohrmuschel dorsal (N. auriculopalpebralis, N. auricularis caudalis).

Kau- und oberflächliche Kehlgangsmuskulatur

Die Kau- und oberflächliche Kehlgangsmuskulatur wird vom N. mandibularis, dem 3. Hauptast des 1. Kiemenbogennerven, dem N. trigeminus, innerviert **(Mandibularismuskulatur).** Diese Muskelgruppe dient der Bewegung des Unterkiefers gegenüber dem Oberschädel sowie der muskulösen Abdeckung des Kehlgangs und der unteren Zungenmuskulatur von ventral. Diese Muskeln bewirken als die wichtigsten Beweger des Unterkiefers ein Hochziehen, Anpressen, Seitwärtsziehen und Mahlen der Mandibula gegenüber dem Oberkiefer.

Die Kau- und oberflächliche Kehlgangsmuskulatur wird unterteilt in:

- **Kaumuskulatur:**
  - M. masseter,
  - Mm. pterygoidei laterales et mediales,
  - M. temporalis und
- **oberflächliche Kehlgangsmuskulatur:**
  - M. digastricus,
  - M. mylohyoideus.

Kaumuskeln

Kaumuskeln stellen grundsätzlich kräftige Muskelportionen dar, die im Hinblick auf die tierartlich unterschiedliche Ausbildung des Gebisses, des Kiefergelenks und der Kaumechanik erhebliche tierartspezifische Besonderheiten aufweisen (Abb. 2-4 – 7, Tab. 2-3).

Der **M. masseter (äußerer Kaumuskel)** ist ein stark gefiederter, breiter Muskel, der, sehnig durchzogen, am Ventralrand des Jochbogens und an der Crista facialis entspringt und langgezogen von der Incisura vasorum facialium bis zum Kiefergelenk außen am Unterkiefer inseriert.

Bei Fleischfressern lassen sich durch breitflächige Sehnenplatten am M. masseter drei Portionen unterscheiden, von denen die oberflächliche am stärksten entwickelt ist (Abb. 2-4). Diese entspringt vom Tuber maxillae bis zur

Tab. 2-3. Kaumuskulatur.

Name **Innervation**	**Ursprung**	**Ansatz**	**Funktion**
M. masseter N. massetericus des N. mandibularis	Crista facialis und Jochbogen	Lateralfläche des Unter- kiefers und des Kehlgangrandes	Anziehen und Seitwärtsziehen des Unterkiefers
M. pterygoideus lat. N. pterygoideus lat. des N. mandibularis	Proc. pterygoideus des Keilbeins	Medialfläche des Unterkiefers, Proc. condylaris	Anziehen, Vorschieben und Vorwärtsziehen des Unterkiefers
M. pterygoideus med. N. pterygoideus med. des N. mandibularis	Proc. pterygoideus des Keilbeins, Flügelbein, Lamina perpendicularis	Medialfläche des Unterkiefers	Anziehen des Unterkiefers
M. temporalis N. temporalis prof. des N. mandibularis	Schläfengrube	Proc. coronoideus des Unterkiefers	Anziehen des Unterkiefers

Mitte des Arcus zygomaticus, zieht kaudoventral über den Unterkieferast und umfaßt als ausgeprägter Muskelstrang ventral den Unterkiefer und den Processus angularis. Seine freie Portion bedeckt den M. digastricus und setzt medial an der Mandibula an. Die mittlere Portion dieses Kaumuskels bleibt dünn, entspringt medial der oberflächlichen Anteile ventral am Jochbogen bis hin zum Kiefergelenk und endet lateral am Unterkieferast. Die tiefe Portion nimmt kaudal ihren Ursprung an der Innenfläche des Jochbogens, rostrale Abschnitte verschmelzen mit dem M. temporalis.

Beim Schwein verschmelzen die einzelnen Portionen, eine Trennung ist erschwert. Beim Rind ist dieser Muskel besonders ausgeprägt gefiedert, man unterscheidet 5 Ursprungs- und 5 Ansatzsehnenspiegel. Diese lassen im Verlauf ihrer einzelnen Muskelfasern unterschiedliche Verlaufsrichtungen erkennen, die in ihrer Gesamtheit den mechanischen Druck der Kaubewegungen erhöhen. Beim Rind entspringt die oberflächliche Portion am Tuber faciale und verläuft horizontal zum Unterkieferwinkel bzw. zum kaudalen Unterkieferrand. Die tiefe Portion zieht von der Crista facialis und dem Arcus zygomaticus mit kaudoventralem Faserverlauf zur Außenfläche des Unterkieferastes.

Beim Pferd ist die Fiederung dieses Muskels durch bis zu 15 verschieden starke, sagittal verlaufende Sehnenspiegel auffällig geschichtet. Die oberflächlichen Schichten entspringen im gesamten Verlauf der Crista facialis, ziehen kaudoventral und inserieren am kaudalen Rand der Mandibula von der Incisura vasorum facialium bis ventral des Kiefergelenks. Die tiefe Portion zieht vom Jochbogen mit beinahe horizontalem Faserverlauf und verschmilzt mit oberflächlichen Fasern bis zum Ansatz außen am Unterkieferast.

Dieser Kaumuskel vermag bei beidseitiger Kontraktion den Unterkiefer gegen den Oberkiefer hochzuziehen und anzupressen, bei einseitigen Kontraktionen sind bei Pflanzenfressern Mahlbewegungen möglich.

Tab. 2-4. Oberflächliche Kehlgangsmuskeln.

Name **Innervation**	**Ursprung**	**Ansatz**	**Funktion**
M. digastricus rostraler Bauch: N. mylohyoideus des N. mandibularis kaudaler Bauch: R. digastricus des N. facialis	Proc. paracondylaris	medial am Corpus mandibulae	Rückwärtsziehen des Unterkiefers, Öffnen der Mundspalte
Pars occipitomandibularis R. digastricus des N. facialis	Proc. paracondylaris	Angulus mandibulae	Öffner der Mundspalte
M. mylohyoideus N. mylohyoideus des N. mandibularis	Linea mylohyoidea	mediane Raphe	Tragen und Heben der Zunge

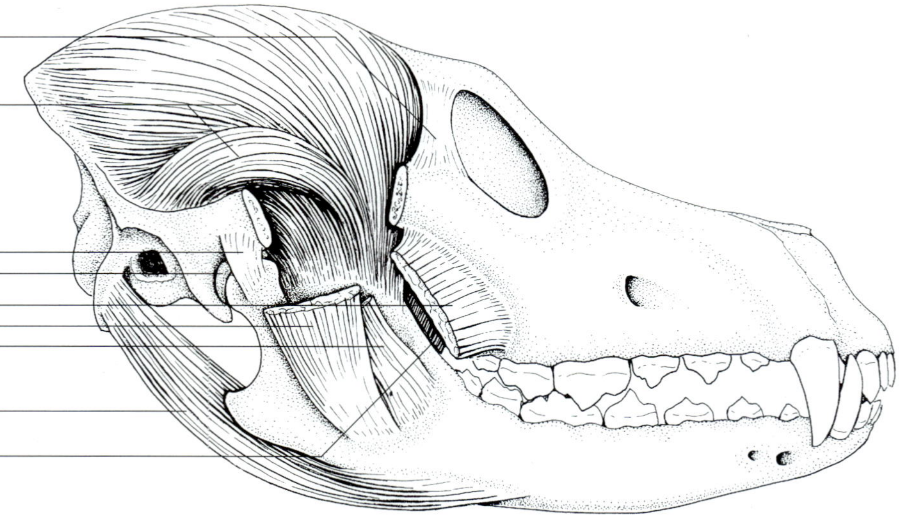

Abb. 2-4. Kau- und oberflächliche Kehlgangsmuskulatur des Hundes (Lateralansicht, Jochbogen entfernt).

Die **Mm. pterygoidei (Flügelmuskeln)** nehmen ihren Ursprung am Gaumen-, Keil- und Flügelbein und setzen großflächig innen am Unterkieferast an (Abb. 2-5). Man unterscheidet einen schwächeren **M. pterygoideus lateralis,** der am Proc. pterygoideus des Keilbeins entspringt, kaudoventral verläuft und an der Innenfläche des aufsteigenden Unterkieferastes nahe des Gelenkfortsatzes inseriert. Demgegenüber entspringt der stärkere mediale **M. pterygoideus medialis** an der vertikalen Knochenplatte und endet als kräftiger Synergist des M. masseter breitflächig am Unterkieferrand und an der Innenfläche des R. mandibulae.

Bei Fleischfressern sind beide Anteile in ihrem Ursprungsgebiet verschmolzen. Die kräftigere mediale Portion entspringt an der Lateralfläche des Flügelbeins, am Orbitalflügel des Keilbeins und lateral an der Lamina perpendicularis des Gaumenbeins. Ihre Fasern inserieren ventral des For. mandibulae an der Innenfläche des Unterkiefers und verbinden sich durch eine sehnige Naht mit dem freien Rand des M. masseter.

Beim Pferd werden beide Anteile durch den N. mandibularis getrennt, der laterale Flügelmuskel wird von den medialen Portionen überdeckt (Abb. 2-5). Der kräftigere M. pterygoideus medialis entspringt an den vertikalen Knochenplatten des Flügel-, Gaumen- und Keilbeins, breitet sich fächerförmig aus und endet medial am Unterkieferast.

Die Flügelmuskeln unterstützen als innere Kaumuskeln den M. masseter, darüber hinaus vermag die laterale Portion den Unterkiefer, insbesondere bei geöffneter Mundspalte, vorzuziehen.

Der **M. temporalis (Schläfenmuskel)** füllt die ganze Fossa temporalis aus und ist entsprechend der Größe der Schläfengrube bei den einzelnen Haussäugetieren unterschiedlich stark ausgebildet (Abb. 2-2). Dieser Muskel entspringt entlang des Randes der Schläfengrube sowie aus der Fascia temporalis, meist bedeckt von den Ohrmuskeln, und inseriert am Proc. coronoideus des Unterkiefers.

Bei Fleischfressern ist dieser der stärkste Kopfmuskel. Er entspringt, einer Ansatzlinie folgend, an der Linea temporalis, der Crista nuchae, der Crista temporalis, medial am Proc. zygomaticus des Schläfenbeins sowie an der medialen Fläche der Fossa temporalis. Die mächtig entwickelten Faserbündel verlaufen kranioventral unter dem Jochbogen und dem Lig. orbitale und umfassen fleischig im Ansatz vollständig den Proc. coronoideus der Mandibula. Ein sehnig durchsetzter Seitenzweig dieses Muskels verbindet sich mit dem tiefen Bauch des M. masseter. Bei langschädeligen Hunderassen ragt dieser Muskel über den Sagittalkamm, wodurch eine mediane Furche entsteht. Bei kurzschädeligen Rassen tritt diese mediane Einziehung, wenn überhaupt, nur andeutungsweise im Bereich des Zwischenscheitelbeins auf. Der M. temporalis wird beim Hund als »der Schnappmuskel« bezeichnet.

Bei Wiederkäuern bleibt der Schläfenmuskel ohne Vorwölbung nach außen schwach entwickelt. Anders verhält es sich hingegen beim Pferd, bei dem sich der M. temporalis deutlich durch die Haut abzeichnet. Im Vergleich zu den anderen beiden Kaumuskeln bleibt er jedoch relativ schwach ausgebildet. Seine Ansatzlinie verläuft am Rande der Fossa temporalis von der Linea temporalis, der Crista sagittalis ext., der Crista nuchae über die Crista pterygoidea. In seiner tieferen Ursprungsfläche füllt er die Fossa temporalis vollständig aus. Der M. temporalis verbindet sich z.T. mit dem M. masseter und inseriert auch beim Pferd am Proc. coronoideus der Mandibula.

Funktionell drückt der M. temporalis den Unterkiefer an den Oberkiefer.

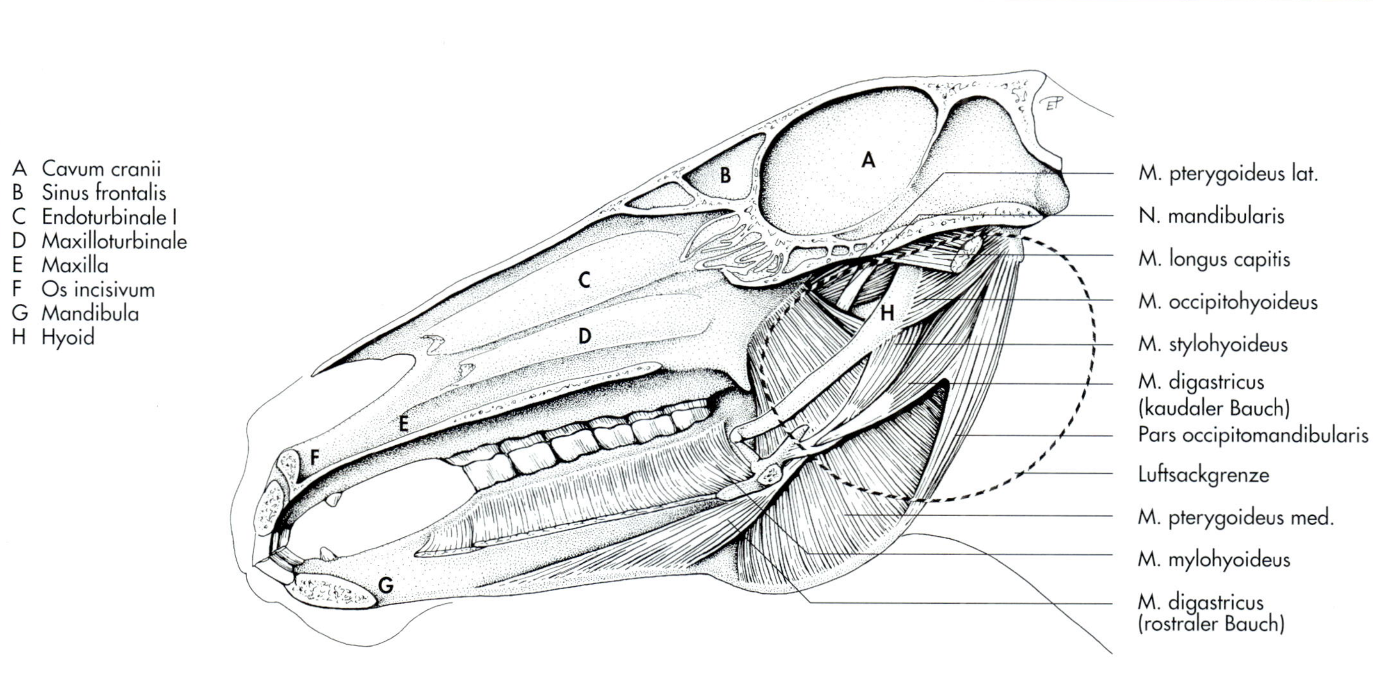

Abb. 2-5. Schematische Darstellung der tiefen Lagen der Kau- und oberflächlichen Kehlgangsmuskulatur des Pferdes (Medialansicht), nach Ellenberger u. Baum, 1943.

Oberflächliche Kehlgangsmuskeln

Die oberflächlichen Kehlgangsmuskeln unterstützen in ihrer Funktion die Kaumuskeln, sie liegen im Kehlgang der tiefen Zungenmuskulatur auf (Abb. 2-4 – 7, Tab. 2-4).

Der **M. digastricus (zweibäuchiger Muskel)** wird nur beim Pferd seinem Namen gerecht, setzen sich doch allein bei diesem Tier zwei Muskelbäuche durch eine Zwischensehne voneinander ab. Bei den anderen Haussäugetieren wird diese Trennung nur durch eine bindegewebige Einlagerung angedeutet. Der M. digastricus zieht vom Proc. paracondylaris des Hinterhauptsbeins an die Innenfläche des Unterkiefers (Abb. 2-4). Der **rostrale Bauch** des M. digastricus wird vom N. mylohyoideus des N. mandibularis innerviert, sein kaudaler vom R. digastricus des N. facialis.

Bei Fleischfressern ist dieser Muskel einbäuchig und kräftig, feine Sehnenfasern trennen die beiden Muskelanlagen. Im Gegensatz zu den anderen Haussäugetieren inseriert er bei Karnivoren lateral und medial am Ventralrand des Unterkiefers in Höhe des Reißzahns.

Bei Wiederkäuern wird der M. digastricus sehnig nur andeutungsweise in zwei Bäuche geteilt, er entspringt am Proc. paracondylaris und endet muskulös an der Innenseite der Mandibula. Mit einem querverlaufenden Muskelzug in Höhe des Proc. lingualis verbinden sich die beiden Muskelbäuche einer jeden Seite.

Beim Pferd entspringt der **kaudale Bauch** muskulös am Proc. paracondylaris, unmittelbar danach gibt er die **Pars occipitomandibularis** als lateralen Seitenast zum Unterkieferwinkel ab (Abb. 2-5). Der mediale Seitenast zieht als abgeplatteter Muskelbauch rostromedial, legt sich dem M. pterygoideus med. an und durchbohrt mit einem runden Sehnenstrang die Sehne des M. stylohyoideus. Nachfolgend geht diese Sehne unter dem Basihyoid in den **rostralen Bauch** über und inseriert an der Innenseite der Mandibula, nahe der Incisura vasorum facialium bis gegen den Kinnwinkel.

Der M. digastricus zieht den Unterkiefer nieder und rückwärts, er öffnet damit die Mundspalte.

Der **M. mylohyoideus (Kieferzungenbeinmuskel)** ist im weiteren Sinn ein Hilfsmuskel der Zunge, er wird in Hinblick auf seine Innervation durch den N. mylohyoideus des N. mandibularis auch als Hilfskaumuskel angesehen. Dieser Muskel liegt vergleichbar einer Hängematte zwischen den beiden Innenflächen der Unterkieferkörper. Dabei ziehen von der Ansatzlinie der Linea mylohyoidea die flächenhaft ausgebreiteten Muskelfasern ventral und medial und vereinigen sich median in einer bindegewebigen Naht. In dieser Muskeldecke liegt die Zunge, die bei Kontraktion dieses Muskels gegen das Gaumendach gedrückt wird (Abb. 2-5 u. 6).

Besondere Beweger des Kopfes

Die besonderen Beweger des Kopfes könnten als Muskelgruppe systematisch auch zu den Muskeln des Stammes gerechnet werden, sind diese doch funktionell als Verlängerung der Halsmuskulatur auf den Kopf zu sehen (Abb. 2-7 u. 9, Tab. 2-5).

Die besonderen Beweger des Kopfes dienen der Feinabstimmung von Richtungsänderungen, vorzugsweise des Atlantookzipital- und des Atlantoaxialgelenks. Hierzu gehören beispielsweise Nick- und Schüttelbewegungen, aber auch das Schrägstellen des Kopfes bis hin zum Nach-hinten-Wenden des Kopfes zur Körperpflege. Beim Schwein ist in Hinblick auf das bekannte Wühlen dieser Tiere und beim Wiederkäuer für das Stoßen mit den Hörnern diese Muskel-

Tab. 2-5. Besondere Beweger des Kopfes.

Name Innervation	Ursprung	Ansatz	Funktion
M. rectus capitis dorsalis major R. dors. des 1. Halsnerven	Proc. spinosus des Axis	Crista nuchae	Strecken des Kopfes
M. rectus capitis dorsalis minor R. dors. des 1. Halsnerven	dorsal am Atlas	dorsal des For. magnum	Strecken des Kopfes
M. rectus capitis lateralis R. ventr. des 1. Halsnerven	ventral am Atlas	Proc. paracondylaris	Beugen des Kopfes
M. rectus capitis ventralis R. ventr. des 1. Halsnerven	ventral am Atlas	Schädelbasis	Beugen des Kopfes
M. obliquus capitis cranialis R. dors. des 1. Halsnerven	Ala atlantis	Crista nuchae	Strecken und Seitwärtsbiegen des Kopfes
M. obliquus capitis caudalis R. dors. des 2. Halsnerven	Proc. spinosus des Axis	Ala atlantis	Drehen des Kopfes, Feststellen des Alantoaxialgelenks
M. longus capitis Rr. ventrales der Halsnerven	Querfortsätze der 2.–6. Halswirbel	Schädelbasis	Beugen und Seitwärtsziehen des Kopfes und kranialer Halsabschnitte

gruppe besonders entwickelt. Die besonderen Beweger des Kopfes werden entsprechend ihrer Lage von den Rami dorsales et ventrales des 1. und 2. Halsnerven innerviert (Ausnahme der M. longus capitis vom 1. bis 6. Halsnerven).

Der **M. rectus capitis dorsalis major (großer gerader Kopfmuskel)** verkehrt zwischen dem Dornfortsatz des Axis und der Hinterhauptsschuppe. Dieser Muskel läßt eine oberflächliche und eine tiefe Portion erkennen, die, wie bei Fleischfressern und Schwein, in der Medianen Verbindung aufnehmen oder, wie beim Wiederkäuer und Pferd, sich seitlich an das Nackenband anlegen (Abb. 2-12.). Bei Fleischfressern verläuft er, bedeckt vom M. semispinalis capitis, über den Atlas bis zur Crista nuchae.

Der **M. rectus capitis dorsalis minor (kleiner gerader Kopfmuskel)** liegt der Membrana atlantooccipitalis dors. auf. Bedeckt vom großen geraden Kopfmuskel verbindet dieser den Atlas und das Hinterhauptsbein. Bei Fleischfressern, aber auch beim Pferd, zieht er vom Arcus dors. des Atlas zum Os occipitale über dem For. magnum.

Die beiden geraden Kopfmuskeln wirken als Strecker des Atlantookzipitalgelenks und damit als Heber des Kopfes.

Der **M. rectus capitis lateralis (seitlicher gerader Kopfmuskel)** liegt als schwaches Muskelband in der Flügelgrube des Atlas und zieht vom Arcus ventr. zum Proc. paracondylaris (Abb. 2-7). Er beugt das Atlantookzipitalgelenk und stellt den Kopf schief.

Der **M. rectus capitis ventralis (ventraler gerader Kopfmuskel)** liegt zwischen dem Arcus ventr. des Atlas und dem Basiokzipitale, an dem er zwischen dem Tuberculum musculare und der Bulla tympanica inseriert (Abb. 2-7). Er beugt das Atlantookzipitalgelenk.

Der **M. obliquus capitis cranialis (vorderer schiefer Kopfmuskel)** ist ein weiteres kurzes Muskelbündel, das zwischen dem Atlas und dem Hinterhauptsbein verkehrt, bedeckt vom M. splenius und Anteilen des M. brachiocephalicus (Abb. 2-7 u. 12). Bei Fleischfressern entspringt seine Hauptportion ventral und lateral am Atlasflügel und inseriert am Proc. mastoideus des Schläfenbeins und an der Crista nuchae. Daneben ist eine schwächere Portion ausgebildet. Dieser Muskel wirkt als Strecker des Kopfes und vermag bei einseitiger Kontraktion den Kopf schiefzustellen.

Der **M. obliquus capitis caudalis (hinterer schiefer Kopfmuskel)** kann als kraniale Fortsetzung der tiefen Schicht der Stammesmuskulatur betrachtet werden, er verläuft mit kraniolateraler Anordnung der Fasern vom Kamm des Axis zur Ala atlantis (Abb. 2-9 u. 12). Bei einseitiger Kontraktion vermag dieser den Kopf um den Zahn des Axis zu drehen, während nach beidseitiger Kontraktion das Atlantoaxialgelenk fixiert wird.

Der **M. longus capitis (langer Kopfmuskel)** wirkt in Verlängerung des M. longus colli als kräftiger Beuger des Atlantookzipitalgelenks und als Niederzieher bzw. Seitwärtszieher des Kopfes (Abb. 2-7). Dieser Muskel liegt bei Fleischfressern dem 6. bis 2. Halswirbel ventral und medial als ein kräftiger, muskulöser Strang auf. Er entspringt an den kaudalen Ästen der Querfortsätze, verläuft ventrolateral an der Halswirbelsäule und inseriert am Tuberculum musculare des Basiokzipitale. Beim Pferd ist dieser Muskel geringfügig kürzer (4. bis 2. Halswirbel), er verbindet sich vor seiner Ansatzstelle am Tuberculum musculare mit dem der anderen Seite und liegt zwischen den beiden Luftsäcken. Der lange Kopfbeuger vermag auch den Hals seitwärts zu biegen. Er wird von den Rr. ventrr. des 1. bis 4. (Pferd) bzw. des 1. bis 6. Halsnerven bei den anderen Haussäugetieren innerviert.

Tab. 2-6. Oberflächliche Hals- und Nackenmuskulatur.

Name **Innervation**	**Ursprung**	**Ansatz**	**Funktion**
M. splenius			
– M. splenius cervicis	Fascia spinocostotransversalis, Lig. nuchae, Dornfortsätze der Brustwirbel	Querfortsätze der 3.–5. Halswirbel	Strecken und Seitwärtsbiegen des Kopfes und des Halses
– M. splenius capitis Rr. dorsales der Hals- und Brustnerven		Os occipitale, Proc. mastoideus	
M. longus colli Rr. ventrales der Halsnerven	5.–6. Brustwirbel	bis 1. Halswirbel	Beugen des Halses
Mm. scaleni Rr. ventrales der 5.–8. Halsnerven und 1.–2. Brustnerven			
M. scalenus medius	1. Rippe	Querfortsätze 7.–3. Halswirbel	Feststellen, Niederziehen und Seitwärtsbiegen des Halses, Hilfsinspirator
M. scalenus ventr. exkl. Flfr.	1. Rippe	7. Halswirbel	Feststellen, Niederziehen und Seitwärtsbiegen des Halses, Hilfsinspirator
M. scalenus dors. exkl. Pferd	3.–8. Rippe	Querfortsätze 6.–3. Halswirbel	Feststellen, Niederziehen und Seitwärtsbiegen des Halses, Hilfsinspirator

Muskeln des Stammes (Musculi trunci)

Der Stamm des Tierkörpers gliedert sich in den Hals, den Rumpf und den Schwanz; nach vorne schließt sich der Kopf an, seitlich die Gliedmaßen. Vom Stamm aus ziehen Muskeln zum Kopf, aber auch zu den Extremitäten, und dienen dabei deren Befestigung am Rumpf. Weitaus bedeutender ist ihr wechselseitiges Zusammenwirken in der Statik und der dynamischen Bewegung des Tieres.

Nach systematisch-topographischen Gesichtspunkten unterscheidet man:

- Muskeln des Halses (Mm. colli),
- Muskeln des Rückens (Mm. dorsi),
- Muskeln der Brustwand (Mm. thoracis),
- Muskeln der Bauchwand (Mm. abdominis) und
- Muskeln des Schwanzes (Mm. caudae).

Muskeln des Halses (Musculi colli)

Die Muskeln des Halses liegen am Nacken und der Seitenfläche des Halses, einige von diesen sind mit dem Zungenbeinapparat assoziiert. Auffälligster Muskel ist zweifelsohne der **M. brachiocephalicus** mit seinen wesentlichen Portionen, dem **M. cleidobrachialis** und dem **M. cleidocephalicus,** sowie der **M. sternocephalicus.** Auf diese Muskeln wird in Hinblick auf deren funktionelle Bedeutung für den Bewegungsablauf der Vorderextremtität im Kapitel Schultergliedmaße eingegangen (s. Kap. 3 »Schultergürtelmuskulatur«, S. 171). Die Gruppe der Halsmuskeln (Abb. 2-7ff., Tab. 2-6) wird vervollständigt durch:

- **M. splenius** mit seinen Anteilen:
  - M. splenius cervicis,
  - M. splenius capitis,
- **M. longus colli,**
- **Mm. scaleni** mit ihren Anteilen:
  - M. scalenus ventr.,
  - M. scalenus medius,
  - M. scalenus dors.,
- **Mm. hyoidei** mit ihren Anteilen:
  - den besonderen Zungenbeinmuskeln und
  - den langen Zungenbeinmuskeln,
    - M. sternohyoideus,
    - M. sternothyreoideus und
    - M. omohyoideus.

Der **M. splenius (Riemenmuskel)** liegt als kräftiger, langgezogener Muskel zwischen dem Hinterhauptsbein und dem Widerrist seitlich und dorsal dem Hals an (Abb. 2-9). Er wird großflächig seitlich bedeckt von den oberflächlichen Halsmuskeln und liegt seinerseits den langen Bewegern des Halses auf. Dieser Muskel entspringt aus der Fascia spinocostotransversalis und am Nackenband, bei den Wiederkäuern auch direkt an den Dornfortsätzen der ersten vier Brustwirbel.

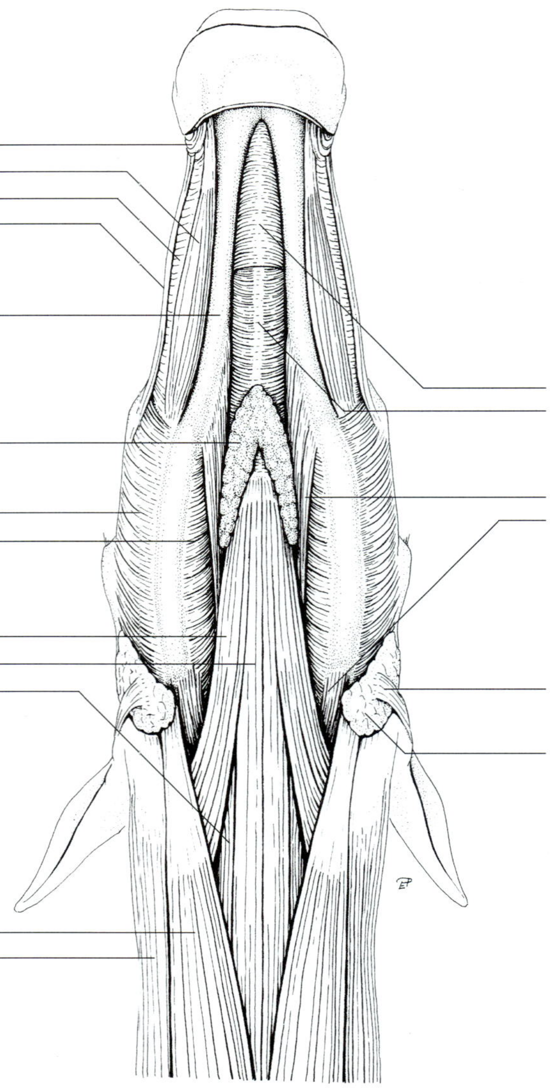

Abb. 2-6. Schematische Darstellung der oberflächlichen Muskulatur des Kopfes und kranial am Hals des Pferdes (Ventralansicht), nach Popesko, 1979.

Dieser Muskel endigt als **M. splenius cervicis** an den Querfortsätzen der mittleren Halswirbel (3. bis 5. Wirbel). Den Fleischfressern fehlt dieser Muskel. Als **M. splenius capitis** setzt er sich bis zur Crista nuchae des Hinterhauptsbeins und zum Proc. mastoideus des Schläfenbeins (Pferd) fort. Beim Pferd ist er besonders kräftig entwickelt und setzt sich durch die Haut ab.

Der Riemenmuskel streckt beidseitig den Hals und hebt Hals und Kopf, er vermag Hals und Kopf seitlich zu biegen. Während des Galoppsprungs dient er mit dazu, im Bewegungsablauf das Gleichgewicht auszubalancieren.

Der **M. longus colli** und die **Mm. scaleni** sind wesentliche Bestandteile der Gruppe von Muskeln, die die Halswirbelsäule niederziehen bzw. abwärtsbiegen. Diese Funktionen übernehmen auch einige Muskeln des Schultergürtels, die an anderer Stelle angesprochen werden.

Der **M. longus colli** liegt den Halswirbeln und kranialen Brustwirbeln ventral an, kopfwärts reihen sich diesem, gleichsam als seine Fortsetzung, die besonderen Beweger des Kopfes an. Der lange Halsmuskel reicht von den ersten Brustwirbeln bis zum Atlas. Sein Brustteil entspringt an den Körpern der ersten fünf bis sechs Brustwirbel und endet an denen der letzten beiden Halswirbel. Der Halsteil besteht aus einzelnen Bündeln, die ventral an den 3. bis 7. Querfortsätzen der Halswirbel entspringen, schräg kraniomedial verlaufen und median an den Wirbelkörpern bis zum Tuberculum ventrale des Atlas inserieren. Dieser Muskel biegt die Halswirbelsäule nach unten.

Die **Mm. scaleni** sind zwei bis drei Muskeln, die von der ersten Rippe bzw. den Seitenflächen der 8. bis 3. Rippe zu den Querfortsätzen der 7. bis 3. Halswirbel ziehen, im weiteren sich jedoch unterscheiden (Abb. 2-8). Übereinstimmend ist

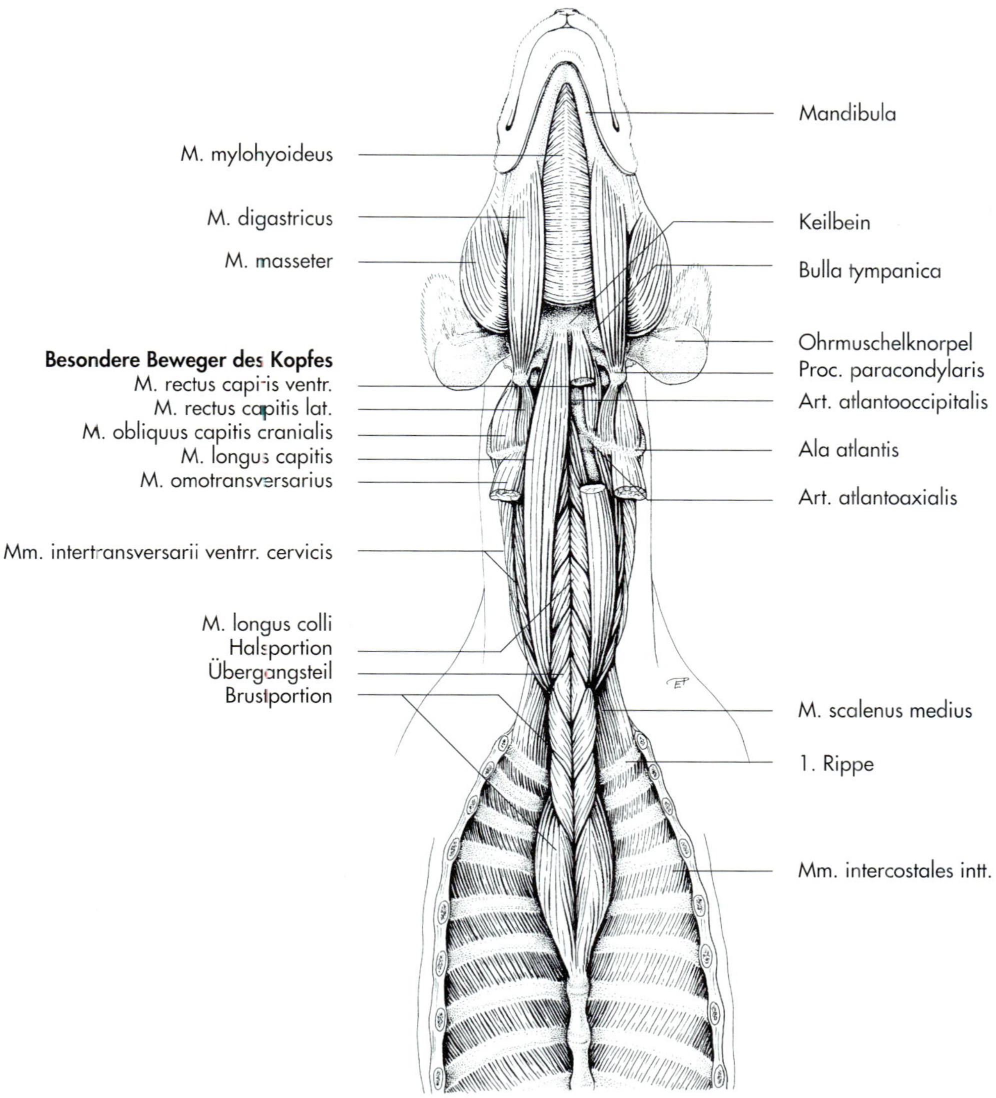

Abb. 2-7. Schematische Darstellung der oberflächlichen Muskulatur des Kopfes, der besonderen Beweger des Kopfes und der tieferen Halsmuskulatur beim Hund (Ventralansicht).

allein, daß der Plexus brachialis die an der 1. Rippe entspringenden Mm. scaleni in einen **M. scalenus ventralis** und eine dorsal gelegene Portion, den **M. scalenus medius** teilt. Allein bei Fleischfressern ist der Plexus brachialis so weit ventral angelegt, daß eine Unterteilung der Mm. scaleni unterbleibt. Ihnen fehlt daher der M. scalenus ventralis.

Der **M. scalenus dorsalis** entspringt an der 3. Rippe (Schwein) bzw. an der 4. (5.) Rippe beim Wiederkäuer und ist bei Fleischfressern zweiköpfig von der 5. bis 3. bzw. 9. bis 8. Rippe. Dieser Muskel fehlt dem Pferd, er endet bei den anderen Haussäugetieren am 3. bis 6. Halswirbel.

Die Gruppe der **Mm. hyoidei** umfaßt sämtliche Muskeln, die mit dem Zungenbeinapparat assoziiert sind (s. Band II).

Die **besonderen Zungenbeinmuskeln** schließen den **M. stylohyoideus** am Basihyoid, den **M. mylohyoideus** aus dem Unterkieferausschnitt und den **M. geniohyoideus,** zwischen dem Kinnwinkel der Mandibula und dem Zungenbein verlaufend, ein. Ebenso sind der **M. thyreohyoideus**, der **M. occipitohyoideus**, der **M. ceratohyoideus** und der **M. hyoideus transversus** zu dieser Grupppe zu zählen. Sie werden in ihrer Gesamtheit im Hinblick auf ihre Funktionen als Beweger des Zungenbeins im Kapitel »Verdauungsapparat« angesprochen (s. Band II).

Die **langen Zungenbeinmuskeln** unterstützen durch ihre Anbindung an das Basihyoid und an den Kehlkopf direkt oder indirekt die Bewegung der Zunge. Sie stellen einen Teil der ventralen Muskeln des Halses dar und liegen ventral und lateral der Luftröhre an. Meist sind sie vom M. brachiocephalicus und dem M. sternocephalicus bedeckt, sie entspringen am Manubrium sterni.

Die langen Zungenbeinmuskeln ziehen das Zungenbein und damit die Zunge zurück.

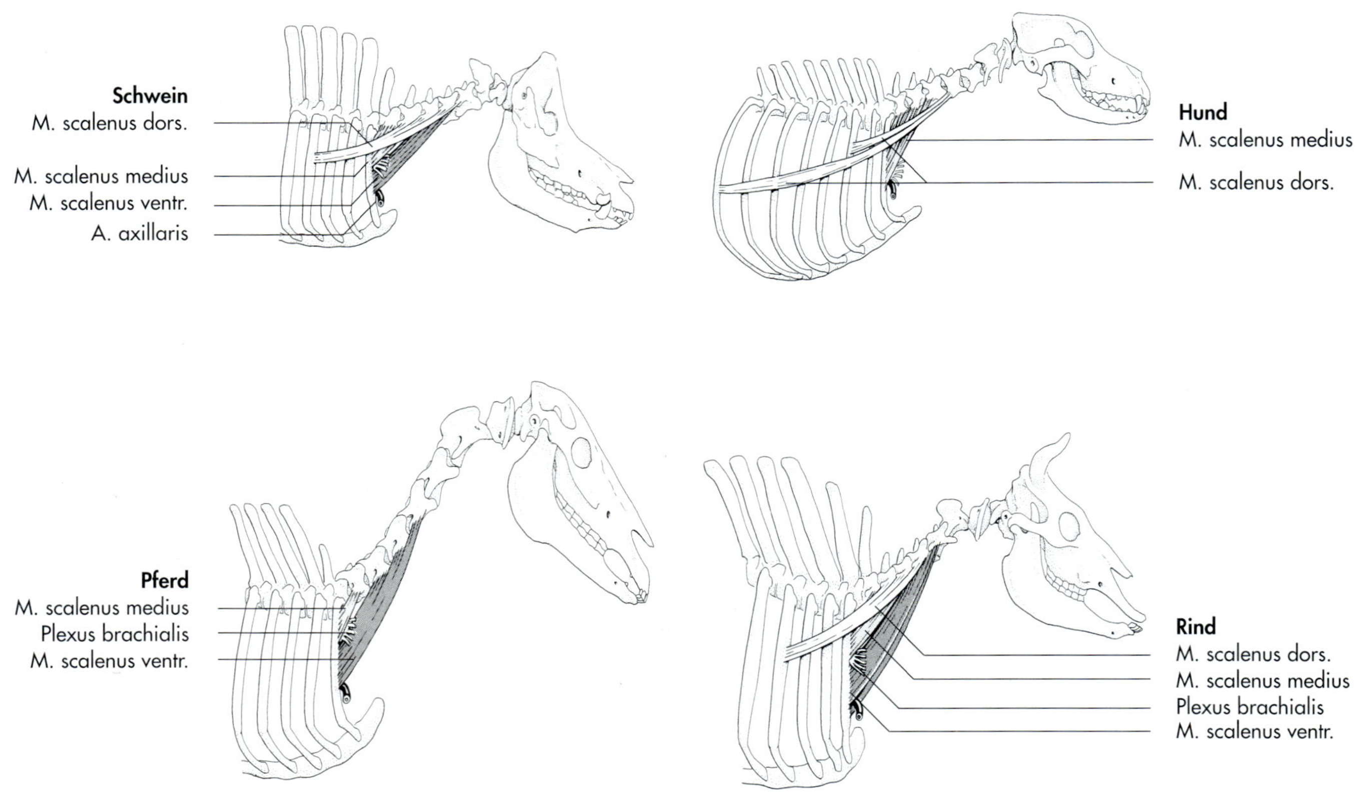

Abb. 2-8. Schematische Darstellung der Mm. scaleni, vergleichend bei Schwein, Hund, Pferd und Rind, nach Ellenberger u. Baum, 1943.

Der **M. sternohyoideus** (Brustbeinzungenbeinmuskel) liegt als relativ kräftiger Muskelstrang der Trachea ventral auf (Abb. 2-6). Er nimmt seinen Ursprung am Manubrium sterni und an der 1. Rippe (Fleischfresser) und legt sich in der Medianen mit dem der anderen Seite sowie mit dem M. sternothyreoideus zusammen. Er endet am Zungenbeinkörper.

Der **M. sternothyreoideus (Brustbeinschildknorpelmuskel)** trennt sich in der Halsmitte vom M. sternohyoideus und inseriert am Schildknorpel (Abb. 2-6).

Der **M. omohyoideus (Schulterzungenbeinmuskel)** ist beim Pferd relativ am stärksten entwickelt (Abb. 2-6), er fehlt dem Fleischfresser. Er entspringt aus der Fascia subscapularis (Pferd) nahe dem Schultergelenk bzw. der tiefen Halsfaszie (Wiederkäuer) und endet am Zungenbeinkörper. Beim Pferd vereinigt sich dieser Muskel mit dem der anderen Seite in der Halsmitte und inseriert zusammen mit dem M. sternohyoideus am Proc. lingualis des Zungenbeins. Im oberen Halsbereich legt er sich zwischen die V. jugularis ext. und die A. carotis communis und schützt damit letztere z.B. vor Verletzungen der Gefäßwand als Folge einer zu tief eingeführten Kanüle während einer intravenösen Injektion.

Muskeln des Rückens (Musculi dorsi)

Die Rückenmuskeln schließen sämtliche Muskeln ein, die der Hals-, Brust- und Lendenwirbelsäule außen anliegen und an ihren Wirbelkörpern bzw. an deren Fortsätzen, am Beckenrand und/oder aus regionalen Faszien entspringen. Die Muskeln des Rückens können in zwei Portionen, eine oberflächliche und eine tiefe Muskelgruppe, unterteilt werden, die sich z.T. funktionell ergänzen, in ihrer Lage zur Wirbelsäule jedoch unterscheiden.

Die **oberflächliche Muskelgruppe** liegt außen und seitlich dem Rumpf an und wird entsprechend ihrer embryonalen Herkunft von den Rr. ventrr. der zugehörigen Segmentalnerven versorgt. Zu dieser Muskelgruppe am Rücken gehören Muskeln, die der aktiv-beweglichen Fixierung der Schultergliedmaße am Rumpf dienen. Diese Muskeln entspringen an den Rippen oder den entsprechenden Faszien und ziehen meist zu den Knochen des Schultergürtels. Auf sie wird gesondert und zusammenhängend im Kapitel »Schultergliedmaßen« (s. S. 171) näher eingegangen, sie sollten hier der Vollständigkeit wegen nur benannt werden.

Es handelt sich um den:

- M. trapezius,
- M. sternocleidomastoideus,
  - M. sternocephalicus,
  - M. brachiocephalicus,
- M. omotransversarius,
- M. latissimus dorsi und
- Mm. pectorales superficiales.

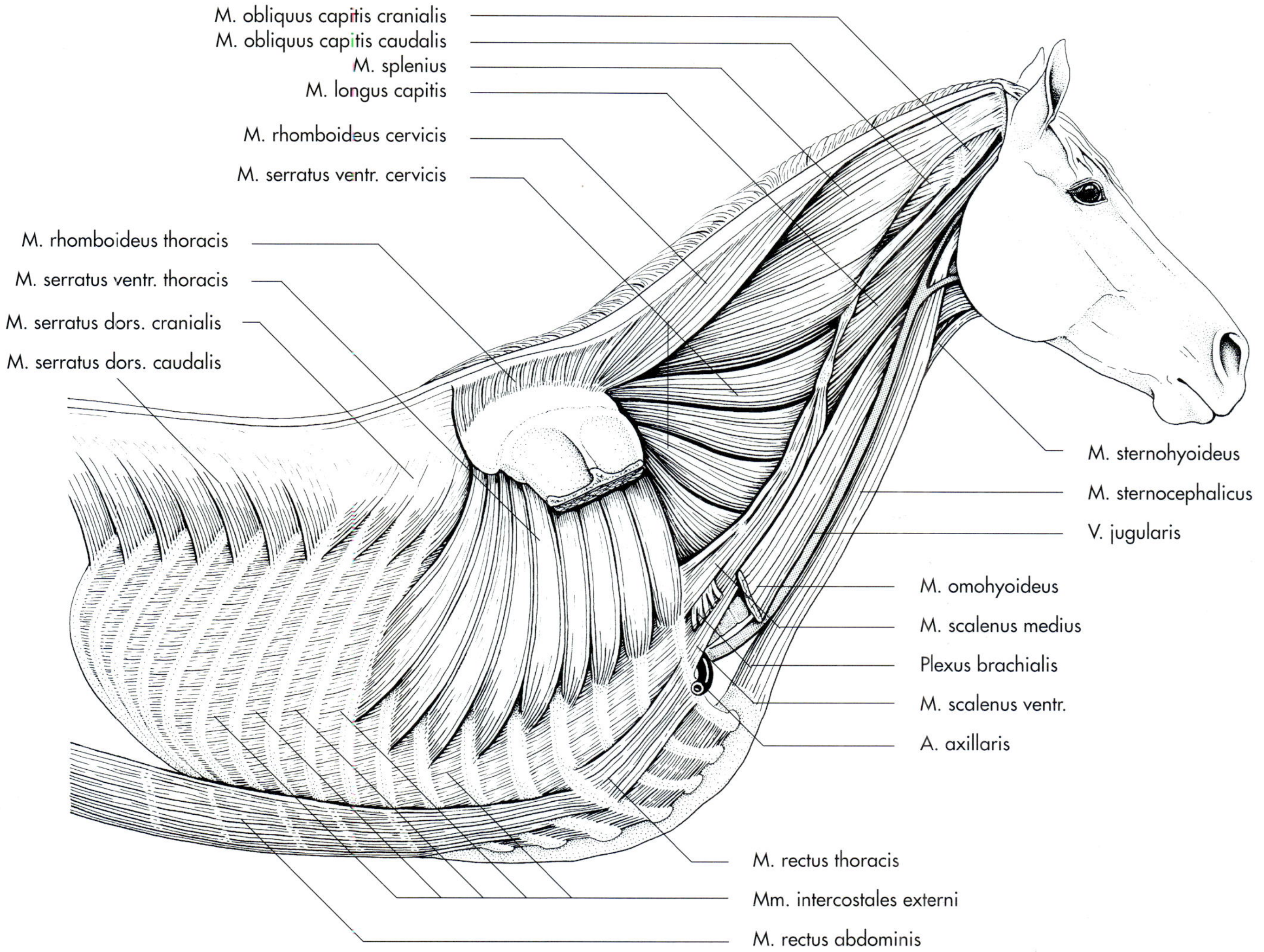

Abb. 2-9. Schematische Darstellung der oberflächlichen Schicht der Stammesmuskulatur des Pferdes, nach Ghetie, 1954.

Aus embryologischer und systematischer Sicht ebenfalls der Gruppe der oberflächlichen Rückenmuskel zuzuordnen sind einige weitere Muskeln der seitlichen Brustwand **(Mm. serrati dorsales),** die auch von Rr. ventrr. der Spinalnerven versorgt werden (Abb. 2-9). Diese werden jedoch aufgrund ihrer besonderen Funktion im Zusammenhang mit den Atmungsmuskeln abgehandelt (Näheres s. unten).

Die **tiefe Muskelgruppe** geht aus den dorsalen Myotomanlagen der Somiten hervor, entwickelt sich ortsständig und wird dementsprechend von den Rr. dorss. der segmentalen Spinalnerven vom Hals bis zum Kreuzbein innerviert.

Diese tiefe Muskelgruppe setzt sich aus einer großen Anzahl von kurzen und langen Muskeln zusammen, deren synergistisches Wirken erst die Beweglichkeit der Wirbelsäule ermöglicht. So ist die freie Seit- und Drehbewegung des Kopfes und des Halses, vorzugsweise bei Fleischfressern, wesentlich auf oftmals feinste Muskelbäuche bei entsprechender Beweglichkeit auch des Wirbelskeletts zurückzuführen. Im Gegensatz dazu stehen die mächtigen Muskelpartien im nahezu stabilen Lendenbereich.

Diese Muskelgruppe wird in ihrer Gesamtheit funktionell auch als die **besonderen Beweger der Hals-, Brust-** und **Lendenwirbelsäule** zusammengefaßt. Ihrer Lage nach und in Hinblick auf den Verlauf der Muskelportionen kann systematisch auch eine Unterteilung in **lange** und **kurze Hals-** und **Rückenmuskeln** vorgenommen werden.

Die **tiefen Hals-** und **Rückenmuskeln** sind in Form zweier langgezogener kräftiger Muskelstränge angeordnet, die in ein sog. **laterales** und ein **mediales System** unterteilt werden. Diese Muskelsysteme sind in den seitlichen Winkeln zwischen den Dorn- und Querfortsätzen der Hals-, Brust- und Lendenwirbel eingebettet. Wesentliche Teile dieser Muskelstränge werden unter der Bezeichnung **Mm. erectores spinae** zusammengefaßt, eine Benennung, die bei der relativ stabilen

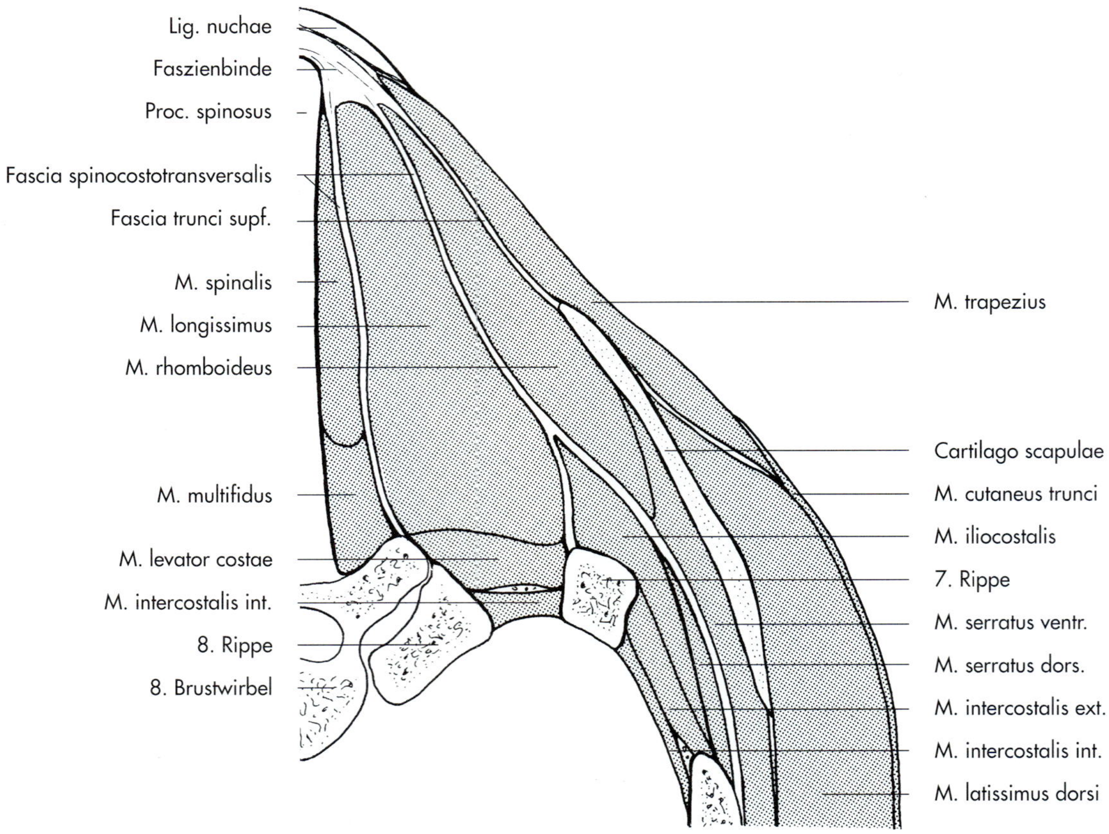

Abb. 2-10. Schematische Darstellung des Querschnitts durch die Rückenmuskulatur in Höhe des 8. Brustwirbels, nach Ellenberger u. Baum, 1943.

Wirbelsäule von Wiederkäuer und Pferd nur eine untergeordnete Funktion ausdrückt. Sie trifft weit besser für Hund und Katze zu. Die Einzelmuskeln der Mm. erectores spinae unterscheiden sich nach Aufbau, Lage und Funktion z. T. erheblich, so daß eine klare systematische Zuordnung erschwert wird.

Ergänzt wird dieses System durch die **Mm. transversospinales, Mm. interspinales** und die **Mm. intertransversarii,** die im wesentlichen die kurzen Hals- und Rückenmuskeln repräsentieren.

Lange Hals- und Rückenmuskulatur

Die **Muskeln des lateralen Systems** überspringen in ihrem Ursprung zunächst einen, nachfolgend mehrere Wirbel. Sie bestehen aus hintereinander geschalteten, verschmolzenen Segmenten, die letztendlich langgestreckte Muskelbäuche bilden. Entsprechend ihrer Lage am Hals und am Rücken erfolgt die Innervation der einzelnen Muskelabschnitte aus verschiedenen, jeweils anliegenden dorsalen Ästen der Segmentalnerven.

Die Muskeln des lateralen Systems werden im Halsbereich zwischen Widerrist und Hinterhauptsbein oberflächlich von den Schichten der Halsmuskulatur bedeckt. Diese Muskeln entspringen dem Os sacrum und dem Os ilium sowie lateral den Wirbeln des Rumpfskeletts und ziehen zu den Rippen und bis zum Kopf **(sakrospinales System).**

Das **laterale System** (Abb. 2-11, Tab. 2-7) läßt sich systematisch in nachfolgende Muskeln des Stammes unterteilen:

- **M. iliocostalis** mit seinen Anteilen:
  - M. iliocostalis lumborum,
  - M. iliocostalis thoracis,
- **M. longissimus** mit seinen Anteilen:
  - M. longissimus lumborum,
  - M. longissimus thoracis,
  - M. longissimus cervicis,
  - M. longissimus atlantis und
  - M. longissimus capitis.

Der **M. iliocostalis (gemeinschaftlicher Rippenmuskel)** ist ein schmaler, langgezogener Muskel, der aus einer Vielzahl von Einzelfaserbündeln besteht (Abb. 2-11). Dieser überspringt in kranioventralem Faserverlauf von innen nach außen mehrere Wirbelsegmente. Er liegt dem M. longissimus lateral an. Der M. iliocostalis findet seinen Ursprung an der Crista iliaca des Darmbeinflügels und den Querfortsätzen der Lendenwirbel sowie einer gemeinsamen sehnigen Ursprungsplatte mit dem M. longissimus dorsi (Bogorozky-Zwischensehne) und zieht dorsal über den Rippenwinkel bis zum letzten Halswirbel. Hier inseriert er in einer gemeinsamen Endsehne.

Tab. 2-7. Lange Hals- und Rückenmuskulatur – laterales System.

Name Innervation	Ursprung	Ansatz	Funktion
M. iliocostalis Rr. dorsales der Nn. thoracici und Nn. lumbales			
– M. iliocostalis lumborum	Crista iliaca	Kaudalrand der letzten Rippe	Feststellen von Lende und Rippen
– M. iliocostalis thoracis	Querfortsätze der Lendenwirbelsäule	Kaudalränder der Rippen	Seitwärtsbewegen der Wirbelsäule
– M. iliocostalis cervicis	Querfortsätze der vorderen Brustwirbel	Querfortsatz des 7. Halswirbels	Seitwärtsbiegen der Wirbelsäule
M. longissimus Rr. dorsales der Nn. cervicales, Nn. thoracici bzw. Nn. lumbales			
– M. longissimus lumborum et thoracis	Procc. spinosi des Kreuzbeins, der Lenden- und Brustwirbel, am Darmbein	Gelenk-, Zitzen- und Querfortsätze der Brustwirbelsäule und proximal an Rippen	Feststellen und Strecken der Wirbelsäule, Aufrichten des Vorderkörpers
– M. longissimus cervicis	Querfortsätze der ersten 5–8 Brustwirbel	Querfortsätze des 3.-7. Halswirbels	Heben und Seitwärtsbiegen des Halses
– M. longissimus capitis et atlantis	Querfortsätze der ersten Brust- und letzten Halswirbel	Atlasflügel bzw. Pars mastoidea der Felsenbeinpyramide	Heben und Seitwärtsbiegen des Kopfes, Wenden des Kopfes

Aufgrund ihrer Lage können die einzelnen Muskelbäuche unterschiedlichen Abschnitten zugeordnet werden. Man unterscheidet eine **Lenden-** und eine **Brustportion** des M. iliocostalis.

Der **M. iliocostalis lumborum** ist als selbständiger Muskel bei Fleischfressern besonders ausgeprägt. Dieser setzt an den freien Enden der 7. bis 1. Lendenwirbelquerfortsätze an und gibt Muskelzacken an die 13. bis 11. Rippe ab. Bei den Wiederkäuern inseriert die Endsehne allein an der letzten Rippe. Beim Pferd ist die Lendenportion mit der Sehne des M. longissimus verschmolzen, ein kurzer Lendenteil zieht nur bis zu den mittleren Lendenwirbelquerfortsätzen.

Der **M. iliocostalis thoracis** (Abb. 2-11) liegt lateral dem M. longissimus an und verlängert kranial den M. iliocostalis lumborum. Die einzelnen, meist glänzenden Endsehnen gehen ohne scharfe Abgrenzung aus dem Lendenteil hervor. Sie inserieren kaudal an der 12. bis 1. Rippe (Tuberositates musculi iliocostalis) bis zum Querforsatz des letzten Halswirbels (Fleischfresser). Beim Pferd setzen diese am Hinterrand der 15. bis 1. Rippe und am 7. Halswirbelquerfortsatz an und mit medialen tieferen Sehnenplatten auch am kranialen Rand der 18. bis 4. Rippe. Mit ebenfalls kranioventralem Faserverlauf überspannen die einzelnen Muskelbäuche dabei meist zwei bis vier Zwischenrippenräume.

Die Mm. iliocostales stabilisieren die Wirbelsäule in der Brust- und Lendenregion und unterstützen, vorzugsweise bei Fleischfressern, die Vorwärtsbewegung. Durch den Ansatz an den Rippen wirkt dieser Muskel auch als Exspirator.

Der **M. longissimus (langer Rücken-, Hals- und Kopfmuskel)** bildet wesentliche Anteile der paraxialen Muskulatur des Stammes (Abb. 2-11). Er ist gleichzeitig der längste Muskel des Körpers, überspannt er doch vom Kreuz- und Darmbein ausgehend den gesamten Rücken über den Hals bis zum Kopf.

Der M. longissimus bewahrt weitgehend seine segmentale Gliederung, die sich im Ansatz der Einzelmuskelbäuche ausdrückt. Er entspringt segmental am Kreuz- und Darmbein, an den Zitzen- und Dornfortsätzen der Lenden- und Brustwirbelsäule, seine Muskelbäuche verlaufen kulissenartig hintereinander versetzt von kaudodorsal und medial nach kranioventral und lateral. Dieser Muskel ist insbesondere im Lendenbereich kräftig entwickelt. Hier ist er von der Fascia thoracolumbalis überzogen, an deren Innenfläche er auch

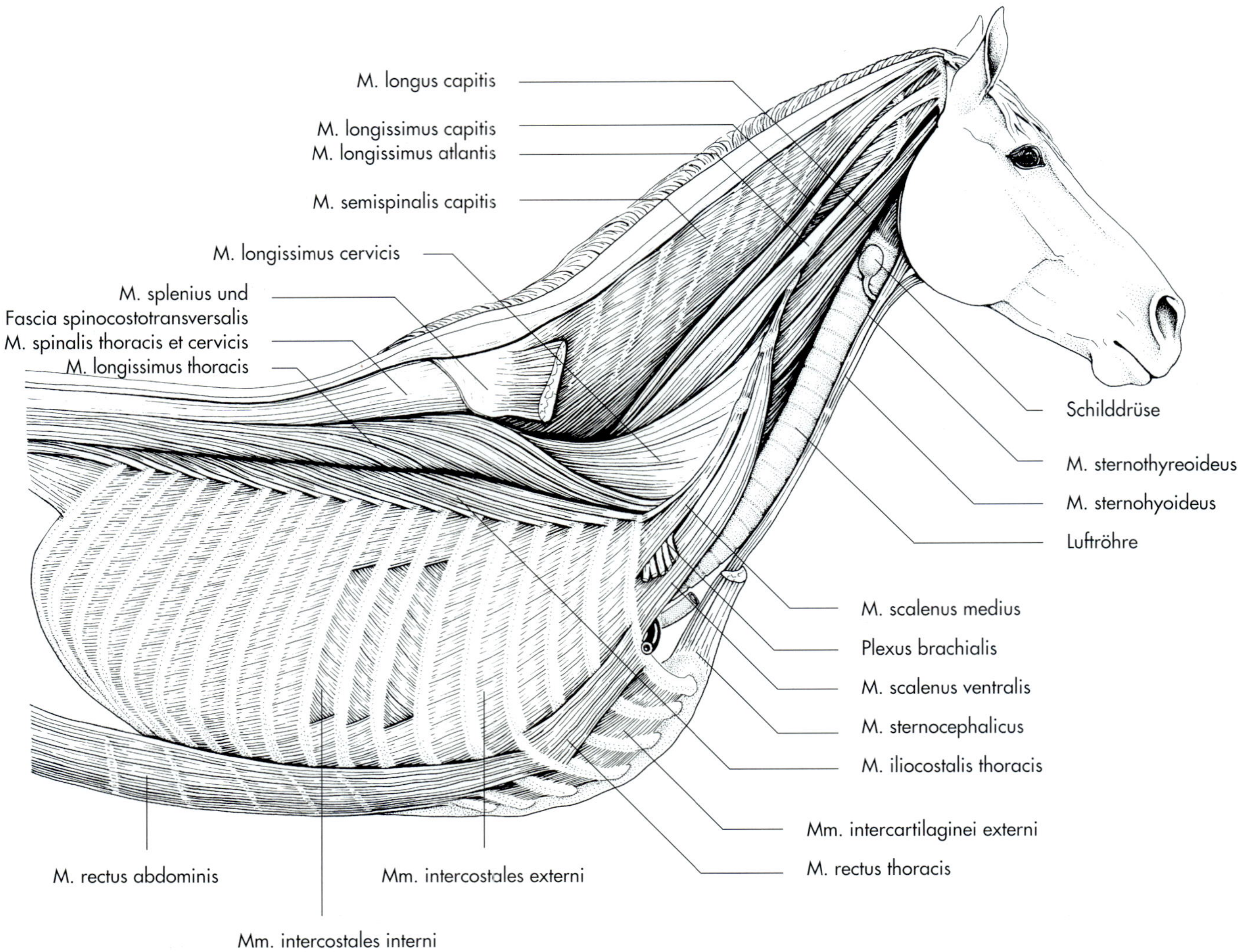

Abb. 2-11. Schematische Darstellung der oberflächlichen und mittleren Schicht der Stammesmuskulatur des Pferdes, nach Ghetie, 1954.

entspringt. Die einzelnen Endsehnen inserieren an den Zitzen- und Querfortsätzen sowie an den Rippen (Tuberositates musculi longissimi). Nach Lage und Ansatz sind nachfolgende Portionen zu unterscheiden.

M. longissimus lumborum und **M. longissimus thoracis** liegen den Querfortsätzen der Lendenwirbel bzw. den Wirbelenden der Rippen und medial dem M. iliocostalis an und ziehen vom Becken bis zum 7. Halswirbel. Im Halsbereich breiten sie sich als **M. longissimus cervicis** fächerartig zwischen den Querfortsätzen der 5 bis 8 ersten Brustwirbel und der letzten Halswirbel aus und setzen sich kranial im **M. longissimus atlantis** und im **M. longissimus capitis** fort. Ihre Ursprungssehnen entspringen den Querfortsätzen der 2. bis 3. Brustwirbel und den 4 bis 5 letzten Halswirbeln und enden am Atlasflügel bzw. am Proc. mastoideus des Schläfenbeins.

Der **M. longissimus** überträgt die Bewegungsabläufe der Beckengliedmaße in der Schwingphase auf den Rücken, er steht über die Lendenzacke des M. glutaeus medius mit dem Becken in funktionellem Zusammenhang. Bei gut trainierten Pferden kann er die freien Enden der Dornfortsätze beidseitig überragen, so daß diese in einer flachen Einziehung in der Medianen des Rückens erkennbar liegen.

Der M. longissimus stellt die Wirbelsäule beim Vorwärts- und Rückwärtstreten fest und dient ihrer Streckung. Eine beidseitige Kontraktion ermöglicht bei fixierter Nachhand ein Aufbäumen des Tieres, bei fixierter Vorhand ein Durchbiegen des Rückens und damit ein Ausschlagen der Nachhand. Die größte Dehnung des Muskels erfolgt während der Vorwärts-Schwingphase der Beckengliedmaße. Eine einseitige Kontraktion führt zur Seitwärtsbewegung der Wirbelsäule des Stammes (z.B. beim Zirkelreiten) bis hin zum Wenden des Kopfes unter gleichzeitiger Dehnung des Muskels der Gegenseite.

Die **Muskeln des medialen Systems** bilden die tiefe Schicht der langen Hals- und Rückenmuskulatur. Diese Muskelgruppe behält ihre embryonale, metamere Gliederung weitgehend bei, indem sie in tiefster Lage direkt dem Skelett anliegt und von Wirbel zu Wirbel ziehende Muskelzüge

Tab. 2-8. Lange Hals- und Rückenmuskulatur – mediales System.

Name Innervation	Ursprung	Ansatz	Funktion
M. spinalis thoracis et cervicis (Schwein/Pferd), Dorsaläste der Hals-, Brust- und Lendennerven	Dornfortsätze eines oder mehrerer Wirbel überspringend		Feststellen des Rückens und des Halses
M. spinalis et semispinalis thoracis et cervicis (Fleischfresser/Wiederkäuer) Dorsaläste der Hals-, Brust- und Lendennerven	Dornfortsätze, Zitzen- und Querfortsätze der ersten Lenden- und hinteren Brustwirbel	Dornfortsätze des 1.–6. Brustwirbels und 6./7. Halswirbels	Feststeller und Strecker des Rückens, Heber des Halses, einseitig: Seitwärtsbiegen des Rückens und des Halses
M. semispinalis capitis Dorsaläste der Halsnerven	Fascia spinocostotransversalis, Querfortsätze der ersten 5–8 Brustwirbel, Gelenkfortsätze des 2.–7. Halswirbels	Squama occipitalis	Heben bzw. Seitwärtsbiegen des Kopfes
M. multifidus Dorsaläste der Hals-, Brust- und Lendennerven	Gelenk- und Zitzenfortsätze, vom Kreuzbein, bis zum 3. Halswirbel	Dornfortsätze bzw. Dorsalbogen der vorausgehenden Wirbel, im Brustbereich auch Querfortsätze der Wirbel	Feststellen und Drehen der Wirbelsäule, Heben des Halses
Mm. rotatores Rr. dorss. der Brustnerven	Procc. transversi	Procc. spinosi	Feststellen und Drehen der Brustwirbelsäule

ausbildet. Diese Muskeln füllen die Räume zwischen den Processus spinosi und den Wirbelbögen bis zu den Processus transversi aus. Die Muskeln des medialen Systems verlaufen entweder von Dornfortsätzen zu Dornfortsätzen **(spinales System)** oder schrägkranial von Querfortsätzen zu Dornfortsätzen **(transversospinales System).**

Der Verlauf der Muskelfasern ist von kaudoventral und lateral nach kraniodorsal und medial und steht damit im Gegensatz zu den Muskeln des lateralen Systems. Diese Muskelgruppe wird von den Rami dorsales der segmentalen Spinalnerven versorgt.

Kranial setzen sich einzelne Muskeln als eine eigene Gruppe bis zum Kopf fort, die im funktionellen Zusammenwirken mit anderen Muskeln als besondere Beweger die Feinabstimmung der Bewegung des Kopfes bewirken. Diese kleinere Gruppe wird aufgrund ihrer heterogenen embryonalen Herkunft im funktionellen Zusammenhang im Kapitel »Muskeln des Kopfes« besprochen (s. S. 101).

Das **mediale System** (Abb. 2-12 u. 13, Tab. 2-8) läßt sich systematisch in nachfolgende Muskeln unterteilen:

- **M. spinalis** mit seinen Anteilen:
  - M. spinalis thoracis,
  - M. spinalis cervicis und
- **Mm. transversospinales** mit ihren Anteilen:
  - M. semispinalis thoracis et cervicis,
  - M. semispinalis capitis,
  - M. biventer cervicis,
  - M. complexus,
- **Mm. multifidi** und
- **Mm. rotatores.**

Die zuerst genannte Muskelgruppe kann topographisch und funktionell, wenn auch in tierartlich unterschiedlicher Weise, als eine Einheit gesehen werden. Diese liegt zwischen dem M. longissimus und der tiefsten Schicht der langen Hals- und Rückenmuskeln, den Mm. multifidi und den Mm. rotatores. Man spricht daher von einem M. spinalis bzw. spinalis et semispinalis thoracis et cervicis.

Der **M. spinalis (Dornmuskel)** verkehrt ausschließlich zwischen den Dornfortsätzen, oftmals mehrere Segmente überspringend (Schwein und Pferd). Bei diesen beiden Spezies ist topographisch als einheitliche Muskelplatte ein **M. spinalis thoracis et cervicis** ausgebildet. Der Ursprung des Dornmuskels erfolgt beim Pferd an den Dornfortsätzen des 6. bis 1. Lendenwirbels und an denen der letzten sechs Brustwirbel (Abb. 2-12). Bei meist horizontaler Verlaufsrichtung inseriert er an den Dornfortsätzen der 6. bis 1. Brustwirbel sowie in der Medianen an den 7. bis 3. Halswirbeln.

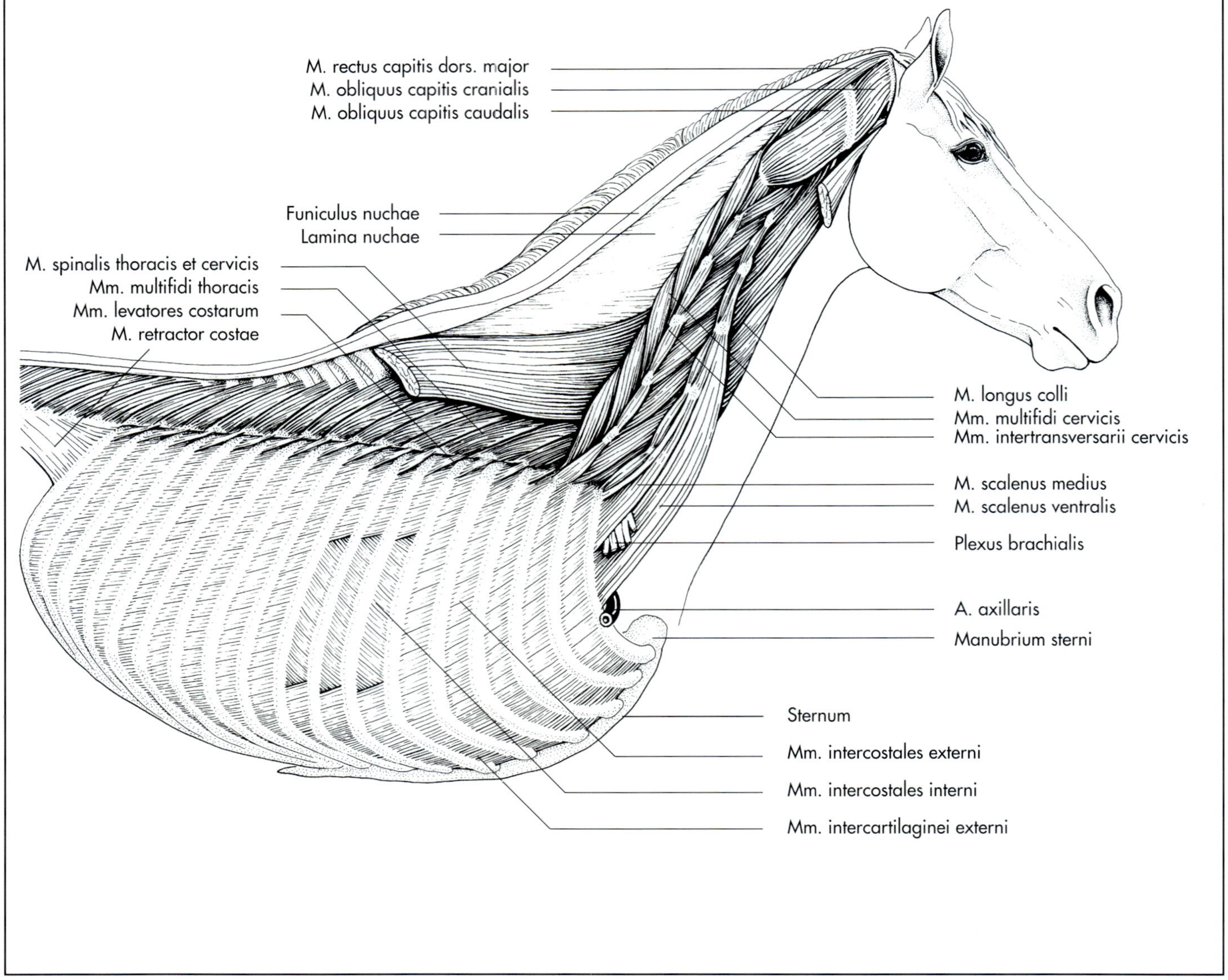

Abb. 2-12. Schematische Darstellung der tiefen Schichten der Stammesmuskulatur des Pferdes, nach Ellenberger u. Baum, 1943.

Werden zusätzliche Muskelzacken von den Zitzen- und Querfortsätzen zu den Dornfortsätzen entwickelt **(Mm. transversospinales),** spricht man von einem M. semispinalis.

Die Einzelmuskeln verschmelzen bei Fleischfressern und Wiederkäuern gewöhnlich mit dem M. spinalis. Deshalb spricht man bei diesen von einem gemeinsamen **M. spinalis et semispinalis thoracis et cervicis,** da Rückenportionen dieses Muskels auch auf das Halsgebiet überspringen. Dieser ausgedehnte Muskel setzt sich aus einer Vielzahl von Einzelmuskeln zusammen, die von den Lendenwirbeln und den 5 bis 6 letzten Brustwirbeln bis zu den vorderen Halswirbeln reichen. Die Muskelgruppe dient bei beidseitiger Kontraktion der Fixation des Rückens und dem Heben des Halses, bei einseitiger Kontraktion werden Rücken und Hals zur Seite gebogen.

Der **M. semispinalis capitis (durchflochtener Muskel)** ist als Fortsetzung des M. spinalis et semispinalis thoracis et cervicis auf das Nacken- und Kopfgebiet zu sehen, lateral überlagert vom M. longissimus und M. splenius. Diese kräftige Muskelplatte füllt den Raum zwischen dem Hinterhauptsbein, der Halswirbelsäule und dem Nackenband. Seiner Lage nach kann eine dorsomediale Portion als **M. biventer cervicis** und eine ventrolaterale als **M. complexus** unterschieden werden.

Der M. semispinalis capitis dient bei beidseitiger Kontraktion der Aufrichtung des Kopfes, einseitig können der Hals und der Kopf zur Seite bewegt werden.

Die **Mm. multifidi (vielästiger Muskel)** bilden die tiefste Schicht der langen Hals- und Rückenmuskeln (Abb. 2-13). Sie setzen sich aus zahlreichen Einzelzacken zusammen, die in segmentaler Anordnung, von den Gelenk- und Zitzenfortsätzen, im Brustbereich auch von den Querfortsätzen der kaudalen zu den Dornfortsätzen der vorausliegenden Wirbel ziehen. Sie verlaufen dorsokranial von der Lendenregion bis in das Halsgebiet und vermögen im Brustbereich bis zu 5 Wirbel zu überspringen. Kranial gehen diese Muskeln in die Mm. obliqui capitis, kaudal in die Schwanzmuskulatur über. Die Funktion der Mm. multifidi liegt in der Feinabstimmung von Bewegungsabläufen der langen Hals- und Rückenmuskulatur.

Die **Mm. rotatores (Dreher)** können auch zu den kleinen Hals- und Rückenmuskeln gerechnet werden (Abb. 2-13).

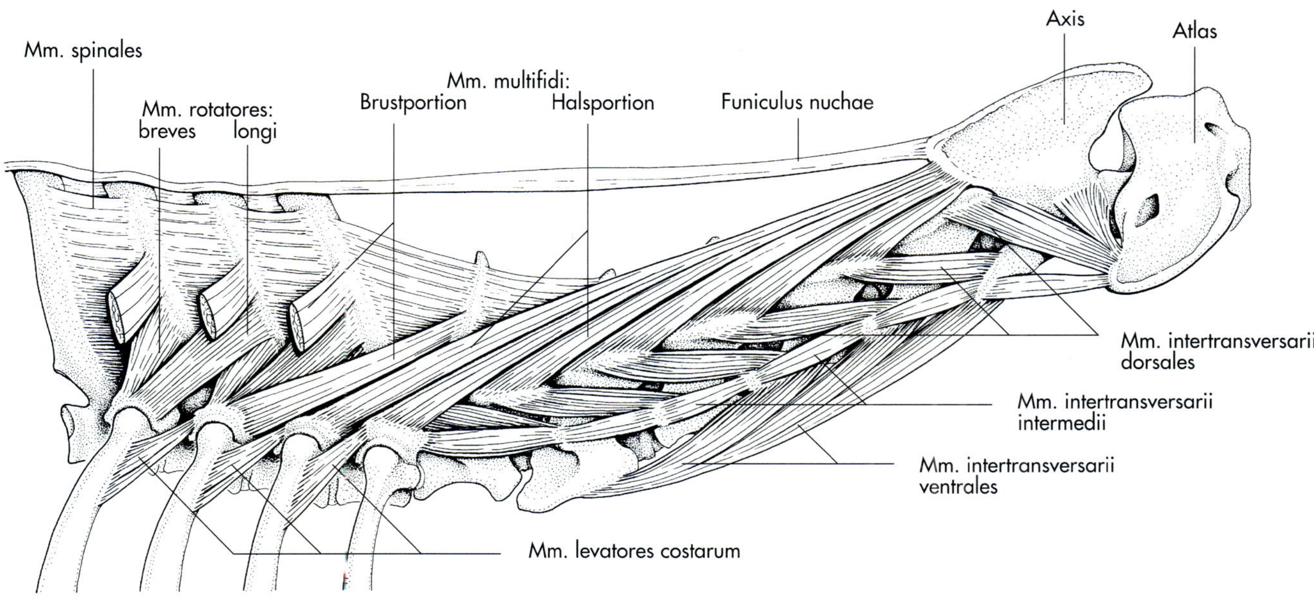

Abb. 2-13. Schematische Darstellung der tiefen Halsmuskulatur des Hundes.

Diese treten ausschließlich an Brustwirbeln auf, und zwar nur in den Bereichen, die Drehbewegungen erlauben (1. bis 10. Brustwirbel bei Fleischfressern und Schwein, bis 12. bei den Wiederkäuern und bis 16. beim Pferd). Man unterscheidet kurze Muskelbündel, die zwischen den Querfortsätzen und Dornfortsätzen des vorausgehenden Wirbels verkehren (Fleischfresser), und die langen Dreher, die bei allen Haussäugetieren über zwei Segmente hinwegziehen.

Kurze Hals- und Rückenmuskeln

Das laterale und mediale System der langen Hals- und Rückenmuskeln wird durch intersegmentale, kurze Abspaltungen ergänzt. Diese Gruppe spannt sich zwischen den Querfortsätzen der Wirbel **(intertransversales System)** und deren Spinalfortsätzen **(interspinales System)** (Tab. 2-9).

Man unterscheidet:

- Mm. interspinales,
- Mm. intertransversarii.

Die **Mm. interspinales (Zwischendornmuskeln)** verlaufen von den hinteren Wirbelkörpern der Halswirbelsäule bis zu den ersten Lendenwirbeln zwischen den jeweiligen Dornfortsätzen, bei den Huftieren meist sehnig durchsetzt als kurze flächenhafte Bänder (Ligg. interspinalia). Allein bei Fleischfressern sind diese muskulös und unterstützen das Durchbiegen der Wirbelsäule.

Die **Mm. intertransversarii (Zwischenquerfortsatzmuskeln)** verkehren zwischen den Querfortsätzen oder zwischen den Quer- und Gelenkfortsätzen bzw. den Mamillar- und Hilfsfortsätzen der Wirbelsäule. Vorzugsweise bei

Tab. 2-9. Kurze Hals- und Rückenmuskeln.

Name **Innervation**	**Ursprung**	**Ansatz**	**Funktion**
Mm. interspinales Rr. dorss. der Brustnerven Rr. dorss. der Lendennerven	Procc. spinosi	Procc. spinosi	Feststellen und Durchbiegen der Brust- und Lendenwirbel
Mm. intertransversarii Rr. dorss. der Hals-, Brust- und Lendennerven	Procc. transversi Procc. mamillares	Procc. transversi Procc. articulares	Feststellen und Seitwärtsbiegen des Halses und der Lendenwirbelsäule

Fleischfressern und Pferd unterscheidet man **Mm. intertransversarii lumborum** als mediale Muskelbündel zwischen den Procc. mamillares und den Procc. transversi und **Mm. intertransversarii thoracis** als kraniale Fortsetzung im Brustbereich. Im Halsbereich spannen sich **Mm. intertransversarii dorsales et ventrales cervicis** zwischen den Transversalfortsätzen (Abb. 2-13).

Diese Muskelgruppe wirkt bei der Feinabstimmung des Bewegungsablaufs der Hals- und Lendenwirbelsäule mit. Sie hilft diese zu fixieren und zur Seite zu führen.

Muskeln der Brustwand (Musculi thoracis)

Die Muskeln der Brustwand umfassen zwei unterschiedliche Gruppen, die zum einen der oberflächlichen bzw. der tiefen Schicht der **Schultergürtelmuskulatur** zugerechnet werden. Sie liegen als Mm. pectorales supf. und als M. pectoralis prof. (oberflächliche und tiefe Brustmuskeln), als M. subclavius und als M. serratus ventr. thoracis im Brustbereich der Stammesmuskulatur außen auf. Diese Muskelgruppe wird im funktionellen Zusammenhang mit der Vordergliedmaße im Kapitel Schultergürtelmuskulatur (s. S. 171) näher besprochen. Zum anderen bildet der folgende Teil dieser Muskelgruppe die Atmungsmuskeln.

Atmungsmuskeln

Die Atmungsmuskeln setzen grundsätzlich am **Brustkorb (Thorax)** an, also an den beweglichen Rippen und Rippenknorpeln. Es sind dies Muskeln, die die Interkostalräume überspannen, sowie kleinere Muskeln, die lateral den Rippen anliegen (Tab. 2-10). Der wichtigste Atmungsmuskel ist darüber hinaus das **Zwerchfell (Diaphragma),** das die Brusthöhle von der Bauchhöhle trennt.

Funktionell unterscheidet man Atmungsmuskeln, die die **Erweiterung des Brustraumes** bewirken, wodurch Luft in die Lunge einströmen kann. Sie bewirken die **Inspiration.** Andere dienen der **Verengung des Brustraumes** und pressen damit die Luft aus der Lunge und den Luftwegen. Diese Muskeln unterstützen die **Exspiration.** Inspiratoren drehen die Rippen nach vorne und außen, Exspiratoren nach hinten und innen.

Die Interkostalmuskeln sind **metamere Muskeln,** in denen sich die embryonale Myotomgliederung widerspiegelt und die sich als kurze, ebenfalls metamere Wirbelsäulenmuskeln fortsetzen. Demzufolge werden sie auch von den entsprechenden segmentalen Interkostalnerven innerviert.

Nachfolgende Muskeln werden den **Atmungsmuskeln** zugeordnet:

- **Mm. serrati dorsales** mit ihren Anteilen:
  - M. serratus dorsalis cranialis,
  - M. serratus dorsalis caudalis,
- **Mm. intercostales** mit ihren Anteilen:
  - Mm. intercostales interni,
  - Mm. intercostales externi,
  - Mm. subcostales,
  - M. retractor costae,
- **Mm. levatores costarum,**
- **M. transversus thoracis,**
- **M. rectus thoracis,**
- **Diaphragma (Zwerchfell, Phren)** mit seinen Anteilen:
  - Pars lumbalis,
  - Pars costalis,
  - Pars sternalis und
  - Centrum tendineum.

Die **Mm. serrati dorsales (dorsale gezahnte Muskeln)** entspringen aponeurotisch aus der Fascia spinocostotransversalis, in der Medianen aus dem Lig. supraspinale und kaudal aus der Fascia thoracolumbalis und inserieren lateral der Mm. iliocostales an den Rippen. Entsprechend dem Verlauf ihrer Muskelfasern unterscheidet man einen **M. serratus dorsalis cranialis** und einen **M. serratus dorsalis caudalis** (Abb. 2-9).

Der **kraniale Teil** zieht an den Rippen von kraniodorsal nach kaudoventral, bei seiner Kontraktion dreht dieser Muskel die Rippen nach außen, er dient damit der Inspiration. Bei Fleischfressern nimmt er von den ersten 6 bis 8 Brustwirbeln bis zur Fascia thoracolumbalis seinen Ursprung und zieht mit kräftigen Endzacken an den Vorderrand und die Seitenfläche der etwa 3. bis 10., beim Pferd bis zur 12. Rippe.

Der **kaudale Teil** zeigt einen entgegengesetzten Faserverlauf. Dieser ist von kaudodorsal nach kranioventral gerichtet und bewirkt demzufolge eine Drehung der Rippen nach hinten und innen. Der Muskel wird daher zu einem Exspirator. Bei Hund und Katze nimmt der M. serratus dors. caudalis seinen Ursprung aus der Fascia thoracolumbalis und setzt an der 9. bis 13. Rippe, beim Pferd am Hinterrand der 12. bis 18. Rippe an.

Die **Mm. intercostales (Zwischenrippenmuskeln)** lassen mindestens zwei Schichten unterscheiden, deren meist sehnige Fasern nahezu rechtwinklig zueinander verlaufen (Abb. 2-12). Die **Mm. intercostales interni** liegen tiefer im Interkostalraum und ziehen kranioventral vom Vorderrand der nachfolgenden Rippe zum Hinterrand der voranstehenden. Diese inneren Zwischenrippenmuskeln verlaufen lateral des N. intercostalis, sie unterstützen die Exspiration.

Oberflächlich von diesen gelegen überspannen die **Mm. intercostales externi** die einzelnen Interkostalräume mit kaudoventraler Verlaufsrichtung (Abb. 2-12). Die äußeren Zwischenrippenmuskeln wirken als Inspiratoren. Sie füllen die Räume vom Ende der Wirbel bis zur Rippenfuge aus, ohne das Brustbein zu erreichen. Distal setzen sie sich als **Mm. intercartilaginei** zwischen den Rippenknorpeln fort. Im Bereich der letzten Rippe sind vorzugsweise bei Fleischfressern zwei bis drei Muskelbündel isolierbar, die, medial der Nn. intercostales gelegen, als **Mm. subcostales** bezeichnet werden. Diese Unterrippenmuskeln wirken ebenso wie der M. retractor costae als Exspiratoren.

Der **M. retractor costae** entspringt an den Querfortsätzen der ersten Lendenwirbel bzw. der Fascia thoracolumbalis und inseriert an der letzten Rippe.

Die **Mm. levatores costarum (Rippenheber)** erscheinen als muskulöse Verstärkung der äußeren Zwischenrippenmuskeln und sind von diesen auch schlecht zu trennen (Abb. 2-13). Sie nehmen ihren Ursprung an den Quer- und Zitzenfortsätzen des 1. bis vorletzten Brustwirbels und ver-

Tab. 2-10. Muskeln der Brustwand.

Name **Innervation**	**Ursprung**	**Ansatz**	**Funktion**
M. serratus dorsalis cranialis Nn. intercostales	Fascia spinocostotransversalis	Brustzacken ab 2.–4. Rippe	Vorziehen der Rippen, Erweiterung des Brustkorbs
M. serratus dorsalis caudalis Nn. intercostales	Fascia thoracolumbalis	ab 9.–12. Rippe	Zurückziehen der Rippen, Verengung des Brustkorbs
Mm. intercostales externi Nn. intercostales	Kaudalrand der Rippen	Kranialrand der folgenden Rippen	Vorziehen der Rippen, Erweiterung des Brustkorbs
Mm. intercostales interni Nn. intercostales	Kranialrand der Rippen	Kaudalrand der vorhergehenden Rippen	Zurückziehen der Rippen, Verengung des Brustkorbs
Mm. levatores costarum Rr. dorss. der Nn. thoracici	Quer- und Zitzenfortsätze des 1. bis vorletzten Brustwirbels	Kranialrand des proximalen Teils der nachfolgenden Rippen	Vorziehen der Rippen, Erweiterung des Brustkorbs
Mm. subcostales Nn. intercostales	schwache Muskelbündel zwischen den oberen Enden der Rippen		Unterstützung der Mm. intercostales intt.
M. retractor costae N. costoabdominalis (Evans) N. iliohypogastricus	Fascia thoracolumbalis	letzte Rippe	Rückziehen der Rippen
M. rectus thoracis Nn. intercostales	1. Rippe	2.–4. Rippenknorpel	Vorziehen der ersten 3 Rippen, Erweiterung des Brustkorbs
M. transversus thoracis Nn. intercostales	Lig. sterni	Articulationes costochondrales	Verengung des Brustkorbs

laufen schräg kaudoventral zum Winkel der nachfolgenden Rippe, an deren Vorderrand die einzelnen Muskelbündel inserieren. Der 1. Rippe fehlt demnach dieser Muskel. Diese Heber der Rippen werden von den Rr. dorss. der segmentalen Brustnerven (Nn. thoracici) innerviert, sie liegen bedeckt vom M. iliocostalis und vom M. longissimus dorsi. Funktionell wirkt diese Muskelgruppe als Inspirator.

Der **M. transversus thoracis (Brustbeinmuskel)** liegt innen dem Brustbein und den Knorpeln der wahren Rippen an. Er stellt eine dreieckige Muskelplatte dar, die am Lig. sterni entspringt und an den Rippenknorpelsynchondrosen der 2. bis 8. Rippe inseriert. Seine Lage weist diesen Muskel als Einwärtszieher der Rippen und damit als Exspirator aus.

Der **M. rectus thoracis (gerader Brustkorbmuskel)** liegt platt, rechteckig außen den ersten drei bis vier Rippenknorpeln auf (Abb. 2-11). Er entspringt an der 1. Rippe und geht bei kaudoventralem Faserverlauf in eine flächenhafte Endsehne über, die sich in der Aponeurose des geraden Bauchmuskels fortsetzt. Dieser Muskel wirkt als Inspirator.

Das **Diaphragma (Zwerchfell, Phren)** tritt nur beim Säuger auf und ist eine in den Brustraum kuppelartig gewölbte Muskelplatte, die als sehnig-muskuläre Scheidewand die Brust- von der Bauchhöhle trennt (Abb. 2-14). Es wölbt sich mit seiner Kranialfläche so weit in den Brustkorb, daß ein großer Teil der Brustkorbhöhle noch zur Bauchhöhle als deren intrathorakaler Anteil gerechnet werden muß. Der am weitesten kranial reichende Teil wird als Zwerchfellscheitel **(Cupula diaphragmatis)** bezeichnet.

Das Zwerchfell wird brusthöhlenseitig von der **Fascia endothoracica** und dem **Brustfell** überzogen und ist mit Herz und Lunge durch seröse Häute verbunden. Bauchhöhlenseitig von der **Fascia transversalis** und dem **Bauchfell** überzogen, liegt dem Diaphragma die Leber an, verbunden mit Haltebändern. Dorsal steht das Zwerchfell durch kräftige Muskelpfeiler mit der Lendenwirbelsäule in Verbindung.

In der Medianen wird dorsal das Diaphragma im **Hiatus aorticus** von der Aorta, der V. azygos und dem Milchbrustgang (Ductus thoracicus) durchbohrt. Links und ventral von diesem liegt der Durchtritt der Speiseröhre **(Hiatus oesophageus).** Rechts der Mittelebene zieht die hintere Hohlvene im sehnigen Teil durch das Zwerchfell **(For. venae cavae).** Das Zwerchfell wird vom N. phrenicus versorgt, der von den Ventralästen der kaudalen Halsnerven abstammt.

Das Zwerchfell besteht aus einem peripheren Muskelring, der innen an der Wand des Brustkorbes entspringt **(muskulöser Teil)**, und aus rädiar angeordneten Fasern, die aus diesem in eine großflächig zentrale Sehnenplatte einstrahlen **(sehniger Teil, Centrum tendineum, Zwerchfellspiegel).**

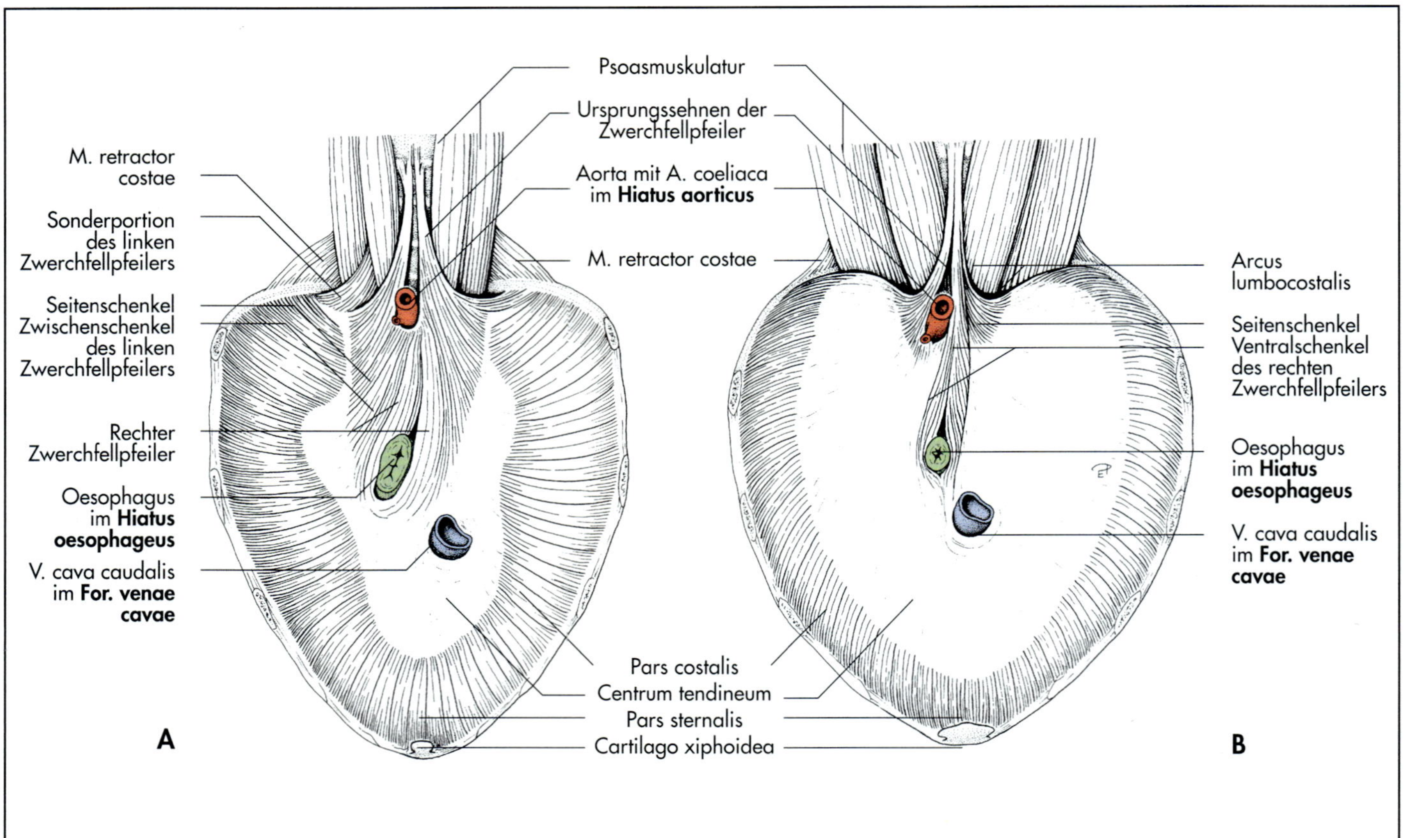

Abb. 2-14. Schematische Darstellung des Zwerchfells des Hundes **(A)** und des Pferdes **(B)** (Kaudalansicht).

Der **muskulöse Teil** kann unterteilt werden in eine:

- Pars lumbalis,
- Pars costalis,
- Pars sternalis.

Die **Pars lumbalis (Lendenteil)** setzt sich ihrerseits aus zwei Muskeln zusammen, die als rechter und linker Zwerchfellpfeiler (Crus dext. und Crus sin.) bezeichnet werden (Abb. 2-14). Beide Muskeln entspringen jederseits ventral an den 3. oder 4. Lendenwirbelkörpern, ziehen ventrokranial und nehmen in ihrem Verlauf im Hiatus aorticus die Aorta und den Ductus thoracicus zwischen sich auf. Vorzugsweise bei Fleischfressern ist der Lendenteil besonders muskulös ausgebildet.

Der **rechte Zwerchfellpfeiler (Crus dextrum)** ist stärker ausgeprägt als der linke. Dieser teilt sich fächerförmig in einen Seitenschenkel, der rechtsseitig zum Centrum tendineum zieht, und zwei Ventralschenkel. Letztere verlaufen als ausgeprägte Muskelstränge kranioventral tief in den zentralen Sehnenspiegel und umgreifen schleifenartig die schlitzförmige Durchtrittsöffnung für die Speiseröhre und die Nn. vagi. Sie bilden den Hiatus oesophageus. Bei Fleischfressern ist die Unterteilung dieses Schenkels durch die Ausbildung von dorsalen, lateralen oder Seitenschenkeln und einem Zwischenschenkel sowie zwei medialen Ventralschenkeln weitergehender.

Der **linke Zwerchfellpfeiler (Crus sinistrum)** bleibt, mit Ausnahme der Fleischfresser, ungeteilt. Bei diesen ist neben dem Seitenschenkel auch ein Zwischenschenkel ausgebildet. Als Ganzes verläuft dieser Zwerchfellpfeiler am dorsalen Rand des Diaphragmas nach links und strahlt ins Centrum tendineum ein. Am dorsolateralen Rand der beiden Seitenschenkel (Arcus lumbocostalis), ventral der Psoasmuskeln, liegen Brust- und Bauchfell direkt an.

Die **Pars costalis (Rippenteil)** des Zwerchfellmuskels entspringt dorsal an der Innenfläche der drei bis vier letzen Rippen beidseitig am Brustkorb und senkt sich bogenförmig entlang den Rippenknorpelverbindungen bis zur 8. Rippe bzw. in gleicher Höhe bis zum Schaufelknorpel. Die Endfasern strahlen radiär in das Centrum tendineum.

Die **Pars sternalis (Brustbeinteil)** des Zwerchfellmuskels entspringt dem Schaufelknorpel und strahlt von ventral in die beiden Rippenteile ein (Abb. 2-14).

Der **sehnige Teil,** das **Centrum tendineum (Zwerchfellspiegel),** bildet mit der Cupula diaphragmatis als Scheitel den am weitesten kranial gelegenen Teil des Zwerchfells. Dieser liegt beim Hund während der »neutralen« Stellung zwischen tiefer Inspiration und voller Exspiration auf dem Niveau des ventralen Teils der sechsten Rippe bzw. des darauffolgenden Interkostalraums. Dies entspricht beim stehenden Tier etwa der Transversalebene durch das Olekranon.

Der Zwerchfellspiegel setzt sich bauchhöhlenseitig aus radiär einstrahlenden Endsehnen der Muskelfasern zusammen, die brusthöhlenseitig in der Tiefe durch zirkulär verlaufende Sehnenfasern geflechtartig verstärkt werden. Beide Lagen werden durch eine Zwischenschicht mit unregelmäßiger Faseranordnung verbunden. Das Centrum tendineum weist bei Fleischfressern in Hinblick auf die langen Schenkel eine Y-Form auf, es ist bei Huftieren hufsohlenförmig. Beidseitig der Zwerchfellpfeiler können demnach zwei dorsal ziehende

Schenkel und ein ventraler unpaarer Körper unterschieden werden (Y-Form). Diese Schenkel schieben sich bis zum Dorsal-rand des Diaphragmas und teilen die beiden Muskelanteile. Allein bei Fleischfressern ist diese Teilung unvollständig, da hier die Pars costalis und die Pars lumbalis verbunden bleiben.

Die **Zwerchfellkuppel (Cupula diaphragmatis)** wird vom Foramen venae cavae geformt, mit dessen Rand die hintere Hohlvene fest und unverschieblich verwachsen ist. Bei der Einatmung verschiebt sich dieser Fixpunkt geringfügig um einen Interkostalraum kaudoventral, beim Ausatmen kraniodorsal. Damit kann die Lage der Zwerchfellkuppel konstant zwischen dem dorsalen und mittleren Drittel des Vertikaldurchmessers der Brusthöhle im Bereich des 7. (Schwein und Wiederkäuer) bzw. des 7. oder 8. (Fleischfresser und Pferd) Interkostalraums festgelegt werden.

Von diesem Scheitel des Zwerchfells aus liegt das Diaphragma beim Pferd extrem schräg im Brustraum, bei den anderen Haussäugetieren weit steiler. Das Zwerchfell fällt kranial rasch zum Sternum ab und verläuft lateral und dorsal flach gewölbt an die Brustwand und an die Wirbelsäule.

Während der **Inspiration** spannt sich das Centrum tendineum durch die anliegenden Muskeln, die Form des Zwerchfells wird stumpf-kegelförmig. Unter Abflachung der seitlichen Brustwand werden die Bauchorgane kaudal verlagert, die Bauchwand beidseitig vorgewölbt. Durch diese Verlagerung wird die Brusthöhle kurzfristig nach kaudal erweitert, die Lunge sekundär gedehnt.

Während der **Exspiration** entspannt sich das Zwerchfell, die Bauchorgane schieben sich, unterstützt durch die Bauchmuskeln, wieder in die Brusthöhle und verengen so indirekt den Luftraum der Lunge.

Muskeln der Bauchwand (Musculi abdominis)

Die Muskeln der Bauchwand stellen großflächig ausgebreitete, relativ dünne Muskelplatten dar, die zusammen mit ihren Endaponeurosen die muskulös-sehnige Grundlage der Bauchdecke bilden. Diese Muskeln liegen als Einzelmuskeln in **drei Schichten** übereinander, deren einzelne Lagen gegenläufig sich kreuzende Faserverläufe ihrer Muskelbündel erkennen lassen.

Die Bauchmuskeln entspringen am kranialen Beckenrand, in der Lendenregion sowie kaudal am Brustkorb, sie bilden die seitliche und ventrale Bauchwand. Diese geschichteten Muskelplatten inserieren bindegewebig aponeurotisch in sehnigen Einrichtungen, nämlich in der Medianen an der Linea alba sowie am Tendo praepubicus und am Leistenband (Lig. inguinale) (Abb. 2-16). Die Bauchmuskeln werden von Ventralästen der Thorakal- und Lumbalnerven versorgt.

Die **Linea alba** ist eine schmale Sehnenplatte. Diese erstreckt sich von der Cartilago xiphoidea zum kranialen Rand der Beckensymphyse und inseriert hier in der Medianen als sehniger Strang am **Tendo praepubicus** (Abb. 2-16). Sie wird in ihrem Verlauf paramedian von einem kräftigen, mit sehnigen Querstreifen versehenen Muskel, dem M. rectus abdominis, begleitet. Zu beiden Seiten des Tendo praepubicus spannt sich das **Leistenband (Lig. inguinale)** aus, das als Verstärkung der Fascia iliaca von der Eminentia iliopubica zum lateralen Darmbeinwinkel zieht (Abb. 2-16). Diese Spannsehne läßt in Verbindung mit der Fascia iliaca zum kranialen Beckenrand einen spaltförmigen Raum ausgespart, durch den Muskeln aus der Bauch- und Beckenhöhle zum Oberschenkel ziehen. Diese Übertrittszone wird als **Muskelpforte (Lacuna musculorum)** bezeichnet, durch sie treten der M. psoas major und die Mm. iliaci zusammen mit dem M. sartorius (Ausnahme Fleischfresser) über.

In diesen vom Leistenband und der Darmbeinsäule begrenzten Raum miteingeschlossen liegt ventromedial die **Gefäßpforte (Lacuna vasorum),** durch die die A. und V. iliaca externa und die A. und V. prof. femoris, der N. saphenus sowie Lymphgefäße ziehen.

Die **Linea alba** entwickelt sich bei der Entstehung der Leibeshöhlen embryonal aus der medianen Vereinigungslinie der beidseitigen Anteile des Mesoderms der Seitenzone (Abb. 2-16). Im zentralen Bereich bleibt zum Durchtritt des embryonalen Harnsackes (Urachus) und der Nabelgefäße der **Nabelring (Anulus umbilicalis)** ausgespart, der sich postnatal zum **Nabel (Umbilicus, Omphalos)** schließt.

Die Linea alba dient der Verstärkung der Bauchdecke. Funktionell unterstützt wird diese Sehnenplatte durch die tiefe Rumpffaszie, mit der sie in der Medianen verschmilzt. Die **Fascia trunci profunda** ist ventral bei Großtieren mit starken Geflechten elastischer Fasern von gelblicher Eigenfarbe durchsetzt. Sie wird daher in diesem Bereich als **gelbe Bauchhaut (Tunica flava abdominis)** bezeichnet.

Die Bauchmuskeln weisen **vielfältige Funktionen** auf. Grundsätzlich übernehmen diese als Teil der Rumpfkonstruktion des Körpers statisch-dynamische Halte-, Stütz- und Tragefunktionen für die Eingeweide. Diese Muskeln unterstützen ferner aktiv die Endphase der Exspiration, vorzugsweise bei angestrengter Atmung. Dabei drücken sie die Baucheingeweide brustwärts. Kontrahieren sich die Bauchmuskeln gegen ein gespanntes Zwerchfell, spricht man von der Bauchpresse. Die damit verbundene Zunahme des intraabdominalen Drucks wirkt sich verstärkend auf die Kontraktion der Eingeweidemuskulatur aus und wird positiv während des Geburtsablaufes (Wehen), aber auch beim Absetzen von Harn und Kot genutzt.

Die Bauchmuskeln sind wesentlich auch an der **Fortbewegung** des Tieres beteiligt. Vorzugsweise bei Wiederkäuern und Pferd dienen sie während des Bewegungsablaufs der Feststellung der Wirbelsäule, bei einseitiger Kontraktion der Biegung des Rumpfes, bei beidseitiger Anspannung der Krümmung des Rückens (Untertreten der Nachhand im Galopp). Dieses Weitausgreifen der Hintergliedmaße ist bei Fleischfressern besonders ausgeprägt, dementsprechend ist bei diesen Tieren auch der muskulöse Anteil der Bauchmuskulatur gegenüber sehnigen Einlagerungen erheblich verstärkt. Nach **Lage** und **Bau** können an der Bauchwand vier Muskeln (Abb. 2-15, Tab. 2-11) unterschieden werden:

- M. obliquus ext. abdominis,
- M. obliquus int. abdominis,
- M. transversus abdominis und
- M. rectus abdominis.

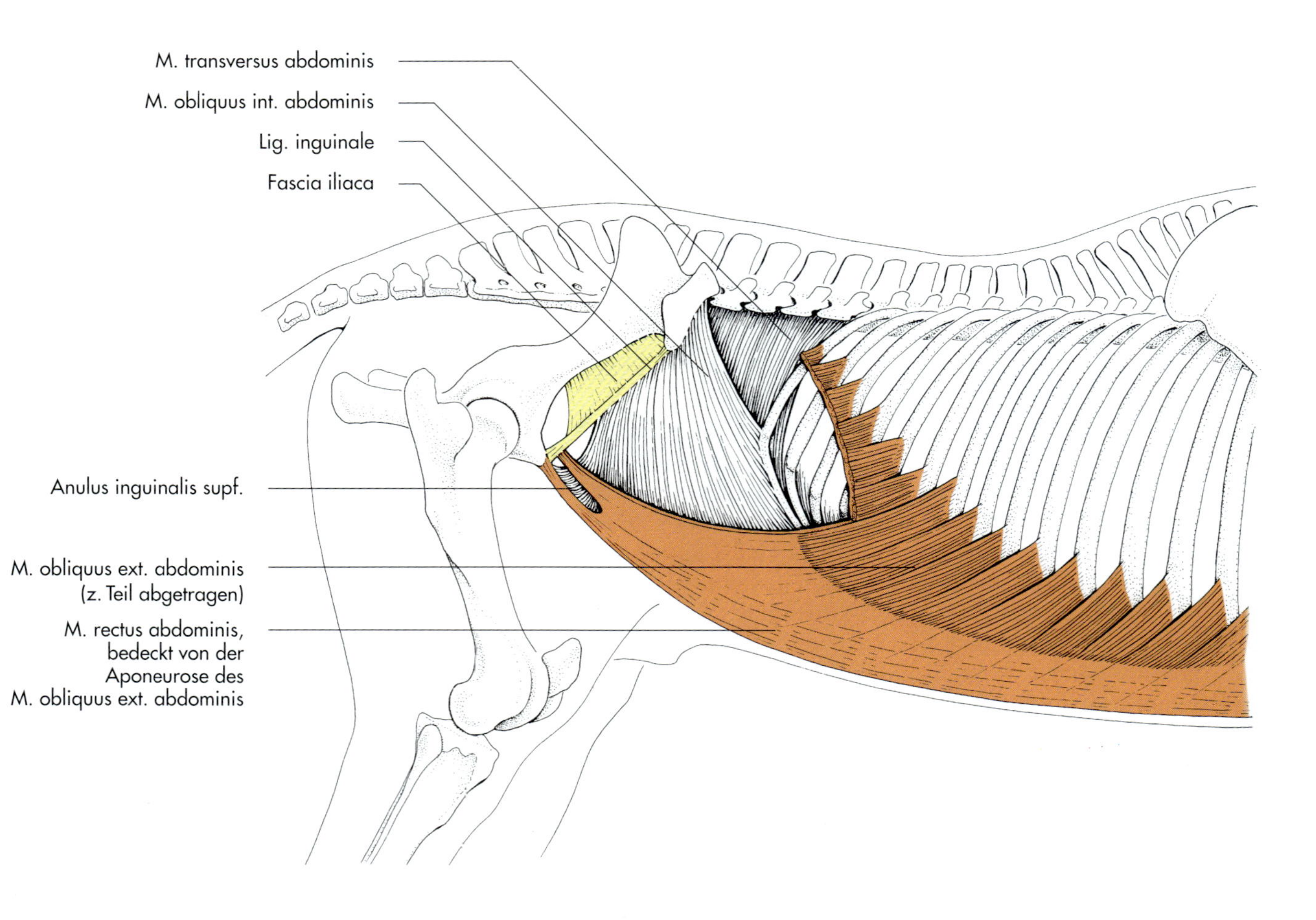

Abb. 2-15. Schematische Darstellung der Muskulatur der seitlichen Bauchwand des Pferdes (Lateralansicht).

Der **M. obliquus externus abdominis (äußerer schiefer Bauchmuskel)** wird nach außen von der Fascia trunci prof., der Tunica flava abdominis, der Fascia trunci supf. und dem M. cutaneus trunci bedeckt (Abb. 2-15 u. 16). Er ist der oberflächlichste der vier Bauchmuskeln. Der äußere schiefe Bauchmuskel nimmt flächig seinen Ursprung von der 4. bis 5. Rippe, verzahnt mit den Ursprungszacken des M. serratus ventralis. Seine Ursprungslinie steigt bogenförmig dorsal an und geht kaudal in die Fascia thoracolumbalis über. Entsprechend der Lage und Ausdehnung kann ein größerer **Brustanteil** bei Fleischfressern bis zur 12. Rippe, beim Pferd bis zur 18. Rippe unterschieden werden. Ein kaudal folgender kleinerer **Lendenteil** nimmt Ursprung an der letzten Rippe und der Fascia thoracolumbalis, beim Pferd zusätzlich noch am Tuber coxae.

Der größte Teil seiner Fasern verläuft fächerförmig kaudoventral, wobei die mehr dorsal gelegenen Muskelbündel eine eher horizontale Verlaufsrichtung einnehmen. Der **muskulöse Anteil** dieses Bauchmuskels geht etwa im unteren Viertel der Bauchwand (Fleischfresser) bzw. auf einer Verbindungslinie vom Ventralrand des Hüfthöckers zum Knorpelende der 5. Rippe (Pferd) in seinen **sehnigen Anteil,** die **Aponeurose,** über.

Die großflächige Aponeurose verschmilzt mit derjenigen des M. obliquus int. abdominis zum äußeren Blatt der **Rektusscheide (Vagina m. recti abdominis)** und inseriert zweigeteilt an der Linea alba und dem Tendo praepubicus (Bauchsehne) und dem Lig. inguinale (Beckensehne). In der Leistengegend weichen die bis dort einheitlichen Endsehnen auseinander und bilden zwischen sich einen oberflächlich gelegenen Spalt, den **äußeren Leistenring (Anulus inguinalis superficialis)** (Abb. 2-15 u. 16). Die Aponeurose der Bauchsehne formt hier als **Crus mediale** den kraniomedialen Rand, die Aponeurose der Beckensehne als **Crus laterale** den kaudolateralen Rand des äußeren Leistenrings.

Die Öffnung des Leistenrings ist dem Faserverlauf des Muskels entsprechend schlitzförmig von kraniolateral nach kaudomedial. Der äußere Leistenring ist der äußere Anteil und Zugang zum **Leistenspalt (Canalis inguinalis** oder **Spatium inguinale),** der bei männlichen Tieren den Scheidenhautfortsatz (Proc. vaginalis) einschließlich Gefäße und Nerven aufnimmt. Diesem ist außen der M. cremaster aufgelagert. Die Beckensehne gibt am lateralen Rand des Leistenrings an die Fascia medialis femoris ein **Schenkelblatt (Lamina femoralis)** ab, das den Schenkelspalt überzieht.

Bei Fleischfressern verschmilzt die **Bauchsehne** nach außen mit der Fascia trunci prof., nach innen mit der Aponeurose des inneren schiefen Bauchmuskels zum äußeren Blatt der Rektusscheide. Diese Scheide verbindet sich mit sehnigen, transversal verlaufenden Faserbündeln des M. rectus

Tab. 2-11. Muskeln der Bauchwand.

Name Innervation	Ursprung	Ansatz	Funktion
M. obliquus externus abdominis Rr. ventr. der Brust- und Lendennerven	Ursprungszacken an den letzten 8–10 Rippen an Fascia thoracolumbalis	Linea alba und Lig. inguinale	Bauchpresse und Exspirationsmuskel, Tragen der Eingeweide
M. obliquus internus abdominis Rr. ventr. der Brust- und Lendennerven	Tuber coxae, Querfortsätze der Lendenwirbel, Fascia thoracolumbalis	Linea alba und letzte Rippe Rippenbogen	Bauchpresse und Exspirationsmuskel, Tragen der Eingeweide
M. transversus abdominis Rr. ventr. der Brust- und Lendennerven	Querfortsätze der Lendenwirbel, Rippenknorpel	Linea alba	Bauchpresse und Exspirationsmuskel, Tragen der Eingeweide
M. rectus abdominis Rr. ventr. der Brust- und Lendennerven	Sternum, sternale Rippenknorpel ab 4. Rippe	Tendo praepubicus und Pecten ossis pubis	Bauchpresse und Exspirationsmuskel, Tragen der Eingeweide

abdominis **(Intersectiones tendineae).** Die **Beckensehne** gibt das Crus lat. ab und vereinigt sich mit dem Crus med. zum Angulus caudalis des äußeren Leistenrings.

Beim Pferd geht die meist **kräftige Bauchsehne** in der Medianen in die Linea alba über, verstärkt durch die Tunica flava abdominis als Teil der tiefen Rumpffaszie. Ihre Endsehne legt sich als Crus med. dem äußeren Leistenring medial an und setzt sich bis zum Tendo praepubicus als Insertionsstelle fort. Beim Pferd erreicht der äußere Leistenring eine Länge von ca. 10–12 cm, er liegt etwa 2 cm paramedian der Linea alba und gleich weit vor dem Tendo praepubicus.

Die Aponeurose der **kleineren Beckensehne** formt mit ihrem hinteren Rand das **sehnige Leistenband (Arcus inguinalis** oder **Ligamentum inguinale),** das vom Tuber coxae zur Eminentia iliopubica und zum Tendo praepubicus zieht (Abb. 2-16).

Der **M. obliquus internus abdominis (innerer schiefer Bauchmuskel)** liegt medial dem äußeren schiefen Bauchmuskel an, er entspringt am Tuber coxae sowie proximal am Leistenband und, mit Ausnahme des Pferdes, an den Lendenwirbelquerfortsätzen und aus der Fascia thoracolumbalis (Abb. 2-15 u. 16). Von diesen Ursprungsstellen strahlt er fächerförmig kranioventral und weist damit dem äußeren schiefen Bauchmuskel gegenüber einen rechtwinklig kreuzenden Faserverlauf auf. Dieser Muskel geht in Höhe des Lateralrands des geraden Bauchmuskels in seine großflächige Aponeurose über, vereinigt sich mit der Sehnenplatte des M. obliquus ext. abdominis, tierartlich unterschiedlich, zum **Außenblatt der Rektusscheide** und verbindet sich in der Linea alba mit der Aponeurose der anderen Körperseite.

Proximal läßt sich ein **Crus costocoxale** abspalten, das an der letzten Rippe und fortlaufend am Rippenbogen inseriert. Der innere schiefe Bauchmuskel bildet mit seinem kaudalen Rand die **vordere Begrenzung des inneren Leistenrings (Anulus inguinalis profundus).** Den hinteren Rand stellt das **Leistenband (Arcus inguinalis** seu **Ligamentum inguinale)** dar. Die schlitzförmige Öffnung des inneren Leistenrings ist vorwiegend transversal gelegen, sie bildet den inneren Zugang zum Leistenspalt (Canalis inguinalis seu Spatium inguinale). Aus dem Kaudalrand des M. obliquus internus abdominis spaltet sich bei männlichen Tieren ein schmales Muskelband, der **M. cremaster,** ab, der lateral dem Proc. vaginalis anliegt und mit ihm durch den Leistenspalt zieht.

Der **M. transversus abdominis (Querbauchmuskel)** liegt medial vom inneren schiefen Bauchmuskel und ist der kleinste der Bauchmuskeln, weist jedoch einen breiten Ursprungsbereich auf (Abb. 2-15). Kranial schieben sich beim Pferd Muskelzacken innen an die Knorpel der 12 letzten Rippen (nur 12. und 13. Rippe beim Hund), verzahnt mit denen des Zwerchfells. Kaudal entspringen dünne Muskelbündel an den Querfortsätzen der Lendenwirbel. Seine hintere Begrenzung liegt etwa in Höhe des Tuber coxae.

Der Übergang vom muskulösen in den sehnigen Teil des Muskels erfolgt entlang des lateralen Randes des M. rectus abdominis. Seine Aponeurose bildet beim Pferd in ihrer gesamten Ausdehnung das **Innenblatt der Rektusscheide.** Da der Ansatz des M. transversus abdominis nur bis in Höhe des Tuber coxae reicht, fehlt das Innenblatt der Rektusscheide im kaudalen Bereich. Ebenso dehnt sich die Aponeurose dieses Muskels nicht bis in die Gegend des Leistenkanals aus. Gut genährte Pferde können zwischen der Fascia transversalis und diesem Muskel ein dickes Fettpolster (Panniculus adiposus int.) einschließen. Bei Fleischfressern tritt die Aponeurose kaudal des Nabels mit dem Außenblatt der Rektusscheide in Verbindung.

Der **M. rectus abdominis (gerader Bauchmuskel)** stellt gegenüber den angeführten drei Muskelschichten insofern eine Ausnahme dar, als dieser nicht in einer eigenständigen

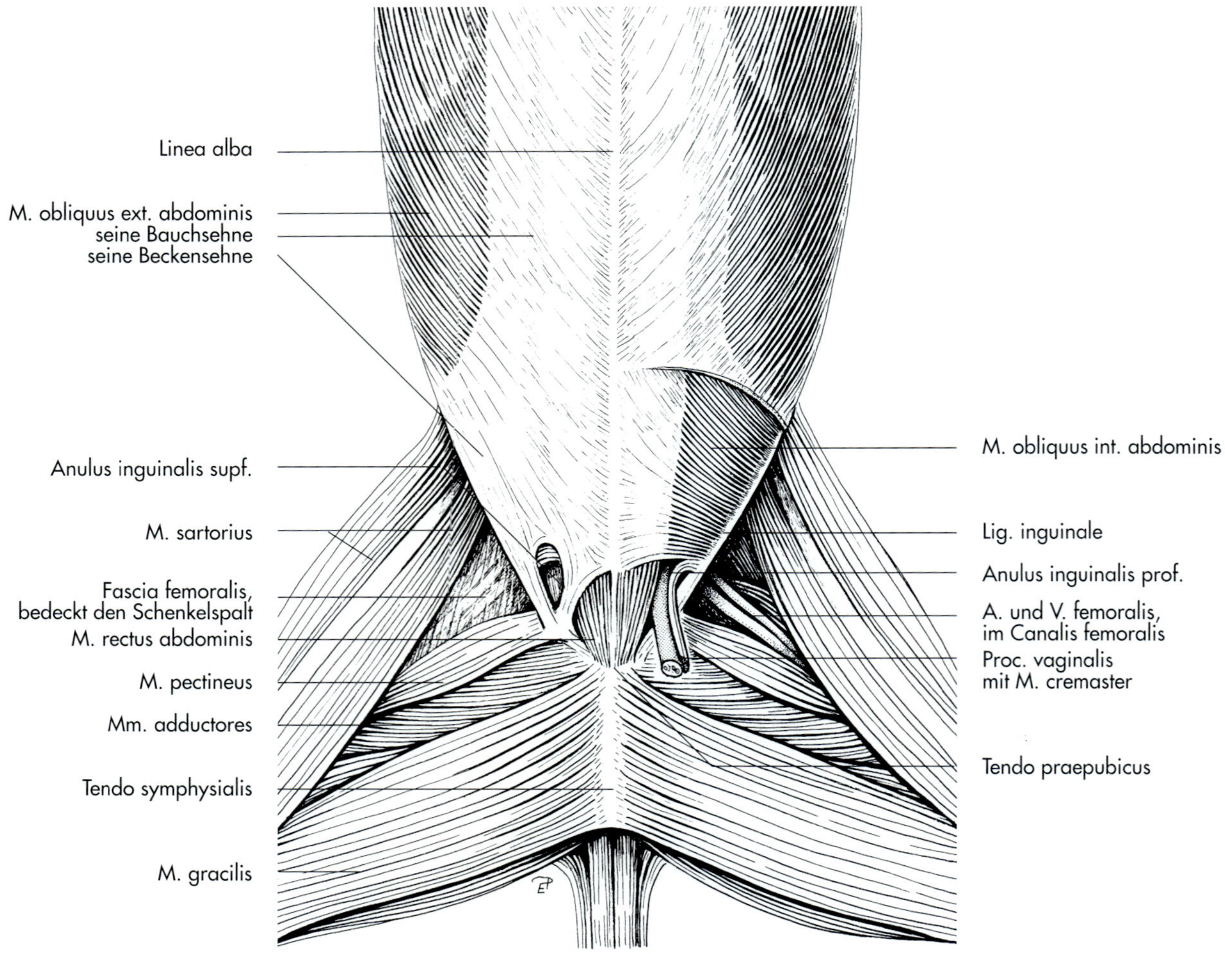

Abb. 2-16. Schematische Darstellung der Muskulatur der Bauchwand und medial am Oberschenkel des Hundes (Ventralansicht).

Aponeurose ausläuft (Abb. 2-15 u. 16). Der gesamte Muskel liegt ventral der Bauchwand an und wird tierartlich unterschiedlich von den Aponeurosen der anderen Bauchmuskeln umhüllt. Diese sehnige Scheide um den M. rectus abdominis wird als **Rektusscheide (Vagina musculi recti abdominis)** bezeichnet. Der M. rectus abdominis entspringt sehnig an den sternalen Rippenknorpeln und an benachbarten Anteilen des Brustbeins und zieht mit ausschließlich **sagittalem Faserverlauf** bis zum **Tendo praepubicus,** an dem er inseriert.

Beim Pferd zweigt die Endsehne einen Sehnenstrang ab, der als **Ligamentum accessorium ossis femoris** zum **Hüftgelenk** zieht und am **Femurkopf** inseriert. Dieses Band verbindet sich mit dem **Ligamentum capitis ossis femoris** und wirkt im Hüftgelenk als Fixationsband.

Rektusscheide (Vagina musculi recti abdominis)

Die Rektusscheide umhüllt außen und innen den M. rectus abdominis im Bauchbereich mit **Sehnenplatten,** an denen die **Fascia trunci profunda** sowie die Aponeurosen der **übrigen drei Bauchmuskeln** beteiligt sind (Abb. 2-17). Unter Vernachlässigung tierartlicher und regionaler Unterschiede kann ein allgemeiner Bauplan festgehalten werden. Danach bilden die Aponeurosen der beiden schiefen Bauchmuskeln das **äußere Blatt der Rektusscheide (Lamina externa),** das dem M. rectus abdominis ventral anliegt. Die Aponeurose des M. transversus abdominis überzieht unter Bildung des **Innenblattes der Rektusscheide (Lamina interna)** dorsal den geraden Bauchmuskel. Beide Blätter verschmelzen in der Linea alba. Die geschilderte Ausdehnung trifft für die Wiederkäuer und das Pferd im Bereich der gesamten ventralen Bauchwand zu, ebenso wie für die Fleischfresser und das Schwein in der Nabelregion.

Bei Fleischfressern spaltet sich im kranialen Bauchbereich die Aponeurose des inneren schiefen Bauchmuskels und gibt ein Blatt an das innere Blatt der Rektusscheide ab. Im Beckenbereich tritt die Aponeurose des M. transversus abdominis allmählich nach außen über und bildet mit den beiden schiefen Bauchmuskeln das Außenblatt der Rektusscheide, unterstützt von der Fascia transversalis. Damit wird bei Fleischfressern im Beckeneingang der M. rectus abdominis zur Bauchhöhle hin nur von der Fascia transversalis und dem Bauchfell überzogen.

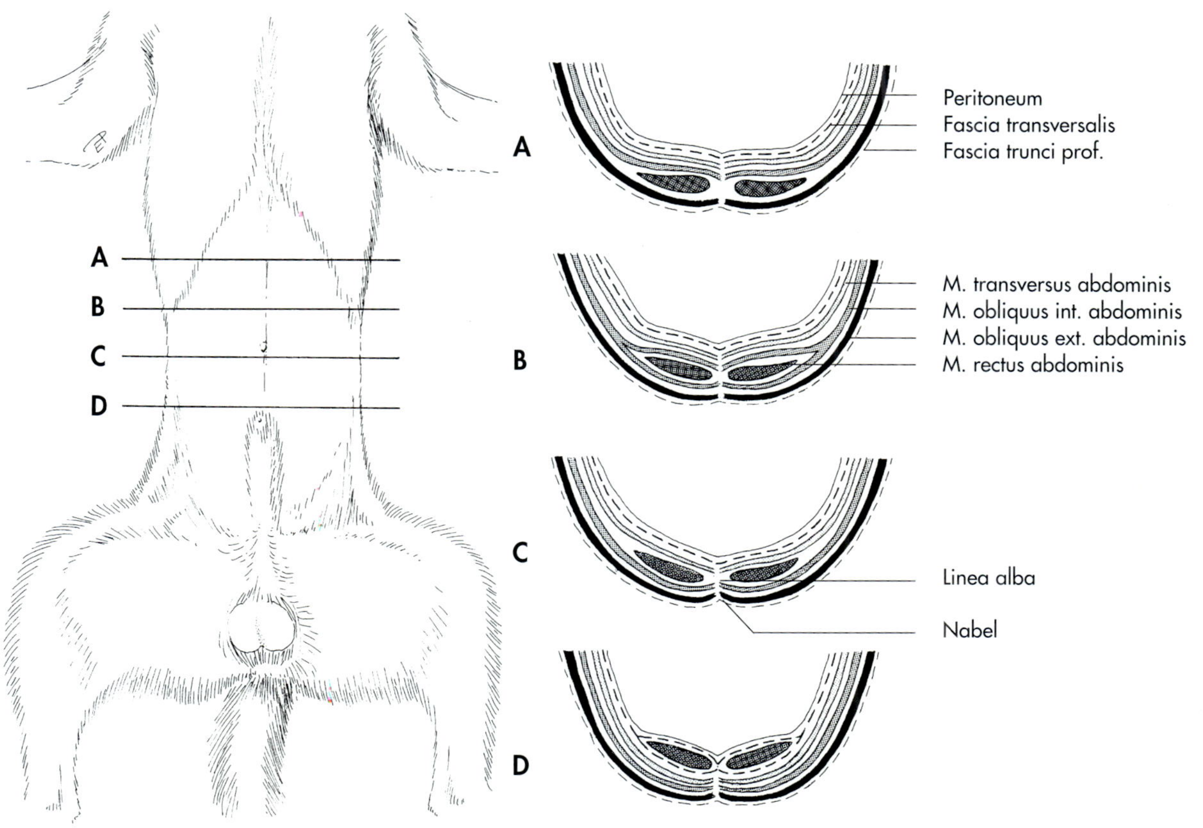

Abb. 2-17. Schematische Darstellung der Rektusscheide an Querschnitten durch die ventrale Bauchwand des Hundes, nach Budras, 1996.

Leistenkanal (Canalis inguinalis)

Der Leistenkanal wird bereits embryonal in der Leistenregion angelegt, durch ihn gleitet bei männlichen Tieren und der Hündin vor oder kurz nach der Geburt der Scheidenhautfortsatz (Proc. vaginalis).

Die **äußere Öffnung des Leistenkanals,** auch Ausgang oder **äußerer Leistenring (Anulus inguinalis superficialis)** benannt, liegt beim Pferd etwa 4–5 cm seitlich der Medianen (Linea alba) und zwei Finger breit kranial des Pecten ossis pubis (Abb. 2-15 u. 16). Der äußere Leistenring ist bei einem mittelgroßen Pferd etwa 10–12 cm lang, deutlich abgesetzt, mit einer schlitzförmigen Öffnung von kraniolateral nach kaudomedial. Seine ventromediale Begrenzung wird vom medialen Schenkel der Bauchsehne des äußeren schiefen Bauchmuskels gebildet (Crus med.), seine dorsolaterale entsteht durch die Beckensehne ebendieses Bauchmuskels (Crus lat.). Der ventromediale Rand des äußeren Leistenrings kann beim Pferd durch die Haut zwischen Bauchwand und Oberschenkel getastet werden. Die dorsolaterale Begrenzung wird durch das Schenkelblatt (Lamina femoralis) bedeckt und ist damit nicht tastbar.

Die **innere Öffnung des Leistenkanals,** auch Eingang oder **innerer Leistenring (Anulus inguinalis profundus)** genannt, liegt beinahe transversal zur Körperlängsachse (Abb. 2-16). Der Kaudalrand des M. obliquus int. abdominis begrenzt kraniomedial zusammen mit dem lateralen Rand des M. rectus abdominis den inneren Leistenring. Kaudolateral wird er vom Leistenband begrenzt, das die verdickte kaudale Verstärkung der Beckensehne des äußeren schiefen Bauchmuskels darstellt. Das Leistenband zieht vom Hüfthöcker bis zur Eminentia iliopubica und zum Tendo praepubicus.

Durch den Leistenkanal tritt beim adulten männlichen Tier vom lateralen Winkel des inneren Leistenrings zum kaudomedialen des äußeren Leistenrings der Scheidenhautfortsatz (Proc. vaginalis). Dieser schließt den Samenstrang sowie den außen anliegenden M. cremaster ein. Der Samenstrang kann beim Pferd durch die Haut und den Processus vaginalis hindurch gefühlt werden.

Unmittelbar kaudal des Proc. vaginalis treten im kaudomedialen Winkel des äußeren Leistenrings verschiedene Blut- und Lymphgefäße (A. und V. pudenda ext., Vasa efferentia der oberflächlichen Leistenlymphknoten) und der N. genito-

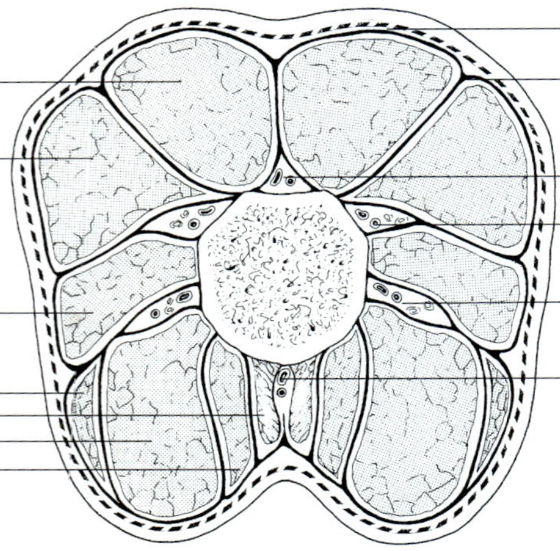

Abb. 2-18. Schematische Darstellung der Schwanzmuskulatur des Hundes (Querschnitt).

femoralis durch den Leistenkanal. Bei weiblichen Tieren, mit Ausnahme der Hündin, ist kein Proc. vaginalis vorhanden, durch den engen Leistenkanal treten die A. und V. pudenda ext. sowie der N. genitofemoralis hindurch. Der bei der Hündin vorkommende Proc. vaginalis enthält das dem Hodenleitband entsprechende Lig. teres uteri.

Der Leistenregion kommt besondere klinische Bedeutung in Hinblick auf Kastration, Leistenbrüche oder Kryptorchismus zu.

Muskeln des Schwanzes (Musculi caudae)

Der Schwanz übernimmt bei den Haussäugetieren unterschiedliche Funktionen, ist dieser doch über den Rumpf hinausreichend frei beweglich. Er kann den Bewegungsablauf des Körpers mit beeinflussen. Darüber hinaus sind arttypische Haltung und Bewegungen oftmals Ausdruck individuell-psychischer Motivationen. Die Muskeln des Schwanzes sitzen in regelmäßiger Anordnung rings um die Schwanzwirbel, sie entspringen aus Muskeln der Wirbelsäule oder denen des Beckens und werden als deren Fortsetzung in den Schwanz gesehen.

Man unterscheidet als Wirbelsäulen-Schwanzmuskeln nach Lage und Funktion:

- **Heber des Schwanzes:**
  - M. sacrococcygeus dorsalis medialis,
  - M. sacrococcygeus dorsalis lateralis,
- **Niederzieher des Schwanzes:**
  - M. sacrococcygeus ventralis. medialis,
  - M. sacrococcygeus ventralis. lateralis,
- **Seitwärtszieher des Schwanzes:**
  - Mm. intertransversarii caudae,
- **Becken-Schwanzmuskeln:**
  - M. coccygeus,
  - M. iliocaudalis und
  - M. pubocaudalis.

Die **Wirbelsäulen-Schwanzmuskeln** liegen dorsal, seitlich und ventral der Schwanzwirbelsäule an, sie überspannen die einzelnen Wirbel und deren Zwischenwirbelscheiben (Abb. 2-18 u. 19, Tab. 2-12). Die Heber des Schwanzes verlaufen dorsal auf den Schwanzwirbeln und ziehen vom Kreuzbein (beim Fleischfresser vom letzten Lendenwirbel) bis zu den mittleren bzw. letzten Schwanzwirbeln.

Der **M. sacrococcygeus dorsalis medialis (kurzer Heber des Schwanzes)** verkehrt zwischen den Dorn- und Zitzenfortsätzen der Schwanzwirbel in Form kurzer Einzelsegmente (Abb. 2-18 u. 19). Er liegt bei Fleischfressern vom 6./7. Lendenwirbel dorsal der Medianen bis zum letzten Schwanzwirbel. Man unterscheidet tiefe, kurze Muskelfaserbündel, die stark segmentiert vom Dornfortsatz des vorausgehenden zum Zitzenfortsatz des nachfolgenden Wirbels ziehen. Oberflächliche, lange Faserbündel überspringen 4 bis 5 Wirbel bis zum 5. Schwanzwirbel und laufen spitzenwärts allmählich aus.

Der **M. sacrococcygeus dorsalis lateralis (langer Heber des Schwanzes)** liegt lateral des kurzen Hebers und wird als Verlängerung des M. longissimus kaudal auf die Schwanzwirbel gesehen (Abb. 2-18 u. 19). Er entspringt beim Hund aus der Aponeurose des M. longissimus und sehnig an den Zitzenfortsätzen des 2. bis 7. Lendenwirbels, den Gelenkfortsätzen des Kreuzbeins und den Rudimenten der Zitzen-

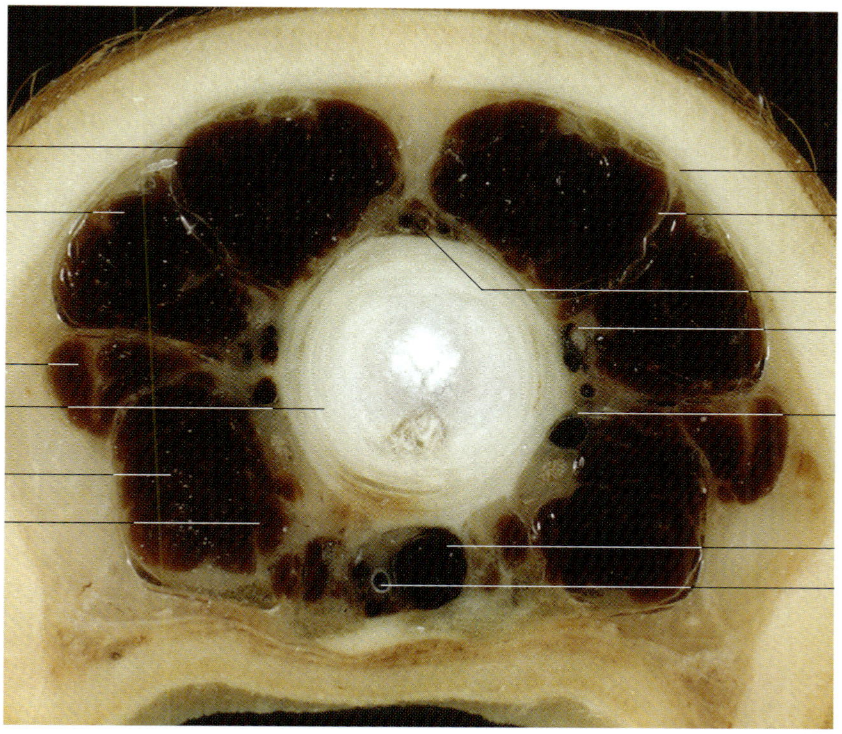

Abb. 2-19. Querschnitt an der Schwanzbasis eines Rindes (plastiniertes Präparat).

fortsätze der ersten 8 Schwanzwirbel. Dieser Muskel ist aus Einzelportionen zusammengesetzt, die vom 2. Kreuzwirbel bis zum 14. Schwanzwirbel ziehen. Die Endsehnen laufen als zarte Stränge schräg gestellt, spitz zulaufend bis zum Schwanzende allmählich aus, eingebettet in die tiefe Schwanzfaszie. Bei Wiederkäuern und beim Pferd sind zusätzlich Ursprungssehnen an der Pars lat. des Kreuzbeins erkennbar.

Der **M. sacrococcygeus ventralis medialis (kurzer Niederzieher des Schwanzes)** liegt vom letzten Kreuzwirbel bis zur Schwanzspitze der Wirbelsäule ventral an (Abb. 2-18 u. 19). Dieser strangartige Muskel formt paramedian mit dem der anderen Seite eine Rinne, die die A. und V. coccygea mediana aufnimmt. Seine Sehnen vereinigen sich mit denen des M. sacrococcygeus ventalis lateralis.

Der **M. sacrococcygeus ventralis lateralis (langer Niederzieher des Schwanzes)** nimmt seinen Ursprung bei den Fleischfressern in Form zahlreicher Einzelmuskeln lateral und ventral des kurzen Niederziehers vom letzten Lendenwirbelkörper und dem Kreuzbein sowie ventral und an den Wurzeln der Querfortsätze der ersten 11 Schwanzwirbelkörper (Abb. 2-18). Die langen Niederzieher inserieren am ventrolateralen Höcker des kranialen Wirbelendes vom 6. bis letzten Schwanzwirbelkörper. Bei den Huftieren entspringt er als kräftiger Muskelstrang vom 2. bis 3. oder letzten Kreuzwirbel und an den Querfortsätzen des ersten Schwanzwirbels.

Die **Mm. intertransversarii caudae (Zwischenquerfortsatzmuskeln)** wirken als Seitwärtszieher des Schwanzes. Sie liegen zwischen dem langen Heber und dem langen Niederzieher des Schwanzes seitlich der Schwanzwirbelsäule an (Abb. 2-18 u. 19). Diese Muskelgruppe ist zwischen die Querfortsätze der Schwanzwirbel ausgespannt, sie ist bei Wiederkäuern und beim Pferd besonders ausgeprägt.

Bei Fleischfressern können dorsale und ventrale Faserbündel unterschieden werden. Der **M. intertransversarius dorsalis caudae** entspringt in Einzelbündeln am Lig. sacroiliacum dors. und kaudal am Kreuzbein. Sein anfänglich kräftiger Muskelbauch nimmt in Höhe der Procc. transversi der ersten Schwanzwirbel Verstärkungsbündel auf und inseriert beim Hund am Querfortsatz des 5. Schwanzwirbels. Der **M. intertransversarius ventralis caudae** zieht vom 3. Schwanzwirbel bis in die Schwanzspitze.

Die **Becken-Schwanzmuskeln** sind eigenständige Muskeln, die vom Becken an die Quer- und Hämalfortsätze der ersten Schwanzwirbel zwischen die Heber und Niederzieher einstrahlen.

Der **M. iliocaudalis (Darmbein-Schwanzmuskel)** und der **M. pubocaudalis (Schambein-Schwanzmuskel)** treten nur bei Fleischfressern auf, beide sind Bestandteile des M. levator ani. Seine Darmbeinanteile (M. iliocaudalis) beginnen medial an der Darmbeinsäule, die Schambeinportion (M. pubocaudalis) am Boden des Beckens über die gesamte Ausdehnung der Beckensymphyse. Beide Portionen, zwischen denen der N. obturatorius hindurchtritt, enden in der Schwanzfaszie und an den Hämalfortsätzen des 1. bis 3. (Katze) bzw. des 4. bis 7. (Hund) Schwanzwirbels.

Der **M. coccygeus (langer Seitwärtszieher des Schwanzes)** nimmt beim Schwein, bei Wiederkäuern und beim Pferd seinen Ursprung an der Innenseite des breiten Beckenbands. Bei

Tab. 2-12. Muskeln des Schwanzes.

Name **Innervation**	**Ursprung**	**Ansatz**	**Funktion**
M. sacrococcygeus dorsalis lateralis Kreuz- und Schwanznerven	Kreuzbein	mittlere und letzte Schwanzwirbel	Heben des Schwanzes
M. sacrococcygeus dorsalis medialis Kreuz- und Schwanznerven	Kreuzbein	mittlere und letzte Schwanzwirbel	Heben des Schwanzes
M. sacrococcygeus ventralis lateralis Kreuz- und Schwanznerven	ventral am Kreuzbein	mittlere und letzte Schwanzwirbel	Niederziehen des Schwanzes
M. sacrococcygeus ventralis medialis Kreuz- und Schwanznerven	ventral am Kreuzbein	mittlere und letzte Schwanzwirbel	Niederziehen des Schwanzes
Mm. intertransversarii caudae Kreuz- und Schwanznerven	verbindet die Querfortsätze der Schwanzwirbel		Seitwärtsziehen des Schwanzes
M. coccygeus Kreuz- und Schwanznerven	Spina ischiadica und Lig. sacrotuberale	Querfortsätze der ersten Schwanzwirbel	Seitwärtsziehen des Schwanzes
M. iliocaudalis (nur Fleischfresser) Kreuz- und Schwanznerven	medial an der Darmbeinsäule	Hämalfortsätze der ersten Schwanzwirbel	Niederziehen des Schwanzes
M. pubocaudalis (nur Fleischfresser) Kreuz- und Schwanznerven	Beckensymphyse	Hämalfortsätze der ersten Schwanzwirbel	Niederziehen des Schwanzes

Fleischfressern entspringt er vor dem M. obturatorius int. an der Spina ischiadica und inseriert an den Querfortsätzen der ersten Schwanzwirbel zwischen Anteilen des M. intertransversarius caudae. Er bewirkt neben einem Seitwärtsziehen bei beidseitiger Kontraktion das Einklemmen des Schwanzes.

3 Vorder- oder Schultergliedmaßen (Membra thoracica)

H.-G. Liebich, J. Maierl und H. E. König

Knochen der Schultergliedmaße (Ossa membri thoracici)

Schultergürtel (Cingulum membri thoracici)

Der Schultergürtel (Abb. 3-2) setzt sich aus dem **Rabenschnabelbein (Os coracoideum),** dem **Schlüsselbein (Clavicula)** und dem **Schulterblatt (Scapula)** zusammen, er verbindet die Schultergliedmaße mit dem Rumpf.

Das **Rabenschnabelbein** ist beim Haussäugetier rudimentär, es bildet medial an der Skapula einen zylindrischen Fortsatz (Processus coracoideus) aus. Das **Schlüsselbein** fehlt den Haussäugetieren in der beim Menschen ausgeprägten knöchernen Form und Funktion. Allein bei der Katze tritt die Clavicula als ein stäbchenförmiges oder plattes, leicht gebogenes Knöchelchen von 2–5 cm Länge (Abb. 3-1), beim Hund als ein Knochenstückchen von etwa 1 cm ohne Verbindung mit dem Skelett auf. Bei den Huftieren wird an dessen Stelle ein bindegewebiger Streifen ausgebildet. Die Clavicula liegt in jedem Fall im Verschmelzungsbereich des M. brachiocephalicus und ist bei den Fleischfressern radiologisch nachweisbar.

Schulterblatt (Scapula)

Das Schulterblatt ist ein dreieckiger, platter Knochen, der bilateral in kranioventraler Richtung dem vorderen Thoraxbereich anliegt und allein durch Muskeln **(Synsarcosis)** und nicht gelenkig mit dem Rumpf verbunden ist. Sein proximaler **Rand (Margo dorsalis)** weist zur Wirbelsäule, ihm liegt der **Schulterblattknorpel (Cartilago scapulae)** auf. Bei den Huftieren verlängert dieser als eine halbmondförmige Knorpelplatte die Oberfläche der Skapula und ermöglicht der Muskulatur den Ansatz, er dient auch der Stoßbrechung. Der Knorpel verkalkt mit zunehmendem Alter und wird brüchig. Beim Pferd überragt der Schulterblattknorpel den Rückenwinkel und reicht bis an den Widerrist. Bei Fleischfressern ist dieser nur als schmaler Knorpelsaum entwickelt. Das Auftreten und der Zeitpunkt der Verschmelzung der Ossifikationskerne sind in Tab. 3-1 dargestellt.

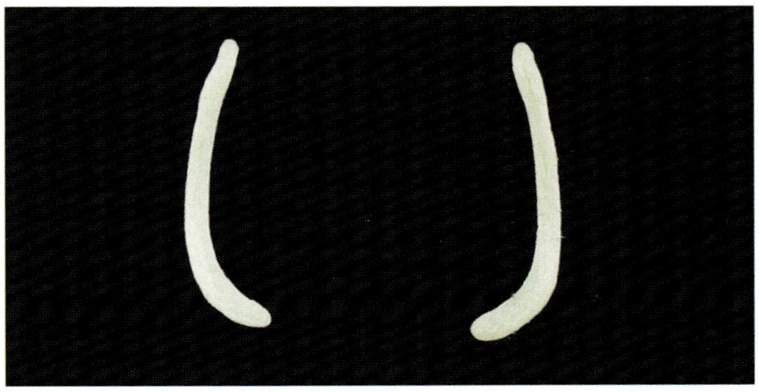

Abb. 3-1. Rechte und linke Clavicula einer Katze.

Die Skapula weist eine **Lateralfläche (Facies lateralis)** mit markanten Knochenprofilen zur Anheftung von Muskulatur auf, ihre den **Rippen zugewandte Fläche (Facies costalis** seu **medialis)** ist demgegenüber flach vertieft und bietet ebenfalls der Muskulatur Ansatz.

Die **Lateralfläche (Facies lateralis)** wird durch die prominente Schulterblattgräte (Spina scapulae) in eine meist kleinere **kraniale Grätengrube (Fossa supraspinata)** und eine größere **kaudale Grätengrube (Fossa infraspinata)** unterteilt (Abb. 3-4, 6 u. 7). Die Grätengruben dienen gleichnamigen Muskeln als Ursprungsfläche. Die Spina scapulae erstreckt sich vom Dorsalrand bis zum Angulus ventralis, nimmt in ihrem Verlauf flach an Höhe zu und bildet kurz vor der Mitte die **Grätenbeule (Tuber spinae scapulae)** aus. Diese fehlt den Fleischfressern. Nahe dem Gelenkwinkel ist bei Fleischfressern und bei Wiederkäuern ein **Gräteneck (Acromion)** als markante Erhebung ausgebildet. Beim Hund ist dieses zum Proc. hamatus, bei der Katze zusätzlich zum Proc. suprahamatus ausgezogen. Bei Schwein und Pferd läuft die Spina scapulae flach aus.

Die **Rippenfläche (Facies costalis** seu **medialis)** ist zentral zu einer **seichten Grube (Fossa subscapularis)** vertieft, die vom Ursprungsgebiet des M. subscapularis ausgefüllt wird (Abb. 3-6 u. 7). Am proximalen Rand grenzt sich eine **Facies serrata** als angerauhte Dorsalfläche ab, die dem M. serratus ventr. zum Ansatz dient. Diese Fläche wird umrandet von teilweise scharfen Knochenrändern, die zueinander in Winkeln stehen.

Man unterscheidet, beginnend am Margo dorsalis, gegen den Uhrzeiger einen:

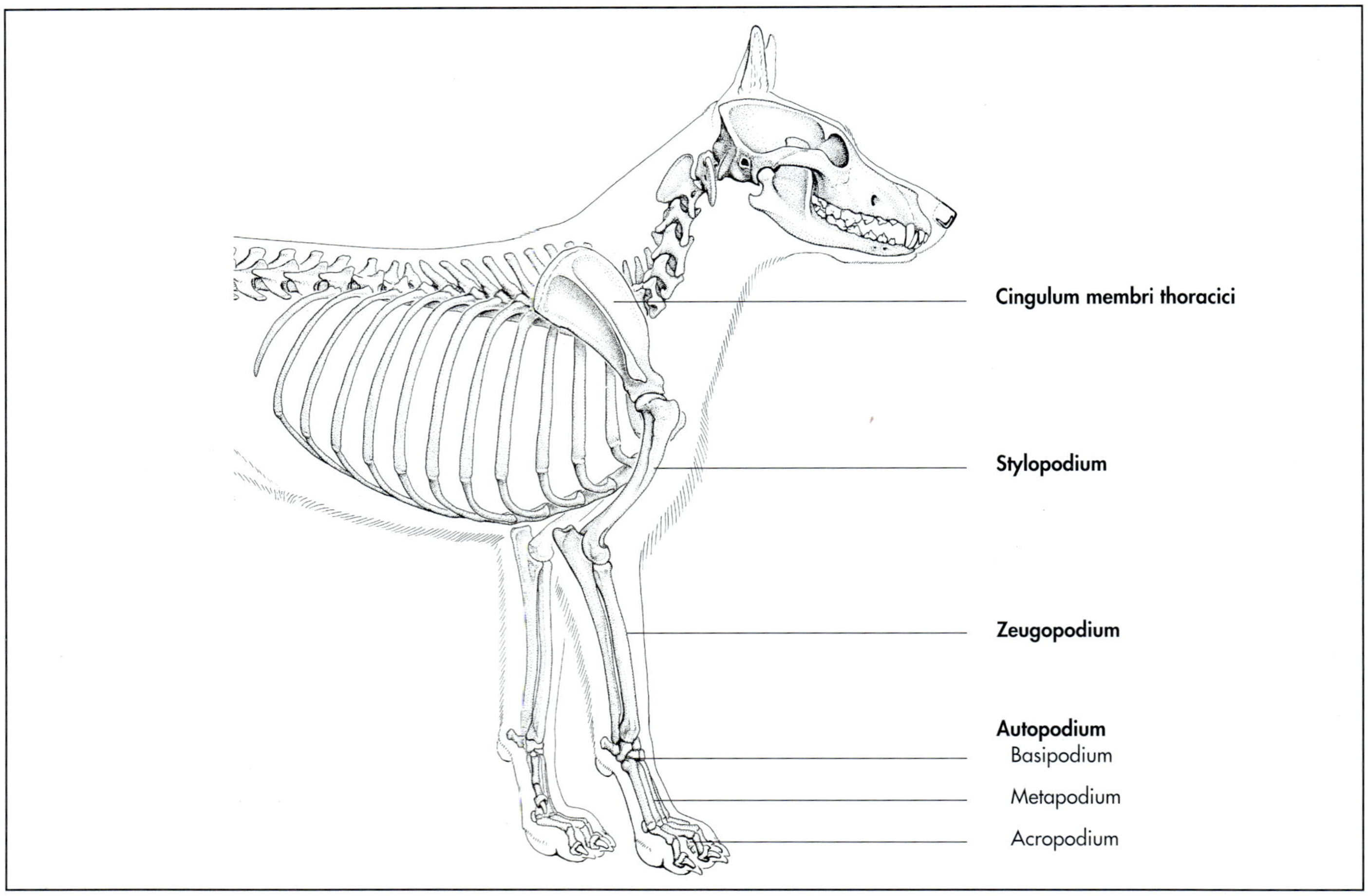

Abb. 3-2. Schematische Darstellung des Skeletts der Vordergliedmaße des Hundes mit Benennung der Gliedmaßenabschnitte.

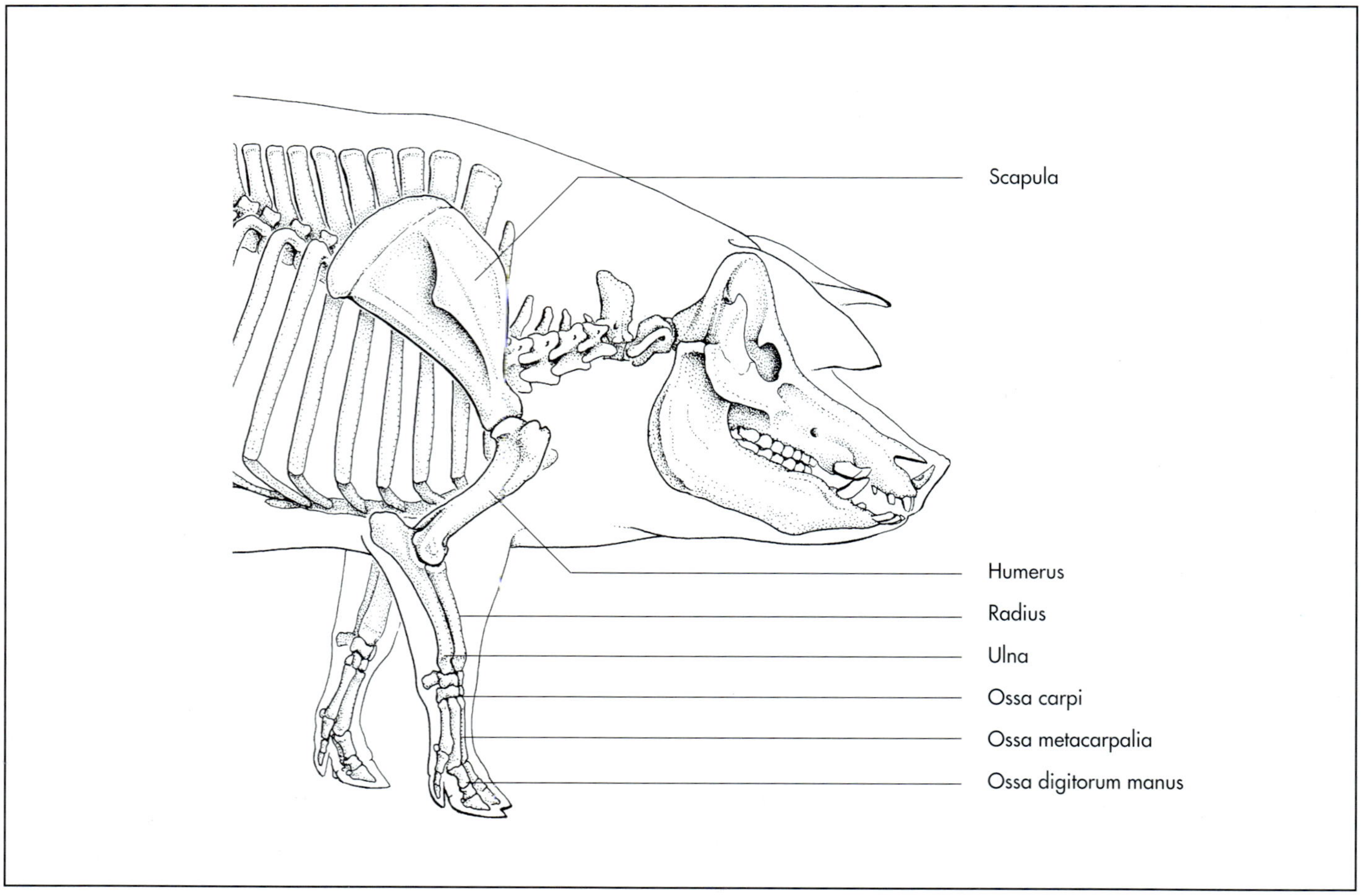

Abb. 3-3. Schematische Darstellung des Skeletts der Vordergliedmaße des Schweines mit Benennung der Knochen.

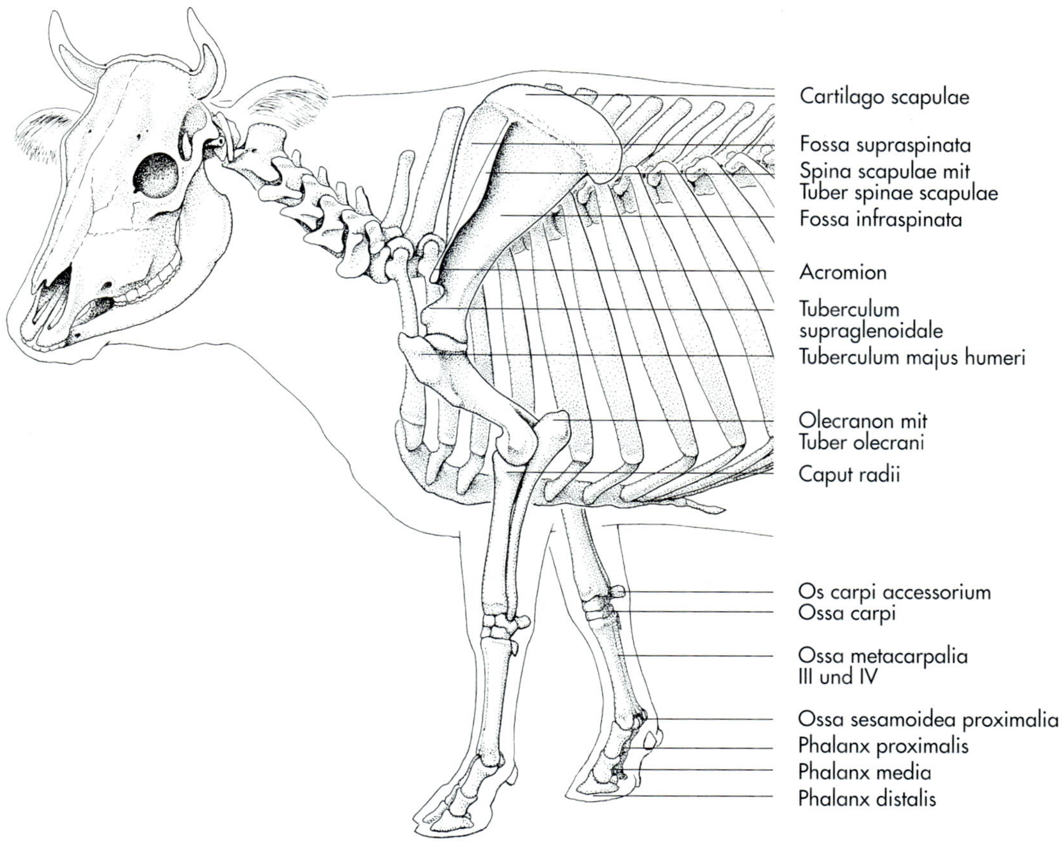

Abb. 3-4. Schematische Darstellung des Skeletts der Vordergliedmaße des Rindes mit Benennung einzelner Knochenteile.

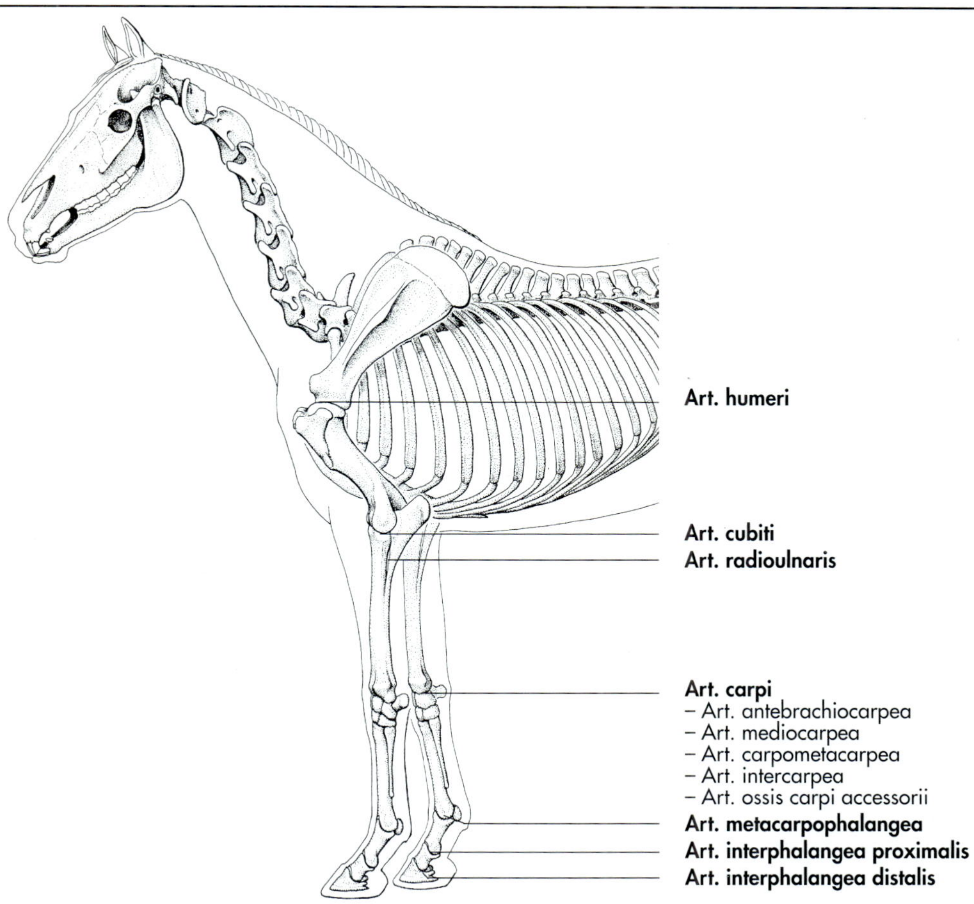

Abb. 3-5. Schematische Darstellung des Skeletts der Vordergliedmaße des Pferdes mit Benennung der Gelenke.

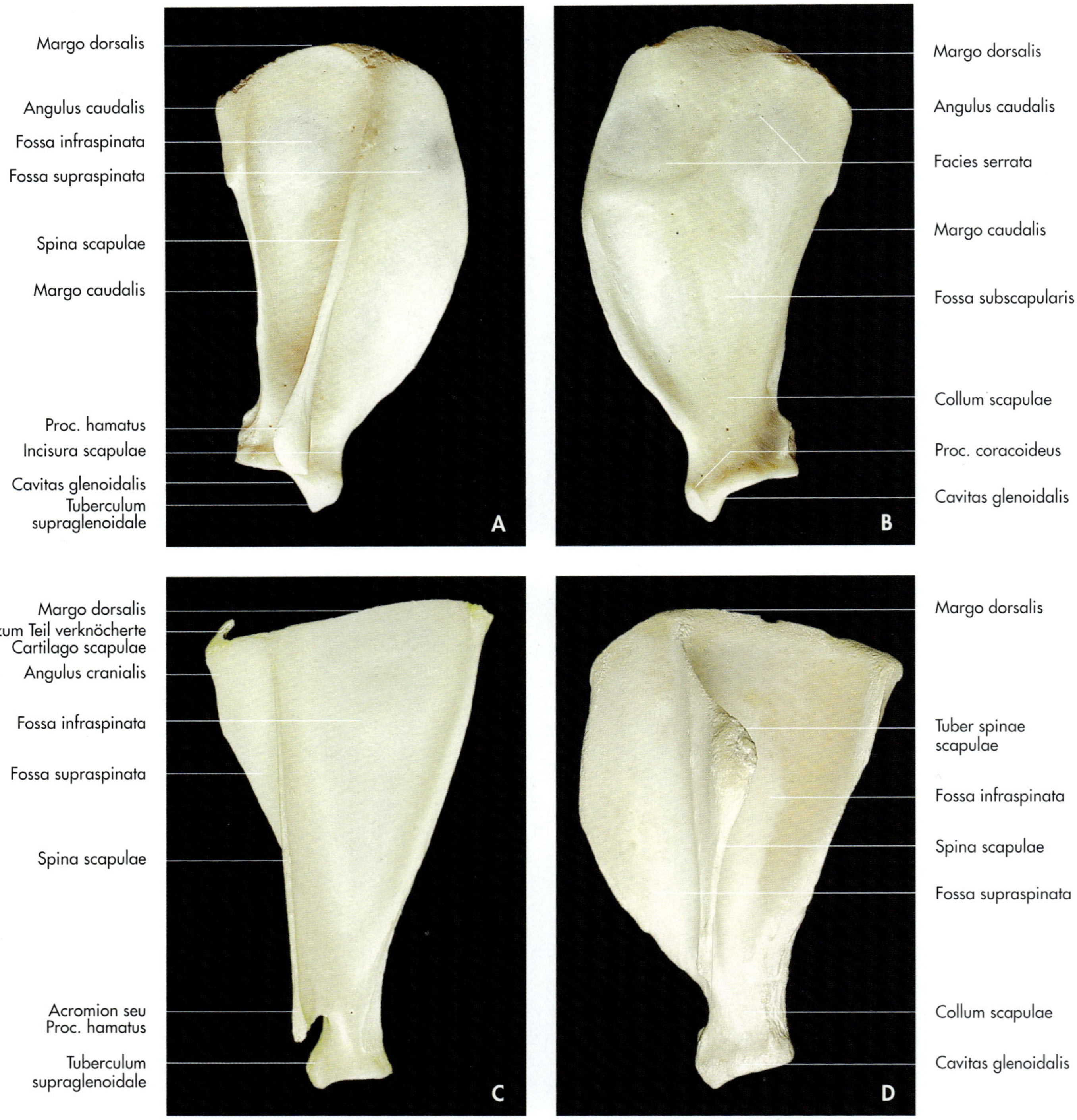

Abb. 3-6. Rechtes Schulterblatt eines Hundes (**A** Lateralansicht, **B** Medialansicht), **C** linkes Schulterblatt einer Ziege (Lateralansicht) und **D** linkes Schulterblatt eines Schweines (Lateralansicht).

Tab. 3-1. Auftreten und Verschmelzung der Ossifikationskerne am Schulterblatt, nach Ghetie, 1971.

Tierart	Hauptkern	Proc. coracoideus		Tuber spinae	
	Auftreten	Auftreten	Verschmelzung	Auftreten	Verschmelzung
Pferd	2. Mo. Trächtigkeit	7. Mo. Trächtigkeit	10.–12. Mo. n. Geburt	n. Geburt	4. Jahr
Rind	2. Mo. Trächtigkeit	7. Mo. Trächtigkeit	7.–10. Mo. n. Geburt	n. Geburt	4. Jahr
Flfr.	4. Wo. Trächtigkeit	2. Mo. Trächtigkeit	5.–8. Mo. n. Geburt	–	–

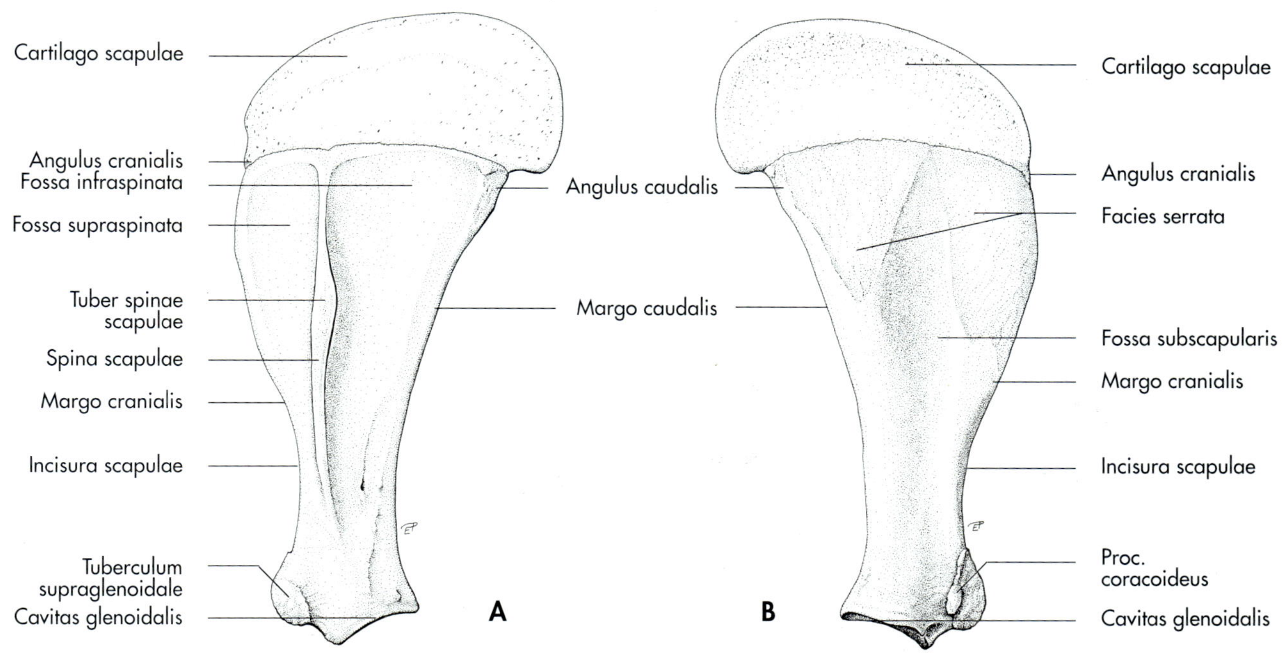

Abb. 3-7. Schematische Darstellung des linken Schulterblattes des Pferdes (**A** Lateralansicht und **B** Medialansicht).

- Nackenwinkel (Angulus cranialis),
- Halsrand (Margo cranialis),
- Gelenkwinkel (Angulus ventralis),
- Achselrand (Margo caudalis),
- Rückenwinkel (Angulus caudalis) und
- wirbelseitigen Rand (Margo dorsalis).

Der **vordere Nackenwinkel (Angulus cranialis)** geht meist rechtwinklig in den dünnen und leicht konkav gebogenen **Halsrand (Margo cranialis)** über, der distal im **Hals des Schulterblattes (Collum scapulae)** zu einer Incisura scapulae für den N. suprascapularis eingekerbt ist. Der anschließende **ventrale Gelenkwinkel (Angulus ventralis)** nimmt die seichte **Gelenkpfanne (Cavitas glenoidalis)** für die Artikulation **(Articulatio humeri)** mit dem Oberarmbein (Humerus) auf. Kranial am Schultergelenk ragt die **Schulterblattbeule (Tuberculum supraglenoidale)** als kräftige Ursprungsfläche für den M. biceps brachii vor. Medial der Schulterblattbeule ist der **Rabenschnabelfortsatz (Processus coracoideus)** ausgebildet.

Der **kaudale Achselrand (Margo caudalis)** ist verdickt und von Muskelrinnen zum Ursprung des M. triceps brachii durchzogen. Der **hintere Rückenwinkel (Angulus caudalis)** ist ebenfalls verdickt und tastbar.

Skelett des Oberarms (Skeleton brachii)

Das Skelett des Oberarms (Brachium) ist der proximale Abschnitt (Stylopodium) der Gliedmaßensäule der freien Schultergliedmaße, es wird allein von einem Knochen, dem **Oberarmbein (Humerus),** gebildet (Abb. 3-2). Das Auftreten und der Zeitraum der Verschmelzung der Ossifikationskerne des Humerus sind in Tab. 3-2 tierartlich vergleichend zusammengefaßt. Der Humerus übernimmt für den Bewegungsablauf der Schultergliedmaße eine zentrale Funktion; dementsprechend ist die Oberfläche dieses Knochens durch z. T. kräftige Muskulatur und deren Sehnen, von hervorstechenden Knochenvorsprüngen und Leisten in charakteristischer Weise geprägt (Abb. 3-3 u. 4). Man unterscheidet, trotz tierartlicher Besonderheiten, einheitlich drei wesentliche Abschnitte (Abb. 3-8 u. 9):

Tab. 3-2. Auftreten und Verschmelzung der Ossifikationskerne an der Epiphyse des Oberarms, nach Ghetie, 1971.

Tierart	Auftreten	Verschmelzung distal	Verschmelzung proximal
Pferd	Mitte des 2. Mo. Trächtigkeit	15.–18. Monat	3½ Jahre
Rind	Mitte des 2. Mo. Trächtigkeit	15.–18. Monat	3½ Jahre
Flfr.	4. Wo. Trächtigkeit	6.–8. Monat	1–1½ Jahre

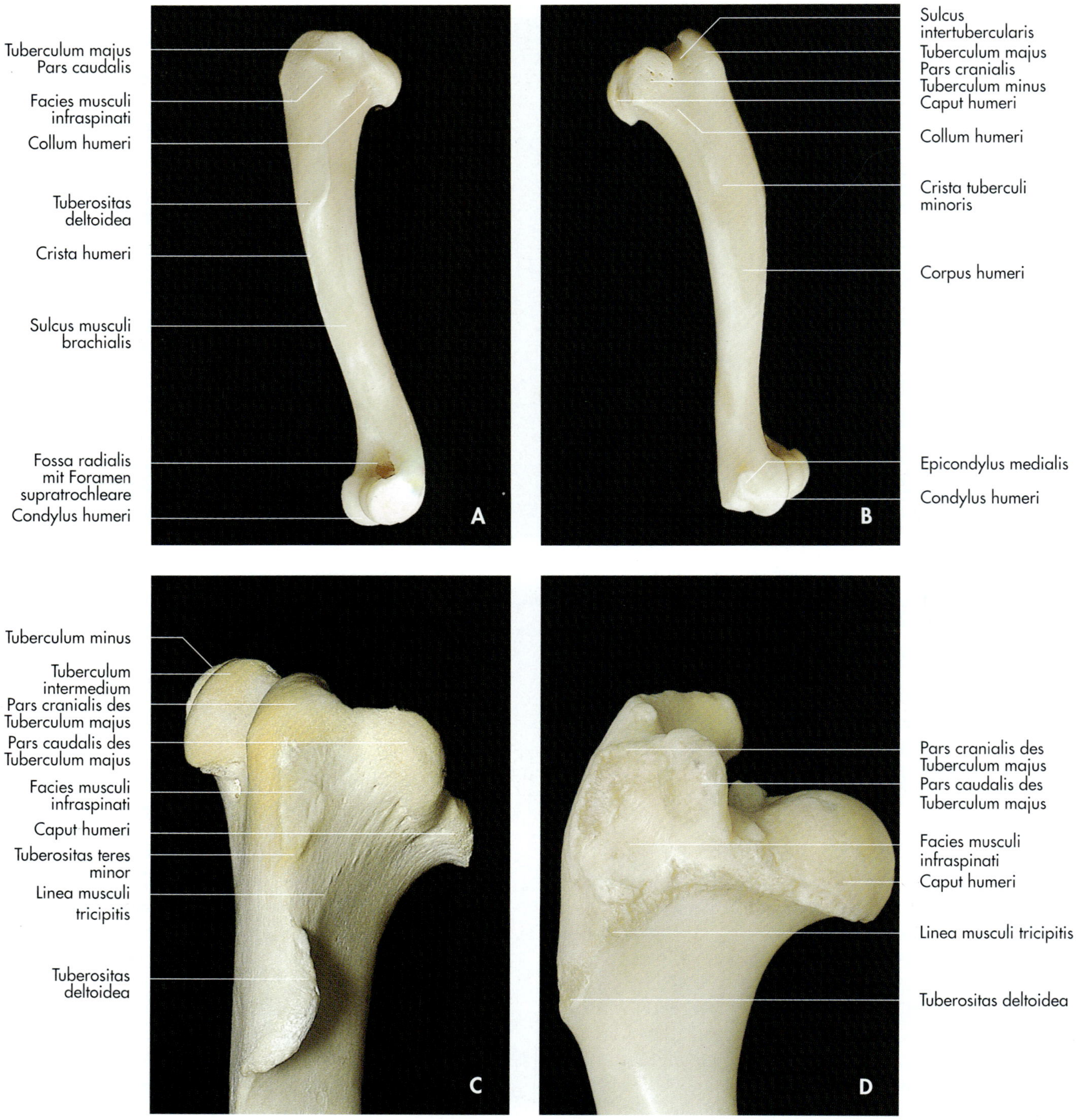

Abb. 3-8. Linker Oberarm eines Hundes (**A** Lateral- und **B** Medialansicht) und proximale Endstücke des linken Oberarms eines Pferdes (**C** Lateralansicht) und eines Schweines (**D** Lateralansicht).

- proximales Endstück mit dem Humeruskopf,
- Körper des Humerus (Corpus humeri) mit Armbeinhöcker und
- distales Endstück mit Gelenkknorren.

Das **proximale Endstück des Humerus (Extremitas** seu **Epiphysis proximalis)** trägt kaudal den **Gelenkkopf (Caput humeri)**, der eine nahezu kugelkappenförmige Gelenkwalze ausbildet (Abb. 3-8 u. 9). Der Kopf ist größer als die Gelenkpfanne an der Skapula, mit der er artikuliert (Abb. 3-10). Das Caput humeri wird durch die Einziehung des **Halses (Collum humeri)** vor allem bei Hund und Katze deutlich abgesetzt. Kraniolateral des Gelenkkopfes erhebt sich das **Tuberculum majus,** kraniomedial das **Tuberculum minus.** Beide sind durch den Sulcus intertubercularis getrennt, durch den die Ursprungssehne des M. biceps brachii zieht. Diese Sehnenrinne wird beim Wiederkäuer durch eine flache Erhebung, beim Pferd durch einen auffälligen Kamm (**Tuberculum intermedium)** zweigeteilt.

Das Tuberculum majus ist, außer bei der Katze, zusätzlich in eine Pars cranialis und eine Pars caudalis unterteilt. Das

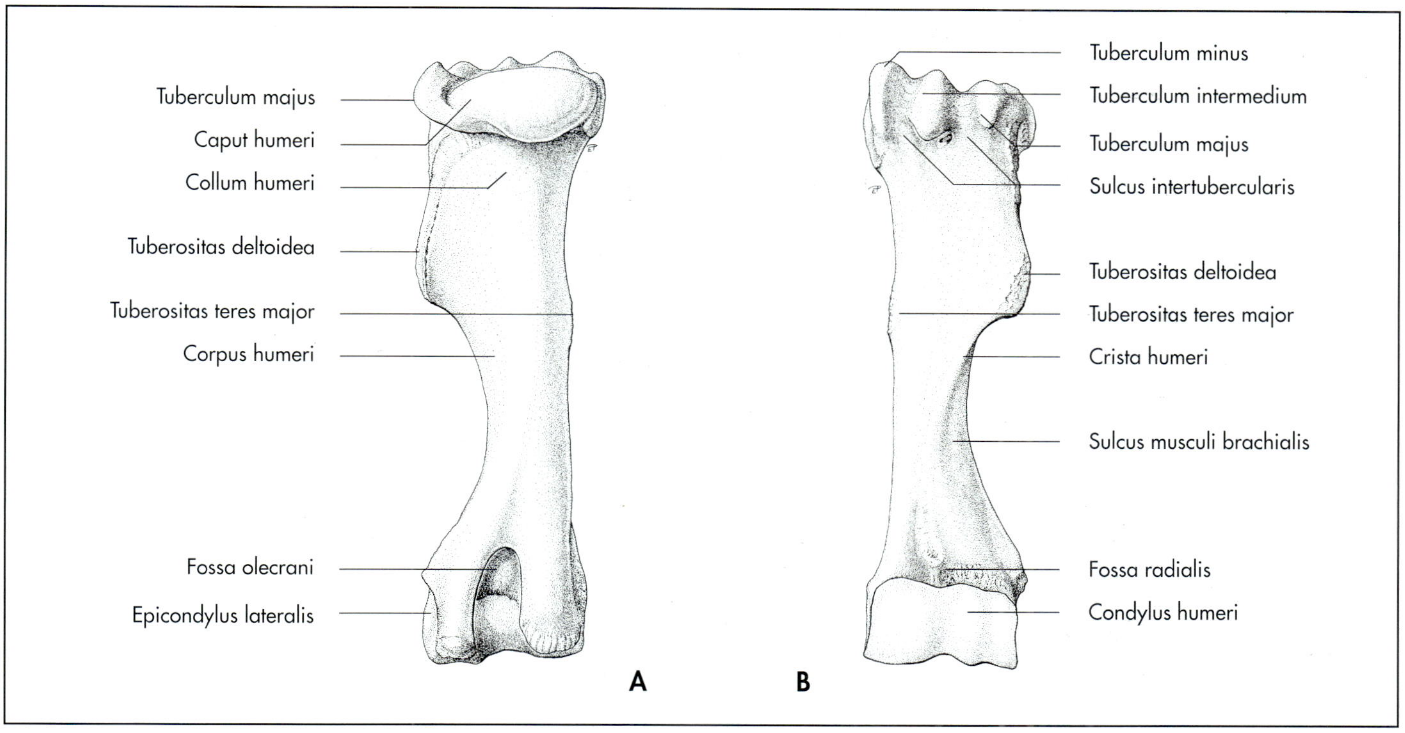

Abb. 3-9. Schematische Darstellung des linken Oberarms des Pferdes (**A** Kaudalansicht und **B** Kranialansicht).

Tuberculum minus erfährt eben diese Untergliederung bei Wiederkäuern und Pferd. Tuberculum majus und minus bieten Muskeln des Schulterblatts (M. infra- und supraspinatus) Ansatz, die das Schultergelenk (Articulatio humeri) umgeben und führen (Abb. 3-5 u. 10).

Der **Körper (Corpus humeri)** ist das **Mittelstück (Diaphyse)** oder der Schaft des Oberarms; dieser wird durch einen breiten, spiralförmig über die Lateralseite verlaufenden Sulcus musculi brachialis charakteristisch geformt. In dieser flächenhaften Einziehung verläuft der M. brachialis, zusammen mit dem N. radialis.

Lateral liegt an der oberen Schaftmitte der **Armbeinhöcker (Tuberositas deltoidea),** an dem der M. deltoideus inseriert. Die Tuberositas deltoidea setzt sich distal als **Armleiste (Crista humeri)** und proximal über die **Linea musculi tricipitis** (Ansatzlinien für M. triceps brachii) bis zur **Tuberositas teres minor** (Ansatzfläche für M. teres minor) fort (Abb. 3-8 C). Medial am Humeruskörper liegt in der Mitte der Diaphyse bei Wiederkäuern und Pferd die **Oberarmbeinnarbe (Tuberositas teres major)** (Abb. 3-9); diese wird bei Fleischfressern durch eine Crista tuberculi minoris ersetzt.

Das **distale Endstück (Extremitas** seu **Epiphysis distalis)** des Humerus trägt im rechten Winkel zur Diaphysenachse einen **Gelenkknorren (Condylus humeri)** (Abb. 3-8 u. 9). Der Gelenkknorren bildet mit den Knochen des Unterarms, der Elle (Ulna) und der Speiche (Radius), das **Ellbogengelenk (Articulatio cubiti)** (Abb. 3-5 u. 13).

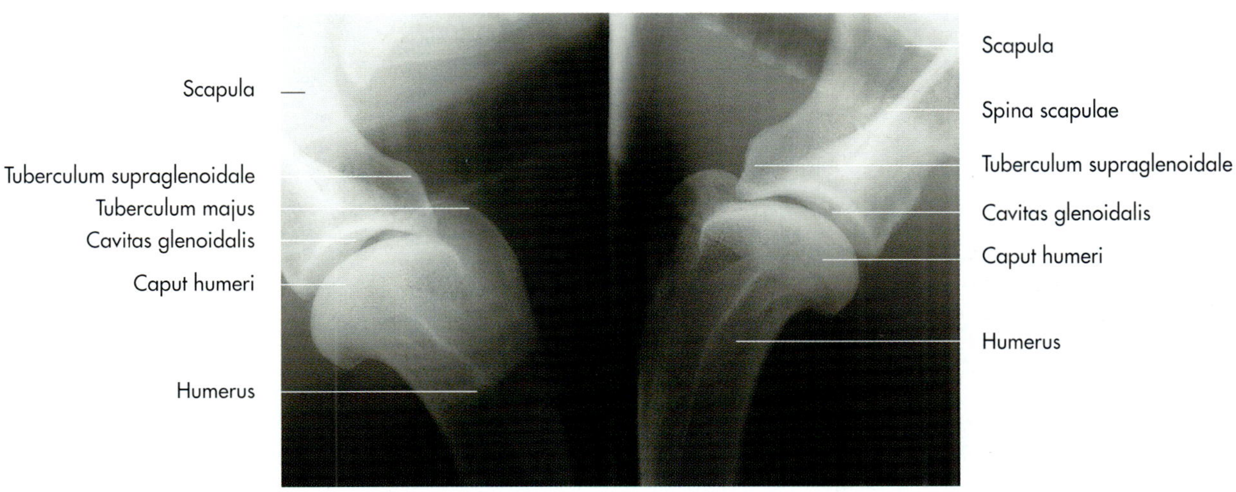

Abb. 3-10. Schultergelenk eines Hundes (**A** mediolateraler und **B** lateromedialer Strahlengang) (Röntgenbild).

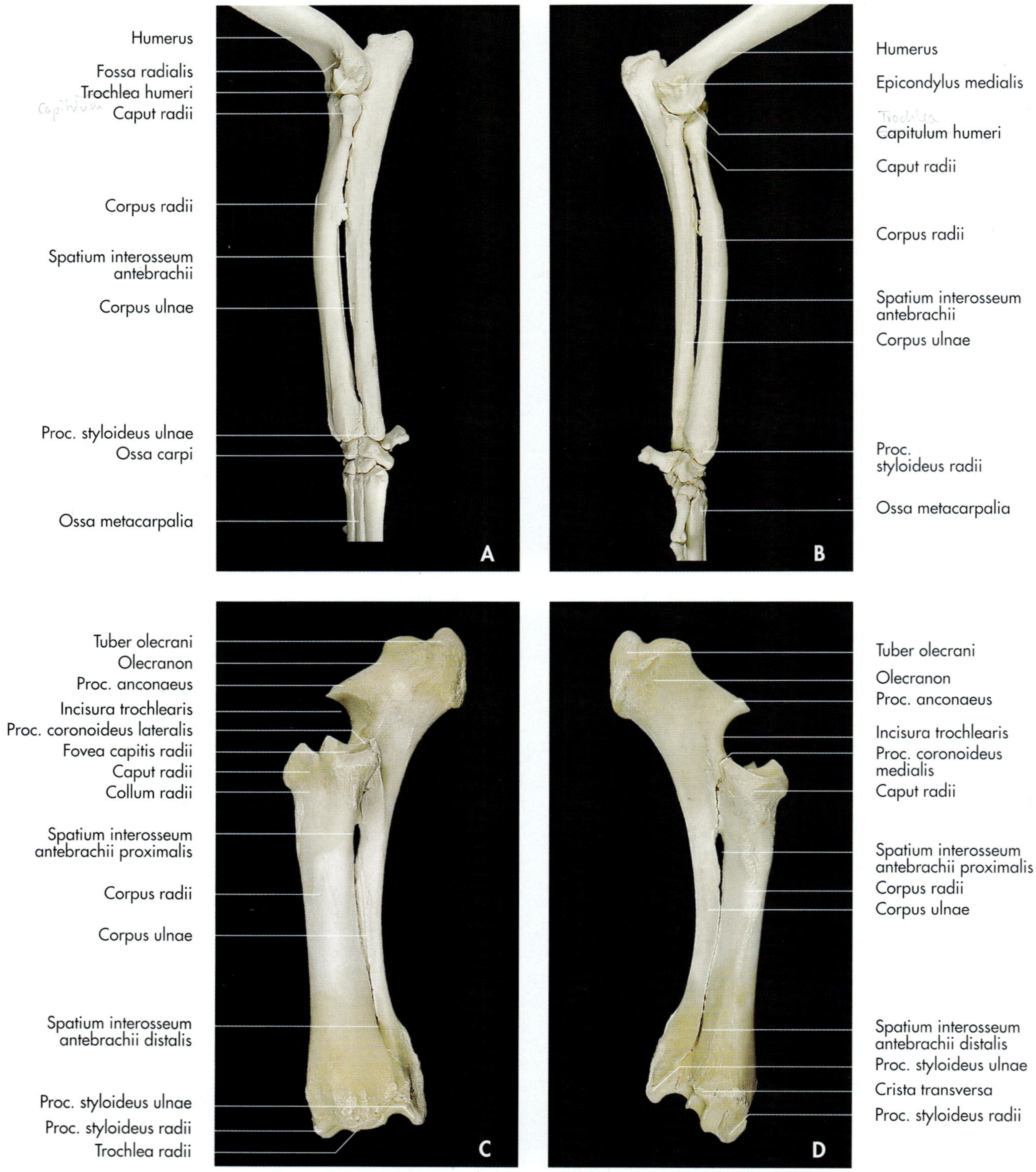

Abb. 3-11. Skelett des linken Unterarms eines Hundes (**A** Lateralansicht und **B** Medialansicht) und eines Rindes (**C** Lateralansicht und **D** Medialansicht).

Bei Hund und Katze ist der Gelenkknorren geteilt in eine größere mediale Gelenkrolle **(Trochlea humeri)** (Abb. 3-11 A u. B) für die Artikulation mit der Ulna und in ein laterales **Köpfchen (Capitulum humeri)** zum Radius. Bei den Huftieren sind Führungskämme ausgebildet.

Bilateral des Kondylus sind kräftige Muskelknorren **(Epicondyli)** als Anheftungsstellen für die Muskulatur der distalen Schultergliedmaße entwickelt. Kaudolateral gelegen ragt der schwächere Streckknorren **(Epicondylus lateralis)** für die Karpal- und Zehengelenkstrecker, kaudomedial der stärkere Beugeknorren **(Epicondylus medialis)** für die Karpal- und Zehengelenkbeuger über die Seitenflächen vor (Abb. 3-11 B). An beide Gelenkknorren heften zusätzlich die Seitenbänder (Ligg. collateralia) des Ellbogengelenks an.

Zwischen die beiden Muskelknorren schiebt sich bei allen Tierarten die **Fossa olecrani,** die Teile des Ellbogenkopfs aufnimmt. Kranial des Kondylus stülpt sich die **Fossa radialis** ein (Abb. 3-9). Ein **Foramen supratrochleare** verbindet

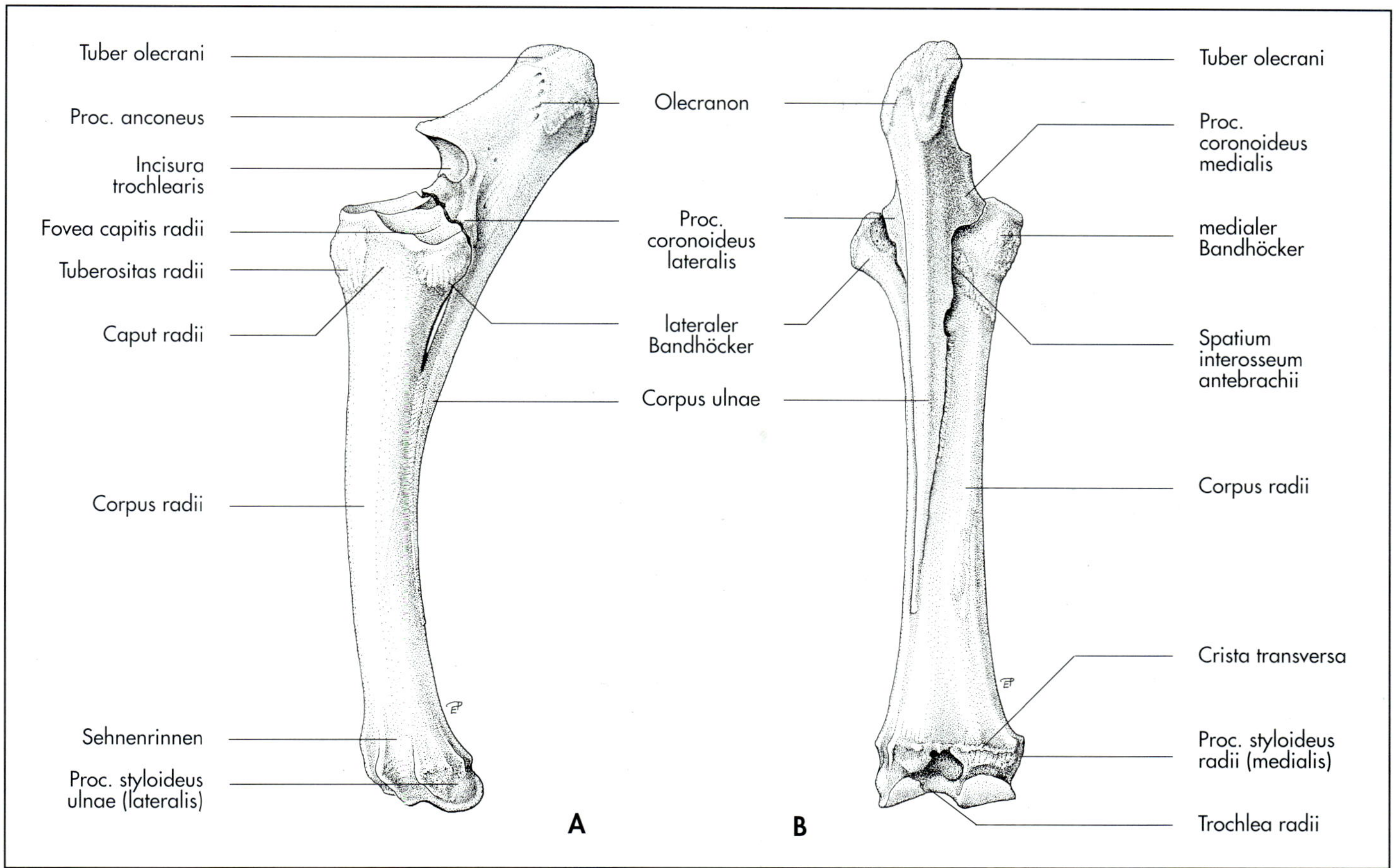

Abb. 3-12. Schematische Darstellung der linken Speiche und der linken Elle des Pferdes (**A** Lateralansicht und **B** Kaudalansicht).

meist beim Hund die beiden Gruben. Bei der Katze ist über dem medialen Epikondylus das **Foramen supracondylare** zu finden.

Skelett des Unterarms (Skeleton antebrachii)

Das Skelett des Unterarms (Antebrachium) ist der distale Abschnitt (Zeugopodium) der Gliedmaßensäule, er wird von zwei Knochen, der **Speiche (Radius)** und der **Elle (Ulna),** gebildet (Abb. 3-2, 3, 11 u. 12). Die Ulna liegt am proximalen Ende des Unterarms dem Radius kaudal bis kaudolateral an und zieht bis zum distalen Ende auf die laterale Seitenfläche des Radius. Phylogenetisch unterlagen diese beiden Knochen bei den Haussäugetieren unterschiedlichen Entwicklungsprozessen, die von einer eingeschränkten Beweglichkeit des Unterarms bei Fleischfressern bis hin zur vollständigen Immobilität unter gleichzeitiger Reduktion der Elle im distalen Bereich beim Pferd führten. Das Auftreten und der Zeitpunkt der Verschmelzung der Ossifikationskerne an der Speiche und der Elle sind in Tab. 3-3 u. 4 dargestellt.

Beim Menschen ist die hohe Drehbeweglichkeit der Speiche um die Elle bei gekreuzter Stellung der Unterarmknochen (**Pronationsstellung** = Handrücken dorsal = Einwärtsdrehung) und deren paralleler Lage zueinander (**Supinationsstellung** = Handrücken ventral = Auswärtsdrehung) hinreichend bekannt. Bei der Katze ist ein derartiges Drehen der beiden Unterarmknochen eingeschränkt, beim Hund geringgradig noch möglich. Dabei dreht sich der Radius mit seinem proxi-

Tab. 3-3. Auftreten und Verschmelzung der Ossifikationskerne an der Speiche, nach Ghetie, 1971.

Tierart	Hauptkerne	Nebenkerne			
		proximal		distal	
	Auftreten	Auftreten	Verschmelzung	Auftreten	Verschmelzung
Pferd	2. Monat Trächtigkeit	8.–9. Monat Tr.	5.–18. Monat	8. Monat	3½ Jahre
Rind	2. Monat Trächtigkeit	7.–8. Monat Tr.	12.–18. Monat	7. Monat	3½ – 4 Jahre
Flfr.	4. Woche Trächtigkeit	Ende 1. Monat	8.– 9. Monat	Ende 1. Monat	1–1½ Jahre

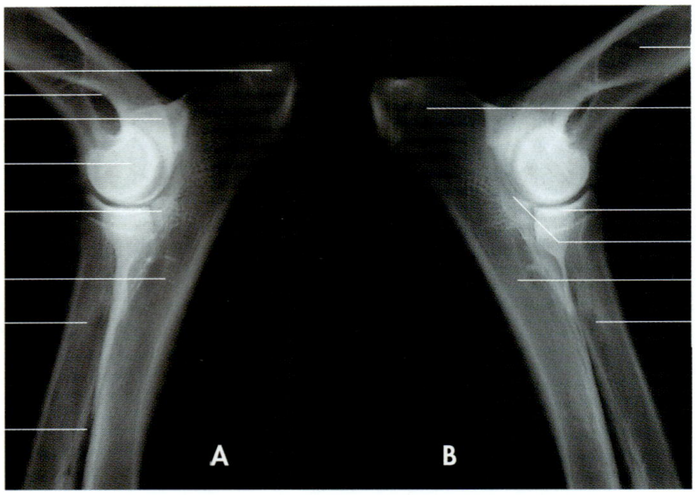

Abb. 3-13. Rechtes Ellbogengelenk eines Hundes (**A** mediolateraler und **B** lateromedialer Strahlengang) (Röntgenbild), Aufnahme Dr. Sabine Breit, Wien.

malen Ende in der Incisura radialis ulnae, das distale Ende um die Circumferentia articularis ulnae. Beim Hund beträgt die Supination 45°, diese wird durch die Rotationsmöglichkeiten in den Vorderfußgelenken in erheblichem Maß erweitert. Beim Schwein verhindert straffes Bindegewebe im Spatium interosseum oder eine partielle Ossifikation der beiden Unterarmknochen bereits jedes Drehvermögen, beim Wiederkäuer und Pferd sind Radius und Ulna knöchern verwachsen.

Die Einschränkung der Rotationsmöglichkeit geht einher mit einer Rückbildung der Ulna distal zugunsten einer z.T. erheblichen Verstärkung des Körpers und des distalen Endes des Radius (Pferd).

Speiche (Radius)

Man unterscheidet an der Speiche drei Abschnitte:

- proximales Endstück mit dem Speichenkopf (Caput radii),
- Körper der Speiche (Corpus radii),
- distales Endstück mit der Speichenwalze (Trochlea radii).

Der Radius ist ein stabförmiger Knochen, der bei den Huftieren stärker entwickelt ist als bei den Fleischfressern (Abb. 3-11 u. 12). Sein **proximales Ende** ist durch den **Speichenkopf (Caput radii)** transversal und flächenhaft zur **Fovea capitis radii** erweitert, die zusammen mit der Incisura trochlearis des Ellbogenhöckers mit der distalen Gelenkfläche des Humerus (Condylus humeri) in tierartlich unterschiedlicher Weise das **Ellbogengelenk (Articulatio cubiti)** bildet (Abb. 3-5 u. 13). Bei den Huftieren erfolgt die Unterstützung des Gelenkknorrens des Humerus allein durch den meist kräftig ausgebildeten Radius, bei den Fleischfressern medial ergänzt durch die Ulna.

Beidseitig der Fovea capitis radii erheben sich Bandhöcker, dorsomedial am Radiuskopf die **Speichenbeule (Tuberositas radii),** die dem M. biceps brachii Ansatz bietet. Proximokaudal am Radius ist darüber hinaus eine gelenkige Verbindung zur Ulna angelegt **(Circumferentia articularis),** die bei Fleischfressern die Supination des Unterarms unterstützt. Diese ist auch bei Wiederkäuern und beim Pferd vorhanden, jedoch ohne Funktion.

Der **Körper (Corpus radii, Schaft)** ist kraniokaudal komprimiert und auf seiner gesamten Länge leicht gebogen. Seine kraniale Fläche (Facies cranialis) ist glatt, die kaudale (Facies caudalis) auffällig rauh (Hund und Schwein), sonst mit der Ulna weitgehend verwachsen. Der mediale Rand bleibt ohne Bedeckung durch Muskulatur des Unterarms, er ist nur von Haut überzogen und tastbar.

Das **distale Ende** ist an seiner kranialen Fläche zumeist durch Einziehungen der Strecksehnen gefurcht, während

Tab. 3-4. Auftreten und Verschmelzung der Ossifikationskerne an der Elle, nach Ghetie, 1971.

Tierart	Hauptkerne	Nebenkerne			
		proximal		distal	
	Auftreten	Auftreten	Verschmelzung	Auftreten	Verschmelzung
Pferd	2. Monat Trächtigkeit	kurz vor Geburt	3½ Jahre	8.–9. Monat Trächtigkeit	2.–3. Monat mit Radius
Rind	2. Monat Trächtigkeit	7.–8. Monat Tr.	3½–4 Jahre	7. Monat Trächtigkeit	3½–4 Jahre
Flfr.	4. Woche Trächtigkeit	2. Monat n. Geb.	10.–14. Monat	2. Monat n. Geb.	12.–15. Monat

die Kaudalfläche den Beugemuskeln Ursprungsmöglichkeiten bietet. Die Distalfläche ist durch eine quergestellte **Speichenwalze (Trochlea radii)** gekennzeichnet, die der Artikulation mit dem nachfolgenden Karpalgelenk **(Facies articularis carpea)** dient. Proximal dieser Gelenkfläche verläuft die **Crista transversa.** Medial ist zur Anheftung medialer Gelenkbänder bei allen Haussäugetieren ein Bandhöcker (Proc. styloideus radii) ausgeprägt, lateral ist bei Fleischfressern und Schwein eine **Incisura ulnaris radii** vorhanden. Bei Wiederkäuern ist der Radius mit dem distalen Ende der Ulna verschmolzen, beim Pferd ein **Processus styloideus ulnae** lateral zur Bandanheftung ausgebildet.

Elle (Ulna)

Man unterscheidet an der Elle drei Abschnitte:

- proximales Endstück mit dem Ulnakopf (Olecranon),
- Körper der Elle (Corpus ulnae),
- distales Endstück (Caput ulnae).

Die Elle ragt mit ihrem hohen **Kopf (Olecranon)** und seinem terminalen Fortsatz, dem **Ellbogenhöcker (Tuber olecrani),** weit über die Gelenkfläche zum Humerus hinaus (Abb. 3-11 u. 12). Dieser Vorsprung stellt einen markanten Orientierungspunkt dar, zudem dient das Olekranon dem kräftigen M. triceps brachii als Ansatz.

Das **Olekranon** weist an seiner Basis die stark ausgeprägte **Incisura trochlearis** zur Unterstützung der Gelenkbildung auf. Diese Inzisur zieht dorsal einen **schnabelförmigen Fortsatz (Processus anconaeus)** aus, der in die Fossa olecrani des Humerus ragt. Paarig lateral und medial gelegen sind **Processus coronoidei** ausgebildet. Zwischen diesen Fortsätzen ist die Incisura radialis ulnae zur Artikulation mit der Circumferentia articularis radii angelegt. Diese bleibt bei Wiederkäuern und Pferd ohne Funktion.

Der **Körper der Ulna (Corpus ulnae)** ist dreikantig, er liegt dem Radius hinten an, ist kleiner und mit diesem durch bindegewebige Membranen oder knöchern verbunden und läßt zu diesem ein Spatium interosseum antebrachii bzw. Spatia interossea frei. Diese Verknöcherung ist besonders unter erheblicher Reduktion seiner Länge beim Pferd ausgebildet.

Sein **distales Endstück (Caput ulnae)** setzt sich als **lateraler Bandhöcker (Processus styloideus)** deutlich ab und ist bei Fleischfressern und beim Schwein mit dem Radius durch die **Circumferentia articularis ulnae** gelenkig verbunden. Beim Pferd ist der distale Anteil in den **Processus styloideus lateralis** durch Verschmelzung mit dem Radius aufgegangen. Die distale Gelenkfläche artikuliert mit der proximalen Reihe der Karpalknochen.

Skelett des Vorderfußes (Skeleton manus)

Das Skelett des Vorderfußes bildet die knöcherne Grundlage der **Gliedmaßenspitze (Autopodium)** der Schultergliedmaße (Abb. 3-2).

Es besteht von proximal nach distal aus:

- Basipodium mit den Vorderfußwurzelknochen (Ossa carpi),
- Metapodium mit den Vordermittelfußknochen (Ossa metacarpalia) und
- Acropodium mit den Vorderzehenknochen (Ossa digitorum manus).

Die am Zeugopodium der Schultergliedmaße während der phylogenetischen Entwicklung bei den Haussäugetieren abgelaufenen Umbauvorgänge werden auch am Autopodium deutlich sichtbar. Die Aufrichtung des Fußes von einem plantigraden Fuß des Sohlengängers (Mensch) über den digitigraden Fuß des Zehengängers (Fleischfresser) bis hin zum unguligraden Fuß des Zehenspitzengängers (Huftiere) geht unter Zunahme der Größe mit einer Reduzierung der Anzahl der Strahlen einher. Danach bleiben die beim Menschen phylogenetisch angelegten 5 Strahlen nur bei Fleischfressern erhalten, sie reduzieren sich beim Schwein auf vier (2. bis 5. Strahl) und beim Wiederkäuer auf zwei (3. und 4. Strahl) Strahlen, beim Pferd gar nur auf einen (3.) Strahl (Abb. 3-14).

Vorderfußwurzelknochen (Ossa carpi)

Die Vorderfußwurzelknochen liegen bei den Haussäugetieren in einer **proximalen, antebrachialen** und einer **distalen, metakarpalen Reihe,** die, in zwei Ebenen angeordnet, grundsätzlich aus jeweils vier Einzelknochen bestehen (Abb. 3-14). Die proximale Reihe artikuliert proximal im Unterarm-Vorderfußwurzel-Gelenk (Articulatio antebrachiocarpea) mit dem Radius und der Ulna, die metakarpale Reihe distal im Vorderfußwurzel-Mittelfuß-Gelenk (Articulatio carpometacarpea) mit den Metakarpalknochen (Abb. 3-5).

Grundsätzlich unterscheidet man (Abb. 3-14):

- in der **antebrachialen Reihe** von medial nach außen
  - Os carpi radiale,
  - Os carpi intermedium,
  - Os carpi ulnare und
  - Os carpi accessorium,
- in der **metakarpalen Reihe** von medial nach außen
  - Os carpale primum (I),
  - Os carpale secundum (II),
  - Os carpale tertium (III) und
  - Os carpale quartum (IV).

Das Os carpale quintum (V) fehlt den Haussäugetieren.

Die einzelnen Karpalknochen sind tierartlich unterschiedlich ausgebildet (Abb. 3-14). Beim **Menschen** und beim **Schwein** sind alle **acht Karpalknochen** in ihrer ursprünglichen Anzahl angelegt, beim **Pferd sieben bis acht,** da das Os carpale primum (CI) häufig nicht vorhanden ist. Bei den **Fleischfressern** sind **sieben Karpalknochen** ausgebildet, da das Os carpi radiale mit dem Os carpi intermedium verschmilzt. Zusätzlich können ein bis zwei Sesambeine angelegt sein. Bei den **Wiederkäuern** sind **sechs Karpalknochen** angelegt, es fehlt das Os carpale primum. Os carpale secundum und Os carpale tertium sind vereint. Das Os carpale quintum fehlt immer, es ist entweder im Os carpale quartum aufgegangen oder nicht angelegt.

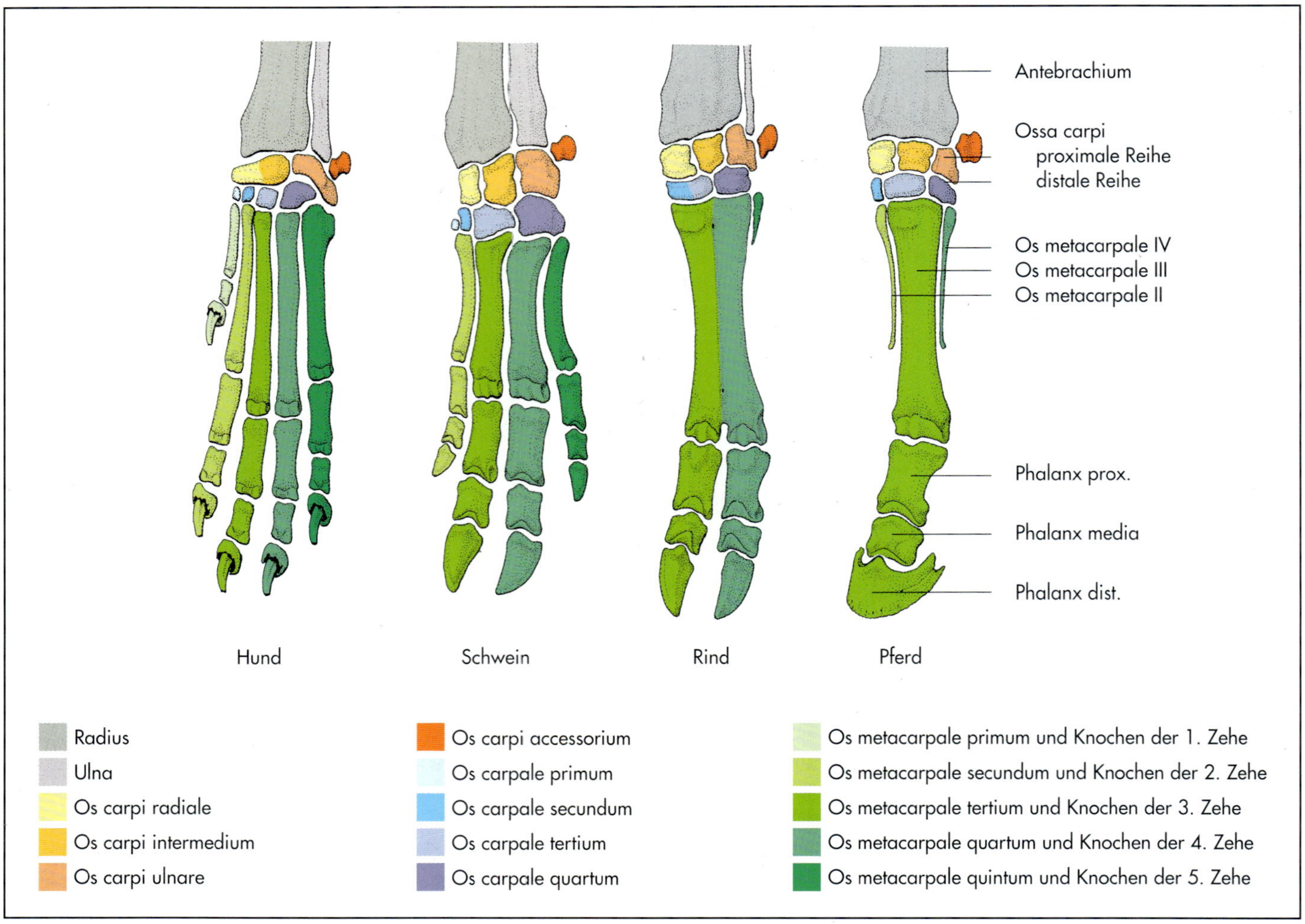

Abb. 3-14. Schematische Darstellung des Skeletts des Vorderfußes, nach Ellenberger u. Baum, 1943.

Vordermittelfußknochen (Ossa metacarpalia)

Die Vordermittelfußknochen bestehen in ihrer phylogenetischen Anlage aus fünf einzelnen Strahlen, dem Skelett des Metakarpus. An ihm können von medial nach lateral fünf langgestreckte Röhrenknochen, das Os metacarpale primum (Mc I) bis zum Os metacarpale quintum (Mc V), unterschieden werden (Abb. 3-14).

Den Metakarpalknochen ist ein einheitlicher Grundbauplan zueigen, nämlich ein:

- **proximales Ende (Basis)** mit einer Gelenkfläche zur distalen Reihe der Karpalknochen und einer zur Artikulation mit benachbarten Metakarpalknochen,
- langgestreckter, tierartlich verschieden dick ausgeprägter **Körper (Corpus)**,
- **distales Ende (Caput)** mit einer Gelenkwalze **(Trochlea)** zur gelenkigen Verbindung mit dem ersten Zehenglied und
- **unterschiedliche Rauhigkeiten** zur Insertion von Bändern proximal und distal.

Die phylogenetische Rückbildung der Anzahl der Metakarpalknochen geht einher mit einer Dickenzunahme der verbliebenen Einzelknochen. Der einzige Metakarpalknochen des Pferdes, der dritte Strahl, stimmt in seiner Achse mit der Gliedmaßenachse überein (mesoaxonisch, perissodaktyler Typ), er allein trägt die gesamte Last des Körpers. Reste der zweiten bzw. vierten Metakarpalknochen bleiben als **Griffelbeine** ausgebildet und flankieren den kräftigen dritten Metakarpalknochen, das **Röhrbein,** ohne tragende Funktionen zu übernehmen.

Anders stellt sich die Ausbildung der Mittelfußknochen beim Hund dar, dessen Gewicht nur auf den Zehen ruht. Hier bleiben alle 5 Metakarpalknochen erhalten, wenn auch das Os metacarpale primum verkürzt vorhanden ist. Bei Fleischfressern ist der dritte und vierte Strahl als Paar am längsten und stärksten ausgebildet. Die einzelnen Metakarpalknochen liegen eng aneinander, sie formen proximal flache Gelenkflächen zueinander, die beiden mittleren sind im Querschnitt viereckig, die beiden äußeren eher dreieckig.

Die Metakarpalknochen sind **tierartlich unterschiedlich** ausgebildet (Abb. 3-14).

- Bei **Fleischfressern** sind die beiden mittleren Metakarpalknochen (Hauptmittelfußknochen, Mc III und Mc IV) die längsten, Mc II und Mc V sind kürzer (Nebenmittelfußknochen), das Mc I ist stark reduziert (Abb. 3-15 u. 16).

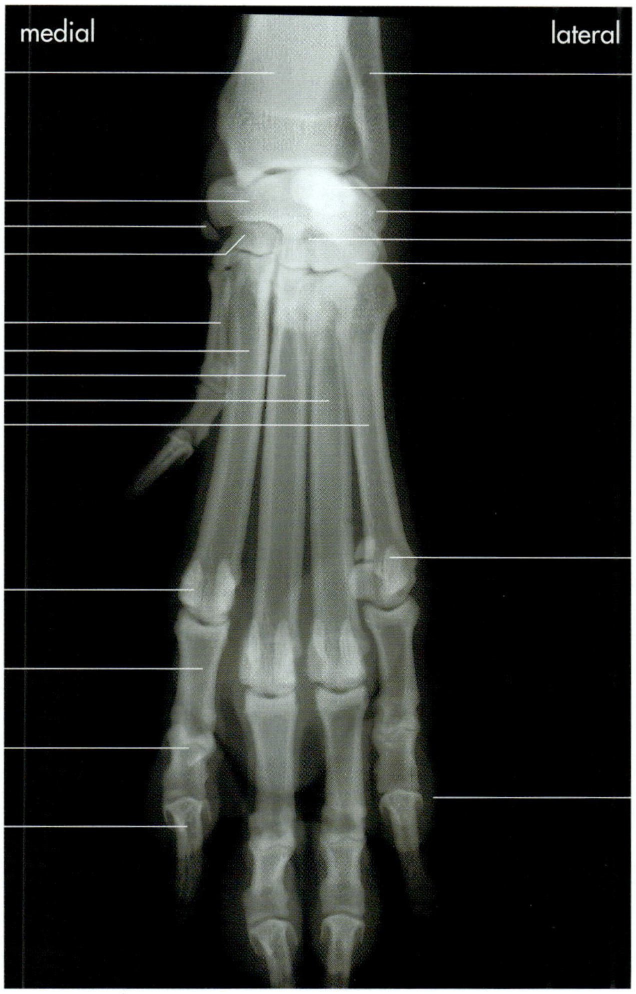

Abb. 3-15. Skelett des linken Vorderfußes eines Hundes (dorsopalmarer Strahlengang) (Röntgenbild), Aufnahme Dr. Sabine Breit, Wien.

- Beim **Schwein** als Paarzeher sind Mc III und Mc IV kräftig entwickelt, Mc II und Mc V geringer (Afterzehen), das Mc I fehlt.
- Bei **Wiederkäuern** als Paarzeher sind Mc III und Mc IV größtenteil zu einem einheitlichen Hauptmittelfuß verschmolzen (Röhrbein), die distalen Gelenkköpfe bleiben getrennt und artikulieren einzeln mit dem 1. Zehengelenk, es fehlen Mc I und Mc II, Mc V bleibt rudimentär.
- Beim **Pferd** als Unpaarzeher ist nur Mc III als Hauptmittelfußknochen entwickelt und allein zehentragend, Mc II und Mc IV sind als Griffelbeine rudimentär zurückgebildet, Mc I und Mc V fehlen.

Vorderzehenknochen (Ossa digitorum manus)

Die Vorderzehenknochen bestehen im Hinblick auf ihre phylogenetische Entwicklung grundsätzlich aus fünf Vorderzehen (Digiti manus), die von medial (1. Zehe) nach lateral (5. Zehe) jedoch in tierartlich typischer Weise zurückgebildet sind (Abb. 3-14). So sind bei den Fleischfressern alle 5 Zehen vorhanden, beim Schwein vier (2. bis 5.), bei den Wiederkäuern zwei (3. und 4.) bei zusätzlich zwei Afterzehen (2. und 5.) und beim Pferd nur eine Zehe (3.).

Die Vorderzehenknochen (Ossa digitorum manus) lassen sich gliedern in:

- **Grundphalange (Phalanx proximalis):** das **Fesselbein** bei Wiederkäuern und Pferd, bestehend aus dem Proximalende (Basis), dem Körper (Corpus) und dem distalen Ende (Caput), es trägt beidseitig Gelenkflächen und lateral Bandhöcker,
- **Mittelphalange (Phalanx media):** das **Kronbein** bei Wiederkäuer und Pferd, ähnelt der Grundphalange,
- **Endphalange (Phalanx distalis):** diese läßt eine Gelenkfläche (Facies articularis), eine Wandfläche (Facies parietalis) und eine Sohlenfläche (Facies solearis) unterscheiden. Die Zehenendphalange wird, der jeweiligen Tierart angepaßt, im allgemeinen Sprachgebrauch als **Nagelbein, Krallenbein, Klauenbein** oder **Hufbein** bezeichnet. Das Klauenbein des Rindes besitzt eine Markhöhle.

Zusätzlich sind an Gelenken der Vorderzehen **Gleichbeine (Ossa sesamoidea)** in einer proximalen und einer distalen Gelenklage (Zehengrundgelenk bzw. Zehenendgelenk) auf der palmaren Fläche der Zehen vorhanden.

Skelett des Vorderfußes der Fleischfresser

Vorderfußwurzelknochen (Ossa carpi)

Die Vorderfußwurzelknochen bilden eine proximale, antebrachiale Reihe, in der medial das Os carpi radiale mit dem

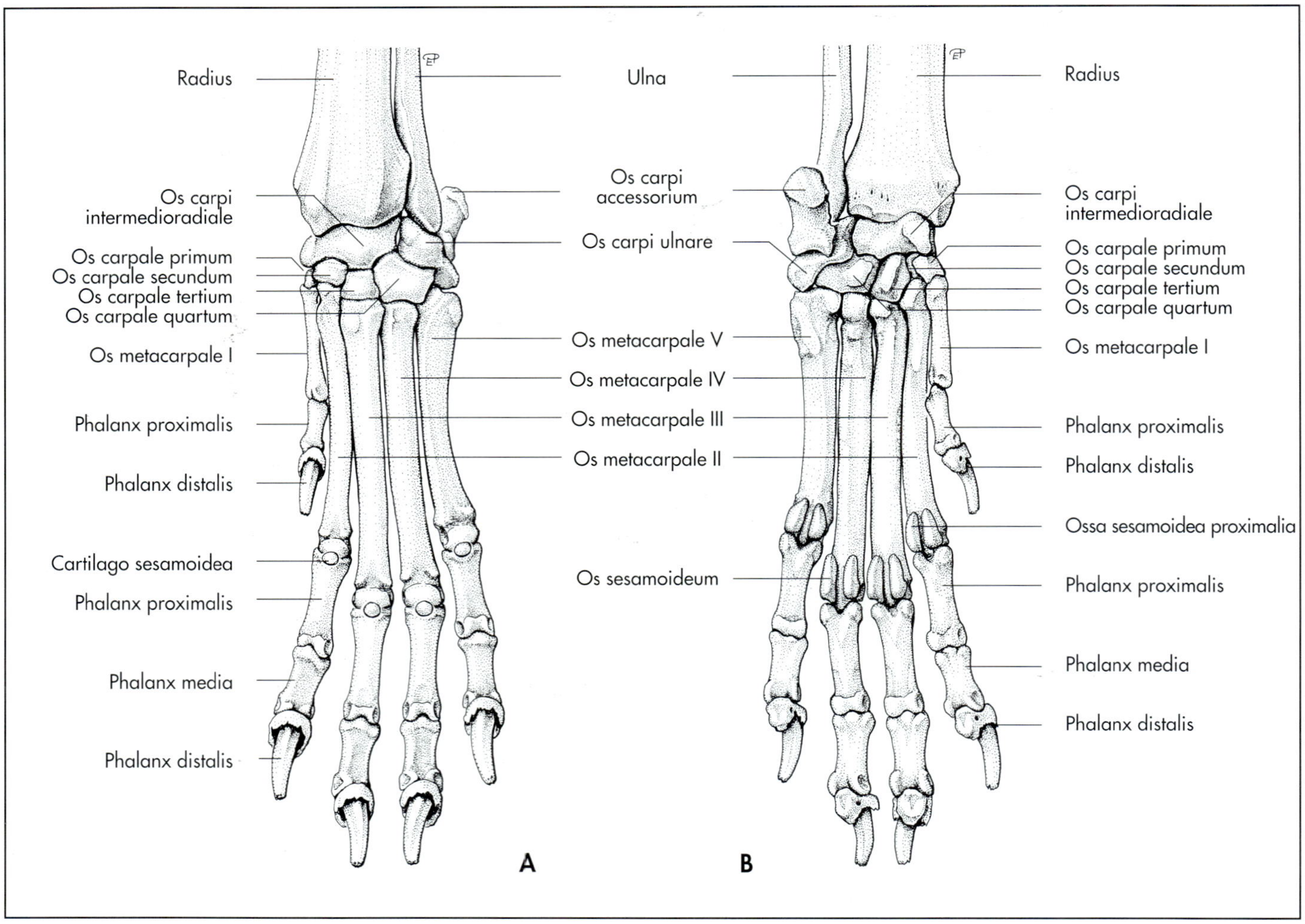

Abb. 3-16. Schematische Darstellung des Skeletts des linken Vorderfußes des Hundes (**A** Dorsalansicht und **B** Palmaransicht).

Os carpi intermedium verschmolzen ist. Seine drei Ossifikationszentren verwachsen etwa nach dem 3. bis 4. Lebensmonat, der zusammenliegende Knochen artikuliert dann mit dem distalen Ende des Radius (Abb. 3-14 u.16). Das Os carpi ulnare erscheint unregelmäßig durch einen distal gerichteten Fortsatz geformt und überlagert in der dorsopalmaren Röntgendarstellung das Os carpi accessorium (Abb. 3-15). Das Os carpi accessorium verschmilzt mit seiner Epiphyse zwischen dem 4. und 5. Lebensmonat, es ist palmar gerichtet und gelenkig mit dem Radius, der Ulna und dem Os carpi ulnare verbunden.

In der distalen metakarpalen Reihe bestehen alle vier Einzelknochen, sie nehmen von medial nach lateral an Größe zu und artikulieren untereinander in gleicher Ebene sowie proximal und distal. Palmar des Os carpale primum (C I) liegt in der Endsehne des M. abductor pollicis longus ein Sesambein, das röntgenologisch nachweisbar ist. Zwei weitere kleine Sesambeine sind fakultativ palmar zwischen den Karpalreihen auffindbar.

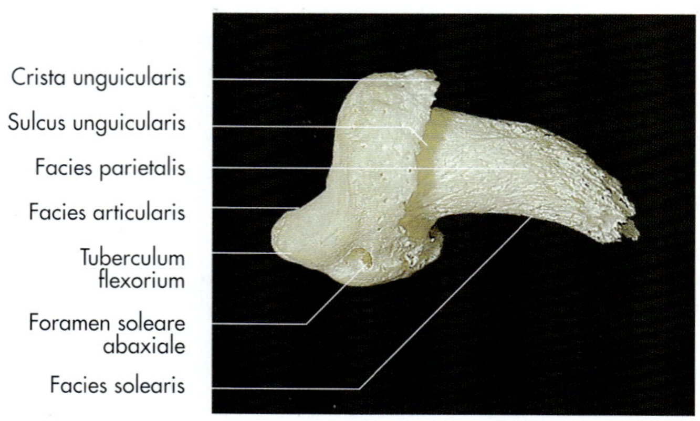

Abb. 3-17. Krallenbein eines Hundes (Lateralansicht).

Vordermittelfußknochen (Ossa metacarpalia)

Die Vordermittelfußknochen sind vollzählig mit fünf Knochen ausgebildet und tragen sämtlich Zehen (Abb. 3-16). Das medial gelegene Os metacarpale I ist der kürzeste Mittelfußknochen, er ist beim Hund auffällig schlank, bei der Katze deutlich kräftiger. Die mittleren Paare, die Hauptmittelfußknochen, sind die längsten, vierkantig beim Hund, rundlich bei der Katze. Proximale Bandhöcker sind nur lateral und an der Basis von Mc II und Mc III vorhanden, distale finden sich an beiden Seiten aller Metakarpalknochen. Die distalen Gelenkwalzen tragen palmar scharfe Kämme zur Verbindung mit den Sesambeinen.

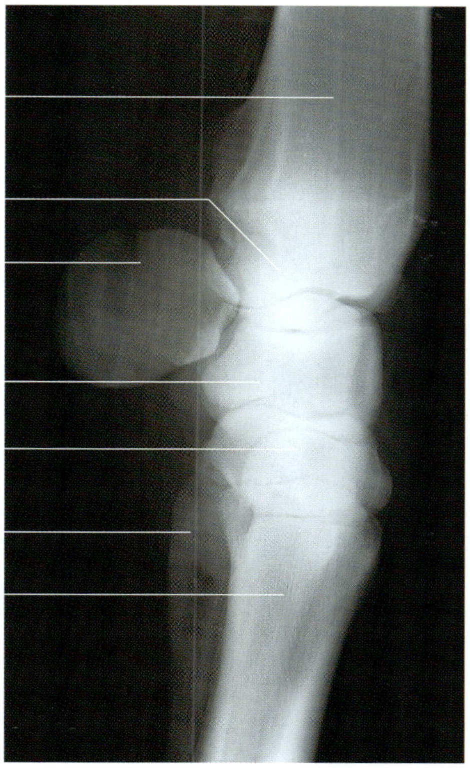

Abb. 3-18. Linkes Vorderfußwurzelgelenk eines Pferdes (mediolateraler Strahlengang) (Röntgenbild), Aufnahme Prof. Dr. W. Künzel, Wien.

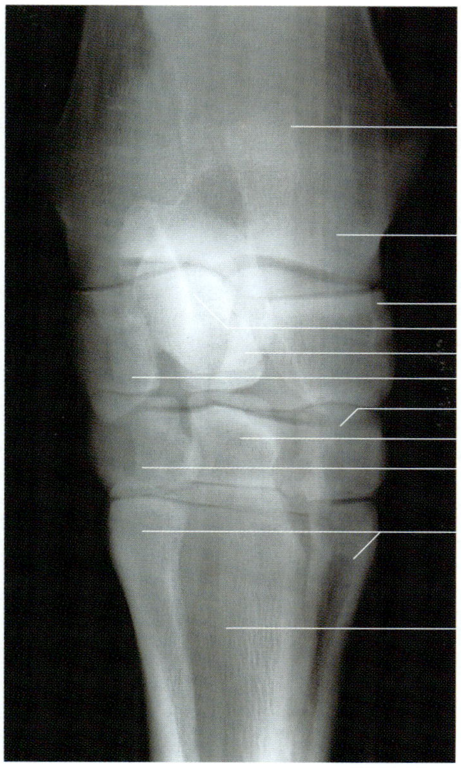

Abb. 3-19. Linkes Vorderfußwurzelgelenk eines Pferdes (dorsopalmarer Strahlengang) (Röntgenbild), Aufnahme Prof. Dr. W. Künzel, Wien.

Vorderzehenknochen (Ossa digitorum manus)

Die Vorderzehenknochen sind in ihrer vollen Anzahl von fünf Vorderzehen (Digiti manus) vorhanden (Abb. 3-16). Bei Hund und Katze sind die 3. und 4. Zehe am längsten, die anliegenden Zehen, die 2. und 5. Zehe sind kürzer. Am kürzesten ist die 1. Zehe, der Daumen oder Pollex, ihr fehlt die mittlere Phalanx.

Die **Phalanges distales (Ossa unguiculares)** sind als Krallenbeine seitlich zusammengedrückten, spitz zulaufenden Haken vergleichbar, an denen spitztütenartig die Hornkappe der Kralle aufsitzt (Abb. 3-17). An der knöchernen Kralle unterscheidet man eine Wandfläche (Facies parietalis) mit dem Rücken- und zwei Seitenabschnitten und eine Sohlenfläche (Facies solearis). Palmar tritt ein Ballenhöcker (Tuberculum flexorium), seitlich und dorsal eine Krallenleiste (Crista unguicularis) und distal ein Krallenfalz (Sulcus unguicularis) auf. Beidseitig ist am Krallenhöcker ein For. soleare axiale und abaxiale vorhanden. Palmar am Zehengrundgelenk der 2. bis 5. Zehe liegen Sesambeine, jeweils ein paar für eine Zehe, meist knöchern, selten auch knorpelig.

Skelett des Vorderfußes des Pferdes

Vorderfußwurzelknochen (Ossa carpi)

Die Vorderfußwurzelknochen sind in der proximalen Reihe vollständig mit vier Karpalknochen ausgebildet, wobei das medial gelegene Os carpi radiale der größte Knochen dieser Reihe ist (Abb. 3-14, 18 u. 19). Die Einzelknochen artikulieren mit Nachbarknochen der gleichen Reihe bzw. anliegender Ebenen. Die distalen Karpalknochen sind unvollständig, meistens fehlt das mediale Os carpale primum. Ist es ausgebildet, so liegt dieses, vom Skelett abgetrennt, häufig im angrenzenden Lig. carpi palmare, hinter dem Os carpale tertium. Auffällig ist die breite Artikulationsfläche des Os carpale secundum zum Röhrbein (Os metacarpale III), wodurch die Körperlast in der Senkrechten weitergegeben wird. Die medial und lateral anliegenden Karpalknochen (C II bzw. C IV) stehen mit den proximalen Gelenkflächen der Griffelbeine in gelenkiger Verbindung.

Vordermittelfußknochen (Ossa metacarpalia)

Die Vordermittelfußknochen bestehen beim Pferd als Unpaarzeher aus dem allein zehentragenden Os metacarpale tertium (Mc III) als Hauptmittelfußknochen sowie den rudimentären Mc II und Mc IV als Griffelbeinen (Nebenmittelfußknochen). Das Mc I fehlt ebenso wie das Mc V (Abb. 3-20).

Der **Hauptmittelfußknochen (Röhrbein)** ist der alleinige Träger der Körperlast, er ist demzufolge besonders stark in der dorsalen und medialen Knochenwand. Der Querschnitt durch den Schaft des Röhrbeins ist queroval, mit einer gegliederten Facies dorsalis und Facies palmaris, im Gegensatz zum runden Querschnitt des Röhrbeins der Hintergliedmaße. Die Artikulationsfläche (Facies articularis carpea) liegt in der Mitte schwerpunktmäßig zur Verbindung zum Os carpale III der Metakarpalreihe, beidseitig grenzen kleinere Flächen an. An beiden Seiten sind Gelenkflächen zu den Köpfchen der Griffelbeine ausgebildet, dorsomedian die Mittelfußbeule (Tuberositas ossis metacarpalis). Die Trochlea am distalen Ende des Röhrbeins ist durch einen Sagittalkamm in eine medial geringfügig größere und eine kleinere laterale Artikulationsfläche unterteilt.

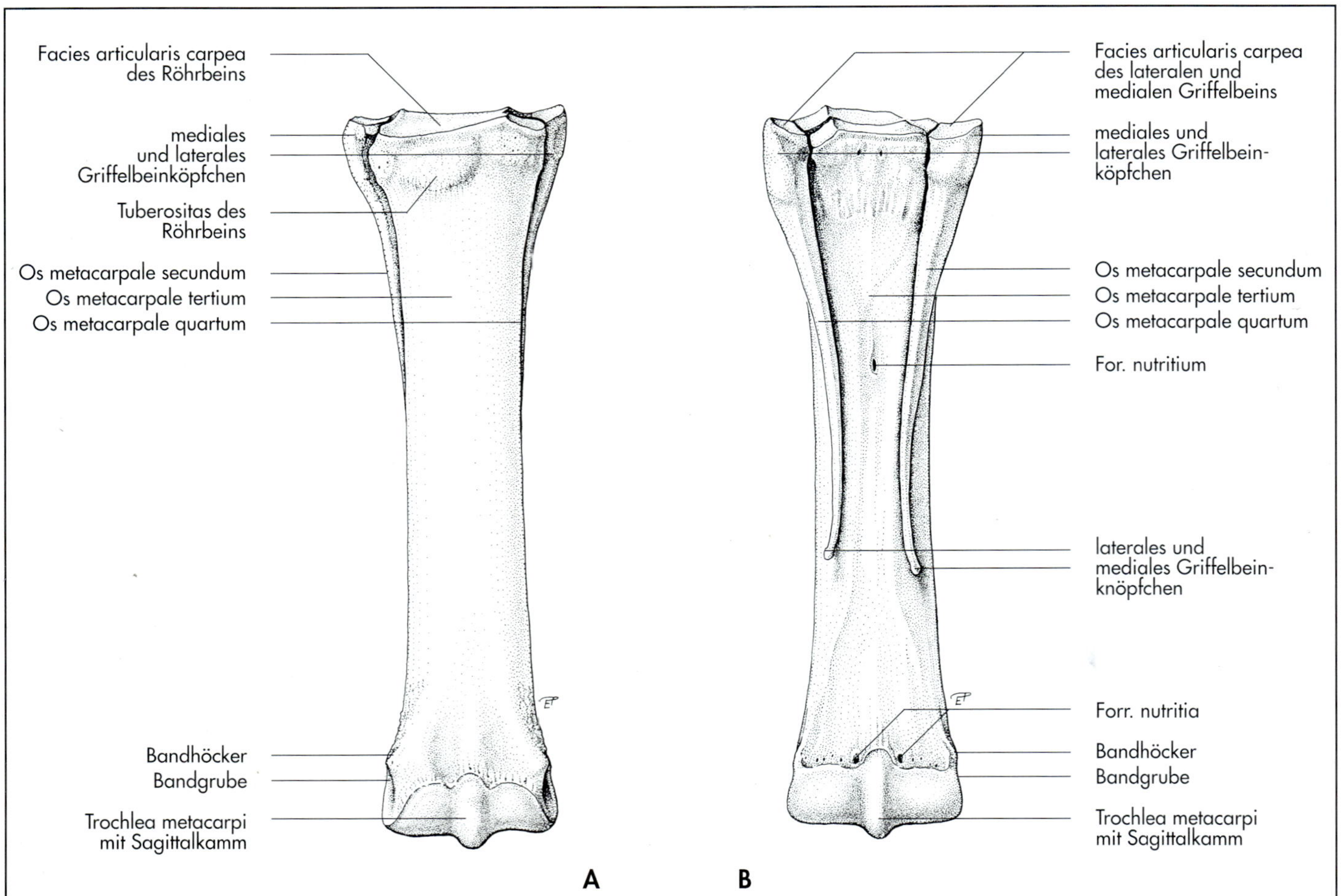

Abb. 3-20. Schematische Darstellung der linken Vordermittelfußknochen II–IV des Pferdes (**A** Dorsalansicht und **B** Palmaransicht).

Die **Nebenmittelfußknochen (Ossa metacarpalia II und IV, Griffelbeine)** ziehen bis zum distalen Drittel des Mittelfußes, sie verdicken sich an ihrer proximalen **Basis** zum **Köpfchen** (Abb. 3-20). Die Griffelbeinköpfchen stehen einerseits mit dem Röhrbein in gelenkiger Verbindung, andererseits artikulieren die proximalen Gelenkflächen mit der distalen Reihe der Karpalknochen und unterstützen das Gelenk. Das distale Ende verjüngt sich und endet mit einem gut tastbaren kleinen **Knöpfchen (Caput).**

Vorderzehenknochen (Ossa digitorum manus)

Die Vorderzehenknochen des Pferdes sind allein nur auf **eine Zehe,** die des 3. Strahls, reduziert (Abb. 3-21 ff.).

Danach sind ausgebildet:

- Fesselbein (Os compedale, Phalanx prox.),
- Kronbein (Os coronale, Phalanx media),
- Hufbein (Os ungulare, Phalanx dist.) und zusätzlich
- 3 Sesambeine (Ossa sesamoidea).

Das **Fesselbein (Os compedale, Phalanx proximalis)** kennzeichnet die Form eines dorsopalmar komprimierten Zylinders, dessen proximale Basis gegenüber dem distalen Caput verstärkt ist (Abb. 3-21). Auf der Palmarfläche begrenzen markante Fesselbeinleisten das Fesselbeindreieck (Trigonum phalangis prox.), die Fovea articularis ist durch eine paramediane Sagittalrinne in eine kleinere laterale und eine größere mediale Fläche unterteilt. Die distale Trochlea paßt sich konkav der Artikulationsfläche zum Kronbein an.

Das **Kronbein (Os coronale, Phalanx media)** ähnelt dem Fesselbein (Abb. 3-21). Die dorsale Fovea articularis paßt sich in die Krümmungsfläche der Gelenkwalze des Fesselbeins, unterteilt durch einen Sagittalkamm in zwei Gruben. Der **Kronbeinfortsatz (Processus extensorius)** ist weit ausgezogen, die palmar gelegene **Kronbeinlehne (Tuberositas flexoria)** verstärkt.

Dem **Hufbein (Os ungulare, Phalanx distalis)** ist seitlich jeweils ein **Hufknorpel** und proximopalmar als **Sesambein** das **Strahlbein** angelagert (Abb. 3-21, 26 u. 27). Man unterscheidet eine Wand-, Sohlen- und eine Gelenkfläche, einen **Tragrand (Margo solearis),** in dem Wand- und Sohlenfläche zusammenstoßen, und einen **Kronrand (Margo coronalis),** in dem sich Wand- und Gelenkfläche treffen. Am Kronrand ragt dorsoaxial ein **Streckfortsatz (Processus extensorius),** die Hufbeinkappe, vor (Abb. 3-25). Der Tragrand zieht in der Medianen die Tragrandkerbe (Crena marginis solearis) ein. Palmar tritt beidseitig je ein **Hufbeinast (Processus palmaris medialis** bzw. **lateralis)** vor, der durch eine Incisura processus palmaris in einen proximalen und einen distalen Astwinkel geteilt wird. Oftmals ist hier auch nur ein Foramen ausgebildet.

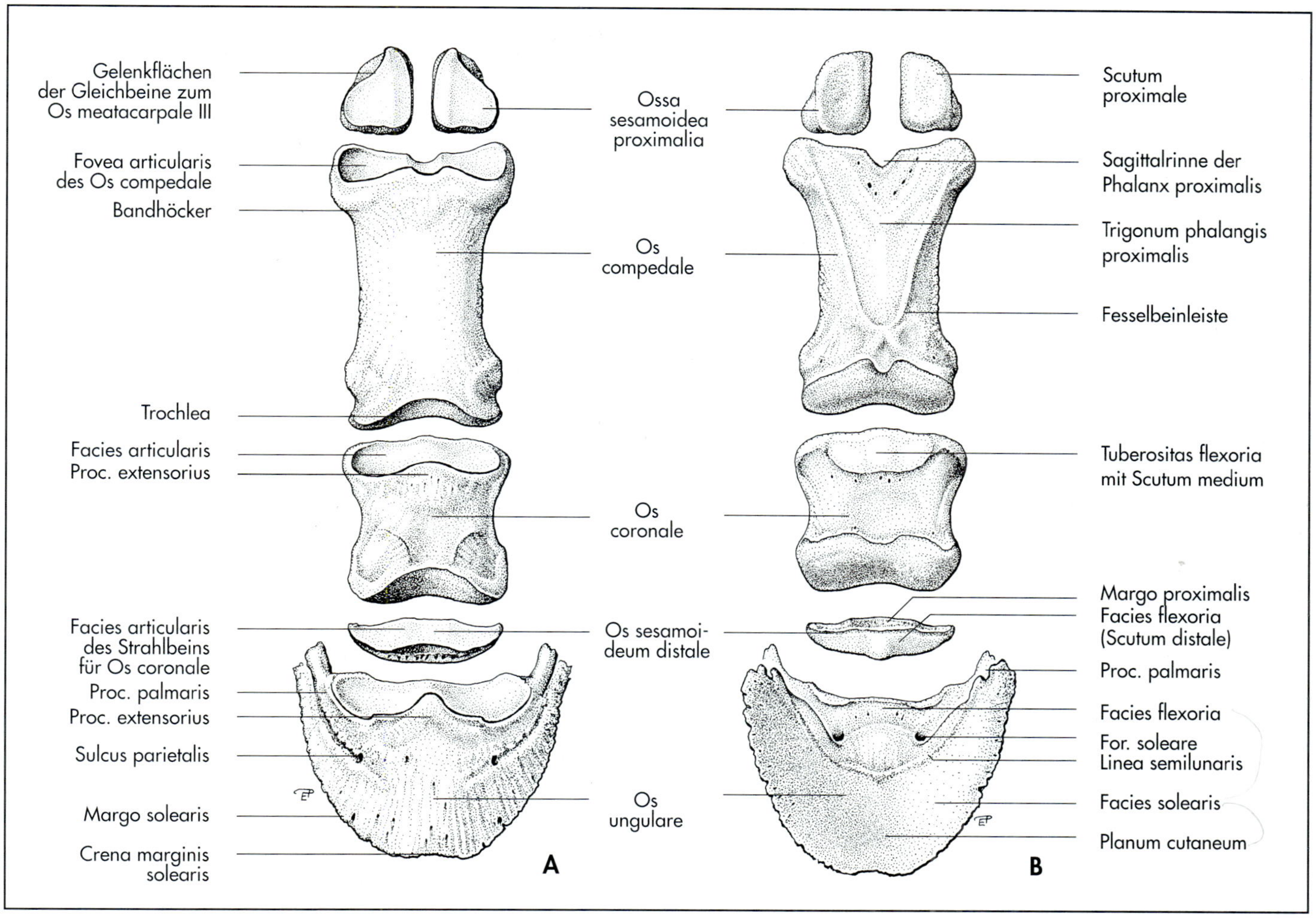

Abb. 3-21. Schematische Darstellung der linken Vorderzehenknochen des Pferdes (**A** Dorsalansicht und **B** Palmaransicht).

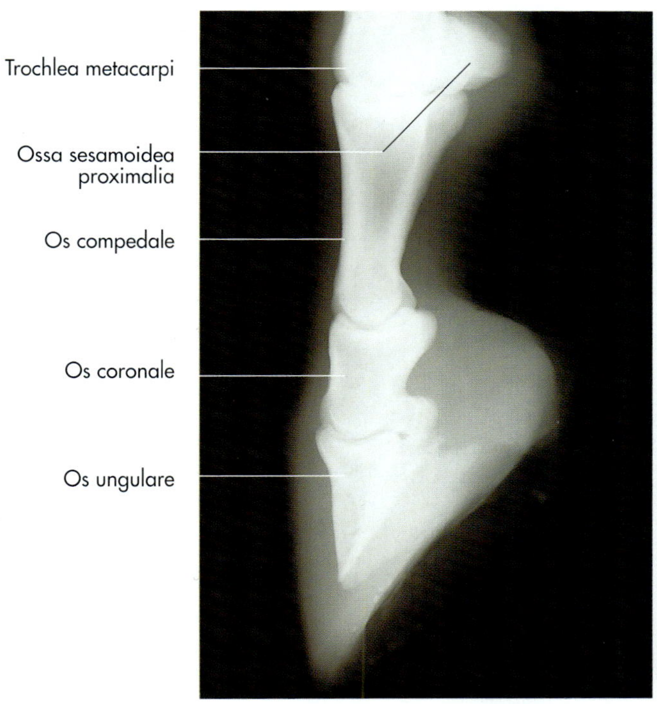

Abb. 3-22. Vorderzehenknochen eines Pferdes (Lateromedialer Strahlengang) (Röntgenbild), Aufnahme Dr. Sabine Breit, Wien.

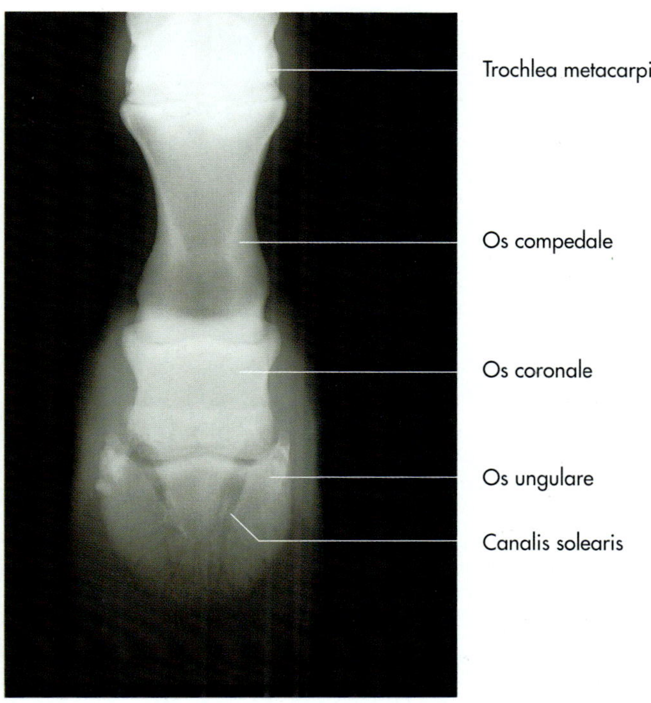

Abb. 3-23. Vorderzehenknochen eines Pferdes (Dorsopalmarer Strahlengang) (Röntgenbild), Aufnahme Dr. Sabine Breit, Wien.

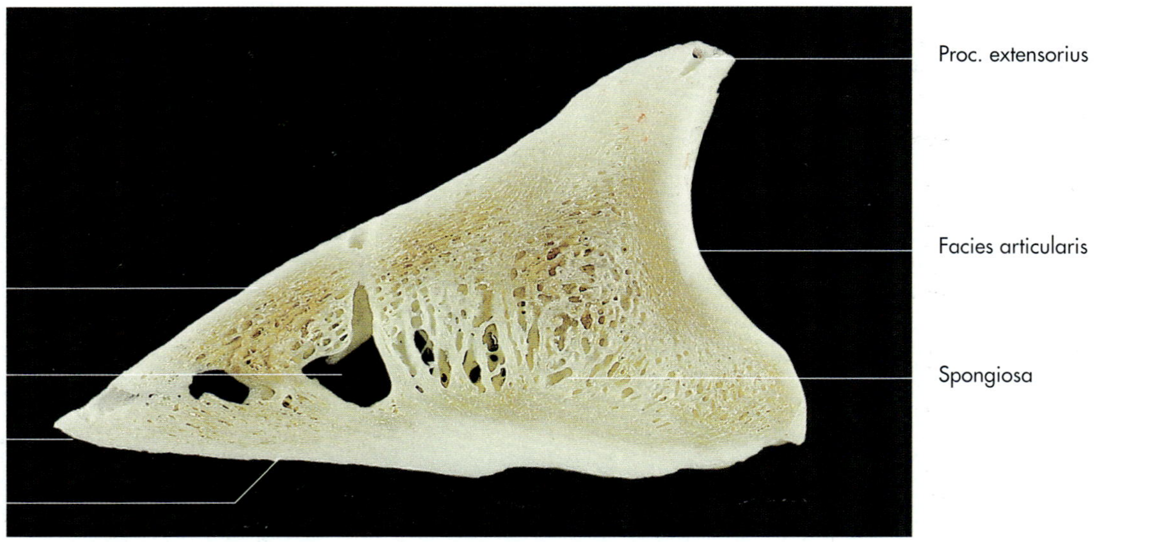

Abb. 3-24. Hufbein eines Pferdes (Sagittalschnitt).

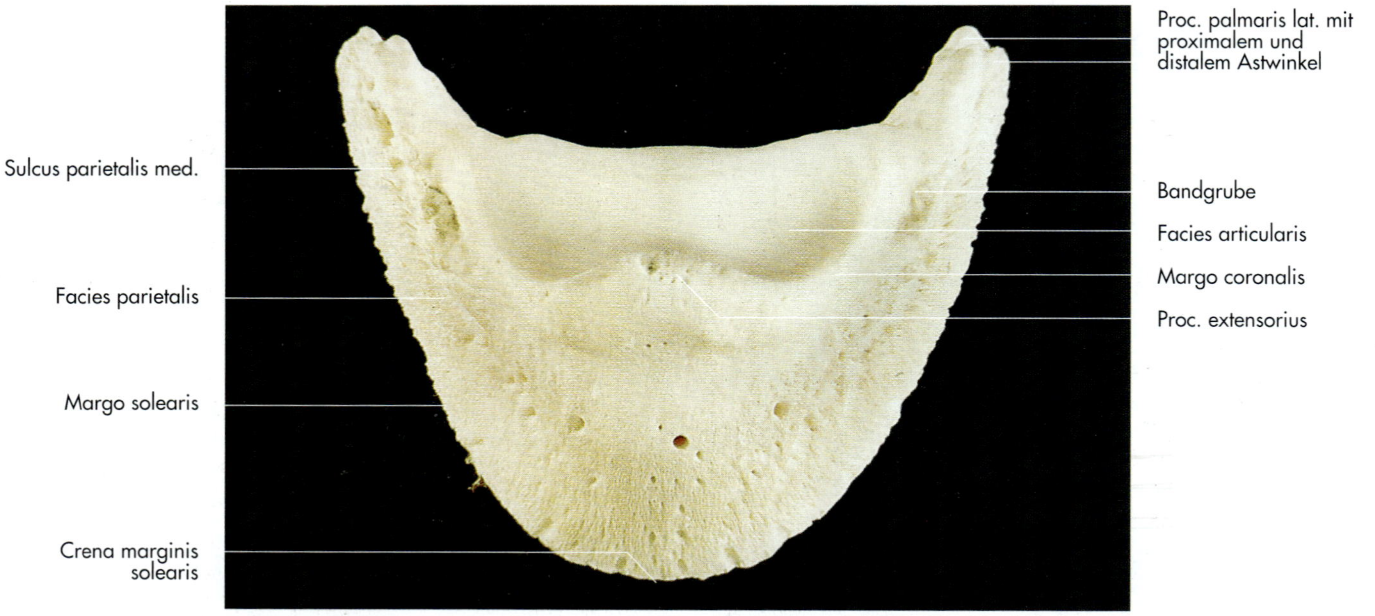

Abb. 3-25. Hufbein eines Pferdes (Aufsicht von dorsoproximal).

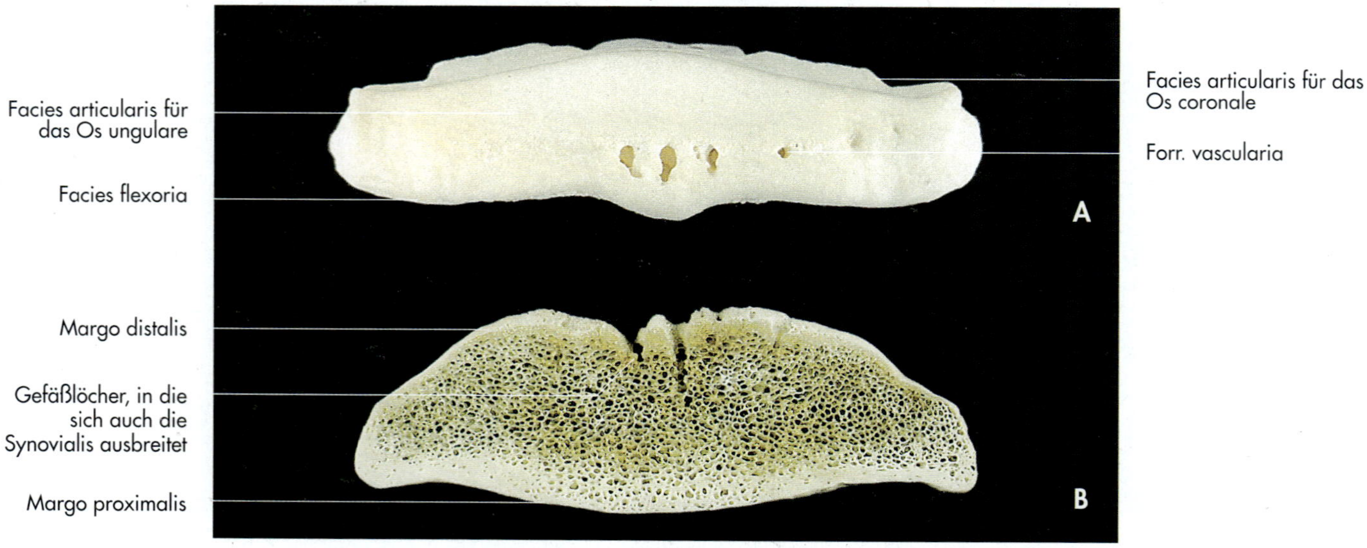

Abb. 3-26. Strahlbein eines Pferdes (**A** Distalansicht und **B** Horizontalschnitt).

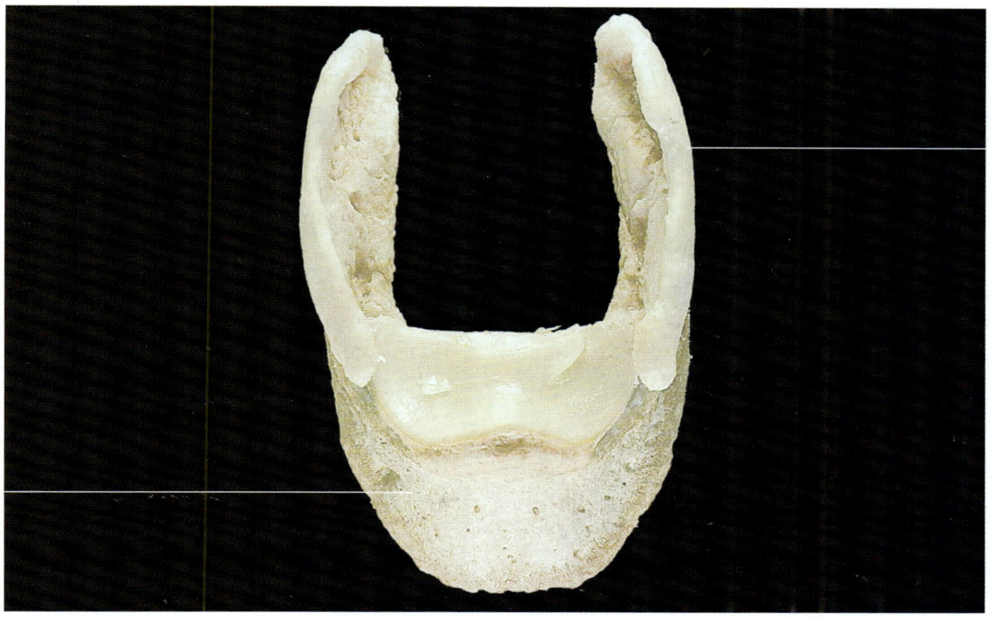

Abb. 3-27. Hufbein eines Pferdes mit Hufknorpel (Ansicht von dorsoproximal).

Abb. 3-28. Hufbein eines Pferdes mit Hufknorpel (Ansicht von lateropalmar).

Die **Wandfläche (Facies parietalis)** formt eine konvexe, durch zahlreiche Rauhigkeiten untergliederte Rücken- und eine Seitenfläche, die durch eine Vielzahl an Öffnungen (Forr. vascularia) durchbohrt ist. Blutgefäße verlaufen zusätzlich in Wandrinnen (Sulcus parietalis med. bzw. lat.).

Die **Sohlenfläche (Facies solearis)** ist durch die Linea semilunaris in ein vorderes Planum cutaneum und in eine palmare Facies flexoria zum Ansatz der tiefen Beugesehne unterteilt (Abb. 3-21). Die Gelenkfläche (Facies articularis) artikuliert mit der Kronbeinwalze und palmar mit dem Sesambein. Eine deutlich ausgeprägte Sohlenrinne setzt sich in das For. soleare und in den **Hufbeinkanal (Canalis solearis)** fort.

Zwei Gleichbeine (Ossa sesamoidea proximalia) sind proximal am Fesselgelenk ausgebildet, sie sind dreiseitig, pyramidenförmig, spitz und stehen durch straffe Bänder untereinander und mit dem Fesselbein in Verbindung (Abb. 3-21). Die dorsale Facies articularis ergänzt mit ihrer konkaven Fläche die Pfanne des Fesselgelenks von palmar. In die abaxiale Fläche strahlt die Endsehne des M. interosseus medius ein, ihre Palmarflächen bilden für die Beugesehnen eine Gleitfläche (Scutum proximale).

Das **Strahlbein (Os sesamoideum distale)** hat die Form eines Weberschiffchens (Abb. 3-21 u. 26). Sein konvexer distaler Rand (Margo dist.) ist über ein Band mit dem Hufbein fest verbunden, seine dorsale Gelenkfläche ergänzt das Hufbein palmar. Der proximale Rand ist geradlinig, die Palmarfläche dient der tiefen Beugesehne als Gleitfläche (Scutum distale).

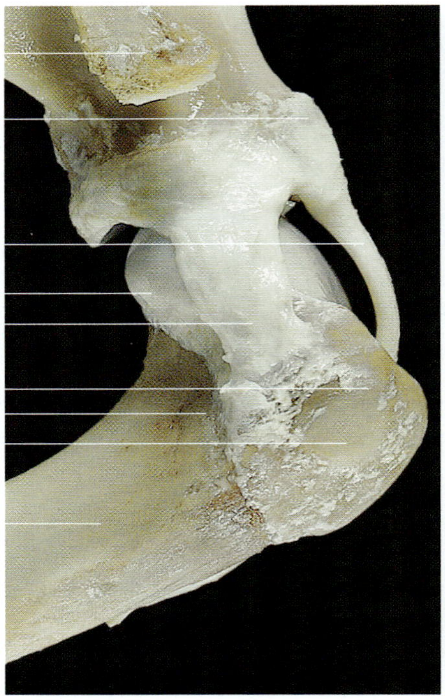

Abb. 3-29. Rechtes Schultergelenk eines Hundes (Lateralansicht), Präparat Dr. R. Macher, Wien.

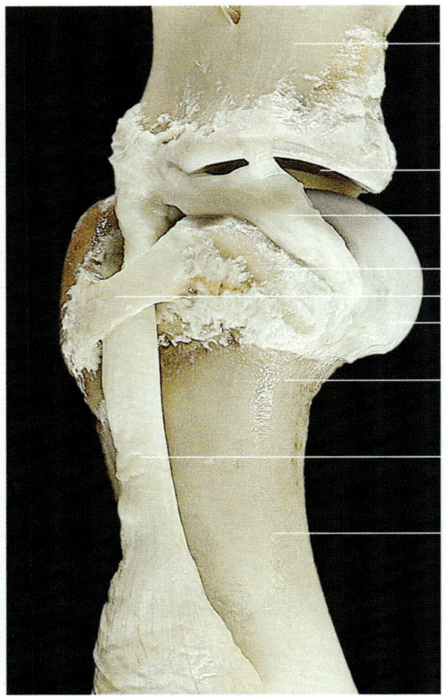

Abb. 3-30. Rechtes Schultergelenk eines Hundes (Medialansicht), Präparat Dr. R. Macher, Wien.

Der **Hufknorpel (Cartilago ungulae medialis** bzw. **lateralis)** ist paarig und stellt eine faserige Knorpelplatte dar, an der eine lange Kante proximal und distal, eine kurze dorsal und palmar unterschieden wird (Abb. 3-27 u. 28). Die Platte schließt eine konvexe abaxiale und eine konkave axiale Fläche ein. Der Hufknorpel ist mit dem Hufbeinast verwachsen, palmar überragt er frei das Hufbein. Die distale Hälfte schiebt sich in die Hufkapsel vor, die proximale überragt deren Kronrand und reicht bis zur Mitte des Kronbeins.

Verbindungen der Knochen der Schultergliedmaße (Articulationes membri thoracici)

Verbindungen der Schultergliedmaße mit dem Rumpf

Die Vordergliedmaße ist mit dem Rumpf mit Hilfe von Muskeln, Sehnen und Faszien verbunden (Synsarkose).

Schultergelenk (Articulatio humeri)

Das Schulter- oder Buggelenk ist der Form nach ein freies oder **Kugelgelenk (Articulatio sphaeroidea),** in dem die deutlich kleinere **Cavitas glenoidalis** der Skapula mit dem konvexen **Caput humeri** artikuliert (Abb. 3-29 u. 30). Ein faserknorpeliger Saum (Labrum glenoidale) vergrößert den freien Rand der knöchernen Cavitas glenoidalis. Die Bewegungsfreiheit des Gelenks wird jedoch durch anliegende Muskulatur soweit eingeschränkt, daß es nur als **Wechsel-** oder **Walzengelenk** funktioniert. Beuge- und Streckbewegungen sind bei Fleischfressern bis zu 120°, Außenrotation bis 45° und Innenrotation bis 35° möglich, ein seitliches Abspreizen der Gliedmaße bis zu 60°. Beim Pferd werden durch die Walzenform des Humeruskopfes Seitenbewegungen des Gelenks beinahe unmöglich.

Seitliche Gelenkbänder fehlen, ihre Funktionen übernehmen die Endsehnen medialer bzw. lateraler Schulterblattmuskeln im Sinne von kontraktilen Spannbändern. Das mediale Seitenband wird durch die Sehne des M. subscapularis ersetzt, das laterale durch die des M. infraspinatus.

Bei allen Haussäugetieren ist eine geräumige **Gelenkkapsel (Capsula articularis)** ausgebildet, oftmals verbunden mit den Sehnen der umgebenden Muskeln (M. subscapularis). Die Gelenkkapsel stülpt sich beim Rind und beim Pferd mit drei kranialen und zwei kaudolateralen Ausbuchtungen (Volumen beim adulten Rind bis zu 80 ml) (Abb. 3-31 u. 32), bei Fleischfressern neben zwei kranialen mit einer ausgedehnten kaudolateralen vor (Abb. 3-33 u. 34).

Als Unterstützung der Kapselwand werden kollagene und elastische **Faserverstärkungen (Ligg. glenohumeralia lat.** und **med.)** gesehen, die vorzugsweise bei Fleischfressern und Pferd auftreten (Abb. 3-29). Das Lig. glenohumerale mediale verläuft im Gelenk. Es ist so mit der Membrana synovialis der Gelenkkapsel durch ein Gekröse verbunden. Ebenfalls bei Fleischfressern ist ein **Lig. transversum humeri** als Halteband für die Ursprungssehne des M. biceps brachii entwickelt (Abb. 3-30). Bei Ungulaten ist die Gelenkkapsel zusätzlich durch das **Lig. coracohumerale** zwischen dem Tuberculum supraglenoidale und dem Tuberculum majus humeri verstärkt.

Die Ursprungssehne des M. biceps brachii zieht bei Fleischfressern, beim Schwein und beim Schaf in Höhe des Sulcus intertubercularis tief in die Gelenkkapsel und formt eine **Kapselsehnenscheide (Vagina synovialis intertubercularis),** die beim Pferd und beim Rind nicht mehr mit dem

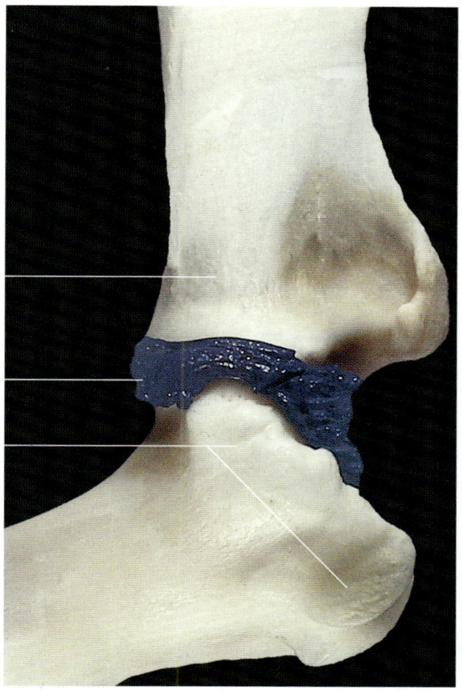

Abb. 3-31. Linkes Schultergelenk eines Pferdes mit Gelenksack (Medialansicht) (Ausgußpräparat), Präparat Dr. R. Böhmisch, München.

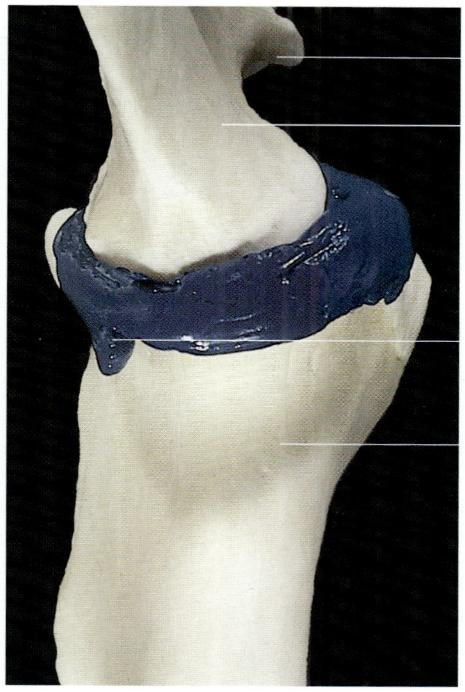

Abb. 3-32. Linkes Schultergelenk eines Pferdes mit Gelenksack (Kaudalansicht) (Ausgußpräparat), Präparat Dr. R. Böhmisch, München.

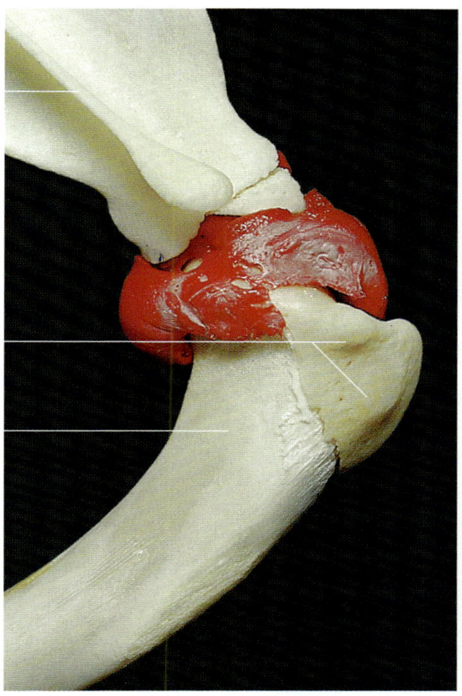

Abb. 3-33. Rechtes Schultergelenk eines Hundes mit Gelenksack (Lateralansicht) (Ausgußpräparat), Präparat Dr. K. Ganzberger, Wien.

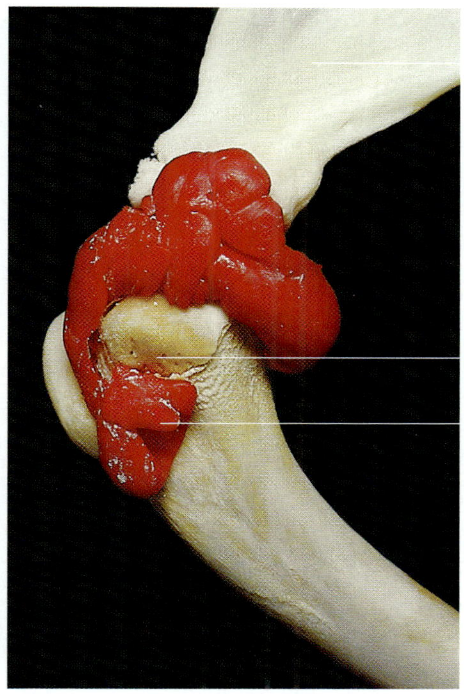

Abb. 3-34. Rechtes Schultergelenk eines Hundes mit Gelenksack (Medialansicht) (Ausgußpräparat), Präparat Dr. K. Ganzberger, Wien.

Gelenk in Verbindung steht. Bei diesen Großtieren liegt hier ein **Schleimbeutel (Bursa intertubercularis).**

- **Punktionstellen am Schultergelenk:**
- **Hund:**
  Der Hund wird auf die Seite gelegt und das Gelenk ein wenig gebeugt. Die Injektion erfolgt direkt kaudal und proximal des Tuberculum majus humeri. Die Kanüle wird in einer horizontalen Ebene in mediokaudaler Richtung eingestochen.
- **Katze:**
  Die Katze wird auf die Seite gelegt, das Gelenk ist geringgradig gebeugt. Die Kanüle wird kranial der Sehne des M. infraspinatus, leicht distal zum Proc. suprahamatus eingestochen und circa 1 cm vorgeschoben, bis die Cavitas glenoidalis erreicht wird.
- **Schwein:**
  Das Schwein wird auf die Seite gelegt und das Gelenk geringgradig gebeugt. Die Kanüle wird kranial der Sehne

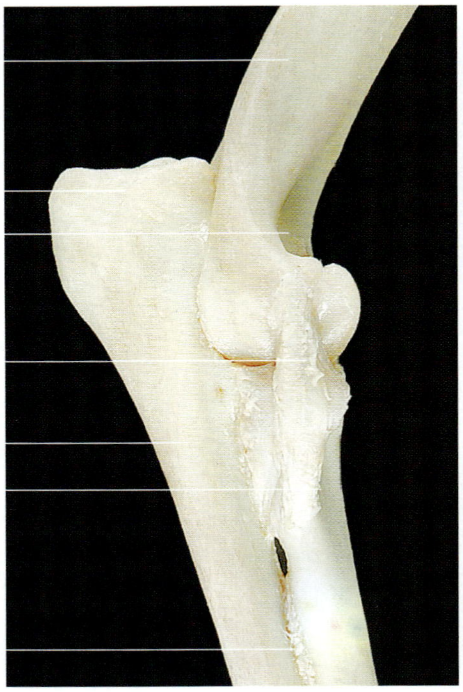

Abb. 3-35. Rechtes Ellbogengelenk eines Hundes (Lateralansicht), Präparat Dr. R. Macher, Wien.

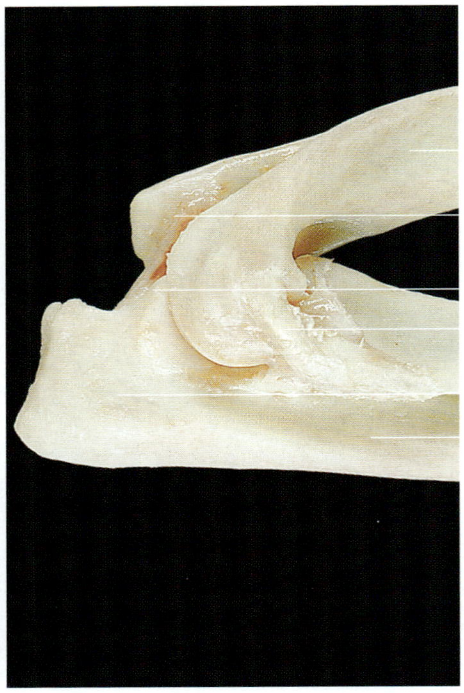

Abb. 3-36. Rechtes Ellbogengelenk eines Hundes (Lateralansicht, stark gebeugt), Präparat Dr. R. Macher, Wien.

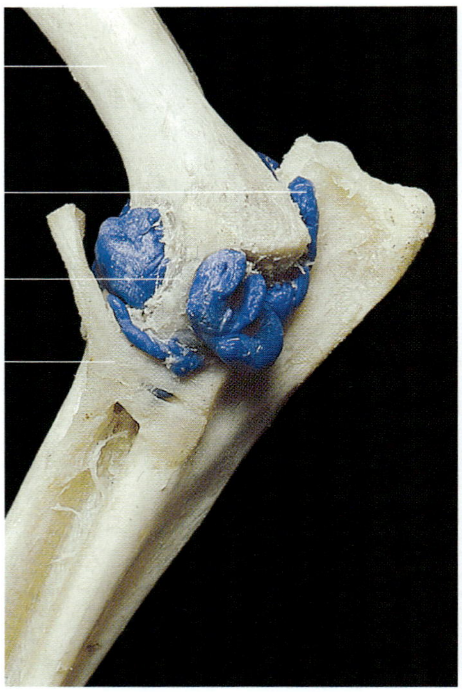

Abb. 3-37. Rechtes Ellbogengelenk eines Hundes mit injiziertem Gelenksack (Medialansicht), Präparat Dr. R. Macher, Wien.

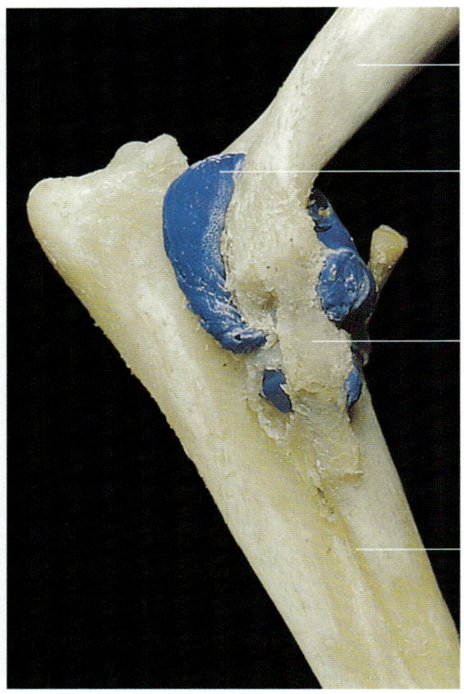

Abb. 3-38. Rechtes Ellbogengelenk eines Hundes mit injiziertem Gelenksack (Lateralansicht), Präparat Dr. R. Macher, Wien.

des M. infraspinatus in Höhe des Tuberculum majus humeri eingestochen und in mediokaudaler und leicht distaler Richtung vorgeschoben.

– **Rind und Pferd:**
Eine 10 cm lange Kanüle wird in die tastbare Mulde zwischen der Pars cranialis und caudalis des Tuberculum majus humeri eingestochen. Die Kanüle wird horizontal in eine kaudale und leicht mediale Richtung vorgeschoben.

Ellbogengelenk (Articulatio cubiti)

Das Ellbogengelenk ist ein **zusammengesetztes Walzengelenk,** das seiner Funktion nach ein vollkommenes **Wechsel-** oder **Scharniergelenk** darstellt. Exzentrische Insertionsstellen der Seitenbänder gegenüber der Drehachse lassen beim Pferd, abgeschwächt auch bei Fleischfressern und beim Rind, dieses Gelenk darüber hinaus als ein Schnappgelenk wirken.

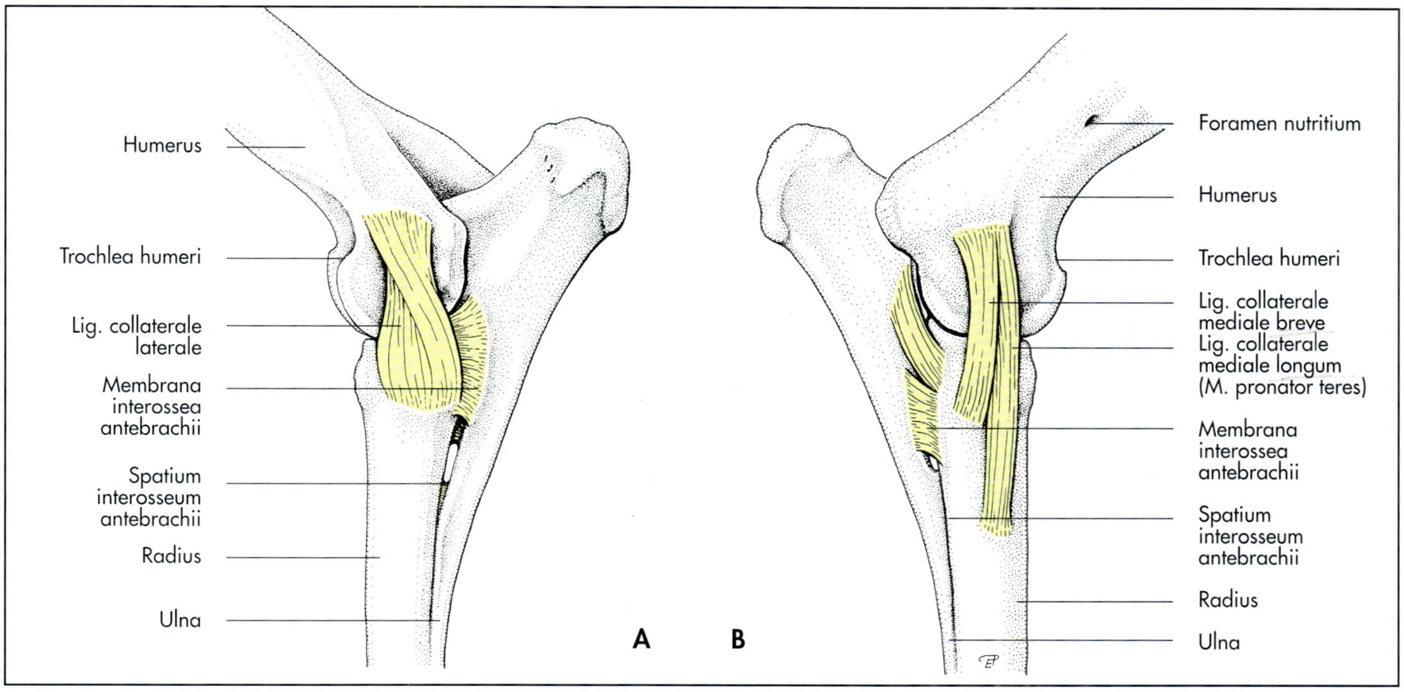

Abb. 3-39. Schematische Darstellung des linken Ellbogengelenks des Pferdes (**A** Lateral- und **B** Medialansicht).

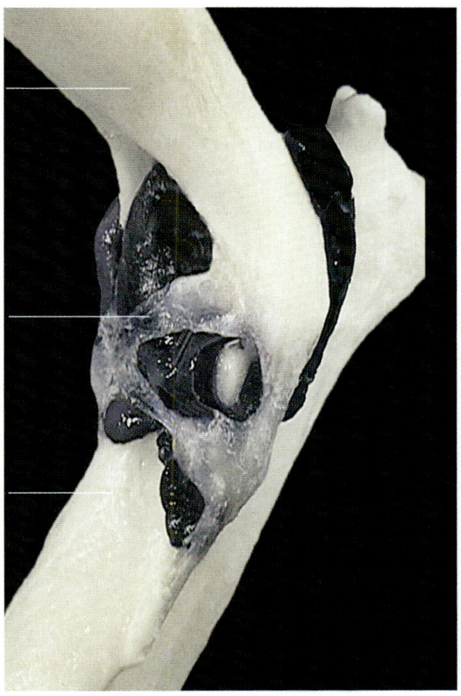

Abb. 3-40. Rechtes Ellbogengelenk eines Hundes mit injiziertem Gelenksack (Kraniolateralansicht), Präparat Dr. W. Kaser, München.

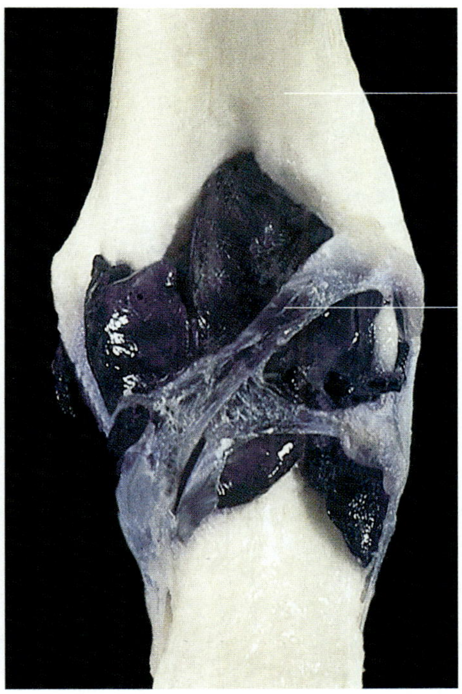

Abb. 3-41. Rechtes Ellbogengelenk eines Hundes mit injiziertem Gelenksack (Kranialansicht), Präparat Dr. W. Kaser, München.

Die ausgeprägten Führungskämme und -rinnen der Gelenkwalze (Trochlea) sowie das tiefe Einsenken des Olekranons in die Fossa olecrani des Humerus lassen allein ein Strecken und Beugen des Gelenks zu und verhindern fast vollständig seitliche Bewegungsabläufe. Bei der Katze ist eine Streck-Beuge-Winkelung von bis zu 140° und rasseabhängig beim Hund zwischen 100° und 140° möglich. Im Ellbogengelenk artikuliert die Trochlea humeri zweifach, einerseits mit der Incisura trochlearis ulnae, andererseits mit der Fovea capitis radii. Damit setzt sich dieses Gelenk aus der **Articulatio humeroulnaris** und der **Articulatio humeroradialis** zusammen.

Die **Seitenbänder** des Gelenks sind stark entwickelt und verbinden beidseitig die Bandgruben bzw. -höcker des Epicondylus lat. und med. humeri mit denen des Radius bzw. der Ulna (Abb. 3-35 u. 39). Man unterscheidet:

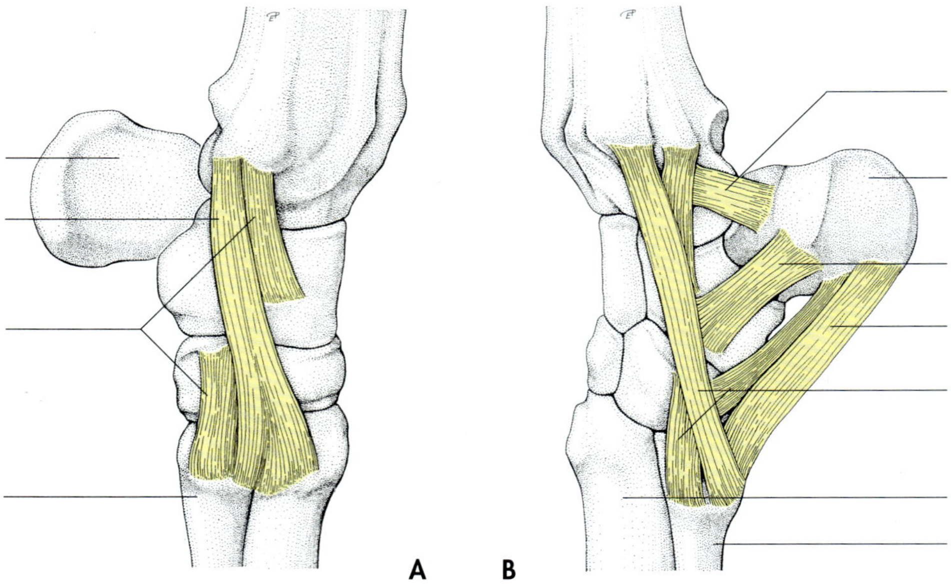

Abb. 3-42. Schematische Darstellung der langen Seitenbänder des linken Vorderfußwurzelgelenks des Pferdes (**A** Medialansicht und **B** Lateralansicht mit Haltebändern des Os carpi accessorium), nach Dr. Susanne Wagner, Wien, 1996.

Cubitus – Ellbogen

- **Lig. collaterale cubiti laterale,** das am Epicondylus lateralis humeri entspringt und in der Regel mit einem kräftigeren kranialen Schenkel am Radius und mit einem schwächeren kaudalen an der Ulna inseriert. Beim Pferd fehlt der kaudale ulnare Anteil.
- **Lig. collaterale cubiti mediale,** das am Epicondylus med. humeri entspringt und, ebenfalls zweigeteilt, mit einem kranialen Schenkel medial am Bandhöcker des Radius bzw. kaudal an dem der Ulna inseriert. Beim Rind und Pferd ist der vordere, lange Anteil als Rudiment des M. pronator teres bei jungen Tieren teilweise mit Muskelfasern durchzogen.
- **Lig. olecrani,** das als elastisches Band am medialen Epikondylus des Humerus entspringt und unter Straffung der Gelenkkapsel zum Proc. anconaeus zieht. Es tritt nur bei Hund und Katze auf (Abb. 3-36).

Die **Gelenkkapsel (Capsula articularis)** umfaßt beide Gelenke und schließt auch die Gelenkhöhle der Articulatio radioulnaris prox. mit ein (Abb. 3-37 u. 40). Die Gelenkhöhle ist verhältnismäßig eng, sie stülpt sich nach kranial unter den M. extensor digitorum communis bzw. den M. biceps brachii (Fleischfresser) vor und zieht kaudal bis zum proximalen Rand der Fossa olecrani. Auf der Beugeseite sind Faserverstärkungen festzustellen (Lig. obliquum).

- **Punktionsstellen am Ellbogengelenk:**

- **Hund und Katze:**
  Das Tier wird auf die Seite gelegt und das Gelenk im 90° Winkel gebeugt. Die Kanüle wird zwischen dem Epicondylus lateralis und dem Olecranon eingestochen und in kraniomedialer Richtung vorgeschoben.
- **Schwein:**
  Die Kanüle wird in die tastbare Mulde kaudal des Epicondylus lateralis in kraniomedialer Richtung eingestochen.
- **Rind:**
  Eine 6 cm lange Kanüle wird zwischen dem lateralen Lig. collaterale und der Ursprungssehne des M. extensor carpi ulnaris horizontal eingestochen.
- **Pferd:**
  Eine 4 cm lange Kanüle wird von der Seite, leicht kranial oder kaudal des lateralen Lig. collaterale des Gelenks und auf halbem Wege zwischen dem Epicondylus lateralis humeri und der lateralen Seite des Caput radii eingestochen. Die Kanüle wird horizontal in einer leicht proximomedialen Richtung vorgeschoben.

Verbindungen des Radius mit der Ulna (Articulatio radioulnaris proximalis und Articulatio radioulnaris distalis)

Als Folge der tierartlich unterschiedlichen Reduktion des Ellbogens sind Rotationsbewegungen zwischen Radius und Ulna fast nicht mehr möglich, allein bei Fleischfressern ist eine geringgradige Pronation und Supination des Radius um die Ulna erkennbar **(Drehgelenk).** Bei der Katze ist dabei eine Supination aktiv bis zu 100°, beim Hund nur passiv bis 50° durchführbar. Beim Schwein sind proximal und distal **straffe Gelenke (Amphiarthrosen)** ausgebildet, bei Wiederkäuern und beim Pferd sind lediglich proximal unbewegliche Synchondrosen vorhanden.

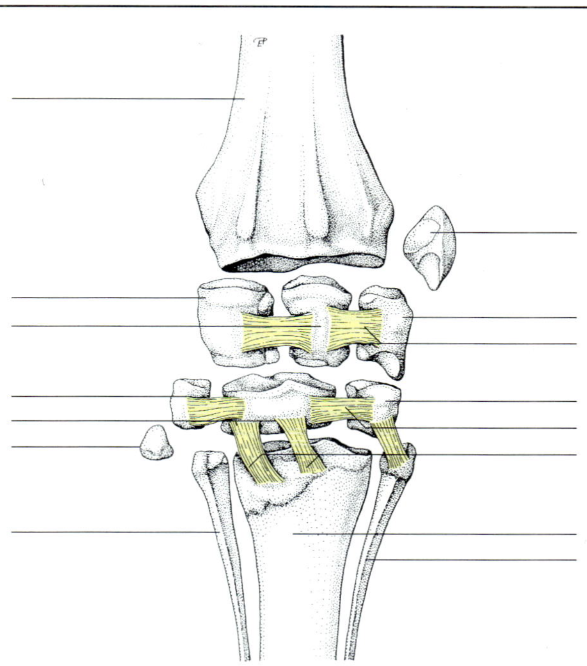

Abb. 3-43. Schematische Darstellung der kurzen Bänder des linken Vorderfußwurzelgelenks des Pferdes (Dorsalansicht, Gelenkspalten artifiziell erweitert dargestellt), nach Dr. Susanne Wagner, Wien, 1996.

Grundsätzlich unterscheidet man eine:

- **Articulatio radioulnaris proximalis,** in der die Circumferentia articularis prox. des Radius mit der Incisura radialis der Ulna artikuliert, und
- **Articulatio radioulnaris distalis,** die sich aus einer konvexen Circumferentia articularis der Ulna und einer ebenfalls konkaven Incisura ulnaris des Radius zusammensetzt.

Die Bänder des **proximalen Gelenks (Articulatio radioulnaris proximalis)** sind:

- **Lig. anulare radii** (nur bei Fleischfressern). Es umfaßt in der Beugeseite den Radiuskopf, unterkreuzt die Seitenbänder des Ellbogengelenks und inseriert an der Incisura radialis ulnae.
- **Lig. interosseum antebrachii.** Es verbindet Radius und Ulna in der proximalen Hälfte des Spatium interosseum antebrachii (nur beim Hund) und liegt als Verstärkung lateral der
- **Membrana interossea antebrachii** an, die bei Fleischfressern als kollagenbindegewebige Membran den Radius und die Ulna verbindet. Sie verknöchert bei Huftieren.

Als Band des **distalen Gelenks (Articulatio radioulnaris distalis)** ist nur bei Fleischfressern das

- **Lig. radioulnare** entwickelt, das kranial Fasern zwischen der Trochlea radii und dem Proc. styloideus entläßt. Dieses ist beim Hund straff, bei der Katze fibrillär.

Die von der **Gelenkkapsel (Capsula articularis)** umschlossene Gelenkhöhle des proximalen Radioulnargelenks steht mit der des Ellbogengelenks, die Gelenkhöhle des distalen Gelenks mit der weiträumigen Ausstülpung des Unterarm-Vorderfußwurzelgelenks (Articulatio antebrachiocarpea) (Fleischfresser und Schwein) in Verbindung.

Verbindungen des Vorderfußes (Handgelenke, Articulationes manus)

Vorderfußwurzelgelenk (Karpalgelenk, Articulatio carpi)

Das Karpalgelenk ist ein zusammengesetztes, unvollkommenes Wechsel- oder Walzengelenk, dessen einzelne Gelenkflächen unterschiedliche Bewegungsgrade zulassen (Abb. 3-42). Im Karpalgelenk verbinden sich die Knochen des Unterarms, der Vorderfußwurzel und des Mittelfußes. Man unterscheidet am Karpalgelenk proximale, mittlere und distale Gelenke:

- **Unterarm-Vorderfußwurzel-Gelenke** (Articulationes antebrachiocarpeae) zwischen dem distalen Ende des Radius (und der Ulna) und der proximalen Reihe der Karpalknochen,
- **Vorderfußwurzel-Mittelgelenke** (Articulationes mediocarpeae) mit den Articulationes ossis accessorii zwischen den beiden Reihen der Karpalknochen einschließlich der Vorderfußwurzel-Zwischengelenke (Articulationes intercarpeae) und
- **Vorderfußwurzel-Mittelfuß-Gelenke** (Articulationes carpometacarpeae), in denen die distale Reihe der Karpalknochen mit den Metakarpalknochen artikuliert.

Das **Unterarm-Vorderfußwurzel-Gelenk (Articulatio antebrachiocarpea)** ist ein **zusammengesetztes Walzengelenk (Articulatio radiocarpea** und **Articulatio ulnocarpea),** das vorzugsweise bei Fleischfressern ein **Ellip-**

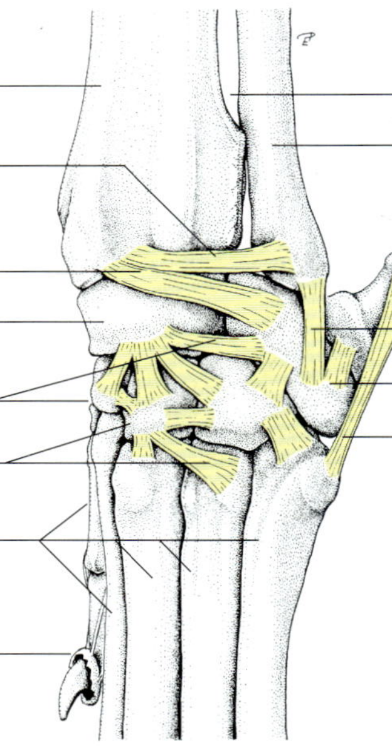

Abb. 3-44. Schematische Darstellung der Bänder des linken Vorderfußwurzelgelenks eines Hundes (Lateralansicht), nach Ghetie, 1954.

soidgelenk darstellt. Die Anordnung der Gelenkflächen läßt gerade bei dieser Tierspezies eine ausgeprägte Streckung und Beugung des Gelenks, aber auch eine Abduktion und Adduktion, ohne Rotation, zu. Bei Wiederkäuern ist dieses Gelenk ein **Schraubengelenk,** das beim Pferd als **Scharniergelenk** noch eine Bewegungsfreiheit von 90° erlaubt. Die Gelenkkapsel (Capsula articularis) ist weit und, dem jeweiligen Bewegungsgrad des Gelenks angepaßt, dorsal ausgestülpt.

Das **Vorderfußwurzel-Mittelgelenk (Articulatio mediocarpea)** mit der Articulatio ossis accessorii ist ebenfalls ein **zusammengesetztes Walzengelenk,** in dem die Knochen der proximalen Karpalreihe (Os carpi radiale, intermedium und ulnare) gelenkig mit den Knochen der distalen Karpalreihe (Ossa carpalia I–IV bzw. deren Verschmelzungen) artikulieren. Die Bewegungsfreiheit dieser Gelenkreihe ist gegenüber der proximalen eingeschränkt. Die Gelenkhöhle ist eng und steht mit dem Gelenksack der distalen Reihe in Verbindung.

Zusätzlich tritt das **Vorderfußwurzel-Zwischengelenk (Articulatio intercarpea)** auf, das ein **zusammengesetztes Gelenk** darstellt. In diesem Gelenk artikulieren die aneinandergrenzenden Gelenkflächen derselben Reihe. Es sind stets straffe Gelenke, die nur eine stark eingeschränkte Bewegungsfreiheit zulassen.

Das **Vorderfußwurzel-Mittelfuß-Gelenk (Articulatio carpometacarpea)** ist ebenfalls ein zusammengesetztes Gelenk mit **straffen Gelenkverbindungen** und extrem eng anliegenden Gelenkkapseln.

Der **Bandapparat** des Karpalgelenks besteht, unterstützt durch Faszienverstärkungen, aus einer Vielzahl von Einzelbändern (Abb. 3-42, 43, 44 u. 45).

Diese lassen unterscheiden:

- **lange laterale und mediale Seitenbänder** (Ligg. collateralia carpi), die vom Unterarm zum Mittelfuß ziehen und
- **kurze Bänder,** die entweder zwei Knochen einer Reihe oder Knochen benachbarter Reihen verbinden.

Als Verstärkung des Stratum fibrosum der Gelenkkapsel tritt auf der Streckseite des Karpus das **Retinaculum extensorum** auf, in das die Strecksehnen eingeschlossen sind. Auf der Beugeseite des Karpalgelenkes ist als Halteband das **Retinaculum flexorum** entwickelt, das flächenhaft verbreitert den Canalis carpi überspannt und Beugesehnen, Nerven und Gefäße aufnimmt. Das Retinaculum flexorum zieht schräg vom freien Ende des Os carpi accessorium zur medialen Seite des Karpus und setzt sich distal in die Mittelfußfaszie fort.

Die **langen Seitenbänder** überbrücken lateral und medial alle drei Etagen des Karpalgelenks. Das **laterale Seitenband (Lig. collaterale carpi laterale)** entspringt am Proc. styloideus lat. ulnae, nimmt mit je einem tiefen Schenkel Kontakt auf zum Os carpi ulnare und zum Os carpale quartum und endet am seitlichen Metakarpalknochen.

Das **mediale Seitenband (Lig. collaterale carpi mediale)** ist stärker ausgeprägt, es entspringt am Proc. styloideus med. und inseriert am proximalen Ende des medialen Mittelfußknochens, nach Verbindung zum Os carpale II.

Den Fleischfressern fehlen die langen Seitenbänder über drei Gelenketagen, bei diesen ist nur der erste Gelenkspalt überbrückt.

Die **kurzen Seitenbänder** lassen grundsätzlich **Längs-** und **Querbänder** unterscheiden (Abb. 3-43). Längsbänder überbrücken nur einen Gelenkspalt, Querbänder verbinden Knochen innerhalb einer Reihe. Die detaillierte Behandlung der kurzen Bänder im einzelnen muß Spezialwerken vorbehalten bleiben. Dennoch sollte hier das Prinzip des Band-

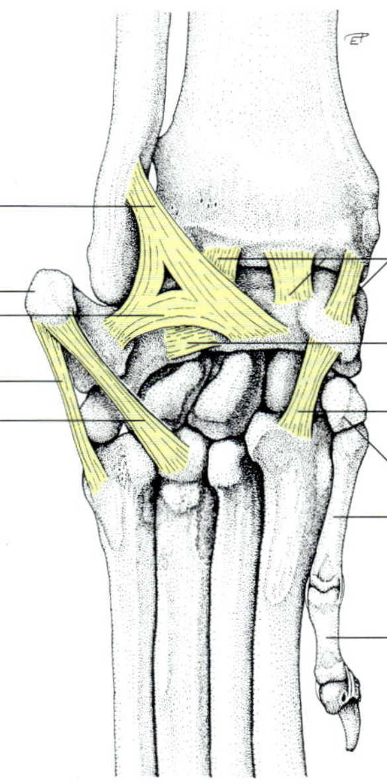

Abb. 3-45. Schematische Darstellung der Bänder des linken Vorderfußwurzelgelenks eines Hundes (Palmaransicht), nach Ghetie, 1954.

apparates am Karpalgelenk angesprochen werden. Grundsätzlich treten kurze Bänder auf, die

- die **Gelenketagen** auf der **Dorsal-** bzw. auf der **Palmarseite** überspannen,
- die **Karpalknochen innerhalb einer Reihe** verbinden
- und **Haltebänder des Os carpi accessorium,** die lateral und medial entwickelt sind und jeweils als Einzelband proximal zur Ulna, in der Mitte zum Os carpi ulnare und Os carpale quartum und distal zum Os metacarpale IV und V ziehen.

Die Artikulationsflächen der Einzelknochen innerhalb und zwischen den drei Gelenketagen sowie die Anordnung der langen bzw. kurzen Bänder machen deutlich, daß diese in ihrer Gesamtheit die Bewegungsfreiheit des Karpalgelenks bestimmen. Auf die eingeschränkte Beweglichkeit bei den Huftieren wurde bereits eingegangen. Bei Fleischfressern ist diese durch einen Streck-Beuge-Umfang von bis zu 195° gekennzeichnet, bei einem Abduktions-Adduktions-Winkel von bis zu 30°.

Die **Funktion** des Karpalgelenks ist, vorzugsweise unter Beteiligung der ersten und zweiten Gelenkreihe, in einer Streck- und Beugebewegung zu sehen, die bei maximaler Streckung des Unterarms zusammen mit der Mittelhand eine Gerade entstehen läßt. Bei extremer Beugung kann der Mittelfuß bis nahe zum Unterarm geführt werden. Zusätzlich sind eingeschränkt Dreh- und Seitwärtsbewegungen möglich, die auf die geringgradige Verschiebbarkeit einzelner Knochen zueinander zurückzuführen sind. Das funktionelle Zusammenspiel der zahlreichen Einzelknochen bewirkt darüber hinaus unter Beteiligung der meist straffen Bänder distaler Verbindungen ein hohes Maß an Stoß- und Federdämpfung des gesamten Gelenks.

- **Punktionsstellen am Karpalgelenk:**

- **Articulatio antebrachiocarpea und mediocarpea** sowie **Articulationes intercarpeae und carpometacarpeae.**
- **Hund und Katze:** Art. antebrachiocarpea und mediocarpea: Das Tier wird auf die Seite gelegt und das Gelenk im 90° Winkel gebeugt. Die Kanüle wird von dorsolateral in die proximale Gelenkaussackung zwischen der Endsehne des M. extensor digitorum communis und des M extensor carpi radialis in Höhe des Gelenkspalts eingestochen. Eigene Punktionsstellen für das karpometakarpale Gelenk sind unnötig, da dieses mit dem mediokarpalen Gelenk kommuniziert.
- **Schwein:** Das Schwein wird auf die Seite gelegt und das Gelenk gebeugt. Um das antebrachiokarpale Gelenk zu injizieren wird die Kanüle in die dorsale Gelenkaussackung der Gelenkskapsel lateral des M. extensor carpi radialis in horizontaler und palmarer Richtung eingestochen. Das mediokarpale und karpometakarpale Gelenk wird dorsal des medialen Lig. collaterale im tastbaren Gelenkspalt punktiert.
- **Rind:** Eine 4 cm lange Kanüle wird auf der dorsolateralen Seite zwischen dem lateralen Lig. collaterale und dem M. extensor carpi radialis in den gebeugten Karpus eingestochen. Die Kanüle wird horizontal vorgeschoben.
- **Pferd:** Art. antebrachiocarpea und mediocarpea: Der Karpus wird gebeugt und das Gelenk mit einer 3 cm langen Kanüle punktiert. Dabei wird die Kanüle horizontal in die tastbaren Mulden zwischen der Endsehne des M. extensor carpi radialis und der des M. extensor digitorum communis von dorsal auf Höhe der Artikulation eingestochen. Eigene Punktionsstellen für das karpometakarpale Gelenk sind wegen der Verbindung zum mediokarpalen Gelenk unnötig.

Verbindungen der Metakarpalknochen miteinander (Articulationes intermetacarpeae)

Die **Mittelhandknochen (Ossa metacarpalia)** sind allein bei Fleischfressern und beim Schwein noch gelenkig verbunden und beweglich. Demgegenüber besteht bei den Wiederkäuern zwischen den verwachsenen Metacarpalia III und IV keine Beweglichkeit. Beim Pferd ist nur noch eine stark eingeschränkte Beweglichkeit zwischen dem Hauptmittelfußknochen III und den ihm anliegenden Griffelbeinen II und IV möglich. Schmale Articulationes intermetacarpeae bilden hierfür die Grundlagen, Ligg. metacarpeae verbinden die einzelnen Metakarpalknochen.

Verbindungen der Zehen

An jeder Zehe sind grundsätzlich **drei Gelenke** ausgebildet, die entsprechend der Anzahl der Strahlen stets in der Mehrzahl auftreten. Man unterscheidet:

- **Zehengrundgelenke** (Articulationes metacarpophalangeae),
- **Zehenmittelgelenke** (Articulationes interphalangeae prox. manus) und
- **Zehenendgelenke** (Articulationes interphalangeae dist. manus).

Die **Zehengrundgelenke** stellen ihrer Form nach **Scharniergelenke** dar, sie wirken als Wechselgelenke und weisen dorsal und palmar Ausbuchtungen ihrer Gelenkkapseln auf **(Recessus dorsales** und **Recessus palmares)** (Abb. 3-46). Der Bandapparat dieser Gelenke besteht aus Seitenbändern sowie bei Haussäugetieren mit mehreren Zehen aus Zwischenzehenbändern sowie aus mittleren und distalen Haltebändern der Sesambeine.

Die Funktion proximaler Haltebänder der palmaren Sesambeine übernehmen bei Fleischfressern und Schwein die Mm. interossei, bei Wiederkäuern und Pferd der rein sehnige M. interosseus medius.

Die **Zehenmittelgelenke** sind aufgrund ihrer kongruenten Gelenkflächen **Sattelgelenke** mit bevorzugter Streck-Beuge-Winkelung bei schwacher Seitwärtsbeweglichkeit (Abb. 3-46). Die Gelenkhöhlen weisen dorsale und palmare Ausbuchtungen auf, als Bandapparat sind Seitenbänder (Pferd) und an den Hauptzehen auch palmare Bänder (Schwein und Wiederkäuer) vorhanden.

Die **Zehenendgelenke** sind **Sattelgelenke** mit ausgeprägter Streck- und Beugewinkelung bei eingeschränkten seitlichen Bewegungsmöglichkeiten (Abb. 3-46). Die Gelenkkapseln stülpen sich dorsal und palmar vor; Seitenbänder, Haltebänder der Sesambeine und beim Pferd Haltebänder für die Hufknorpel vervollständigen den Gelenkmechanismus.

Zehengelenke der Fleischfresser

Zehengrundgelenke (Articulationes metacarpophalangeae)

Das Zehengrundgelenk ist an jeder der fünf Zehen ausgebildet, es artikulieren jeweils die Trochlea des distalen Endes des Os metacarpale mit der Facies articularis der Phalanx prox. zusammen mit den beiden palmar anliegenden Sesambeinen.

Die **Zehengrundgelenke** der 2. bis 5. Zehe sind Wechselgelenke, die auch Adduktions- und Abduktionsbewegungen zulassen. Aus einer übermäßigen Dorsalbeugung heraus können Beugungen des Gelenks bis zu 20° erfolgen. Das 1. Zehengrundgelenk wirkt als Schraubengelenk.

Die **Gelenkkapsel** eines jeden Zehengrundgelenks ist weiträumig. Der Rec. dors. wird in seiner Wand knorpelig verstärkt. Dem palmaren Recessus liegen die Mm. interossei an, seine Kapselwand schließt die beiden Sesambeine ein. Der **Bandapparat** besteht aus den:

- **Seitenbändern (Ligg. collateralia mediale** und **laterale)** zwischen dem distalen Metakarpus und der Phalanx prox. und
- **Sesambeinbändern,** die sich, ihrer Lage nach, unterteilen in:
  - **proximale Bänder,** ersatzweise durch die Mm. interossei,
  - **mittlere Bänder** als feste Querbänder zwischen beiden Sesambeinen **(Ligg. palmaria)** und deren seitliche Anheftungen **(Ligg. seamoidea collateralia)** am Metakarpus bzw. an der Phalanx prox. und
  - **distale Bänder,** die als kurze und als gekreuzte Bänder **(Ligg. sesamoidea brevia bzw. cruciata)** die Sesambeine mit der Phalanx proximalis verbinden.

Zehenmittelgelenke (Articulationes interphalangeae proximales manus)

Die Zehenmittelgelenke sind nur an der 2. bis 5. Zehe ausgebildet, es artikulieren die Gelenkwalzen der Phalanx prox. mit den Gelenkgruben der Phalanx media. Es sind Sattelgelenke, die eine Beugung von bis zu 60° und eine Streckung von bis zu 90° ermöglichen. Die Gelenkkapsel weist dorsal und palmar Aussackungen auf, dorsal stets knorpelig verstärkt. Der Bandapparat beschränkt sich jeweils auf ein **mediales** bzw. **laterales Seitenband (Lig. collaterale mediale** bzw. **laterale).**

Zehenendgelenke (Articulationes interphalangeae distales manus, Krallengelenke)

Die Zehenend- oder Krallengelenke sind an der 1. bis 5. Zehe als Sattelgelenke zwischen der Trochlea der Phalanx media und der Gelenkgrube der Phalanx dist. ausgebildet. Beim Hund sind die Krallen stets sichtbar. Bei der Katze liegen im Stand unter maximaler Dorsalbeugung die Krallenbeine der 2. bis 5. Kralle den Metakarpalknochen an, die Krallen sind in Hauttaschen zurückgezogen. Die Gelenkkapsel der jeweiligen Einzelgelenke weist Recc. dorsales und Recc. palmares als Ausstülpungen auf, deren palmare Wand durch einen bindegewebigen Sesambeinknorpel flächenhaft verstärkt ist.

Der **Bandapparat** wird zum einen von medialen und lateralen Seitenbändern (Ligg. collateralia med. und lat.) gebildet, zum anderen aber auch von elastischen Dorsalbändern.

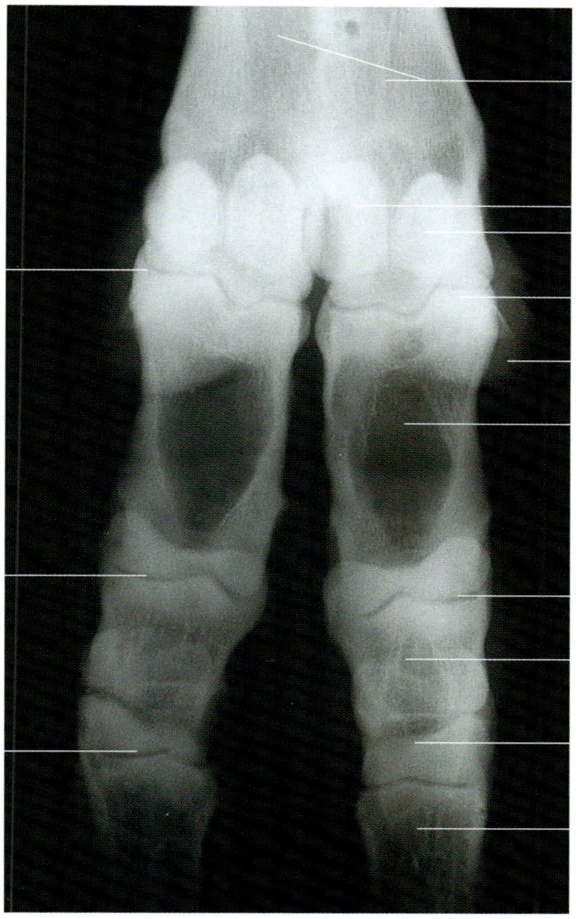

Abb. 3-46. Zehengelenke eines Rindes (Dorsopalmarer Strahlengang) (Röntgenbild), Aufnahme Dr. Sabine Breit, Wien.

Beim Hund treten paarig Ligg. dorsalia longa zwischen der Phalanx media und der Seitenfläche des Krallenbeins auf. Bei der Katze werden diese zusätzlich durch ein unpaares Lig. dors. breve unterstützt, das von der Seitenfläche der Mittelphalanx zum Proc. extensorius des Krallenbeins zieht.

Von funktioneller Bedeutung ist dabei, daß bei der Katze durch Kontraktion des tiefen Zehenbeugers unter Dehnung der Bänder eine **Beugung des Krallengelenks** und damit ein **Ausfahren der Kralle** erfolgt. Der Bewegungsablauf dieser Gelenkbeugung verläuft dabei spiralförmig, ein Hinweis darauf, daß gerade die Vorderpfote der Katze hervorragend für den Beutefang ausgebildet ist.

Zehenspannbänder

In Höhe der proximalen Sesambeine der Zehengrundgelenke umgreifen an der 2. bis 5. Zehe Ringbänder (Ligg. anularia palmaria) die oberflächlichen und tiefen Beugesehnen. An diesen Ringbändern inserieren **querverlaufend tiefe Spannbänder (Ligg. metacarpeae transversae profundae),** die die einzelnen Zehen untereinander verbinden. Ein mittlerer Faserzug setzt sich distal als Aufhängeband des Sohlenkörpers bis in den Ballenkörper fort.Die tiefen Spannbänder werden durch das **oberflächliche Zehenspannband (Lig. metacarpeum transversum superficiale)** ergänzt, das sich als rundlicher Querstrang zwischen dem distalen Ende des 2. bis 5. Metakarpus erstreckt.

Zehengelenke der Wiederkäuer

Zehengrundgelenke (Articulationes metacarpophalangeae)

In den Zehengrundgelenken artikulieren die selbständigen distalen Enden der Hauptmittelfußknochen (Os metacarpale III und IV) in Form einer Trochlea mit der Facies articularis des Fesselbeins und den palmar anliegenden beiden Sesambeinen (Abb. 3-46). Die beiden Zehengrundgelenke sind **Scharniergelenke** und wirken als **Wechselgelenke.**

Gelenkkapseln umfassen als eigenständige Hohlräume jeweils ein Gelenk, dabei verschmelzen axial anliegende Kapselwände miteinander. Auf der palmaren Gelenkseite stehen die beidseitigen Gelenkhöhlen proximal des Interdigitalschenkels des M. interosseus in Verbindung.

Die **Gelenkkapseln** bilden dorsale und palmare Ausbuchtungen, nämlich die:

- **Recessus dorsales;**
  diese überragen proximal das Fesselgelenk um ca. 5 cm, sie werden überlagert von der lateralen und der medialen Endsehne des gemeinsamen Zehenstreckers (M. extensor digitorum communis) und der Sehne des seitlichen Zehenstreckers (M. extensor digitorum lateralis). In Höhe der Endsehnen ist die Kapselwand knorpelig verstärkt und jeweils mit einem Schleimbeutel versehen, die Endsehnen werden ihrerseits von einer Sehnenscheide umhüllt.
- **Recessus palmares;**
  diese reichen, unter dem M. interosseus und den Endsehnen der oberflächlichen und tiefen Beugesehnen liegend,

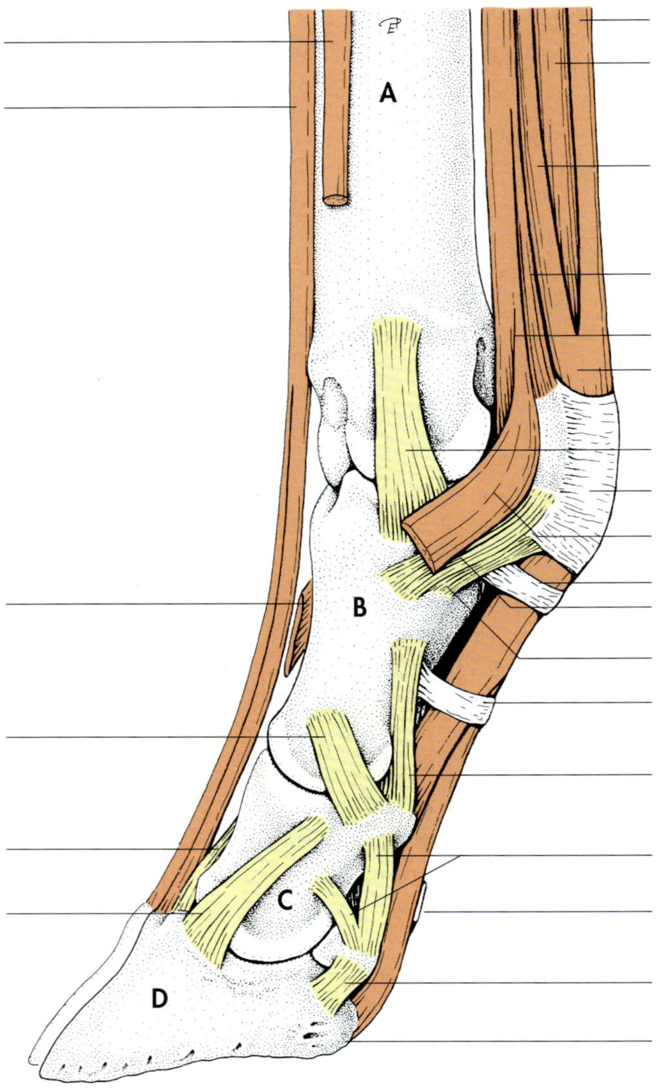

Abb. 3-47. Schematische Darstellung der Bänder und Sehnen der lateralen Zehe des linken Vorderfußes des Rindes (Lateralansicht) (**A** Metakarpus, **B** Fesselbein, **C** Kronbein, **D** Klauenbein) nach Ellenberger u. Baum, 1943.

bis zu 8 cm proximal. Die beiden Beugesehnen ihrerseits sind von einer gemeinsamen Sehnenscheide umgeben, die der Gelenkkapsel anliegt.

- **Punktionsstellen der Gelenke:**
Die Gelenkhöhlen des Fesselgelenks können, da miteinander verbunden, über die dorsale Ausbuchtung von medial oder lateral einen Fingerbreit oberhalb des Gelenks am Rand der medialen oder lateralen Strecksehne unter horizontalem Einstich injiziert werden. Ebenso kann die Injektion in die palmare Ausbuchtung von medial bzw. lateral zwischen den Mittelfußknochen und den Seitensträngen des M. interosseus zwei Fingerbreit oberhalb des Gelenks mit horizontalem Einstich erfolgen.

Am **Bandapparat des Fesselgelenks** (Abb. 3-48 u. 49) unterscheidet man:

- das **proximale Zwischenzehenband (Lig. interdigitale proximale),** das die Fesselbeine und die axial gelegenen Sesambeine verbindet,
- die **axialen** und **abaxialen Seitenbänder (Ligg. collateralia)** an jedem Fesselgelenk und
- **proximale, mittlere** und **distale Sesambeinbänder.**

Der **Halteapparat der Sesambeine** wird in seinen proximalen, teilweise auch im distalen Abschnitt allein von den sehnigen Anteilen des **M. interosseus medius** gebildet. Der M. interosseus medius liegt palmar und entspringt distal an den Karpalknochen und den Karpalbändern und liegt dem Metakarpus bis zum distalen Drittel auf (Abb. 3-47, 48 u. 49).

Der **M. interosseus** teilt sich in:

- eine Mittelplatte,
- zwei Seitenstränge und
- eine Verbindungsplatte.

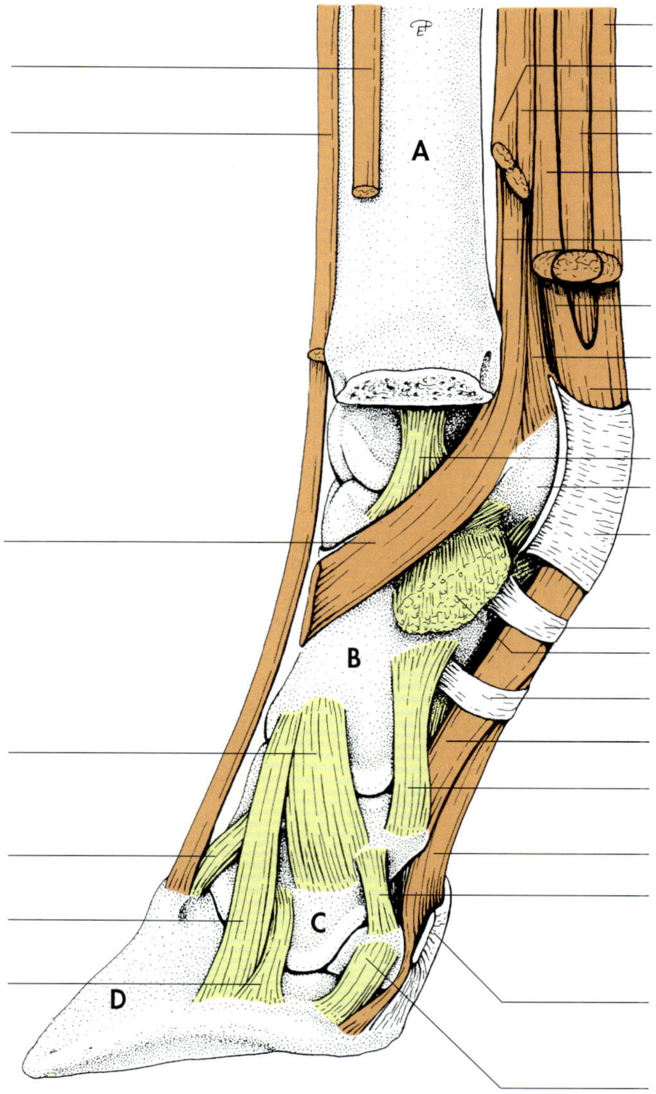

Abb. 3-48. Schematische Darstellung der Bänder und Sehnen der medialen Zehe des linken Vorderfußes des Rindes (Axialansicht) (**A** Metakarpus, **B** Fesselbein, **C** Kronbein, **D** Klauenbein), nach Ellenberger u. Baum, 1943.

Die **Mittelplatte** entläßt ihrerseits zwei Seitenschenkel an die beiden axialen Sesambeine und je einen Interdigitalschenkel zu jeder Zehe. Der Interdigitalschenkel inseriert an der 3. Zehe mit der medialen Sehne des gemeinsamen Zehenstreckers, an der 4. Zehe mit der des seitlichen Zehenstreckers. Die letzten beiden Sehnen werden als besondere Zehenstrecker bezeichnet.

Die **beiden Seitenstränge** inserieren an den abaxialen Sesambeinen, an denen ein tiefer Schenkel endet. Ein oberflächlicher Schenkel zieht distal und vereinigt sich abaxial mit den gleichen Sehnen, mit denen der Interdigitalschenkel verschmilzt.

Die **Verbindungsplatte** zieht zur Sehne des oberflächlichen Zehenbeugers und spaltet sich dabei in einen medialen und einen lateralen Schenkel. Sie bildet mit dem oberflächlichen Zehenbeuger eine **Manschette,** durch die die Sehne des tiefen Zehenbeugers hindurchzieht.

Die **mittleren Sesambeinbänder** (Abb. 3-48 u. 49) sind:

- **Lig. palmare mediale** bzw. **laterale,**
  das die Sesambeinpaare der 3. bzw. 4. Zehe miteinander verbindet,
- **Lig. intersesamoideum interdigitale,** es verbindet die beiden axialen Sesambeine,
- **Ligg. sesamoidea collateralia,** diese befestigen das abaxiale Sesambein der 3. und 4. Zehe vorzugsweise mit dem Fesselbein.

Die **distalen Sesambeinbänder** (Abb. 3-49) sind:

- **Ligg. sesamoidea cruciata,**
  sie entspringen an der Basis der beiden Sesambeine und ziehen sich kreuzend an den Seitenrand des dazugehörigen Fesselbeins,
- **Lig. phalangosesamoideum interdigitale,**
  es zieht von der Basis eines axialen Gleichbeins an das Fesselbein der anderen Zehe,

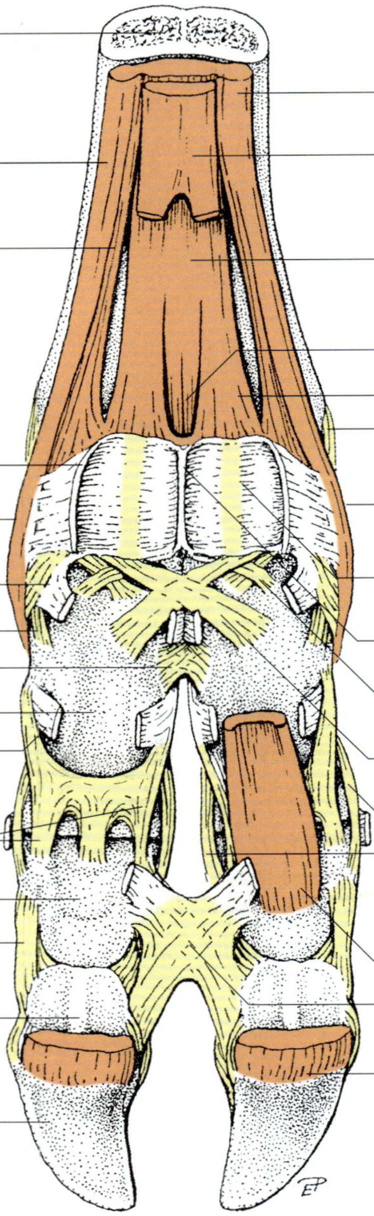

Abb. 3-49. Schematische Darstellung der Bänder und Sehnen der Zehen des linken Vorderfußes des Rindes (Palmaransicht), nach Ellenberger u. Baum, 1943.

- **Lig. sesamoideum obliquum,**
  es verankert distal die abaxialen Sesambeine am Fesselbein.

Der **proximale Anteil des M. interosseus medius** übernimmt die Aufgabe proximaler Haltebänder der Sesambeine.

Zehenmittelgelenke (Articulationes interphalangeae proximales manus, Krongelenke)

Das Zehenmittelgelenk wirkt als **Sattelgelenk,** die knöcherne Grundlage bilden die Trochlea des Fesselbeins und die Facies articularis des Kronbeins. An den Gelenkkapseln sind Ausbuchtungen entwickelt, nämlich die:

- **Recessus dorsales,** die an der Dorsalfläche von den Endsehnen der beiden Zehenstrecker überlagert und eingebuchtet werden und zur Interdigitalfläche proximal und distal gerichtete Aussackungen entlassen. Ferner sind an den abaxialen Flächen Vorwölbungen ausgebildet, die proximal bis über die Mitte des Fesselbeins ziehen und den gemeinsamen Sehnenscheiden der Zehenbeuger anliegen, und
- **Recessus palmares,** die schwach entwickelt von den Beugesehnen überlagert werden.

Als **Bandapparat** dienen je Zehe axiale und abaxiale Seitenbänder (Ligg. collateralia), die dorsal noch von einem axialen gemeinsamen Seitenband des Kron- und Klauengelenks unterstützt werden. Als Palmarbänder (Ligg. palmaria) fungieren ein rein palmar gelegenes sowie je ein axiales und ein abaxiales Band (Abb. 3-49).

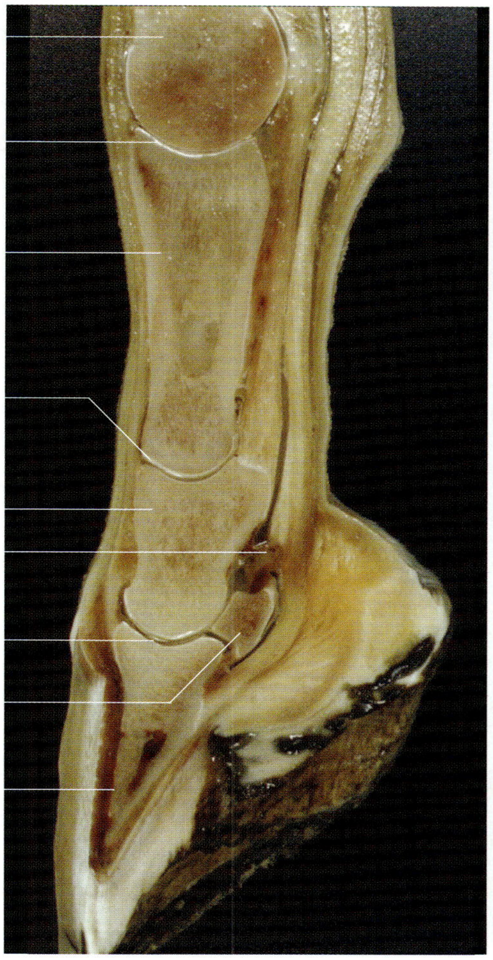

Abb. 3-50. Zehe eines Pferdes (Sagittalschnitt) (plastiniertes Präparat).

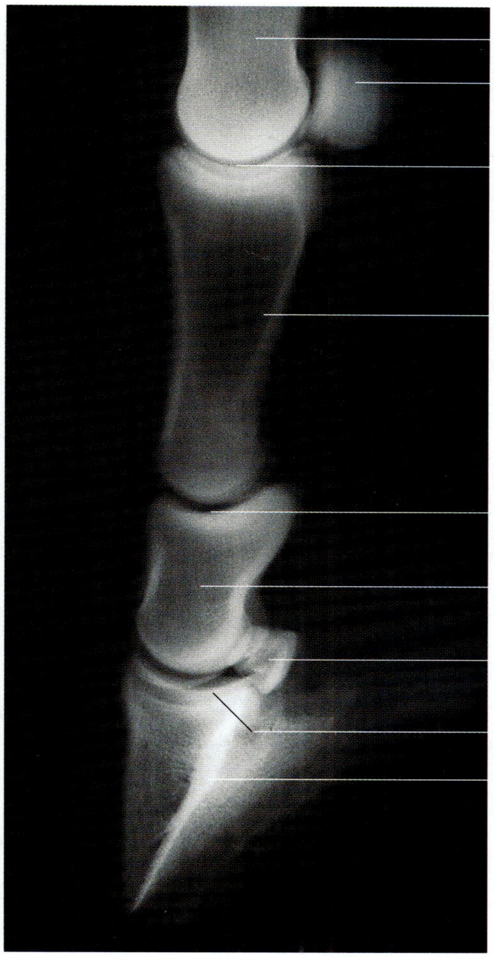

Abb. 3-51. Zehe eines Pferdes (lateromedialer Strahlengang) (Röntgenbild), Aufnahme Dr. Sabine Breit, Wien.

Beugesehnenhaltebänder an der Zehe

Diese Bänder sind Verstärkungen der Zehenfaszie und umfassen palmar die Beugesehnen, jeweils an den Seitenrändern der Fesselbeine inserierend (Abb. 3-47, 48 u. 49). Man unterscheidet:

- **Fesselringband (Lig. anulare palmare),**
- proximales und distales **Ringband an der Fessel (Lig. anulare digiti),**
- **distales Zwischenzehenband (Lig. interdigitale distale).**

Zehenendgelenke (Articulationes interphalangeae distales manus, Klauengelenke)

Im Zehenendgelenk artikuliert die Trochlea des Kronbeins mit dem Klauenbein. Palmar schließt sich das distale Sesambein an, es wirkt als **Sattelgelenk,** die Gelenkkapsel bildet dorsale und palmare Ausbuchtungen. Man unterscheidet die:

- **Recessus dorsales,** die, überlagert von den Endsehnen des gemeinsamen Zehenstreckers, proximal sich fingerbreit über den Kronrand des Klauenhornschuhs vorschieben, der Gelenkkapsel des Krongelenks eng anliegend, und
- **Recessus palmares,** die bis zur Mitte des Kronbeins ziehen und von der tiefen Beugesehne überlagert werden.

Als **Bandapparat** (Abb. 3-47 u. 49) dienen:

- das **distale Zwischenzehenband (Lig. interdigitale distale),** das proximal des Klauenspalts die Hauptzehen verbindet; dieses unpaare Band wird durch eine ausgeprägte Hautbrücke unterstützt, die mit einer palmaren Verstärkungsplatte über die tiefe Beugesehne auf die abaxiale Zehenfläche zieht und
- das **elastische Band des Klauengelenks (Lig. dorsale),** das vom distalen axialen Bandhöcker des Kronbeins zum Streckfortsatz des Klauenbeins zieht und
- die **axialen** und **abaxialen Seitenbänder (Ligg. collateralia)** und
- die **Bänder des distalen Sesambeins,** an denen axiale und abaxiale elastische Sesambein-Kronbein-Bänder und Sesambein-Klauenbein-Bänder (Ligg. collateralia) unterschieden werden.

Verbindungen der Afterzehen

Die Afterzehen sind rein bindegewebig durch Faszien, proximal zum Mittelfuß, distal zu den Zehen verbunden. Sie bilden

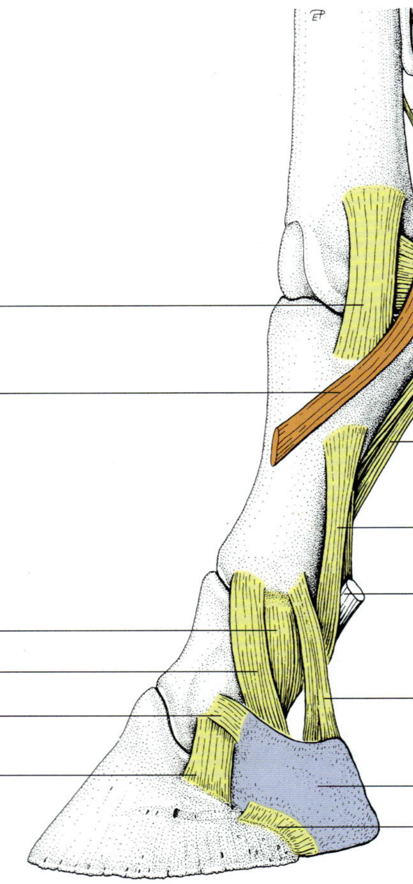

Abb. 3-52. Schematische Darstellung der Bänder der linken Zehengelenke des Pferdes (Lateralansicht), nach Ghetie, 1954.

proximale und distale Haltebänder der Afterzehen aus, die ihrerseits untereinander durch Querbänder in ihrer Lage fixiert werden.

Zehengelenke des Pferdes

Zehengrundgelenk (Articulatio metacarpophalangea, Fesselgelenk)

Das Zehengrundgelenk wird gebildet von der Trochlea des Os metacarpale III und der proximalen Fovea articularis des Fesselbeins zusammen mit den Gelenkflächen der beiden Gleichbeine (Ossa sesamoidea proximalia) (Abb. 3-50 u. 51). Das Fesselgelenk ist damit ein **zusammengesetztes Gelenk,** funktionell ein **vollkommenes Scharniergelenk,** das vorzugsweise nur in der Beugestellung bewegt werden kann, Seitwärtsbewegungen sind eingeschränkt.

Die **Gelenkkapsel** buchtet sich dorsal und palmar aus (Abb. 3-54 u. 55), man unterscheidet den:

- **Recessus dorsalis,** der, überlagert von einem Schleimbeutel und der gemeinsamen Strecksehne, sich zwei Fingerbreit proximal vorschiebt, und den
- **Recessus palmaris,** der sich etwa 4 bis 5 cm proximal zwischen den Metakarpus und den M. interosseus verlagert.

Als **Bandapparat** (Abb. 3-52 u. 53) sind entwickelt:

- **Seitenbänder (Ligg. collateralia),** die medial und lateral fest der Gelenkkapsel anliegend an der Bandgrube des Os metacarpale III entspringen und am Bandhöcker des Fesselbeins inserieren, und
- **proximale, mittlere** und **distale Haltebänder** der Gleichbeine.

Als **proximale Haltebänder** der Gleichbeine wirken vorrangig die Sehnenstränge des M. interosseus medius, die sich, palmar dem Mittelfußknochen zwischen den Griffelbeinen anliegend, am distalen Ende des Metakarpus in einen medialen und einen lateralen Schenkel teilen, um proximal mit ihren Endschenkeln an den paarigen Gleichbeinen zu inserieren. Ergänzt werden diese Bänder durch das **Lig. metacarpointersesamoideum,** das palmar am distalen Ende des Metakarpus entspringt, distal zieht und sich mit dem **Lig. palmare** zwischen den Sesambeinen flächenhaft verbindet.

Mittlere Haltebänder der Sesambeine sind:

- das **faserknorpelige Lig. palmare,** das die beiden Sesambeine verbindet, sich proximal großflächig ausbreitet und zusammen mit den Sesambeinen den **proximalen Gleitkörper (Scutum proximale)** für die Beugesehnen formt und

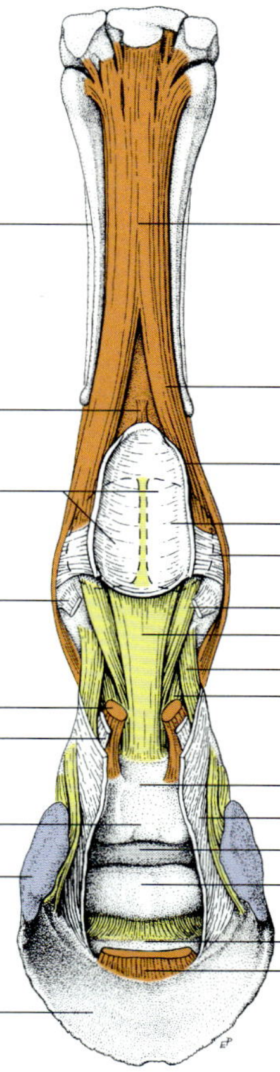

Abb. 3-53. Schematische Darstellung der Bänder der linken Zehengelenke des Pferdes (Palmaransicht), nach Ellenberger u. Baum, 1943.

- die **medialen** und **lateralen Seitenbänder (Ligg. collateralia),** die die Gleichbeine mit dem Metakarpus bzw. dem Fesselbein verbinden.

Distale Haltebänder der Sesambeine sind mehrfach ausgebildet. Man unterscheidet das kräftige **gerade Sesambeinband (Lig. sesamoideum rectum),** das zweigeteilt mit einem stärkeren Schenkel von der Basis der Sesambeine zur Kronbeinlehne und mit einem schwächer entwickelten zur Spitze des Fesselbeindreiecks zieht. **Schiefe Sesambeinbänder (Ligg. sesamoidea obliqua)** liegen diesen beidseitig an, sind ebenfalls kräftig und inserieren an der Fesselbeinleiste. Schwache **gekreuzte Sesambeinbänder (Ligg. sesamoidea cruciata)** sind von den genannten distalen Bändern bedeckt, diese entspringen an der Basis eines Sesambeins und ziehen, sich kreuzend, zum Bandhöcker der entgegengesetzten Seite des Fesselbeins. Zusätzlich ziehen **kurze Sesambeinbänder (Ligg. sesamoidea brevia)** zum Rand des Fesselbeins und die distalen Verbindungsschenkel des M. interosseus zur gemeinsamen Strecksehne auf der Dorsalfläche des Fesselbeins als distale Sesambeinbänder.

Das **Fesselgelenk** wird in seiner Funktion durch einen **Trageapparat** unterstützt. Dieser wirkt als eine Spannbandeinrichtung und dient der passiven Fixation des Gelenks.

Der **Fesseltrageapparat** setzt sich zusammen aus:

- proximal dem **sehnigen Mittelabschnitt** des **M. interosseus medius (Fesselträger),**
- in der Mitte dem **Lig. palmare** als Verbindungsband zwischen den beiden Gleichbeinen sowie
- distal den **geraden** und **schiefen Sesambeinbändern** und den Verbindungsschenkeln des **M. interosseus medius** zur gemeinsamen Strecksehne.

Für den M. interosseus medius wird auch der Ausdruck Fesselträger verwendet.

- Die Möglichkeit der **Punktion des Fesselgelenks** besteht in halber Höhe zwischen dem Griffelbeinknöpfchen und den Sesambeinen medial und lateral.

Zehenmittelgelenk (Articulatio interphalangea proximalis manus, Krongelenk)

Das Zehenmittelgelenk ist ein **Sattelgelenk,** das als **einfaches, unvollkommenes Wechselgelenk** bei geringer Beuge- bzw. Streckwinkelung und eingeschränkter Dreh- und Seitwärtsbewegung funktioniert. Es artikuliert die Trochlea des Fesselbeins mit der Kronbeingrube.

Die **Gelenkkapsel** verbindet sich mit der Strecksehne, zusätzlich mit den beiden Seitenbändern und dem geraden

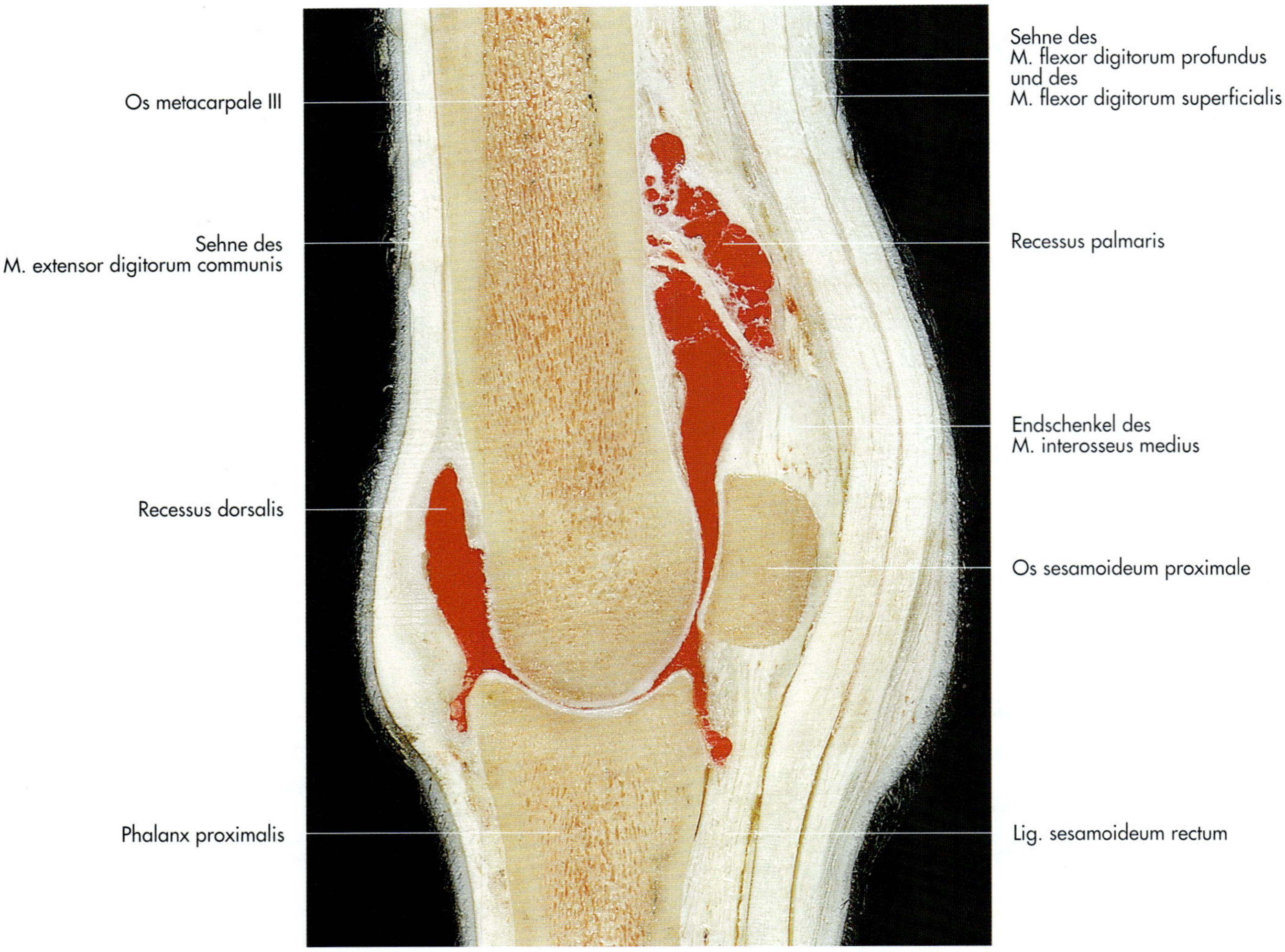

Abb. 3-54. Sagittalschnitt durch das Fesselgelenk eines Pferdes (Ausgußpräparat), Präparat Dr. Astrid Stiglhuber, Wien.

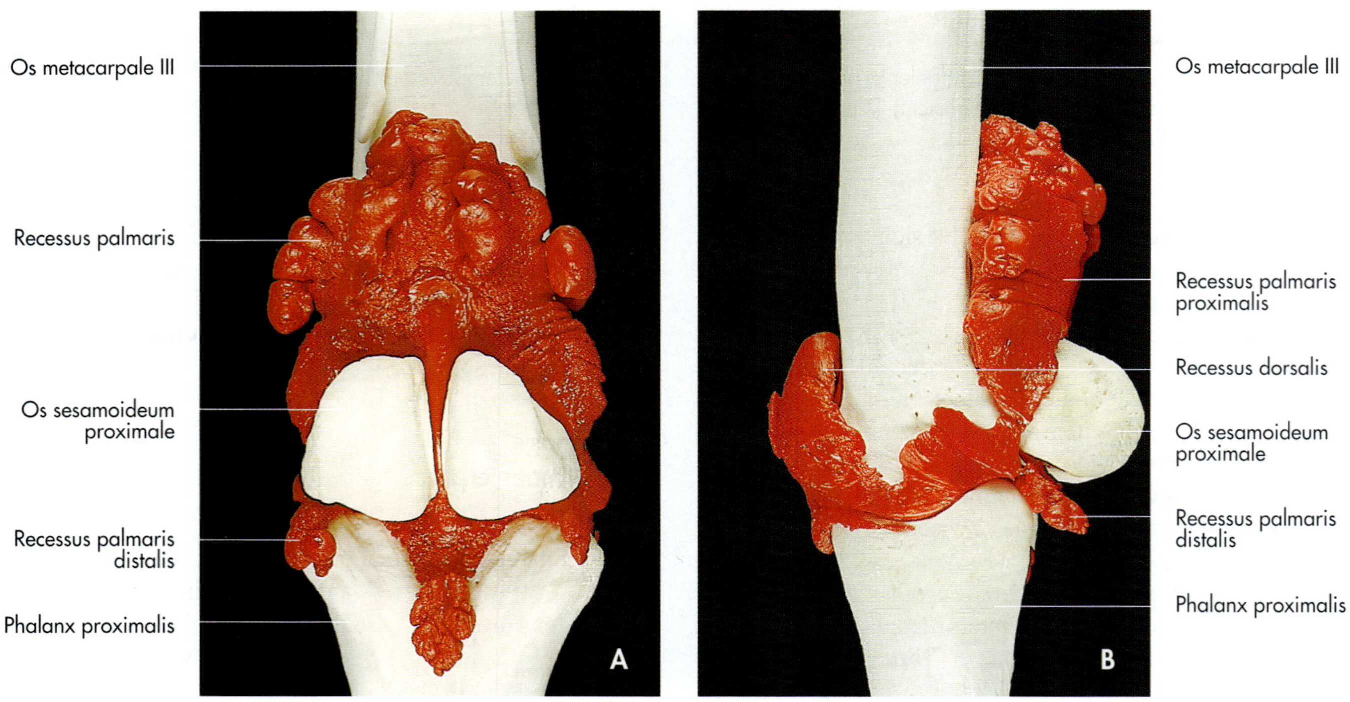

Abb. 3-55. Gelenksack des Fesselgelenks eines Pferdes (**A** Palmar- und **B** Lateralansicht) (Ausgußpräparat), Präparat Dr. Astrid Stiglhuber, Wien.

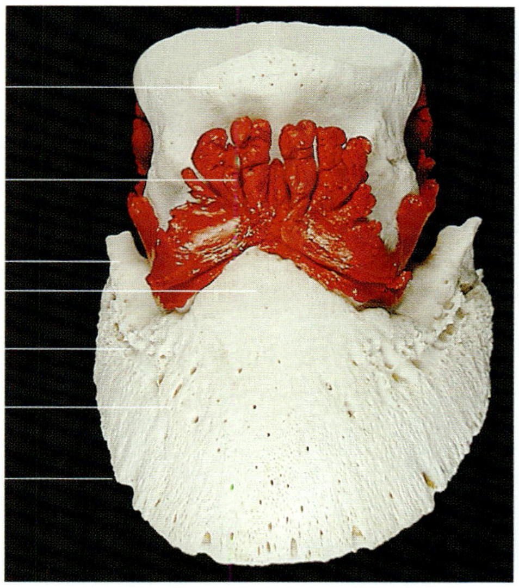

Abb. 3-56. Gelenksack des Zehenendgelenks eines Pferdes (Dosalansicht) (Ausgußpräparat), Präparat Dr. Sabine Breit, Wien.

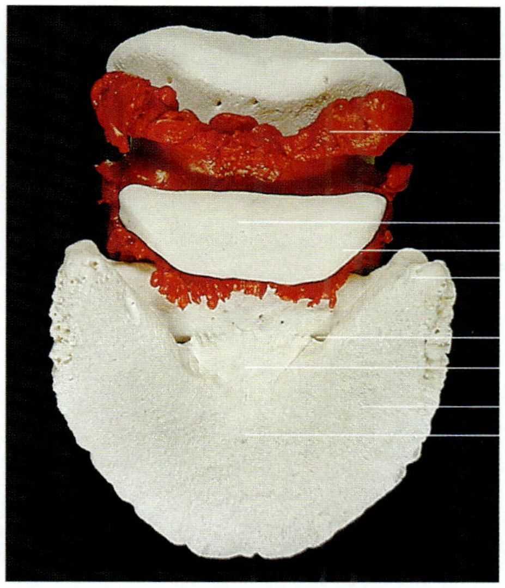

Abb. 3-57. Gelenksack des Zehenendgelenks eines Pferdes (Palmaransicht) (Ausgußpräparat), Präparat Dr. Sabine Breit, Wien.

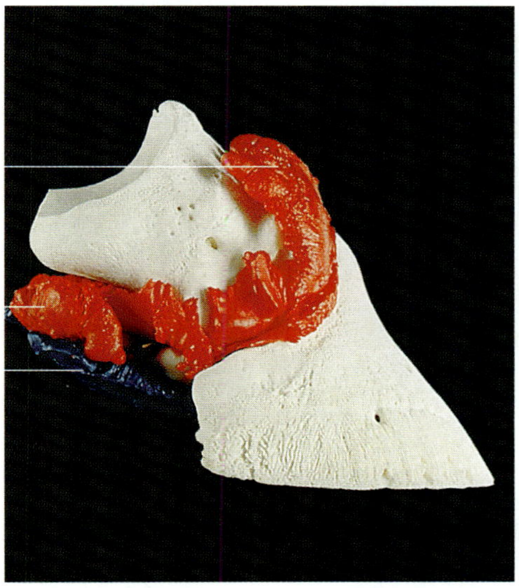

Abb. 3-58. Gelenksack (rot) des Zehenendgelenks und Bursa podotrochlearis (blau) eines Pferdes (Lateralansicht) (Ausgußpräparat), Präparat Dr. Sabine Breit, Wien.

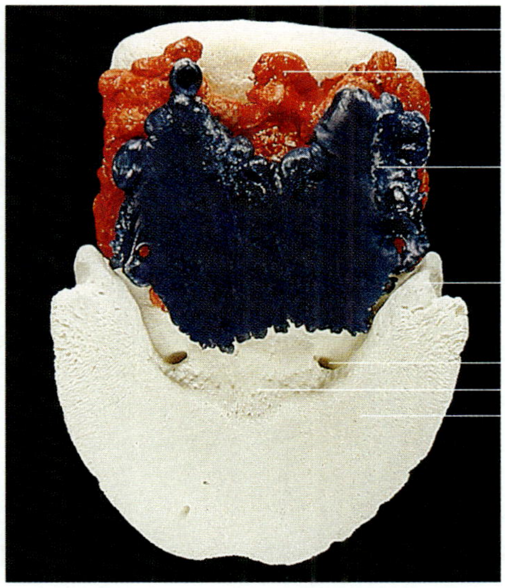

Abb. 3-59. Gelenksack (rot) des Zehenendgelenks und Bursa podotrochlearis (blau) eines Pferdes (Palmaransicht) (Ausgußpräparat), Präparat Dr. Sabine Breit, Wien.

Sesambeinband. Die Gelenkhöhle stülpt sich dorsal aus (Rec. dors.), liegt unter der gemeinsamen Strecksehne und reicht proximal.

- Eine **Punktion** in die Gelenkhöhle des Krongelenks ist etwa daumenbreit des lateralen oder medialen Bandhöckers am distalen Fesselbeinende, fingerbreit von der Medianen am Seitenrand des gemeinsamen Zehenstreckers bei schräg distaler Einstichsrichtung möglich.

Als **Bandapparat** dienen **mediale** und **laterale Seitenbänder (Ligamenta collateralia)** zwischen dem Fesselbein und dem Kronbein (Abb. 3-52 u. 53). Von besonderer funktioneller Bedeutung sind die palmaren **Krongelenkbänder (Ligamenta palmaria).** Man unterscheidet zwei **mittlere (axiale)** und zwei **seitliche (abaxiale) Bänder.** Die mittleren Palmarbänder liegen an der Kronbeinlehne neben dem geraden Sesambeinband und inserieren an der Fesselbeinleiste. **Seitliche Palmarbänder** entspringen ebenfalls der Kronbeinlehne, inserieren aber proximal der Seitenrandmitte des Fesselbeins. Die mittleren Bänder formen zusammen mit dem geraden Sesambeinband und der Kronbeinlehne, beide überknorpelt, den **mittleren Gleitkörper (Scutum medium)** für die tiefe Beugesehne.

Zehenendgelenk
(Articulatio interphalangea distalis manus, Hufgelenk)

Das Zehenendgelenk ist ein **zusammengesetztes, unvollkommenes Sattelgelenk,** das als **Wechselgelenk** funktioniert. Es artikulieren die Trochlea des Kronbeins mit den Gelenkgruben des Hufbeins und das Strahlbein. Vorzugsweise kann dieses Gelenk gebeugt bzw. gestreckt werden, doch sind auch Dreh- und Seitwärtsbewegungen möglich. Die **Gelenkkapsel** besitzt zwei Ausbuchtungen (Abb. 3-56, 57 u. 60), nämlich den:

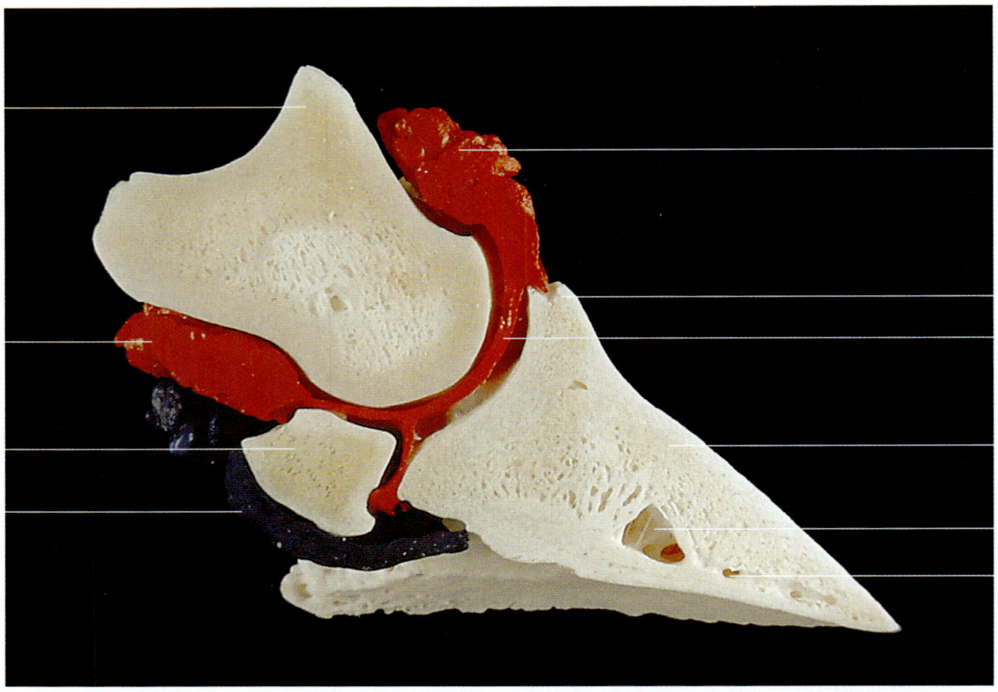

Abb. 3-60. Paramedianschnitt durch das Zehenendgelenk eines Pferdes (Ausgußpräparat), Präparat Dr. Sabine Breit, Wien.

- **Recessus dorsalis,** der sich im Bereich der Hufbeinkappe vorschiebt, und einen
- **Recessus palmaris,** unter der tiefen Beugesehne.
- Die **Punktion** in das Hufgelenk kann in den dorsalen Recessus erfolgen (Abb. 3-60). Hierzu wird bei aufgehobenem Fuß zwei Finger breit proximal des Hornschuhrandes und 2 cm medial bzw. lateral der Medianen durch die Endsehne des gemeinsamen Streckers schräg distomedian injiziert.

Als **Bandapparat** dienen:

- **mediale** und **laterale Seitenbänder (Ligg. collateralia)** zwischen Kron- und Hufbein, die mit der Gelenkkapsel verbunden sind und in den Hufknorpel und in das Hufknorpel-Kronbein-Band einstrahlen,
- **Strahlbeinbänder.**

Strahlbeinbänder ziehen zum einen als **Strahlbein-Hufbein-Band (Lig. sesamoideum distale impar)** vom Margo dist. des Strahlbeins bis zum hinteren Rand der Hufbeingelenkfläche (Abb. 3-53). Zum anderen verbinden die **Fesselbein-Strahlbein-Hufbeinbänder (Ligg. sesamoidea collateralia mediale** und **laterale)** als elastischer Bandapparat die distale Bandgrube des Fesselbeins unter schrägem distopalmarem Faserverlauf mit dem Hufknorpel und nachfolgend das Hufbein und das Strahlbein. Die palmare Fläche des Strahlbeins bildet für die tiefe Beugesehne den **distalen Gleitkörper (Scutum distale),** dieser ist glatt und mit Knorpel überzogen. Zwischen dem Strahlbein und der tiefen Beugesehne liegt ein geräumiger **Schleimbeutel,** die **Bursa podotrochlearis** (Abb. 3-58, 59 u. 60). Ein Stoffaustausch zwischen Hufgelenk und Bursa podotrochlearis durch Diffusion wird nicht ausgeschlossen.

Hufknorpelbänder

Hufknorpelbänder sind vielfältig ausgebildet, ihre funktionelle Anordnung trägt entscheidend mit zum Bewegungsablauf des Fußes bei (Abb. 3-52 u. 53). Die Hufknorpel verbinden sich mit den benachbarten Strukturen. Man unterscheidet:

- **Hufknorpel-Hufbein-Fesselbeinbänder (Ligg. chondrounguIocompedalia),** sie entspringen proximopalmar des Hufknorpels und des Hufbeins und ziehen an das distale Ende des Fesselbeins,
- **Hufknorpel-Kronbeinbänder (Ligg. chondrocoronalia mediale** und **laterale),** sie entspringen am dorsalen Hufknorpelrand und enden am Seitenrand des Kronbeins und am Seitenband des Hufgelenks,
- **Hufknorpel-Hufbeinbänder (Ligg. chondroungularia collaterale mediale** und **laterale),** sie verbinden den distalen Rand des Hufknorpels mit dem Hufbeinast,
- **Hufknorpel-Strahlbeinbänder (Ligg. chondrosesamoidea mediale** und **laterale)**, sie verlaufen zwischen dem Hufknorpel und der jeweiligen Strahlbeinseite,
- **gekreuzte Hufknorpelbänder (Ligg. chondroungularia cruciata)**, sie ziehen von der Axialfäche des Hufknorpels zum hinteren Ende des Hufbeinastes der anderen Seite und
- **Hufknorpel-Hufkissenband (Lig. chondropulvinale)**, es strahlt mit Faserzügen der Axialfläche des Hufknorpels in das Hufkissen ein.

Muskeln der Vorder- oder Schultergliedmaße (Musculi membri thoracici)

Die Vereinfachungen des Gliedmaßenskeletts bei den verschiedenen Haussäugetieren als Folge der phylogenetischen Rückbildungen ziehen auch markante Umstrukturierungen der Bemuskelung der Gliedmaßen (Mm. membrorum) nach sich. Mit zunehmender Spezialisierung von Greif- oder Kletterorganen zu vornehmlich Gliedmaßen, deren Hauptfunktionen zum kraftvollen Vorwärtsbewegen, zum Springen oder Laufen verwendet werden, sind Teile der Extremitäten auffallend reich mit Muskulatur versehen (z. B. Becken- und Oberschenkelmuskulatur). Andere Abschnitte von Extremitäten hingegen, deren Aufgabe im Auffangen oder Abstützen von Bewegungsabläufen liegt, sind zunehmend sehnig durchsetzt. Dies kommt vorzugsweise in den langen Endsehnen der Muskeln zum Ausdruck, die an der Vorder- und an der Hintergliedmaße bis an die Extremitätenenden ziehen.

Die Muskeln der Vorder- oder Schultergliedmaßen lassen sich in die **Schultergürtelmuskulatur** zwischen dem Stamm und der Gliedmaße und die **Schultereigenmuskulatur** untergliedern (Abb. 3-61, 62, 63 u. 64). Letztere wirkt allein zwischen einem oder mehreren Gelenken der gleichen Gliedmaße. Die Schultergürtelmuskulatur dient der **gelenkfreien Aufhängung** des Stammes zwischen den beiden vorderen Gliedmaßen durch **Synsarkose.** Dabei bilden kräftige Muskelgruppen einen **zusammengesetzten Trageapparat** in Form eines dynamisch-federnden Gurtes, der sowohl die statische Fixation der Schultergliedmaße als auch den raumgreifenden Bewegungsablauf eines Galoppsprungs oder einer kraftvollen Seitenbewegung ermöglicht.

Tiefe Faszien der Schultergliedmaße

Die Funktionen der Muskulatur werden auch an der Vordergliedmaße nachdrücklich durch flächenhaft ausgedehnte Faszien unterstützt. So setzt sich die **Fascia cervicalis profunda** der Halsregion und die **Fascia trunci profunda** des Rumpfes in die **Fascia profunda** der Schultergliedmaße fort. Diese umhüllt strumpfartig die Extremität und verläuft zwischen den einzelnen Muskelbäuchen in die Tiefe. Man benennt die Faszien an der Schultergliedmaße nach ihrer Lage.

Die **Fascia axillaris** überzieht als dünnes Faserblatt die mediale Schultermuskulatur und läuft in die Unterfläche des M. latissimus dorsi. Beim Pferd füllt diese das Spatium subscapulare aus und schließt größere Gefäße, Nerven und Lymphknoten mit ein. Distal setzt sie sich in die **Fascia brachii** fort, die die Muskeln des Oberarms umhüllt. Diese Faszie umgibt die Muskeln lateral an der Schulter. Sie entsendet in die Tiefe Septa zwischen die Muskelbäuche des M. deltoideus, des M. brachialis, des M. triceps brachii oder des M. biceps brachii und heftet an der Skapula und am Humerus (Crista humeri) an.

Die distal folgende **Fascia antebrachii** ist stark ausgebildet und mehrblättrig, sie überzieht am Unterarm die Muskelbäuche der Strecker und Beuger des Ellbogengelenks und der Zehen. Diese Faszie ist am Humerus, an den Seitenbändern des Ellbogengelenks und am Olekranon befestigt. An den muskelfreien Flächen des Unterarms verschmilzt sie mit dem Periost, ferner mit dem Unterstützungsband der oberflächlichen Beugesehne.

Distal schließt sich die **Fascia dorsalis manus** an, die wesentlich an der Bildung des kräftigen Haltebands der Strecksehnen am Karpus, dem Retinaculum extensorum, beteiligt ist. Die **Fascia palmaris** bildet an der palmaren Fläche des Karpus das Retinaculum flexorum und distal nachfolgend die Teile der palmaren Zehenfaszie (beim Pferd das Fesselringband am Fesselgelenk, die vierzipfelige Fesselplatte und die Sohlenbinde).

Schultergürtelmuskulatur

Die Muskeln des Schultergürtels entspringen in der Hals- und Rückenregion sowie der Seiten- und Unterbrust des Stammes und inserieren am Schulterblatt und am Oberarm (Stammgliedmaßenmuskeln). Sie bedecken die Stammesmuskulatur der genannten Körperregionen und bestimmen wesentlich das Exterieur speziell des Hals- und Brustgebiets. Ihrer Lage nach werden die **Muskeln des Schultergürtels** in eine **oberflächliche** und eine **tiefe Schicht** eingeteilt.

Oberflächliche Schicht der Schultergürtelmuskulatur

Die oberflächlichen Muskeln des Schultergürtels verbinden die Gliedmaße mit dem Stamm, sie bewegen vorrangig im funktionellen Wechselspiel die Extremitäten, den Rumpf, den Hals und den Kopf (Abb. 3-61ff. und Tab. 3-5 u. 6). Man unterscheidet:

- M. trapezius,
- M. sternocleidomastoideus,
  - M. sternocephalicus
  - M. brachiocephalicus
- M. omotransversarius,
- M. latissimus dorsi und
- Mm. pectorales superficiales.

Der **M. trapezius (Trapezmuskel)** ist ein breitflächiger, platter Muskel, der, oberflächlich gelegen, dorsomedian am Nacken **(Pars cervicalis)** und, getrennt durch einen Sehnenstreifen, am Widerrist bzw. in der vorderen Rückenregion **(Pars thoracica)** entspringt und an der Skapula inseriert. Bei Fleischfressern ist dies ein dünner Muskel, der insgesamt vom 3. Halswirbel bis zum 9. Brustwirbel am Nacken und am Lig. supraspinale seinen Ursprung nimmt. Die Pars cervicalis setzt am freien Rand der Spina scapulae an, verschmilzt nahe dem Akromion mit dem M. omotransversarius. Die Pars thoracia steht mit der Fascia thoracolumbalis in Verbindung, die flächenhafte Endsehne inseriert proximal an der Spina scapulae. Beim Rind zeichnet sich vorzugsweise die kaudoventrale Portion der Pars cervicalis durch die Haut ab. Beim Pferd ist dieser Muskel flach und dünn, er wird nicht nach außen sichtbar.

Der **M. sternocleidomastoideus** (Abb. 3-65 und Tab. 3-5 u. 6) besteht bei den Haussäugetieren, in Abweichung zum Menschen, aus einem **M. sternocephalicus** und einem **M. brachiocephalicus.** Die anatomische Benennung der

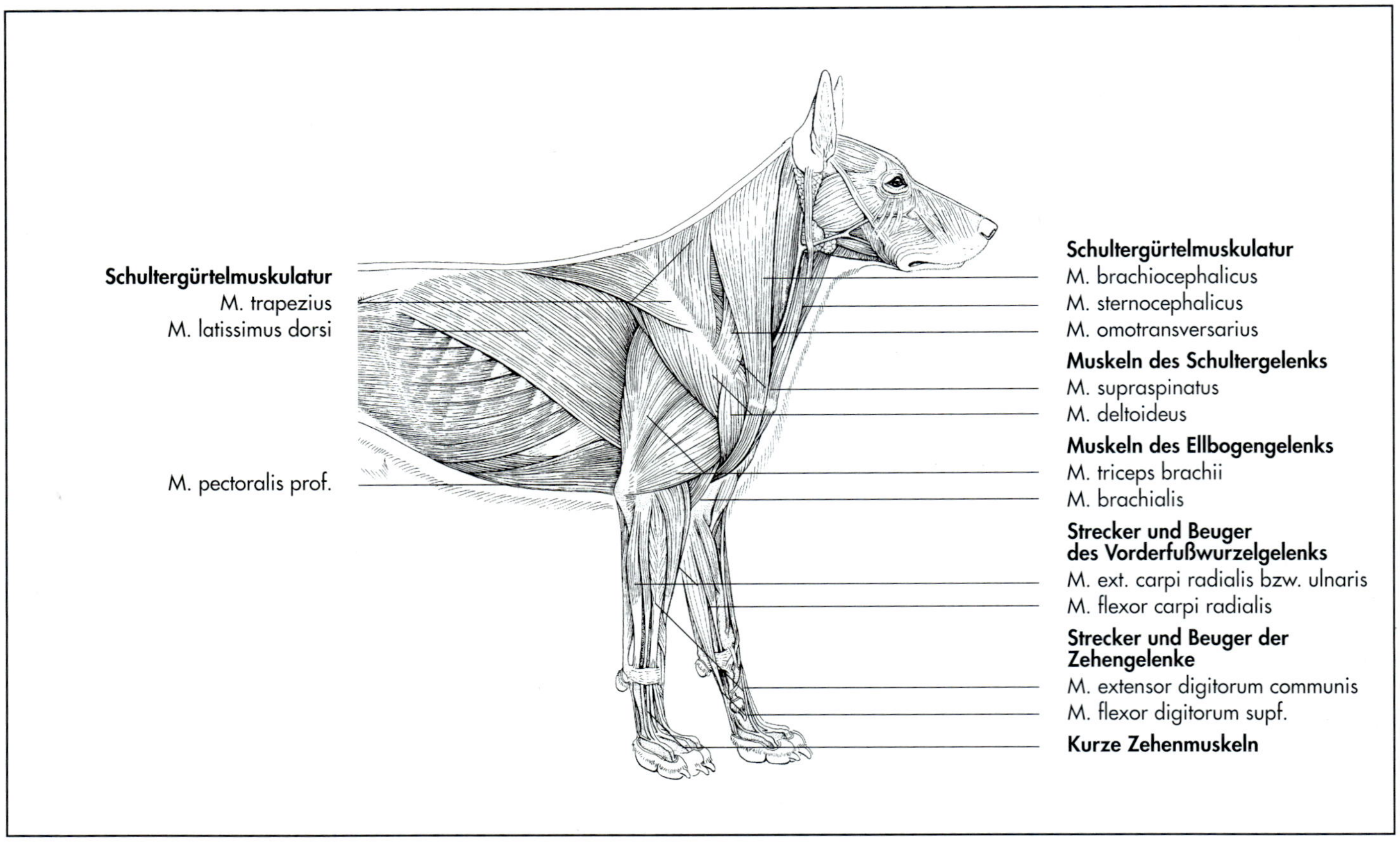

Abb. 3-61. Schematische Darstellung der oberflächlichen Schultergürtel- und Schultergliedmaßeneigenmuskulatur des Hundes.

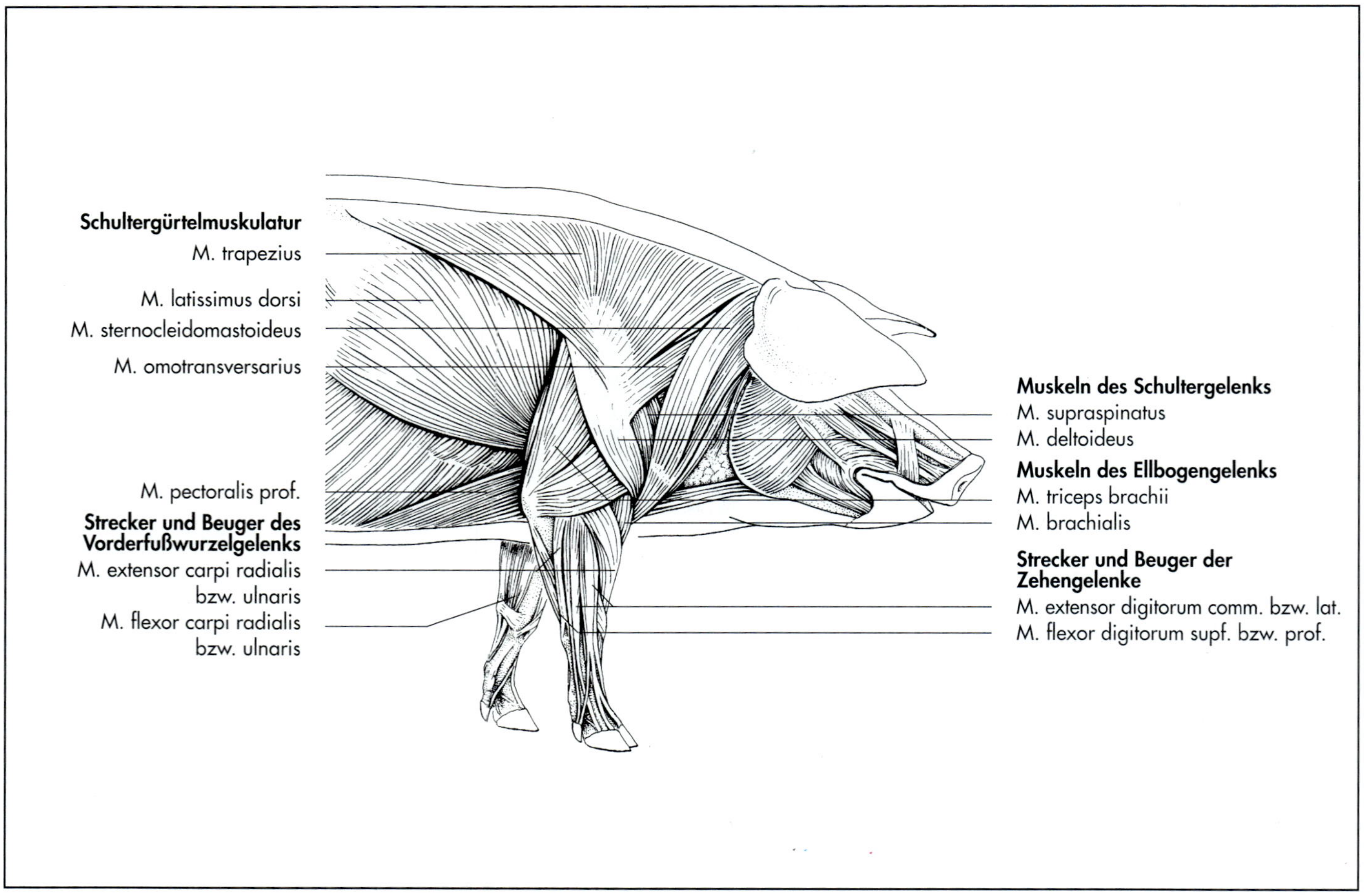

Abb. 3-62. Schematische Darstellung der oberflächlichen Schultergürtel- und Schultergliedmaßeneigenmuskulatur des Schweines.

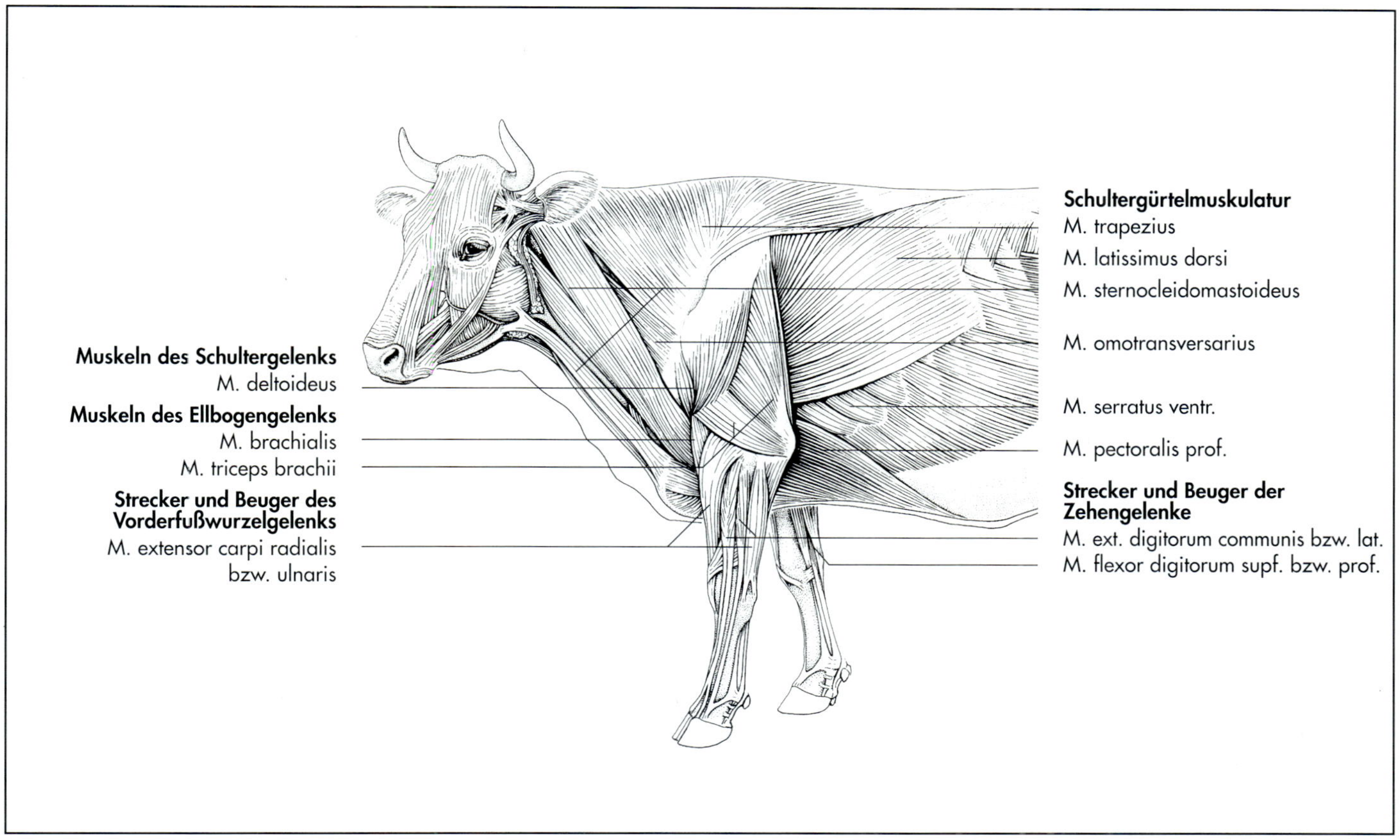

Abb. 3-63. Schematische Darstellung der oberflächlichen Schultergürtel- und Schultergliedmaßeneigenmuskulatur des Rindes.

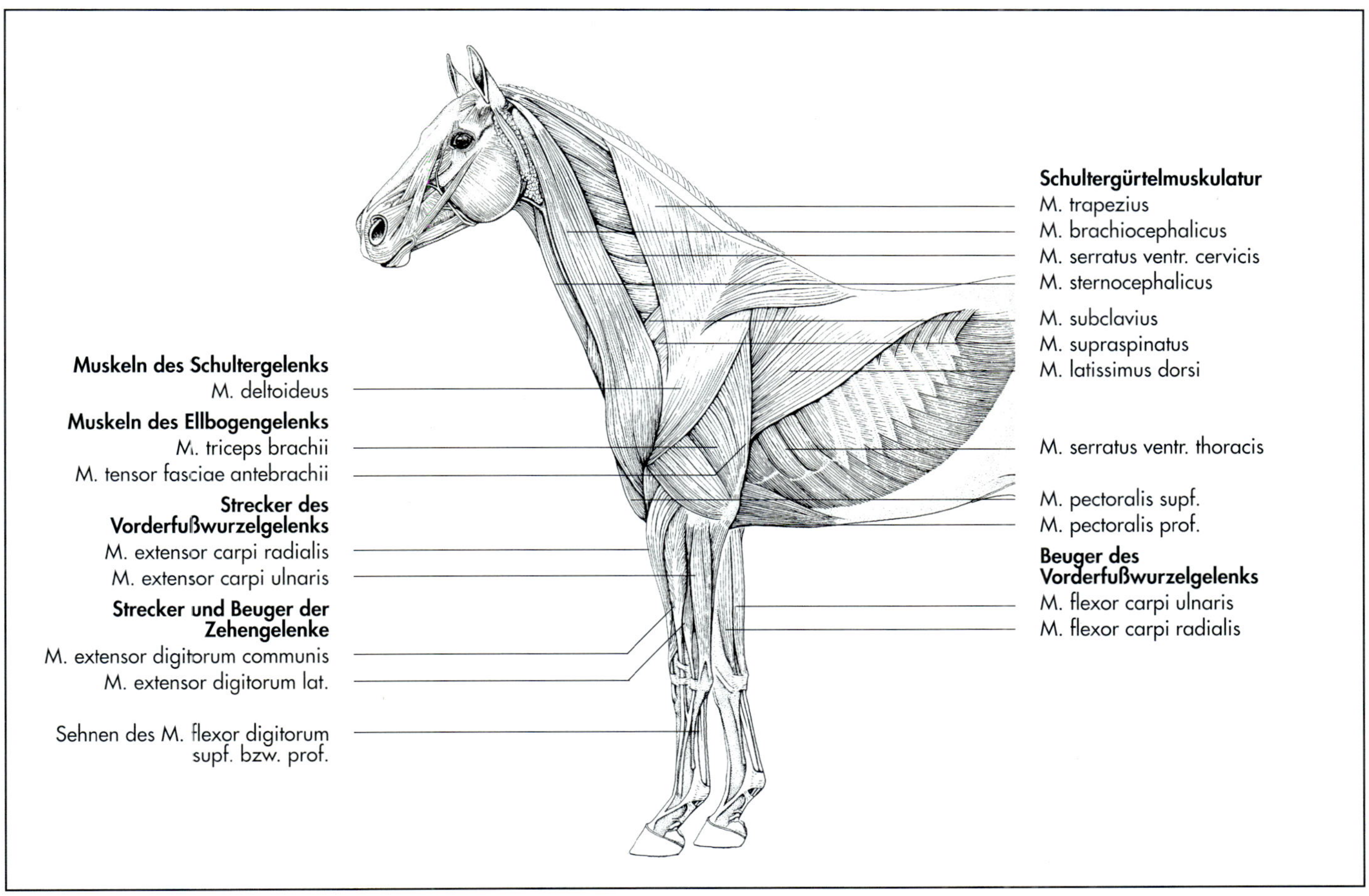

Abb. 3-64. Schematische Darstellung der oberflächlichen Schultergürtel- und Schultergliedmaßeneigenmuskulatur des Pferdes.

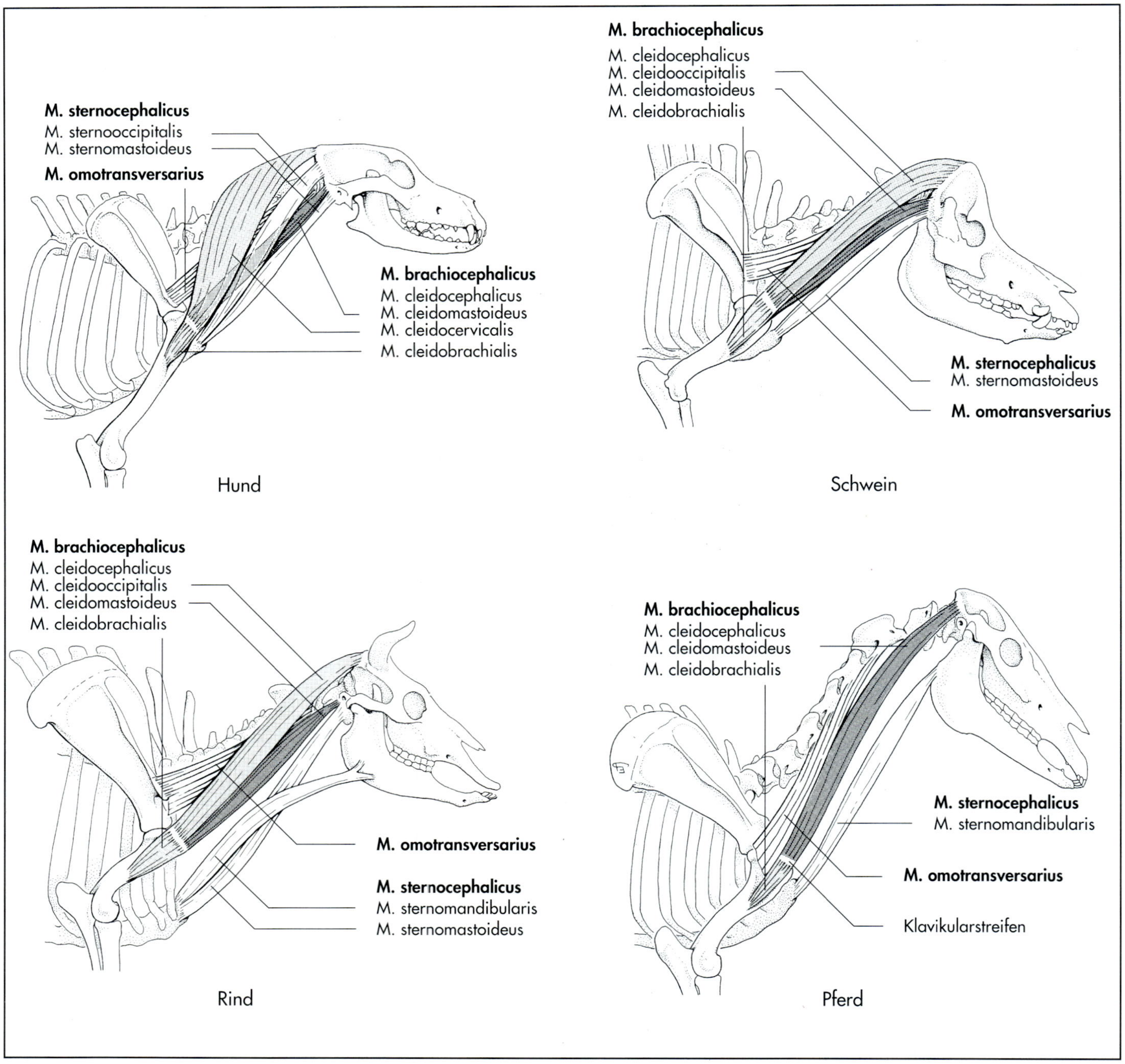

Abb. 3-65. Schematische Darstellung des M. sternocleidomastoideus, nach Ellenberger u. Baum, 1943.

Muskeln entspricht den tierartlich unterschiedlichen Urspungs- und Ansatzstellen.

Der **M. sternocephalicus** zieht vom Sternum zum Kopf und teilt sich dort tierartlich verschieden in eine Ansatzstelle am Mastoid oder am Os occipitale oder an der Mandibula. Einen **M. sternomastoideus** besitzen die Fleischfresser, das Schwein und die Wiederkäuer. Ein **M. sternooccipitalis** tritt nur bei Fleischfressern auf, ein **M. sternomandibularis** beim Rind, bei der Ziege und beim Pferd.

Bei Fleischfressern entspringen der **M. sternomastoideus** und der **M. sternooccipitalis** gemeinsam mit dem der anderen Körperseite am Manubrium sterni, diese weichen etwa in der Mitte des Halses auseinander. Der kräftigere M. sternomastoideus inseriert zusammen mit der Sehne des M. cleidomastoideus am Proc. mastoideus des Schläfenbeins, der schwächere M. sternooccipitalis setzt nachfolgend mit einer dünnen Sehne an der Crista nuchae des Os occipitale an.

Bei Rind und Ziege nimmt am Manubrium sterni und an der 1. Rippe oberflächlich und lateral der **M. sternomandibularis** seinen Ursprung, tiefer und medial von diesem der **M. sternomastoideus.** Der M. sternomandibularis zieht als mächtiger Muskelstrang ventral der Drosselrinne kopfwärts, liegt der Unterkieferspeicheldrüse auf und inseriert rostral des M. masseter aponeurotisch an der Mandibula. Der M. sternomastoideus zieht medial von diesem trachealwärts, unterkreuzt den M. sternomandibularis und inseriert mit dem M. cleidomastoideus am Proc. mastoideus des Schläfenbeins.

Tab. 3-5. M. brachiocephalicus. Innervation durch N. accessorius, Nn. cervicales und N. axillaris.

Tierart	Name u. Ursprung	Ansatz	Funktion
Pferd	**M. cleidomastoideus** Proc. mastoideus des Os temporale und Crista nuchae	Als **M. cleidobrachialis** an der Tuberositas deltoidea, Crista humeri, Schulterfaszie	Zurück- und Niederzieher von Hals und Kopf bei Fixation der Schultergliedmaße und beidseitiger Kontraktion, Seitwärtszieher von Kopf, Oberarmfaszie und Hals
Rind	**M. cleidooccipitalis** Os occipitale, Lig. nuchae	Als **M. cleidobrachialis** an der Crista humeri	dito
	M. cleidomastoideus Proc. mastoideus, Mandibula		dito
Hund	**M. cleidocervicalis** Medianlinie des Nackenbandes und Os occipitale	Rudiment der Clavicula als **M. cleidobrachialis**	dito
	M. cleidomastoideus Proc. mastoideus des Os temporale		dito

Tab. 3-6. M. sternocephalicus. Innervation durch Ramus ventralis des N. accessorius.

Tierart	Name	Ursprung	Ansatz	Funktion
Pferd	**M. sternomandibularis**	Praesternum	Halsseitiger Rand der Mandibula	Beuger des Kopfes und des Halses bei beidseitiger, Seitwärtszieher bei einseitiger Kontraktion, Feststeller des Kopfes während des Schluckaktes
Rind	**M. sternomandibularis**	Praesternum und 1. Rippe	Rostralrand des M. masseter, Fascia buccalis	dito
	M. sternomastoideus	Praesternum	Schläfenbein	dito
Hund	**M. sternooccipitalis**	Praesternum	Crista nuchae	dito
	M. sternomastoideus	Praesternum	Proc. mastoideus	dito

Beim Pferd entspringt der M. sternomandibularis am Manubrium sterni, begrenzt ventral und seitlich die Trachea und die Drosselrinne und zieht als flache Sehne unter der Gl. parotis zur Mandibula.

Der **M. brachiocephalicus** (Abb. 3-65 u. Tab. 3-5) ist geteilt und verbindet mit seinem distalen Anteil als **M. cleidobrachialis** bei allen Haussäugetieren den sehnigen Schlüsselbeinstreifen und den Humerus.

Der proximale, kopfwärts verlaufende Anteil, der **M. cleidocephalicus,** ist entsprechend den unterschiedlichen Ansatzstellen nochmals geteilt. Bei allen Haussäugetieren tritt ein **M. cleidomastoideus,** bei Fleischfressern zusätzlich ein **M. cleidocervicalis** und beim Schwein und bei den Wiederkäuern ein **M. cleidooccipitalis** auf.

Bei Fleischfressern verläuft der **M. cleidobrachialis** vom sehnigen Schlüsselbeinstreifen bzw. vom rudimentären Schlüsselbein über das Schultergelenk zwischen dem M. brachialis und dem M. triceps brachii an die Crista humeri. Dieser Muskel setzt sich nach kranial im M. cleidomastoideus bis zum Proc. mastoideus des Schläfenbeins fort. Der **M. cleidocervicalis** liegt oberflächlich unter der Hautmuskulatur, entspringt aponeurotisch aus der Medianen des Nackens und mündet sich verschmälernd in den M. cleidobrachialis ein (Abb. 3-67).

Beim Pferd ist neben dem **M. cleidobrachialis** der **M. cleidomastoideus** entwickelt. Als Teil des M. brachiocephalicus entspringt letzterer am Schläfenbein und steht mit dem M. splenius capitis und dem M. longissimus capitis

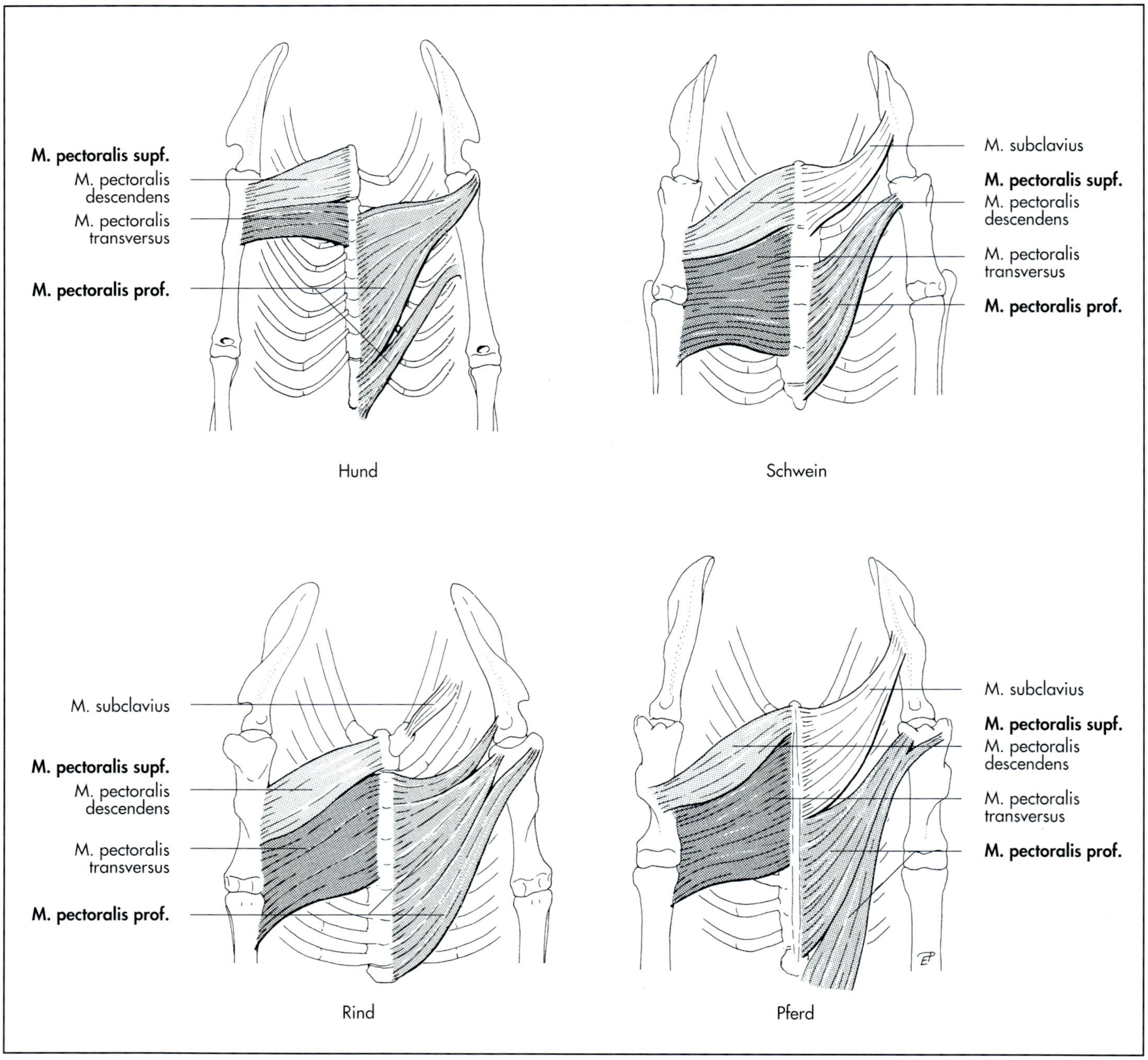

Abb. 3-66. Schematische Darstellung der Brustmuskulatur, nach Ellenberger u. Baum, 1943.

in Verbindung. In der Hals-Schulter-Furche verbindet er sich mit dem M. omotransversarius, beide überdecken als kräftige, flächenhafte Muskeln kraniolateral das Schultergelenk. Als M. cleidobrachialis inseriert dieser Muskel distal der Tuberositas deltoidea an der Crista humeri (Abb. 3-69). Er begrenzt mit seinem ventralen Rand von dorsal die **Drosselrinne** und formt an der Vorderbrust als laterale Begrenzung die **seitliche Brustfurche.**

Der **M. omotransversarius (Schulter-Hals-Muskel)** verbindet als kräftiges Muskelband den Atlasflügel bzw. den Querfortsatz des 2. Halswirbels mit der Spina scapulae (Abb. 3-65). Zusätzlich strahlt er in die Faszie lateral des Schultergelenks ein. Sein ventraler Rand verbindet sich mit der Pars cervicalis des M. trapezius. Beim Pferd verschmilzt er mit dem M. cleidomastoideus (Abb. 3-69).

Der **M. latissimus dorsi (breiter Rückenmuskel)** geht großflächig aus der Fascia thoracolumbalis hervor, dem Thorax und der seitlichen Rumpfwand aufliegend (Abb. 3-61ff.). Mit kranioventraler Faserrichtung verläuft er am kaudalen Rand der Skapula nahezu senkrecht zur Crista tuberculi minoris bzw. zur Tuberositas teres majus des Humerus. Bei den Fleischfressern bestehen zusätzlich noch über die Fascia thoracolumbalis Ansatzstellen an den Lenden- und letzten Brustwirbeln sowie an den Rippen. Seine kranioventralen Endfasern ziehen unter den M. triceps brachii, die Aponeurose verschmilzt mit der Endsehne des M. teres major und setzt an der Tuberositas teres major an. Durch die Einbindung von Muskelbündeln auch zur tiefen Brustmuskulatur findet der M. latissimus dorsi auch Ansatz an der Crista tuberculi majoris. Beim Pferd ist dieser ein kräftiger, dicker Muskel, der aus

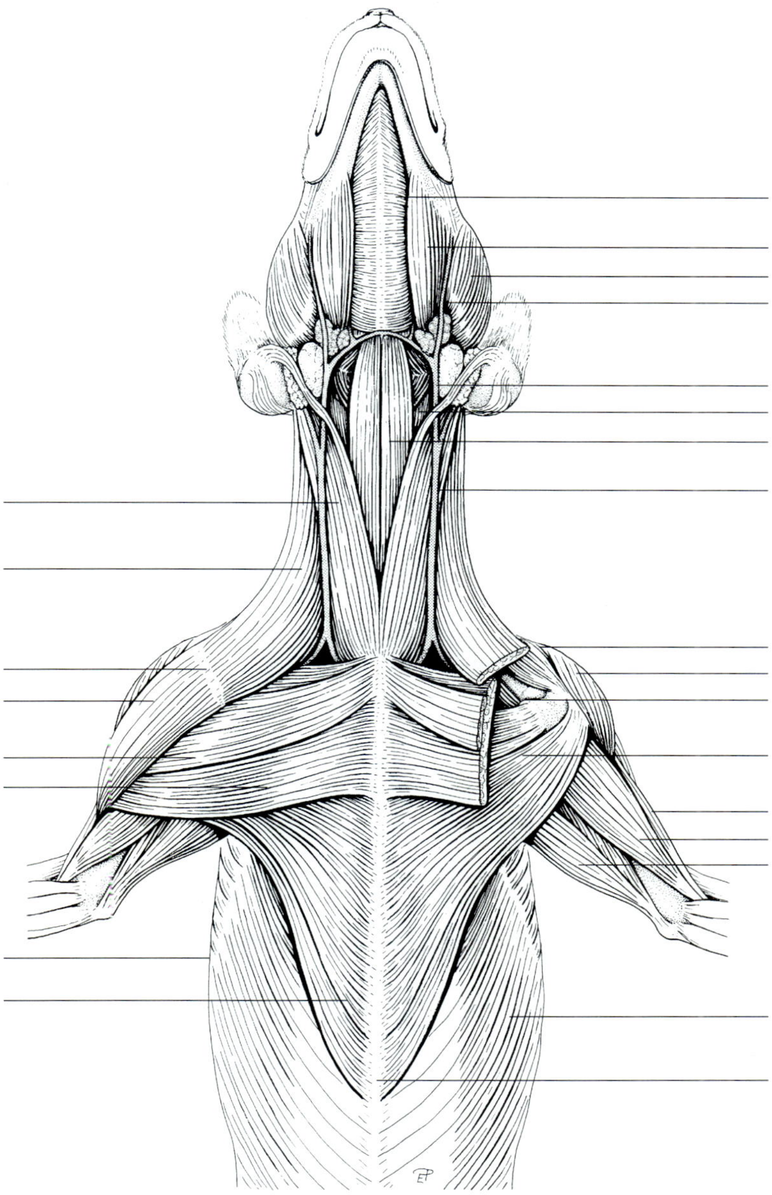

Abb. 3-67. Schematische Darstellung der Brust- und ventralen Halsmuskulatur des Hundes (Ventralansicht), nach Anderson u. Anderson, 1994.

dem Lig. supraspinale der vorderen Brustwirbel bis hin zu den letzten Lendenwirbeln und aus der Fascia thoracolumbalis entspringt. Sein kranialer Rand bedeckt kaudal den Rückenwinkel des Schulterblatts, teilweise dessen Knorpel. Die Endsehne verbindet sich mit dem M. tensor fasciae antebrachii und mit der Sehne des M. teres major, und inseriert mit dieser an der medialen Oberarmbeinnarbe.

Die **Mm. pectorales superficiales (oberflächliche Brustmuskeln)** bilden einen Teil der kräftig muskulösen Verbindung zwischen Rumpf und Vordergliedmaße, zwischen ventraler Brustwand und oberer Schultergliedmaße (Abb. 3-66–69). Sie formen in ihrer Gesamtheit die Achselhöhle von ventral. Man unterscheidet einen **M. pectoralis descendens,** der am Manubrium sterni und einen **M. pectoralis transversus,** der ventral am Brustbein (1. bis 3. Rippenknorpel) entspringt. Der M. pectoralis descendens inseriert an der Crista tuberculi majoris humeri, der M. pectoralis transversus strahlt in die Unterarmfaszie ein. Bei Fleischfressern ist der schmale, bandartige M. pectoralis descendens undeutlich vom dickeren transversalen Brustmuskel zu trennen, gemeinsam verlaufen diese über den M. biceps brachii zur Crista tuberculi majoris humeri.

Beim Pferd wölbt sich der kräftigere M. pectoralis descendens deutlich an der Vorderbrust vor und bildet zusammen mit dem der anderen Seite die **mittlere Brustfurche.** Sein lateraler Rand formt zusammen mit dem M. brachiocephalicus die **seitliche Brustfurche** (Abb. 3-69). Er zieht vom Manubrium sterni zusammen mit dem M. brachiocephalicus an die Crista humeri. Der M. pectoralis transversus entspringt an den ersten 6 Rippenknorpeln sowie am Sternum und strahlt über die mediale Fläche des Ellbogengelenks in die Fascia antebrachii.

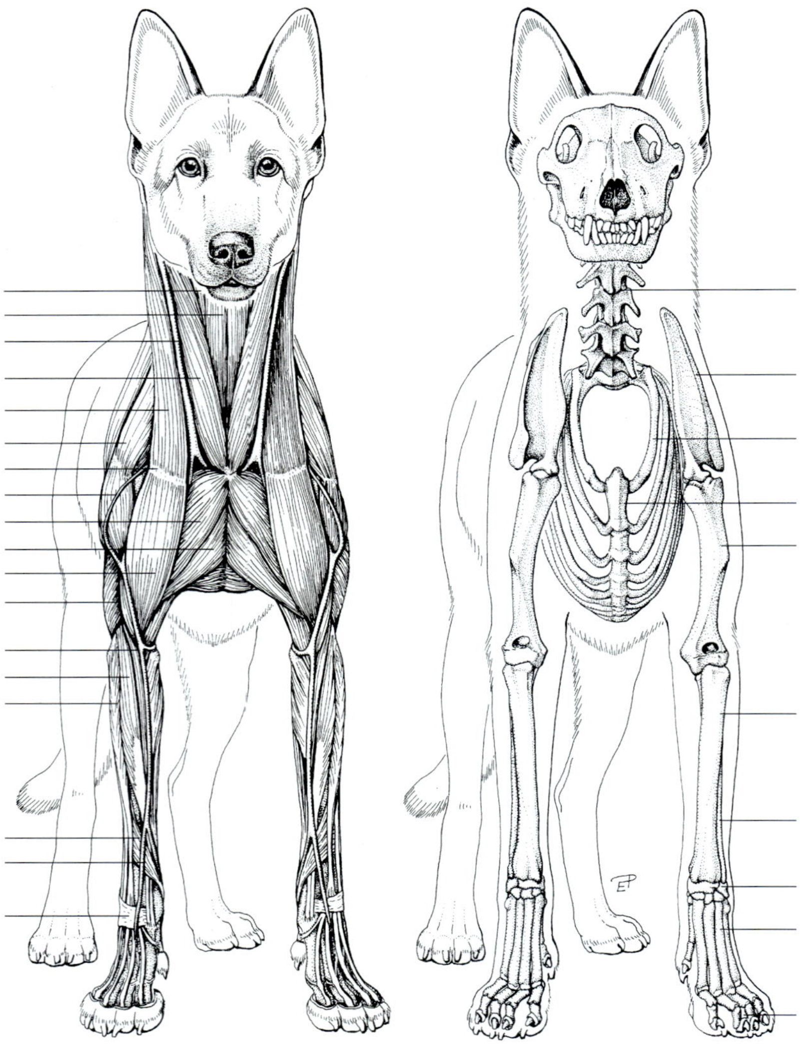

Abb. 3-68. Schematische Darstellung der oberflächlichen Hals-, Brust- und Eigenmuskulatur der Schultergliedmaße sowie des Skeletts des Hundes (Frontalansicht).

Tiefe Schicht der Schultergürtelmuskulatur

Die tiefen Muskeln des Schultergürtels dienen als muskulöser Trageapparat, durch den der Rumpf zwischen den beiden Vordergliedmaßen gehalten wird (Tab. 3-7). Gleichzeitig sind diese Muskeln wesentlich an der Bewegung der Extremität und des Halses mitbeteiligt.

Man unterscheidet:

- M. pectoralis profundus
- M. subclavius,
- M. rhomboideus und
- M. serratus ventralis.

Der **M. pectoralis profundus (tiefer Brustmuskel)** ist ein kräftiger Muskel, der am Sternum, an den Rippenknorpeln und der Gegend des Schaufelknorpels entspringt (Abb. 3-66). Tierartlich unterschiedlich inseriert er medial oder lateral proximal am Humerus.

Bei Fleischfressern ist eine tiefe Haupt- und eine oberflächliche Nebenportion ausgebildet, die gemeinsam am gesamten Brustbein und zusätzlich noch aus der Fascia trunci prof. entspringen. Die Muskelfasern verlaufen kraniolateral und inserieren medial am Humerus, bedeckt vom M. pectoralis transversus, am Tuberculum minus. Ein lateraler Endast strahlt in die Aponeurose des M. biceps brachii und endet am Tuberculum majus humeri. Die Nebenportion strahlt in die mediale Oberarmfaszie ein.

Beim Pferd ist dieser Muskel sehr kräftig, er nimmt seinen Ursprung seitlich am Brustbein, an den Knorpeln, den mittleren Rippen und der gelben Bauchhaut. Er inseriert medial am Rollhöcker des Humerus und am Tuberculum supraglenoidale des Schulterblatts, sein lateraler Schenkel am lateralen Rollhöcker.

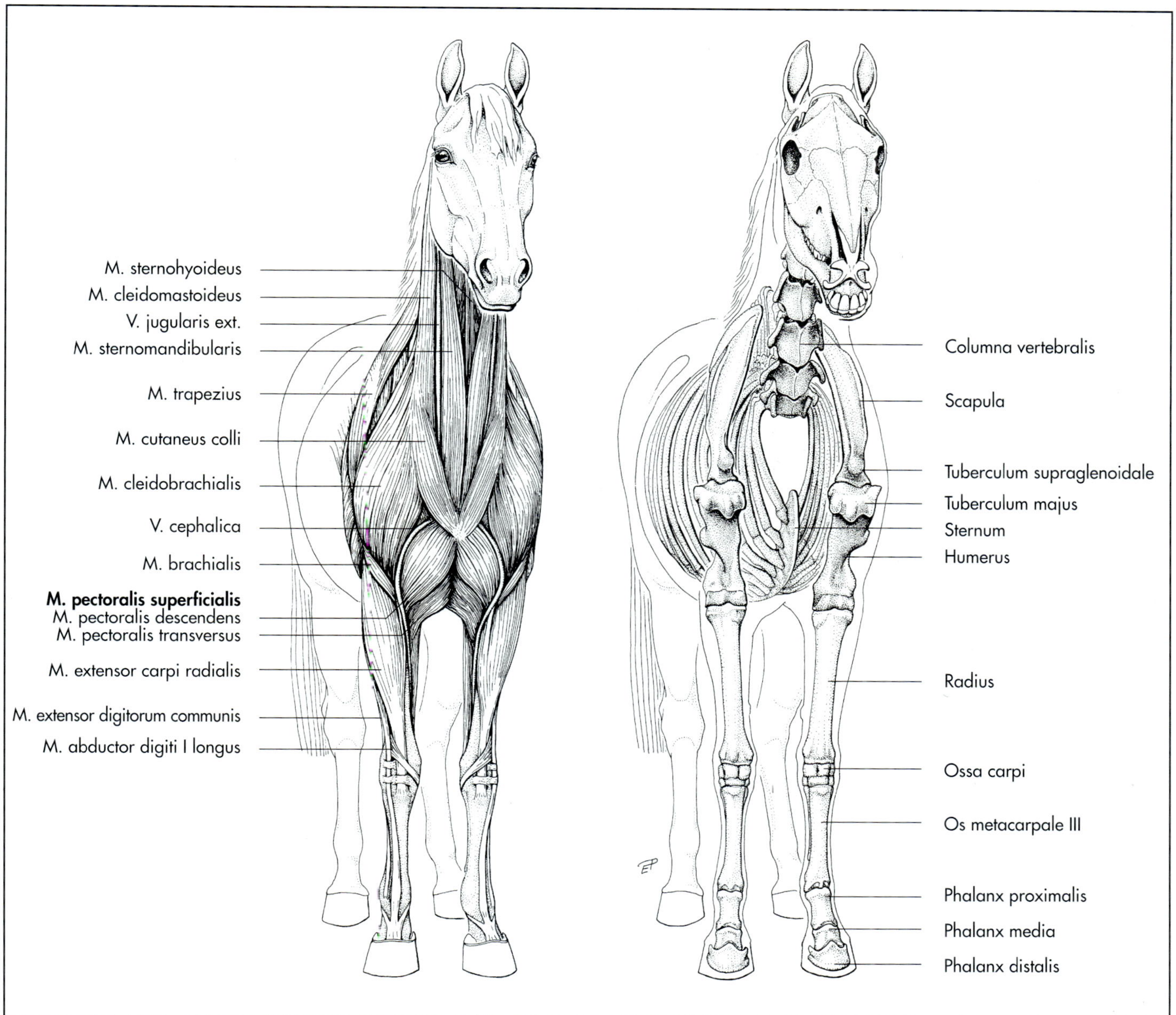

Abb. 3-69. Schematische Darstellung der oberflächlichen Hals-, Brust- und Eigenmuskulatur der Schultergliedmaße sowie des Skeletts des Pferdes (Frontalansicht).

Der **M. subclavius** stellt bei Wiederkäuern ein schmales Muskelband dar, das vom 1. Rippenknorpel an den sehnigen Ansatz des M. brachiocephalicus zieht. Beim Schwein und Pferd entspringt dieser kräftigere Muskel am 2. bzw. 4. Rippenknorpel, verläuft über das Schultergelenk und verschmilzt mit der Aponeurose des M. supraspinatus. Er zeichnet sich beim Pferd durch die Haut ab und läßt die Hals-Schulter-Furche abgeflacht erscheinen. Dieser Muskel fehlt den Fleischfressern.

Der **M. rhomboideus (Rautenmuskel)** nimmt, bedeckt vom M. trapezius, mit einer **Halsportion (M. rhomboideus cervicis)** an den Dornfortsätzen der Halswirbel und mit einer **Brustportion (M. rhomboideus thoracis)** bis zum 6. (9.) Dornfortsatz der Brustwirbel seinen Ursprung. Er formt die Nacken- und Widerristregion des Stammes und setzt medial am Knorpel und am Dorsalrand des Schulterblatts an. Bei Fleischfressern ergänzt ein M. rhomboideus capitis aus der Crista nuchae den Rautenmuskel. Beim Pferd entspringt die Pars cervicis ventral des Nackenstrangs in Höhe des 2. Halswirbels und vereinigt sich kurz vor seinem medialen Ansatz am Schulterblattknorpel mit dem M. trapezius (Abb. 2-9).

Der **M. serratus ventralis (ventraler gezahnter Muskel)** bildet bei allen Haussäugetieren den wichtigsten Muskel zur Aufhängung des Stammes zwischen den beiden Schultergliedmaßen. Der Gesamtmuskel fächert sich breitflächig auf und läßt einen kranialen **M. serratus ventralis cervicis** und einen **M. serratus ventralis thoracis** unterscheiden. Die Halsportion entspringt an den Querfortsätzen der Halswirbel, sein thorakaler Abschnitt an den ersten 7 (bis 10) Rippen. Die kräftigen, beim Pferd sehnig durchsetzten Muskelbäuche konvergieren zur medialen Fläche des Schulterblatts und inserieren flächig an der Facies serrata und medial am Schulterblattknorpel (Abb. 2-9).

Tab. 3-7. Schultergürtelmuskulatur.

Name **Innervation**	**Ursprung**	**Ansatz**	**Funktion**
Oberflächliche Schicht der Schultergürtelmuskulatur			
M. trapezius R. dors. des N. accessorius	Lig. nuchae, Lig. supraspinale	Spina scapulae	Feststeller der Schulter, Vorführer, Heber und Abduktor der Gliedmaße
M. omotransversarius N. accessorius	Ala atlantis bzw. 2. Halswirbelquer- fortsatz	distales Ende der Spina scapulae	Seitswärts- und Niederzieher des Halses, Vorführer des Schulterblatts
M. pectoralis supf.			
M. pectoralis transversus Nn. thoracici craniales u. caudales	Sternum vom 1.–6. Rippenknorpel	Unterarmfaszie	Vor- und Rückwärtsführer der Gliedmaße, Seitwärtszieher des Rumpfes
M. pectoralis descendens Nn. thoracici craniales u. caudales	Manubrium sterni	Crista humeri	dito
Tiefe Schicht der Schultergürtelmuskulatur			
M. pectoralis prof. Nn. thoracici craniales u. caudales	Sternum ab 4. Rippenknorpel	Tuberculum minus humeri	Rückführer der Gliedmaße, Tragen und Nachziehen des Rumpfes, Strecker des Schultergelenks
M. subclavius Nn. thoracici craniales	1.–4. Rippenknorpel	Epimysium des M. supraspinatus	Feststeller des Schulterblatts
M. rhomboideus Rr. dors. u. ventr. der Hals- und Brustnerven	Lig. nuchae vom 2.–6. Halswirbel bzw. 7. Brustwirbel	Medialfläche der Basis scapulae bzw. des Schulterblattknorpels	Feststeller und Vorführer der Schulter, Heber der Gliedmaße und des Halses
M. serratus ventr. Rr. dors. u. ventr. der Halsnerven, N. thoracicus longus	1.–7. Rippe und Halswirbelquer- fortsätze	Facies serrata scapulae	Aufhängeapparat des Stammes, Beweger des Schulterblatts und des Rumpfes

Eigenmuskulatur der Schultergliedmaße

Die Eigenmuskulatur der Schultergliedmaße dient im funktionellen Zusammenwirken mit den Bändern und Gelenken ausschließlich der Bewegung einzelner Abschnitte der Vorderextremität. Dabei wirken diese Muskeln vor allem als Strecker und Beuger der Gelenke, teilweise können von diesen aber auch eingeschränkte Rotations-, Adduktions- und Abduktionsbewegungen durchgeführt werden. Grundsätzlich ist festzustellen, daß die Strecker und Beuger des Schulter- bzw. des Ellbogengelenks am Schulterblatt und am Oberarm als besonders kräftige Muskeln entspringen bzw. inserieren und lateral und medial der Skapula und des Humerus gelegen sind. Die Strecker und Beuger der Vorderfußwurzelgelenke und der Zehen hingegen finden ihren Urspung am distalen Ende des Humerus bzw. am proximalen Ende des Radius und der Ulna. Sie verlieren in ihrem distalen Verlauf rasch ihren muskulären Charakter und überspannen als lange Endsehnen, insbesondere bei Ungulaten, distale Abschnitte der Schultergliedmaße.

Man unterscheidet:

- Muskeln des Schultergelenks,
- Muskeln des Ellbogengelenks,
- Muskeln der Radioulnargelenke,
- Muskeln der Vorderfußwurzelgelenke und
- Muskeln der Vorderzehen.

Muskeln des Schultergelenks

Die Muskeln des Schultergelenks finden sämtlich ihren Ursprung am Schulterblatt und heften proximal am Oberarm an. Funktionell sind diese nicht allein Strecker bzw. Beuger, sie dienen vielmehr, sehnig durchsetzt, auch als kontraktile Spann-

Tab. 3-8. Muskeln des Schultergelenks.

Name Innervation	Ursprung	Ansatz	Funktion
Laterale Schultermuskeln			
M. supraspinatus N. suprascapularis	Fossa supraspinata	Tuberculum majus u. minus	Strecker des Schultergelenks
M. infraspinatus N. suprascapularis	Fossa infraspinata	Facies m. infraspinati	Hilfsbeuger des Schultergelenks, kontraktiles Spannband
M. deltoideus N. axillaris	Spina scapulae, Margo caudalis	Tuberositas deltoidea	Beuger des Schultergelenks, Abduktor des Oberarms
M. teres minor N. axillaris	Margo caudalis scapulae	Tuberositas teres minor	Beuger des Schultergelenks
Mediale Schultermuskeln			
M. teres major N. axillaris	Margo caudalis scapulae	Tuberositas teres major	Beuger des Schultergelenks
M. articularis humeri N. axillaris	Pfannenrand der Scapula	Collum humeri	Spanner der Kapsel des Schultergelenks
M. subscapularis Nn. subscapulares	Fossa subscapularis	Tuberculum minus	Strecker oder Beuger, kontraktiles Spannband
M. coracobrachialis N. musculocutaneus	Proc. coracoideus	Mediale Fläche des Humerus	Einwärtsführer, Auswärtsdreher des Oberarms

bänder des Gelenks und nehmen damit entscheidend Anteil an der Funktion des Schultergelenks als **Wechselgelenk** (Tab. 3-8).

Laterale Schultermuskeln

Als laterale Muskeln der Schulter werden unterschieden:

- M. supraspinatus,
- M. infraspinatus,
- M. deltoideus und
- M. teres minor.

Der **M. supraspinatus (oberer Grätenmuskel)** entspringt breitflächig in der Fossa supraspinata, füllt diese vollständig aus und überragt teilweise den Margo cranialis scapulae (Abb. 3-70 u. 72). Distal zieht er über die Streckseite des Schultergelenks und inseriert am Tuberculum majus humeri tierartlich unterschiedlich. Bei Fleischfressern ist die Endsehne einschenkelig, kräftig und kurz, beim Schwein und den Wiederkäuern zweischenkelig zum Tuberculum majus und minus gegabelt. Zwischen die beiden Endsehnen schiebt sich im Sulcus intertubercularis die Ursprungssehne des M. biceps brachii.

Beim Pferd ist dieser Muskel käftig, er zeichnet sich nach außen ab, sein Ursprung ist die Cartilago scapulae, die Fossa supraspinata, der Margo cranialis und die Spina scapulae. Er teilt sich in Höhe des Tuberculum supraglenoidale in zwei muskuläre Schenkel, die die Ursprungssehne des M. biceps brachii aufnehmen, verbindet sich fest mit der Gelenkkapsel und inseriert am medialen und lateralen Rollhöcker des Oberarms. Er wirkt als Strecker und Feststeller des Schultergelenks.

Der **M. infraspinatus (unterer Grätenmuskel)** hat seinen flächenhaften Ursprung in der Fossa infraspinata und an der Spina scapulae, er füllt sie vollständig aus, zieht sehnig durchsetzt lateral über das Buggelenk und inseriert distal des Tuberculum majus humeri (Abb. 3-70 u. 72).

Bei Fleischfressern und vergleichbar auch beim Schwein überragt der Muskel kaudal den hinteren Rand der Skapula, er erscheint stark sehnig durchsetzt und gefiedert, seine Ansatzsehne ist von einem Schleimbeutel (Bursa subtendinea musculi infraspinati) unterlagert. Bei Wiederkäuern inseriert ein tiefer Ast kaudal an der medialen Fläche des Tuberculum majus humeri, ein oberflächlicher sehniger Schenkel an der lateralen Seite an der Facies musculi infraspinati, ebenfalls unterlagert von einem Schleimbeutel.

Beim Pferd ist er kräftig entwickelt, sehnig und von der Ursprungsaponeurose des M. deltoideus überzogen. Sein tiefer schwächerer Schenkel setzt am lateralen Muskelhöcker des Humerus an, sein oberflächlicher stärkerer Schenkel zieht als kräftige Sehnenplatte an die Lateralfläche distal des Tuberculum majus humeri. Dieser Ast wird von der geräumigen Bursa subtendinea musculi infraspinati unterlagert, die am vorderen Rand der Endsehne punktiert werden kann.

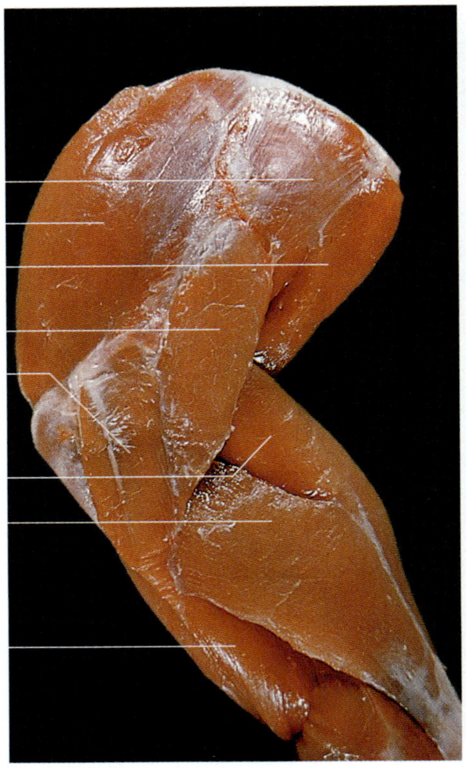

Abb. 3-70. Muskeln des linken Schulter- und Ellbogengelenks einer Katze (Lateralansicht), Präparat Dr. Jutta Klawiter-Pommer, München.

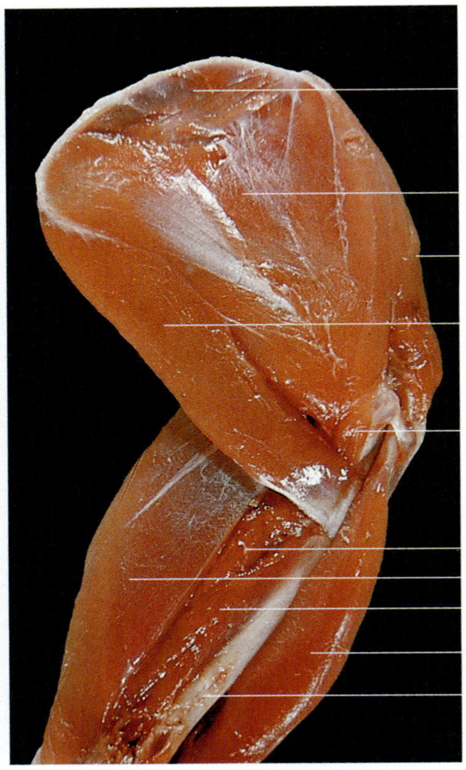

Abb. 3-71. Muskeln des linken Schulter- und Ellbogengelenks einer Katze (Medialansicht), Präparat Dr. Jutta Klawiter-Pommer, München.

Der M. infraspinatus ersetzt als kontraktiles Spannband das laterale Seitenband des Buggelenks und unterstützt die Beugung dieses Gelenks. Darüber hinaus ermöglicht er, vorzugsweise bei Fleischfressern, auch Abduktions- und Supinationsbewegungen.

Der **M. deltoideus (Deltamuskel)** ist ein flächig ausgebreiteter Muskel, der unmittelbar unter der Haut bzw. der Schulterhautmuskulatur liegt (Abb. 3-70 u. 72); er ist zwischen der Spina scapulae und der Tuberositas deltoidea gespannt.

Bei Fleischfressern und bei Wiederkäuern ist der Ursprung in eine Pars scapularis und eine Pars acromialis zweigeteilt. Beim Hund beginnt die Pars scapularis als schillernde Aponeurose an der Spina scapulae, sie tritt distal vom Buggelenk sehnig an die Pars acromialis. Die Pars acromialis, kräftig bei der Katze, entspringt am Acromion, überquert kaudolateral das Schultergelenk und inseriert zusammen mit der Pars scapularis an der Tuberositas deltoidea.

Beim Schwein und beim Pferd entspringt der M. deltoideus aponeurotisch einheitlich an der Spina scapulae und am kaudalen Schulterblattrand und inseriert an der Tuberositas deltoidea. Beim Pferd ist dieser Muskel in seinem Ursprung zusätzlich mit dem M. infraspinatus aponeurotisch verbunden.

Der Deltamuskel beugt das Schultergelenk und ist vor allem bei Fleischfressern an der Abduktion und Rotation der Schultergliedmaße beteiligt.

Der **M. teres minor (kleinerer runder Muskel)** ist nur bei Fleischfressern rund, er liegt, bedeckt vom M. deltoideus, kaudolateral vom Schultergelenk (Abb. 3-72 u. 74). Der M. teres minor entspringt am distalen Drittel des Margo caudalis scapulae, zieht über die Beugeseite des Gelenks und endet an der Tuberositas teres minor. Bei den Fleischfressern liegt dieser Muskel zwischen dem M. infraspinatus und dem Caput longum des M. triceps brachii. Er beugt das Schultergelenk.

Mediale Schultermuskeln

Als mediale Muskeln der Schulter werden unterschieden:

- M. teres major,
- M. articularis humeri,
- M. subscapularis und
- M. coracobrachialis.

Der **M. teres major (größerer runder Muskel)** ist ein langer, abgeplatteter Muskel, der vom Angulus caudalis und vom Margo caudalis scapulae über die Beugeseite des Schultergelenks zur Tuberositas teres major (Schwein, Wiederkäuer, Pferd) bzw. zur Crista tuberculi minoris (Fleischfresser) zieht (Abb. 3-71 u. 72). Bei der Katze ist dieser kräftiger als beim Hund, er vereinigt sich mit der Endsehne des M. latissimus dorsi.

Er beugt das Schultergelenk und wirkt geringgradig auch als Adduktor der Gliedmaße.

Der **M. articularis humeri (Kapselmuskel)** tritt in der Regel nur beim Pferd, selten beim Schwein auf. Er liegt an der Beugeseite direkt der Gelenkkapsel auf und spannt diese.

Der **M. subscapularis (Unterschultermuskel)** ist ein weitgehend sehnig durchsetzter, großflächiger Muskel, der in der Fossa subscapularis entspringt, medial das Buggelenk überspannt und, den M. coracobrachialis unterkreuzend, am

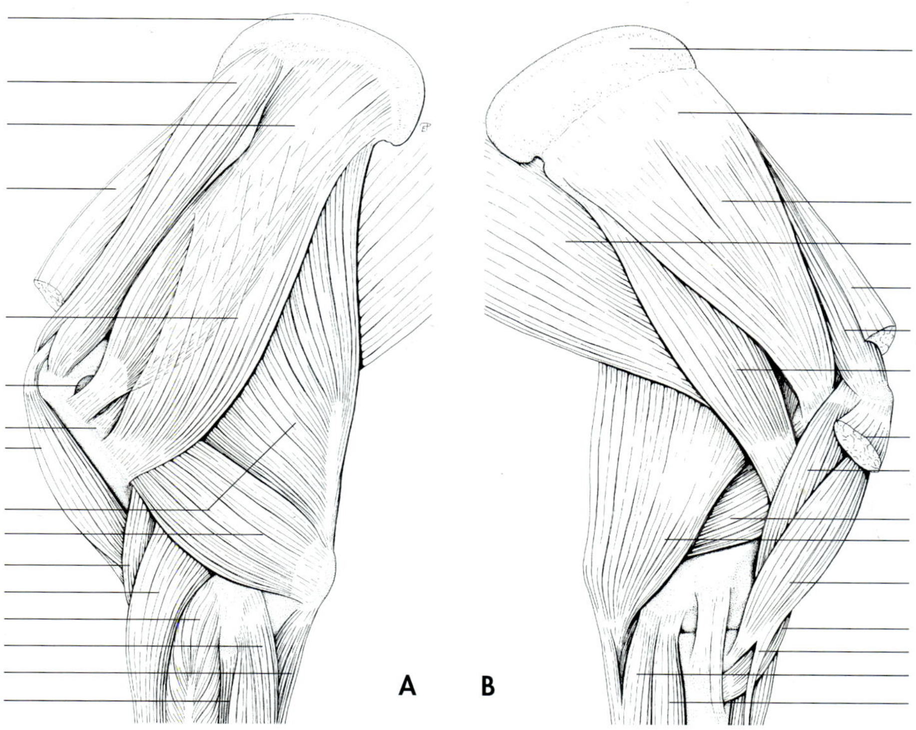

Abb. 3-72. Schematische Darstellung der Muskeln des linken Schulter- und Ellbogengelenks des Pferdes (**A** Lateralansicht und **B** Medialansicht).

Tuberculum minus humeri inseriert (Abb. 3-71 u. 72). Er füllt die Fossa subscapularis vollständig aus, überragt am Margo cranialis und am Margo caudalis die Skapula und steht mit dem M. teres major in Verbindung. Er ist, wie auch bei den anderen Haussäugetieren, auffällig durch Sehnenplatten mehrfach gefiedert.

Der M. subscapularis ersetzt als kontraktiles Spannband das mediale Seitenband des Buggelenks und ist gleichzeitig Strecker dieses Gelenks, er kann auch dessen Beugung unterstützen.

Der **M. coracobrachialis (Rabenschnabel-Armmuskel)** ist ein platter Muskel, der am Proc. coracoideus scapulae entspringt, medial dem Schultergelenk anliegt und sich bis zu seinem Ansatz fächerartig verbreitert (Abb. 3-71, 72 u. 73). Er endet an der kraniomedialen Fläche des Humerus, proximal und distal der Tuberositas teres major. Die Ursprungssehne tritt, unterlagert von einem Schleimbeutel, zwischen dem M. supraspinatus und dem M. subscapularis hervor und zieht kaudodistal. Bei den Wiederkäuern endet der Muskel in zwei Portionen getrennt an der Tuberositas teres major, verlängert sich aber auch medial bis gegen das distale Ende des Humerusschafts. Bei der Katze und beim Hund ist der M. coracobrachialis schwach.

Er wirkt als Einwärtsführer und Auswärtsdreher des Oberarms.

Muskeln des Ellbogengelenks

Die Muskeln des Ellbogengelenks liegen meist am Oberarm, sie entspringen an der Skapula oder am Humerus, überbrücken das Gelenk und inserieren am proximalen Ende von Radius und Ulna. Demzufolge sind diese ein- bzw. zweigelenkig. Grundsätzlich dienen diese Muskeln der Streckung und Beugung des Ellbogengelenks, sie tragen jedoch auch zur Stabilisierung der Gliedmaße während der Standbeinphase bei. Man unterscheidet am Ellbogengelenk (Tab. 3-9) den:

- M. brachialis,
- M. biceps brachii,
- M. triceps brachii,
- M. anconaeus und
- M. tensor fasciae antebrachii.

Der **M. brachialis (Oberarmmuskel)** entspringt an der hinteren Humerusfläche, dicht unter dem Collum humeri. In seinem Verlauf windet er sich im Sulcus musculi brachialis (Huftiere) bzw. entlang der Crista tuberculi majoris (Fleischfresser) von der Hinterseite über lateral zur Vorderfläche (Abb. 3-72 u. 74). Dort kreuzt er die Beugeseite des Ellbogengelenks und inseriert medioproximal an der Tuberositas radii und mit einem Seitenschenkel medioproximal an der Tuberositas ulnae.

Bei Fleischfressern und kleinen Wiederkäuern endet die Sehne am Proc. coronoideus med. ulnae. Beim Pferd inseriert der M. brachialis medial unterhalb der Bizepssehne am Radius, ein zweiter Schenkel, nach Unterquerung des medialen Seitenbands, an der Membrana interossea antebrachii des Ellbogengelenks.

Der M. brachialis ist ein Beuger des Ellbogengelenks mit großer Hubhöhe, jedoch relativ geringer Hubkraft.

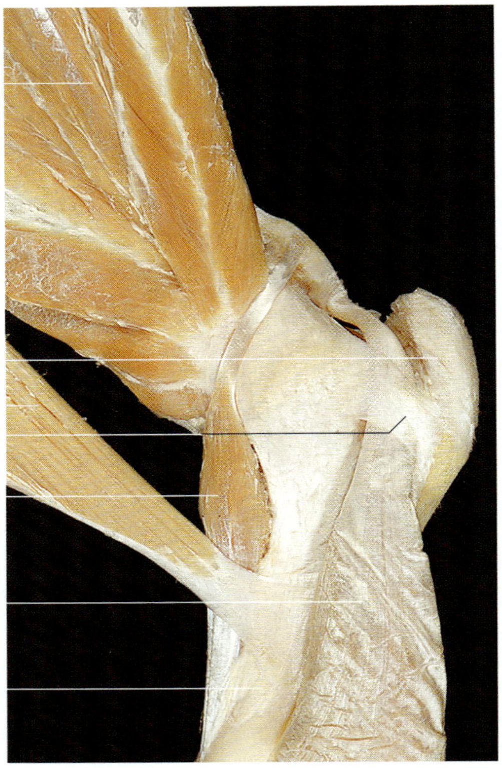

Abb. 3-73. Muskeln des linken Schultergelenks eines Hundes (Medialansicht).

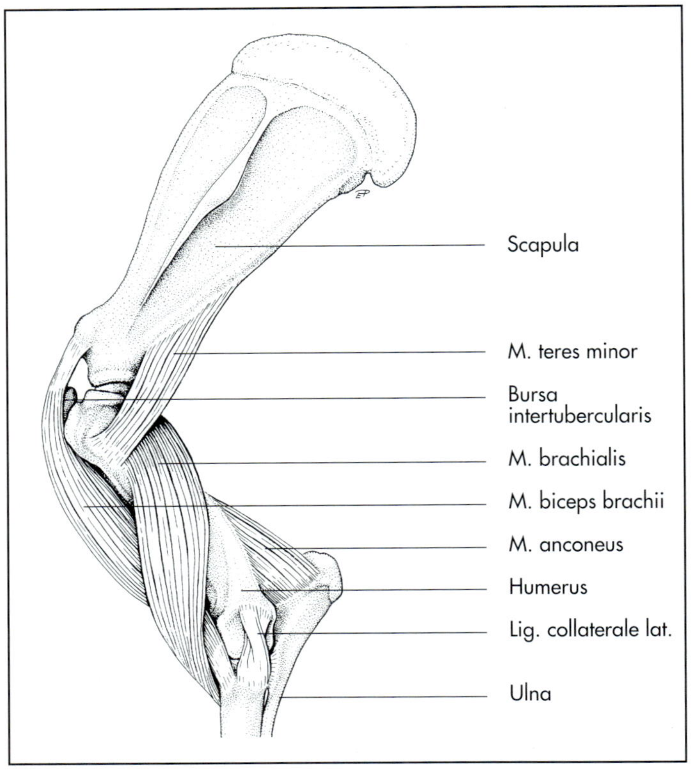

Abb. 3-74. Tiefe Schulter- und Ellbogengelenksmuskeln des Pferdes (linke Lateralansicht), nach Ellenberger u. Baum, 1943.

Der **M. biceps brachii (zweiköpfiger Oberarmmuskel)** ist ein spindelförmiger und sehr kräftiger Muskel, der zwei Gelenke, das Schulter- und das Ellbogengelenk, überspannt (Abb. 3-72 u. 74). Im Gegensatz zum Menschen ist dieser bei den Haussäugetieren einköpfig, er entspringt sehnig am Tuberculum supraglenoidale, überzieht die Streckseite des Schultergelenks und liegt im weiteren Verlauf dem Humerus kraniomedial auf. Der M. biceps brachii spaltet sich in der Ellbogenbeuge in zwei Schenkel, von denen der eine als Hauptsehne an der Tuberositas radii, der andere proximal an der Ulna endet.

Bei den Fleischfressern schiebt sich die Ursprungssehne des M. biceps brachii an der Streckseite des Schultergelenks von vorne in die Gelenkkapsel und formt eine Kapselsehnenscheide. Im Sulcus intertubercularis wird diese Sehne zwischen dem Tuberculum majus und dem Tuberculum minus durch ein Querband **(Lig. transversum humeri)** in ihrer Position gehalten (Abb. 3-73). Beim Hund spaltet sich in der Ellbogenbeuge die Endsehne in einen stärkeren Ast zum Proc. coronoideus med. und einen schwächeren zur Tuberositas radii. Die Endsehne entläßt nach distal einen **Sehnenzug,** der vor allem beim Pferd als **Lacertus fibrosus** zum M. extensor carpi radialis (Abb. 3-72, 84 u. 85) zieht und in die Fascia antebrachii einstrahlt.

Bei den Wiederkäuern ist die Ursprungssehne von einer Bursa intertubercularis unterlagert, seine Endsehne inseriert zweischenkelig medial mit einem kräftigen Schenkel an der Tuberositas radii und am medialen Seitenband, lateral kranial am Radius. Auch bei den Wiederkäuern setzt sich der Lacertus fibrosus sehnig an den M. extensor carpi radialis und in der Unterarmfaszie fort.

Beim Pferd ist der M. biceps brachii kräftig, stark gefiedert und sehnig durchsetzt. Die Ursprungssehne wird von einer bis zu 10 cm langen Bursa intertubercularis unterlagert, begrenzt durch den M. supraspinatus und den M. pectoralis profundus. Die Bursa intertubercularis dehnt sich bis zu den Seitenrändern der Sehne des M. biceps brachii aus und zieht auf seine Oberseite. Hier ist eine Punktion dieses Schleimbeutels in Höhe der Tuberositas deltoidea am seitlichen Rand der Sehne bei proximalem Einstich entlang des Knochens möglich.

In der Tiefe spaltet der laterale Muskelbauch einen sehnigen Faserzug ab, der zusammen mit dem Lacertus fibrosus dem Muskel eine statische Funktion vermittelt, während der laterale Muskelbauch dynamisch den Bewegungsablauf unterstützt. Der mediale Hauptast des M. biceps brachii endigt an der Tuberositas radii, der laterale Schenkel setzt sich als **Lacertus fibrosus** über die Sehne des M. extensor carpi radialis bis an dessen Ansatz am Röhrbein fort. Der mediale Hauptast verlängert sich als kleinerer Nebenast unter dem medialen Seitenband des Ellbogengelenks und setzt am proximalen Rand des Radius, z.T. auch der Ulna an. Dort wird dieser von einem Schleimbeutel unterlagert.

Der M. biceps brachii ist ein Beuger des Ellbogengelenks mit großer Hubkraft und geringer Hubhöhe, und Strecker des Schultergelenks. Ferner wirkt er durch den sehnigen Lacertus fibrosus als kontraktiles Spannband (Pferd) bei gestrecktem Ellbogengelenk, aber auch als Fixator des Schulter- und Karpalgelenks. Der Lacertus fibrosus ist wichtiger Bestandteil im Gelenkfixationsmechanismus.

Der **M. triceps brachii (dreiköpfiger Oberarmmuskel)** füllt das Dreieck zwischen dem Schulterblatt, dem Oberarm

Tab. 3-9. Muskeln des Ellbogengelenks.

Name Innervation	Ursprung	Ansatz	Funktion
M. brachialis N. musculocutaneus, N. radialis	kaudal am Collum humeri	medial Radius und Ulna	Beuger des Ellbogengelenks
M. biceps brachii N. musculocutaneus	Tuberculum supraglenoidale	Tuberositas radii	Hilfsstrecker des Buggelenks, Beuger des Ellbogengelenks, Fixator des Schulter- und Karpal- gelenks
M. triceps brachii N. radialis			Fixator des Ellbogengelenks, zusätzlich Strecker des Schultergelenks in der Hangbeinphase
Caput longum	Margo caudalis scapulae	Olekranon	Strecker des Ellbogen- u. Hilfsbeuger des Buggelenks
Caput laterale	lateral Humerus	Olekranon	Strecker des Ellbogengelenks
Caput mediale	medial Humerus	Olekranon	Strecker des Ellbogengelenks
M. anconeus N. radialis	distal Humerus, Fossa olecrani	lateral am Olekranon	Strecker des Ellbogengelenks
M. tensor fasciae antebrachii N. radialis	Margo caudalis scapulae	Fascia antebrachii	Spanner der Unterarmfaszie, Strecker des Ellbogengelenks

und dem Ellbogenhöcker aus (Abb. 3-70, 71 u. 72). Seine kaudale Begrenzung bildet der Margo tricipitalis (Ankoneuslinie), der vom Olekranon in Richtung Widerrist verläuft und sich nach außen deutlich durch die Haut abzeichnet.

Wie der Name schon ausdrückt, setzt er sich aus **drei Köpfen** zusammen. Man unterscheidet ein **Caput longum,** das am Margo caudalis des Schulterblatts entspringt, ein **Caput laterale** und ein **Caput mediale,** die ihren Ursprung lateral bzw. medial am Humerus nehmen. Sämtliche drei Muskelanteile inserieren am Olekranon.

Beim Pferd ist dieser Muskel mit seinem Caput longum und dem Caput lat. besonders kräftig entwickelt. Das Caput lat. entspringt an der Linea musculi tricipitis, der Tuberositas deltoidea und lateral an der Armfaszie und inseriert zusammen mit der Endsehne des Caput longum lateral am Olekranon. Das schwächere Caput med. beginnt nahe der Tuberositas teres und setzt medial am Olekranon an, unterlagert von einem Schleimbeutel. Zusätzlich ist in der Tiefe, außer beim Pferd, ein **Caput accessorium** entwickelt, das dem Humerus kaudal anliegt und ebenfalls am Olekranon anheftet.

Der M. triceps brachii ist ein Strecker und ausgeprägter Fixator des Ellbogengelenks innerhalb des Spannbandapparats, der darüber hinaus durch das Caput longum in der Hangbeinphase das Schultergelenk zu beugen vermag.

Der **M. anconeus (Ellbogenhöckermuskel)** ist ein kurzer, aber kräftiger Muskel, der, überdeckt von den Muskelbäuchen des M. triceps brachii, kaudal über der Fossa olecrani liegt (Abb. 3-74). Er überspannt diese Grube, entspringt an der distalen Humerusfläche bis seitlich zu den Epikondylen und setzt lateral am Ellbogenhöcker an. Beim Rind und Pferd verschmilzt er mit dem Caput laterale des M. triceps brachii, bei den anderen Haussäugetieren bleibt er selbständig.

Er wirkt als Strecker des Ellbogengelenks.

Der **M. tensor fasciae antebrachii (Spanner der Unterarmfaszie)** liegt dem M. triceps brachii als Muskelplatte medial auf. Beim Rind und Pferd entspringt er flächenhaft sehnig am Margo caudalis scapulae und aus dem M. latissimus dorsi (Fleischfresser) oder dem Bauchhautmuskel und strahlt in die Unterarmfaszie ein.

Er spannt, wie der Name schon sagt, die Unterarmfaszie und ist gleichzeitig ein Strecker des Ellbogengelenks.

Muskeln der Radioulnargelenke

Die Muskeln des Radioulnargelenks (Abb. 3-75 u. 76) sind nur bei Fleischfressern funktionsfähig. Man unterscheidet:

als **Supinatoren des Unterarms**
- M. brachioradialis,
- M. supinator,

als **Pronatoren des Unterarms**
- M. pronator teres,
- M. pronator quadratus.

Der **M. brachioradialis (Oberarmspeichenmuskel)** ist ein schmales Band, das von der Crista supracondylaris lat. über die Beugeseite des Ellbogengelenks und den M. extensor carpi radialis an den Proc. styloideus radii zieht (Abb. 3-78).

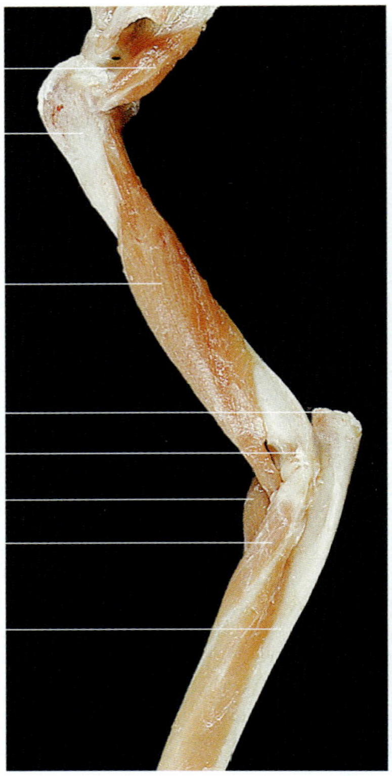

Abb. 3-75. Tiefe Muskeln des linken Schulter- und Ellbogengelenks einer Katze (Lateralansicht).

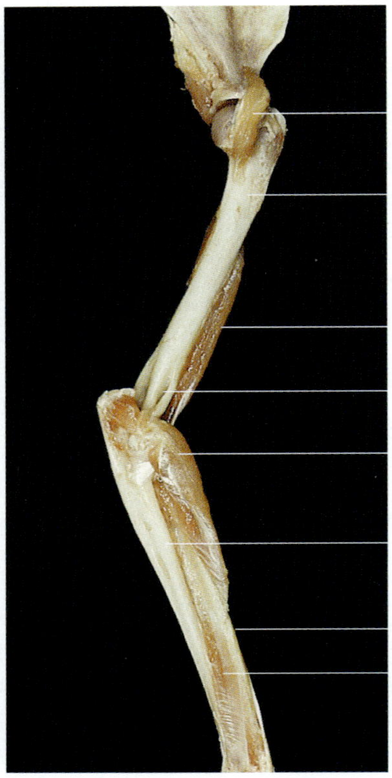

Abb. 3-76. Tiefe Muskeln des linken Schulter- und Ellbogengelenks einer Katze (Medialansicht).

Der **M. supinator (kurzer Auswärtsdreher)** (Abb. 3-75) findet sich außer bei den Fleischfressern auch beim Schwein. Er ist ein platter Muskel, der, vom M. extensor carpi radialis und vom gemeinsamen Zehenstrecker bedeckt, der Gelenkkapsel in der Ellbogenbeuge direkt anliegt. Er entspringt am Epicondylus lat., zieht mit spiraligem Verlauf mediodistal und inseriert medial am Radius.

Der **M. pronator teres (runder Einwärtsdreher)** kommt bei Fleischfressern (Abb. 3-75, 76 u. 79), Schwein und bei Wiederkäuern vor, beim Pferd rudimentär als Band. Dieser zieht vom Epicondylus med. humeri zur kraniomedialen Fläche des Radius.

Der **M. pronator quadratus (viereckiger Einwärtsdreher)** tritt nur bei Fleischfressern auf, er liegt in den mittleren Abschnitten der Membrana interossea antebrachii und der Ulna medial auf, füllt das Spatium interosseum antebrachii aus und setzt medial und kaudal am Radius an (Abb. 3-76).

Muskeln des Vorderfußwurzelgelenks (Karpalgelenk)

Die Muskeln des Vorderfußwurzelgelenks liegen am Unterarm, sie bilden lange, spindelförmige Muskelbäuche. Diese Muskeln sind zweigelenkig, sie entspringen oberhalb des Ellbogengelenks am Humerus und inserieren distal am Karpalgelenk oder am Metakarpus.

In Hinblick auf die eingeschränkte Bewegungsmöglichkeit des Karpalgelenks bei den Haussäugetieren wirken diese Muskeln als Strecker und Beuger. Grundsätzlich ist festzuhalten, daß die **Streckmuskeln des Karpalgelenks** und die **Strecker der Zehengelenke** an der **dorsolateralen Fläche** des Unterarms liegen, während die **Beuger palmar** angeordnet sind (Abb. 3-77). Gemeinsam werden sie von der Unterarmfaszie bedeckt.

Die **Strecker des Karpus** und **der Zehen** entspringen am **Epicondylus lateralis,** die **Beuger** am **Epicondylus medialis des Humerus.** Man unterscheidet als Beweger des Karpalgelenks (Abb. 3-78ff., 83ff. u. Tab. 3-10):

- M. extensor carpi radialis,
- M. extensor carpi ulnaris,
- M. flexor carpi radialis und
- M. flexor carpi ulnaris.

Der **M. extensor carpi radialis (äußerer Speichenmuskel)** ist der wichtigste und stärkste Strecker des Karpalgelenks (Abb. 3-77ff.). Er entspringt am Epicondylus lat. humeri bzw. an der Crista supracondylaris lat., zieht als vordere Begrenzung des Unterarms distal und inseriert am proximalen Ende des 3. bzw. 2. und 3. Metakarpalknochens (Mc).

Bei der Katze ist dieser Muskel zweigeteilt in einen M. extensor carpi radialis longus, der in der Mitte des Radius in eine schlanke Sehne übergeht und proximal am Os metacarpale secundum (Mc II) ansetzt. Der zweite Muskelbauch (M. extensor carpi radialis brevis) liegt lateral von diesem und endet am Mc III. Beim Hund ist nur noch die Endsehne zweigeteilt. Der einheitliche Muskelbauch legt sich medial dem gemeinsamen Zehenstrecker an, im distalen Drittel des Radius spaltet der Muskelbauch zwei Sehnen ab, die gemeinsam über die mittlere Sehnenrinne zur Streckseite des Karpus verlaufen und getrennt am Mc II und am Mc III inserieren.

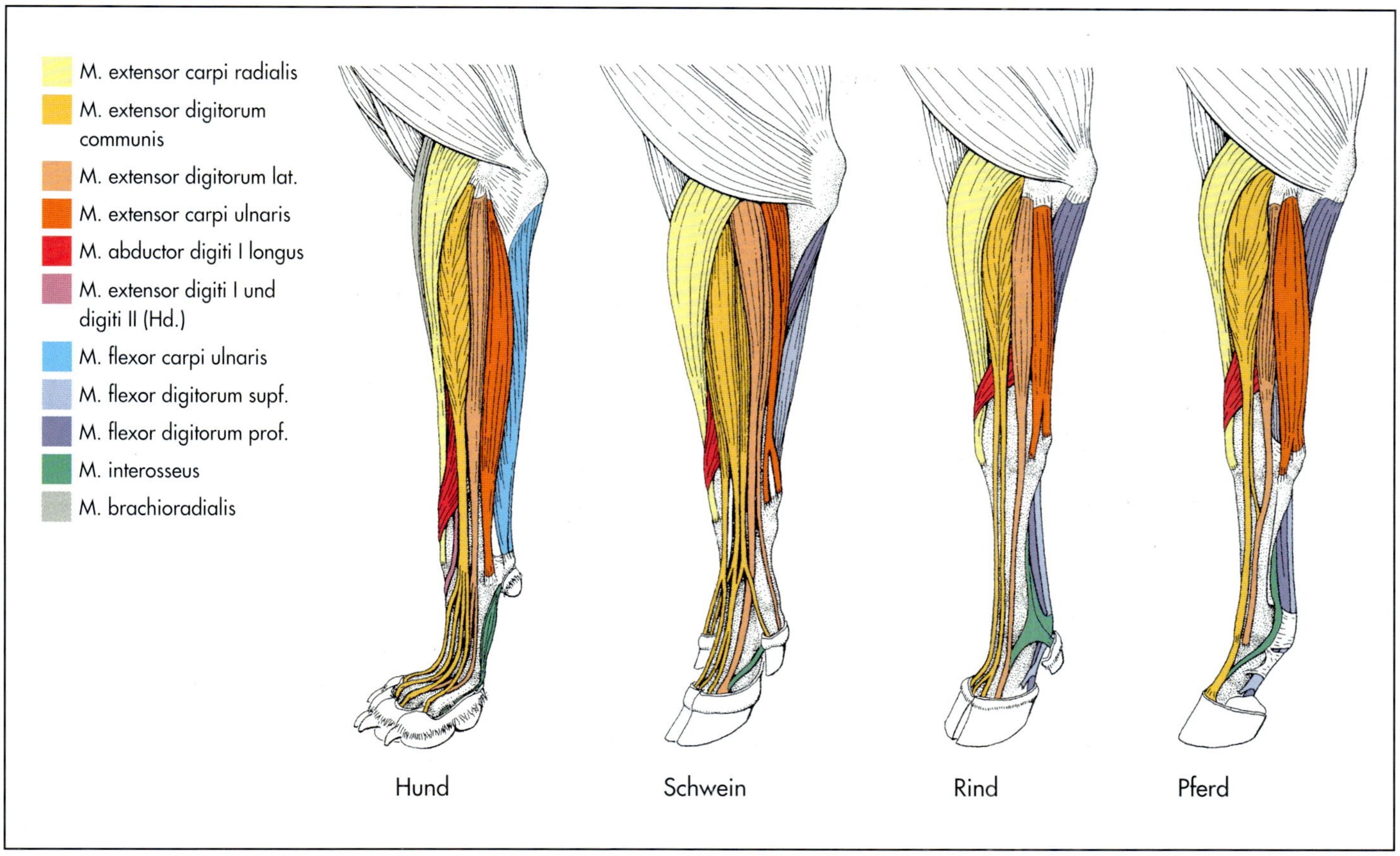

Abb. 3-77. Schematische Darstellung der Muskeln des Unterarms, nach Ellenberger u. Baum, 1943.

Die Endsehne wird distal am Radius von einer Sehnenscheide umhüllt, die distal am Karpus oder proximal am Metakarpus endet (Abb. 3-83ff.). Beim Pferd erhält die Sehne eine kräftige Abspaltung des M. biceps brachii (Lacertus fibrosus), mit der sie verschmilzt (Abb.3-84). Die Sehne verläuft über die mittlere Gleitrinne des Karpus, liegt der Gelenkkapsel an und inseriert, unterlagert von einem Schleimbeutel, an der Tuberositas prox. des Metakarpus (Mc III). Dieser Muskel ist ein Strecker und Feststeller des Karpalgelenks.

Der **M. extensor carpi ulnaris (äußerer Ellbogenmuskel)** liegt am Übergang von der lateralen zur kaudalen Seitenfläche des Radius (Ausnahme Fleischfresser). Er hat seinen Ursprung am Epicondylus lat. humeri und inseriert tierartlich unterschiedlich an lateralen Karpalknochen bzw. am Metakarpus.

Bei Fleischfressern entspringt dieser kräftige, platte Muskel hinter dem lateralen Seitenband des Ellbogengelenks am Epicondylus lat. humeri, seine Endsehne überquert lateral

Tab. 3-10. Muskeln des Vorderfußwurzelgelenks.

Name **Innervation**	**Ursprung**	**Ansatz**	**Funktion**
M. extensor carpi radialis N. radialis	Epicondylus lat. humeri	proximal am Mc III	Strecker und Feststeller des Karpalgelenks
M. extensor carpi ulnaris N. radialis	Epicondylus lat. humeri	Mc V bzw. Mc IV oder Os carpi accessorium	Beuger des Karpalgelenks
M. flexor carpi radialis N. medianus	Epicondylus med. humeri	Mc II bzw. Mc III	Beuger des Karpalgelenks
M. flexor carpi ulnaris N. ulnaris			
Caput humerale	Epicondylus med. humeri	Os carpi accessorium	Beuger des Karpalgelenks
Caput ulnare	Olecranon	Os carpi accessorium	Beuger des Karpalgelenks

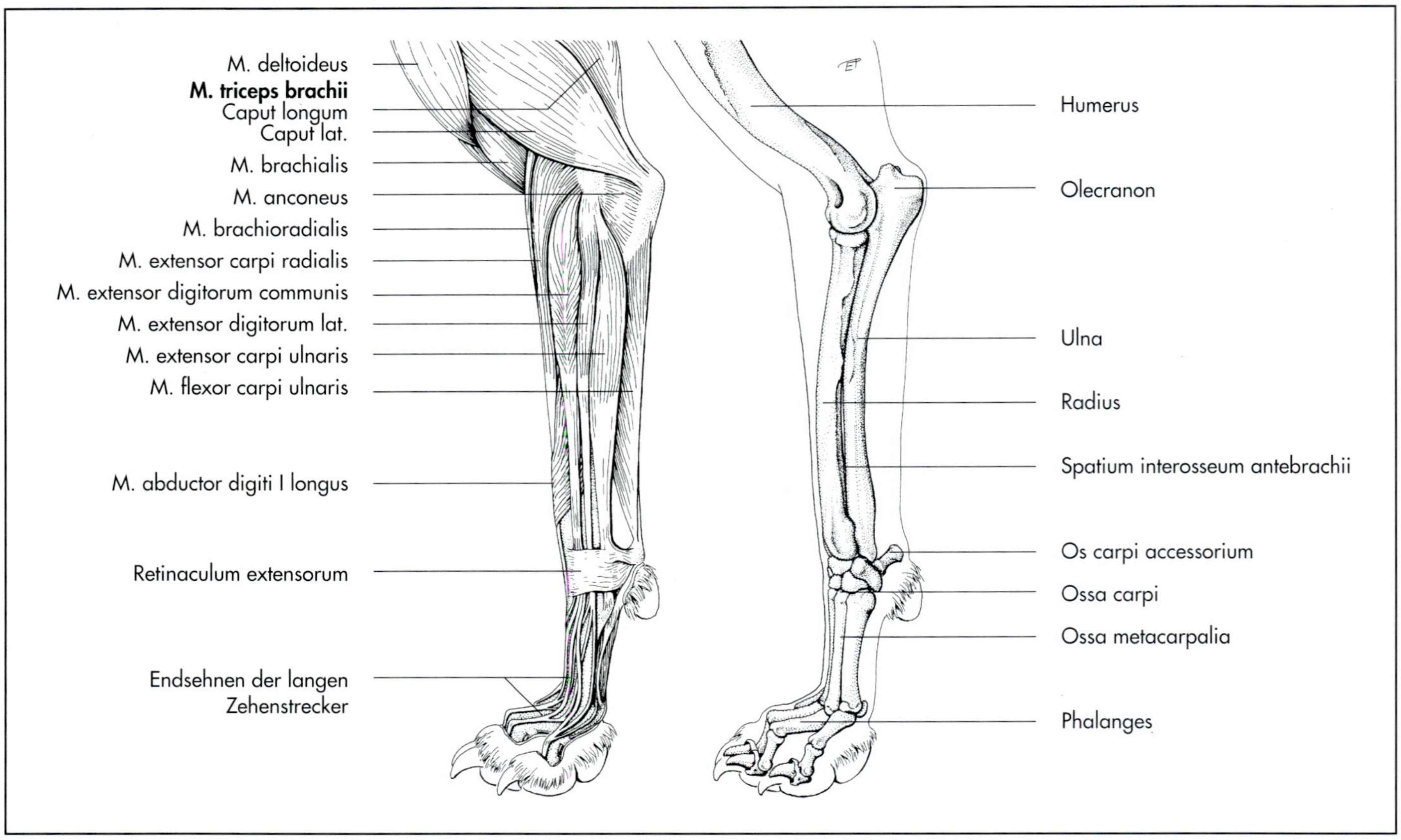

Abb. 3-78. Schematische Darstellung der Muskeln des Vorderfußwurzelgelenks und der Vorderzehen sowie des Skeletts des Hundes (Lateralansicht).

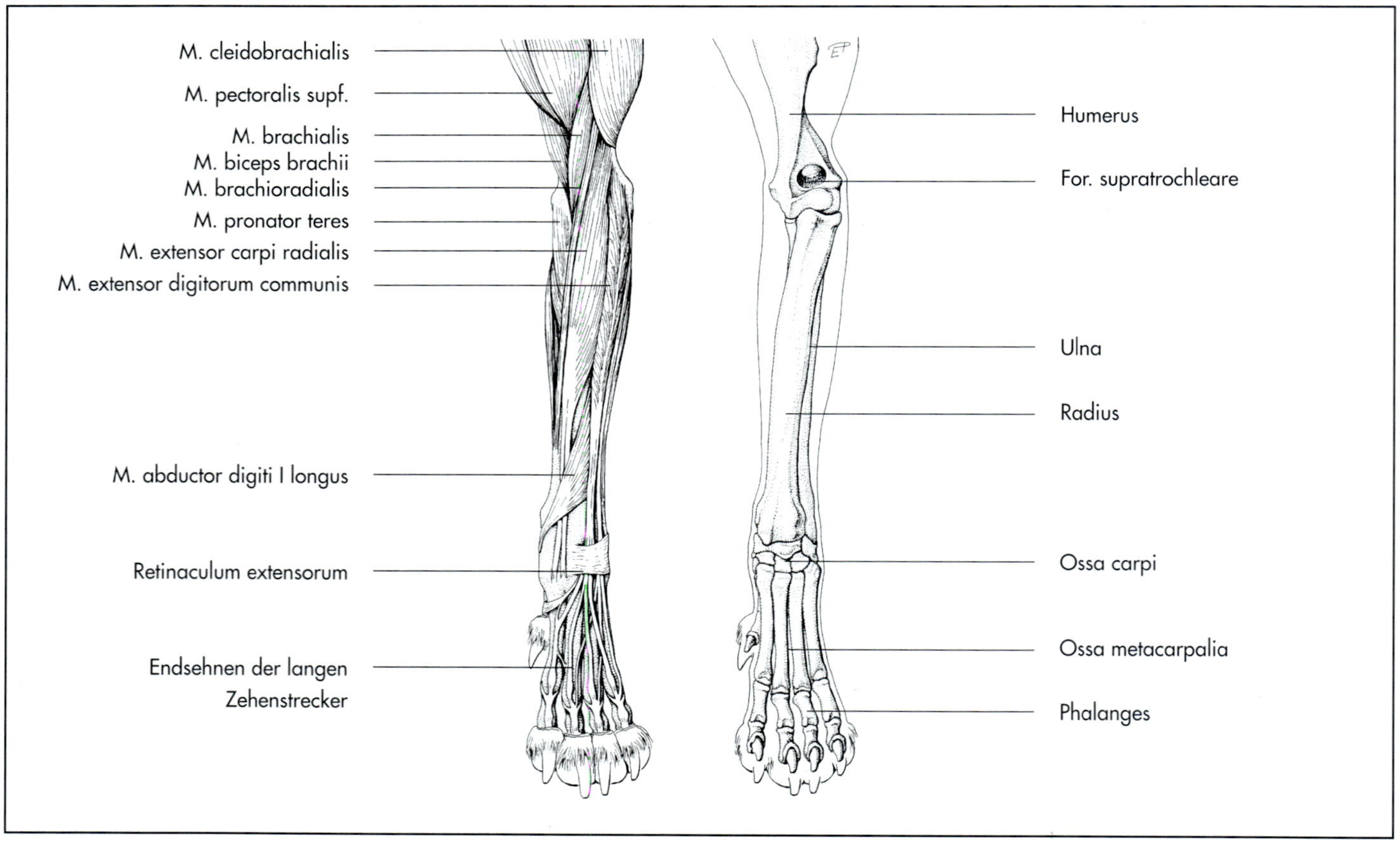

Abb. 3-79. Schematische Darstellung der Muskeln des Vorderfußwurzelgelenks und der Vorderzehen sowie des Skeletts des Hundes (Kranialansicht).

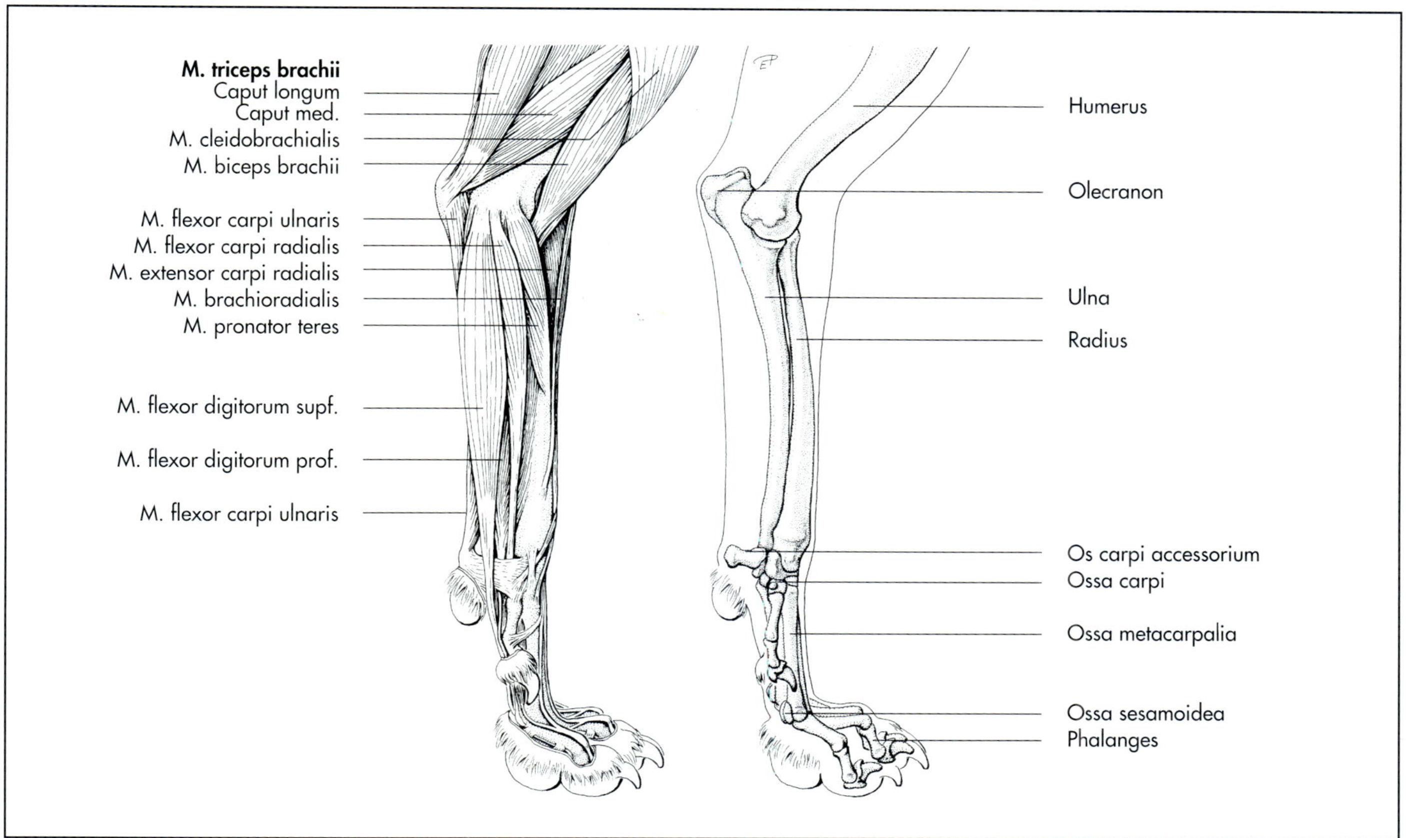

Abb. 3-80. Schematische Darstellung der Muskeln des Vorderfußwurzelgelenks und der Vorderzehen sowie des Skeletts des Hundes (Medialansicht).

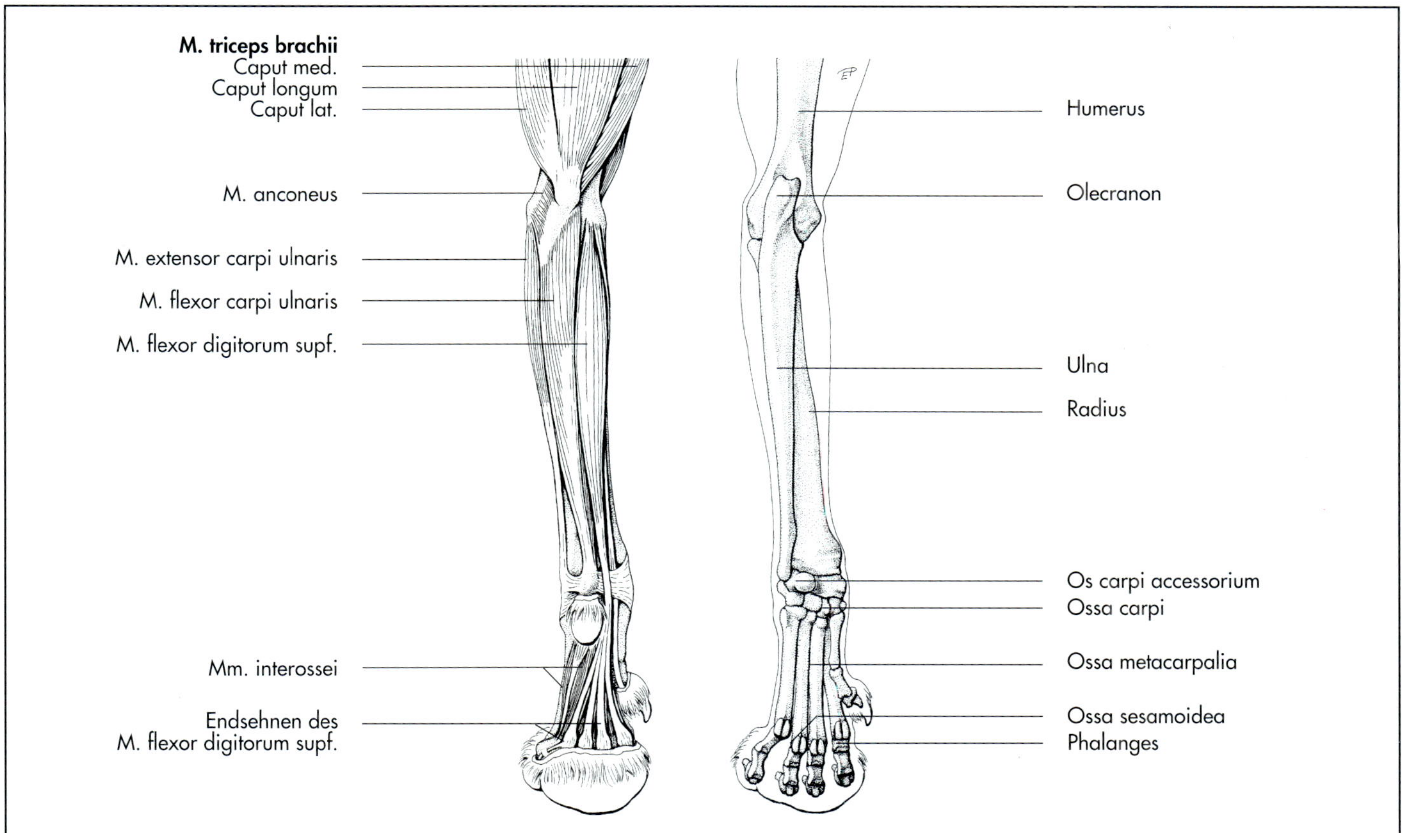

Abb. 3-81. Schematische Darstellung der Muskeln des Vorderfußwurzelgelenks und der Vorderzehen sowie des Skeletts des Hundes (Kaudalansicht).

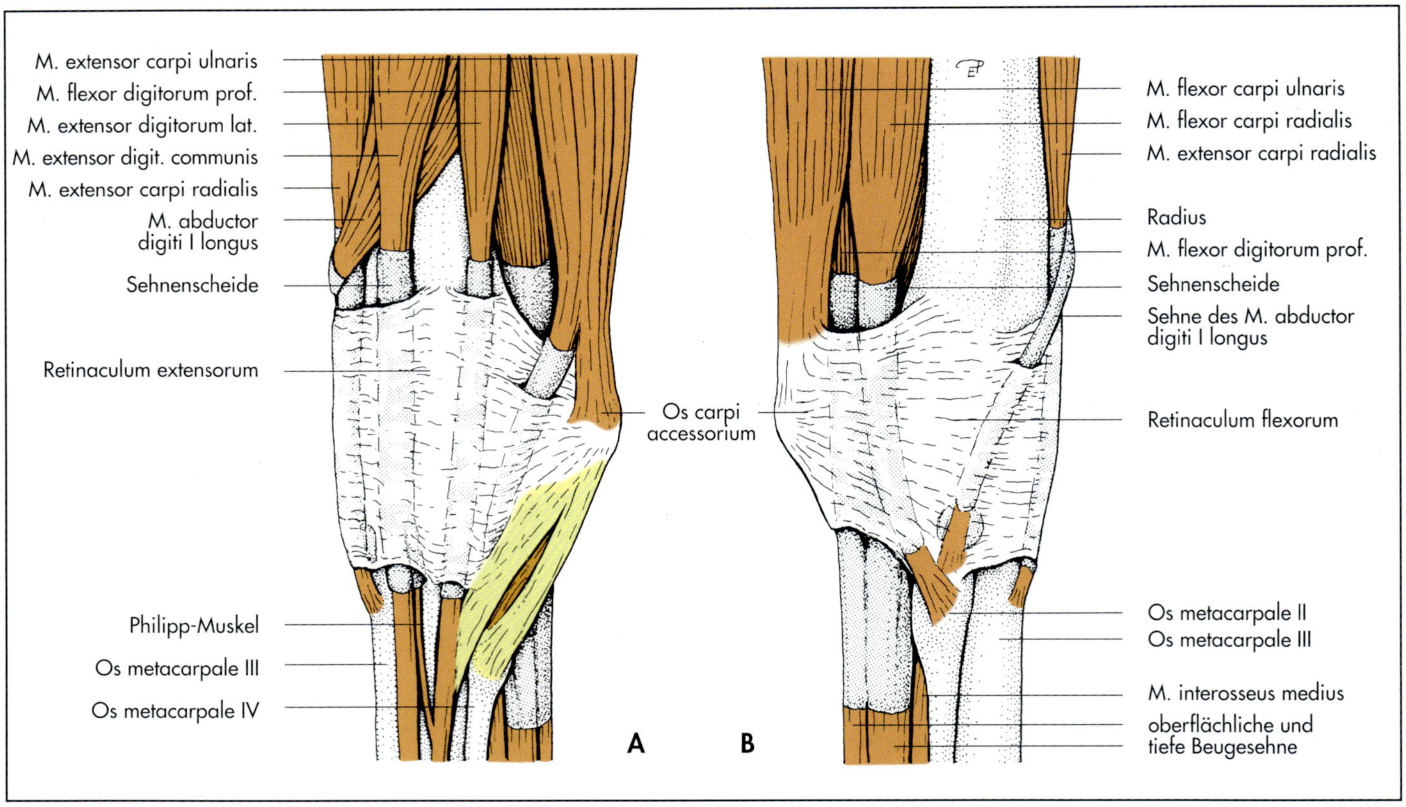

Abb. 3-82. Schematische Darstellung der Sehnen und Sehnenscheiden des Pferdes im Bereich des linken Karpalgelenks (**A** Dorsolateralansicht und **B** Kaudomedialansicht), nach Ellenberger u. Baum, 1943.

den Karpus und setzt proximal am Mc V an (Abb. 3-77ff.). Mit Hilfe von Faserzügen vom Os carpi accessorium ersetzt die Endsehne das fehlende Lig. collaterale carpi laterale. Ein schwacher Schenkel spaltet sich zum Retinaculum extensorum und zum Retinaculum flexorum ab.

Bei Rind und Pferd setzt die Endsehne mit einem Hauptast am Os carpi accessorium an, beim Rind mit einem zusätzlichen Nebenast am Rudiment vom Mc V (Abb. 3-83). Beim Pferd zieht dieser zum lateralen Griffelbein.

Mit dieser Lageveränderung wechselt auch die Funktion dieses Muskels, er wird bei Pflanzenfressern zum Beuger des Karpalgelenks. Beim Fleischfresser wirkt der Muskel bei gebeugtem Karpus als Beuger, in Streckstellung unterstützt er die Streckung. Zusätzlich abduziert er den Unterarm.

Der **M. flexor carpi radialis (innerer Speichenmuskel)** ist ein spindelförmiger Muskel, der oberflächlich und medial an der Kaudalfläche des Radius liegt (Abb. 3-80). Er entspringt am Epicondylus med. humeri, zieht über die Beugeseite des Karpus, umhüllt von einer Sehnenscheide, und inseriert an der Palmarfläche des Metakarpus, bei Fleischfressern am Mc II und III, beim Schwein und Wiederkäuer am Mc III und beim Pferd am Mc II (Abb. 3-82). Er beugt das Karpalgelenk.

Der **M. flexor carpi ulnaris (innerer Ellbogenmuskel)** ist stark sehnig durchsetzt, er liegt den Zehenbeugern oberflächlich mediokaudal am Unterarm an und bedeckt diese. Sein Ursprung ist in das kräftigere **Caput humerale** (Epicondylus med. humeri) und in das schwächere **Caput ulnare** (Olecranon) zweigeteilt (Abb. 3-77ff.).

Beide Anteile vereinigen sich und gehen in eine Endsehne über, die am Os carpi accessorium ansetzt. Beim Pferd wird das Caput humerale von einem Schleimbeutel unterlagert, der mit dem Ellbogengelenk in Verbindung steht und sich zwei Finge rbreit bis unter das Caput humerale der tiefen Beugesehne ausdehnt (Abb. 3-82 u. 83ff.).

Dieser Muskel beugt das Karpalgelenk, bei Fleischfressern wirkt er auch geringfügig als Supinator.

Muskeln der Vorderzehen

Die Muskeln der Vorderzehen liegen am Unterarm, sie sind meist kräftig, stark sehnig durchsetzt und stets mehrgelenkig. Sie entspringen oberhalb des Ellbogengelenks am Humerus, teils auch noch am Skelett des Unterarms, ziehen mit langen Sehnen über das Karpalgelenk und den Mittelfuß und inserieren an den einzelnen Zehengliedern.

Die phylogenetische Entwicklung der Gliedmaße zum Geh- und Stützorgan zog auch eine Einschränkung der Bewegungsmöglichkeit der Vorderzehen nach sich. So sind bei den Haussäugetieren im Bereich der Zehen vorzugsweise einachsige Wechselgelenke bzw. seltener zweiachsige Sattelgelenke ausgebildet, die meist nur Streck- bzw. Beugebewegungen erlauben. Ab- und Adduktionsmöglichkeiten sind eingeschränkt. Die **Streckmuskeln der Zehengelenke** liegen an der **kraniolateralen Fläche des Unterarms,** während die **Beuger kaudal** angeordnet sind, überzogen von der Unterarmfaszie. Die **Strecker der Zehen** entspringen am **Epicondylus lateralis,** die **Beuger** am **Epicondylus medialis des Humerus** (Abb. 3-77ff. u. 3-83ff., Tab. 3-11).

Man unterscheidet an Muskeln der Vorderzehen:

als **Strecker**
- M. extensor digitorum communis,
- M. extensor digitorum lateralis,
- M. extensor digiti I und digiti II,
- M. abductor digiti I longus,

als **Beuger**
- M. flexor digitorum superficialis,
- M. flexor digitorum profundus und
- Mm. interflexorii.

Der **M. extensor digitorum communis (gemeinsamer Zehenstrecker)** liegt dem M. extensor carpi radialis seitlich an, er ist kräftig und gefiedert (Abb. 3-77f. u. 3-83f.). Er entspringt am Epicondylus lat. humeri, teilweise auch am lateralen Seitenband des Ellenbogengelenks, mit mehr oder weniger getrennten Bäuchen (Fleischfresser 4, Schwein 3, Wiederkäuer 2) und inseriert mit einer langen Endsehne am Proc. extensorius der Phalanx dist. einer jeden Zehe (Abb. 3-78, 79 u. 84). Demzufolge spaltet sich die Endsehne tierartlich unterschiedlich nach der Anzahl der Zehen auf. Allein beim Pferd bleibt diese einheitlich.

Bei Fleischfressern nimmt dieser Muskel am lateralen Epikondylus des Oberarms, am lateralen Seitenband des Ellbogengelenks gemeinsam mit dem M. extensor carpi radialis seinen Ursprung und teilt sich distal rasch in vier Endsehnen (Abb. 3-79). Diese ziehen, innerhalb einer gemeinsamen Sehnenscheide, dorsolateral über den Karpus, bedeckt vom Retinaculum extensorum, trennen sich auf der Dorsalfläche des Metakarpus und inserieren bei Hund und Katze an den vier Stützzehen der Phalanx distalis. Bei der Katze ist zusätzlich noch eine Anbindung an die Phalanx media entwickelt. Sämtliche vier Endsehnen erhalten Unterstützungsäste von den Mm. interossei und vom seitlichen Zehenstrecker an die 3. bis 5. Zehe in Höhe der Phalanx proximalis.

Beim Schwein besteht dieser Muskel aus drei Bäuchen, von denen der mediale am stärksten ausgebildet ist und dessen Hauptsehne an das Klauenbein der dritten, medialen Zehe zieht. Der mittlere Muskelbauch gabelt sich in seiner Endsehne und inseriert an der 3. und 4. Zehe. Sämtliche Endsehnen geben kleine Seitenäste an die Afterklauen ab.

Bei Wiederkäuern sind ein lateraler und ein medialer Muskelbauch mit je einer eigenständigen Endsehne ausgebildet, die zusammen die gemeinsame Strecksehne darstellen. Der laterale Anteil entspringt oberflächlich am Epicondylus lat. humeri und in der Tiefe an der Ulna, beide ziehen gemeinsam über den Karpus und spalten sich in Höhe des Fesselgelenks in zwei Schenkel, die am Proc. extensorius der 3. und 4. Zehe ansetzen (Abb. 3-87). Der mediale Anteil entspringt ebenso am Epicondylus lat. humeri und inseriert ungeteilt dorsomedial an der Phalanx media der 3. Zehe, unterstützt von axialen und abaxialen Ästen des M. interosseus.

Beim Pferd ist der gemeinsame Zehenstrecker stark sehnig durchzogen, er entspringt über dem Condylus humeri zwischen der Fossa radialis und dem lateralen Bandhöcker des Humerus und des Radius und am lateralen Seitenband, bedeckt vom M. extensor carpi radialis und dem seitlichen Zehenstrecker (Abb. 3-83 u. 84). Mit einer kräftigen Sehne zieht er in der lateralen Sehnenrinne über den Karpus, fixiert durch das Retinaculum extensorum, verläuft auf der Dorsalfläche des Metakarpus und inseriert flächenhaft verbreitert am Proc. extensorius des Hufbeins. Vor dem Ansatz gibt die Endsehne Schenkel an das Kronbein und einzelne Fasern an den Hufknorpel ab. Diese Sehne nimmt die beiden Unterstützungsäste des M. interosseus medius, unterlagert von einem bohnengroßen Schleimbeutel, auf.

Der gemeinsame Zehenstrecker spaltet proximal vom Spatium interosseum antebrachii einen an der Ulna entspringenden tiefen Anteil ab, der mit der Endsehne über den Metakarpus zieht und sich bis zum Fesselbein verfolgen läßt. Dieser bedeutungslose Muskelstrang wird als das Rudiment des M. extensor indicis angesehen und als **Thiernesse-Muskel** bezeichnet.

Darüber hinaus setzt sich ein am Radius entspringender, ebenso unbedeutender oberflächlicher Anteil von der gemeinsamen Strecksehne ab, zieht mit dieser gemeinsam über den Karpus und vereinigt sich mit der Sehne des M. extensor digitorum lateralis. Dieser radiale Anteil des gemeinsamen Zehenstreckers wird **Philipp-Muskel** genannt (Abb. 3-82).

Die gemeinsame Strecksehne wird zusammen mit der Endsehne des Philipp-Muskels von einer Sehnenscheide umhüllt, die 10–12 cm oberhalb des Karpus beginnt und proximal am Metakarpus endet.

Dieser Muskel ist ein Strecker der Zehengelenke und des Karpalgelenks.

Der **M. extensor digitorum lateralis (seitlicher Zehenstrecker)** liegt dem M. extensor digitorum communis kaudal an der Seitenfläche des Unterarms an (Abb. 3-77, 78 u. 83). Er entspringt am lateralen Seitenband des Ellbogengelenks, am lateralen Bandhöcker des Radius und lateral an der Ulna und bildet bei der Katze drei, beim Hund zwei Muskelbäuche aus. Beim Schwein entstehen zwei vollständig getrennte Muskeln, bei Wiederkäuern und Pferd allein ein Muskel. Die einzelnen Endsehnen verzweigen sich und inserieren tierartlich unterschiedlich an den Phalangen.

Bei der Katze entspringt der seitliche Zehenstrecker an der Crista supracondylaris lateralis des Humerus, teilt sich in drei Bäuche, die sich nachfolgend in drei bis vier Sehnen aufzweigen und dorsolateral am 5. bis 3. Metakarpus verlaufen. In Höhe der Phalanx proximalis verschmelzen sie mit den Sehnen des gemeinsamen Zehenstreckers und nehmen Unterstützungsäste der Mm. interosseii auf.

Beim Hund verhält sich der seitliche Zehenstrecker vergleichbar dem der Katze (Abb. 3-77 u. 78). Es werden jedoch nur zwei Muskelbäuche angelegt, deren gemeinsame Sehne im Bereich des Karpus von einer einheitlichen Sehnenscheide bis in Höhe des proximalen Drittels des Metakarpus umgeben wird. Die stärkere laterale Endsehne verbindet sich in Höhe der Phalanx prox. der 5. Zehe, mit dem Ast der gemeinsamen Strecksehne. Der schwächere mediale Ast gabelt sich und verbindet sich ebenfalls in Höhe der Phalanx prox. der 3. und 4. Zehe mit der gemeinsamen Strecksehne und den Mm. interosseii.

Beim Schwein besteht der seitliche Zehenstrecker aus zwei unabhängigen Muskelbäuchen. Der stärkere entspringt am Epicondylus lat. des Humerus und am lateralen Seitenband und inseriert, nach Aufnahme eines Astes des M. interosseus, an der Phalanx media und dist. der lateralen Hauptzehe. Der schwächere Muskelbauch entspringt lateral von diesem,

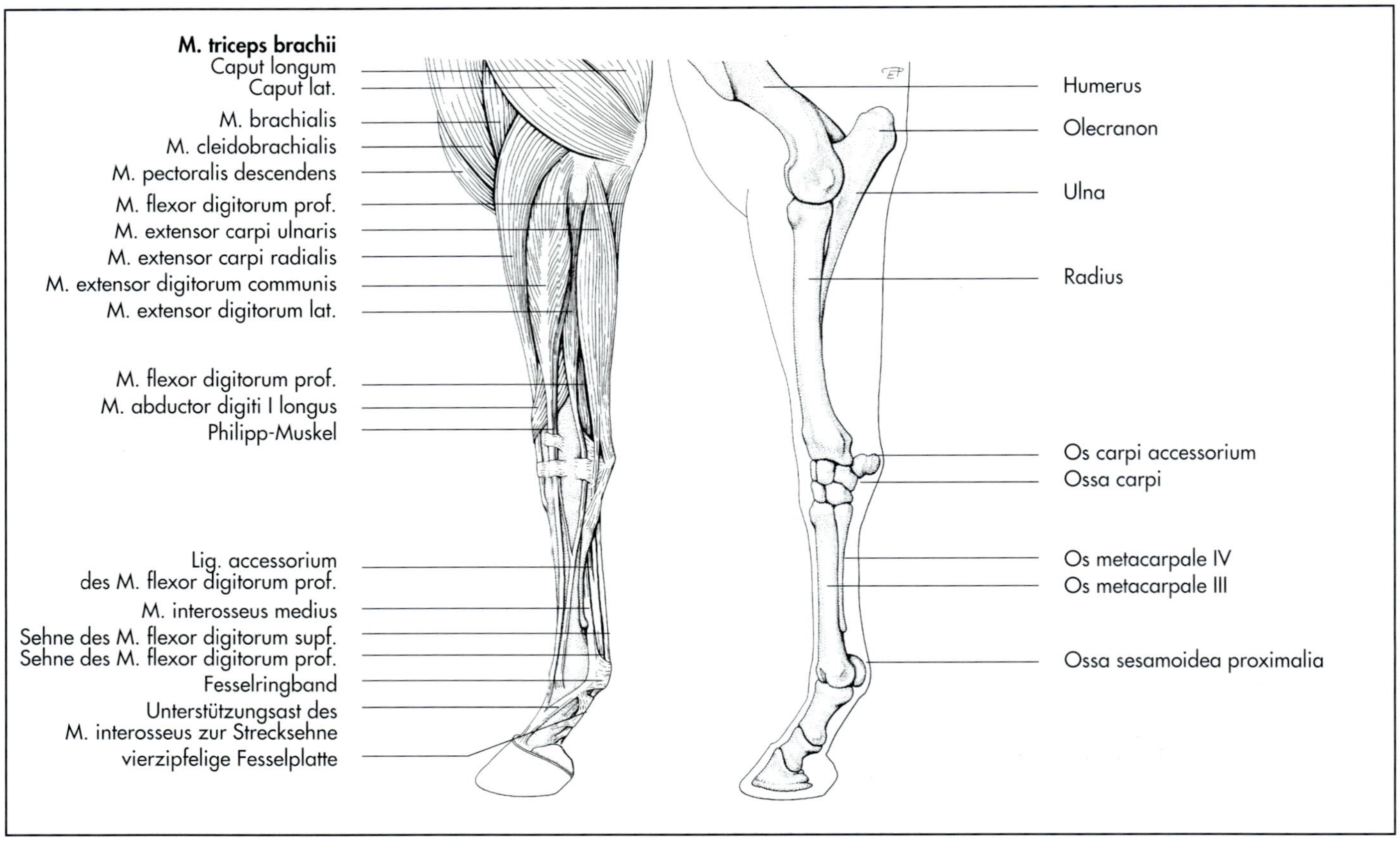

Abb. 3-83. Schematische Darstellung der Muskeln des Vorderfußwurzelgelenks und der Vorderzehe sowie des Skeletts des Pferdes (Lateralansicht).

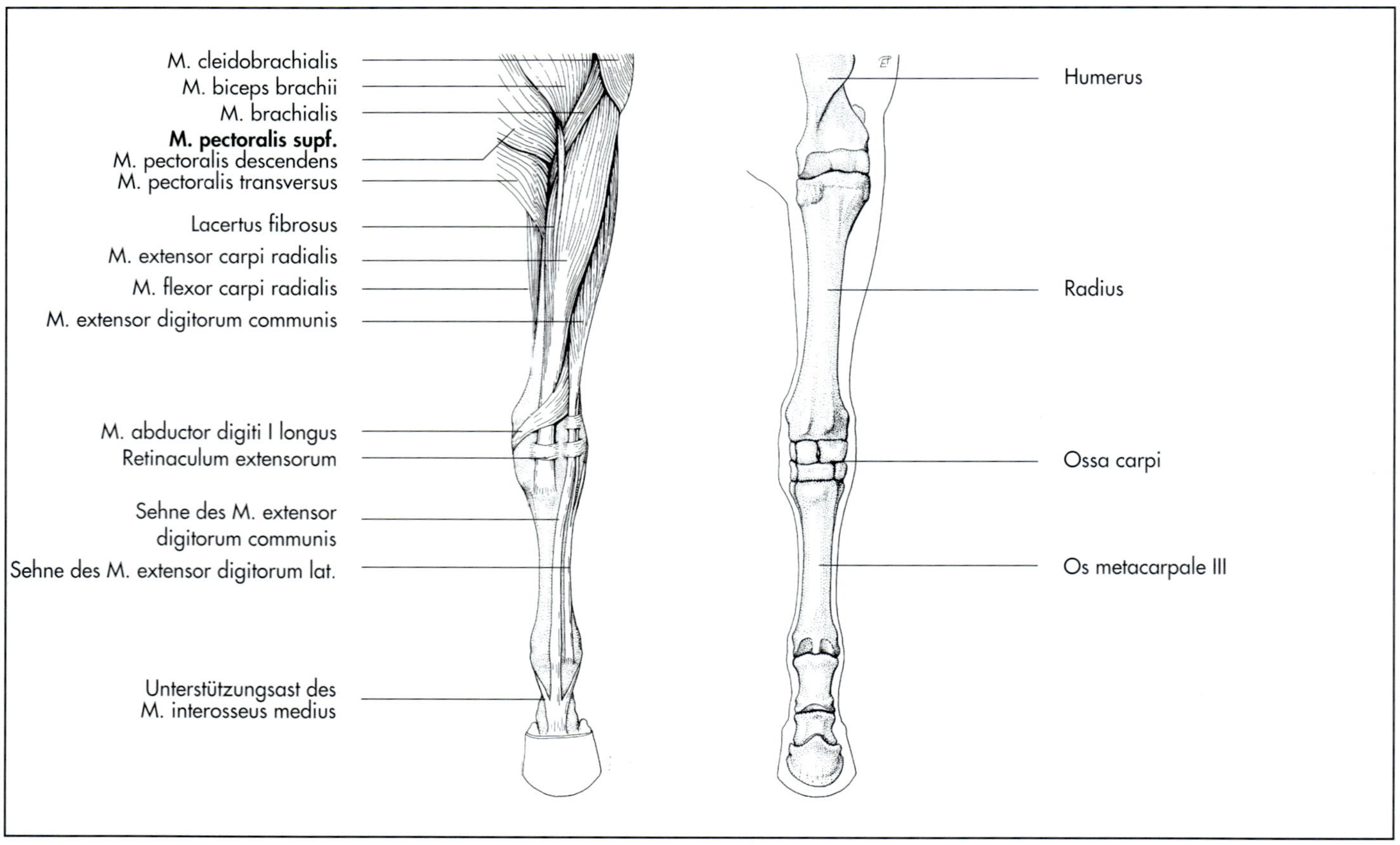

Abb. 3-84. Schematische Darstellung der Muskeln des Vorderfußwurzelgelenks und der Vorderzehe sowie des Skeletts des Pferdes (Kranialansicht).

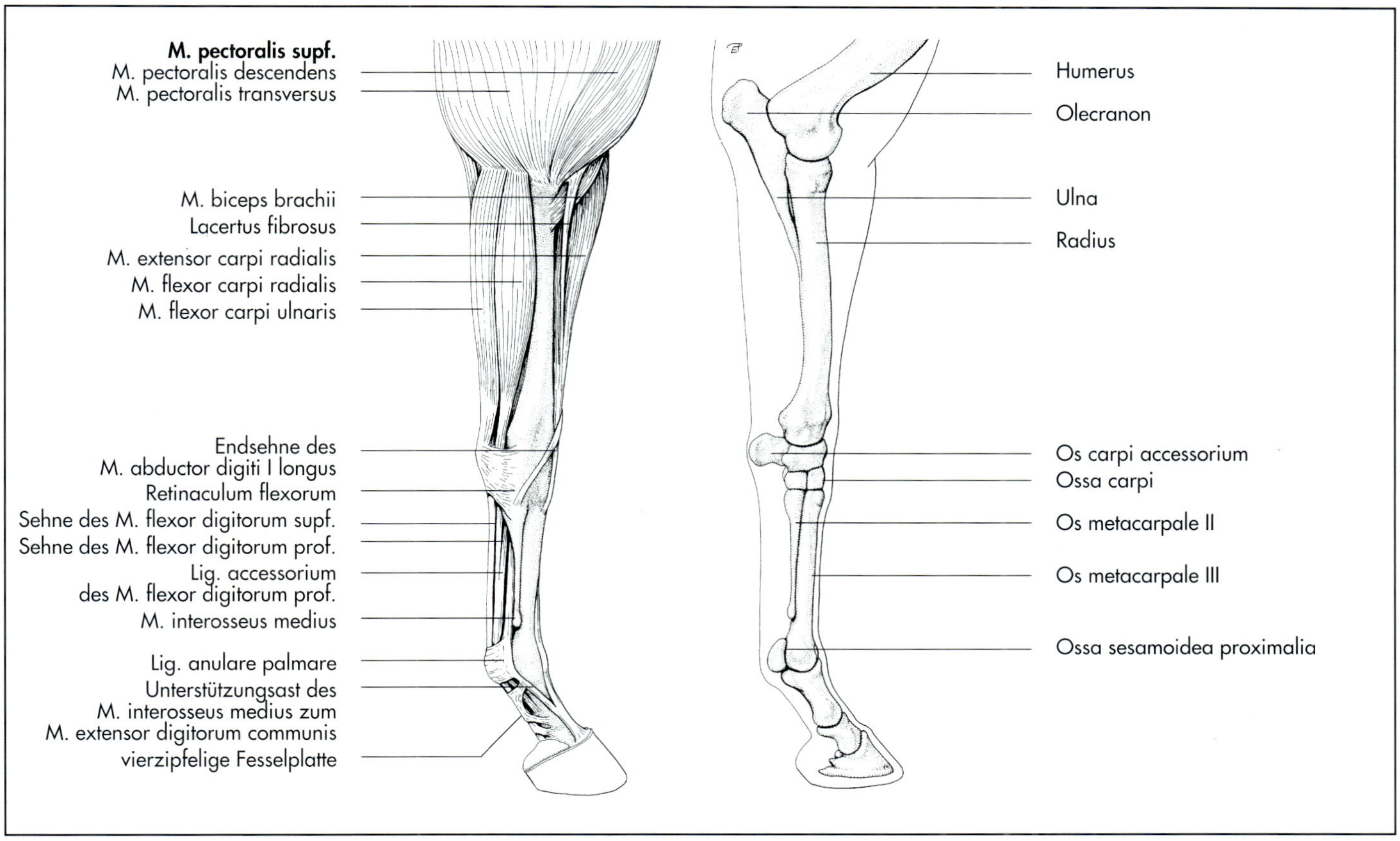

Abb. 3-85. Schematische Darstellung der Muskeln des Vorderfußwurzelgelenks und der Vorderzehe sowie des Skeletts des Pferdes (Medialansicht).

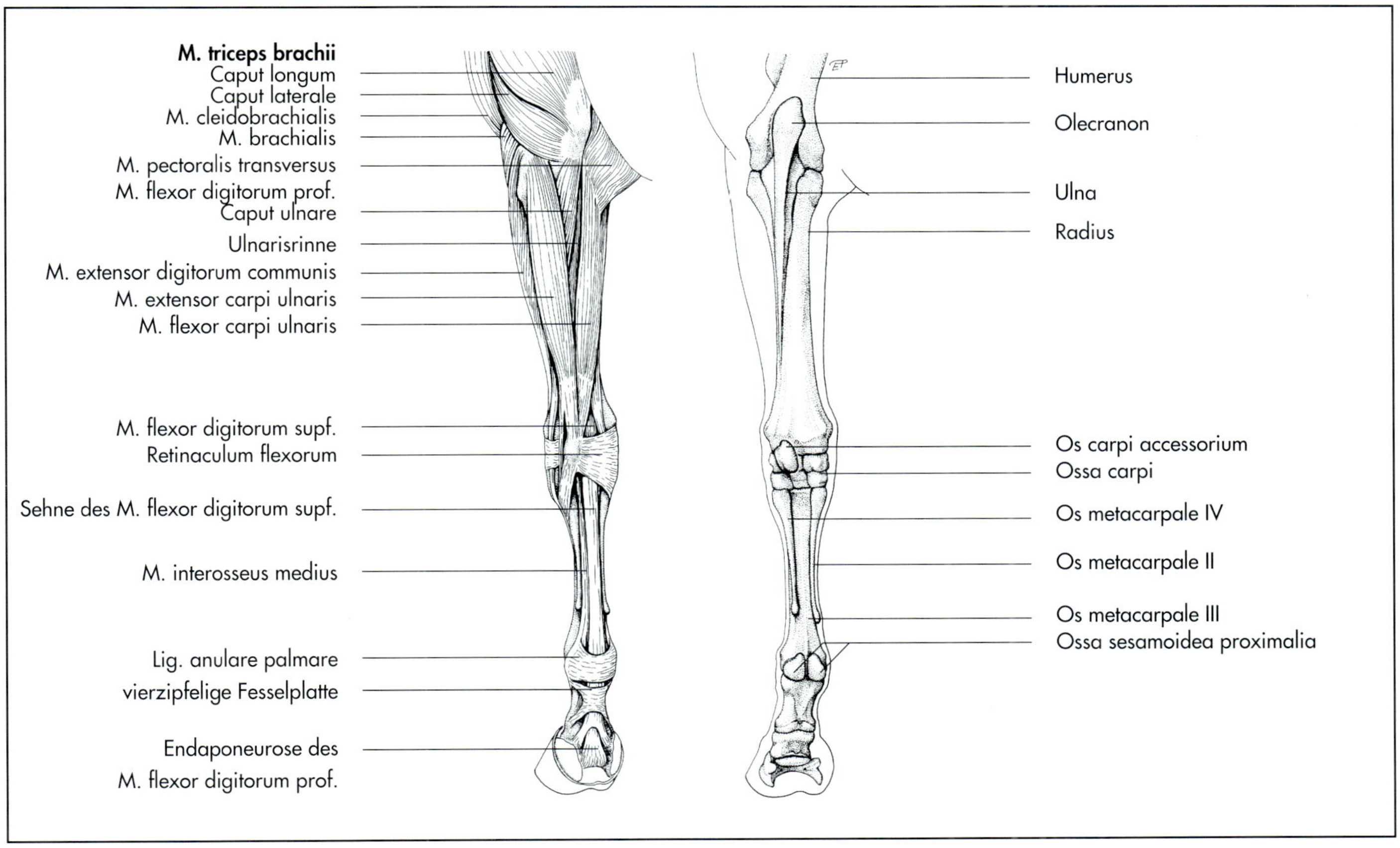

Abb. 3-86. Schematische Darstellung der Muskeln des Vorderfußwurzelgelenks und der Vorderzehe sowie des Skeletts des Pferdes (Kaudalansicht).

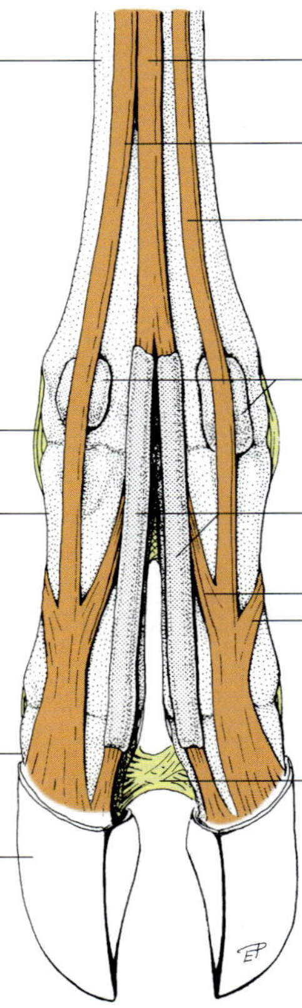

Abb. 3-87. Schematische Darstellung des linken Vorderfußes des Rindes mit Sehnen und synovialen Einrichtungen (Dorsalansicht).

größtenteils an der Ulna und zieht zur Phalanx media und dist. der lateralen Afterzehe.

Bei Wiederkäuern ist der seitliche Zehenstrecker einheitlich. In Höhe des Karpus wird seine Sehne von einer Sehnenscheide umhüllt, er zieht lateral am Karpus vorbei, liegt der gemeinsamen Strecksehne an, erhält abaxial und axial je einen Unterstützungsast vom M. interosseus und inseriert dorsolateral am Kronbein der 4. Zehe (Abb. 3-87).

Beim Pferd entspringt der seitliche Zehenstrecker am lateralen Seitenband des Ellbogengelenks, am lateralen Bandhöcker des Radius und der Ulna, zieht mit seiner Endsehne in einer Rinne des Proc. styloideus lat., bedeckt von der tiefen Faszie, über die Außenfläche des Karpus, eingeschlossen von einer Sehnenscheide (Abb. 3-82).

In Höhe des Metakarpus erhält die Endsehne ein fasziales Unterstützungsband, verbindet sich mit der Sehne des Philipp-Muskels, verläuft über das Fesselgelenk und inseriert dorsolateral am Fesselbein (Abb. 3-83 u. 84).

Der seitliche Zehenstrecker streckt bei Fleischfressern und beim Schwein alle Zehengelenke der lateralen Zehen (3. bis 5. Zehe), bei den Wiederkäuern die Fessel- und Krongelenke der 4. Zehe und beim Pferd das Fesselgelenk.

Der **M. extensor digiti I et digiti II (besonderer Strecker der 1. und 2. Zehe)** tritt nur bei Fleischfressern als eigenständiger Muskel auf (Abb. 3-77). Bei der Katze entspringt er am kraniolateralen Rand der Ulna, wird in seinem distalen Verlauf bedeckt von der Sehne des seitlichen Zehenstreckers, teilt sich in drei Schenkel und zieht schräg unter der Sehne des gemeinsamen Zehenstreckers nach medial. Er inseriert an der 1. Zehe, die beiden anderen Sehnen setzen lateral und medial an der 2. Zehe an. Beim Hund liegt dieser Muskel in der Tiefe, bedeckt von den Streckern des Karpus und der Zehen. Seine Endsehne unterkreuzt in Höhe des Karpus die gemeinsame Strecksehne und zieht medial über den Karpus. Sie gabelt sich in einen medialen Ast zum McI und einen lateralen zur Verbindung mit der gemeinsamen Strecksehne zur 2. Zehe.

Bei den anderen Haussäugetieren ist dieser Muskel mit dem gemeinsamen Streckmuskel verschmolzen, beim Pferd entspricht er dem Thiernesse-Muskel. Er ist bei den Fleischfressern ein Strecker der 1. und 2. Zehe und Adduktor der 1. Zehe.

Der **M. abductor digiti I longus (langer Auswärtszieher des Daumens)** nimmt seinen Ursprung im mittleren Drittel des Unterarms am lateralen Rand des Radius und der Ulna und fächert sich als Muskelplatte kraniolateral auf dem Skelett des Unterarms auf. Seine Sehne zieht unter den Sehnen der langen Zehenstrecker, über die Endsehne des M. extensor carpi radialis und den Karpus medial und inseriert bei Fleischfressern am 1. Metakarpalknochen – unterlagert von einem Sesambein –, beim Schwein am 2., bei Wiederkäuern am 3. und beim Pferd am medialen Griffelbein (Abb. 3-82 u. 84).

Der Funktion nach muß dieser Muskel den Streckern des Karpalgelenks zugeordnet werden, der Bezeichnung nach als Zehenstrecker, bei Fleischfressern zusätzlich auch Abduktor der 1. Zehe.

Der **M. flexor digitorum superficialis (oberflächlicher Zehenbeuger)** ist ein beim Wiederkäuer und Pferd meist sehnig durchsetzter Muskel (Abb. 3-86, 89 u. 90). Er ent-

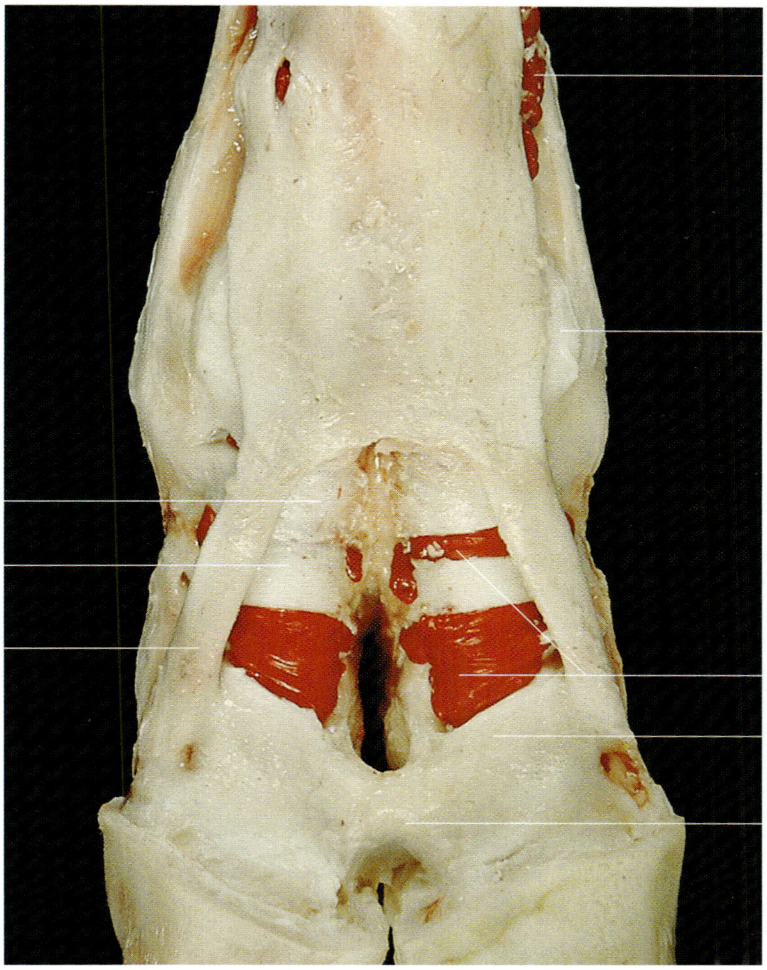

Abb. 3-88. Fesselbeugesehnenscheide eines Rindes (Palmaransicht) (Ausgußpräparat).

springt am Epicondylus med. des Humerus, seine Sehne spaltet sich tierartlich unterschiedlich in mehrere Schenkel (Ausnahme Pferd) und findet an der Phalanx media der Stützzehen ihren Ansatz, nachdem sie in Höhe der Phalanx proximalis von der tiefen Beugesehne durchbohrt worden ist.

Bei Fleischfressern ist dieser Muskel platt und rein fleischig, er liegt oberflächlich mediokaudal am Unterarm (Abb. 3-77 ff.). Er nimmt seinen Ursprung zwischen den Humerusköpfen des tiefen Zehenbeugers und des M. flexor carpi ulnaris am Epicondylus med. humeri und entläßt in Höhe des Karpus die oberflächliche Beugesehne. Die Sehne zieht medial vom Os accessorium über die Karpalbeuge, unterlagert von einem Schleimbeutel, und spaltet im proximalen Drittel des Metakarpus bei der Katze fünf, beim Hund vier Schenkel ab, die zur 1. bis 5. bzw. 2. bis 5. Zehe ziehen.

Proximal des Zehengrundgelenks umfassen die Schenkel der oberflächlichen Beugesehne die Äste der tiefen Beugesehne manschettenartig und lassen diese palmar an die Oberfläche treten. Die Endsehnen der oberflächlichen Beugesehne inserieren am proximalen Rand der Phalanx media der vier Stützzehen. Diese Endsehnen werden in Höhe des Zehengrundgelenks sowie an der Phalanx prox. und media durch je ein Ringband in ihrer Lage gehalten.

Beim Schwein ist ein schwächerer oberflächlicher Bauch und ein stärkerer tiefer Bauch zu unterscheiden, die gemeinsam am Epicondylus med. humeri ihren Ursprung nehmen. Die Sehne des oberflächlichen Bauches verläuft über das Retinaculum flexorum hinweg zum Metakarpus und umfaßt in Höhe des Fesselgelenks röhrenartig die Endsehne der tiefen Beugesehne. Die oberflächliche Endsehne inseriert zweischenkelig proximal an der Phalanx media der 4. Zehe. Die Sehne des tiefen Bauches tritt unter dem Retinaculum flexorum hindurch. Durchbohrt von der Sehne des tiefen Zehenbeugers setzt sie an der Phalanx media der medialen Hauptzehe (3. Zehe) an.

Bei Wiederkäuern verhält sich dieser Muskel im proximalen Abschnitt vergleichbar dem des Schweines. Danach ist der oberflächliche Zehenbeuger ebenfalls zweibäuchig, sein oberflächlicher Anteil überquert das Retinaculum flexorum bis zum Metakarpus, während der tiefe Anteil unter dieses Hilfsband zieht, in einer Rinne der tiefen Beugesehnen liegend. Beide Anteile vereinigen sich in der Mitte des Metakarpus zu einer gemeinsamen oberflächlichen Beugesehne, die sich nachfolgend in einen medialen und einen lateralen Ast gabelt. Jeder dieser Äste formt im Bereich des Fesselgelenks je eine Manschette um die tiefe Beugesehne (Abb. 3-89). Nahe diesem Gelenk verbindet sich die jeweilige Endsehne mit der kräftigen Platte des M. interosseus medius. Jeder der beiden Sehnenschenkel inseriert dreiteilig palmar am Kronbein, die beiden schwächeren seitlichen Äste an den Bandhöckern des Gelenkrands, der stärkere mittlere Ast an der Facies flexoria des Kronbeins (»Kronbeinbeuger«).

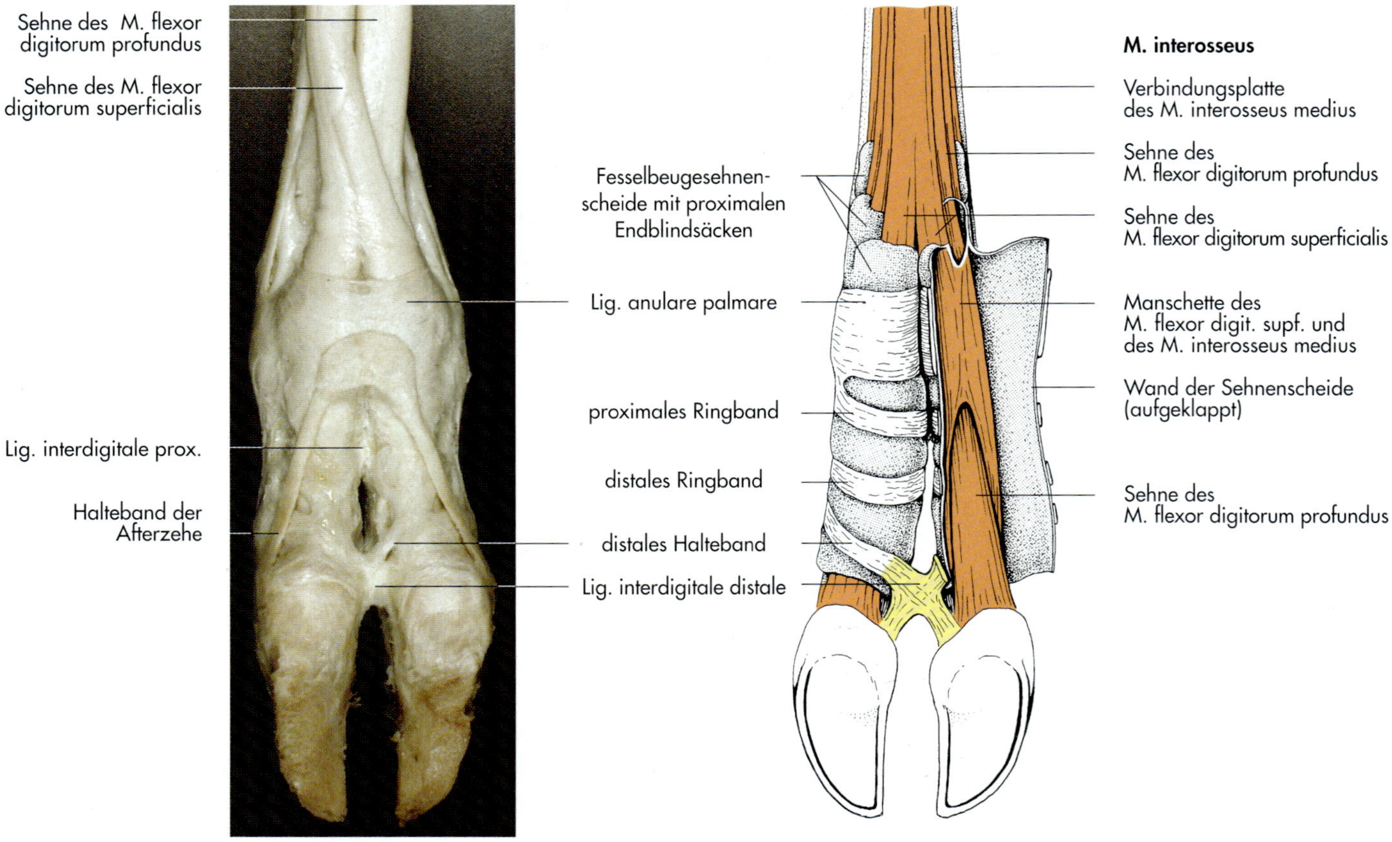

Abb. 3-89. Oberflächliche Bänder und Sehnen am rechten Vorderfuß eines Rindes (linke Abbildung) und schematische Darstellung der Fesselbeugesehnenscheide des linken Vorderfußes des Rindes (rechte Abbildung), (Palmaransicht).

Die beiden Endschenkel der oberflächlichen und der tiefen Beugesehne werden in Höhe des Fesselgelenks von einer gemeinsamen Sehnenscheide, der **Fesselbeugesehnenscheide,** umgeben und durch das Fesselringband am Fesselbein in ihrer Lage gehalten (Abb. 3-88 u. 89).

Beim Pferd ist ein einheitlicher oberflächlicher Beugemuskel der Zehen ausgebildet, der dem tiefen Beuger aufliegt und mit ihm zum Teil verwachsen ist (Abb. 3-85 u. 86). Er entspringt am Epicondylus med. humeri, seine kräftige oberflächliche Beugesehne zieht, unterstützt durch ein Lig. accessorium in der Karpalgegend, mediopalmar zusammen mit der tiefen Beugesehne an die Palmarfläche des Metakarpus. Auf dieser Wegstrecke werden beide Sehnen gemeinsam von einer proximalen Sehnenscheide **(Karpalbeugesehnenscheide)** umhüllt (Abb. 3-82).

Im distalen Abschnitt des Metakarpus ummantelt die oberflächliche Endsehne die tiefe Beugesehne, zieht innerhalb der gemeinsamen Fesselbeugesehnenscheide über das Fesselgelenk und spaltet sich in der Fesselbeuge in zwei Schenkel, zwischen denen die tiefe Beugesehne hindurchtritt (Abb. 3-90 u. 92). Die Endsehne inseriert medial und lateral an der Kronbeinlehne (»Kronbeinbeuger«) und gibt noch einen schwächeren Ast seitlich an das Fesselbein ab. Dieser Muskel ist ein Beuger der Phalanx prox. und media der Stützzehen, aber auch Beuger des Vorderfußes und Stabilisator des Fesselgelenks.

Der **M. flexor digitorum profundus (tiefer Zehenbeuger)** liegt in der Tiefe der Kaudalfläche des Unterarmskeletts, er ist größtenteils von den Beugern des Karpalgelenks und der oberflächlichen Beugesehne bedeckt (Abb. 3-83 ff., 89 u. 92). Der tiefe Zehenbeuger entspringt bei allen Haussäugetieren aus drei Köpfen, nämlich einem **Caput humerale,** das am Epicondylus med. humeri seinen Ursprung nimmt, einem **Caput radiale** und einem **Caput ulnare.** Das Caput humerale seinerseits ist nicht einheitlich, sondern läßt sich in drei Bäuche unterteilen. Damit entspringt die tiefe Beugesehne aus insgesamt fünf Bäuchen, die sich am distalen Ende des Unterarms in einer einheitlichen Endsehne vereinigen **(tiefe Beugesehne).**

Diese Sehne überkreuzt die Karpalbeuge medial des Os accessorium und teilt sich am Metakarpus in Endsehnen, deren Anzahl der tierartlich unterschiedlichen Reduzierung der Zehen entspricht. Danach gliedert sich die tiefe Beugesehne bei Fleischfres-sern in fünf, beim Schwein in vier und bei den Wiederkäuern in zwei Schenkel auf, sie bleibt beim Pferd einheitlich ungespalten.

In Höhe des Zehengrundgelenks (Phalanx proximalis) durchbohrt die tiefe Beugesehne die oberflächliche und findet palmar an der Phalanx distalis (Tuberculum flexorium) der Stützzehen ihren Ansatz. Bei Fleischfressern sind die drei Köpfe vollständig ge-trennt. Das Caput humerale entspringt beim Hund als ein mehrfach gefiederter Muskelbauch, bei

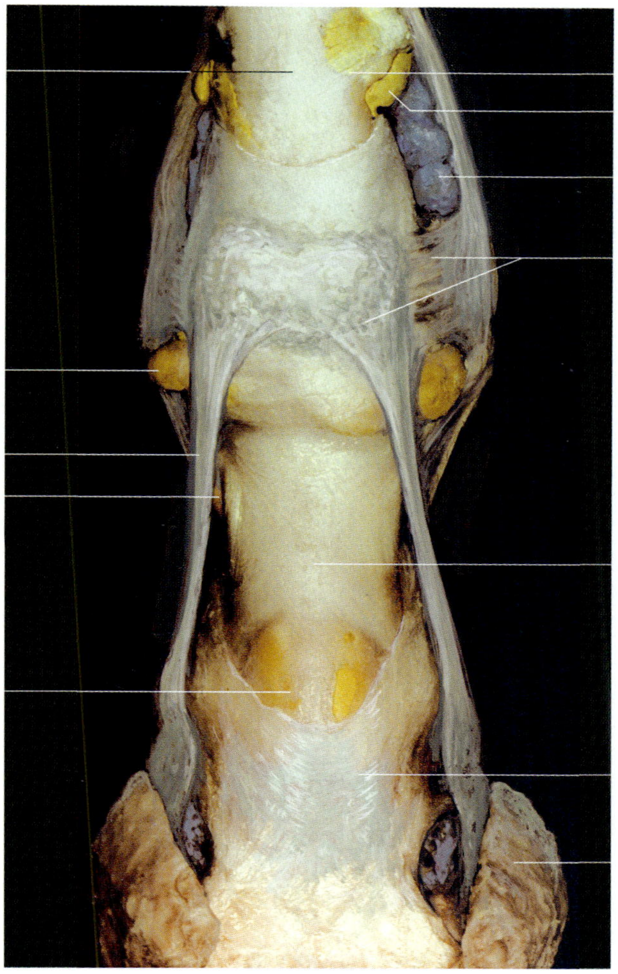

Abb. 3-90. Fesselbeugesehnenscheide eines Pferdes (Palmaransicht) (Ausgußpräparat).

der Katze aus drei eigenständigen Bäuchen, am medialen Epikondylus des Humerus unter dem M. flexor carpi radialis (Abb. 3-77 ff.). Die Muskelbäuche liegen mediokaudal am Unterarm, ihre Endsehnen vereinigen sich oberhalb des Karpus mit den Sehnen des Caput radiale und des Caput ulnare. Das Caput radiale entspringt kaudomedial am Radius und liegt diesem auf, zieht über den Karpus und vereinigt sich mit der Hauptsehne, proximal des Metakarpus trennt sich diese wieder und inseriert an der 1. Zehe. Das Caput ulnare entspringt am Olekranon und an weiten Abschnitten der Ulna.

Die drei Köpfe vereinigen sich zu einer gemeinsamen tiefen Beugesehne, die die Karpalbeuge in einer Rinne des Lig. carpi radiatum unter dem Retinaculum flexorum überquert. Eine medial abzweigende Endsehne inseriert an der 1. Zehe. Die gemeinsame tiefe Beugesehne teilt sich in Höhe des Metakarpus in vier rundliche Endsehnen, die über das Zehengrundgelenk ziehen. Hier werden diese jeweils von der oberflächlichen Beugesehne umfaßt und liegen, verstärkt durch Knorpeleinlagerungen, den Sesambeinen auf. Diese Einrichtung wird durch das proximale Ringband an der Phalanx proximalis fixiert. Der distale Teil der tiefen Beugesehne wird von dem mittleren und distalen Ringband gehalten. Sie inserieren am Tuberculum flexorium eines jeden Krallenbeins.

Der an der 1. Zehe inserierende Schenkel besitzt vom Metakarpus bis zur Insertion eine eigenständige Sehnenscheide, während die für die 2. bis 5. Zehe bestimmten Endsehnen mit der oberflächlichen Beugesehne von einer gemeinsam Sehnenscheide umhüllt werden.

Bei Wiederkäuern ist das stark sehnige Caput humerale dreigeteilt, dieses entspringt am Epicondylus med. humeri, verbindet sich mit den Sehnen des Caput radiale und des Caput ulnare zu einer gemeinsamen tiefen Beugesehne, zieht auf dem Lig. carpi radiale über die Karpalbeuge und spaltet sich am distalen Ende des Metakarpus in zwei Endsehnen für die 3. und 4. Zehe. Die tiefe Beugesehne wird proximal des Fesselgelenks von der oberflächlichen Beugesehne und der Verbindungsplatte des M. interosseus medius umfaßt, überquert das distale Sesambein und inseriert am Tuberculum flexorium des Klauenbeins der 3. und 4. Zehe.

Die tiefe Beugesehne wird an jeder Zehe von Ringbändern (Ligg. anularia digiti) gehalten, die sich in das Zwischenzehenband (Lig. interdigitale distale) fortsetzen. Zwischen den Endschenkeln der tiefen Beugesehne und den distalen Sesambeinen ist an jeder Zehe eine **Bursa podotrochlearis** ausgebildet.

Die oberflächliche und tiefe Beugesehne der 3. und der 4. Zehe werden im Bereich des Fesselgelenks und der proximalen und mittleren Zehen jeweils von einer gemeinsamen Sehnenscheide, der **Fesselbeugesehnenscheide (Vagina synovialis tendineum digitorum manus),** umfaßt (Abb. 3-

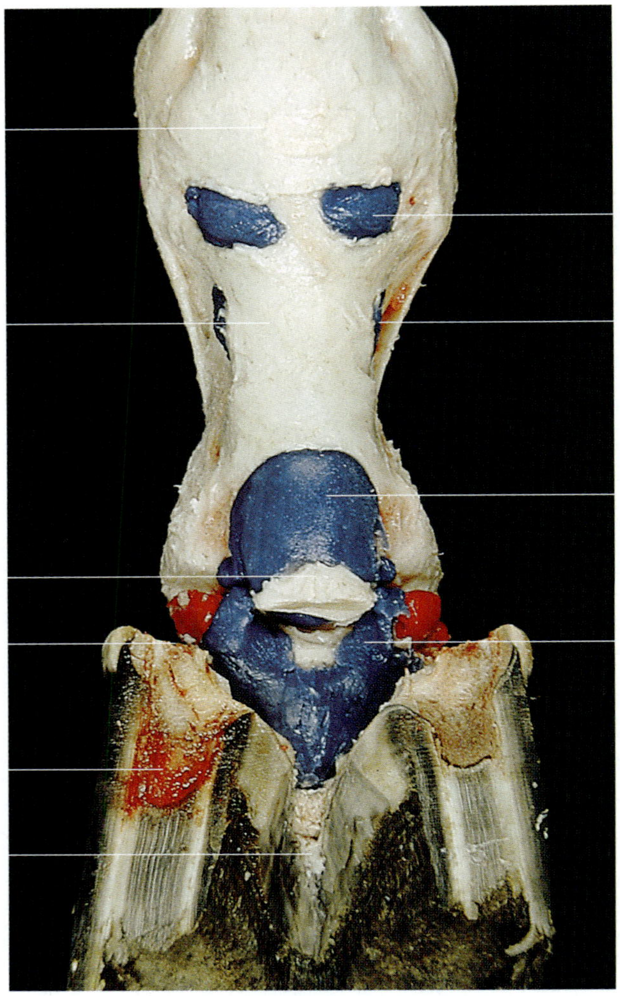

Abb. 3-91. Fesselbeugesehnenscheide und Fußrollenschleimbeutel eines Pferdes (Palmaransicht) (Ausgußpräparat), Dr. Sabine Breit, Wien.

88 u. 89). Diese gemeinsame Sehnenscheide der Beugesehnen weist proximale und distale Ausstülpungen in Form von Endblindsäcken auf. Die proximalen Aussackungen ziehen bis ins distale Drittel des Metakarpus, schieben sich zwischen den M. interosseus medius und seine Verbindungsplatte und umfassen die Endschenkel der oberflächlichen und tiefen Beugesehne. Die einzelnen proximalen Endblindsäcke stehen untereinander in Verbindung. Distal stülpt sich die Fesselbeugesehnenscheide bis zum Klauenbein einer jeden Zehe vor, zwischen den beiden Ringbändern und den beiden Schenkeln des distalen Zwischenklauenbands schieben sich kleinere Endblindsäcke vor.

Die Injektion der Fesselbeugesehnenscheide erfolgt 2 cm proximal der Afterklauen an der vorderen Begrenzung der Beugesehnen bei horizontalem Einstich.

Beim Pferd besteht das Caput humerale des M. flexor digitorum prof. aus **drei gefiederten Muskelbäuchen,** die gemeinsam am medialen Epicondylus des Humerus entspringen, der kaudalen Fläche des Radius anliegen und sich proximal des Karpus zu einer Sehne vereinen. Das schwächere Caput radiale entspringt muskulös in der Mitte des Unterarms und vereinigt sich rasch mit der Hauptsehne. Das Caput ulnare zieht vom hinteren Rand des Olekranon, oberflächlich zwischen den Mm. flexor und extensor carpi ulnaris in der Ulnarisrinne gelegen, als schmale Sehne über den Karpus und verbindet sich dort mit der tiefen Hauptsehne (Abb. 3-86).

Die tiefe Beugesehne zieht medial vom Os carpi accessorium auf dem Lig. carpi radiatum über die Karpalbeuge und wird im mittleren Drittel des Metakarpus durch ein kräftiges **Unterstützungsband (Lig. accessorium)** ergänzt. Die oberflächliche und die tiefe Beugesehne sind in ihrer Lage und in ihrem Verlauf durch die Haut sichtbar, sie lassen sich palpieren.

Im weiteren Verlauf wird distal in Höhe des Fesselgelenks die tiefe Beugesehne von der oberflächlichen manschettenartig (**Manica flexoria**) umfaßt und liegt den Gleitflächen der beiden proximalen Sesambeine auf. In der Fesselbeuge tritt die Sehne zwischen den Endschenkeln der oberflächlichen Beugesehne hervor, gibt an das Kronbein einen schwachen Ast (**Kronbeinschenkel**) ab, zieht palmar über das Strahlbein und inseriert an der Facies flexoria des Hufbeins. Der Kronbeinschenkel verbindet sich bindegewebig mit dem proximalen Rand des Strahlbeins, so daß er das Hufgelenk von der Bursa podotrochlearis trennt. Die verbreiterte Endsehne des tiefen Zehenbeugers wird in Höhe des Strahlbeins von einem geräumigen Schleimbeutel, dem **Fußrollenschleimbeutel (Bursa podotrochlearis),** unterlagert, der sich proximal, distal und seitlich über die Gleichtfläche hinaus ausdehnt (Abb. 3-58, 59, 60, 91 u. 94).

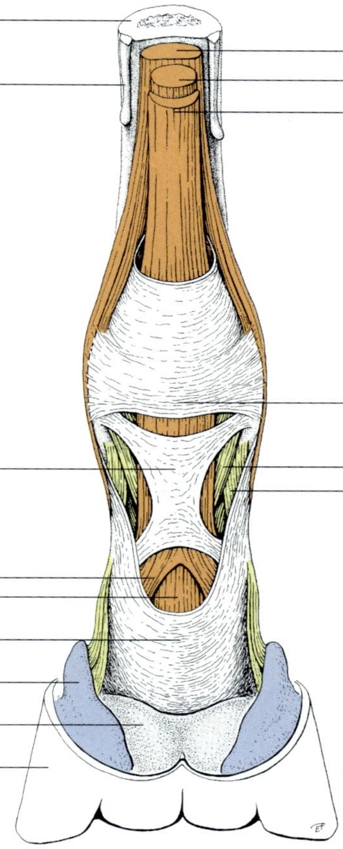

Abb. 3-92. Schematische Darstellung der Zehenfaszien des Pferdes (Palmaransicht).

Die tiefe Beugesehne wird gemeinsam mit der oberflächlichen im Bereich des Fesselgelenks und der Fesselbeuge durch die **Zehenfaszie** in ihrer Lage fixiert (Abb. 3-90, 91 u. 92). Die Zehenfaszie läßt sich unterteilen in:

- **Fesselringband** (Lig. anulare palmare),
- **vierzipfelige Fesselplatte** (Pars cruciformis vaginae fibrosae) und
- **Sohlenbinde** (Lig. anulare digiti).

Das etwa drei Finger breite **Fesselringband** umgibt die oberflächliche Beugesehne und verschmilzt großflächig mit dieser, so daß hier die Sehnenscheide letztere nicht vollständig umgibt. Vom distalen Rand des Fesselringbands spaltet sich medial und lateral ein dünner Faszienstreifen ab, der am Fesselbein mit den proximalen Armen der vierzipfeligen Fesselplatte in Verbindung steht. Die **vierzipfelige Fesselplatte** setzt im oberen Teil des Fesselbeins an, medial und lateral sowie dorsal des Lig. sesamoideum obliquum. Die beiden distalen Anteile ziehen ebenfalls an das Fesselbein, die Zwischenräume zwischen den Ansätzen bleiben faszienfrei. Der mittlere Teil dieser Platte ist zum Teil fest mit der oberflächlichen Beugesehne verwachsen, so daß diese nicht immer von Synovia umflossen wird.

Die **Sohlenbinde** ist palmar der verbreiterten Endsehne des tiefen Zehenbeugers ausgespannt und verbindet sich mit dieser bindegewebig. Die Sohlenbinde trennt die tiefe Beugesehne vom Hufkissen. Sie entläßt proximal zwei Schenkel zur gemeinsamen Anheftung mit den distalen Armen der vierzipfeligen Fesselplatte am Fesselbein.

Die tiefe Beugesehne weist zusammen mit der oberflächlichen eine **proximale gemeinsame Karpalbeugesehnenscheide** und eine **distale gemeinsame Fesselbeugesehnenscheide** auf.

Die **Karpalbeugesehnenscheide** dehnt sich etwa handbreit proximal des Karpus aus und setzt sich auf dem Metakarpus bis zur Vereinigungsstelle des Unterstützungsbands mit der tiefen Beugesehne fort. Die Injektion erfolgt in Höhe des proximalen Drittels des Metakarpus von lateral.

Die **Fesselbeugesehnenscheide** dehnt sich flächenhaft über das Fesselgelenk und die Fesselbeuge aus. Sie beginnt proximal in Höhe der Griffelbeinknöpfchen und reicht distal bis zur Mitte des Kronbeins.

An der Fesselbeugesehnenscheide unterscheidet man eine palmare Wand, eine dorsale Vorderwand und zahlreiche Aussackungen.

Die palmare Wand stellt die Zehenfaszie dar, diese wurde bereits oben beschrieben. Die dorsale Vorderwand der Fesselbeuge-

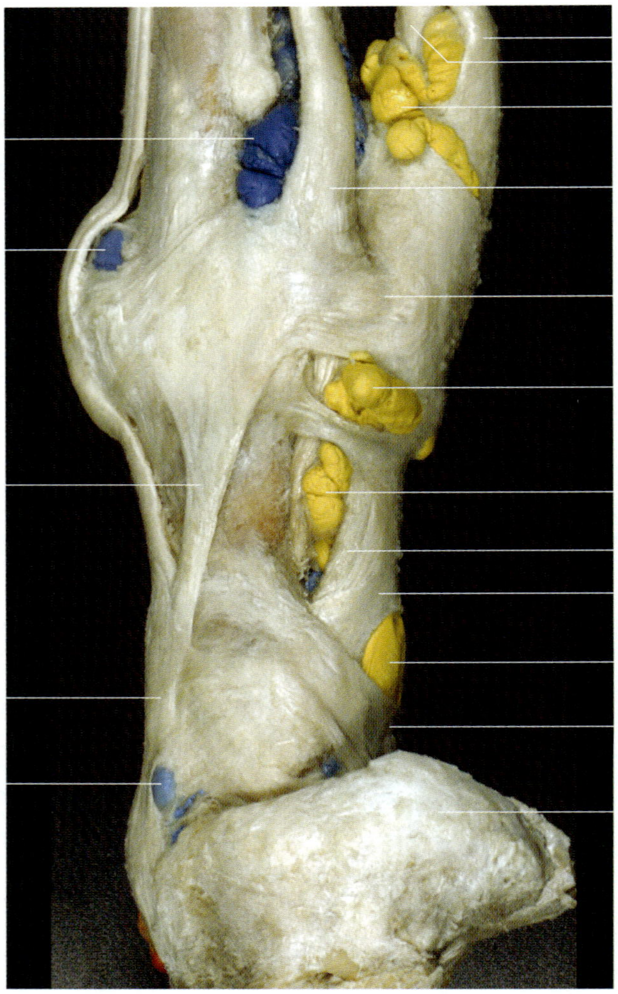

Abb. 3-93. Ausstülpungen der Fesselbeugesehnenscheide eines Pferdes (Dorsolateralansicht).

sehnenscheide liegt proximal der Gleichbeine zwischen den Ästen des M. interosseus medius der Palmarfläche des Röhrbeins bindegewebig verbunden an. In den mittleren Abschnitten wird die Vorderwand von den proximalen und mittleren Gleitkörpern (Scutum prox. und medium) sowie den distalen Sesambeinbändern (Ligg. sesamoidea distt.) gebildet. Distal endet die Vorderwand dieser Sehnenscheide in halber Höhe der Palmarfläche des Kronbeins. Die Fesselbeugesehnenscheide ist bindegewebig von der Bursa podotrochlearis und der Gelenkhöhle des Hufgelenks getrennt.

Aussackungen der Fesselbeugesehnenscheide treten stets als **Blindsäcke** an den Stellen auf, die nicht von Anteilen der Zehenfaszien bedeckt sind (Abb. 3-90, 91 u. 93). Allein bei Überproduktion der Synovialflüssigkeit (z. B. sog. Gallen oder entzündlichen Veränderungen) treten diese hervor und lassen sich palpatorisch eindeutig abgrenzen.

Man unterscheidet beim Pferd drei proximale paarige Aussackungen und eine distale unpaarige.

Die **beiden proximalen Aussackungen** befinden sich über dem Fesselringband palmar der Schenkel des M. interosseus medius. An jeder dieser Ausbuchtungen tritt eine **vordere** und eine **hintere Bucht** auf. Das **zweite Aussackungspaar** liegt seitlich zwischen dem Fesselringband und den beiden proximalen Armen der vierzipfeligen Fesselplatte. Jede dieser Ausbuchtungen wird von den distalen Randstreifen des Fesselringbands eingezogen. Das **dritte Paar** liegt zwischen den proximalen und distalen Armen der vierzipfeligen Fesselplatte. Die Fesselbeugesehnenscheide findet distal als **unpaarige Ausstülpung** zwischen den beiden distalen Armen der vierzipfeligen Fesselplatte und dem oberen Rand der Sohlenbinde ihren Abschluß.

Die Injektion kann von lateral ca. drei Finger breit oberhalb der Gleichbeine zwischen dem M. interosseus medius und der tiefen Beugesehne erfolgen.

Der tiefe Zehenbeuger wirkt als Beuger des Vorderfußes, vorzugsweise der Phalanx dist. aller Zehen.

Die **Mm. interflexorii (Zwischenbeugemuskeln)** liegen als kleine Muskeln oder sehnige Einlagerungen zwischen den Muskeln und Sehnen der oberflächlichen und tiefen Zehenbeuger und unterstützen diese funktionell. Entsprechend ihrer Lage unterscheidet man zwischen **Mm. interflexorii proximales** und **Mm. interflexorii distales.** Bei Fleischfressern treten nur die distalen Zwischenbeugemuskeln auf, die am distalen Viertel des Unterarms des Caput humerale der tiefen Beugesehne entspringen und beim Hund mit einer, bei der Katze mit zwei bis drei Sehnen die Karpal-

Tab. 3-11. Muskeln der Vorderzehen.

Name **Innervation**	**Ursprung**	**Ansatz**	**Funktion**
M. extensor digitorum communis N. radialis	Epicondylus lat. humeri	Proc. extensorius der Phalanx dist.	Strecker des Karpalgelenks, Strecker der Zehengelenke
M. extensor digitorum lat. N. radialis	Epicondylus lat. humeri	Phalanx media	Strecker der Zehengelenke
M. extensor digiti I et digiti II N. radialis	mittleres Drittel der Ulna	1.–2. Zehe	Strecker der 1. u. 2. Zehe (nur Flfr.)
M. abductor pollicis longus N. radialis	lateral am Radius	Flfr. Mc 1, Pfd./Schw. Mc II Wdk. Mc III	Strecker des Karpalgelenks, Abduktor der 1. Zehe (Flfr.)
M. flexor digitorum supf. N. ulnaris, N. medianus	Epicondylus med. humeri	proximal Phalanx media	Beuger der Stützzehen, Beuger des Vorderfußes, Stabilisator des Fesselgelenks
M. flexor digitorum prof. N. ulnaris, N. medianus	Epicondylus med. humeri Radius, Ulna	Facies flexoria der Phalanx dist.	Beuger des Vorderfußes
Mm. interflexorii prox. et dist. N. ulnaris, N. medianus	distal am Unterarm	zusammen mit oberflächlicher Beugesehne	Hilfsbeuger der Zehengelenke

beuge überqueren, sich teilen und mit der jeweiligen Endsehne der oberflächlichen Beugesehne an der 2. bis 4. Zehe inserieren. Beim Schwein entspringen zwei bis vier Bäuche, die sich distal mit den beiden Beugemuskeln verbinden. Bei Wiederkäuern liegen die Muskelbäuche zwischen den beiden Zehenbeugern, diese meist verbindend, und strahlen distal mit zwei bis drei dünnen Sehnen in die Endschenkel der oberflächlichen Beugesehne ein. Beim Pferd fehlen diese Muskeln.

Funktion: Hilfsbeuger der Zehengelenke.

Gemeinsame kurze Zehenmuskeln

Die gemeinsamen kurzen Zehenmuskeln dienen der Bewegung mehrerer Zehen und treten gleichzeitig mit mehreren Strahlen in Verbindung. Als kurze Zehenmuskeln sind diese vorzugsweise bei Fleischfressern am besten entwickelt, weniger stark beim Schwein. Beim Wiederkäuer und Pferd übernehmen sie passive Tragefunktionen.

Man unterscheidet:

- Mm. interossei,
- Mm. lumbricales,
- M. flexor digitorum brevis.

Die **Mm. interossei (Zwischenknochenmuskeln)** liegen den Metakarpalknochen palmar unmittelbar auf, sie entspringen an deren proximalen Abschnitten und aus dem Lig. carpi radiatum und inserieren an den Sesambeinen des Zehengrundgelenks. Bei Fleischfressern und beim Schwein sind diese rein muskulös, bei Wiederkäuern im Alter zunehmend sehnig, beim Pferd stets sehnig.

Bei Fleischfressern sind vier Mm. interossei (II, III, IV und V) entwickelt, die sich jeweils in zwei Schenkel für die Sesambeine des Metakarpophalangealgelenks teilen. Diese geben seitlich einen schwachen Ast an den entsprechenden Sehnenschenkel des M. extensor digitorum communis ab.

Bei Wiederkäuern spalten die proximal verschmolzenen Mm. interossei III und IV im distalen Drittel des Metakarpus fünf sehnige Schenkel ab, von denen die beiden lateralen und die beiden medialen an die Sesambeine der beiden Hauptzehen herantreten. Der mittlere Schenkel zieht durch den Zwischenrollenspalt des Hauptmittelfußknochens, gabelt sich und verbindet sich mit den Endsehnen der besonderen Zehenstrecker der 3. und 4. Zehe.

Das Pferd besitzt drei Mm. interossei (II, III und IV). Allein der mittlere Anteil ist als M. interosseus medius funktionell von Bedeutung. Die beiden anderen bleiben rudimentär. Der M. interosseus medius entspringt rein sehnig am Metakarpus und aus dem Lig. carpi radiatum, legt sich als Sehnenplatte zwischen die beiden Griffelbeine und spaltet sich distal in zwei Schenkel. Jede dieser Abspaltungen inseriert an einem Sesambein und gibt zusätzlich einen hufwärts und dorsal ziehenden Unterstützungsast an die gemeinsame Strecksehne ab.

Distal vom Fesselgelenk bildet der M. interosseus medius zusammen mit den Ligg. sesamoidea obliqua und dem Lig. sesamoideum rectum den **Fesseltrageapparat,** der wesent-

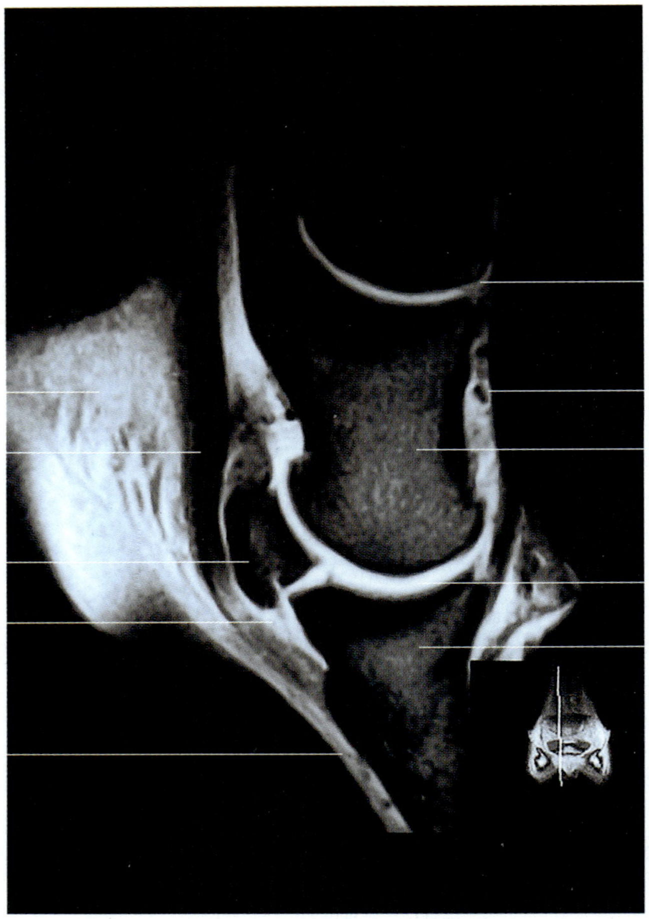

Abb. 3-94. Vorderzehe eines Pferdes (Paramedianschnitt) (Kernspintomographische Aufnahme), Aufnahme Dr. Sybille Kneissl, Wien.

lich zur **Fixation des Fesselgelenks** beiträgt. Dieser setzt sich zusammen aus:

- den proximalen sehnigen Anteilen des M. interosseus (proximale Gleichbeinbänder),
- den mittleren Gleichbeinbändern,
- dem distalen Unterstützungsast des M. interosseus und
- den distalen Gleichbeinbändern.

Die **Mm. lumbricales (wurmförmige Muskeln)** sind bei Fleischfressern am besten ausgebildet, sonst ohne Bedeutung. Sie entspringen als schmale Muskelbündel an den Endschenkeln der tiefen Beugesehnen und inserieren zwischen ihnen an der Phalanx prox. der 2. bis 5. Zehe. Beim Pferd laufen die Mm. lumbricales distal jeweils in eine fadendünne Endsehne aus, die in den Sporn einstrahlt. Ihre Funktion wird in der Unterstützung des Muskeltonus der Beugesehnen gesehen, die den Streckern der Zehen entgegenwirken. Beim Pferd dienen sie als Halteapparat für den Sporn.

Der **M. flexor digitorum brevis (kurzer Zehenbeuger)** ist nur bei Fleischfressern entwickelt. Er entspringt an der Sehne des oberflächlichen Zehenbeugers in Höhe des Karpus und inseriert am Ringband der tiefen Beugesehne der 5. Zehe.

Besondere kurze Zehenmuskeln

Die besonderen kurzen Zehenmuskeln sind nur bei Fleischfressern und hier bei der Katze besonders ausgeprägt. Sie dienen der Feinabstimmung des Bewegungsablaufes, zum Klettern und zum Fangen der Beute. Man unterscheidet eine Vielzahl kleiner Muskeln, deren genaue Darstellung weitergehenden Lehrbüchern oder der Spezialliteratur vorbehalten bleiben muß. Grundsätzlich ist anzumerken, daß die kurzen Muskeln der Flexion, der Ab- und der Adduktion meist der 1., 2. und 5. Zehe dienen.

4 Hinter- oder Beckengliedmaßen (Membra pelvina)

H.-G. Liebich und H. E. König

Knochen der Beckengliedmaße (Ossa membri pelvini)

Beckengürtel (Cingulum membri pelvini)

Der Beckengürtel wird von den **beiden Hüftbeinen (Ossa coxae)** gebildet, die ventral in der **Beckenfuge (Symphysis pelvina)** zusammenstoßen und dorsal mit dem Kreuzbein beidseitig in einem straffen Gelenk verbunden sind. Die Hüftbeine formen zusammen mit dem **Kreuzbein (Os sacrum)** und den **ersten Schwanzwirbeln (Vertebrae caudales)** einen flächenhaften Ring, das **knöcherne Becken (Pelvis)**, das die Beckenhöhle umgibt (Abb. 4-1ff.).

Die Einbeziehung viszeraler Organe der Beckenhöhle, und vorzugsweise auch der Geburtswege, in den knöchernen Beckengürtel macht eine besondere funktionell-dynamische Rahmenkonstruktion erforderlich. Dies gilt um so mehr, als dem Beckengürtel darüber hinaus die Aufgabe zukommt, Bewegungsabläufe der Hintergliedmaße unmittelbar und ohne Kraftverlust auf den Körper zu übertragen.

Jedes **Hüftbein** besteht aus drei Knochen, die aus drei getrennten Ossifikationszentren hervorgehen und beim Jungtier an ihren Grenzen als Knorpelstreifen lange Zeit erkennbar bleiben. Von diesen Knorpelzonen geht das juvenile Knochenwachstum aus, das erst nach Abschluß des Körperwachstums sein Ende findet. Das Hüftbein setzt sich zusammen aus:

- Darmbein (Os ilium),
- Schambein (Os pubis),
- Sitzbein (Os ischii).

Diese drei Knochen vereinigen sich mit ihren Körpern in der **Beckenpfanne (Acetabulum)** nach Verknöcherung der letzten knorpeligen Verbindungen zu einem in sich starren Knochen.

Die Scham- und Sitzbeine einer jeden Körperseite vereinigen sich ventral in der Medianen zur knorpelig-bindegewebigen **Beckenfuge (Symphysis pelvina).** Die Beckenfuge wird in Hinblick auf die beteiligten Knochen in eine kraniale **Schambeinfuge (Symphysis pubica)** und eine kaudale **Sitzbeinfuge (Symphysis ischiadica)** unterteilt. Diese stellt eine feste, jedoch nicht starre Verbindung dar. Sie kann bei weiblichen Tieren unter hormoneller Beeinflussung auseinanderweichen, ein Vorgang, der beispielsweise mit zur Erweiterung des Geburtswegs beiträgt.

Die Beschreibung der drei Knochen als getrennte Einheiten wird nachfolgend allein aus didaktischen Gründen beibehalten.

Darmbein (Os ilium)

Das Darmbein ist der dorsokraniale Anteil des Hüftbeins, der sich schräg von der Beckenpfanne zur Artikulation mit dem Kreuzbein ausdehnt (Abb. 4-1ff. u. 5ff.). Das Os ilium besteht aus dem kranial ziehenden großflächigen **Darmbeinflügel (Ala ossis ilii)** und der kaudal zur Beckenpfanne weisenden abgerundeten **Säule,** dem **Corpus ossis ilii.** Das Corpus ossis ilii bildet zusammen mit dem Corpus ossis pubis und dem Corpus ossis ischii die **Gelenkpfanne (Acetabulum)** des Beckens.

Die Stellung der **rechten** und **linken Darmbeinflügel** zueinander ist tierartlich unterschiedlich ausgeprägt, sie bestimmt entscheidend die Maßverhältnisse und die Gestalt des Beckens. Beim Pferd und Rind stehen sie nahezu horizontal, bei kleinen Wiederkäuern drehen sich die Darmbeinflügel schräg dorsolateral und weisen bei Schwein und Fleischfressern mit ihren Flächen ausschließlich zur Seite.

Die Darmbeinflügel (Abb. 4-5 u. 6) kennzeichnen markante Knochenpunkte, Kämme, Flächen und Einschnitte. Herausragend ist bei allen Haussäugetieren der **Hüfthöcker (Tuber coxae),** der den lateralen Darmbeinwinkel bildet. Dieser ist beim Rind und Pferd ein sichtbarer Knochenpunkt, beim Hund tastbar. Bei Fleischfressern wird dieser durch eine ventrale **Flügelgräte (Spina alaris)** ergänzt. Der mediale Darmbeinwinkel wird durch den **Kreuzhöcker (Tuber sacrale** seu **Spina iliaca dorsalis)** verdickt, der bei Fleischfressern und kleinen Wiederkäuern in eine vordere und eine hintere **Flügelgräte (Spina iliaca dorsalis cranialis** bzw. **caudalis)** unterteilt wird. Der Kreuzhöcker ist nur tastbar. Hüfthöcker und Kreuzhöcker werden durch den **Darmbeinkamm (Crista iliaca)** verbunden, der bei Fleischfressern und beim Schwein konvex und abgerundet, beim Pferd und Rind konkav und scharf begrenzt ist (Abb. 4-7 u. 8).

Die Darmbeinflügel bilden eine **Außen-** oder **Gesäßfläche (Facies glutaea),** die großflächig konkav der Kruppenmuskulatur als Ansatzfläche dient. Diese Fläche wird bei den Fleischfressern durch drei **Muskelleisten (Lineae glutaeae)**

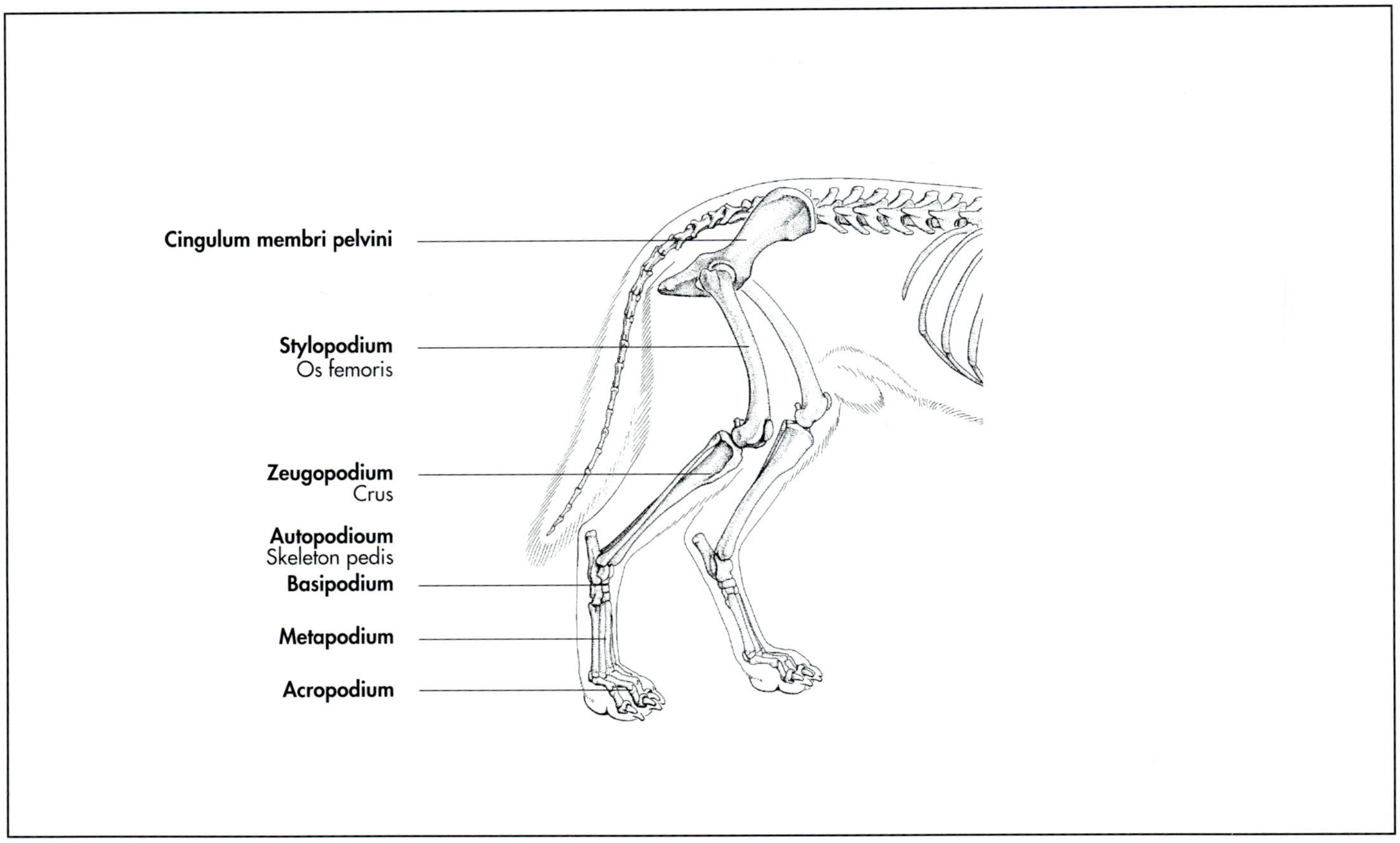

Abb. 4-1. Schematische Darstellung des Skeletts der Hintergliedmaße des Hundes mit Benennung der Gliedmaßenabschnitte.

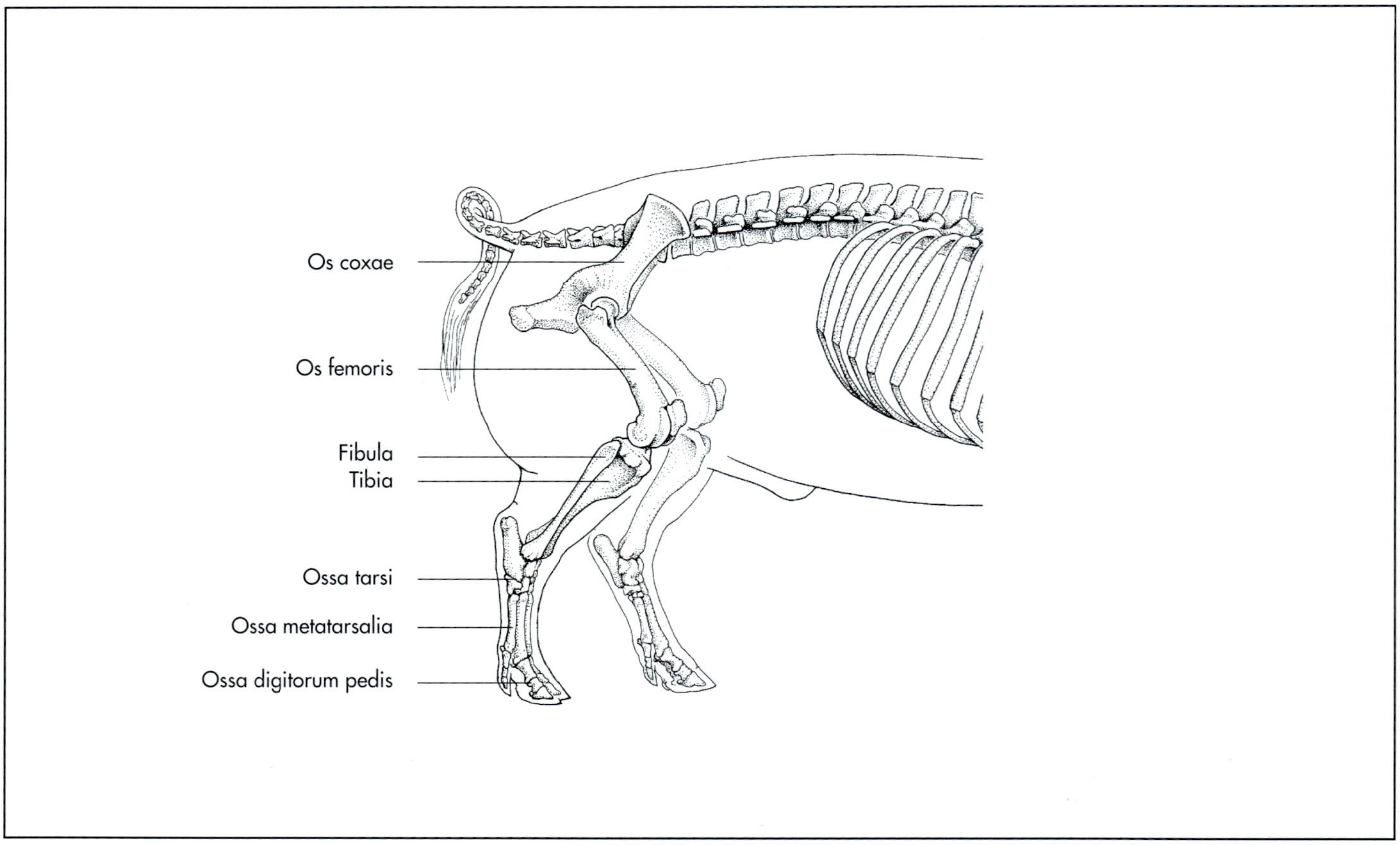

Abb. 4-2. Schematische Darstellung des Skeletts der Hintergliedmaße des Schweines mit Benennung der Knochen.

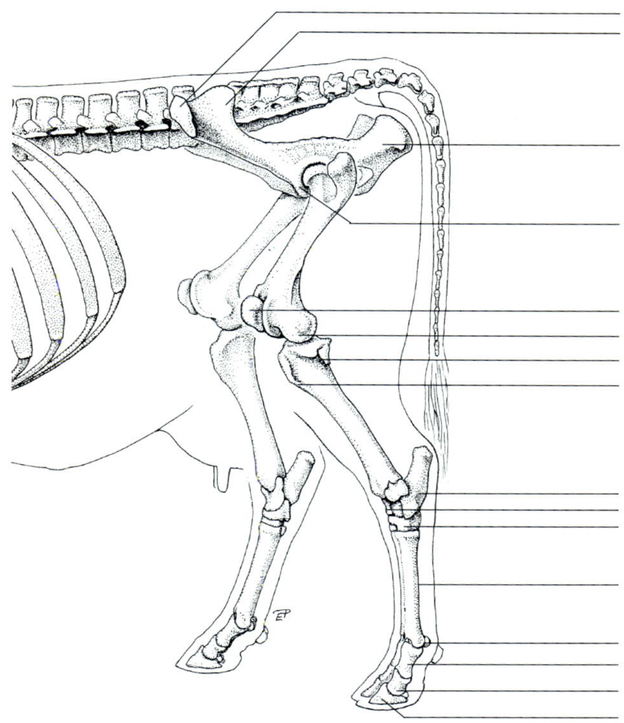

Abb. 4-3. Schematische Darstellung des Skeletts der Hintergliedmaße des Rindes mit Benennung einzelner Knochenteile.

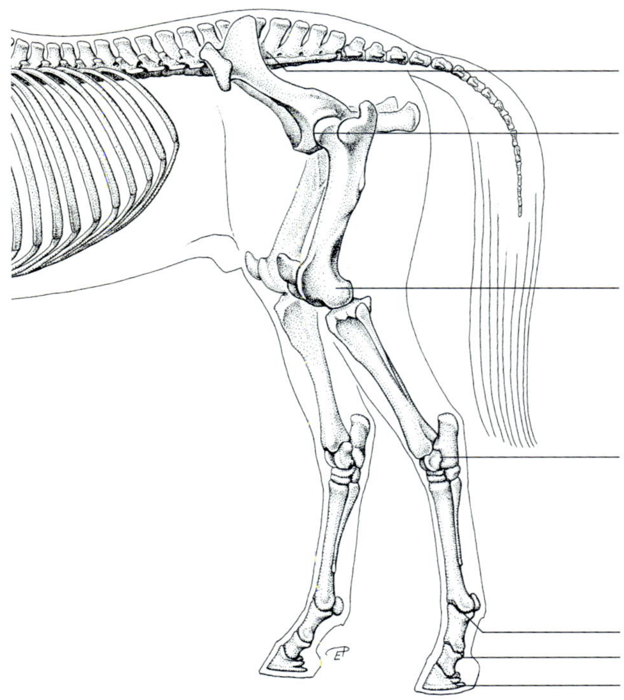

Abb. 4-4. Schematische Darstellung des Skeletts der Hintergliedmaße des Pferdes mit Benennung der Gelenke.

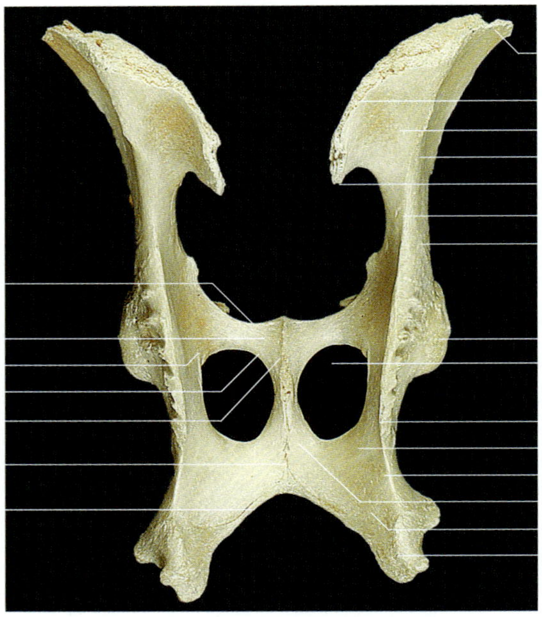

Abb. 4-5. Hüftbeine eines Schweines (Dorsalansicht).

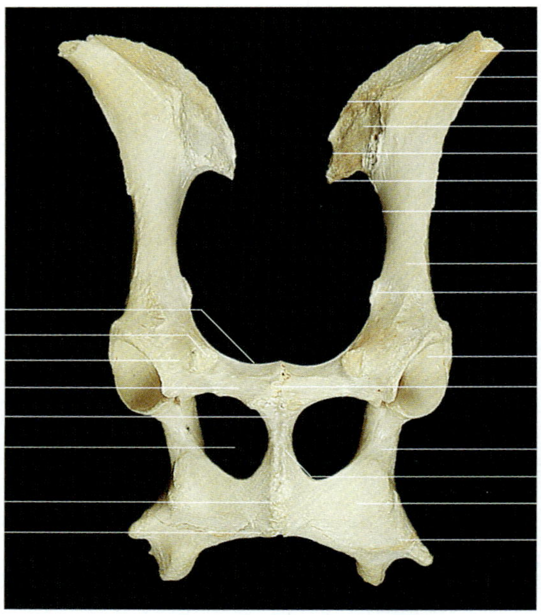

Abb. 4-6. Hüftbeine eines Schweines (Ventralansicht).

geteilt, bei den anderen Haussäugetieren nur durch eine einfache Linie. Die **Innenfläche** der Darmbeinflügel **(Facies sacropelvina)** ist zweigeteilt. Ihre laterale Fläche gewährt an der Facies iliaca der Lendenmuskulatur Ansatz. Die medialen Anteile bilden mit der Tuberositas iliaca und der flächenhaft verbreiterten und überknorpelten Facies auricularis den beckenseitigen Anteil des **straffen Kreuz-Darmbein-Gelenks.** An dieser Stelle schließen sich das Becken und das Kreuzbein zu einem stoßdämpfenden, gleichzeitig aber kräfteübertragenden Beckenring.

Distal des Kreuzbeinhöckers wird der dorsomediale Rand des Beckens durch den großen **Beckenausschnitt (Incisura ischiadica major)** eingezogen, über den der N. ischiadicus zur Beckengliedmaße verläuft. Der Ventralrand der Darmbeinsäule verlängert sich in der Darmbein-Schambein-Leiste (Linea arcuata), in dessen Mitte sich das Tuberculum musculi psoas minoris als Ansatzfläche für den gleichnamigen Muskel erhebt.

Schambein (Os pubis)

Das Schambein ist L-förmig und setzt sich aus dem **Körper (Corpus ossis pubis),** dem querverlaufenden azetabularen **Pfannenast (Ramus cranialis ossis pubis)** und dem sagittalen symphysialen Ast, dem **Fugenast (Ramus caudalis ossis pubis),** zusammen (Abb. 4-5ff.). Das herausragende Merkmal ist das **verstopfte Loch (Foramen obturatum),** eine große Öffnung am Beckenboden, durch das der N. obturatorius

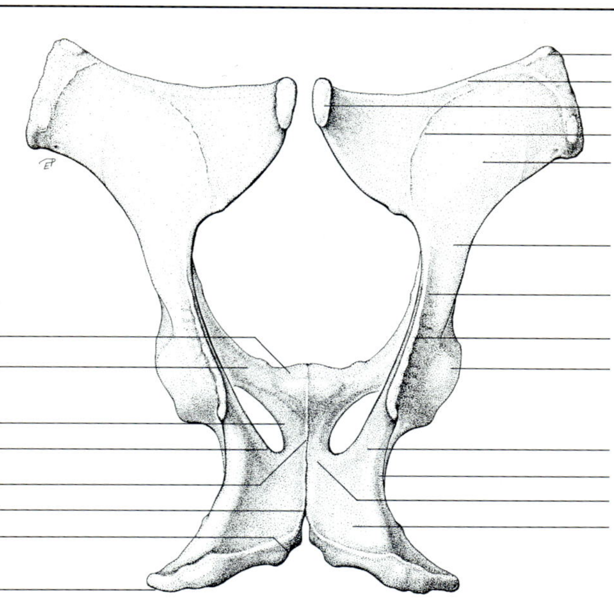

Abb. 4-7. Schematische Darstellung der Hüftbeine des Pferdes (Dorsalansicht).

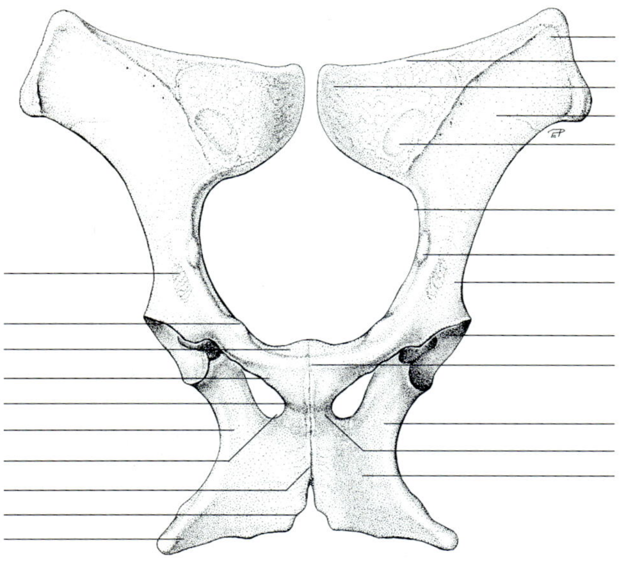

Abb. 4-8. Schematische Darstellung der Hüftbeine des Pferdes (Ventralansicht).

austritt. Dieses Foramen ist mit Muskulatur und Bindewebe geschlossen und wird von Schambeinanteilen mitbegrenzt. Der kraniale Rand des Pfannenastes bildet den **Schambeinkamm (Pecten ossis pubis)** mit der lateral der Medianen vortretenden **Kammbeule (Eminentia iliopubica)** zum Ansatz der Bauchmuskulatur. An seiner Unterfläche ist beim Pferd eine zusätzlich Bandrinne (Sulcus lig. accessorii ossis femoris) eingezogen, die zum Azetabulum führt. Ventral in der Medianen schiebt sich die von beiden Schambeinen gebildete **Schambeinbeule (Tuberculum pubicum ventrale)** vor, beim Hengst ergänzt durch eine dorsale Schambeinbeule. In der Medianebene beteiligen sich kraniale Teile des Schambeins mit einer Facies symphysialis an der **Symphysis pubica** als kranialem Teil der **Symphysis pelvina.**

Sitzbein (Os ischii)

Das Sitzbein besteht aus dem **Körper (Corpus ossis ischii),** der flächenhaft verbreiterten kaudalen **Sitzbeinplatte (Tabula ossis ischii)** und dem paramedian liegenden **Fugenast (Ramus ossis ischii)** (Abb. 4-5ff.). Die Sitzbeinplatte umfaßt mit einem Ramus symphysialis und einem Ramus acetabularis von kaudal das For. obturatum. Der Fugenast bildet zusammen mit dem der anderen Seite an der Facies symphysialis die **Symphysis ischiadica** als kaudalen Teil der Symphysis pelvina.

Der **Körper** trägt mit seinem Ramus acetabularis mit zur Bildung der **Beckenpfanne (Acetabulum)** bei und formt zusammen mit dem Darmbein eine markante **Leiste (Spina**

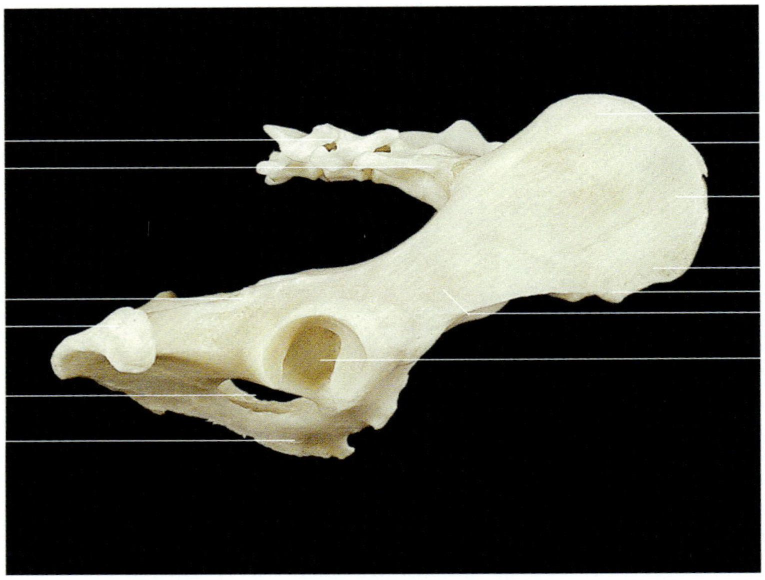

Abb. 4-9. Hüftbeine eines Hundes mit Kreuzbein und Schwanzwirbel (Lateralansicht von rechts).

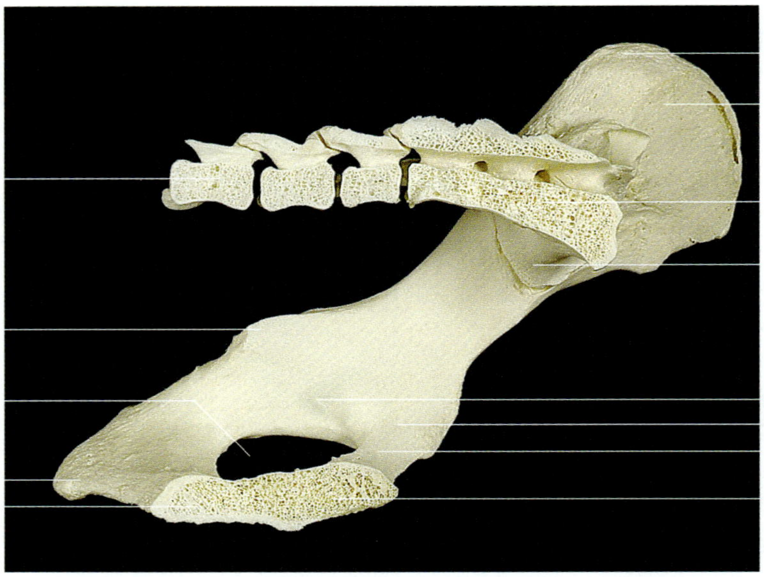

Abb. 4-10. Linkes Hüftbein eines Hundes mit Kreuzbein und Schwanzwirbel (Paramedianschnitt, Medialansicht).

ischiadica), die kaudal im **kleinen Beckenausschnitt (Incisura ischiadica minor)** ausläuft. Die Sitzbeinplatte erhebt sich kaudolateral zu einem ausgeprägten **Sitzbeinhöcker (Tuber ischiadicum),** der bei Fleischfressern und beim Pferd eine wulstige Verdickung darstellt, beim Rind und Schwein hingegen dreihöckerig ist. Das Tuber ischiadicum liegt als Orientierungspunkt meist nach außen sichtbar. Die Seitenplatten beider Sitzbeine fügen sich zur Kaudalbegrenzung, dem konkaven **Sitzbeinausschnitt (Arcus ischiadicus),** zusammen, der in der Regel breit und tief angelegt ist. Beim Pferd ist dieser ein flacher unregelmäßiger Halbbogen.

Beckenpfanne (Acetabulum)

Das Azetabulum ist eine halbkugelig vertiefte Gelenkpfanne, an der alle drei Beckenknochen einschließlich ihrer Fugenknorpel beteiligt sind (Abb. 4-7 u. 8, 11 u. 12). Dabei schieben sich der Darmbeinkörper von kraniolateral, der Sitzbeinkörper von kaudolateral und der Schambeinkörper von medial zur Bildung der Wandabschnitte der Beckenpfanne zusammen. Allein bei Fleischfressern fügt sich zusätzlich ein **Os acetabuli** in die Pfanne ein und verschmilzt in dessen Zentrum.

Die Beckenpfanne paßt sich in ihrer Form dem Gelenkkopf des Oberschenkels, dem Caput ossis femoris, und dessen Bändern an, so daß ein **Kugelgelenk** entsteht. Zur Artikulation ist die **Facies lunata** ausgebildet, die sichelförmig die periphere Randzone der Pfanne darstellt. Diese wird durch die faserknorpelige **Pfannenlippe (Labrum acetabulare)** überhöht und gleichzeitig flächenhaft vergrößert. Facies lunata und Labrum acetabulare umgreifen lediglich beim Menschen den Gelenkkopf des Oberschenkels über dessen Äquator, so daß ein **Nußgelenk** entsteht.

Der Rand des Azetabulums wird medial zwischen dem Körper des Scham- und des Sitzbeins durch einen tiefen

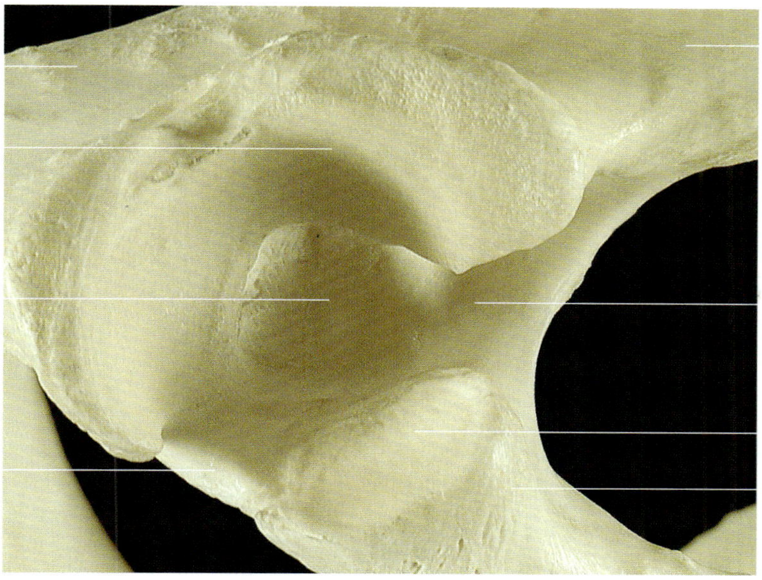

Abb. 4-11. Linke Beckenpfanne eines Rindes (Lateralansicht).

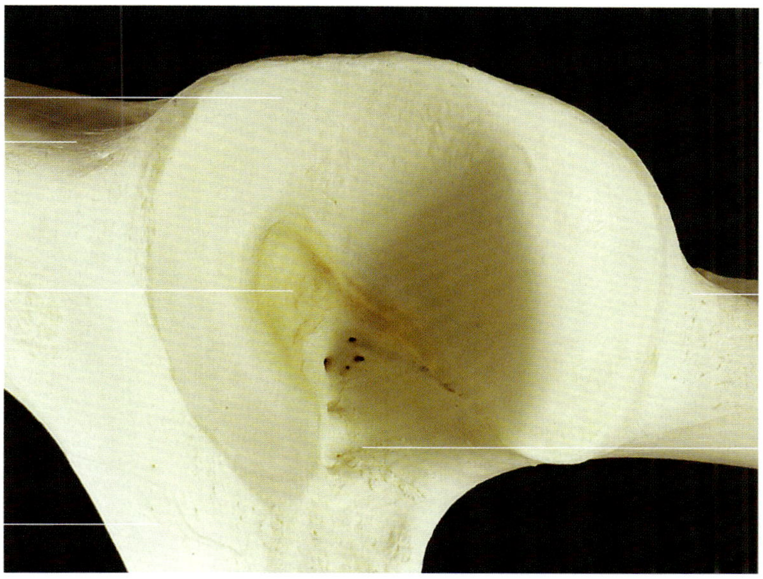

Abb. 4-12. Linke Beckenpfanne eines Pferdes (Lateralansicht).

Pfannenausschnitt (Incisura acetabuli) unterbrochen, durch den das Lig. capitis ossis femoris zum Femurkopf zieht, beim Pferd verstärkt durch ein Hilfsband. In der Tiefe der Pfanne ist die Fossa acetabuli als Grube für den Ursprung der genannten Bänder ausgespart. Beim Rind wird die Facies lunata durch einen kranioventralen Einschnitt in eine Pars major und in eine Pars minor unterteilt.

Becken (Pelvis)

Das **knöcherne Becken** wird von einem flächenhaft ausgebreiteten **Knochenring** gebildet, dessen Bau, Struktur und Oberflächenrelief sein breites Funktionsspektrum widerspiegeln. So nimmt das Azetabulum bei der Übertragung der Kraft bzw. der Last von der Hintergliedmaße auf die Wirbelsäule über die Knochen des Beckens als dessen zentraler Dreh- und Angelpunkt eine herausragende Stellung ein (Abb. 4-13ff.).

Das knöcherne Becken formt die Wand des Geburtswegs und kann im negativen Sinn Ursache eines Geburtshindernisses werden. Dabei kommt dem gesamten Beckenraum von dessen dorsaler knöcherner Begrenzung bis zum Beckenboden besondere Bedeutung zu. Das knöcherne Becken dient einer Vielzahl von Muskeln der Beckengliedmaße als Ursprungs- bzw. Ansatzfläche, ebenso den Muskeln, die von außen an das Becken herantreten oder innerhalb des Beckenraums verkehren. Ferner dient das knöcherne Becken auch als Anheftungsfläche für Teile der Bauchwandmuskulatur und deren Endsehnen. Demzufolge gestalten in tierartlich unterschiedlicher Weise gerade die Ursprungs- und Ansatzflächen mächtiger Muskeln die Struktur und den Bau des knöchernen Beckenrahmens mit.

Die **Begrenzung des knöchernen Beckens** liegt dorsal im Kreuzbein und den ersten drei bis vier Schwanzwirbeln, ventral in der flächenhaften Ausbreitung des Schambeins und des

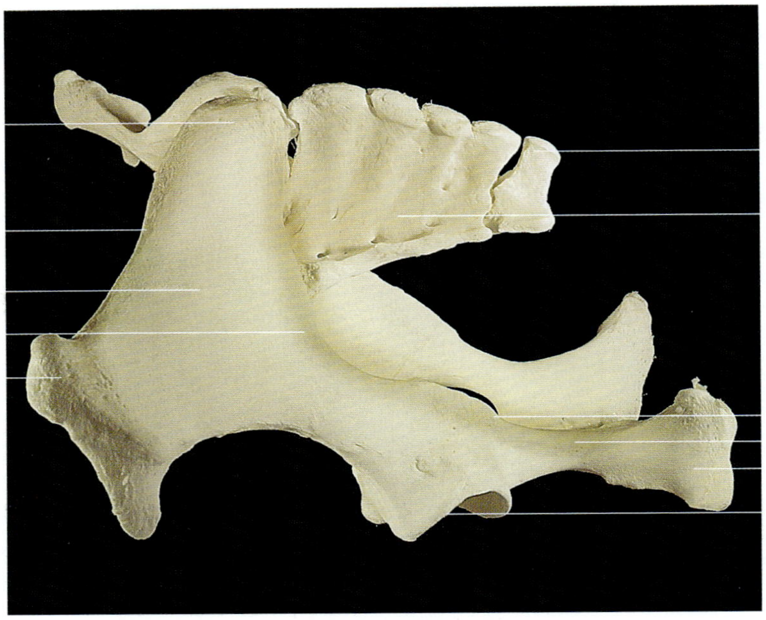

Abb. 4-13. Hüftbeine eines Pferdes mit Kreuzbein (Lateralansicht von links).

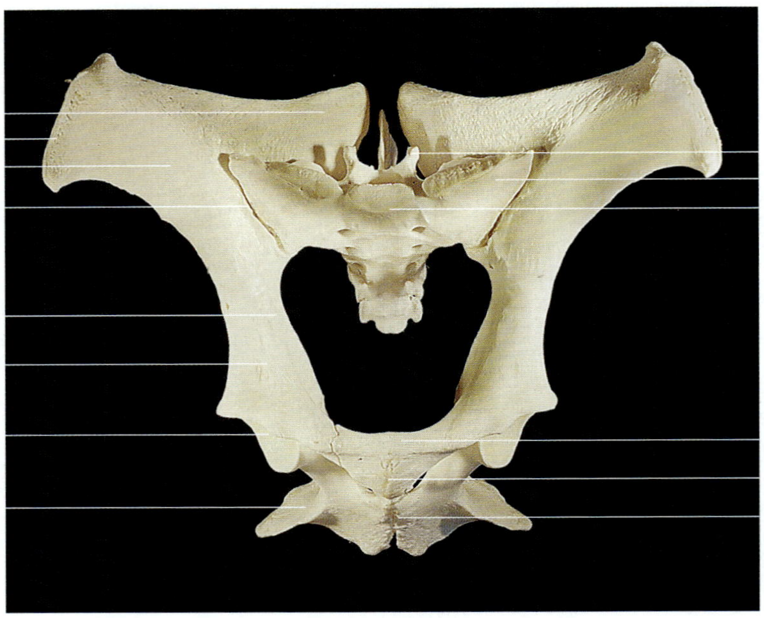

Abb. 4-14. Hüftbeine eines Pferdes mit Kreuzbein (Ventrokranialansicht).

Sitzbeins, und im Beckenboden (Solum pelvis osseum), lateral jeweils im Darmbein, im Sitzbein und in der steil aufragenden Spina ischiadica. Weit ausgespannte Beckenbänder vervollständigen in der Regel, außer bei Fleischfressern, die seitliche Begrenzung des Beckens. Das knöcherne Becken gestaltet entscheidend die knöcherne Wand der Beckenhöhle.

Die **Beckenhöhle (Cavum pelvis)** hat einen **kranialen Eingang (Apertura pelvis cranialis),** der von der **Linea terminalis** umrahmt wird. Diese Grenzlinie verläuft vom Promontorium des Kreuzbeins seitlich über die Kreuzbeinflügel, überspringt das Kreuz-Darmbein-Gelenk, folgt der Linea arcuata und endet in der Medianen entlang des Pecten ossis pubis. Diese Umrißlinie zeigt beim weiblichen Tier nahezu eine Kreisform, während sie sich beim männlichen ventral eiförmig zuspitzt. Die kaudale Begrenzung der Beckenhöhle wird als **Beckenausgang (Apertura pelvis caudalis)** bezeichnet und wird knöchern durch den Arcus ischiadicus mit den beiden Sitzbeinhöckern und dorsal durch die ersten drei bis vier Schwanzwirbel bzw. seitlich durch die hintere Begrenzung des breiten Beckenbands bzw. des strangförmigen Lig. sacrotuberale (Hund) gebildet. Es fehlt der Katze.

Der **Beckenboden (Solum pelvis osseum)** gestaltet entscheidend die Beckenhöhle, prägt dieser doch den knöchernen Geburtsweg mit. Er ist beim Pferd flach, horizontal, bei Wiederkäuern zwar ebenfalls fast eben, jedoch senkt sich der Beckenboden in eine tiefe, quergestellte Aushöhlung ein, die kaudal in Längsrichtung bis zum Beckenausgang stark ansteigt. Bei Fleischfressern ist diese Aushöhlung geringgradiger und kaudal geneigt.

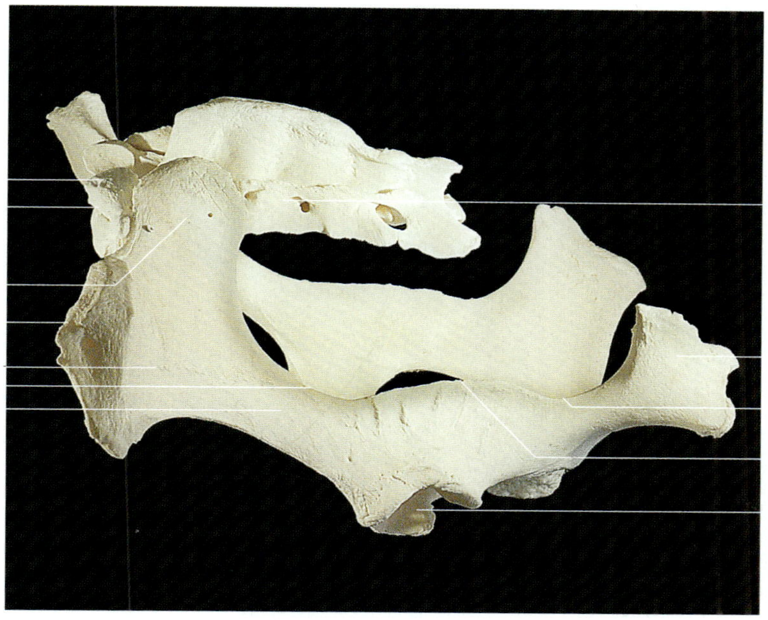

Abb. 4-15. Hüftbeine eines Rindes mit Kreuzbein (Lateralansicht von links).

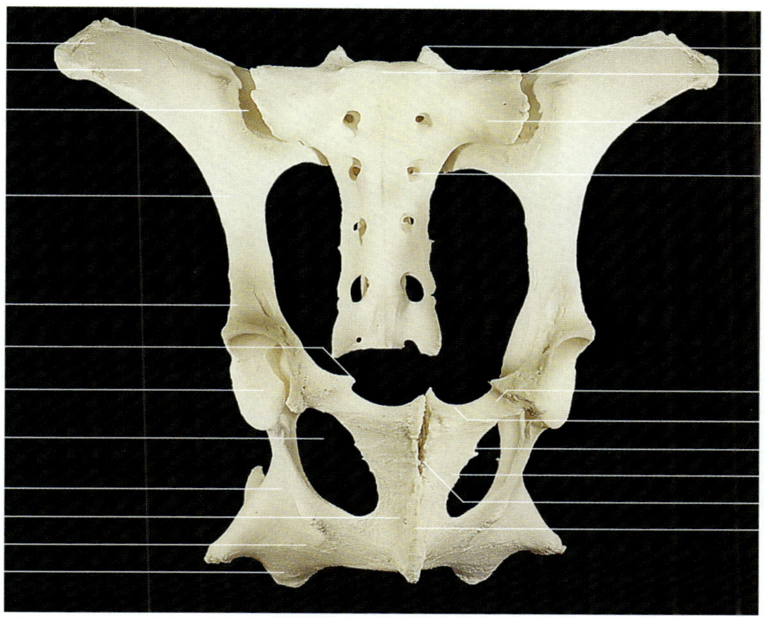

Abb. 4-16. Hüftbeine eines Rindes mit Kreuzbein (Ventrokranialansicht).

Der **Beckenraum** kann durch **freie Verbindungslinien (Diameter)** zwischen festen Knochenpunkten morphometrisch beurteilt werden. Hierfür sind Parameter entwickelt worden, die in der Geburtshilfe oder in der Tierzucht praktische Nutzanwendung finden. Die **Beckenachse (Axis pelvis)** liegt in der Mitte aller in der Medianen verlaufenden Verbindungslinien zwischen dem Kreuzbein und der Beckensymphyse. Man unterscheidet folgende Meßlinien:

- **Diameter conjugata (Conjugata vera)** zwischen dem Medianpunkt des Promontoriums und dem kranialen Ende der Beckenfuge, sie gibt den Durchmesser des Beckeneingangs wieder.
- **Conjugata diagonalis** zwischen dem Promontorium und dem kaudalen Ende der Beckenfuge.
- **Diameter verticalis (Pektenvertikale)** als senkrechte Verbindungslinie zwischen der Ventralfläche des Kreuzbeins bzw. des Schwanzwirbels und dem kranialen Ende der Beckenfuge.

Dieser letztgenannten Meßlinie kommt erhebliche praktische Bedeutung zu, gibt sie doch den tatsächlichen Höhendurchmesser des Beckenraums an. Beim Pferd, Rind und beim adulten Schwein liegt diese Verbindungslinie zwischen zwei Knochen, dem Kreuzbein und dem ventralen Beckenboden. Eine Erweiterung der Beckenhöhle nach dorsal ist daher nur eingeschränkt möglich, im Gegensatz zum juvenilen Schwein, bei dem die Kreuzbeinknochen noch nicht verwachsen. Bei Fleischfressern ist wegen der auffälligen Kürze des Kreuzbeins eine Erweiterung möglich, da die Pektenvertikale auf die Schwanzwirbel trifft. Der zwischen der Diameter conjugata

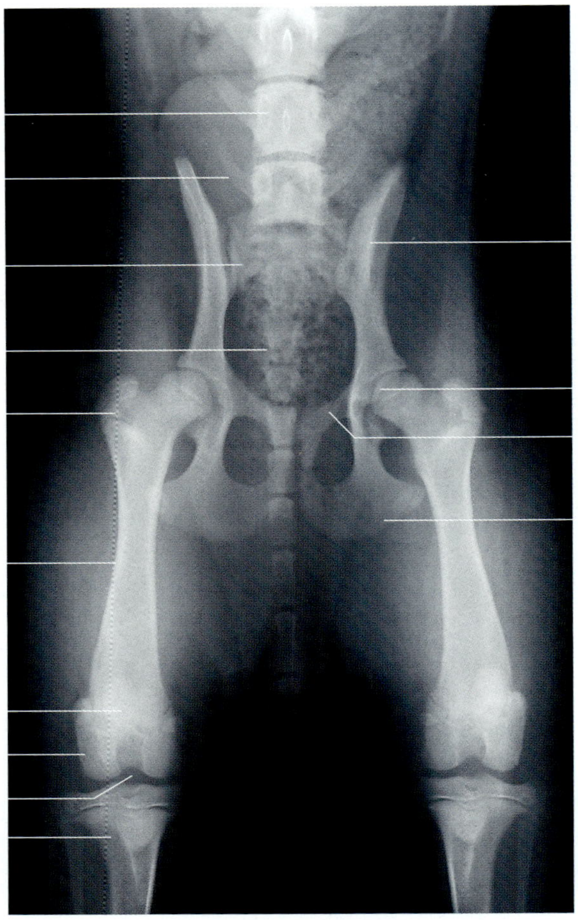

Abb. 4-17. Hüftbeine eines Hundes mit Lendenwirbeln, Kreuzbein, Schwanzwirbeln und Oberschenkel (ventrodorsaler Strahlengang), Aufnahme Dr. Sabine Breit, Wien.

und der Diameter verticalis gelegene Winkel gibt die Neigung des Beckens, die Inclinatio pelvis, an.

Von erheblicher geburtshilflicher Bedeutung sind auch die **Querdurchmesser des Beckenraums.** Man unterscheidet zum einen die **Diameter transversa** als mittleren Durchmesser des Beckeneingangs, gemessen am größten Querdurchmesser der Linea terminalis bzw. als Abstand zwischen den beiden Tubercula musculi psoas minoris in der Mitte der Linea arcuata am Ventralrand der Darmbeinsäule. Zum anderen kann die **Diameter spinatransversa** als Querdurchmesser der Beckenhöhle (Abstand zwischen der Mitte der beiden Pfannenkämme) gemessen werden, sowie die **Diameter transversa tuber ischiadici** als mittlerer Durchmesser des Beckenausgangs (Abstand zwischen den medialen Enden der beiden Sitzbeinhöcker).

Beckenhöhle als Ganzes

Die Beckenhöhle als Ganzes läßt tierartlich z.T. erhebliche Unterschiede erkennen, die für die Ausbildung des knöchernen Geburtswegs von besonderem Interesse sind (Abb. 4-5, 10 u. 17).

Beim Hund ist die Linea terminalis als Beckeneingang extrem kaudal gestellt, der Schambeinrand kommt auf bzw. oftmals hinter der senkrechten Linie des Kreuzbeins (**Diameter verticalis**) zu liegen. Die Darmbeinkörper stehen nicht parallel zueinander, sie sind im Beckeneingang am breitesten, dorsal am schmalsten. Der Beckenausgang ist beim Hund weit und kann durch Anheben der Schwanzwirbel bei extrem kurzem Kreuzbein zusätzlich erweitert werden. Die Achse der insgesamt kurzen Beckenhöhle ist annähernd gerade. Die Beckenhöhle stellt im Hinblick auf ihre knöcherne Struktur für den Geburtsweg kein Hindernis dar.

Beim Schwein kann trotz der oftmals starken Bemuskelung das Tuber coxae und das Tuber ischiadicum getastet werden. Von Bedeutung ist die Tatsache, daß der Sitzbeinhöcker über Jahre nicht mit dem Corpus ossis ischii verwächst. Das Kreuzbein ist schwach gebogen, der Beckenboden weit zurückgesetzt, flach und kaudal mäßig abfallend. Daraus ergibt sich eine lange Verbindungslinie zwischen dem Promontorium und dem Pecten ossis pubis **(Diameter conjugata),** der Beckeneingang erscheint damit schräggestellt und verengt. Ebenso ist der mittlere Querdurchmesser der Beckenhöhle **(Diameter spinatransversa)** durch die schräg nach innen stehenden Spinae ischiadicae ebenfalls reduziert. Der knöcherne Geburtsweg des Schweines beträgt etwa nur 8–9 cm in allen Richtungen der knöchernen Begrenzung.

Beim Rind verengt sich das Dach der Beckenhöhle kaudal, das Kreuzbein stellt dabei flächenmäßig den größten Anteil (Abb. 4-15). Es wölbt sich leicht konkav in Längsrichtung, die ersten Schwanzwirbel nehmen diese Krümmung auf. Die seitliche Beckenwand wird durch die ausladende Spina ischiadica knöchern begrenzt, das Tuber ischiadicum erhebt sich seitlich vom Beckenboden und kann den Beckenausgang verengen.

Tab. 4-1. Auftreten und Verschmelzung der Ossifikationszentren in den Knochen des Beckens, nach Ghetie, 1971.

Tierart	Primäre Ossifikationszentren				Sekundäre Ossifikationszentren (Crista iliaca, Spina iliaca ventrokranial, Tuber ischiadicum, Epiphysenrand des Os ischii)		
	Auftreten			Verschmelzung	Auftreten		Verschmelzung
	Os ilium	Os ischii	Os pubis		Os ilium	Os ischii	
Pferd	2. Monat der Trächtigkeit	3. Monat der Trächtigkeit	5.–6. Monat der Trächtigkeit	10–12 Monate nach der Geburt	6–8 Monate nach der Geburt	3–5 Monate nach der Geburt	4½ – 5 Jahre
Rind	2. Monat der Trächtigkeit	3. Monat der Trächtigkeit	4.–5. Monat der Trächtigkeit	7–10 Monate nach der Geburt	6–8 Monate nach der Geburt	3–5 Monate nach der Geburt	5 Jahre
Schwein	7. Woche der Trächtigkeit	2. Monat der Trächtigkeit	2. Monat der Trächtigkeit	1 Jahr nach der Geburt	6–8 Monate nach der Geburt	3–5 Monate nach der Geburt	6–7 Jahre
Hund	4. Woche der Trächtigkeit	5. Woche der Trächtigkeit	5. Woche der Trächtigkeit	6 Monate nach der Geburt	4–6 Monate nach der Geburt	4–6 Monate nach der Geburt	1½ – 2 Jahre
Katze	4. Woche der Trächtigkeit	5. Woche der Trächtigkeit	5. Woche der Trächtigkeit	6 Monate nach der Geburt	4–6 Monate nach der Geburt	4–6 Monate nach der Geburt	–

Die Schrägstellung der Linea terminalis zeigt den Schambeinkamm senkrecht unter dem Dach des Kreuzbeins in Höhe des zweiten Intersakralgelenks gelegen **(Diameter verticalis).** Dies bedeutet, daß der Beckeneingang vergleichsweise eng ist, eine Erweiterung des Höhendurchmessers ist wegen der Stabilität des Kreuzbeins unmöglich. Der Beckenausgang ist ebenso auffällig eng. Die hohen, nach innen geneigten Spinae ischiadicae beengen den Geburtsweg **(Diameter spinatransversa)** ebenso wie die beiden äußerst markanten Sitzbeinhöcker **(Diameter transversa tuber ischiadici).** Zusätzlich ist die Führungsachse des knöchernen Geburtswegs durch die beschriebene Senkung des Beckenbodens bei quergestellter Aushöhlung zweigeteilt.

Beim Pferd wird das Beckendach vom Kreuzbein und den beiden ersten Schwanzwirbeln geformt, es senkt sich leicht kaudal. Gegenüber dem Rind sind Spina ischiadica und Tuber ischiadicum unauffällig, das breite Beckenband als bindegewebiger Bestandteil der Beckenhöhle ist relativ vergrößert (Abb. 4-13). Der Beckenboden ist horizontal und flach. Die bei jungen Pferden in der Medianen des Os pubis auftretende Verdickung verschwindet bei adulten Stuten.

Die Linea terminalis des Beckeneingangs erreicht den Schambeinkamm in Höhe des 3. bis 4. Sakralwirbels bei der Stute, beim Hengst hinter dem zweiten. Der Beckeneingang bei der Stute ist weit und rund, der des Hengstes ventral eckiger. Die Beckenhöhle besitzt damit einen weiten Eingang **(Diameter transversa),** ihr Ausgang **(Diameter transversa tuber ischiadici)** ist nicht verengt, die Beckenhöhe ist geräumiger als beim Rind, die Längsachse als Führungslinie des Geburtswegs ohne Abknickung: die Stute kennzeichnet ein knöchernes Becken ohne strukturelle Hindernisse.

Das Auftreten und der Zeitraum der Verschmelzung der Ossifikationszentren der Ossa coxae wird in Tab. 4-1 wiedergegeben.

Skelett des Oberschenkels (Skeleton femoris)

Das Skelett des Oberschenkels ist der proximale Abschnitt (Stylopodium) der Gliedmaßensäule der freien Beckengliedmaße, es wird nur von einem Knochen, dem **Oberschenkelbein (Os femoris),** gebildet (Abb. 4-1ff.). Das Os femoris, auch Femur genannt, ist der kräftigste aller langen Röhrenknochen. Zusätzlich können am Skelett des Oberschenkels bis zu **vier Sesambeine** ausgebildet sein, die jeweils in Sehnen eingelagert sind. Das bekannteste Sesambein bei allen Haussäugetieren ist die **Kniescheibe (Patella),** sie liegt in der Endsehne des M. quadriceps femoris. Zwei weitere sind bei Fleischfressern in der Ursprungssehne des Wadenmuskels, ein kleineres in der des Kniekehlmuskels gelegen.

Der **Femur** ist am Bewegungsablauf des Körpers ebenso beteiligt wie er wesentliche Last- und Stützfunktionen übernimmt. Vergleichbar mit der Gestaltung des Humerus ist auch die Oberfläche dieses Knochens durch Ursprungs- und Ansatzflächen großer Muskelpartien und deren Sehnen geformt und durch markante Knochenvorsprünge, -leisten und -gruben gekennzeichnet (Abb. 4-20, 21 u. 22). Man unterscheidet, unter Berücksichtigung tierartlicher Besonderheiten, drei wesentliche Abschnitte:

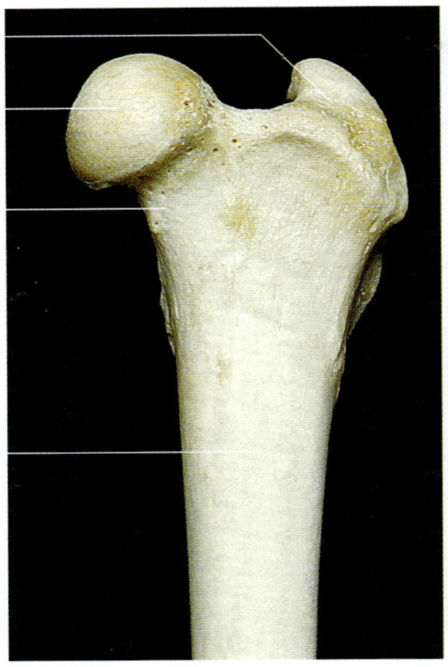

Abb. 4-18. Linkes Oberschenkelbein eines Hundes (proximales Ende, Kranialansicht).

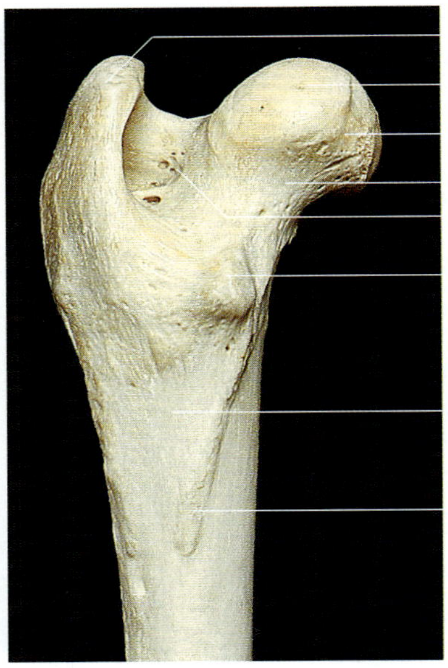

Abb. 4-19. Linkes Oberschenkelbein eines Hundes (proximales Ende, Kaudalansicht).

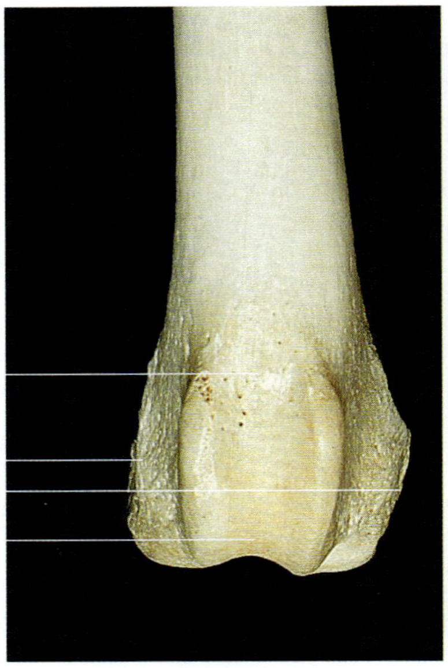

Abb. 4-20. Linkes Oberschenkelbein eines Hundes (distales Ende, Kranialansicht).

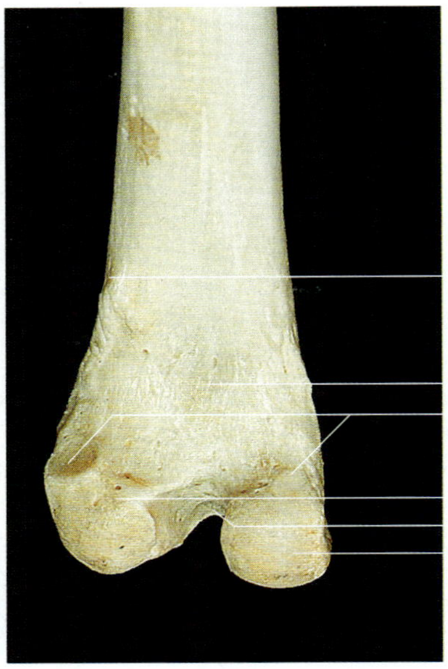

Abb. 4-21. Linkes Oberschenkelbein eines Hundes (distales Ende, Kaudalansicht).

- proximales Endstück mit dem **Gelenkkopf (Caput ossis femoris),**
- Mittelstück als **Körper (Corpus ossis femoris)** und
- distales Endstück mit den **Gelenkknorren (Condylus lateralis** und **medialis).**

Das **proximale Endstück** krümmt sich medial und weist als markantes Merkmal den **Gelenkkopf (Caput ossis femoris)** auf, der mit seiner halbkugelig gewölbten Gelenkfläche den Körper des Femurs weit überragt. Durch diese mediale Drehung wird die Gelenkfläche zur Längsachse des Körpers versetzt angeordnet. Der Gelenkkopf schließt eine gelenkknorpelfreie **Bandgrube (Fovea capitis)** für den Ansatz des Femurkopfbands ein, die beim Hund rund und zentral gelegen, beim Pferd keilförmig offen ist. Das Caput femoris ist bei Fleischfressern und Schwein mit dem Körper durch ein abgesetztes **Collum ossis femoris** verbunden. Lateral liegt der **größere Umdreher (Trochanter major),** an dem, wie an einem verlängerten Hebelarm, Muskeln der Kruppe als Strecker des Hüftgelenks ansetzen. Dieser Umdreher ist beim Pferd in einen vorderen und hinteren Abschnitt (Pars cranialis und caudalis) geteilt. Der Trochanter major überragt bei Wiederkäuern und beim Pferd das Caput femoris deutlich, beim Schwein und Hund kaum und bei der Katze nicht. Zwischen dem Trochanter major und dem Oberschenkelhals senkt sich tief die **Umdrehergrube (Fossa trochanterica)** zum Ansatz der tiefen Hüftgelenksmuskulatur ein.

Medial liegt der **kleinere Umdreher (Trochanter minor)** als Ansatzfläche für den M. iliopsoas, lateral nur beim Pferd zusätzlich ein kräftiger **dritter Umdreher (Trochanter tertius);** dieser dient dem M. glutaeus supf. zur Insertion.

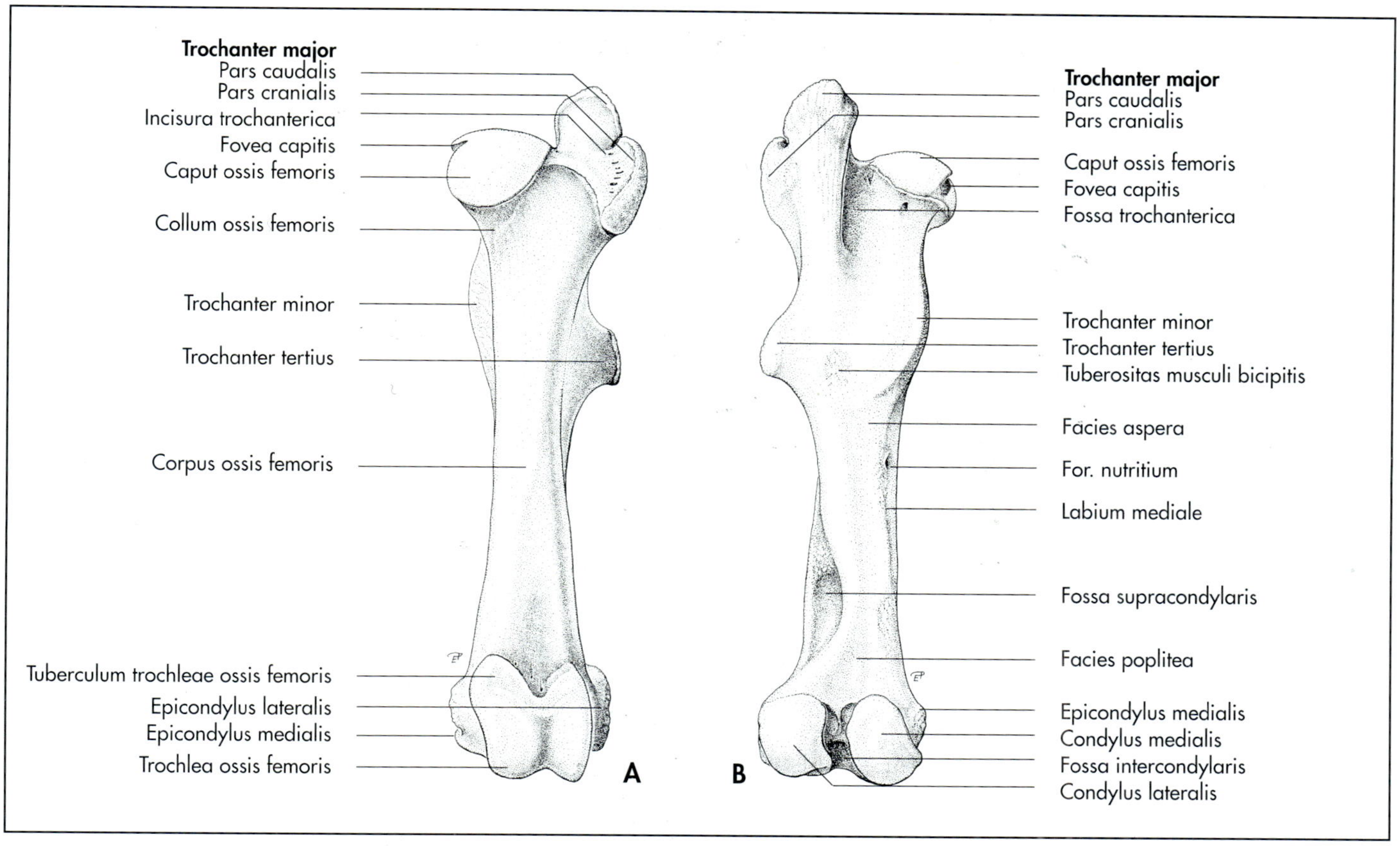

Abb. 4-22. Schematische Darstellung des linken Oberschenkelbeins des Pferdes (**A** Kranialansicht, **B** Kaudalansicht).

Das **Mittelstück** wird vom **Körper (Corpus ossis femoris)** gebildet. Dieser weist kaudal eine rauhe Oberfläche (Facies aspera) auf, begrenzt durch ein ausgeprägtes **Labium mediale** und **laterale,** an der die Adduktorenmuskulatur anheftet. Die Lippen setzen sich streifenartig distal fort und begrenzen die **Kniekehlfläche (Facies poplitea).** Beim Hund begrenzen die Lippen proximal das **Planum trochantericum.** Im kaudoproximalen Teil des Os femoris des Pferdes findet sich eine kreisrunde Rauhigkeit, die **Tuberositas musculi bicipitis.**

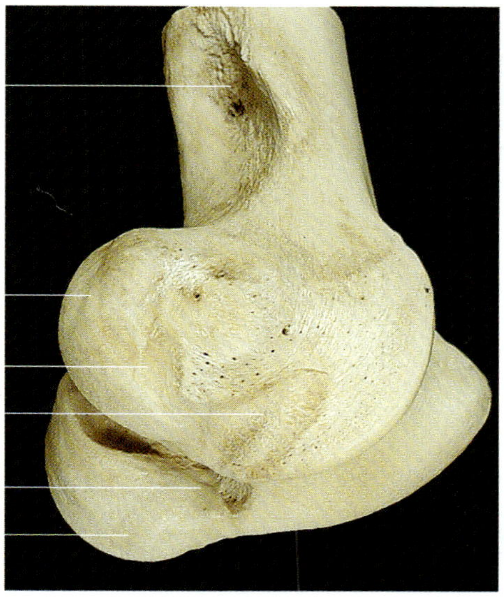

Abb. 4-23. Distales Ende des rechten Oberschenkelbeins eines Pferdes (Ansicht von distolateral).

Der kaudodistale Abschnitt des Körpers weist ebenfalls nur beim Pferd eine tiefe **Fossa supracondylaris** auf, die die Ursprungsfläche des oberflächlichen Zehenbeugers vergrößert. Bei den anderen Haussäugetieren dient eine Rauhigkeit **(Tuberositas supracondylaris lat.)** als Ursprungsfläche für das Caput lat. des M. gastrocnemius. Medial ist eine Tuberositas supracondylaris med. ausgebildet, ebenfalls für den genannten Wadenmuskel.

Das **distale Endstück** trägt die **Gelenkknorren (Condylus lateralis** und **medialis)** (Abb. 4-23, 24, 26 u. 28). Diese artikulieren mit der Tibia unter Einbezug der beiden Kniegelenkmenisken im **Kniekehlgelenk (Articulatio femorotibialis)** und mit der Kniescheibenrolle, die mit der Patella im **Kniescheibengelenk (Articulatio femoropatellaris)** gelenkig in Verbindung stehen. Die beiden Kondylen sind durch eine tiefe Zwischenknorrengrube (Fossa intercondylaris) voneinander getrennt, abgegrenzt zur Facies poplitea durch die horizontal verlaufende Linea intercondylaris. Die beidseitigen abaxialen Flächen der Kondylen sind als kleine **Bandhöcker (Epicondylus lateralis** und **medialis)** als Ansatz für die Seitenbänder (Ligg. collateralia) angerauht. Der laterale Kondylus zieht dicht am Gelenkrand zwei Muskelgruben ein, kranial eine Fossa extensoria als Urprungsgebiet des M. extensor digitorum longus und des M. fibularis tertius. Kaudal davon gelegen dellt sich die **Fossa musculi poplitei** als Ursprungsfläche für den M. popliteus, den Kniekehlmuskel, ein. Bei Fleischfressern ist die kaudale Fläche eines jeden Kondylus von kleinen, ebenen Gelenkflächen besetzt, die der Artikulation mit zwei kleinen Sesambeinen **(Ossa sesamoidea musculi gastrocnemii, Fabellae)** dienen und einzeln in der je-

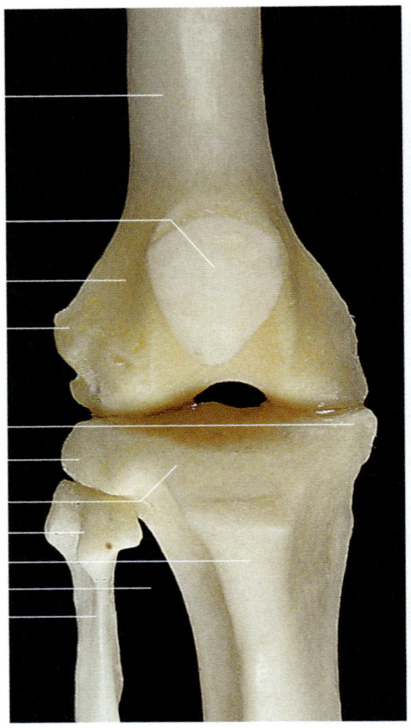

Abb. 4-24. Knochen des rechten Kniegelenks eines Hundes (Kranialansicht).

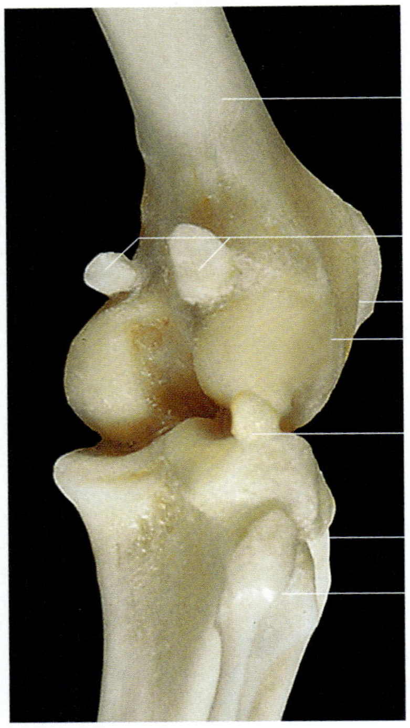

Abb. 4-25. Knochen des rechten Kniegelenks eines Hundes (Kaudolateralansicht).

weiligen Ursprungssehne des gleichnamigen Muskels liegen (Abb. 4-25).

Kranial ragt die **Kniescheibenrolle (Trochlea ossis femoris)** mit zwei Rollkämmen vor, die durch eine mittlere Furche getrennt sind. Die Rollkämme sind niedrig und beim Hund mehr oder weniger gleich groß. Beim Pferd und Rind sind diese asymmetrisch vergrößert. Dabei überragt der mediale Rollkamm den lateralen. Beim Pferd ist zudem medial ein **Tuberculum trochleae ossis femoris** ausgebildet, beim Hund befindet sich proximal der Rollgrube die **Fossa suprapatellaris.**

Das Auftreten und der Zeitpunkt der Verschmelzung der Ossifikationskerne wird in Tab. 4-2 wiedergegeben.

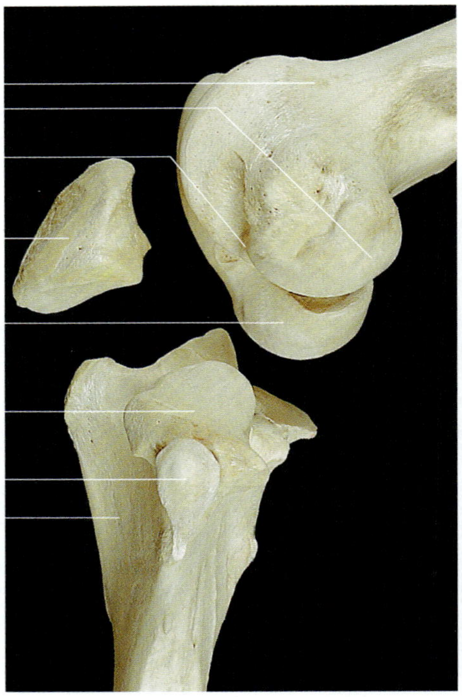

Abb. 4-26. Distales Ende des linken Oberschenkelbeins, Kniescheibe und proximales Ende des Schienbeins eines Pferdes (Lateralansicht).

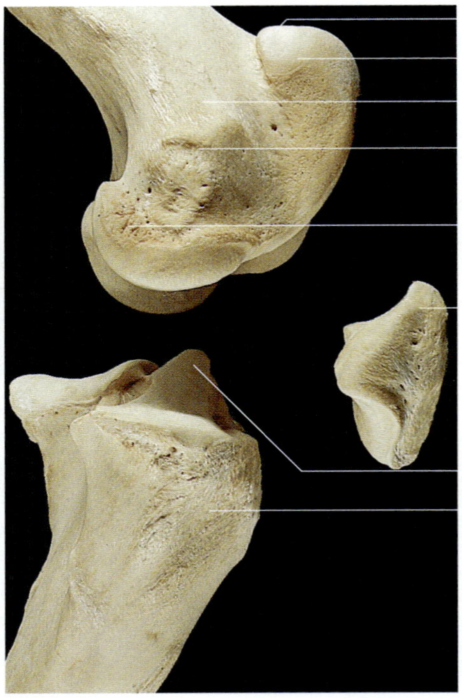

Abb. 4-27. Distales Ende des linken Oberschenkelbeins, Kniescheibe und proximales Ende des Schienbeins eines Pferdes (Medialansicht).

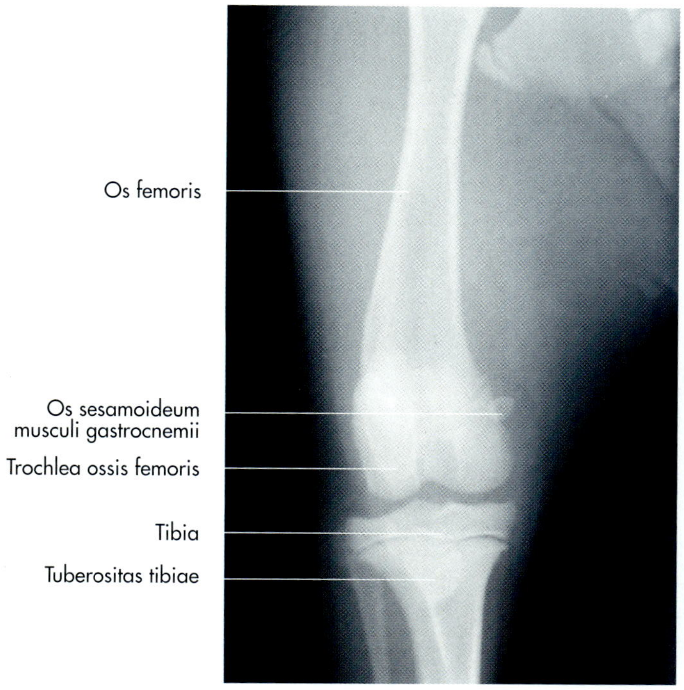

Abb. 4-28. Rechtes Kniegelenk eines Hundes (kraniokaudaler Strahlengang), Aufnahme Dr. Sabine Breit, Wien.

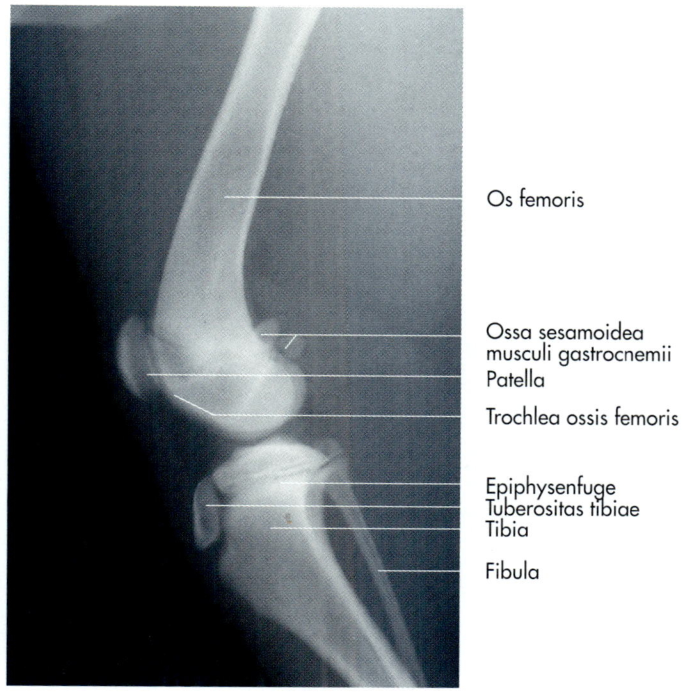

Abb. 4-29. Rechtes Kniegelenk eines jungen Hundes (mediolateraler Strahlengang), Aufnahme Dr. Sabine Breit, Wien.

Kniescheibe (Patella)

Die Kniescheibe liegt als **Sesambein** in der Endsehne des M. quadriceps femoris und weist mit ihrer Gelenkfläche (Facies articularis) zum Femur. Ihre freie Oberfläche (Facies cranialis) ist der Haut zugekehrt, die Basis dient proximal als Muskelansatzfläche, die Spitze weist distal. Bei Rind und Pferd ist die mediale Fläche zum Processus cartilagineus als Ansatzrand für den **Knorpel (Fibrocartilago parapatellaris medialis)** ausgezogen (Abb. 4-50, 54 und 57).

Skelett des Unterschenkels (Skeleton cruris)

Das Skelett des Unterschenkels ist der distale Abschnitt (Zeugopodium) der Gliedmaßensäule (Abb. 4-1ff., 30ff. u. 43). Es setzt sich, vergleichbar mit dem Unterarm, aus zwei ungleich stark ausgebildeten Knochen, dem kräftigeren **Schienbein (Tibia)** und dem schwächeren **Wadenbein (Fibula),** zusammen. Die Fibula liegt der Tibia lateral an und verläuft zu dieser weitgehend parallel. Die Fibula erreicht nicht die distalen Gelenkknorren des Oberschenkels, so daß die gesamte Körperlast allein von der Tibia getragen wird. Demzufolge ist diese in ihrem Wandbau verstärkt.

Tab. 4-2. Auftreten und Verschmelzung der Ossifikationszentren des Oberschenkelbeins, nach Ghetie, 1971.

Tierart	**Auftreten des Diaphysenkernes**	**Auftreten in der Epiphyse**				**Verschmelzung in der Epiphyse**	
		proximal			**distal**	**proximal**	**distal**
		Caput femoris	**Trochanter major**	**Trochanter minor**			
Pferd	2. Monat der Trächtigkeit	7. Monat der Trächtigkeit	9. Monat der Trächtigkeit	12 Monate nach der Geburt	6. Monat der Trächtigkeit	3 Jahre	3½ Jahre
Rind	2. Monat der Trächtigkeit	7. Monat der Trächtigkeit	8. Monat der Trächtigkeit	11–12 Monate nach der Geburt	6. Monat der Trächtigkeit	3 Jahre	3½ Jahre
Schwein	6. Woche der Trächtigkeit	10. Woche der Trächtigkeit	kurz vor der Geburt	kurz vor der Geburt	kurz vor der Geburt	3 Jahre	3½ Jahre
Fleischfresser	4. Woche der Trächtigkeit	3–4 Wochen nach der Geburt	5 Wochen nach der Geburt	5 Wochen nach der Geburt	3 Wochen nach der Geburt	1–1½ Jahre	1–1½ Jahre

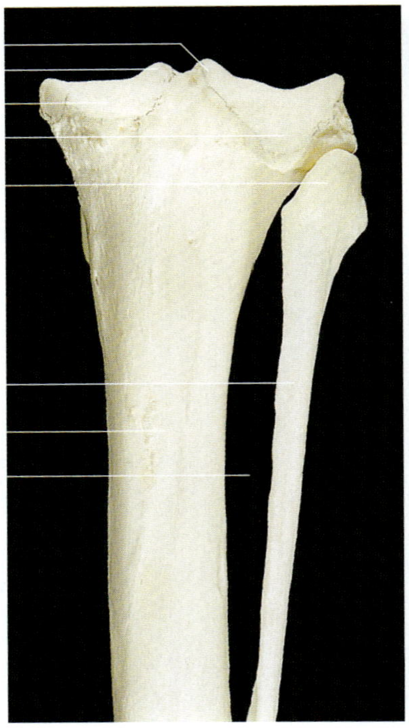

Abb. 4-30. Rechtes Schien- und Wadenbein eines Hundes (Kaudalansicht, proximales Ende).

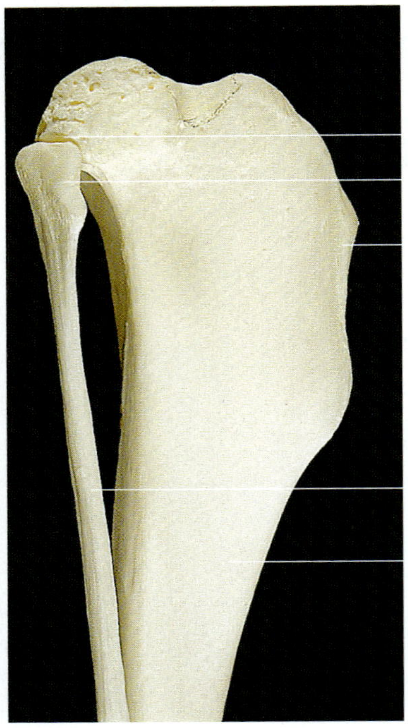

Abb. 4-31. Rechtes Schien- und Wadenbein eines Hundes (Kraniolateralansicht, proximales Ende).

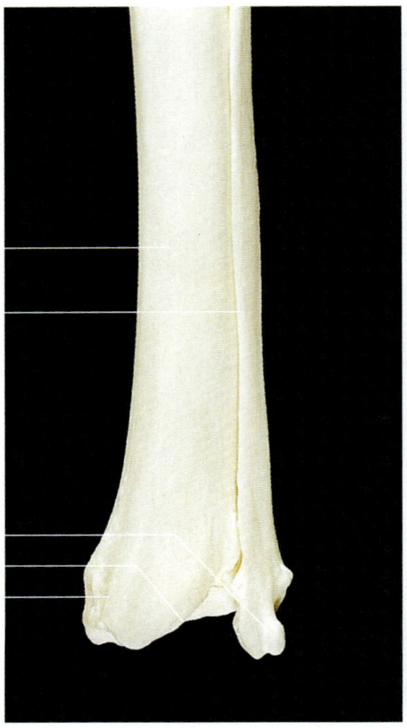

Abb. 4-32. Rechtes Schien- und Wadenbein eines Hundes (Kaudalansicht, distales Ende).

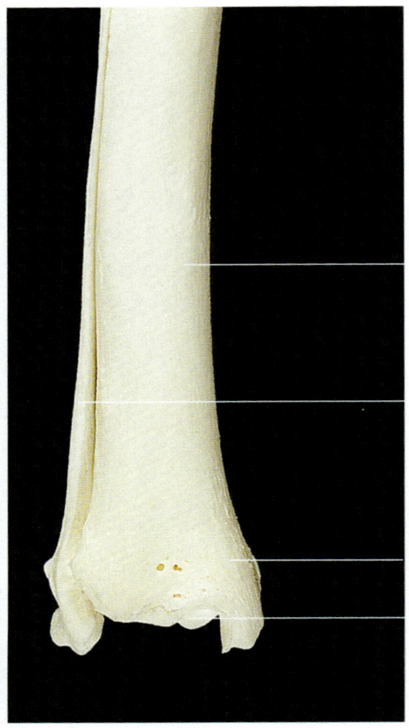

Abb. 4-33. Rechtes Schien- und Wadenbein eines Hundes (Kranialansicht, distales Ende).

Die phylogenetische Rückbildung an der Fibula ist vergleichsweise weiter fortgeschritten als an der Ulna. So ist die Fibula beim Rind rudimentär, beim Pferd ist ihr distales Ende vollständig in der Lateralwand der Tibia aufgegangen. Bei Fleischfressern und beim Schwein erreicht die Fibula die Länge der Tibia, sie bleibt jedoch erheblich schwächer.

Schienbein (Tibia)

Das Schienbein ist wesentlich an der Bildung des Kniegelenks beteiligt (Abb. 4-24, 26 u. 34). Demzufolge ist vorzugsweise das proximale Ende besonders profiliert. Dieses Knochenende schließt Artikulationsflächen für die Kondylen des Femurs bzw. der Menisken, aber auch Insertionsflächen für deren Haltebänder und für die Kreuzbänder ein. Zusätzlich überspannt kaudal

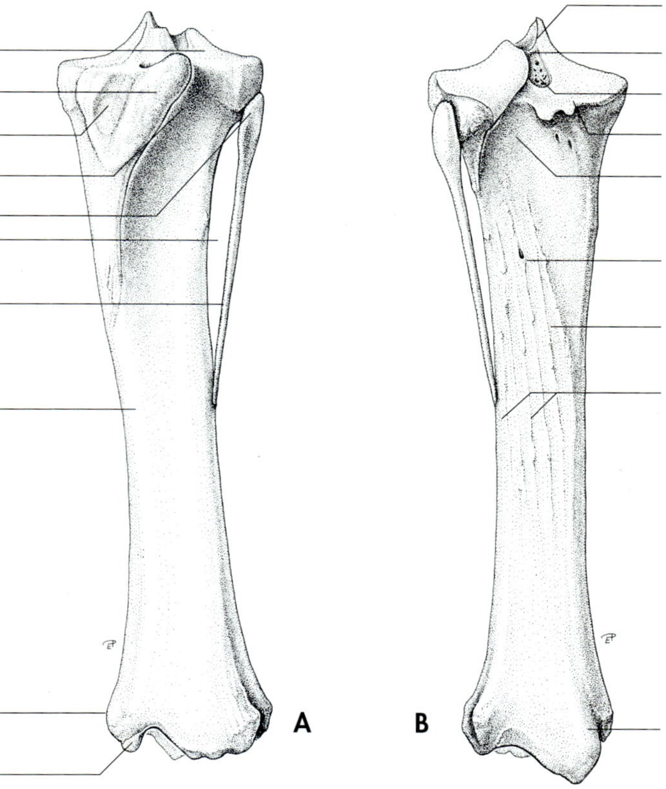

Abb. 4-34. Schematische Darstellung des linken Schien- und Wadenbeins des Pferdes (**A** Kranialansicht, **B** Kaudalansicht).

der Kniekehlmuskel dieses Gelenk, so daß auch eine tiefe Inzisur das proximale Ende formt.

Man unterscheidet an der Tibia zwei unterschiedliche terminale Abschnitte, die durch einen langen **Körper (Corpus tibiae)** verbunden sind:

- proximales Endstück mit der Gelenkfläche (Facies articularis) zum Kniekehlgelenk,
- distales Endstück mit der Gelenkschraube (Cochlea tibiae) zum Tarsalskelett.

Das **proximale Endstück (Extremitas proximalis)** kennzeichnet eine dreiseitige Grundstruktur, es weist zwei verbreiterte **Schienbeinknorren (Condylus lateralis** und **medialis)** auf, die kaudal durch den **Kniekehlausschnitt (Incisura poplitea)** als Einziehung für den gleichnamigen Muskel eingekerbt sind. Jeder Kondylus ist durch eine flache Facies articularis prox. eingezogen, die den entsprechenden Kondylus des Femurs bzw. die faserknorpelig distale Meniskusfläche aufnimmt (Abb. 4-34 u. 35). Zwischen den beiden Gelenkflächen erhebt sich zentral der **Zwischenknorrenfortsatz (Eminentia intercondylaris),** der seinerseits durch eine kleine **Zwischenfläche (Area intercondylaris centralis)** in das Tuberculum intercondylare lat. und med. geteilt wird. Kranial dieser zentralen Erhebung vertiefen sich die **Area intercondylaris cranialis,** kaudal die **Area intercondylaris caudalis.** Sämtliche zuletzt angesprochenen Flächen dienen Bändern des Kniekehlgelenks als Ansatz.

An der **Lateralseite des Kondylus** ist die Facies articularis fibularis ausgebildet, bei den Wiederkäuern ist diese Artikulationsfläche mit dem Fibularudiment verwachsen. Kraniolateral zieht sich der **Sulcus extensorius** als Einkerbung für den langen Zehenstrecker tief in das proximale Endstück ein.

Der **Körper der Tibia (Corpus tibiae)** ist kraniokaudal komprimiert und weist zwei markante Strukturen auf. An der Vorderseite zieht in leicht geschwungenem Verlauf die **Schienbeinleiste (Margo cranialis).** Diese ist in ihrem Verlauf tastbar, sie teilt das Schienbein in eine laterale, muskeltragende und in eine mediale, muskelfreie Fläche. Proximal verdickt sich der Margo cranialis zur auffälligen, ebenfalls tastbaren **Schienbeinbeule (Tuberositas tibiae).** Die kaudale Fläche ist beim Pferd in Längsrichtung von stark ausgeprägten Muskelrinnen (Lineae musculi poplitei) und nachfolgenden Lineae musculares durchzogen, an denen neben dem M. popliteus die Zehenbeuger entspringen.

Das **distale Endstück** wird durch die zweigeteilte **Gelenkschraube (Cochlea tibiae)** gekennzeichnet, die mit der **Gelenkrolle (Trochlea)** des **Sprungbeins (Talus)** artikuliert (Abb. 4-32 u. 34). Ein mittlerer Gelenkkamm paßt sich in seinem Verlauf der meist sagittalen Ausrichtung der Trochlea an, kann aber auch, wie beim Pferd, kraniolateral gewinkelt sein. An seiner medialen Seite wird der **mediale Knöchel (Malleolus medialis)** als Vorsprung ausgebildet, dem bei Fleischfressern und beim Schwein lateral die Incisura fibularis zur Artikulation des **lateralen Knöchels (Malleolus lateralis)**

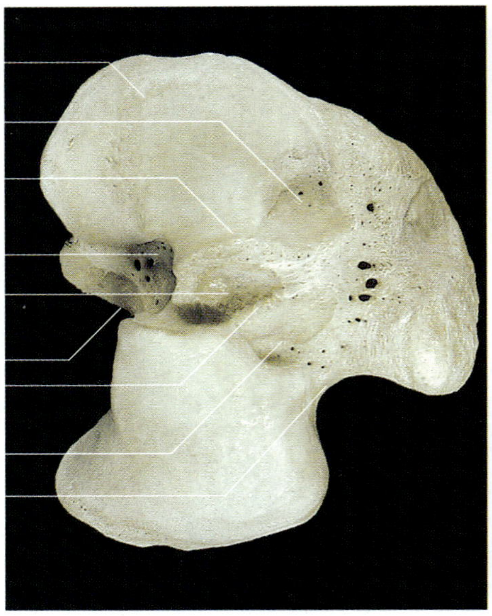

Abb. 4-35. Proximales Endstück eines rechten Schienbeins eines Pferdes (Aufsicht).

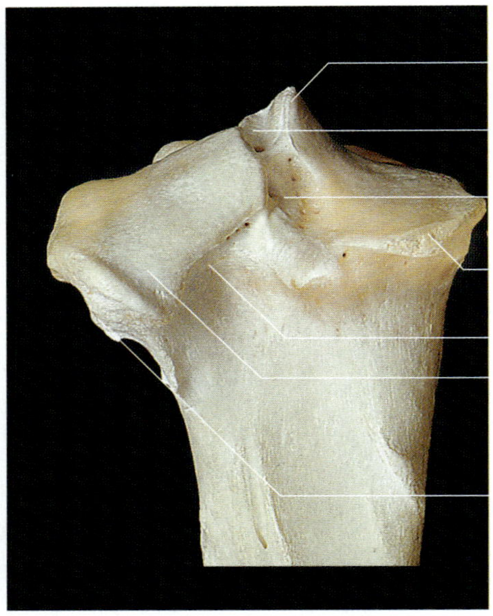

Abb. 4-36. Proximales Endstück eines linken Schienbeins eines Pferdes (Kaudalansicht).

mit dem distalen Ende der Fibula gegenübersteht. Bei Wiederkäuern ist an dieser Stelle für das **Os malleolare** als distales Relikt der Fibula ebenfalls eine Gelenkfläche ausgebildet.

Wadenbein (Fibula)

Das Wadenbein läßt einen **Kopf (Caput fibulae),** einen **Hals (Collum fibulae),** das **Mittelstück (Corpus fibulae)** und das **distale Ende,** den **lateralen Knöchel (Malleolus lateralis),** unterscheiden (Abb. 4-30 u. 34). Die Fibula ist sehr einfach gebaut und bei den verschiedenen Tierarten unterschiedlich stark zurückgebildet.

Bei Fleischfressern und beim Schwein bleibt das Wadenbein als Gesamtknochen erhalten, erfüllt als Ansatzfläche für Muskulatur und zur Unterstützung des Sprunggelenks dennoch nur eingeschränkte Funktionen. Die Fibula wird von der Tibia durch ein langes, mit Bindegewebe gefülltes **Spatium interosseum cruris** getrennt, das bei Fleischfressern nur proximal entwickelt ist. Die Fibula grenzt auf der Lateralseite des Unterschenkels die kraniale von der kaudalen Unterschenkelmuskulatur ab. Bei mageren Hunden ist die Fibula über ihre ganze Länge tastbar, bei gut bemuskelten Tieren nur der Fibulakopf und der obere Teile des Körpers. Bei Wiederkäuern und beim Pferd ist das Wadenbein unterschiedlich stark

Tab. 4-3. Auftreten und Verschmelzung der Ossifikationszentren des Schienbeins, nach Ghetie, 1971.

Tierart Tibia	Auftreten des Diaphysenkernes	Auftreten in der Epiphyse proximal Condylus	 Tuberositas	 distal	Verschmelzung in der Epiphyse proximal	 distal
Pferd	2. Monat der Trächtigkeit	7. Monat der Trächtigkeit	9. Monat der Trächtigkeit	9. Monat der Trächtigkeit	3½ Jahre	2 Jahre
Rind	2. Monat der Trächtigkeit	Mitte 6.–7. Monat der Trächtigkeit	9. Monat der Trächtigkeit	Mitte 7.–8. Monat der Trächtigkeit	3½–4 Jahre	2–2½ Jahre
Schaf	6.–8. Woche der Trächtigkeit	4. Monat der Trächtigkeit	um die Geburt	3. Monat der Trächtigkeit	3½ Jahre	15–20 Monate
Schwein	2. Monat der Trächtigkeit	kurz vor der Geburt	einige Wochen nach der Geburt	kurz vor der Geburt	3½ Jahre	2 Jahre
Fleisch-fresser	4. Woche der Trächtigkeit	Ende des 1. Monats nach der Geburt	einige Wochen nach der Geburt	Ende des 1. Monats nach der Geburt	12. Monat	12.–13. Monat

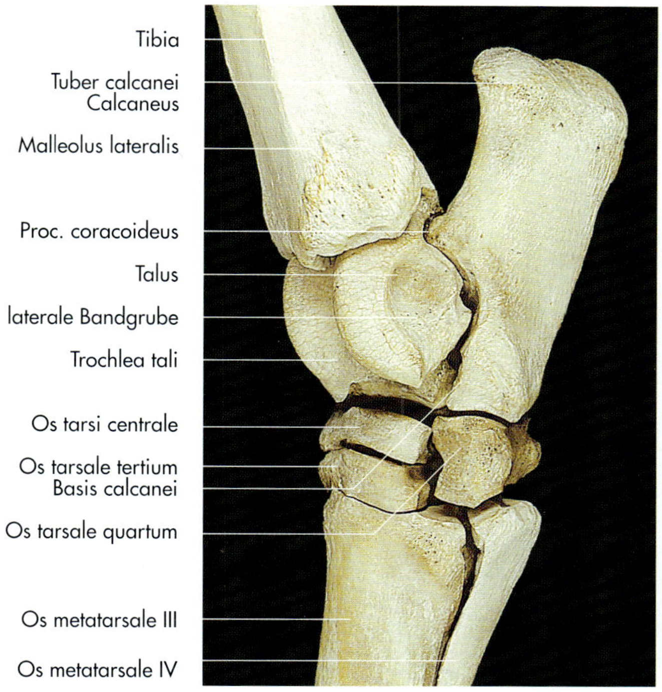

Abb. 4-37. Knochen des linken Sprunggelenks eines Pferdes (Lateralansicht).

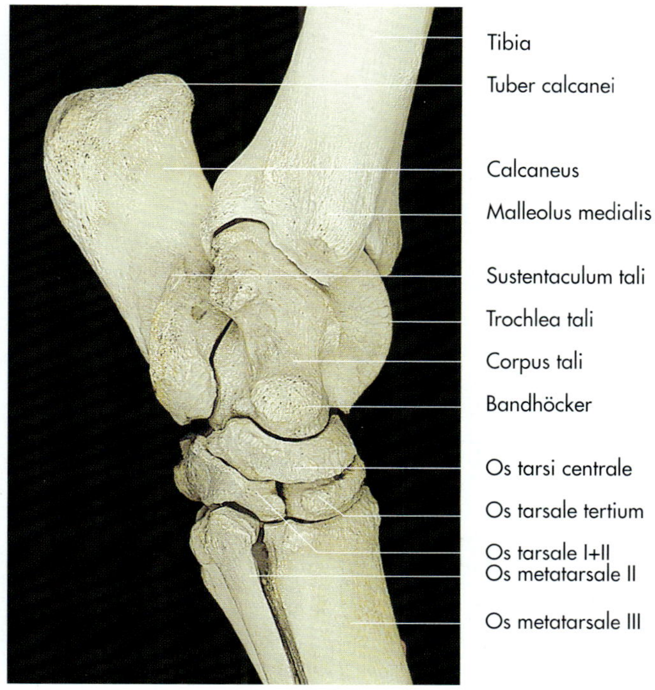

Abb. 4-38. Knochen des linken Sprunggelenks eines Pferdes (Medialansicht).

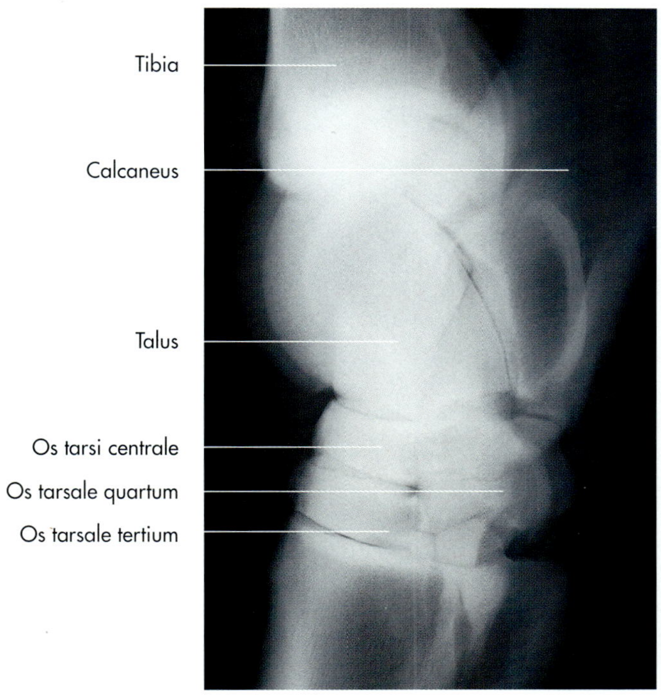

Abb. 4-39. Knochen des linken Sprunggelenks eines Pferdes (lateromedialer Strahlengang), Aufnahme Dr. Sabine Breit, Wien.

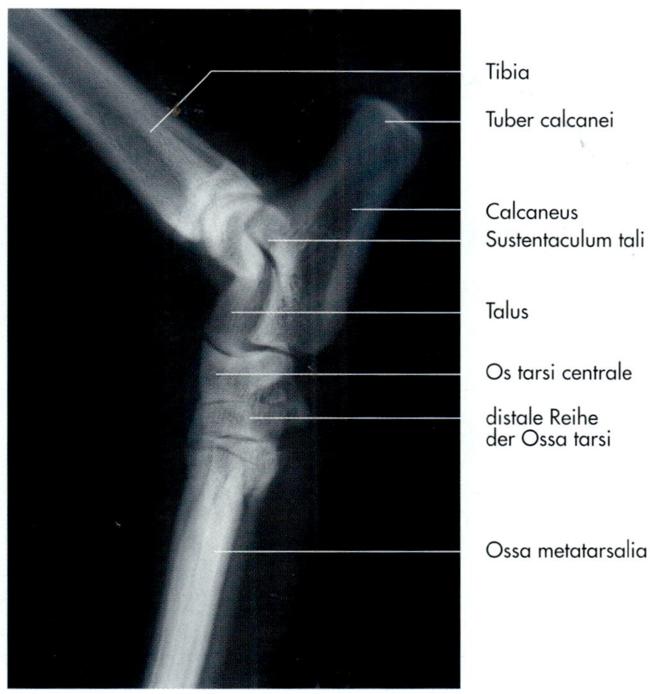

Abb. 4-40. Knochen des rechten Sprunggelenks eines Hundes (mediolateraler Strahlengang), Aufnahme Dr. Sabine Breit, Wien.

als Einzelknochen rudimentär bzw. als Anhang oder Bestandteil mit dem distalen Knöchel der Tibia verbunden. Bei den Wiederkäuern ist der Wadenbeinkopf mit dem lateralen Kondylus der Tibia verwachsen, bei den anderen Haussäugetieren in der **Facies articularis capitis** gelenkig verbunden. Das bei den Wiederkäuern vorhandene Os malleolare und die Einbindung in den Knöchel wurden bereits bei der Tibia angesprochen.

Beim Pferd ist allein die obere Hälfte der Fibula ausgebildet, der Fibulakopf ist mit der Tibia im Condylus lat. durch ein straffes Gelenk verbunden. Bereits embryonal verwächst das distale Ende der Fibula mit der Tibia zum **Malleolus lateralis,** röntgenologisch ist bei jungen Tieren noch das Ossifikationszentrum erkennbar.

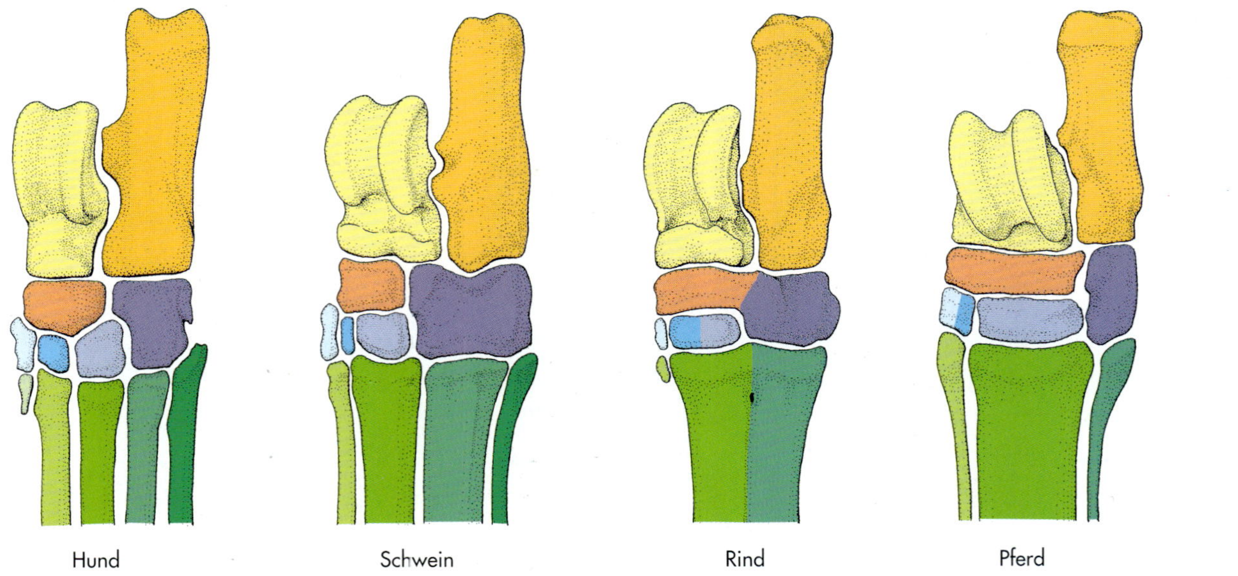

Abb. 4-41. Schematische Darstellung der Knochen des Sprunggelenks, nach Ellenberger u. Baum, 1943.

Skelett des Hinterfußes (Skeleton pedis)

Das Skelett des Hinterfußes bildet die knöcherne Grundlage der Gliedmaßenspitze (Autopodium) der Beckengliedmaße (Abb. 4-1ff.).

Es besteht von proximal nach distal aus dem:

- **Basipodium** mit den Hinterfußwurzelknochen (Ossa tarsi),
- **Metapodium** mit den Hintermittelfußknochen (Ossa metatarsalia),
- **Acropodium** mit den Hinterzehenknochen (Ossa digitorum pedis).

Hinterfußwurzelknochen (Ossa tarsi)

Die Hinterfußwurzelknochen liegen bei den Haussäugetieren in einer **proximalen** oder **kruralen,** einer **mittleren** oder **intertarsalen** und einer **distalen** oder **metatarsalen Reihe** (Abb. 4-37ff.).

Die proximale Reihe artikuliert proximal im Unterschenkel-Hinterfußwurzelgelenk (Articulatio tarsocruralis) mit der Cochlea der Tibia. Ebenso wird die distale metatarsale Reihe in den Hinterfußwurzel-Mittelfußgelenken (Articulationes tarsometatarseae) mit den Metatarsalknochen gelenkig verbunden. Darüber hinaus artikulieren die einzelnen Hinterfußwurzelknochen der gleichen Reihe und anliegender Reihen untereinander über eine große Zahl eigenständiger Gelenkflächen, auf die bei der Besprechung der Gelenke eingegangen wird (Abb. 4-37 u. 39). Man unterscheidet:

- in der **proximalen** oder **kruralen Reihe** von medial beginnend das
  - Os tarsi tibiale (Talus oder Sprungbein) und
  - Os tarsi fibulare (Calcaneus oder Fersenbein);
- in der **intertarsalen Reihe** medial ausgebildet das
  - Os tarsi centrale;
- in der **distalen** oder **metatarsalen Reihe** von medial beginnend das
  - Os tarsale primum,
  - Os tarsale secundum,
  - Os tarsale tertium und
  - Os tarsale quartum.

Die Tarsalknochen sind tierartlich unterschiedlich ausgebildet (Abb. 4-41).

Bei Fleischfressern und beim Schwein sind alle **sieben Tarsalknochen** in ihrer ursprünglichen Anzahl angelegt. Bei den Wiederkäuern sind **fünf Tarsalknochen** vorhanden. Bei dieser Tierart ist das Os tarsi centrale mit dem Os tarsale quartum zum Os centroquartale ebenso verschmolzen wie zusätzlich das Os tarsale secundum mit dem Os tarsale tertium verwachsen ist. Beim Pferd sind **sechs Tarsalknochen** vorhanden, da das Os tarsale primum mit dem Os tarsale secundum verschmilzt.

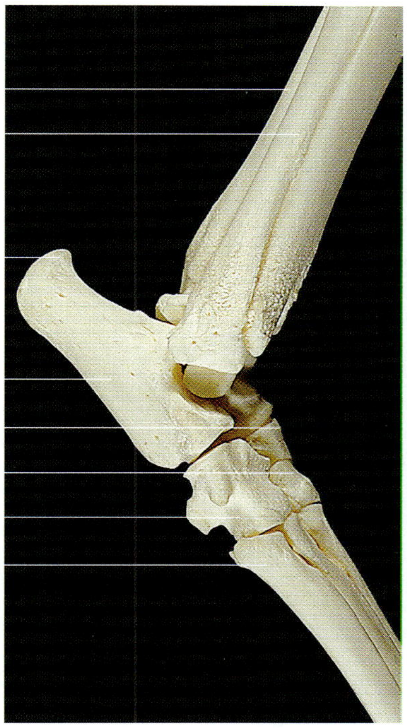

Abb. 4-42. Knochen des rechten Sprunggelenks eines Hundes (Lateralansicht).

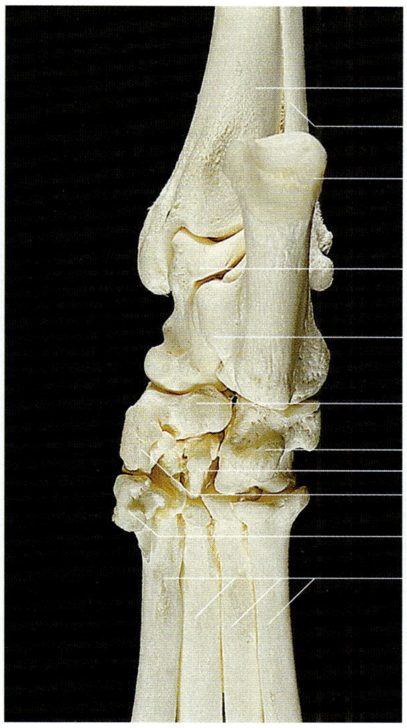

Abb. 4-43. Knochen des rechten Sprunggelenks eines Hundes (Plantaransicht).

Sprungbein (Talus)

Das Sprungbein liegt medial in der kruralen Reihe der Hinterfußwurzelknochen und wird durch ein kompaktes, in sich geschlossenes Mittelstück, den **Körper (Corpus),** gekennzeichnet, der diesem Tarsalknochen auch die Bezeichnung **Roll-** oder **Würfelbein** eintrug (Abb. 4-41). Das Sprungbein bildet zusammen mit dem Fersenbein das Kernstück **proximaler Anteile des Sprunggelenks.** Man unterscheidet am Talus neben dem Körper die **Gelenkrolle (Trochlea tali)** mit auffälligen Sagittalkämmen. Distal am Corpus tali schließt sich das walzenförmige **Caput tali** an.

Am Sprungbein artikuliert die **Gelenkrolle des Talus (Trochlea tali)** in zwei parallel gestellten Kämmen mit der Cochlea tibiae. Bei Fleischfressern bleiben diese Rollkämme relativ flach, sie liegen in der Sagittalebene und reichen weit distal, strukturelle Voraussetzung für die bekannt große Beweglichkeit dieses Gelenks. Die Trochleafläche artikuliert auch mit der Fibula und dem medialen Knöchel (Abb. 4-42 u. 43).

Bei Wiederkäuern sind die Rollkämme in der medianen Bewegungsachse des Gelenkes. Die Trochlea artikuliert medial mit dem Malleolus med., lateral mit dem Os malleolare. Beim Pferd reichen die Rollkämme weit distal, diese sind schräg lateral gerichtet. Diese Schrägstellung der Gelenkkämme und-rinnen ist Ursache dafür, daß der distale Teil der Gliedmaße bei Beugung des Sprunggelenks nach vorne und seitlich nach außen bewegt wird (Abb. 4-37).

Das **Caput tali** ist distal mit dem Os tarsi centrale durch eine Gelenkwalze verbunden, die beim Pferd allerdings durch eine annähernd ebene, weitgehend unbewegliche Gelenkfläche ersetzt wird. Bei Fleischfressern wird das Caput tali durch ein Collum vom Corpus abgesetzt und zieht zapfenförmig zehenwärts. Die nur schwache Wölbung der Gelenkfläche zum Os tarsi centrale des Caput schränkt deren Beweglichkeit ein. Bei Wiederkäuern ist das Caput tali kräftig entwickelt und besitzt zur Artikulation mit dem Os centroquartale eine Trochlea tali distalis. Die Plantar- und Lateralflächen artikulieren mit dem anliegenden Fersenbein in den Facies articulares calcaneae.

Fersenbein (Calcaneus)

Das Fersenbein ragt mit seinem proximalen Anteil plantar weit über den Tarsus hinaus und formt die Grundlage der **Ferse (Calx)** (Abb. 4-37 u. 39). Das Fersenbein unterstützt als Hebelarm und Ansatzfläche für die Muskulatur die Streckung des Sprunggelenks. Es liegt dem Talus plantar und lateral an, mit dem es dorsal und medial durch Facies articulares talares verbunden ist. Distal bildet es die Gelenkflächen zum Os tarsale quartum aus.

An seinem freien Ende liegt der **Fersenhöcker (Tuber calcanei),** ein tastbarer Knochenpunkt. Der Calcaneus weist einen medial gerichteten, ebenfalls tastbaren Fortsatz auf, die **Sprungbeinstütze (Sustentaculum tali),** die plantar eine Gleitfläche für zwei der drei Endsehnen des tiefen Zehenbeugers (M. flexor digitorum lateralis und M. tibialis caudalis) ausbildet. Bei Wiederkäuern ist das freie Ende des Tuber calcanei flach eingezogen und aufgerauht, das Sustentaculum tali stärker ausgeprägt. Beim Pferd ist der Fersenbeinhöcker stark aufgetrieben und mit einer Querrinne versehen. An seiner Basis entläßt das Fersenbein einen spitz ausgezogenen **Proc. coracoideus,** der meist mit dem Os tarsale quartum artikuliert.

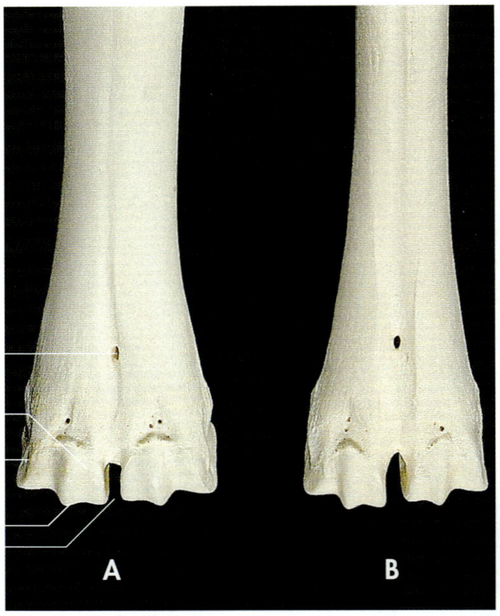

Abb. 4-44. Rechter Vordermittelfußknochen (**A**) und rechter Hintermittelfußknochen (**B**) eines Rindes (distale Abschnitte, Dorsalansicht).

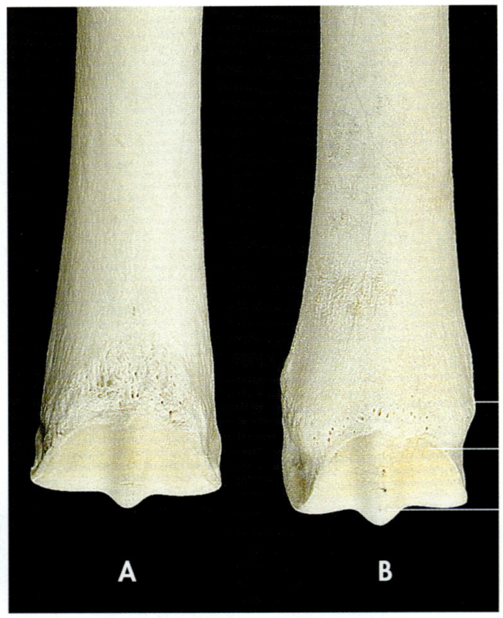

Abb. 4-45. Rechter Hintermittelfußknochen (**A**) und rechter Vordermittelfußknochen (**B**) eines Pferdes (distale Abschnitte, Dorsalansicht).

Hintermittelfußknochen (Ossa metatarsalia) und Hinterzehenknochen (Ossa digiti pedis, Phalanges)

Das **Skelett des Hintermittelfußes** und der **Hinterzehen** entspricht im wesentlichen dem der Vordergliedmaße. Kleinere Unterschiede können allerdings festgehalten werden. Die Knochen des Metatarsus sind gegenüber der Vorderhand schlanker, länger und in ihrem Wandbau stärker entwickelt. Auch hat der Mittelfußknochen der Hintergliedmaße des Pferdes einen längsovalen bis rundlichen Querschnitt, im Gegensatz zu einem mehr querovalen des Metakarpus (Abb. 4-44 u. 45). Zusätzlich kann beim Rind ein Sesambein (Os sesamoideum metatarsale) proximal am Hintermittelfuß (Mt III) auftreten.

Ebenso nahezu identisch verhalten sich die Phalanx proximalis, Phalanx media und Phalanx distalis der Hinter- und der Vordergliedmaße sowie die Sesambeine. Beim Pferd ist das Hufbein der Hintergliedmaße spitzer und schmaler, die seitlichen Wandflächen sind steiler als an der Vordergliedmaße gestellt.

Tab. 4-4. Auftreten der Ossifikationskerne und Verschmelzung an den Hinterfußwurzelknochen.

Tierart	Auftreten der Ossifikationskerne						
	proximale Reihe		Os tarsi centrale	Distale Reihe			
	Calcaneus	Talus		Os tarsale IV	III	II	I
Pferd	4. Monat der Trächtigkeit	4. Monat der Trächtigkeit	6. Monat der Trächtigkeit	Ende des 5. Monats der Trächtigkeit	7. Monat der Trächtigkeit	10. Monat der Trächtigkeit Verschmelzung von Os tarsale I und II	
Rind	4. Monat der Trächtigkeit	4. Monat der Trächtigkeit	6. Monat der Trächtigkeit kurz nach der Geburt Verschmelzung von Os tarsi centrale und Os tarsale IV	Ende des 5. Monats der Trächtigkeit	7. Monat der Trächtigkeit Verschmelzung von Os tarsale II und III		8. Monat der Trächtigkeit
Schwein		kurz vor der Geburt		um den Zeitpunkt der Geburt	kurz nach der Geburt		
Fleischfresser	um den Zeitpunkt der Geburt		am Ende des ersten Monats nach der Geburt				

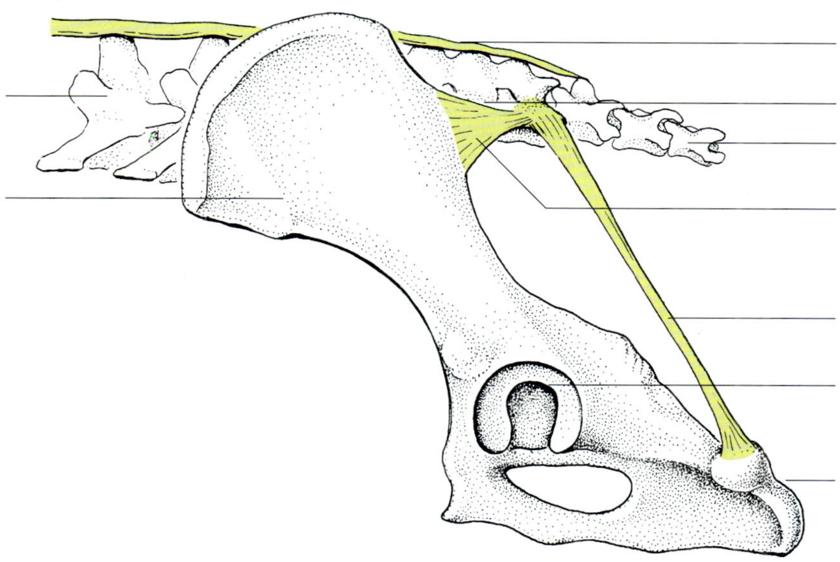

Abb. 4-46. Schematische Darstellung des Beckenbandes des Hundes.

Verbindungen der Knochen der Beckengliedmaße (Articulationes membri pelvini)

Die Beckengliedmaße wird mit dem Rumpf durch den **Beckengürtel (Cingulum membri pelvini)** verbunden, der aus dem Zusammenschluß des **Darmbeins,** des **Schambeins** und des **Sitzbeins** zu den beidseitigen **Hüftbeinen** entsteht.

Die **Hüftbeine** (**Ossa coxae**) sind ventral in der medianen **Beckenfuge (Symphysis pelvina)** knorpelig-faserig verwachsen, ihr Schambeinanteil verknöchert im Laufe des Lebens, während die Sitzbeinsymphyse meist knorpelig ausgebildet bleibt. Dorsal ist der Beckengürtel mit dem Rumpf durch das straffe **Kreuz-Darmbein-Gelenk** zwischen dem Os sacrum und dem Os ilium verbunden. **Darmbein-** und **Kreuzbeinflügel** fügen sich mit den seitlichen Abschnitten der **Hüftbeine** und dem **Beckenboden** zu einem **Beckenring** zusammen. Bindegewebige Verbindungen an den Hüftbeinen sind zum einen das **Lig. pubicum craniale,** das die Schambeine an ihrem freien Rand verbindet, zum anderen die **Membrana obturatoria,** die das For. obturatorium mit lockerem Füllgewebe ausfüllt.

Kreuz-Darmbein-Gelenk (Articulatio sacroiliaca)

Das Kreuz-Darmbein-Gelenk ist ein synoviales, **straffes Gelenk,** in dem die knorpeligen **Facies auriculares** der **Darmbein- und Kreuzbeinflügel** miteinander artikulieren. Die Gelenkkapsel liegt dem Gelenk eng an. Als Bandapparat sind **Gelenkbänder (Ligg. sacroiliaca)** in tierartlich unterschiedlicher Art ausgebildet. Man unterscheidet:

- **ventrale Kreuz-Darmbein-Bänder (Ligg. sacroiliaca ventralia),** die allein die Kapsel ventral verstärken,
- **innere Kreuz-Darmbein-Bänder (Ligg. sacroiliaca interossea),** die zwischen der Tuberositas iliaca des Darmbeinflügels und der Dorsalfläche des Kreuzbeinflügels und
- **dorsale Kreuz-Darmbein-Bänder (Ligg. sacroiliaca dorsalia),** die mit einer **Pars brevis** zwischen dem Tuber sacrale des Darmbeinflügels und den Zitzenfortsätzen (Fleischfresser und Schwein) (Abb. 4-46) bzw. den Enden der Dornfortsätze des Kreuzbeins (Wiederkäuer und Pferd) ziehen und einer **Pars longa,** die am Tuber sacrale kaudomedial entspringt und kaudal an der Pars lateralis des Kreuzbeins endet (Abb. 4-47 u. 48).

Zusätzlich zu den Gelenkbändern ist das **Beckenband (Lig. sacrotuberale)** ausgebildet, das der Katze fehlt und beim Hund einen Strang darstellt, der sich zwischen dem Querfortsatz des letzten Kreuzwirbels und dem Sitzbeinhöcker spannt (Abb. 4-46). Bei Huftieren ist dieses Band großflächig, es wird daher als **breites Beckenband (Lig. sacrotuberale latum)** bezeichnet. Dieses entspringt am lateralen Rand der Pars lateralis des Os sacrum (Rind), bei Pferd und Schwein zusätzlich noch an den Querfortsätzen der ersten Schwanzwirbel (Abb. 4-47 u. 48). Das breite Beckenband inseriert an einer Anheftungslinie beginnend an der Spina ischiadica bis zum Tuber ischiadicum. Entsprechend kann ein **Pfannenkammanteil** und ein **Sitzbeinanteil** unterschieden werden. Die großflächige Ausdehnung dieses Bandes ist an zwei Stellen unterbrochen, im **Foramen ischiadicum majus (Incisura ischiadica major)** und im **Foramen ischiadicum minus (Incisura ischiadica minor),** zum Durchtritt von Gefäßen, Nerven und Sehnen. Die kaudale Begrenzung dieses Bandes ist beim Rind durch die Haut als freie Kante sichtbar, beim Pferd und Schwein durch die kräftige Sitzbeinmuskulatur vollständig überdeckt.

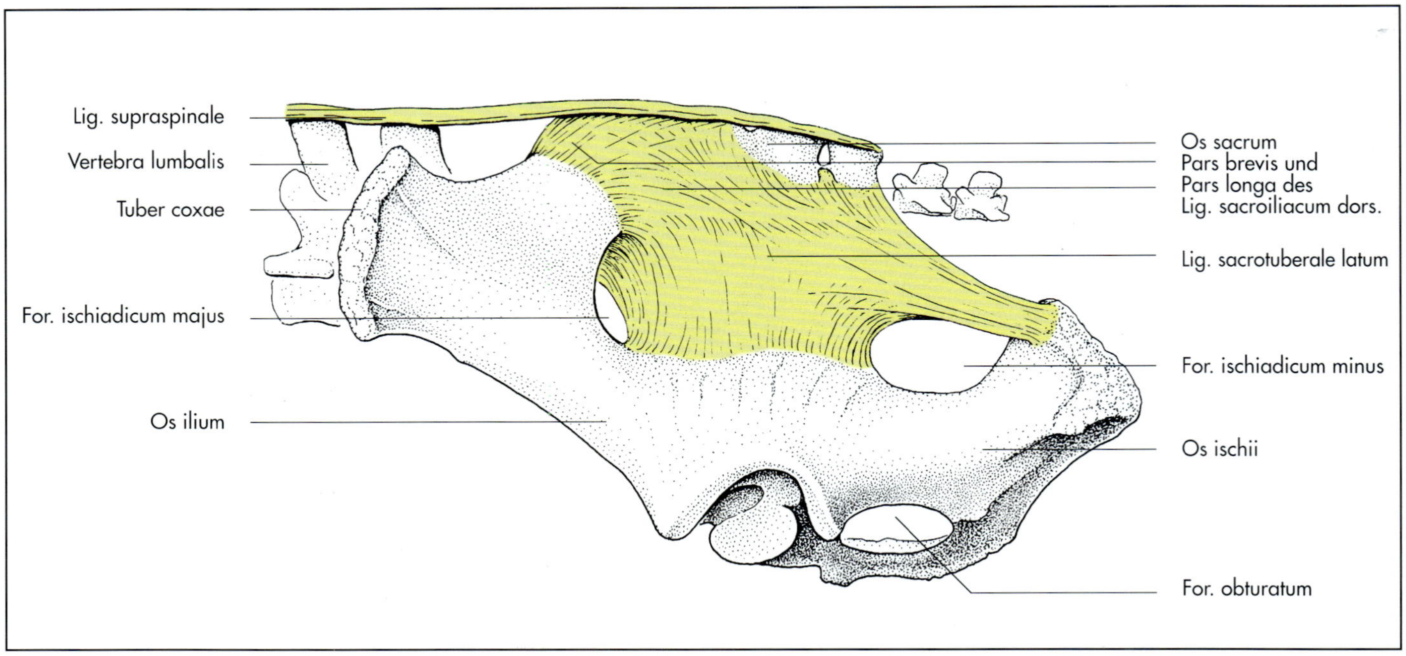

Abb. 4-47. Schematische Darstellung der Beckenbänder des Rindes, nach Červeny, 1980.

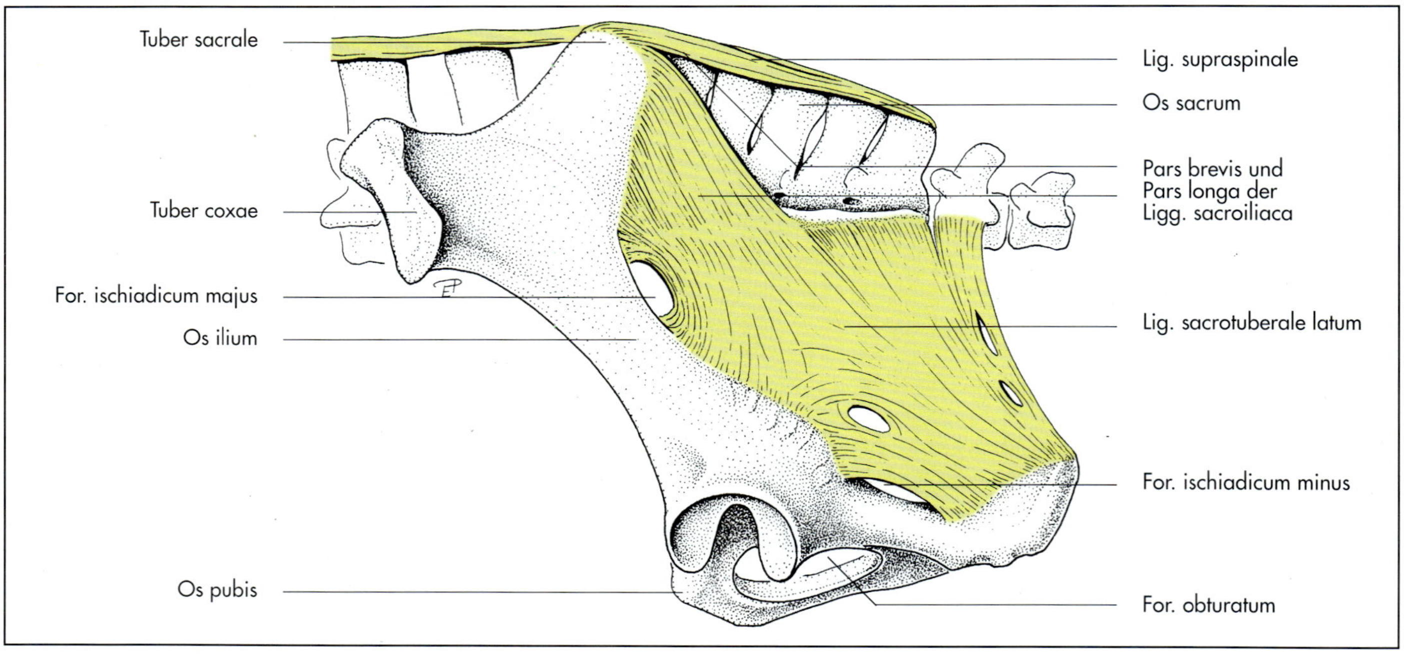

Abb. 4-48. Schematische Darstellung der Beckenbänder des Pferdes, nach Ghetie, Pastea und Riga, 1955.

Hüftgelenk (Articulatio coxae)

Das Hüftgelenk ist ein **Kugelgelenk,** in dem der **Femurkopf** mit der **Beckenpfanne** artikuliert. Der knorpelfaserige **Pfannenrand (Labrum acetabulare)** erhöht den knöchernen Rand, ohne aber den Femurkopf über den Äquator zu umgreifen. Bei den Huftieren ist bei eingeschränkter Seitwärts- und Drehbewegung vorzugsweise nur eine Streck- und Beugebewegung möglich, die sich auch in der Walzenform des Femurkopfs ausdrückt (Abb. 4-49). Bei Fleischfressern lassen die Gesäßmuskulatur bzw. Bänder und die mediale Oberschenkelmuskulatur zusätzlich eine größere Seit- und Drehbewegungsfreiheit zu. Die **Gelenkkapsel** setzt am **Labrum acetabulare** an, diese ist weiträumig und wird durch das **Lig. capitis ossis femoris** von außen eingestülpt.

- **Punktionsstellen des Hüftgelenks:**

- **Hund**: Der Hund wird auf die Seite gelegt. Die Winkelung zwischen Femur und Wirbelsäule soll 90° betragen. Die Kanüle wird am kraniodorsalen Rand des Trochanter major eingestochen und parallel zum Femurhals nach kaudal vorgeschoben.

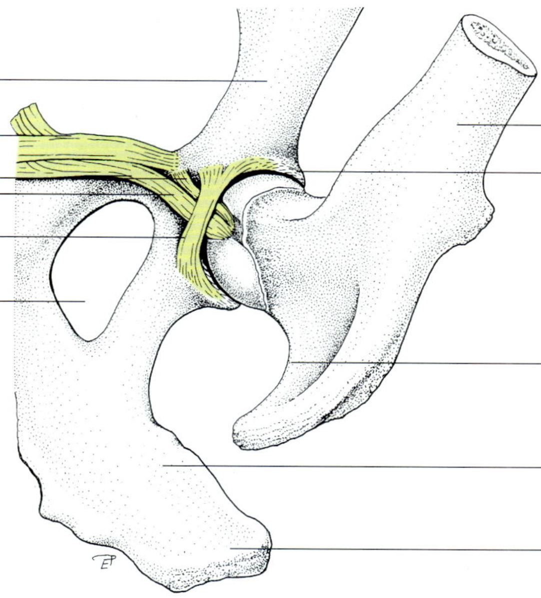

Abb. 4-49. Schematische Darstellung des Hüftgelenks des Pferdes, nach Ghetie, 1967.

- **Rind:** Das Tier soll stehen und alle Gliedmaßen gleichmäßig belasten. Eine 20 cm lange Kanüle wird kranial des Trochanter major eingestochen und in einer leicht kaudoventralen Richtung vorgeschoben.
- **Pferd:** Das Pferd soll stehen und alle vier Gliedmaßen gleichmäßig belasten. Eine 15 cm lange Kanüle wird kaudal des palpierbaren Trochanter major in die Fossa trochanterica eingeführt. Die Kanüle wird dann in einer horizontalen Ebene kraniomedial in einem 45° Winkel zur langen Achse des Pferdes vorgeschoben.

Der Bandapparat des Hüftgelenks (Abb. 4-49) besteht aus dem:

- **Femurkopfband (Lig. capitis ossis femoris),** das von der Fossa acetabuli, umgeben von der Membrana synovialis der Gelenkkapsel, zur Fovea capitis ossis femoris zieht,
- **Verstärkungsband (Lig. accessorium ossis femoris),** das nur beim Pferd ausgebildet und als eine Abspaltung des M. rectus abdominis anzusehen ist, es entspringt mit diesem Muskel zusammen am Lig. pubicum craniale, zieht durch die Incisura acetabuli und endet, mit dem Lig. capitis ossis femoris eine enge Verbindung bildend, in der Fovea capitis des Femurkopfs,
- **Ergänzungsband (Lig. transversum acetabuli),** das die Incisura acetabuli überbrückt und die beiden anderen Gelenkbänder in ihrer Lage hält.

Kniegelenk (Articulatio genus)

Das Kniegelenk ist ein **zusammengesetztes, inkongruentes** und **unvollkommenes Wechselgelenk** (Abb. 4-50ff.). Man kann an diesem unterscheiden:

- **Kniekehlgelenk (Articulatio femorotibialis)** zwischen dem Os femoris und der Tibia,
- **Kniescheibengelenk (Articulatio femoropatellaris)** zwischen dem Os femoris und der Patella.

Kniekehlgelenk (Articulatio femorotibialis)

Das Kniekehlgelenk ist ein **inkongruentes, unvollkommenes Wechselgelenk,** in dem die stark gekrümmten **Kondylen des Oberschenkelknochens** der nahezu ebenen **proximalen Gelenkfläche des Schienbeins** gegenüberstehen. Die **Inkongruenz** gegenüberliegender Gelenkflächen wird im Falle des Kniekehlgelenks zu jedem Kondylus durch je einen **Meniskus (Meniscus articularis)** ausgeglichen. Neben der vorherrschenden Streck- und Beugebewegung sind durch die Verschiebbarkeit der Menisken auch Drehbewegungen möglich **(unvollkommenes Wechselgelenk).**

Menisken weisen die Form von Apfelsinenscheiben auf, mit einem scharfen, konkaven Innenrand und einem dicken, konvexen Außenbereich. Die Menisken bestehen aus **Faserknorpel,** sie sind in ihrer Artikulationsfläche mit den Kondylen des Oberschenkels ausgehöhlt und zur Tibia gerichtet, plan (Abb. 4-54 u. 60).

Das Gelenk vermag vorzugsweise Streck- und Beugebewegungen auszuführen. Die Seitenbänder sind exzentrisch zur Drehachse angeheftet **(Spiralgelenk).** Dabei nehmen die Seitenbänder in mittlerer Stellung des Gelenks den kleineren Radius dieses Spiralgelenks ein. In Beuge- oder Streckstellung hingegen vergrößert sich der Radius, die Spannung auf die kollagenfaserigen Seitenbänder nimmt bis zur Hemmung des Bewegungsablaufs (Bremswirkung) zu. Die **Gelenkkapsel** ist weit, sie heftet sich mit ihrem **Stratum fibrosum** an den Gelenkrändern und an den Außenrändern der

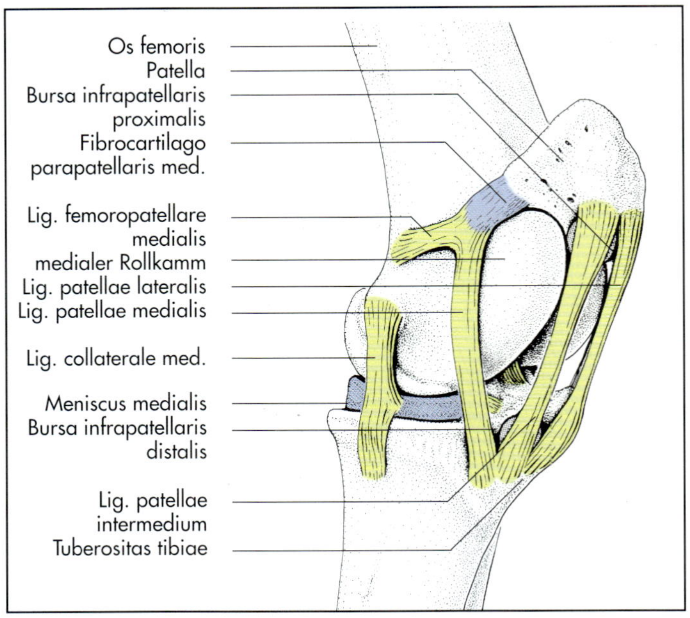

Abb. 4-50. Schematische Darstellung der Bänder des linken Kniegelenks des Pferdes (Medialansicht), nach Ghetie, Pastea u. Riga, 1955.

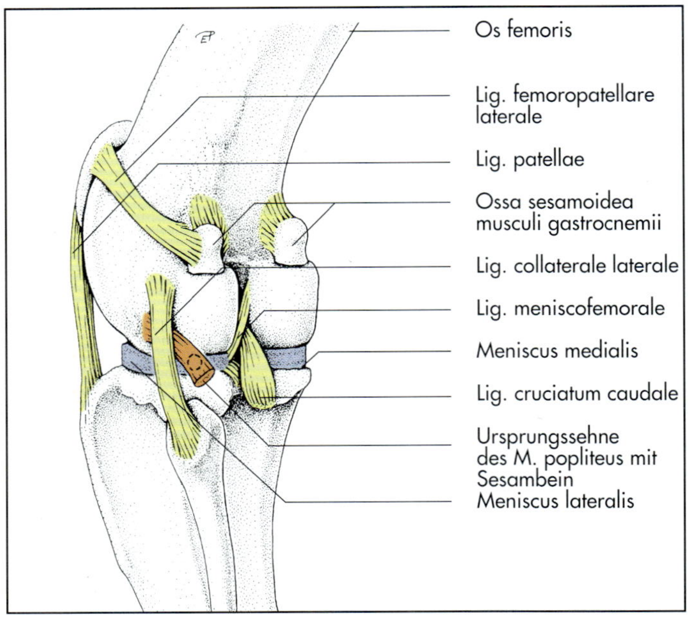

Abb. 4-51. Schematische Darstellung des linken Kniegelenks des Hundes (Kaudolateralansicht).

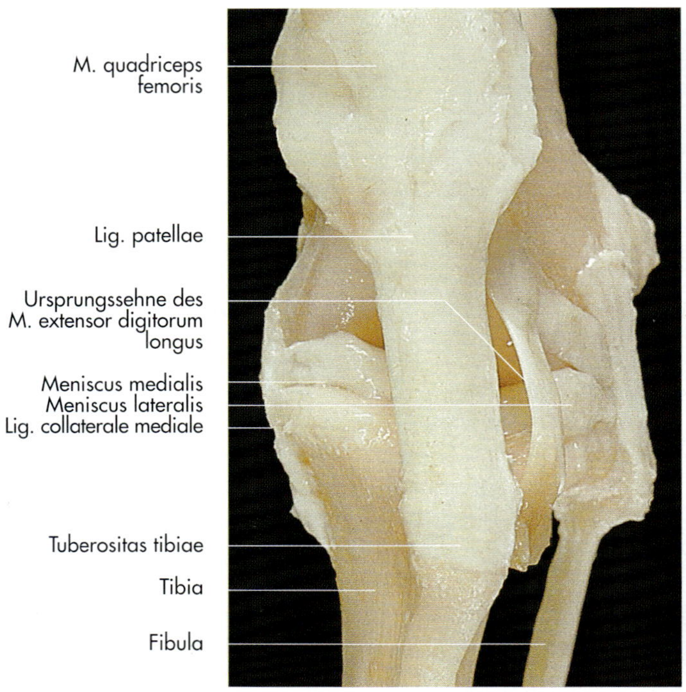

Abb. 4-52. Bänder des linken Kniegelenks eines Hundes (Dorsalansicht), Präparat Dr. R. Macher, Wien.

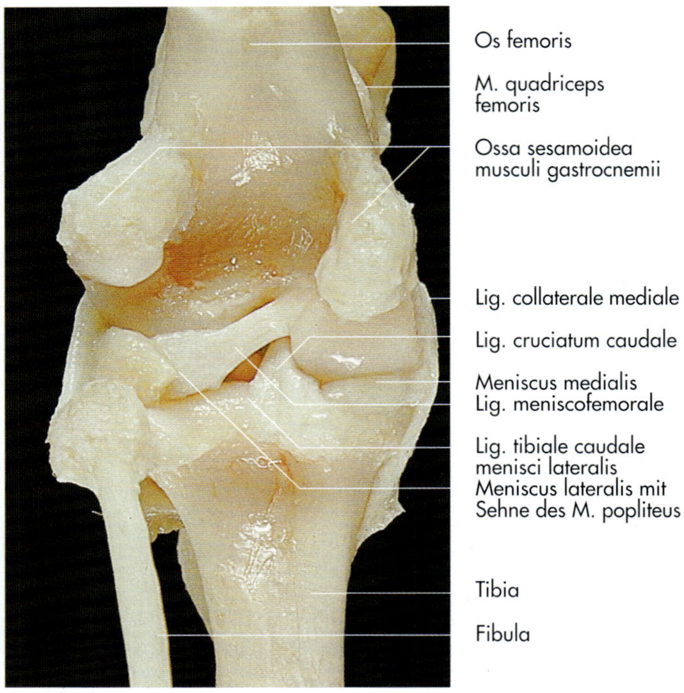

Abb. 4-53. Bänder des linken Kniegelenks eines Hundes (Kaudalansicht), Präparat Dr. R. Macher, Wien.

Menisken an und umschließt damit vollständig die beiden Kondylen (Abb. 4-58). Das Innenblatt der Gelenkkapsel, das **Stratum synoviale,** trennt sich vom Außenblatt, schiebt sich zwischen die Gelenkfortsätze und bildet so für jeden Kondylus eine **eigene Synovialhöhle.** Die beiden Synovialsäcke stehen beim Pferd selten in Verbindung, bei Wiederkäuern meist und bei Fleischfressern stets. Die Gelenkhöhlen werden durch die Einlagerung der Menisken in eine proximale und eine distale Abteilung unterteilt, die untereinander jedoch kommunizieren.

Der **laterale Gelenksack** weist zwei Ausbuchtungen auf. Die eine Exkavation zieht in den Sulcus extensorius und umfaßt dort in der Funktion eines Schleimbeutels die Ursprungssehne des M. extensor digitorum pedis longus, die andere umschließt die Sehne des M. popliteus (Abb. 4-58 u. 59).

Der **mediale Gelenksack** steht dorsal mit der Gelenkhöhle des Kniescheibengelenks in Verbindung, beim Pferd seltener der laterale. Bei Fleischfressern schließt die Gelenkkapsel auch die beiden Sesambeine (Vesalii) in den Ursprungssehnen des M. gastrocnemius ein.

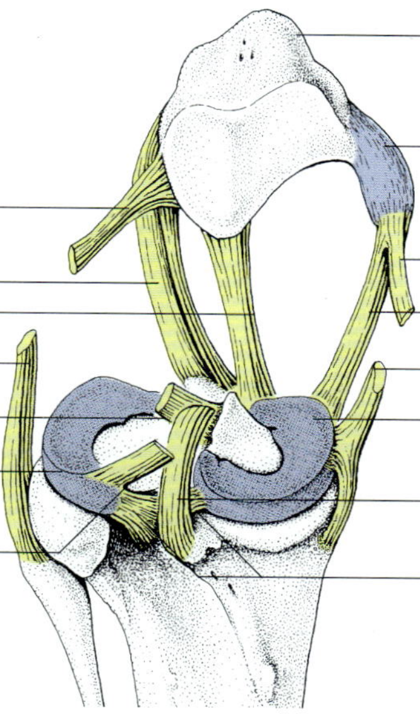

Abb. 4-54. Schematische Darstellung der Bänder des linken Kniegelenks des Pferdes mit Menisken (distales Ende des Oberschenkelbeins entfernt, Kaudalansicht), nach Ghetie, 1967.

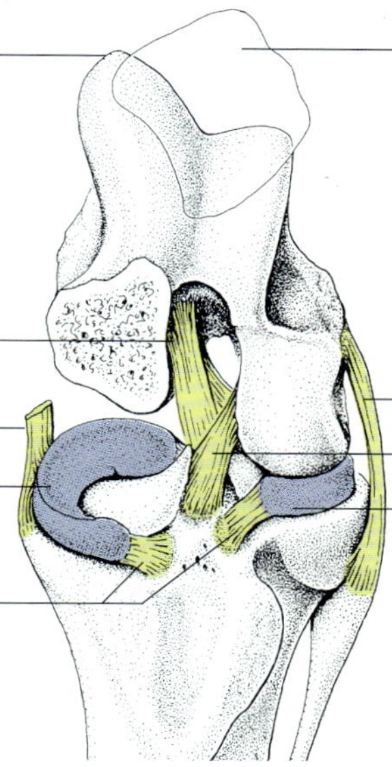

Abb. 4-55. Schematische Darstellung von Bändern des linken Kniegelenks und Haltebändern der Menisken des Pferdes (medialer Rollhöcker abgetrennt, Dorsalansicht), nach Červeny, 1980.

Man unterscheidet am Kniekehlgelenk:

- Bänder der Menisken,
- Bänder des Kniekehlgelenks.

Die beiden Menisken sind an der Tibia jeweils durch kraniale und kaudale Bänder fixiert. Der laterale Meniskus wird zusätzlich mit dem Oberschenkel verbunden.

Die **Bänder der Menisken** (Abb. 4-54, 55, 60 u. 61) sind:

- die **kranialen Tibialbänder** der Menisken **(Lig. tibiale craniale menisci lateralis** bzw. **medialis),** die den kranialen Rand des Meniskus mit der lateralen bzw. medialen Area intercondylaris cranialis tibiae verbinden,
- die **kaudalen Tibialbänder** der Menisken **(Lig. tibiale caudale menisci laterale** bzw. **mediale),** die am kaudalen Rand des Meniskus entspringen und vom lateralen Meniskus in die Incisura poplitea ziehen, die vom medialen Meniskus in die Area intercondylaris caudalis tibiae reicht,
- das **Lig. meniscofemorale,** das vom kaudalen Rand des lateralen Meniskus zur medialen Fläche des medialen Kondylus zieht und
- das **Lig. transversum genus** (nur bei Hund und Katze, manchmal beim Rind), das kranial die beiden Menisken verbindet.

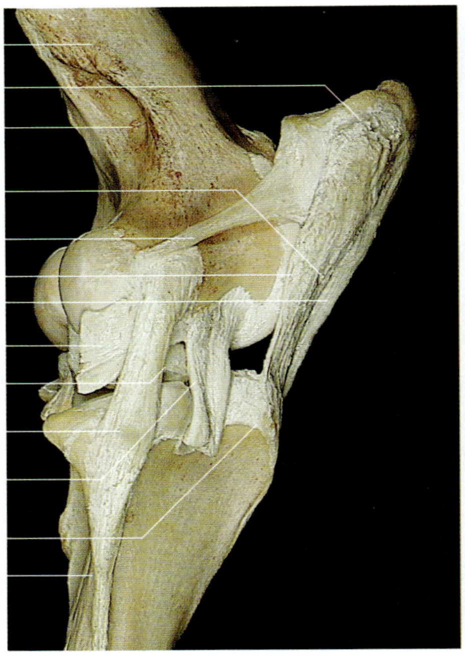

Abb. 4-56. Rechtes Kniegelenk eines Pferdes mit Bändern (Lateralansicht), Präparat Dr. F. Teufel, Wien.

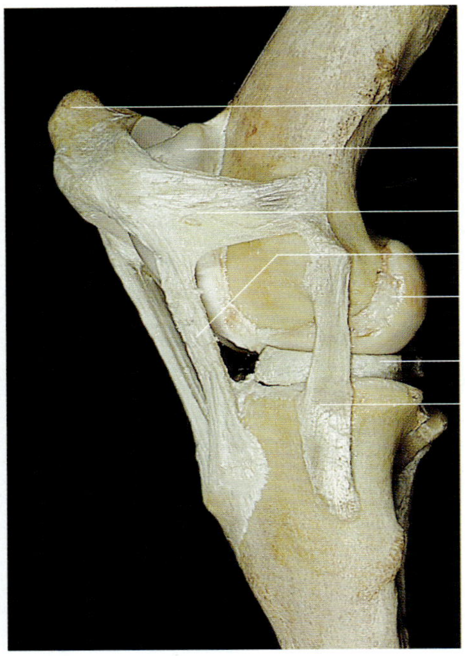

Abb. 4-57. Rechtes Kniegelenk eines Pferdes mit Bändern (Medialansicht), Präparat Dr. F. Teufel, Wien.

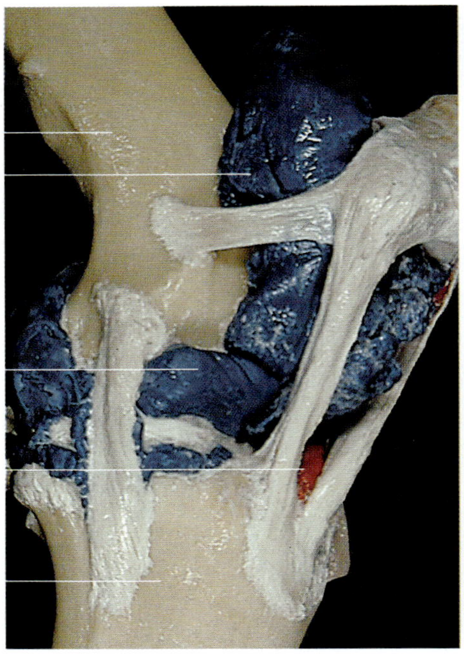

Abb. 4-58. Gelenksäcke des linken Kniegelenks eines Pferdes mit Bändern (Medialansicht), Präparat Dr. F. Teufel, Wien.

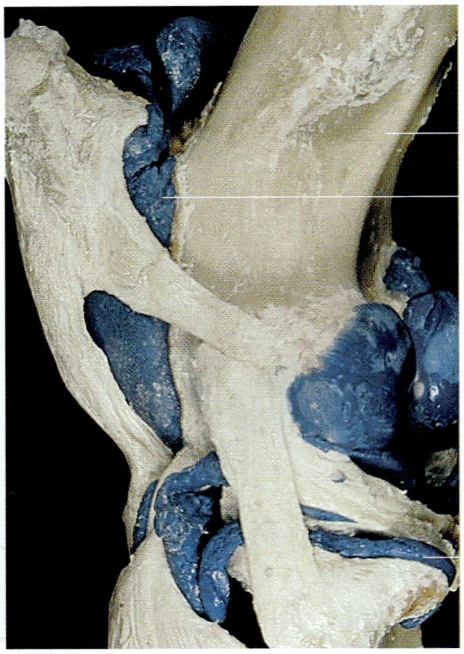

Abb. 4-59. Gelenksäcke des linken Kniegelenks eines Pferdes mit Bändern (Lateralansicht), Präparat Dr. F. Teufel, Wien.

Die **Bänder des Kniekehlgelenks** (Abb. 4-50, 51 u. 54) sind:

- die **Seitenbänder (Lig. collaterale laterale** bzw. **mediale),** die zwischen den Bandhöckern des Oberschenkelbeins und des Schienbeins bzw. des Wadenbeins verkehren. Das laterale Seitenband inseriert, ohne Verbindung zum lateralen Meniskus, am Condylus lat. tibiae und mit einem starken Schenkel auch am Caput fibulae. Das mediale Seitenband nimmt Kontakt zum medialen Meniskus auf und inseriert am medialen Kondylus der Tibia,
- die **gekreuzten Bänder (Ligg. cruciata genus)** die zwischen den beiden Synovialhöhlen zentral im Gelenk liegen,
- das **Lig. cruciatum craniale,** es entspringt an der Area intercondylaris des lateralen Condylus ossis femoris und endet in der Area intercondylaris centralis der Tibia; das **Lig. cruciatum caudale** zieht von der Area intercondylaris des medialen Condylus femoris zur Incisura poplitea tibiae und
- Kapselverstärkungen, die von lateral oben mediodistal verlaufen und als **schräges Kniekehlband (Lig. popliteum obliquum)** bezeichnet werden.

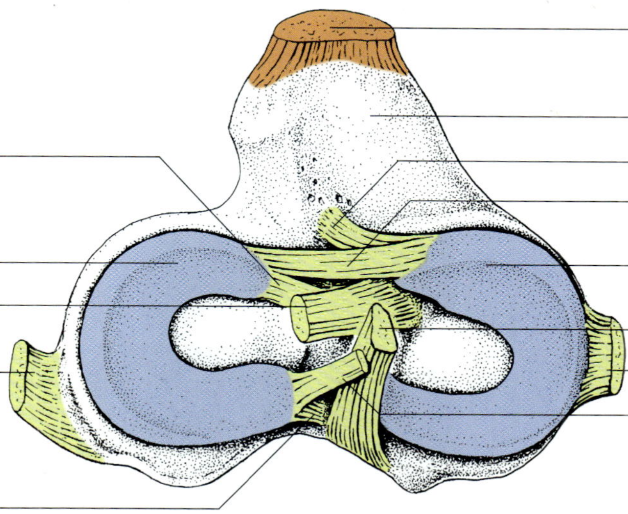

Abb. 4-60. Schematische Darstellung der distalen Abschnitte des linken Kniegelenks des Hundes (Aufsicht), nach Červeny, 1980.

Kniescheibengelenk (Articulatio femoropatellaris)

Das Kniescheibengelenk ist ein **Schlittengelenk,** in dem die Kniescheibe großflächig mit der Kniescheibenrolle des Oberschenkels artikuliert. Dabei gleitet die Patella synchron zu jedem Bewegungsablauf des Kniekehlgelenks auf der **Trochlea ossis femoris.** Die Gelenkkapsel ist weitausladend, sie schiebt sich beidseitig proximal unter die Endsehne des M. quadriceps femoris. Distal grenzt diese an die Kniekehlgelenkhöhle, mit der sie in Verbindung steht.

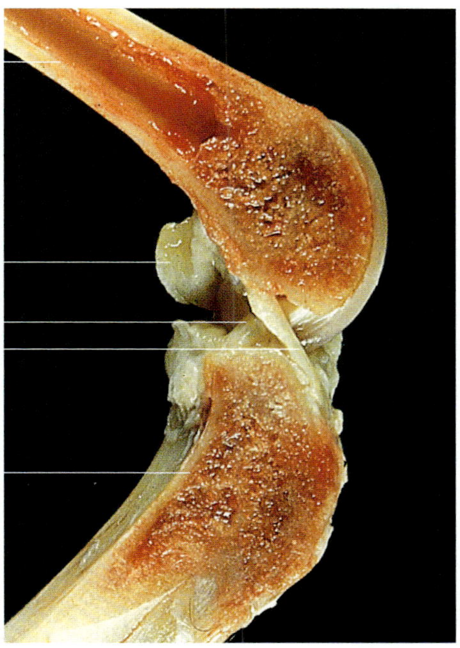

Abb. 4-61. Kreuzbänder am rechten Kniegelenk einer Katze (Paramedianschnitt), Präparat Dr. Sabine Langer, Wien.

Man unterscheidet am Kniescheibengelenk Bänder, die der Fixation der Kniescheibe am Oberschenkel dienen, und Bänder der Endsehne des M. quadriceps femoris, in die die Kniescheibe als Sesambein eingelagert ist. Die **Bänder des Kniescheibengelenks** (Abb. 4-50, 54 u. 56) sind:

- Faszienverstärkungen (Retinacula patellae),
- Kniescheibenseitenbänder (Lig. femoropatellare laterale bzw. mediale),
- Kniescheibenbänder (Ligg. patellae).

Die **Faszienverstärkungen (Retinacula patellae)** breiten sich breitflächig zwischen der Sehne des M. quadriceps femoris, der Seitenfläche sowie der Basis der Patella und dem Oberschenkel bzw. den Kondylen des Unterschenkels aus.

Die **Kniescheibenseitenbänder (Lig. femoropatellare laterale** bzw. **mediale)** sind als hervorgehobene Abschnitte des Retinaculum anzusehen. Das laterale Band ist kräftiger als das mediale, es entspringt am entsprechenden Bandhöcker des Oberschenkelknochens und zieht zum lateralen Winkel der Kniescheibe. Das mediale Seitenband verbindet die Patella mit dem medialen Bandhöcker des Femur.

Die **Kniescheibenbänder (Ligg. patellae)** sind die Endsehnen des M. quadriceps femoris, sie überspannen das Kniekehlgelenk und inserieren proximal an der Tuberositas tibiae. Die Ligg. patellae unterscheiden sich tierartlich beträchtlich.

Bei Fleischfressern, Schwein und kleinen Wiederkäuern ist allein **ein Kniescheibenband (Lig. patellae)** zwischen der Patella und dem proximalen Ende der Tibia ausgebildet (Abb. 4-52). In Höhe des Kniescheibengelenks ist dem Band ein **Kniefettkörper (Corpus adiposum infrapatellare),** proximal der Insertionsstelle die **Bursa infrapatellaris,** unterlagert.

Beim Rind und Pferd wird das **Lig. patellae** durch ein **Lig. patellae laterale** und ein **Lig. patellae mediale** als

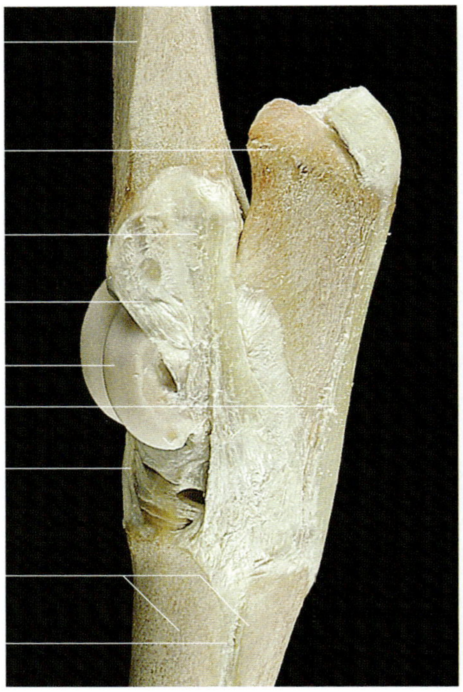

Abb. 4-62. Bänder am linken Sprunggelenk eines Pferdes (Lateralansicht), Präparat Dr. R. Macher, Wien.

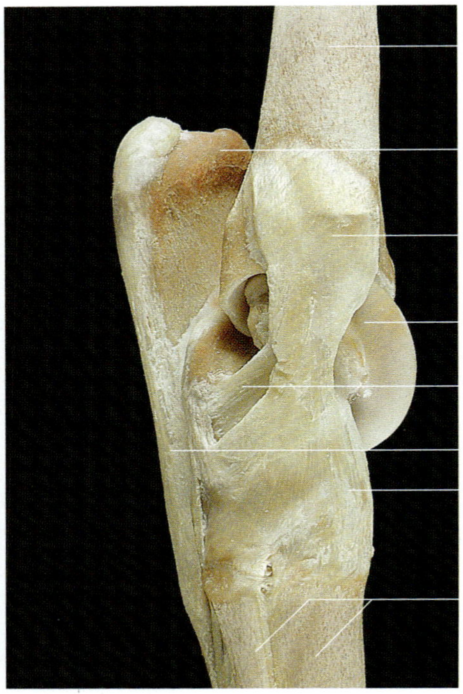

Abb.4-63. Bänder am linken Sprunggelenk eines Pferdes (Medialansicht), Präparat Dr. R. Macher, Wien.

bandartige Verdichtungen des Retinaculum ergänzt. Das Lig. patellae führt auch die Bezeichnung **Lig. patellae intermedium.** Die drei Kniescheibenbänder entspringen lateral, in der Mitte und medial (Fibrocartilago parapatellaris) an der Kniescheibe und inserieren unterschiedlich an der Tibia (Abb. 4-54).

Beim Rind inseriert das Lig. patellae lat. lateral des Margo cranialis an der Tuberositas tibiae und nimmt die plattenartig verbreiterte Endsehne des M. biceps femoris auf. Das Lig. patellae intermedium setzt proximal des Margo cranialis der Tuberositas tibiae an, unterlagert von einer Bursa infrapatellaris distalis. Dieses Band ist als **mittleres Kniescheibenband** in direkter Verlängerung des Schienbeins tastbar. Das Lig. patellae med. inseriert medial an der Tuberositas tibiae, deutlich vom mittleren Band getrennt.

Beim Pferd inseriert das **Lig. patellae laterale** proximal des Margo cranialis an der Tuberositas tibiae und ist in direkter Fortsetzung des Schienbeins tastbar. Das Lig. patellae intermedium endet im Sulcus tuberositatis tibiae. Dieses Band ist wie beim Rind an seinem Ursprung von einer Bursa infrapatellaris prox., an seiner Ansatzstelle von einer Bursa infrapatellaris dist. unterlagert. Das Lig. patellae med. inseriert medial an der Tuberositas tibiae. Das **mittlere** und das **mediale Kniescheibenband** formen mit der Kniescheibe und deren medialem Ansatzknorpel eine **Schlaufe,** die bei Kontraktion des M. quadriceps femoris über die Trochlea des Femur gehoben und fixiert werden kann (Einhaken der Patella) (Abb. 4-54 u. 56).

Bei Fleischfressern und beim Schwein kommunizieren die beiden Synovialsäcke des Kniekehlgelenks stets untereinander und mit dem des Kniescheibengelenks. Beim Wiederkäuer stehen in der Regel die Synovialsäcke untereinander in Verbindung, darüber hinaus verbindet sich der mediale Synovialsack des Kniegelenks mit dem Femoropatellargelenksack. Beim Pferd sind in der Regel keine Verbindungen zwischen den Synovialsäcken vorhanden, jedoch kann der mediale Kniekehlgelenksack häufiger mit dem Femoropatellargelenksack kommunizieren als der laterale.

Bei den Haussäugetieren (außer Pferd und Wiederkäuern) steht der laterale Kniekehlgelenksack mit dem Gelenk der Articulatio tibiofibularis prox. zwischen dem Caput fibulae und dem Condylus lat. tibiae in Verbindung.

- **Punktionstellen des Kniegelenks:**
- **Hund:** Der Hund wird so auf die Seite gelegt, daß das Gelenk leicht gebeugt dem Tisch aufliegt. Die Kanüle wird an dem medialen Rand des Lig. patellae, in der Mitte zwischen Patella und Tuberositas tibiae, eingestochen. Die Kanüle wird in proximokaudaler Richtung vorgeschoben.
- **Schwein:** Das Schwein wird auf die Seite gelegt. Die Kanüle wird am lateralen Rand des Lig. patellae distal der Patella eingestochen.
- **Rind:**
- Femoropatellargelenk: Eine 12 cm lange Kanüle wird zwischen der medialen und der mittleren Patellarsehne, 3 cm proximal der Tuberositas tibiae, eingestochen und proximal vorgeschoben.
- Femorotibialgelenk: Eine 6 cm lange Kanüle wird in die laterale Gelenkaussackung am kranialen oder kaudalen Rand des M. extensor digitorum longus zwischen der Tuberositas tibiae und dem Condylus lat. eingestochen und proximal vorgeführt.
- **Pferd:** Um die Anästhesie aller drei Gelenkkompartimente sicherzustellen, sollte jedes Gelenk einzeln injiziert werden.
- Das Femoropatellargelenk wird am stehenden Pferd mit einer 3 cm langen Kanüle distal der Spitze der Patella, zwischen der medialen und der mittleren Patellarsehne, in

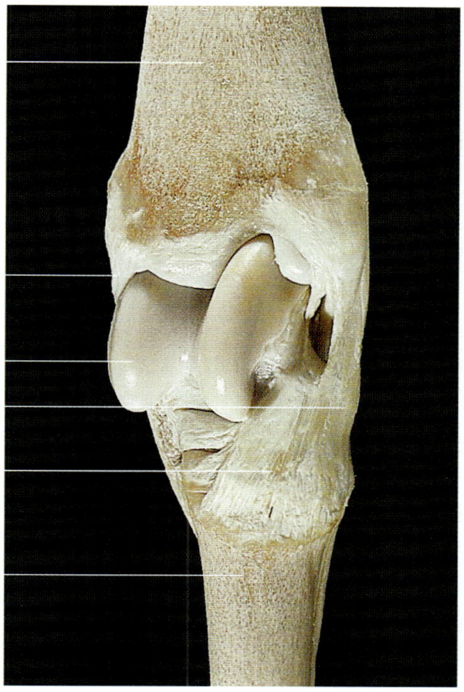

Abb. 4-64. Bänder am Sprunggelenk eines Pferdes (Kranialansicht), Präparat Dr. R. Macher, Wien.

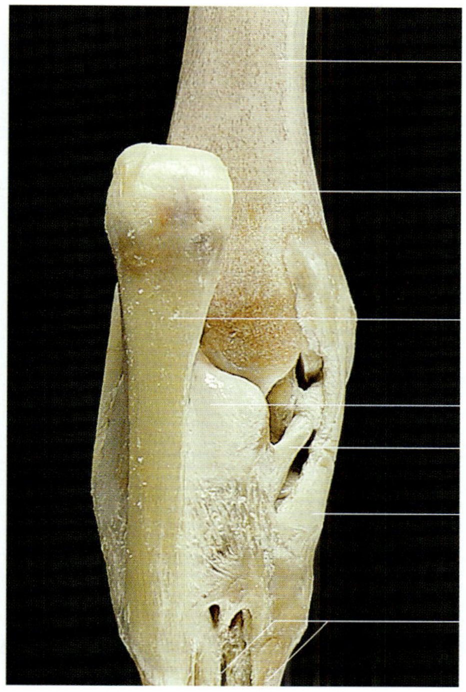

Abb. 4-65. Bänder am Sprunggelenk eines Pferdes (Kaudalansicht), Präparat Dr. R. Macher, Wien.

einer horizontalen Ebene und kraniokaudaler Einstichrichtung injiziert.
- Das mediale Femorotibialgelenk wird am stehenden Pferd mit einer 3 cm langen Kanüle, 2 cm proximal des medialen Kondylus der Tibia, zwischen der medialen Patellarsehne und dem medialen Kollateralband in einer horizontalen Ebene mit lateraler Einstichrichtung injiziert.
- Das laterale Femorotibialgelenk wird am stehenden Pferd mit einer 8 cm langen Kanüle, proximal der Tuberositas tibiae, kranial oder kaudal der Sehne des M. extensor digitorum longus, in medioproximaler Einstichrichtung injiziert.

Verbindungen der Fibula mit der Tibia

Die Verbindungen der Fibula mit der Tibia sind entsprechend dem Ausbildungsgrad der Rückbildung des Wadenbeins tierartlich unterschiedlich. Gemeinsam ist bei den meisten Haussäugetieren eine **Articulatio tibiofibularis proximalis** (außer Wiederkäuern) und eine **Articulatio tibiofibularis distalis** (Ausnahme Pferd) ausgebildet. Zwischen den Körpern der Tibia und der Fibula ist eine bindegewebige **Membran (Membrana interossea cruris)** ausgespannt.

Die **Articulatio tibiofibularis proximalis** ist ein **straffes Gelenk,** dessen Gelenkhöhle mit Ausnahme des Pferdes mit dem lateralen Kniekehlgelenksack kommuniziert. Bei Wiederkäuern ist das rudimentäre Caput fibulae mit dem Condylus lat. tibiae knöchern verwachsen. Die **Articulatio tibiofibularis distalis** ist ebenfalls ein **straffes Gelenk,** in dem das distale Ende der Tibia und der Fibula artikulieren, bei Wiederkäuern jedoch mit dem Os malleolare. Beim Pferd ist das distale Ende der Fibula im Malleolus lat. mit der Tibia verschmolzen. Der distale Gelenksack steht mit dem des Tarsokruralgelenks in Verbindung.

Hinterfußverbindungen (Articulationes pedis)

Das **Hinterfußwurzel-** oder **Sprunggelenk (Articulatio tarsi, Tarsalgelenk)** ist ein **zusammengesetztes Gelenk,** in dem die Knochen des Unterschenkels, die Tarsalknochen und die Knochen des Metatarsus artikulieren (Abb. 4-62). Die Gelenkkapsel entspringt mit ihrem **Stratum fibrosum** an den Unterschenkelknochen und überzieht das gesamte Sprunggelenk bis zu den Metatarsalknochen. Das **Stratum synoviale** spaltet sich ab und bildet **vier Gelenksäcke.** Man unterscheidet demzufolge in vier Gelenkebenen:

- **Unterschenkel-Hinterfußwurzelgelenk** (Articulatio tarsocruralis),
- **obere Hinterfußwurzel-Mittelgelenke** (Articulatio talocalcaneocentralis und Articulatio calcaneoquartalis),
- **unteres Hinterfußwurzel-Mittelgelenk** (Articulatio centrodistalis),
- **Hinterfußwurzel-Zwischengelenke** (Articulationes intertarseae) und
- **Hinterfußwurzel-Mittelfußgelenke** (Articulationes tarsometatarseae).

Das **Unterschenkel-Hinterfußwurzelgelenk (Articulatio tarsocruralis, Tarsokruralgelenk, Rollgelenk)** ist ein **vollkommenes Schraubengelenk,** funktionell ein **Wechselgelenk,** in dem die ausgeprägte Trochlea tali mit der Cochlea tibiae sowie die distale Gelenkfläche der Fibula (Ausnahme Wiederkäuer, Os malleolare) mit dem Calcaneus (Ausnahme Pferd) artikulieren. Beim Pferd ist dieses Gelenk zusätzlich noch ein **federndes Schnappgelenk.** Die Gelenkhöhle ist großräumig

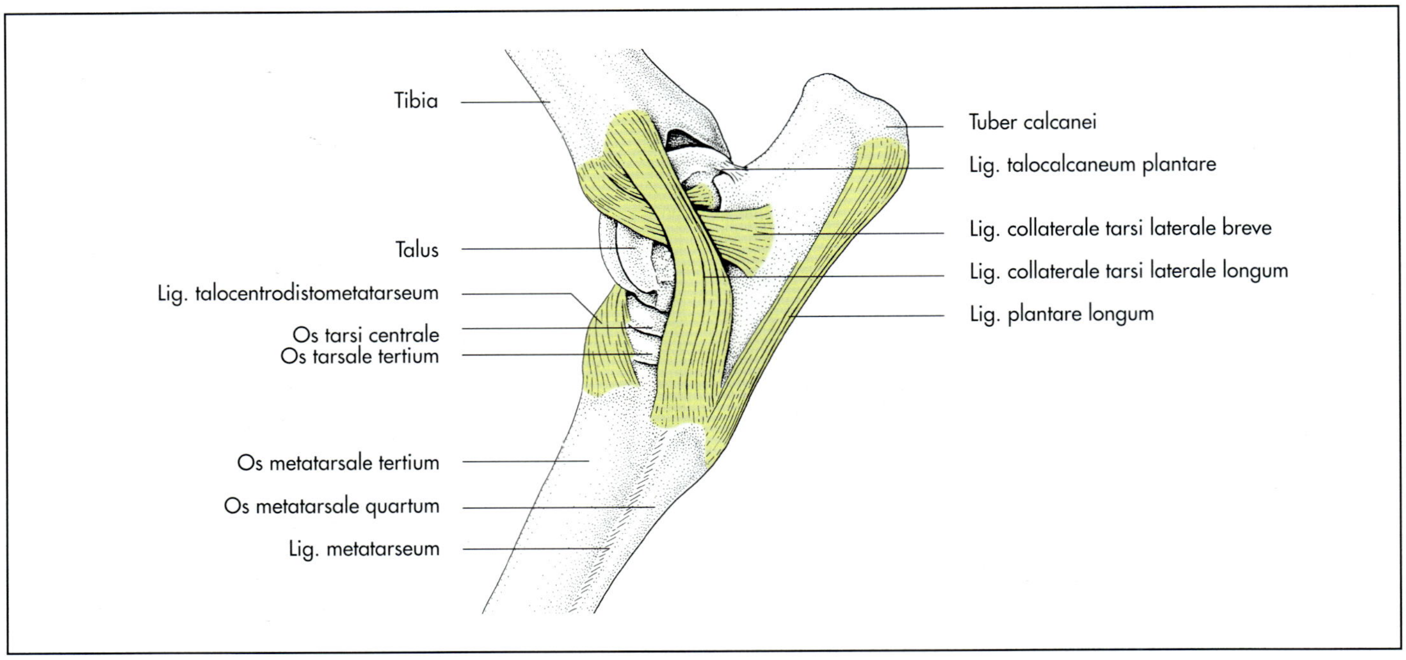

Abb. 4-66. Schematische Darstellung der Bänder des Sprunggelenks des Pferdes (Lateralansicht), nach Červeny, 1980.

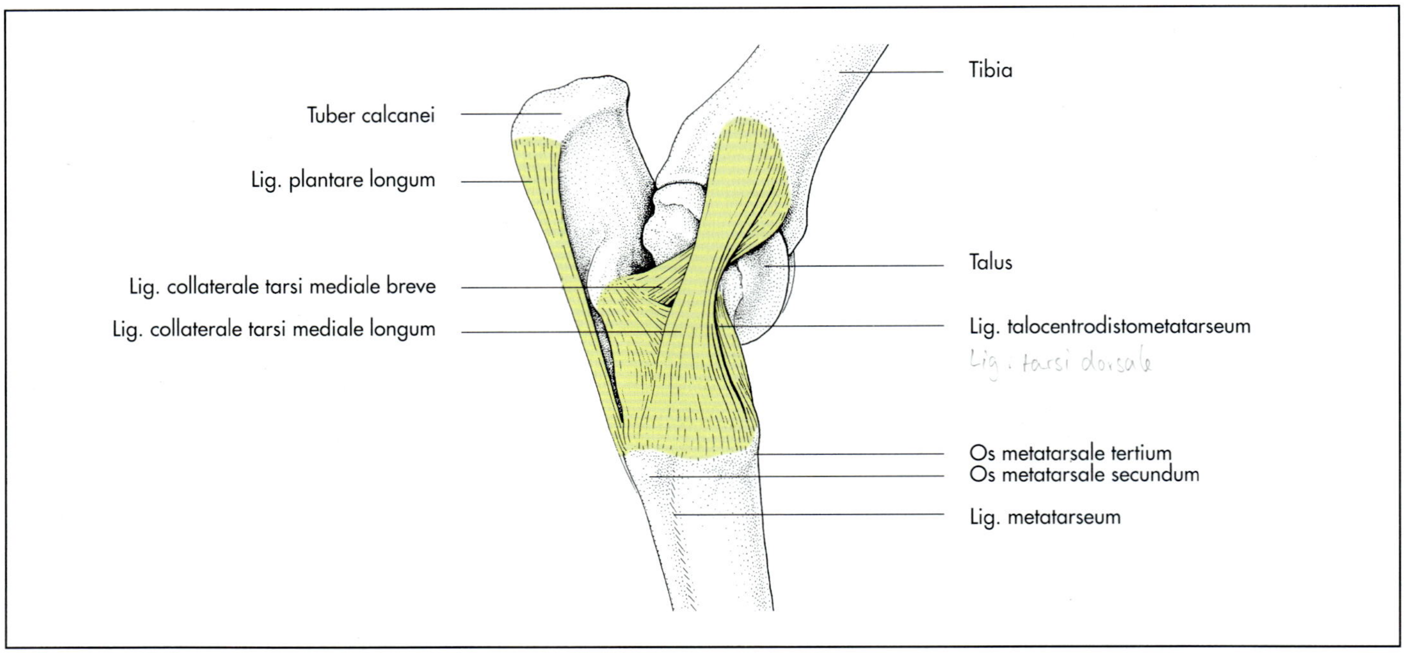

Abb. 4-67. Schematische Darstellung der Bänder des Sprunggelenks des Pferdes (Medialansicht), nach Červeny, 1980.

ausgedehnt und beim Pferd durch eine dorsale und zwei plantare Ausbuchtungen erweitert. Die dorsale Bucht erstreckt sich proximal der medialen Endsehne des M. tibialis cranialis, die plantare proximal des medialen und lateralen Malleolus (Abb. 4-68).

Das **obere Hinterfußwurzel-Mittelgelenk** ist geteilt in eine **Articulatio talocalcaneocentralis** und eine **Articulatio calcaneoquartalis,** in denen das Sprungbein und das Fersenbein mit dem Os tarsi centrale bzw. der Calcaneus mit dem Os tarsale quartum artikulieren.

Bei Fleischfressern sind im Hinterfußwurzel-Mittelgelenk in erheblichem Umfang Dreh- und Seitwärtsbewegungen möglich. Bei Schwein und Wiederkäuern ist dieses Gelenk ein **vollkommenes Walzengelenk,** beim Pferd ein **straffes Gelenk.** Die Gelenkhöhle ist demzufolge tierartlich unterschiedlich weit bzw. eng, sie steht mit der der proximalen Reihe in Verbindung.

Das **untere Hinterfußwurzel-Mittelgelenk (Articulatio centrodistalis)** ist ein **straffes Gelenk,** es artikulieren die Tarsalknochen der distalen Reihe mit dem Os tarsi centrale unter Ausschluß des Os tarsale quartum.

Die **Hinterfußwurzel-Zwischengelenke (Articulationes intertarseae)** sind **straffe Gelenke,** in denen die Knochen einer Reihe untereinander in Verbindung treten.

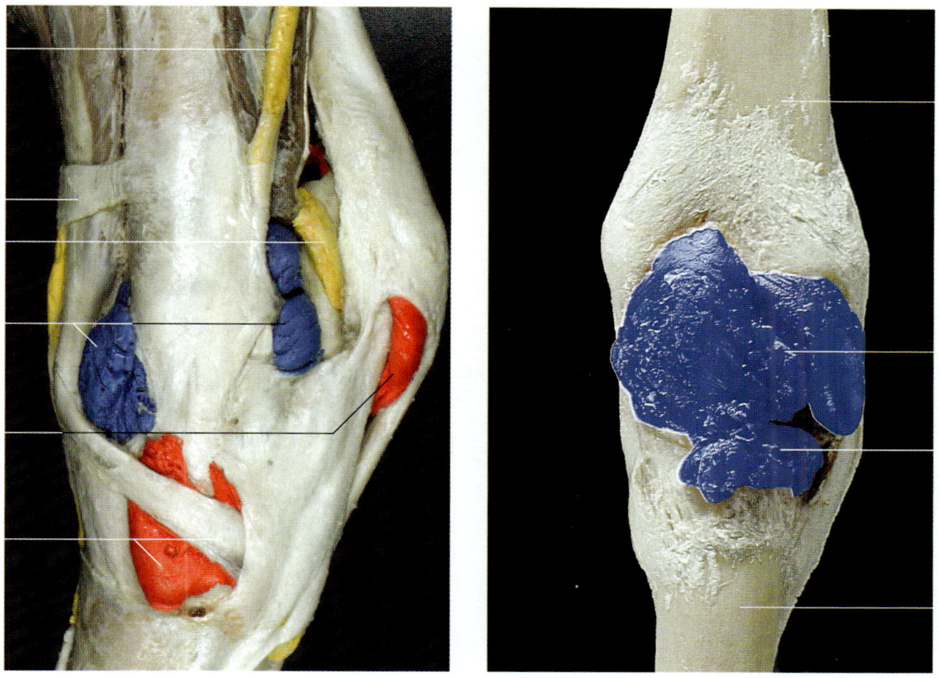

Abb. 4-68. Gelenksäcke und synoviale Einrichtungen am Sprunggelenk des Pferdes (Korrosionspräparate) (linke Abb. Medialansicht und rechte Abb. Dorsalansicht), Präparat Dr. Margit Teufel, Wien.

Die **Hinterfußwurzel-Mittelfußgelenke (Articulationes tarsometatarseae)** sind ebenfalls straffe Gelenke, in denen die Tarsalknochen der distalen Reihe mit den Metatarsalknochen artikulieren.

Der **Bandapparat des Tarsalgelenks** setzt sich aus Seitenbändern, proximalen bzw. distalen Fußwurzelbändern und Faszienverstärkungen zusammen (Abb. 4-62ff., 66 u. 67). Man unterscheidet:

- **Seitenbänder (Ligg. collateralia),** die sich entsprechend ihrer Lage und Ausdehnung nochmals zuordnen lassen:

> – das **laterale lange Seitenband (Lig. collaterale tarsi laterale longum),** das am Malleolus lateralis entspringt und unter Kontakt zu den lateral gelegenen Tarsalknochen zum lateralen Metatarsalknochen zieht,
> – das **laterale kurze Seitenband (Lig. collaterale tarsi laterale breve),** das am lateralen Malleolus seinen Urspung hat und bei Hund und Pferd mit einem Schenkel am Calcaneus, mit dem anderen am Talus inseriert,
> – das **mediale lange Seitenband (Lig. collaterale tarsi mediale longum),** das am Malleolus med. entspringt und unter Verbindung zu den medial gelegenen Tarsalknochen zum medialen Metatarsalknochen zieht und
> – das **mediale kurze Seitenband (Lig. collaterale tarsi mediale breve),** das am medialen Malleolus seinen Ursprung hat und sich zum Ansatz am Talus bzw. am Calcaneus spaltet; bei Hund und Rind verlängert sich dieses Seitenband fächerförmig bis zu den medialen Metatarsalknochen.

Bei der Katze treten, im Gegensatz zu anderen Haussäugetieren, keine langen Bänder auf, die mehr als zwei Gelenkspalten überspringen. Diese werden durch die Endsehnen des M. tibialis caudalis bzw. des M. fibularis (näheres s. »Muskulatur am Unterschenkel« in diesem Kapitel) ersetzt, die in Höhe des Sprunggelenks stabilisierende Funktionen übernehmen.

- Darüber hinaus treten **Faszienverstärkungen (Retinacula)** auf, die Haltebänder für Sehnen darstellen, durch die auch Nerven und Gefäße hindurchtreten.
- **Dorsale** und **plantare Fußwurzelbänder** sind in großer Zahl ausgebildet und überbrücken längs, quer oder schräg verlaufend eine oder mehrere Gelenkspalten des Tarsalgelenks. Hervorzuheben sind nur einige wenige:

> – Das **dorsale Fächerband (Lig. tarsi dorsale** seu **Lig. talocentrodistometatarseum)** stellt ein breitgefächertes Band dar, das am medialen Bandhöcker des Talus entspringt und nach schiefem Verlauf am Metatarsus (Mt II, Mt III, Os tarsi centrale und Os tarsale tertium) inseriert.
> – Das **lange Sohlenband (Lig. plantare longum)** ist das wichtigste der plantaren Tarsalbänder. Dieses Band nimmt bei Fleischfressern seinen Ursprung distal am Fersenbein, bei den anderen Haussäugetieren am Tuber calcanei und inseriert über die lateral gelegenen Tarsalknochen (T4 und Tc) am Metatarsus (Mt III und Mt IV).
> – Die **Ligg. tarsi interosseae** spannen sich zwischen den Artikulationsflächen anliegender Tarsalknochen derselben bzw. benachbarter Reihen.

Die **Fußwurzel-Mittelfußbänder** stellen bindegewebige dorsale und ggf. plantare Verbindungen zu den Metatarsalknochen dar, soweit diese nicht phylogenetisch rückgebildet sind.

Die **Verbindungen der Metatarsal-** und **Zehenknochen** stimmen mit geringfügigen Unterschieden mit den entsprechenden Verbindungen an der Schultergliedmaße überein und sind dort beschrieben.

- **Punktionsstellen des Sprunggelenks**
- **Hund:** Der Hund wird auf die Seite gelegt und das Sprunggelenk gestreckt. Die Kanüle wird distal des distalen Ende der Fibula und dorsal der palpierbaren Sehne des M. fibularis longus eingestochen und distoplantar vorgeschoben.
- **Schwein:** Das Tarsokruralgelenk wird injiziert, indem die Kanüle am dorsalen Rand des lateralen Malleolus horizontal eingestochen und in eine mediale Richtung vorgeschoben wird.
- **Rind:** Eine 6 cm lange Kanüle wird zwischen dem lateralen Kollateralband und der Endsehen des M. tibialis cranialis horizontal eingestochen und vorgeschoben.
- **Pferd:** Die Injektion des Tarsokrural- und proximalen Intertarsalgelenks werden von mediodorsal mit einer 3 cm langen Kanüle am stehenden Pferd durchgeführt. Die Kanüle wird in die palpierbare Mulde distal des medialen Malleolus horizontal eingestochen und nach lateral gerichtet vorgeschoben. Dabei muß beachtet werden, daß der kraniale Ast der Vena saphena medialis nicht verletzt wird.

  Die Injektion des distalen Intertarsalgelenks wird von medial mit einer 3 cm langen Kanüle am stehenden Pferd durchgeführt. Eine kleine Mulde ist oft in Höhe des distalen Teils der Fersenbeinsehne des M. biceps femoris und entlang einer gedachten Linie zwischen dem tastbaren distalen Ende des Talus und des 2. und 3. Metatarsalknochens zu palpieren. Die Kanüle wird in einer horizontalen Ebene in leicht kaudaler Richtung eingestochen. Das Tarsometarsalgelenk wird am stehenden Pferd von der lateralen Seite mit einer 2 cm langen Kanüle injiziert. Die Kanüle wird 1 cm proximal des Kopfes des IV. Metatarsalknochens in dorsaler und leicht kaudaler Richtung eingestochen.

Muskeln der Beckengliedmaße (Musculi membri pelvini)

Die Muskeln der Hinter- oder Beckengliedmaße werden funktionell in die **Beckengürtelmuskulatur** und die **Eigenmuskulatur** unterteilt.

Faszien des Beckens und der Beckengliedmaße

Die innere Rumpffaszie, in der Bauchhöhle als **Fascia transversalis** bekannt, setzt sich in der Beckenhöhle mit der **Fascia iliaca** fort. Diese bildet die Lacuna musculorum (Durchtritt für den M. iliopsoas), die Lacuna vasorum (Durchtritt für die A. und V. femoralis) und das Lig. inguinale. In Höhe des Beckenausgangs geht sie in die **Fascia diaphragmatis pelvis** über.

Außen, an der Kruppe und an der Beckengliedmaße, werden die Muskeln von breitflächigen, teils mehrblättrigen Faszien umgeben, die Septa muscularia ausbilden. An der Kruppe ist die **Fascia glutaea**, am Oberschenkel medial die **Fascia (Lamina) femoralis,** lateral die **Fascia lata** zu erwähnen. Die Oberschenkelfaszien gehen in die mehrblättrige **Fascia genus** und die **Fascia cruris** über. In Höhe des Kniegelenks entstehen als Faszienverstärkungen **Retinacula,** die die Funktion von Gelenkbändern übernehmen. Am Sprunggelenk sind Retinacula als **Sehnenhaltebänder** ausgebildet.

Beckengürtelmuskulatur

Die Beckengürtelmuskulatur liegt ventral der Lendenwirbelsäule an und zieht zum Becken bzw. Oberschenkel. Diese Muskelgruppe dient der Stabilisierung und Verspannung der Wirbelsäule und des Beckens, aber auch der Feinabstimmung bei Krümmung oder Durchbiegen des Rückens während eines statisch-dynamischen Bewegungsablaufs. Die Muskeln des Beckengürtels werden ihrer Lage wegen auch als **innere Lendenmuskulatur** benannt, diese sind in Hinblick auf die nahezu feste Verbindung des Kreuzbeins zum Becken relativ schwach ausgebildet (Abb. 4-69, 70 und Tab. 4-5).

Man unterscheidet:

- M. psoas minor,
- M. iliopsoas,
- M. quadratus lumborum.

Der **M. psoas minor (kleinerer Lendenmuskel)** entspringt ventral an den letzten 2 bis 3 Brust- und den ersten 4 (5) Lendenwirbeln und inseriert meist mit einer kräftigen Endsehne am Tuberculum musculi psoas minoris der Darmbeinsäule (Abb. 4-70).

Bei Fleischfressern ist er, wie auch die anderen Muskeln des Beckengürtels, muskulös und kräftig entwickelt. Die Muskelbäuche beider Körperseiten schließen die Ursprungssehnen der Zwerchfellspfeiler ein, sie liegen dem M. psoas major auf. Seine platte Endsehne verschmilzt mit der Fascia iliaca und setzt an der Linea arcuata bis hin zur Eminentia iliopubica an. Bei den Wiederkäuern und beim Pferd ist dieser Muskel stark sehnig durchsetzt. Er stellt bei festgestellter Wirbelsäule das Becken steiler, bei fixiertem Becken wird die Lendenwirbelsäule stabilisiert und ein dorsokonvexes Aufbiegen ermöglicht.

Der **M. iliopsoas (Darmbein-Lenden-Muskel)** ist der stärkste Muskel dieser Gruppe, er kann mit Ausnahme der Fleischfresser in zwei Portionen aufgetrennt werden:

- M. psoas major als Lendenportion,
- M. iliacus als Darmbeinportion.

Der **M. psoas major** entspringt neben dem kleinen Lendenmuskel seitlich an den Körpern der Lendenwirbel, an deren Querfortsätzen, an den letzten zwei Brustwirbeln und an den Rippen (Abb. 4-70). In seinem Verlauf liegt er dem M. quadratus lumborum ventral auf, durchzieht die Muskelpforte und inseriert am Trochanter minor ossis femoris. Seine zweite Portion, der **M. iliacus,** zieht von der Facies iliaca des Darmbeinflügels und der Darmbeinsäule ebenso zum

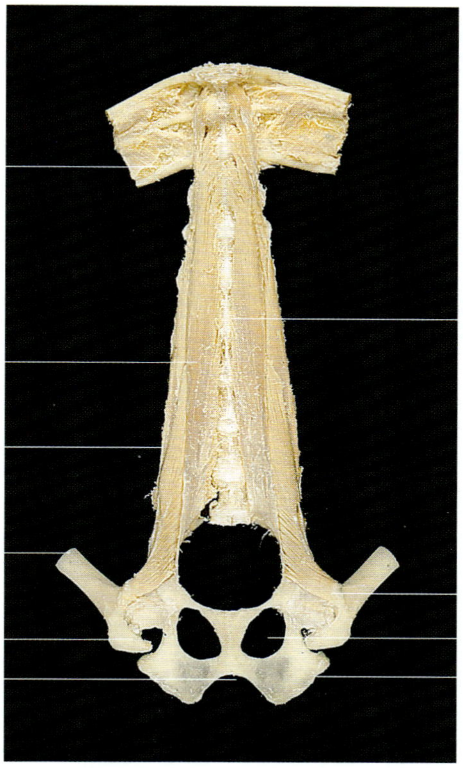

Abb. 4-69. Beckengürtelmuskulatur eines Hundes (Ventralansicht).

Tab. 4-5. Beckengürtelmuskulatur.

Name **Innervation**	**Ursprung**	**Ansatz**	**Funktion**
M. psoas minor Hd.: Rr. ventrr. der 4.–5. Lendennerven Pferd: Intercostalnerven, Rr. ventrr., Lendennerven, N. genitofemoralis, N. femoralis	letzte 3 Brustwirbel, 1.–4. Lendenwirbel	Tuberculum musculi psoas minoris, Darmbeinsäule	Festeller, Aufbieger der Lendenwirbelsäule
M. iliopsoas **M. psoas major** Hd. Rr. ventrr. der 4.–5. Lendennerven Pferd: Intercostalnerven, N. femoralis	letzte Brustwirbel, Lendenwirbel	Trochanter minor ossis femoris	Beuger des Hüftgelenks, Vorführer der Hintergliedmaße
M. iliacus Lendennerven, N. genitofemoralis, N. femoralis	Fascia iliaca, Ala ossis ilii	Trochanter minor ossis femoris	
M. quadratus lumborum Hd.: Rr. ventrr. der 4.–5. Lendennerven Pferd: Intercostalnerven, Rr. ventrr., Lendennerven, N. genitofemoralis, N. femoralis	ventral an Querfortsätzen der Lendenwirbel	Querfortsätze der Lendenwirbel, Kreuzbeinflügel, Darmbeinflügel	Feststeller der Lendenwirbelsäule

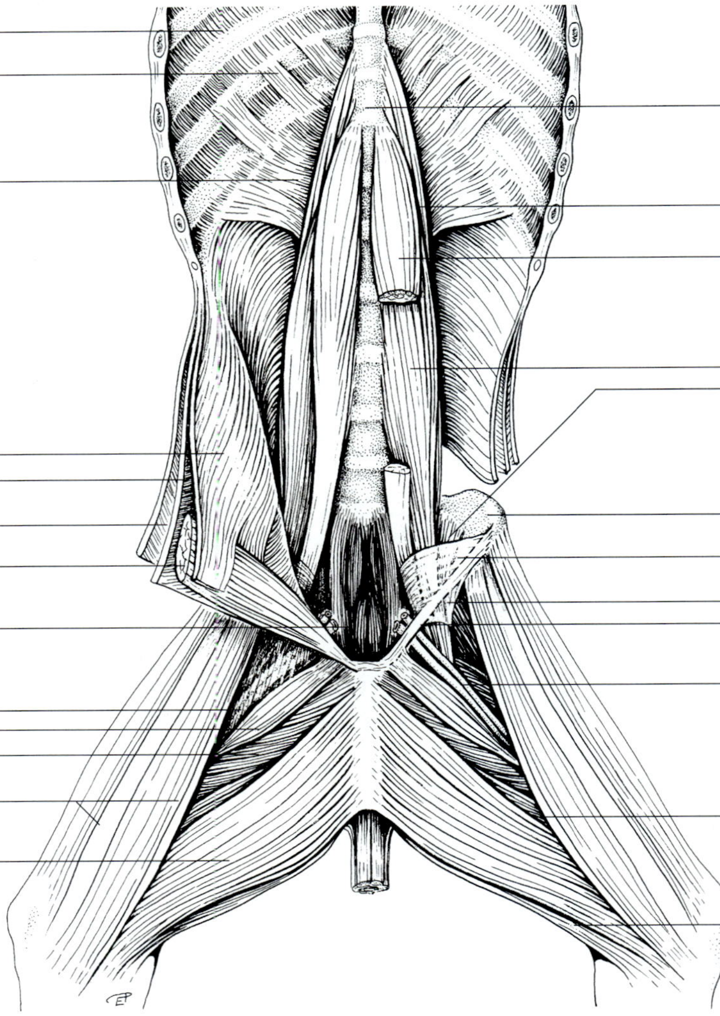

Abb. 4-70. Schematische Darstellung der Beckengürtelmuskulatur, der Muskulatur medial am Oberschenkel und der Bauchmuskulatur (getrennt) des Hundes (Ventralansicht), nach Ellenberger u. Baum, 1943.

Trochanter minor. Bei Fleischfressern sind diese beiden Muskeln zum M. iliopsoas verschmolzen. Beim Wiederkäuer und Pferd ist der M. iliacus ein starker, rein fleischiger Muskel, dessen Querschnitt anfangs platt, beckenwärts rundlich ist. Der M. psoas major liegt zwischen den Bäuchen des M. iliacus, sein stärkerer lateraler Teil entspringt der Fascia iliaca, sein schwächerer medialer der Darmbeinsäule und dem Kreuzbein. Beide Bäuche vereinigen sich und enden am Trochanter minor.

Der M. iliopsoas führt die Hintergliedmaße unter Beugung des Hüftgelenks nach vorne, gleichzeitig wird das Kniegelenk nach außen gedreht. Bei feststehender Gliedmaße wird die Wirbelsäule fixiert, bei rückwärtsgestellter Extremität der Rumpf nach hinten gezogen.

Der **M. quadratus lumborum (viereckiger Lendenmuskel)** liegt den proximalen Enden der Rippen und den Querfortsätzen der Lendenwirbel ventral auf und setzt am Kreuzbeinflügel und am Darmbein an (Abb. 4-70). Bei Fleischfressern ist dieser Muskel eine vergleichbar kräftige Muskelplatte, die beim Hund von den Körpern des 10. bis 13. Brustwirbels ihren Ursprung nimmt (intrathorakaler Teil). Die Endsehnen überspringen 2 bis 3 Segmente und inserieren an den Querfortsätzen der ersten 3 Lendenwirbel. Von dort setzt er sich mit seinem lumbalen Teil fort, der am Ventralrand des Kreuz- und Darmbeinflügels inseriert.

Bei Wiederkäuern und beim Pferd ist dieser Muskel sehnig, er entspringt feinfaserig ventral am proximalen Ende der letzten Rippe und lateral an den Querfortsätzen der Lendenwirbel. Sein Ansatz sind die Procc. transversi der Lendenwirbel und der Kreuzbeinflügel.

Der M. quadratus lumborum dient der Versteifung der Lendenwirbelsäule, vermag diese aber auch dorsokonvex aufzubiegen. Bei Tieren mit noch beweglicherer Wirbelsäule (Fleischfresser und Schwein) dient dieser Muskel auch dazu, das Becken steiler zu stellen.

Eigenmuskulatur der Beckengliedmaße

Die Eigenmuskulatur der Beckengliedmaße dient vorzugsweise der Vorwärtsbewegung des Körpers, sie wirkt dyna-

Tab. 4-6. Äußere Hüft- und Kruppenmuskeln.

Name Innervation	Ursprung	Ansatz	Funktion
M. glutaeus supf. N. glutaeus caudalis	Fascia glutaea bzw. Kreuzbein	Trochanter tertius bzw. major	Beuger und Strecker des Hüftgelenks
M. glutaeofemoralis N. glutaeus caudalis	2.–4. Schwanzwirbel	Fascia lata, Patella	Aus- und Rückwärtszieher der Gliedmaße, Seitwärtszieher des Schwanzes
M. glutaeus medius N. glutaeus cranialis	Darmbeinflügel, Kreuzbein u. Lenden-zacke	Trochanter major	Strecker Hüftgelenk, Aus- und Rückwärtszieher der Gliedmaße
M. piriformis N. glutaeus cranialis	Letzter Kreuzwirbel und Lig. sacrotuberale	Trochanter major	Strecker Hüftgelenk, Aus- und Rückwärtszieher der Gliedmaße
M. glutaeus prof. N. glutaeus cranialis	Spina ischiadica	Trochanter major	Aus- und Rückwärtszieher der Gliedmaße
M. tensor fasciae latae N. glutaeus cranialis	Tuber coxae	Fascia lata	Vorführer der Gliedmaße, Spanner der Faszie

misch in Form von Kräfteschüben, die stets durch Streckung aller Gelenke der Hinterextremität ausgelöst werden. Um den Tierkörper aus einer statischen Ruhephase während des Standes in Phasen aktiver Mobilitätsabläufe zu bewegen, sind an der Hinterextremität die Muskeln kräftiger und komplizierter entwickelt als vergleichsweise an der Vordergliedmaße. So ist die Eigenmuskulatur vornehmlich an der Ausbildung der Kruppe mitbeteiligt, sie greift aber auch kranial auf die Muskeln des Stammes über. Die Eigenmuskulatur setzt sich distal auf die Oberschenkel und als Hinterbackenmuskeln fort. Vergleichbar zu den Muskeln der Schultergliedmaße geht auch an der Hinterextremität in distalen Abschnitten der mächtige und muskuläre Charakter der Eigenmuskulatur verloren. Lange Sehnenstränge setzen nachfolgend an den Sprung- und Zehengelenken an und übernehmen dort meist streckende oder beugende Funktionen (Abb. 4-71ff.).

Man unterscheidet als **Eigenmuskulatur der Beckengliedmaße:**

- Muskeln des Hüftgelenks,
- Muskeln des Kniegelenks,
- Muskeln des Sprunggelenks und
- Muskeln der Hinterzehen.

Die **Muskeln des Hüftgelenks** sind vorzugsweise beim Pferd mächtig ausgebildet, sie prägen entscheidend das Exterieur der Kruppe. Diese Muskelgruppe dient vor allem der Streckung des Hüftgelenks, teilweise wird aber auch bei Kontraktion gleichzeitig das Kniegelenk und bei einzelnen Tierarten sogar das Sprunggelenk mitgestreckt. Man unterscheidet nach Lage der Hüftgelenksmuskeln:

- äußere Hüft- und Kruppenmuskeln,
- Hinterbackenmuskeln,
- mediale Oberschenkelmuskeln und
- tiefe Hüftgelenksmuskeln.

Äußere Hüft- und Kruppenmuskeln

Die äußeren Hüft- und Kruppenmuskeln verkörpern bei den Haussäugetieren die Kruppenmuskeln im engeren Sinn und sind z. T. mit den Gesäßmuskeln des Menschen vergleichbar (Abb. 4-71ff., 75, 76 und Tab. 4-6). Zu dieser Muskelgruppe gehören:

- M. glutaeus superficialis,
- M. glutaeofemoralis,
- M. glutaeus medius,
- M. piriformis,
- M. glutaeus profundus und
- M. tensor fasciae latae.

Der **M. glutaeus superficialis (oberflächlicher Kruppenmuskel)** ist tierartlich unterschiedlich entwickelt. So besitzen allein die Fleischfresser einen selbständigen, abgeflachten M. glutaeus supf. (Abb. 4-75). Dieser entspringt aus der Fascia glutaea, an der Spina iliaca dors., an der Pars lat. des Kreuzbeins, proximal am Lig. sacrotuberale und seitlich am 1. Schwanzwirbel. Sein Muskelbauch bildet die hintere Begrenzung der Kruppe mit und zieht kaudodistal. Seine Endsehne verläuft über den Trochanter major und inseriert distal von diesem lateral am Femur (Labium lat.).

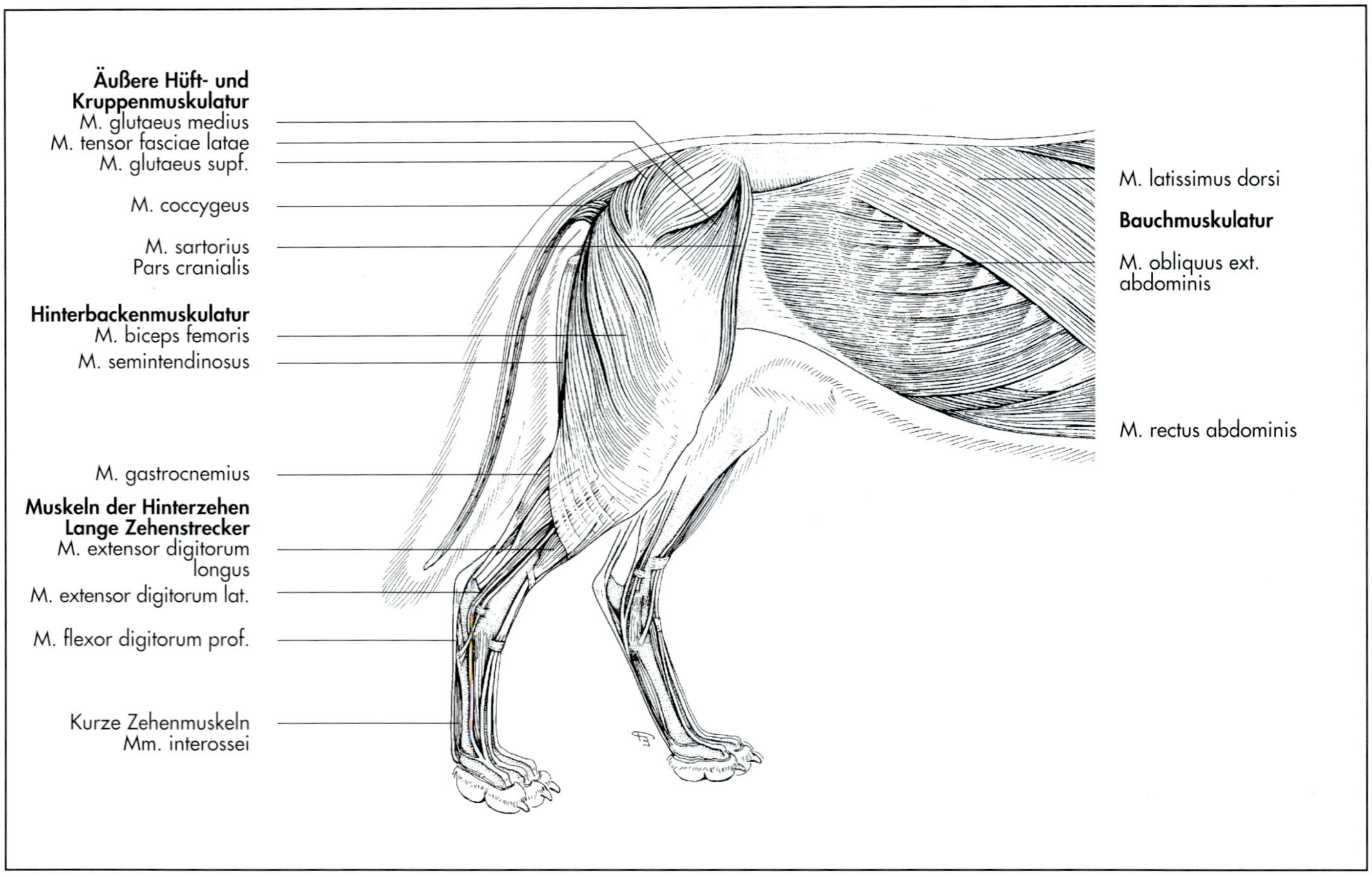

Abb. 4-71. Schematische Darstellung der Bauchmuskulatur und der oberflächlichen Muskeln der Beckengliedmaße des Hundes.

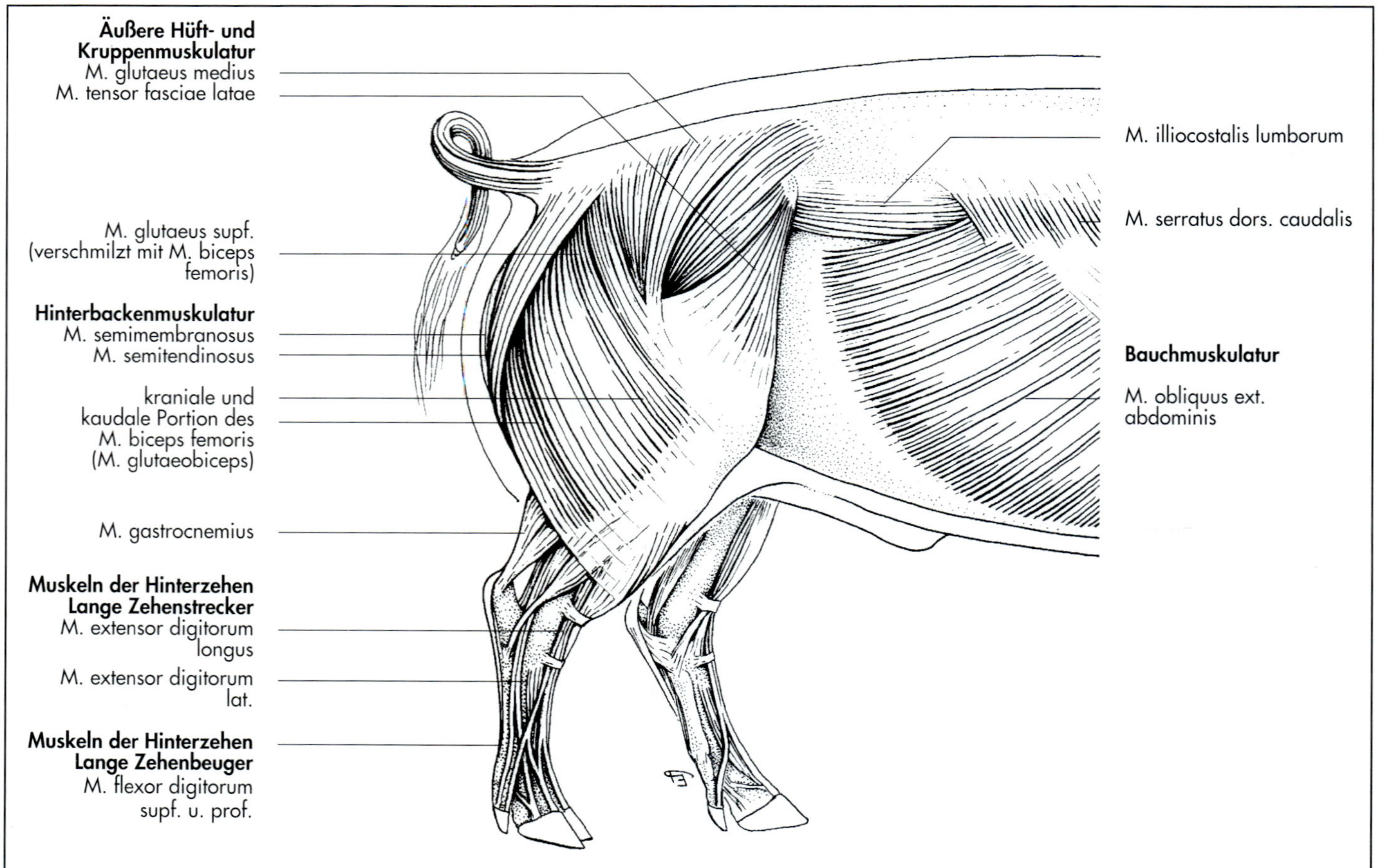

Abb. 4-72. Schematische Darstellung der Bauchmuskulatur und der oberflächlichen Muskeln der Beckengliedmaße des Schweines.

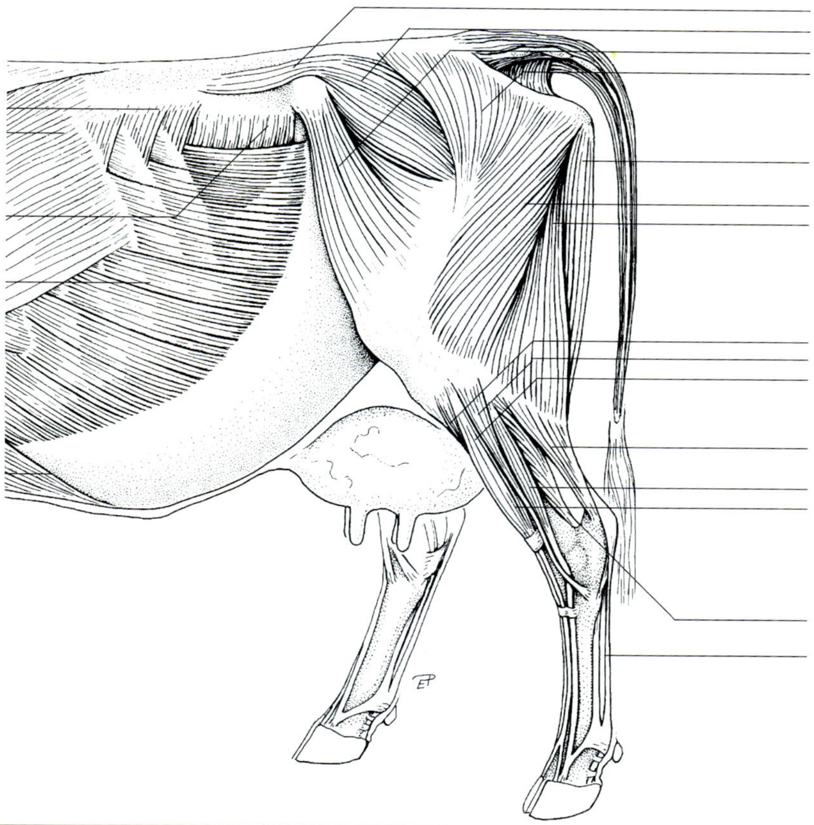

Abb. 4-73. Schematische Darstellung der Bauchmuskulatur und der oberflächlichen Muskeln der Beckengliedmaße des Rindes.

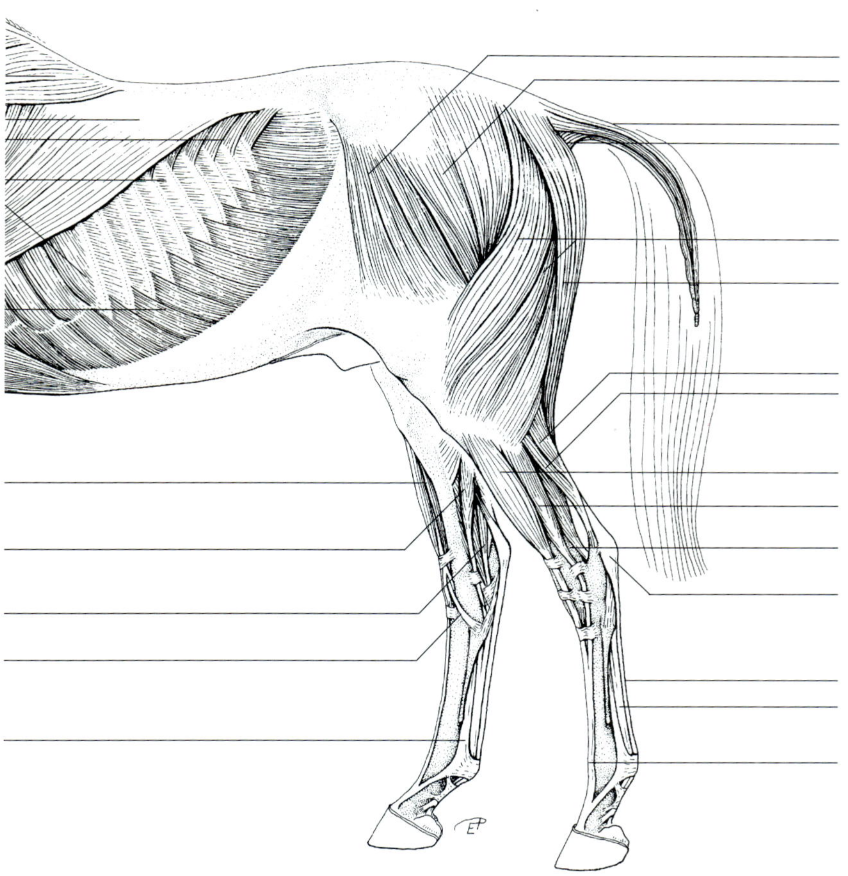

Abb. 4-74. Schematische Darstellung der Bauchmuskulatur und der oberflächlichen Muskeln der Beckengliedmaße des Pferdes.

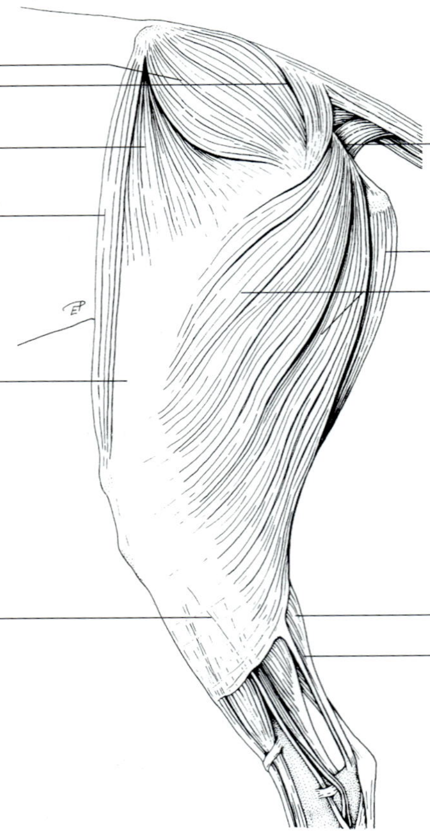

Abb. 4-75. Schematische Darstellung der oberflächlichen Muskulatur an der Beckengliedmaße des Hundes (Lateralansicht), nach Schaller, 1992.

Beim Schwein setzt sich der M. glutaeus supf. aus zwei Portionen zusammen, deren kleinere, oberflächlich gelegene in die Fascia glutaea und in die Fascia lata einstrahlt. Die ausgeprägteren tieferen Anteile ziehen vom Kreuzbein und den ersten Schwanzwirbeln zur Mitte des M. biceps femoris und verschmelzen mit diesem zum M. glutaeobiceps.

Bei kleinen Wiederkäuern verschmilzt dieser Muskel zum Teil, beim Rind vollständig mit kranialen Abschnitten des M. biceps femoris zum **M. glutaeobiceps.** Beim Pferd tritt diese Verschmelzung mit dem M. biceps femoris nicht auf, hingegen verbindet sich der oberflächliche Kruppenmuskel distal des Hüftgelenks mit kaudalen Endabschnitten des M. tensor fasciae latae (Abb. 4-76). Der M. glutaeus supf. entspringt aus der Fascia glutaea, liegt dem M. glutaeus medius auf, zieht über den Trochanter major und inseriert, unterlagert von einem Schleimbeutel, am Trochanter tertius und an der Fascia femoris.

Dieser Muskel dient der Streckung des Hüftgelenks und führt die Gliedmaße zurück, z.T. aber auch nach außen.

Der **M. glutaeofemoralis (Schwanz-Oberschenkel-Muskel)** tritt nur bei der Katze auf. Er legt sich als Muskelband zwischen den M. glutaeus supf. und den M. biceps femoris. Er entspringt am 2. bis 4. Schwanzwirbel und endet aponeurotisch in der Fascia lata und lateral an der Kniescheibe. Der M. glutaeofemoralis hilft mit, bei festgestellter Schwanzwirbelsäule die Gliedmaße nach außen und rückwärts zu führen, er unterstützt die Streckung der Hüfte. Bei festgestellter Extremität dient er der seitlichen Bewegung des Schwanzes.

Der **M. glutaeus medius (mittlerer Kruppenmuskel)** stellt, mit Ausnahme des Rindes, einen sehr kräftig entwickelten Muskel dar, der vom M. glutaeus supf., der Fascia glutaea und der Fascia thoracolumbalis überzogen wird (Abb. 4-75). Beim Rind ist dieser Muskel meist flach eingezogen, so daß sich hieraus die arttypische Einziehung der Kruppe ableitet (Abb. 3-73). Der M. glutaeus medius liegt bei allen Haussäugetieren dem Darmbeinflügel lateral auf.

Beim Hund entspringt der mittlere Kruppenmuskel lediglich zwischen der Crista iliaca und der Linea glutaea, beim Schwein und Pferd zusätzlich noch mit einer meist kräftigen Lendenzacke am 1. Lendenwirbel, aus der Aponeurose des M. longissimus lumborum, vom Kreuzbein und dem breiten Beckenband. Beim Rind ist die Lendenzacke aus dem M. longissimus flach, die Crista iliaca des Darmbeinflügels daher palpierbar. Bei den Huftieren verschmilzt der M. glutaeus medius mit dem M. piriformis. Er läßt eine oberflächliche und eine tiefe Portion erkennen. Seine meist fleischige, oberflächliche Hauptzacke inseriert mit einer kurzen Endsehne am Trochanter major. Von der oberflächlichen Portion abgetrennt, kann, tierartlich unterschiedlich ausgeprägt, in der Tiefe der meist sehnige Anteil als **M. glutaeus accessorius** unterschieden werden. Dieser entspringt lateral am Darmbeinflügel und endet mit einer Sehne am Trochanter major,

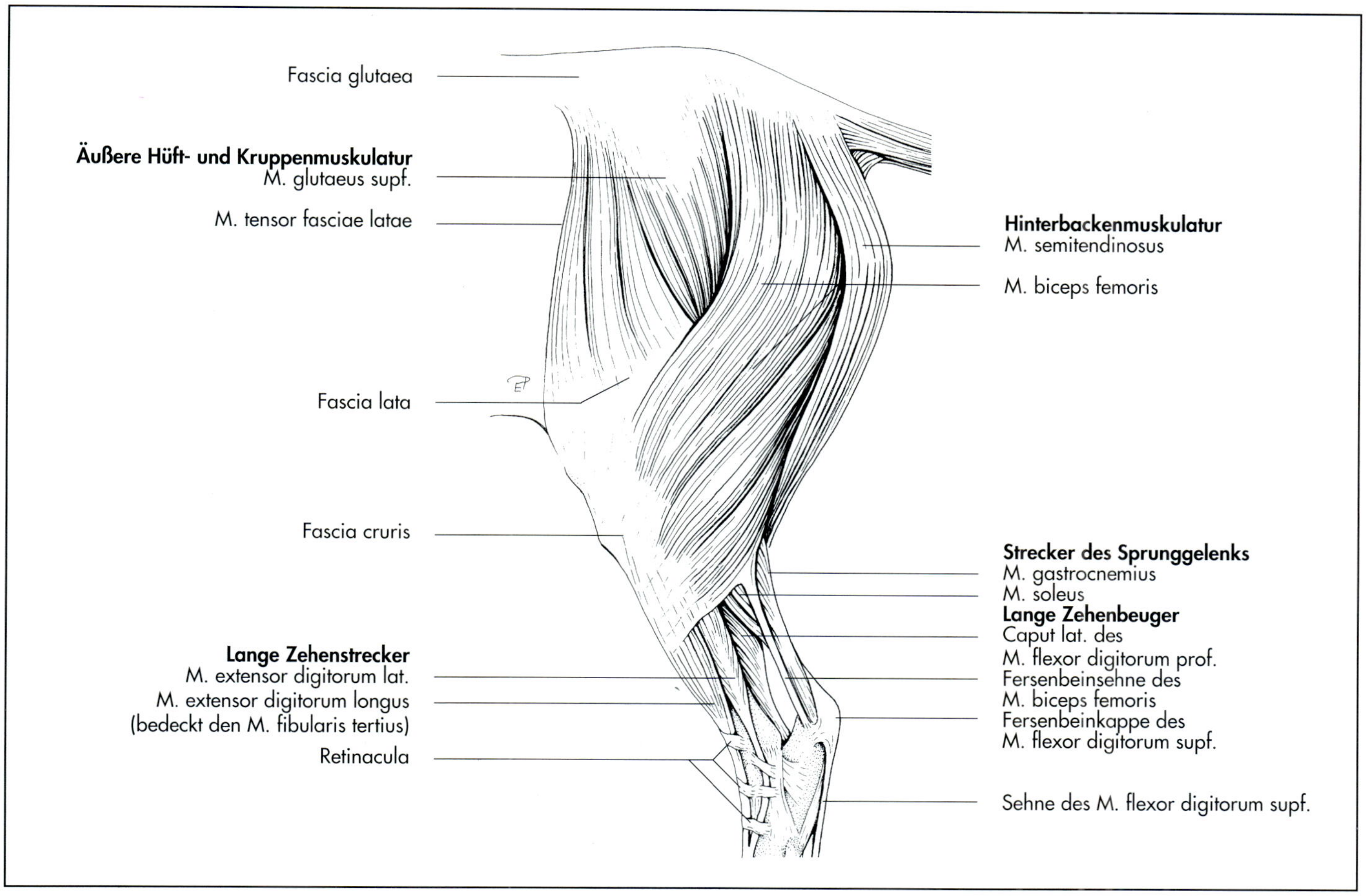

Abb. 4-76. Schematische Darstellung der oberflächlichen Muskulatur an der Beckengliedmaße des Pferdes (Lateralansicht), nach Ghetie, 1955.

mit einer anderen, bedeckt vom M. vastus lat. des M. quadriceps, distal und medial am Vorderrand des großen Umdrehers (Rind) bzw. an der Crista intertrochanterica (Pferd). Diese Endsehnen werden in Höhe des Trochanter major von einem Schleimbeutel unterlagert.

Der M. glutaeus medius ist der stärkste Strecker des Hüftgelenks sowie Rückwärts- und Auswärtsführer der Hintergliedmaße. Seine kräftige Lendenzacke ermöglicht durch die direkte Kraftübertragung auf die Muskeln des Stammes (M. longissimus) vorzugsweise beim Pferd ein Anheben der Vorderhand auf der Nachhand (Levade).

Der **M. piriformis (birnenförmiger Muskel)** ist nur bei Fleischfressern selbständig, bei den Huftieren ist er mit dem M. glutaeus medius verwachsen. Bei Fleischfressern liegt er dem M. glutaeus medius kaudal an, bedeckt vom oberflächlichen Kruppenmuskel. Er entspringt am letzten Kreuzwirbel und am Lig. sacrotuberale, zieht über den Trochanter major und inseriert distal von diesem am Femur. Beim Pferd spaltet er sich vom kaudalen Teil des M. glutaeus medius ab, zieht ebenfalls über den Trochanter major und endet sehnig an der Hinterfläche des Oberschenkelbeins. Funktionell dient er der Streckung des Hüftgelenks, er ist auch ein Auswärtsführer der Gliedmaße.

Der **M. glutaeus profundus (tiefer Kruppenmuskel)** ist ein kurzer, kräftiger, sehnig durchsetzter Muskel, der in der Tiefe dem Hüftgelenk direkt aufliegt (Abb. 4-84). Er entspringt an der lateralen Fläche der Darmbeinsäule und an der Spina iliaca sowie am breiten Beckenband (Wiederkäuer) und endet sehnig medial an der Pars cranialis des Trochanter major (Pferd) bzw. distal vom M. glutaeus accessorius an der kraniolateralen Fläche des Oberschenkelbeins (Wiederkäuer). Er unterstützt den M. glutaeus medius in seiner Funktion als Abduktor der Gliedmaße.

Der **M. tensor fasciae latae (Spanner der Schenkelfaszie)** überspannt das Dreieck zwischen dem lateralen Darmbeinwinkel und dem Kniegelenk als fächerförmiger, pyramidenähnlicher Muskel. Er bildet die vordere Begrenzung des Oberschenkels (Ausnahme Fleischfresser). Bei Fleischfressern entspringt er an der Spina iliaca ventr. und aus der Endaponeurose des M. glutaeus medius und verbreitert sich dreizipfelig fächerförmig in die Fascia lata (Abb. 4-75). Seine kraniale Begrenzung legt sich kaudal dem M. sartorius an, sein dorsaler Rand dem M. glutaeus medius. Distal setzt er sich in die Fascia lata fort, über die er sich bis zum Kniegelenk spannt.

Bei Wiederkäuern und beim Pferd entspringt der M. tensor fasciae latae am Hüfthöcker und liegt distal dem M. quadriceps kranial auf. Er verschmilzt flächenhaft mit der Fascia lata und setzt an der Patella, dem lateralen Kniescheibenband und am vorderen Rand der Tibia an. Eine kaudodorsale sehnige Abspaltung verbindet sich mit dem M. glutaeus supf. und inseriert mit diesem am Trochanter major (Abb. 4-76).

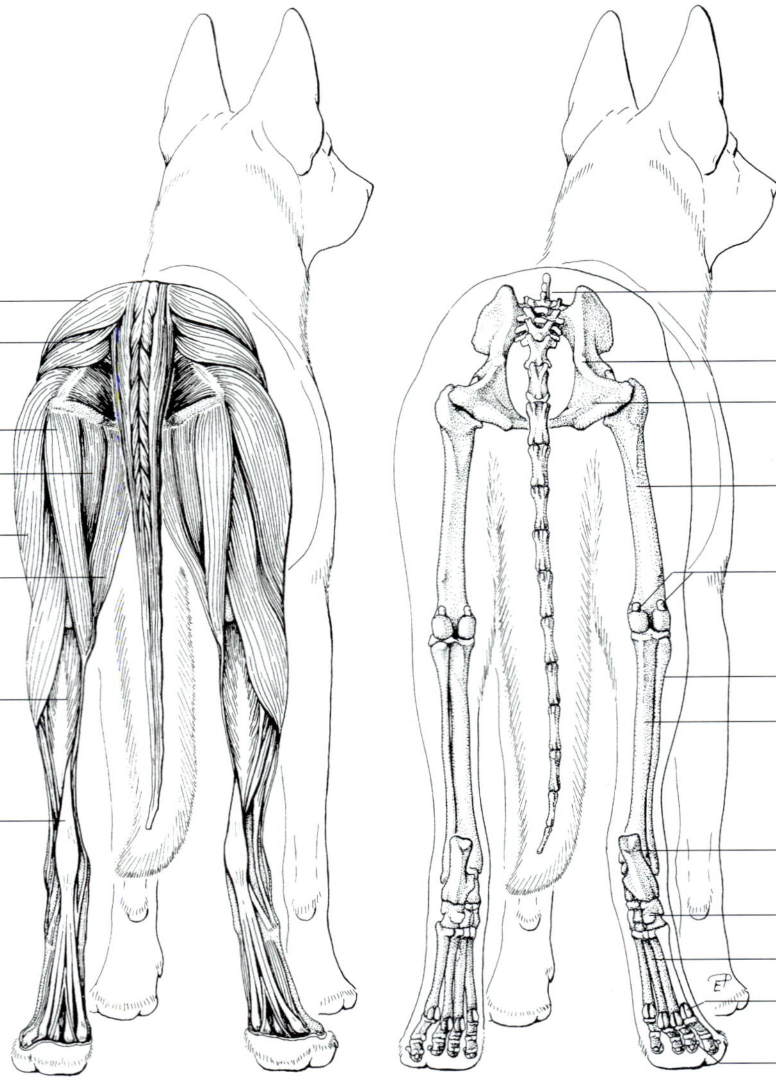

Abb. 4-77. Schematische Darstellung der Hinterbackenmuskulatur und des Skeletts der Beckengliedmaße des Hundes (Kaudalansicht).

Funktionell ist dieser Muskel ein Beuger des Hüftgelenks, er ist auch Vorführer der gesamten Gliedmaße im Hangbein und Strecker des Kniegelenks durch Anspannen der Fascia lata (breite Schenkelfaszie).

Hinterbackenmuskeln

Die Hinterbackenmuskeln füllen den kaudalen Bereich des Oberschenkels aus, sie erstrecken sich als Beckenköpfe vom Sitzbein bis zum Unterschenkel (lange Sitzbeinmuskeln), sehnige Anteile setzen sich als Bestandteile des **Tendo calcaneus communis** bis zum Fersenbein fort (Abb. 4-77 u. 78 und Tab. 4-7). Diese Muskelgruppe überspannt damit **mehrgelenkig** das Hüft- und das Kniegelenk und zieht z.T. bis zum Sprunggelenk. In tierartlich unterschiedlicher Ausprägung werden bei Ungulaten die Beckenköpfe der Hinterbackenmuskeln in Form von zusätzlichen Ursprüngen am Kreuzbein und am 1. Schwanzwirbel ergänzt. Diese als Wirbelköpfe benannten Muskelbäuche sind am besten beim Pferd entwickelt, sie tragen bei dieser Tierart entscheidend zur Formung der Kruppe und der Hinterbacke bei.

Als Hinterbackenmuskeln können unterschieden werden:

- M. biceps femoris,
- M. abductor cruris caudalis,
- M. semitendinosus und
- M. semimembranosus.

Der **M. biceps femoris (zweiköpfiger Oberschenkelmuskel)** ist ein sehr kräftiger Muskel. Er liegt lateral der Hinterbacke und dem Oberschenkel auf, bedeckt von Haut und Faszien. Der M. biceps femoris besteht aus einer ausgeprägten kranialen Portion, die am Kreuzbein und am breiten Beckenband ihren Ursprung nimmt **(Wirbelkopf)**, und aus einer schwächeren kaudalen Portion, die am Sitzbein entspringt **(Beckenkopf).** Der Wirbelkopf verschmilzt bei

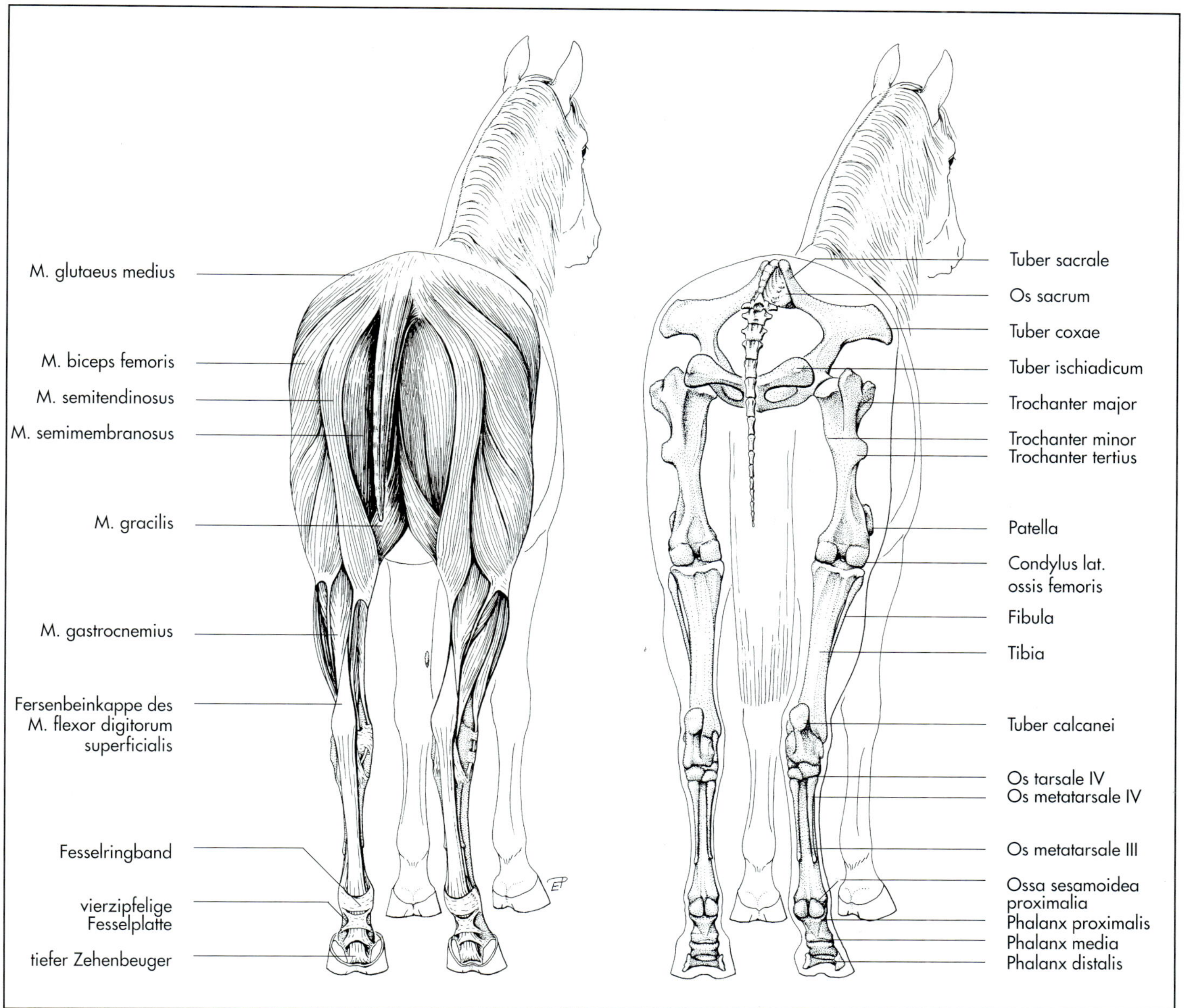

Abb. 4-78. Schematische Darstellung der Hinterbackenmuskulatur und des Skeletts der Beckengliedmaße des Pferdes (Kaudalansicht).

Schwein und Wiederkäuern mit dem M. glutaeus supf. zum M. glutaeobiceps.

Distal spaltet sich dieser Oberschenkelmuskel in zwei Äste (Fleischfresser, Schwein und Wiederkäuer) bzw. in drei beim Pferd. Nahe dem Kniegelenk und im oberen Bereich des Unterschenkels gehen die flächenhaften Endsehnen in die Fascia lata, die Fascia genus und die Fascia cruris über und verbinden sich mit dem (lateralen) geraden Kniescheibenband sowie mit der Tibia. Als Fersenbeinsehne setzt eine Endsehne am Tuber calcanei an.

Beim Hund entspringt der M. biceps femoris undeutlich zweigeteilt in einen Haupt- und einen Nebenkopf am Lig. sacrotuberale und lateral am Sitzbeinhöcker (Abb. 4-77). Der oberflächliche, stärkere Hauptkopf zieht als kraniale Portion knie- und unterschenkelwärts, der tiefere, schwächere Nebenkopf tritt als kaudaler Anteil auf der lateralen Seite der Hinterbacke an die Oberfläche. Beide Muskelportionen verbreitern sich in ihren Endsehnen aponeurotisch und verbinden sich flächenhaft mit den Knie- und Unterschenkelfaszien, sie ziehen zur Patella, zum geraden Kniescheibenband und zur Tuberositas tibiae.

Aus distalen Muskelanteilen spaltet sich beim Hund ein Sehnenstrang ab, der kaudal des M. abductor cruris caudalis als Fersenbeinsehne hervortritt, lateral des M. gastrocnemius zieht, sich unter die Achillessehne legt und mit einer ähnlichen Sehne des M. semitendinosus am Fersenbein inseriert.

Bei Wiederkäuern, vergleichbar auch beim Schwein, erscheint am Ursprung die Trennung in zwei Portionen undeutlich. Der kraniale Anteil (Wirbelkopf) entspringt an den letzten Kreuzbeinwirbeln, kaudal am breiten Beckenband sowie dorsolateral am Sitzbeinhöcker und ist mit dem M. glutaeus supf. zum **M. glutaeobiceps** verschmolzen. Der kaudale Anteil (Beckenkopf) nimmt seinen Ursprung ventrolateral am Sitzbeinhöcker bis zum For. obturatum. In mittlerer Höhe des Unterschenkels teilt sich der M. glutaeobiceps und zieht mit einem kranialen Ast aponeurotisch an die Fascia lata bzw.

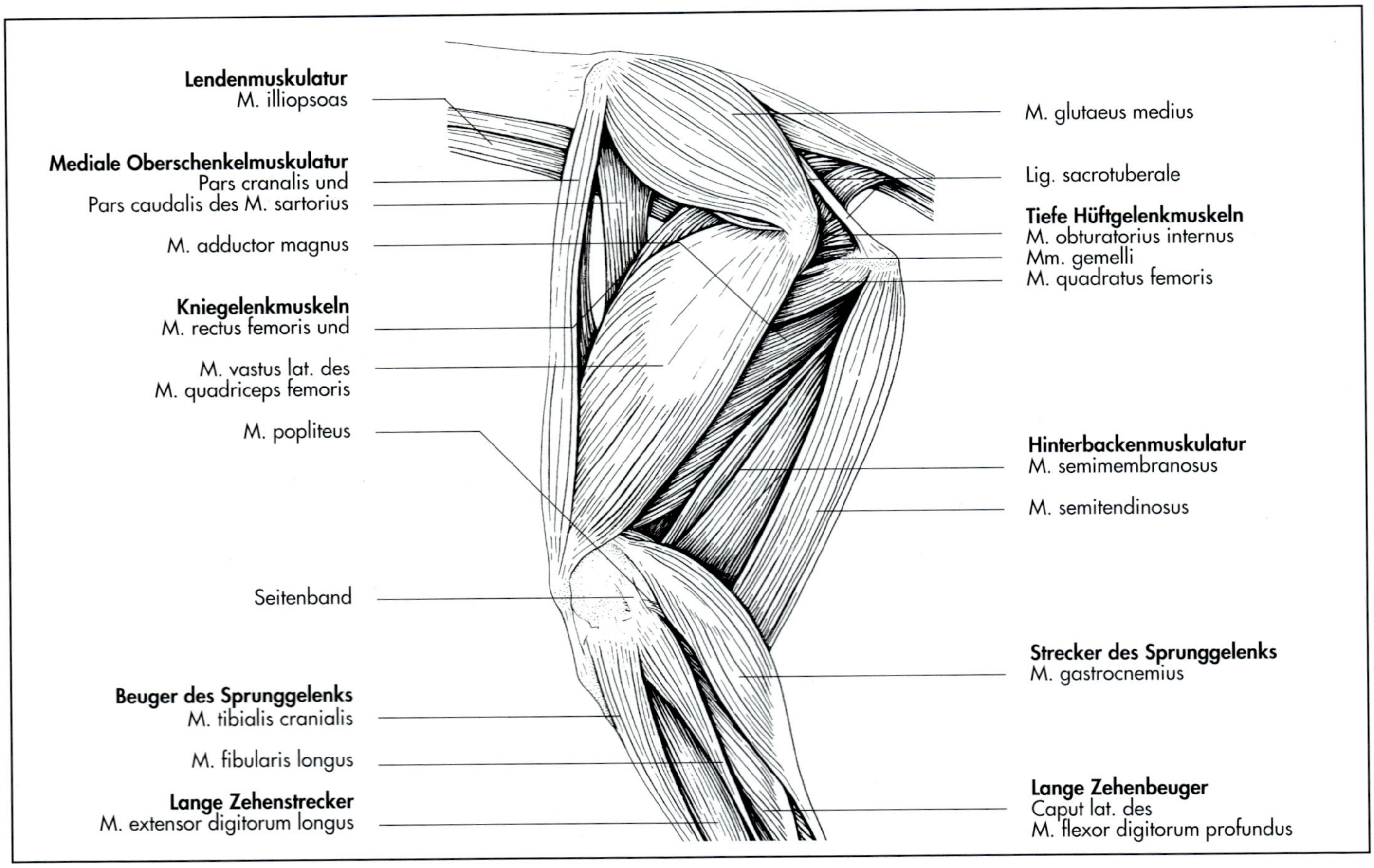

Abb. 4-79. Schematische Darstellung der tiefen Muskulatur der Beckengliedmaße des Hundes (Lateralansicht), nach Anderson u. Anderson, 1994.

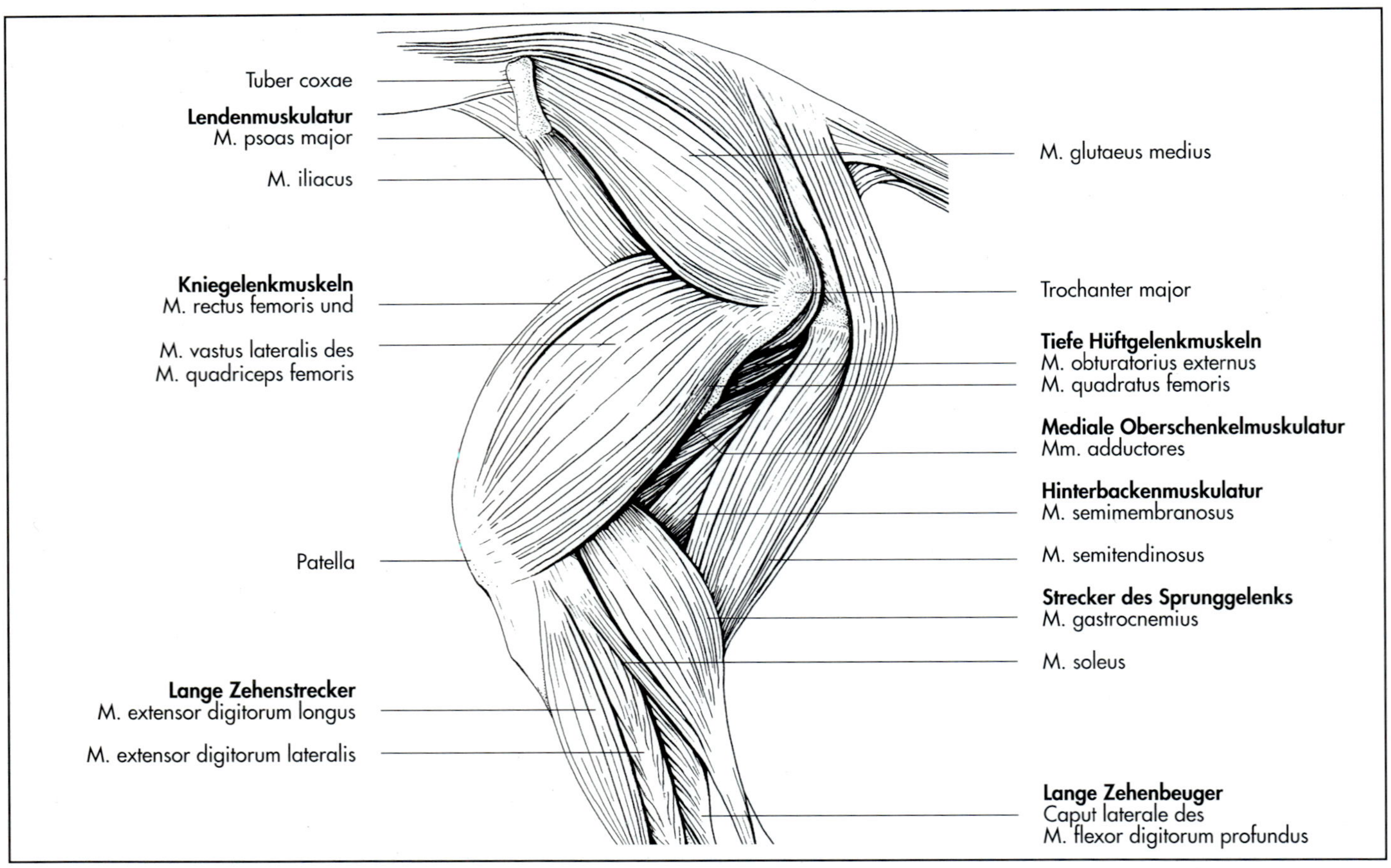

Abb. 4-80. Schematische Darstellung der tiefen Muskulatur der Beckengliedmaße des Pferdes (Lateralansicht), nach Ellenberger u. Baum, 1943.

Tab. 4-7. Hinterbackenmuskeln.

Name Innervation	Ursprung	Ansatz	Funktion
M. biceps femoris N. glutaeus caudalis	Kreuzbein und Becken	Patella, Fascia cruris,	Beuger des Kniegelenks, Strecker des Tarsus
Beckenkopf N. tibialis		Fersenbeinsehne	Abduktion der Gliedmaße
M. abductor cruris caudalis N. fibularis	Lig. sacrotuberale	Fascia cruris	Auswärtszieher der Gliedmaße
M. semitendinosus N. glutaeus caudalis N. tibialis	Wirbel- und Beckenkopf	Margo cranialis tibiae, Fersenbeinsehne	Beuger des Kniegelenks, Strecker der Hüfte
M. semimembranosus N. glutaeus caudalis N. tibialis	Beckenkopf, Wirbelkopf (nur Pferd)	Condylus med. femoris und tibiae	Strecker des Kniegelenks, Einwärtsdreher

Fascia cruris, an die Patella, an das laterale gerade Kniescheibenband und an den Margo cranialis der Tibia. Sein kaudaler Ast setzt als Fersenbeinsehne des M. glutaeobiceps am Calcaneus an. In Höhe des Condylus lat. ossis femoris wird diese Endsehne von einem ausgeprägten Schleimbeutel unterlagert, der als **»Liegebeule«** klinische Bedeutung erlangen kann.

Beim Pferd sind die kraniale und kaudale Portion deutlich trennbar, die kaudale spaltet zusätzlich einen dritten Ast ab (Abb. 4-78). Die stärkere kraniale Portion entspringt an den Dorn- und Querfortsätzen der drei letzten Kreuzwirbel, am kaudalen Rand des breiten Beckenbands und dorsolateral am Sitzbeinhöcker (Wirbelkopf). Die schwächere, kaudale Portion nimmt ihren Ursprung am hinteren Rand und an der Ventralfläche des Sitzbeins. Distal lassen sich ein kranialer, ein mittlerer und ein kaudaler Ast (3 Bizepsäste) unterscheiden, die in Höhe des Kniegelenks in flächenhafte Aponeurosen und Faszen übergehen. Der kraniale Ast inseriert distal des Trochanter tertius an einer kreisrunden Rauhigkeit der Kaudalfläche des Femurs, an der Patella sowie am lateralen geraden Kniescheibenband. Der mittlere Ast setzt am lateralen geraden Kniescheibenband, am Margo cranialis der Tibia und in der Fascia cruris an. Der kaudale Ast strahlt in die Fascia cruris ein und gibt eine kräftige Fersenbeinsehne ab. Diese tritt unter die Achillessehne, vereinigt sich mit der Fersenbeinsehne des M. semitendinosus zum Tendo acces-sorius und inseriert am Tuber calcanei.

Der Wirbelkopf des M. biceps femoris wirkt als Strecker des Hüft- und Kniegelenks, während sein Beckenkopf der Beugung des Kniegelenks dient. Durch die Ausbildung der Fersenbeinsehne wird das Sprunggelenk gestreckt. In seiner Gesamtheit dient dieser Muskel als starker Strecker der Gliedmaße und als Abduktor. Im Stützbein geht vom M. biceps femoris ein kräftiger Vorwärtsschub auf den Gesamtkörper aus.

Der **M. abductor cruris caudalis (hinterer Auswärtsführer des Unterschenkels)** tritt nur bei Fleischfressern auf. Er erscheint als ein schmales Band, das distal am Lig. sacrotuberale entspringt, kaudal des M. biceps femoris am Unterschenkel auf die laterale Fläche übertritt und in die Unterschenkelfaszie einstrahlt. Dieser Muskel unterstützt die Wirkung des M. biceps femoris als Abduktor.

Der **M. semitendinosus (halbsehniger Muskel)** formt die hintere Kontur des Oberschenkels, er ist ein kräftiger, fleischiger Muskel (Abb. 4-77 u. 78). Er entspringt ventral am **Sitzbeinhöcker (Beckenkopf),** beim Schwein und Pferd zusätzlich noch an den Dorn- und Querfortsätzen des Kreuzbeins und den ersten Schwanzwirbeln sowie am **breiten Beckenband (Wirbelkopf).** Die Insertion erfolgt medial am Margo cranialis der Tibia zusammen mit den Endsehnen des M. gracilis und des M. sartorius. Er entläßt eine Fersenbeinsehne an das Fersenbein.

Bei Fleischfressern entspringt er zwischen dem M. biceps femoris und dem M. semimembranosus kaudal und ventrolateral am Tuber ischiadicum, legt sich kaudal dem M. biceps femoris an und tritt in Höhe der Kniekehle auf die mediale Seite des Unterschenkels (Abb. 4-79). Er entläßt eine kräftige Fersenbeinsehne, die medial über den M. gastrocnemius zur Achillessehne zieht, sich mit der Fersenbeinsehne des M. biceps femoris und der Fascia cruris verbindet und zum Tendo accessorius wird.

Beim Wiederkäuer ist nur ein Beckenkopf ausgebildet, der als flacher Muskel zwischen dem Beckenkopf des M. biceps femoris und dem M. semimembranosus zur Kniekehle zieht und, medial über den medialen Kopf des M. gastrocnemius hinweg, proximal am Margo cranialis der Tibia inseriert. Zusätzlich spaltet sich eine Fersenbeinsehne (Tendo accessorius) mit Ansatz am Tuber calcanei ab, außerdem strahlt hier die Endsehne des M. gracilis aponeurotisch in die Fascia cruris ein.

Beim Pferd, und vergleichbar auch beim Schwein, ist neben dem Wirbelkopf auch ein Beckenkopf ausgebildet (s.o.), beide vereinigen sich und formen den kaudalen Rand der Hinterbacke (Abb. 4-80). Die einheitliche Endsehne plattet sich ab, tritt auf die mediale Schenkelfläche über, strahlt

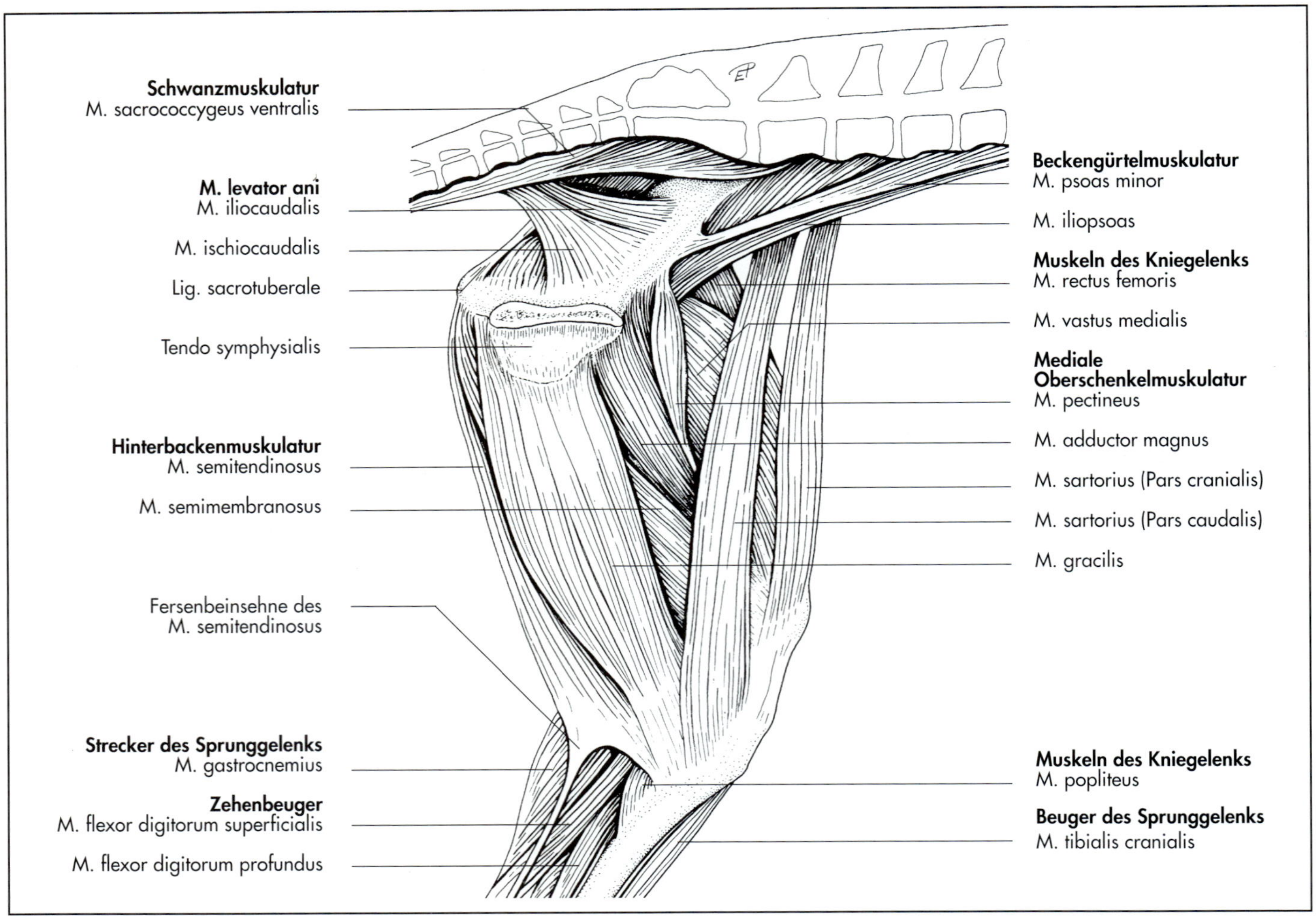

Abb. 4-81. Schematische Darstellung der Beckengürtelmuskulatur und der Muskulatur der Beckengliedmaße des Hundes (Medialansicht), nach Ellenberger u. Baum, 1943.

teilweise in die Unterschenkelfaszie ein und inseriert medial am Margo cranialis tibiae. Auch beim Pferd ist, zusammen mit der Endsehne der M. biceps femoris, eine Fersenbeinsehne entwickelt, die zum Tendo accessorius wird.

Der M. semitendinosus wirkt im Stützbein als Strecker des Hüft-, Knie- und Sprunggelenks, er bewegt damit den Rumpf nach vorne. Im Hangbein beugt dieser Muskel das Knie und führt die Gliedmaße nach innen und rückwärts.

Der **M. semimembranosus (halbhäutiger Muskel)** ist entgegen seinem Namen bei den Haussäugetieren rein muskulös, er liegt am weitesten medial an der Hinterbacke (Abb. 4-80, 81 u. 82). Er entspringt mit einem Beckenkopf ventral am Sitzbein. Zusätzlich ist beim Pferd ein **Wirbelkopf** ausgebildet. Die Muskelbäuche bzw. Sehnen (Pferd) spalten sich distal in zwei Äste und inserieren medial am Condylus ossis femoris und medial proximal am Condylus der Tibia.

Bei Fleischfressern liegt der kraniale Muskelbauch dem M. adductor magnus kaudal an, größtenteils vom M. gracilis bedeckt. Seine Endsehne strahlt in die Ursprungsaponeurose des M. gastrocnemius ein und inseriert medial am distalen Ende vom Femur. Der kaudale Bauch zieht mit seiner Endsehne unter das mediale Seitenband des Kniegelenks und setzt ebenfalls medial am Femur an (Abb. 4-79 u. 81).

Beim Pferd formt der Wirbelkopf zusammen mit dem M. semitendinosus die hintere Kontur der Kruppe und der Hinterbacke (Abb. 4-82). Der Wirbelkopf entspringt an den ersten Schwanzwirbeln sowie aponeurotisch aus dem breiten Beckenband. Der Beckenkopf ist stärker ausgeprägt. Er entspringt ventral am Arcus ischiadicus des Sitzbeinhöckers und zieht zusammen mit dem Wirbelkopf an die Unterseite des M. gracilis. Der M. semimembranosus inseriert mit einer kurzen Sehne am Condylus medialis ossis femoris, am medialen Seitenband des Kniegelenks und aponeurotisch am medialen Condylus der Tibia.

Der M. semimembranosus wirkt in der Stützbeinphase als Strecker des Hüft- und Kniegelenks, er unterstützt die Vorwärtsbewegung des Rumpfes. Im Hangbein führt dieser Muskel die Gliedmaße einwärts und rückwärts.

Mediale Oberschenkelmuskeln

Die medialen Oberschenkelmuskeln sind vorzugsweise an der Adduktion der Beckengliedmaße beteiligt und verhindern zusätzlich das unphysiologische Abspreizen der beiden Hinterextremitäten. Diese Muskelgruppe liegt zwischen Beckenboden und Oberschenkel (Abb. 4-81, 82 u. Tab. 4-8). Man unterscheidet:

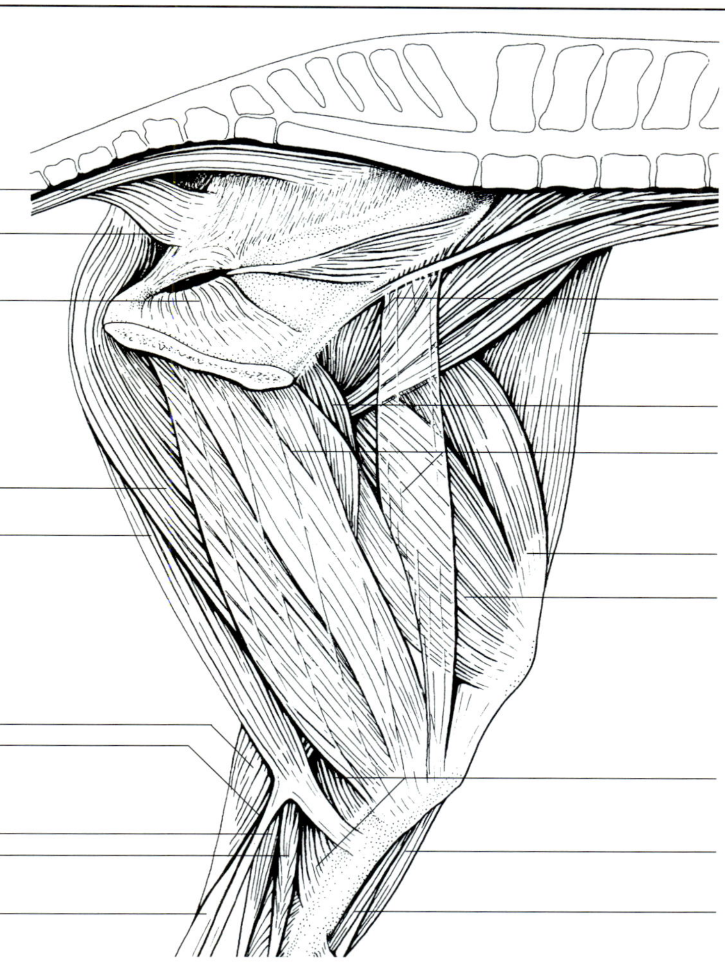

Abb. 4-82. Schematische Darstellung der Beckengürtelmuskulatur und der Muskulatur der Beckengliedmaße des Pferdes (Medialansicht), nach Ellenberger u. Baum, 1943.

- M. sartorius,
- M. gracilis,
- M. pectineus und
- Mm. adductores.

Der **M. sartorius (Schneidermuskel)** liegt oberflächlich als ein schmales Muskelband kraniomedial dem Oberschenkel an (Abb. 4-81). Er entspringt, beim Hund zweigeteilt, mit einem kranialen Bauch oberhalb des Hüfthöckers an der Crista iliaca und liegt vor dem M. tensor fasciae latae

Tab. 4-8. Mediale Oberschenkelmuskeln.

Name **Innervation**	**Ursprung**	**Ansatz**	**Funktion**
M. sartorius N. femoralis	Tuber coxae, Darmbeinsäule oder Sehne des M. psoas minor	Fascia cruris	Vorführer, Adduktor der Gliedmaße
M. gracilis N. obturatorius	Aponeurose an der Symphyse	Fascia cruris	Adduktion
M. pectineus N. obturatorius u. N. femoralis	Eminentia iliopubica ossis femoris	Labium med.	Adduktion
Mm. adductores N. obturatorius	An der Ventralseite des Beckens und an der Sehne des M. gracilis	Medialrand des Os femoris	Adduktion

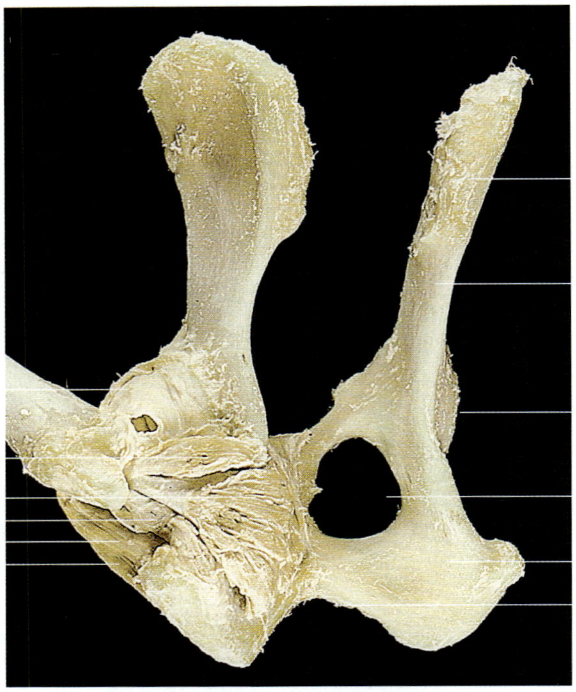

Abb. 4-83. Tiefe Hüftgelenksmuskulatur eines Hundes (Ansicht von dorsolateral).

als vordere Begrenzung des Oberschenkels. Dieser Muskel zieht medial und verschmilzt mit der Oberschenkelfaszie und der des Knies. Sein kaudaler Bauch entspringt an der Spina iliaca ventr., liegt parallel zum ersteren und inseriert gemeinsam zusammen mit der Endaponeurose des M. gracilis medial am Vorderrand der Tibia. Bei den Fleischfressern bedeckt der M. sartorius den Schenkelspalt nicht, so daß hier der Puls gefühlt werden kann.

Bei den Wiederkäuern sind an seinem Ursprung zwei Köpfe ausgebildet, die die Gefäße des Schenkelspalts aufnehmen. Beim Pferd entspringt ein einheitlicher Muskelbauch aus der Fascia iliaca und aus der Sehne der M. psoas minor (Abb. 4-82). Dieser tritt zusammen mit dem M. iliopsoas durch die Muskelpforte, verläuft medial am Femur zusammen mit dem M. gracilis und dem M. vastus med., verschmilzt mit dem medialen geraden Kniescheibenband und endet über die Unterschenkelfaszie proximal an der Tibia.

Der M. sartorius wirkt als Beuger der Hüfte, er führt die Gliedmaße nach vorne und innen und streckt durch seine Verschmelzung mit der Knie- und Unterschenkelfaszie auch das Kniegelenk.

Der **M. gracilis (schlanker Schenkelmuskel)** stellt eine breitflächige, dünne Muskelplatte dar, die kaudale Anteile der Innenfläche des Oberschenkels bildet (Abb. 4-81). Er entspringt mit einer Aponeurose entlang der Beckensymphyse und den Endsehnen des M. rectus abdominis, beim Pferd zu-

Tab. 4-9. Tiefe Hüftgelenkmuskeln.

Name Innervation	Ursprung	Ansatz	Funktion
M. obturatorius int. N. ischiadicus	Innenseite des For. obturatum	Fossa trochanterica	Auswärtsdreher
M. obturatorius ext. N. obturatorius	Außenseite des For. obturatum	Fossa trochanterica	Auswärtsdreher
Mm. gemelli N. ischiadicus	Sitzbein	Fossa trochanterica	Auswärtsdreher
M. quadratus femoris N. ischiadicus	Sitzbein	Fossa trochanterica	Auswärtsdreher
M. articularis coxae N. ischiadicus	Hüftgelenkkapsel		Kapselspanner

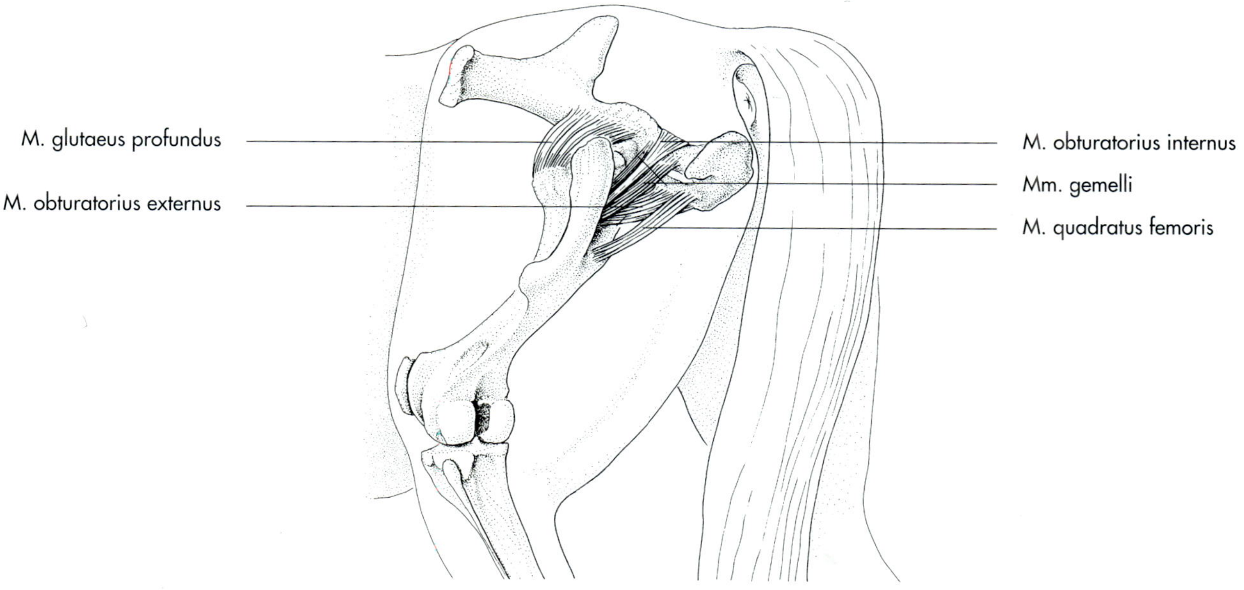

Abb. 4-84. Schematische Darstellung der tiefen Hüftgelenksmuskulatur des Pferdes (Lateralansicht), nach Ghetie, 1967.

sätzlich noch am Lig. accessorium ossis femoris. In der Medianebene der Symphysis pelvina verbinden sich die beiden Ursprungsaponeurosen zu einer gemeinsamen unpaaren Sehnenplatte (Tendo symphysialis), die zusätzlich beidseitig den Mm. adductores zum Ansatz dienen. Die Insertion des M. gracilis erfolgt ebenfalls aponeurotisch in Höhe des Kniegelenks in die Fascia cruris und über diese an der Crista tibiae. Dieser Muskel unterscheidet sich bei den Haussäugetieren nur geringfügig.

Der M. gracilis ist ein kräftiger Adduktor der Beckengliedmaße. Bei festgestellter Extremität vermag er aber auch den Rumpf seitwärts zu ziehen; ferner unterstützt er durch seine Einbindung in die Knie- und Unterschenkelfaszien die Streckung des Kniegelenks.

Der **M. pectineus (Kammuskel)** stellt einen kleinen, spindelförmigen Muskel dar, der sich zwischen dem Pecten ossis pubis und der Eminentia iliopubica des Beckenbodens einerseits und dem Labium med. ossis femoris andererseits erstreckt (Abb. 4-82). Beim Hund liegt dieser kranial des M. adductor magnus und entspringt sehnig am Tendo praepubicus, muskulös an der Eminentia iliopubica. Die Ursprungssehne schließt in Höhe des äußeren Leistenrings einen Knorpel ein, der auch verknöchern kann. Distal läuft er als Sehnenplatte aus, schiebt sich zwischen den M. vastus med. und den M. adductor magnus und inseriert am Labium med. und der Facies poplitea des Oberschenkels.

Der M. pectineus ist ein Beuger des Hüftgelenks, er wirkt auch als Adduktor und vermag die Gliedmaße nach außen zu drehen (Supinator). Der M. pectineus kann beim Hund im Falle der Hüftgelenksdysplasie durchtrennt werden, demzufolge entfällt die Adduktionswirkung dieses Muskels und das Caput ossis femoris paßt sich besser in das Azetabulum ein.

Die **Mm. adductores (Einwärtszieher)** entspringen als Muskelgruppe an der Ventralseite des Beckens und an der Aponeurose des M. gracilis (Tendo symphysialis) und inserieren an der Facies aspera des Os femoris sowie an den Faszien und den Bändern der Medialfläche des Kniegelenks. Bei den Haussäugetieren ist diese Muskelgruppe unterschiedlich verschmolzen.

So tritt bei der Katze ein M. adductor longus als selbständiger Muskel auf, der beim Hund mit dem M. pectineus verschmilzt. Die Fleischfresser bilden einen **M. adductor brevis** aus, der am Tuberculum pubicum entspringt und zum Labium lat. der Facies aspera zieht. Der **M. adductor magnus** ist kräftig, er zieht vom unpaarigen Tendo symphysialis, bedeckt vom M. gracilis, dem M. vastus med. eng anliegend, bis zur Tuberositas supracondylaris lat. und zur Facies poplitea (Abb. 4-81).

Beim Schwein sind die Mm. adductores magnus und brevis zu einem kräftigen Muskel verwachsen. In ihrem Ursprungsgebiet am Tendo symphysialis erscheinen beim weiblichen Tier diese Muskeln am gespaltenen Schlachtkörper oval, beim männlichen dreieckig. An paramedianen Längsschnitten durch Schlachttierkörper sind diese geschlechtsspezifischen Merkmale von Bedeutung.

Beim Pferd ist die Adduktorengruppe in einen vorderen **M. adductor brevis** und einen hinteren **M. adductor magnus** trennbar. In ihrer Gesamtheit liegen diese Muskeln zwischen dem M. pectineus und dem M. semimembranosus, bedeckt vom M. gracilis. Sie inserieren medial vom Trochanter minor bis zum Condylus med. am Oberschenkel und am medialen Seitenband des Kniegelenks. Die Adduktoren ziehen die Gliedmaße einwärts und rückwärts, sie schieben den Rumpf nach vorne und ziehen diesen zur Seite.

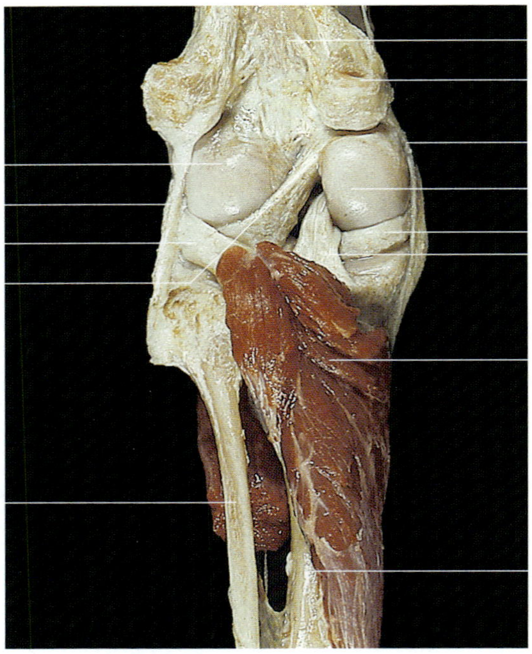

Abb. 4-85. Linkes Kniegelenk eines Hundes mit M. popliteus (Kaudalansicht), Präparat Dr. R. Macher, Wien.

Tiefe Hüftgelenksmuskeln

Die tiefen Hüftgelenksmuskeln stellen eine heterogene Gruppe von schwächeren Muskeln dar, die in unmittelbarer Nähe zum Hüftgelenk liegen. Ihre Bedeutung ist als nicht allzu groß einzustufen, sie liegt vorzugsweise in der Feinabstimmung des Bewegungsablaufs. Mit Ausnahme des M. articularis coxae werden sämtliche Muskeln als **kleine Beckengesellschaft** zusammengefaßt, die stets zwischen Hüftbein und der Fossa trochanterica verkehren. Folgende Muskeln gehören zu dieser Gruppe:

- M. obturatorius internus,
- M. obturatorius externus,
- Mm. gemelli,
- M. quadratus femoris und
- M. articularis coxae.

Der **M. obturatorius internus (innerer Verstopfungsmuskel)** tritt nur bei Fleischfressern und Pferd auf (Abb. 4-83 u. 84). Bei Fleischfressern entspringt er am Scham- und Sitzbein sowie am Arcus ischiadicus, bedeckt das For. obturatum von innen, zieht über die Incisura ischiadica minor, verläuft sehnig zwischen den beiden Mm. gemelli und dem M. quadratus femoris und inseriert in der Fossa trochanterica. Beim Pferd entspringt eine dünne kleinere Schambeinportion am vorderen und medialen Rand des Foramen obturatum, an der Beckenfuge und am Sitzbein. Der größere muskulös gefiederte Anteil entspringt fächerförmig an der Facies pelvina der Darmbeinsäule, verläßt als Sehne über die Incisura ischiadica minor die Beckenhöhle und inseriert zusammen mit den Mm. gemelli in der Fossa trochanterica. Dieser Muskel wirkt als Auswärtsdreher des Oberschenkels und als Hilfsstrecker der Hüfte.

Der **M. obturatorius externus (äußerer Verstopfungsmuskel)** ist ein kräftiger Muskel, der nahe dem For. obturatum entspringt und zur Fossa trochanterica zieht (Abb. 4-83 u. 84). Beim Schwein und bei den Wiederkäuern weist er eine Pars intrapelvina mit einer Scham-Sitzbein- und einer Darmbeinsäulenportion auf. Funktionell wirkt er als Supinator des Femurs und Adduktor der Gliedmaße.

Die **Mm. gemelli (Zwillingsmuskeln)** sind bei der Katze als zwei kleine Muskeln ausgebildet, sonst lagern sie sich der Sehne des M. obturatorius int. an (Abb. 4-83 u. 84). Sie entspringen an der Incisura ischiadica und ziehen zur Fossa trochanterica. Sie sind ebenfalls Auswärtsdreher der Gliedmaße.

Der **M. quadratus femoris (viereckiger Schenkelmuskel)** entspringt an der Ventralfläche des Sitzbeins (Abb. 4-83 u. 84). Er ist ein schmaler, schwacher Muskel, der kaudal am Os femoris nahe der Fossa trochanterica inseriert. Er wirkt als Hilfsstrecker des Hüftgelenks und als Rückwärtsführer der Gliedmaße.

Der **M. articularis coxae (Kapselmuskel)** tritt nur bei Fleischfressern und beim Pferd auf. Er liegt als dünner Muskel der Kapsel des Hüftgelenks kraniolateral auf (Abb. 4-83), er spannt die Kapselwand und schließt möglicherweise Dehnungsrezeptoren ein.

Besondere Muskeln des Kniegelenks

Das Kniegelenk wird durch eine Vielzahl von Hüftgelenkmuskeln, vorzugsweise den Hinterbackenmuskeln, bewegt, die aufgrund ihrer meist mehrfach gelenkeüberspannenden Verläufe auch dann nur sekundär wirken. Muskeln, die primär die Streckung und Beugung des Kniegelenks bewirken, sind dagegen nur zwei:

- M. quadriceps femoris,
- M. popliteus.

Der **M. quadriceps femoris (vierköpfiger Kniegelenkstrecker)** stellt die Hauptmasse der Muskeln an der Vorderseite

Tab. 4-10. Muskeln des Kniegelenks.

Name **Innervation**	**Ursprung**	**Ansatz**	**Funktion**
M. quadriceps femoris N. femoralis			
M. rectus femoris	Darmbeinbeinsäule	Patella, Tuberositas tibiae	Strecker des Kniegelenks, Beuger des Hüftgelenks
M. vastus lat.	laterale Fläche des Femur	Patella, Tuberositas tibiae	Strecker des Kniegelenks
M. vastus med.	mediale Fläche des Femur	Patella, Tuberositas tibiae	Strecker des Kniegelenks
M. vastus intermedius	kraniale Fläche des Femur	Patella, Tuberositas tibiae	Strecker des Kniegelenks
M. popliteus N. tibialis	Condylus lat. des Femur	medialer Rand der Tibia	Beuger des Kniegelenks, Einwärtsdreher

des Oberschenkels (Abb. 4-81, 82 u. Tab. 4-10). Diesem Muskel liegen der M. tensor fasciae latae, der M. sartorius, die Fascia lata und die mediale Oberschenkelfaszie auf. Der M. quadriceps femoris besteht aus **vier Portionen,** deren Köpfe mehr oder weniger separate Ursprünge aufweisen, jedoch in ihrem Verlauf distal verschmelzen und gemeinsam an der Tuberositas tibiae inserieren. Die Endsehne überspannt dabei das Kniegelenk und bildet das mittlere gerade Kniescheibenband. Die eingelagerte Kniescheibe stellt ein Sesambein dar.

Allen Haussäugetieren ist gemeinsam: **drei Köpfe** entspringen direkt am **Femur,** der **vierte** an der **Darmbeinsäule.** Die femoralen Muskelanteile lassen sich entsprechend ihrer Lage am Femur einteilen in:

- M. vastus lateralis,
- M. vastus medialis,
- M. vastus intermedius.

Der vierte, an der Darmbeinsäule entspringende Kopf liegt den genannten drei anderen kranial auf, er wird als **M. rectus femoris** bezeichnet (Abb. 4-81 u. 82). Bei der Katze ist die Unterteilung in vier Muskelbäuche deutlich, beim Hund weniger ausgeprägt.

Der **M. vastus lateralis** entspringt kraniolateral proximal am Femur sowie am Labium lat. und strahlt ebenso in die Endsehne des geraden Oberschenkelmuskels ein.

Der **M. vastus medialis** beginnt kraniomedial und am Labium med. des Femurs, seine distalen flächigen Endsehnen verbinden sich proximal der Patella mit dem M. rectus femoris (Abb. 4-81 u. 82).

Der **M. vastus intermedius** ist schwach entwickelt, er entspringt zwischen dem M. vastus lat. und dem M. vastus med. an der Vorderfläche des Os femoris.

Der **M. rectus femoris** entspringt oberhalb des Pfannenrands am Darmbein, er liegt zwischen den Mm. vastus lat. und med. auf der Vorderfläche des Oberschenkels und inseriert als gerades Kniescheibenband an der Tuberositas tibiae.

Beim Pferd ist der **M. rectus femoris** besonders stark ausgeprägt, er bedeckt die Vorder- und Seitenflächen des Oberschenkels. Er entspringt mit zwei kräftigen Sehnen am kranialen Pfannenrand der Darmbeinsäule, liegt zwischen den Mm. vastus lat. und med., den M. vastus intermedius bedeckend. Die Oberfläche ist von einer Aponeurose überzogen, die sich distal verbunden mit der Kniefaszie zu einer Sehne bündelt, die über das gerade mittlere Kniescheibenband in die Endsehne zur Tuberositas tibiae führt. Der M. vastus lat. entspringt an der kaudalen und lateralen Fläche des Femurs, der M. vastus med. vom Caput femoris an der medialen Seite des Oberschenkels. An der Insertionsstelle, der Tuberositas tibiae, wird die Endsehne von einem großen **Schleimbeutel** unterlagert.

Der M. quadriceps femoris ist der stärkste Strecker des Kniegelenks. Bei Kontraktion schiebt er den Rumpf nach vorne, er fixiert aber auch das Kniegelenk. Der M. rectus femoris unterstützt durch seinen Ansatz an der Darmbeinsäule auch die Beugung des Hüftgelenks.

Der **M. popliteus (Kniekehlmuskel)** überspannt die kaudale Seite des Kniegelenks und liegt der Kapsel des Kniekehlgelenks direkt auf (Abb. 4-85). Er entspringt in der Fossa musculi poplitea des Condylus lat. ossis femoris. Seine Ursprungssehne zieht unter das laterale Seitenband, zwischen dieses und den lateralen Meniskus, verbreitert sich danach fächerartig über kaudal auf die mediale Seite der Tibia und inseriert am Unterschenkel im proximalen Drittel und an der Kaudalfläche.

Bei Fleischfressern ist in der Ursprungssehne ein **Sesambein** eingelagert, seine Muskelfasern verlaufen zum medialen Tibiarand und inserieren an der Linea musculi poplitei. Beim Pferd ist der M. popliteus dreieckig und platt, er ist in der Tiefe des M. gastrocnemius gelegen und wird von der oberflächlichen Beugesehne bedeckt. Seine Ursprungssehne wird durch eine längliche Aussackung des Kniekehlgelenks sehnenscheidenähnlich umfaßt. Der M. popliteus ist ein Beuger des Kniegelenks und Pronator des Unterschenkels.

Muskeln am Unterschenkel

Die Muskeln dieser Gruppe wirken als Strecker und Beuger des Sprunggelenks und als Strecker und Beuger der Zehen-

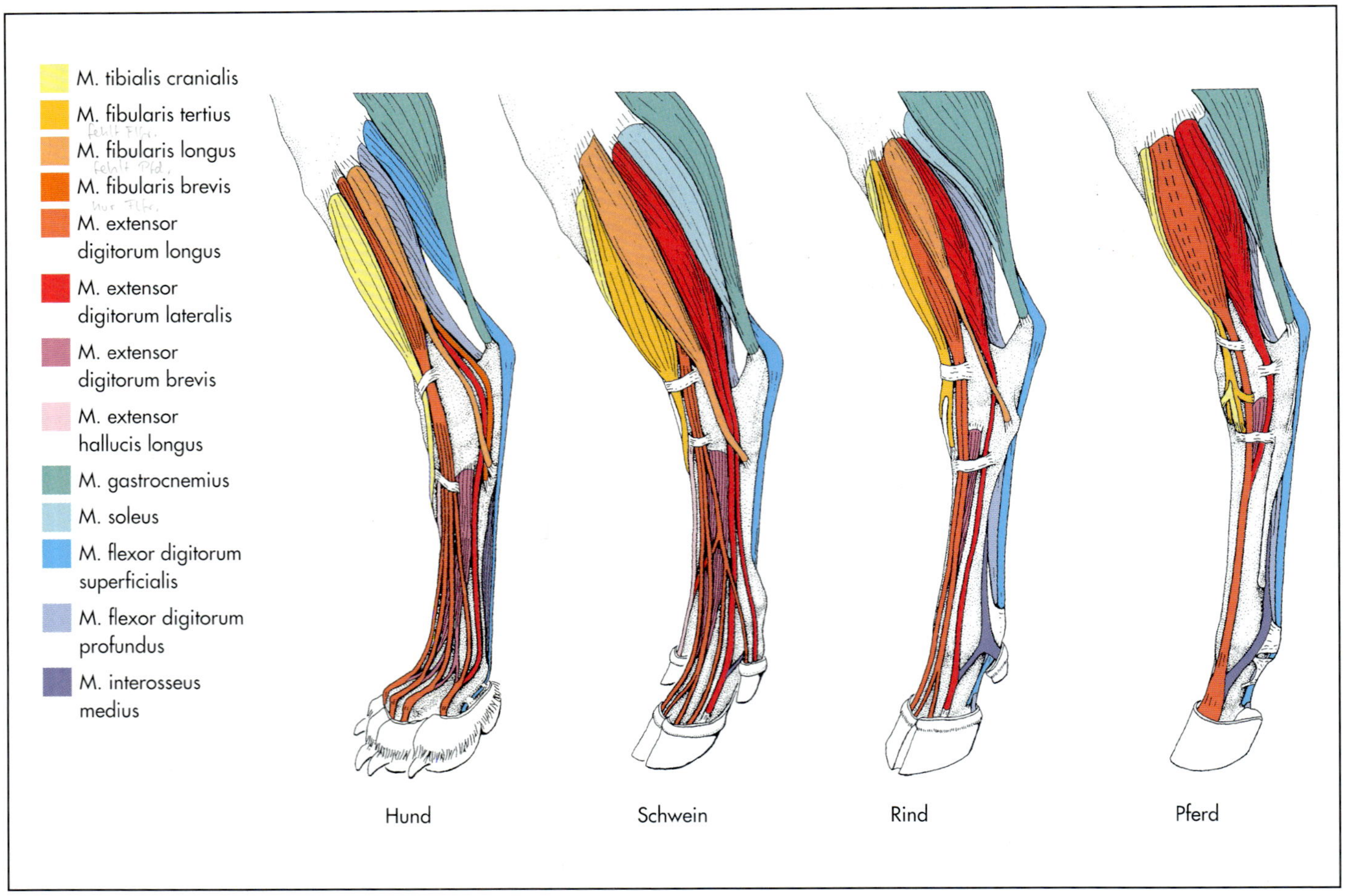

Abb. 4-86. Schematische Darstellung der Muskulatur am Unterschenkel (Lateralansicht), nach Ellenberger u. Baum, 1943.

gelenke. Aufgrund der Lage ihrer Muskelbäuche können Muskeln kraniolateral und Muskeln kaudal am Unterschenkel unterschieden werden, die mediale Fläche der Tibia bleibt als Planum cutaneum von Muskeln unbedeckt.

Die offene Winkelung des Sprunggelenks zieht es nach sich, daß **kraniolateral** gelegene Muskeln der **Beugung des Sprunggelenks** und der **Streckung der Zehengelenke** dienen. In dieser Hinsicht liegen gegensätzliche Verhältnisse zur Vordergliedmaße vor, bei der die Muskeln an der kranialen Fläche des Unterarms gleichzeitig die Karpalgelenke und die Zehengelenke strecken. Die **kaudal** am Unterschenkel lokalisierten Muskeln wirken als **Strecker des Sprunggelenks** und **Beuger der Zehengelenke.**

Muskeln kraniolateral am Unterschenkel

Die Muskeln kraniolateral am Unterschenkel weisen meist langgezogene, fleischige Bäuche auf, deren Ursprungsflächen entweder am distalen Ende des Femurs oder proximal an der Tibia bzw. an der Fibula liegen (Abb. 4-86). Die Endsehnen sind stets mehrgelenkig, spalten sich entsprechend der tierartlich unterschiedlichen Zehenzahl auf und inserieren am Metatarsus bzw. an den Zehenendgliedern. Gemeinsam ist dieser Muskelgruppe die Innervation durch den N. fibularis. Man unterscheidet kraniolateral am Unterschenkel:

- als **Beuger des Sprunggelenks:**
  - M. tibialis cranialis,
  - M. fibularis longus,
  - M. fibularis brevis,
  - M. fibularis tertius und
- als **Strecker der Zehengelenke:**
  - M. extensor digitorum longus,
  - M. extensor digitorum lateralis,
  - M. extensor hallucis longus.

Der **M. tibialis cranialis (vorderer Schienbeinmuskel)** ist der am weitesten medial lokalisierte Muskel dieser Gruppe, er liegt der Vorderfläche der Tibia auf und wird beim Schwein teilweise, bei Rind und Pferd vollständig vom M. fibularis tertius und dem M. extensor digitorum longus bedeckt (Abb. 4-86, Tab. 4-11). Allein bei Fleischfressern verläuft dieser Muskel oberflächlich, direkt unter der Fascia cruris und der Haut gelegen. Der M. tibialis cranialis entspringt am Condylus lat. der Tibia, proximal an der Tibia und an der Fibula und inseriert medial am Tarsus bzw. proximal am Metatarsus.

Bei Fleischfressern geht dieser Muskel im distalen Drittel der Tibia in eine schräg über die Beugeseite des Sprunggelenks verlaufende Sehne über, unterquert ein Querband

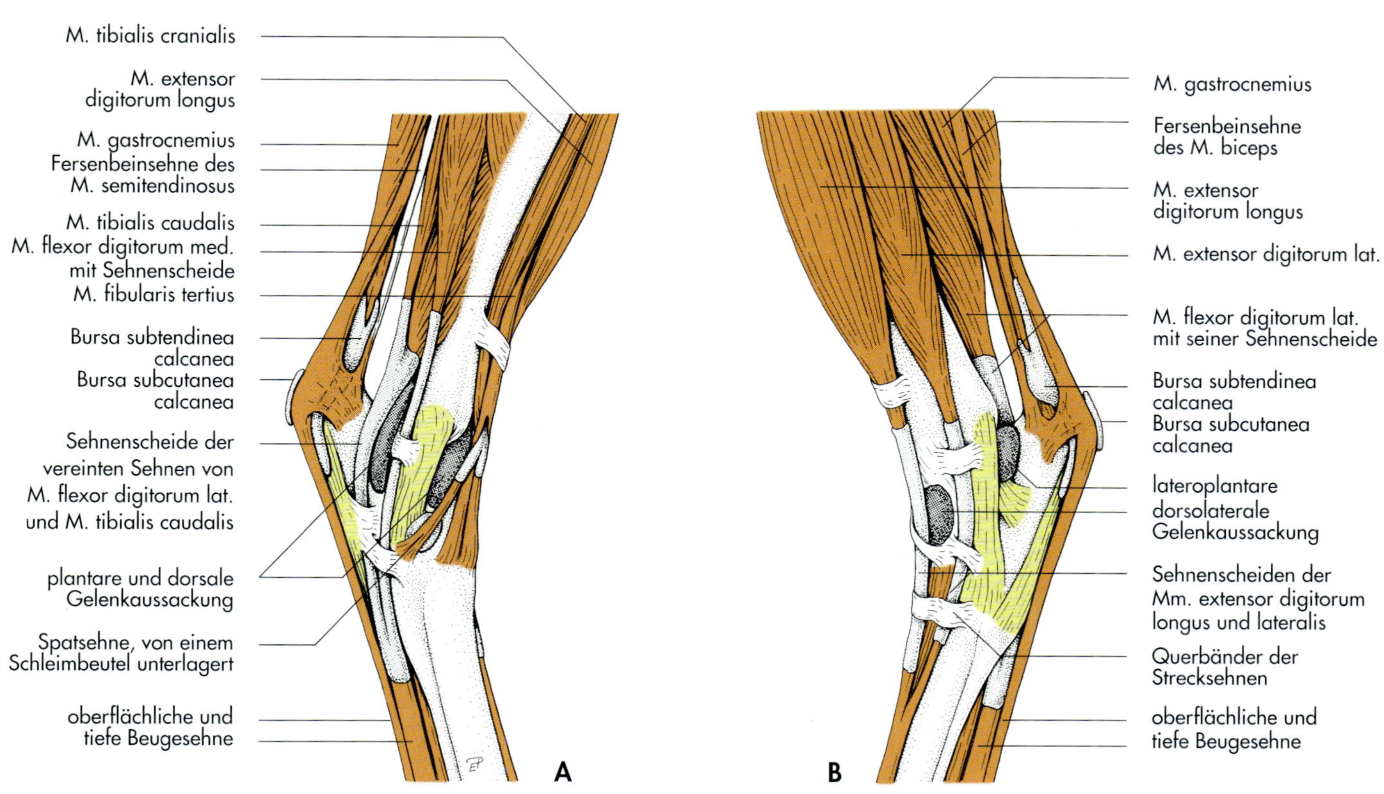

Abb. 4-87. Schematische Darstellung der Sehnenscheiden und Schleimbeutel am linken Sprunggelenk des Pferdes (**A** Medialansicht, **B** Lateralansicht), nach Ellenberger u. Baum, 1943.

(Retinaculum extensorum cruris) und inseriert medial am Rudiment des Os metatarsale I, oder am Os tarsale I, sowie am Metatarsale II. In Höhe des Sprunggelenks wird die Endsehne gemeinsam mit der Sehne des M. extensor hallucis longus von einer Sehnenscheide umhüllt (Abb. 4-88ff.).

Beim Pferd verläuft der M. tibialis cranialis in Höhe der Mitte der Tibia mit dem M. fibularis tertius und geht über dem Tarsus in eine kräftige Endsehne über. Diese tritt zwischen dem mittleren und medialen Ast der Endsehne des M. fibularis tertius hindurch, umhüllt von einer Sehnenscheide, und spaltet sich in zwei Schenkel. Der laterale, gerade Schenkel inseriert proximal am Metatarsus. Der mediale, stärkere Schenkel verläuft schräg mediodistal über den medialen Ast des M. fibularis tertius und setzt am verschmolzenen Os tarsale I und II sowie am medialen Griffelbeinköpfchen an **(»Spatsehne«).** Dieser Sehnenschenkel wird von einem geräumigen Schleimbeutel unterlagert (Abb. 4-96ff.).

Der **M. fibularis longus (langer Wadenmuskel)** ist ein schwacher, lateral am Unterschenkel gelegener Muskel (Abb. 4-86). Er entspringt an der Fibula, am Condylus lat. tibiae und am lateralen Seitenband des Kniegelenks. Seine lange Sehne verläuft lateral über die Beugeseite des Sprunggelenks durch eine Rinne zwischen dem Os tarsale IV und dem Mt IV auf die plantare Seite und inseriert am Os tarsale I (II) oder am Os metatarsale I. Er fehlt dem Pferd.

Bei Fleischfressern ist dieser Muskel der kräftigste des Unterschenkels (Abb. 4-88ff.). Seine dünne Sehne kreuzt auf der Lateralfläche des Sprunggelenks die Sehnen des seitlichen Zehenstreckers und des M. fibularis brevis und zieht über medial auf die Plantarseite des Mittelfußes, um dort proximal am medialen Mittelfußknochen anzusetzen.

Beim Wiederkäuer geht der M. fibularis longus bereits in der proximalen Hälfte des Unterschenkels zwischen dem seitlichen und gemeinsamen Zehenstrecker in eine Sehne über. Diese überkreuzt in ihrem distalen Verlauf die lange Sehne des seitlichen Zehenstreckers, zieht unter dem lateralen Seitenband des Sprunggelenks über die plantare zur medialen Fläche, um am Os tarsale I zu inserieren.

Der **M. fibularis brevis (kurzer Wadenmuskel)** tritt beim Hund und als kräftiger Muskel bei der Katze auf (Abb. 4-88). Er entspringt, bedeckt vom M. fibularis longus, in der unteren Hälfte der Fibula, beim Hund zusätzlich noch an der Tibia. Seine Sehne verläuft kaudal des seitlichen Zehenstreckers unter dem langen Seitenband des Sprunggelenks und der Sehne des M. fibularis longus zum proximalen Ende des Os metatarsale V.

Der **M. fibularis tertius (dritter Wadenmuskel)** ist beim Pferd ein rein sehniger Strang, bei den Wiederkäuern sehr kräftig und an seinem Ursprung mit dem M. extensor digitorum longus verschmolzen (Abb. 4-86). Er fehlt den Fleischfressern. Der M. fibularis tertius entspringt in der Fossa extensoria des

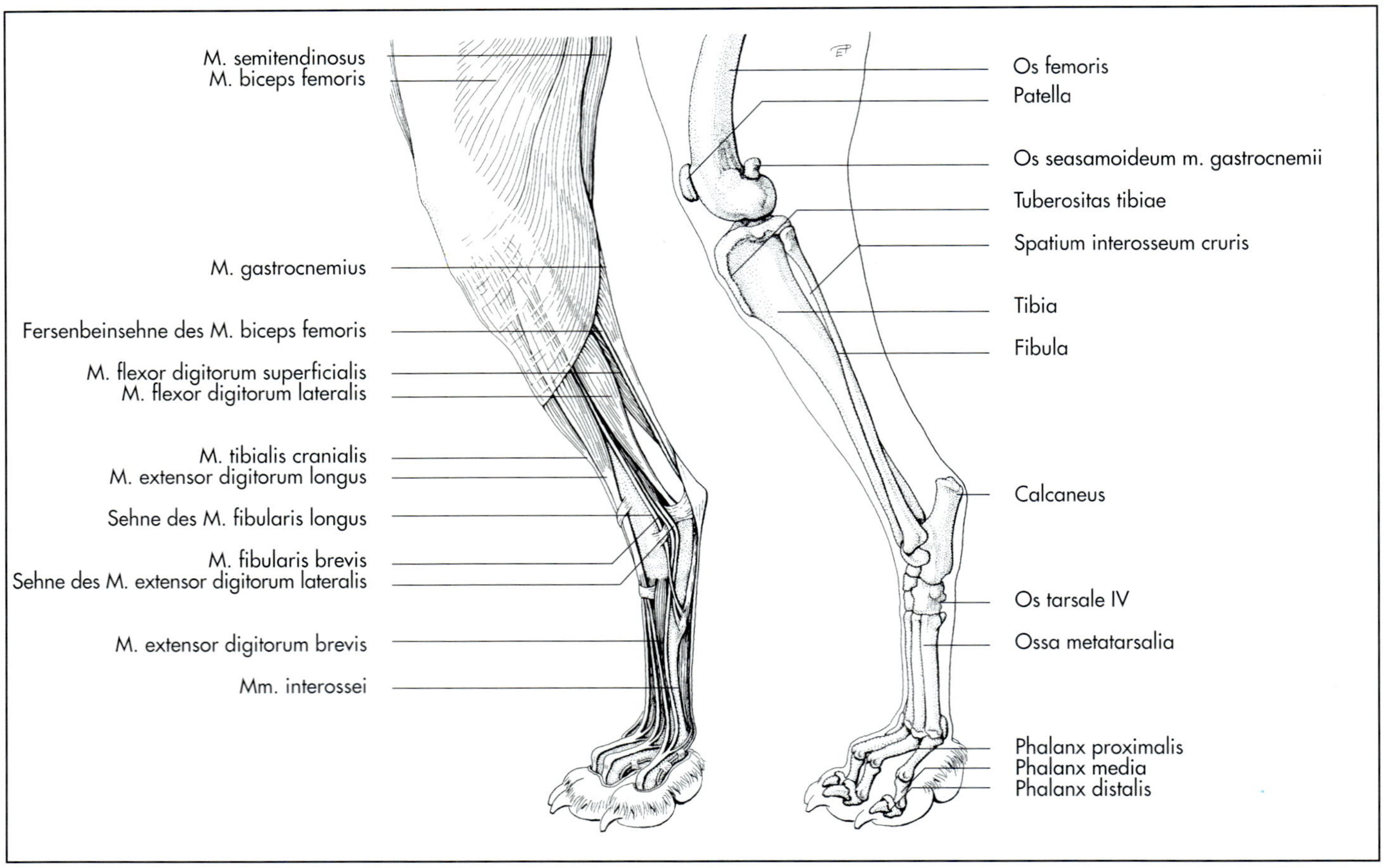

Abb. 4-88. Schematische Darstellung der Muskulatur und des Skeletts der Beckengliedmaße des Hundes (Lateralansicht).

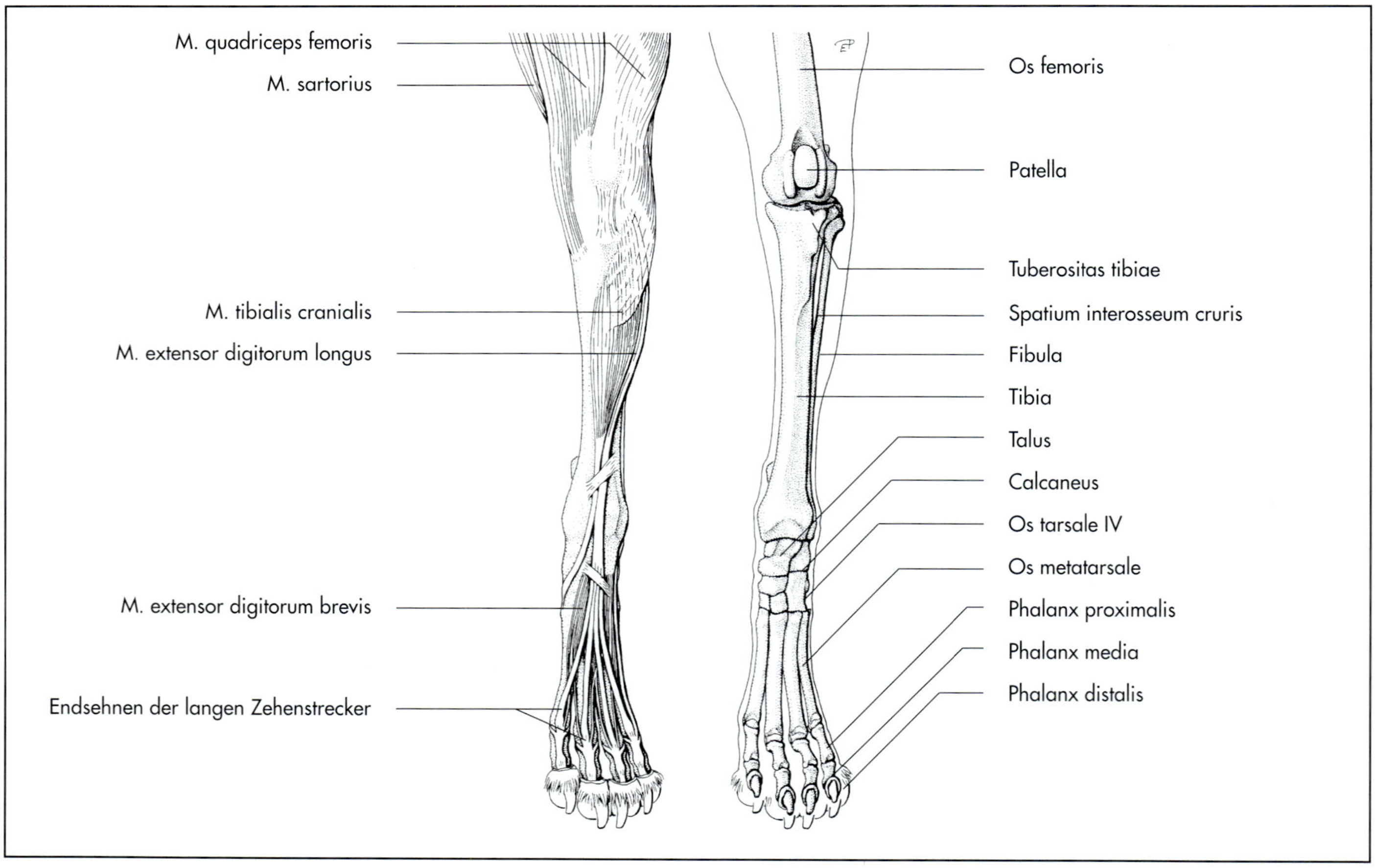

Abb. 4-89. Schematische Darstellung der Muskulatur und des Skeletts der Beckengliedmaße des Hundes (Kranialansicht).

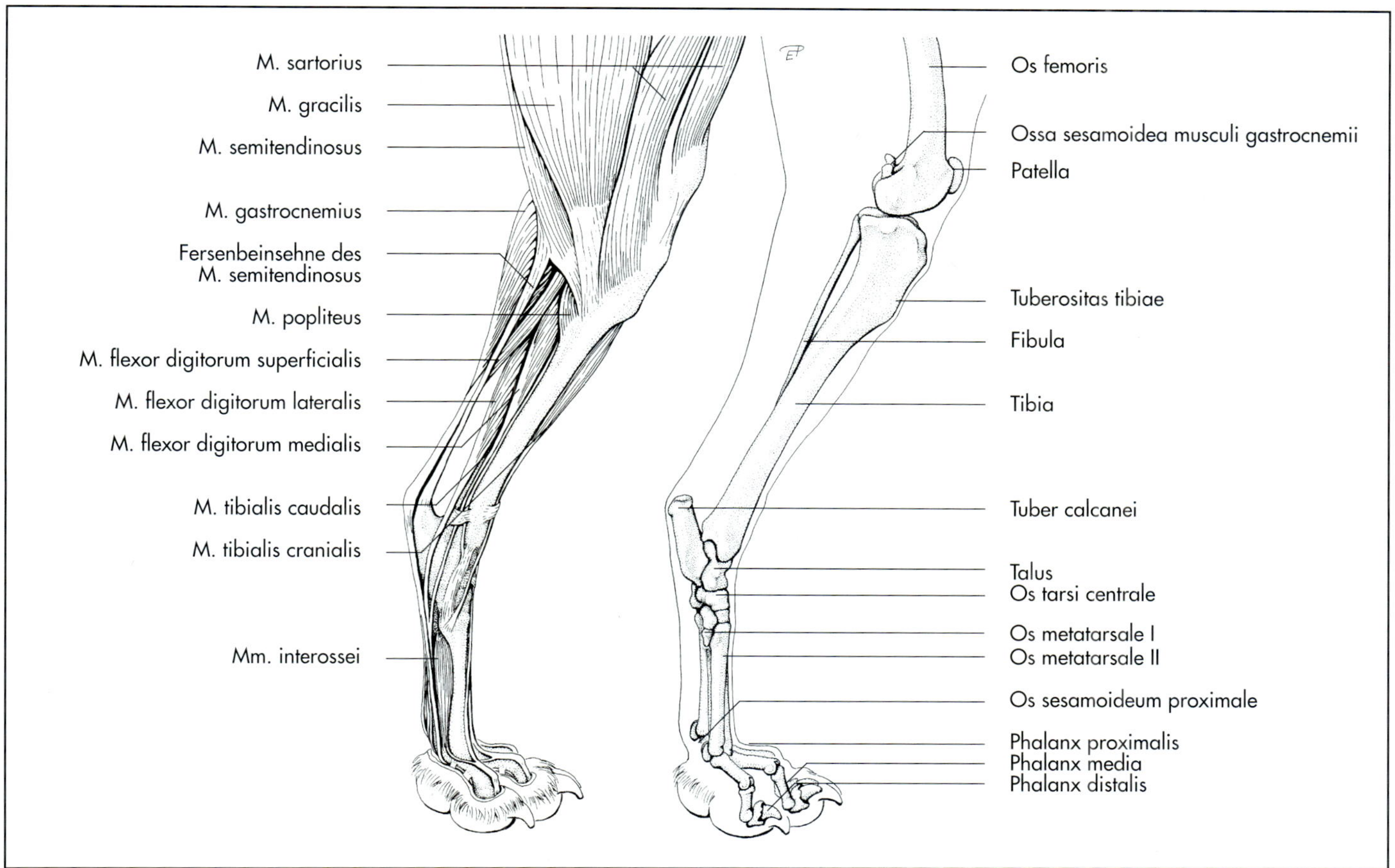

Abb. 4-90. Schematische Darstellung der Muskulatur und des Skeletts der Beckengliedmaße des Hundes (Medialansicht).

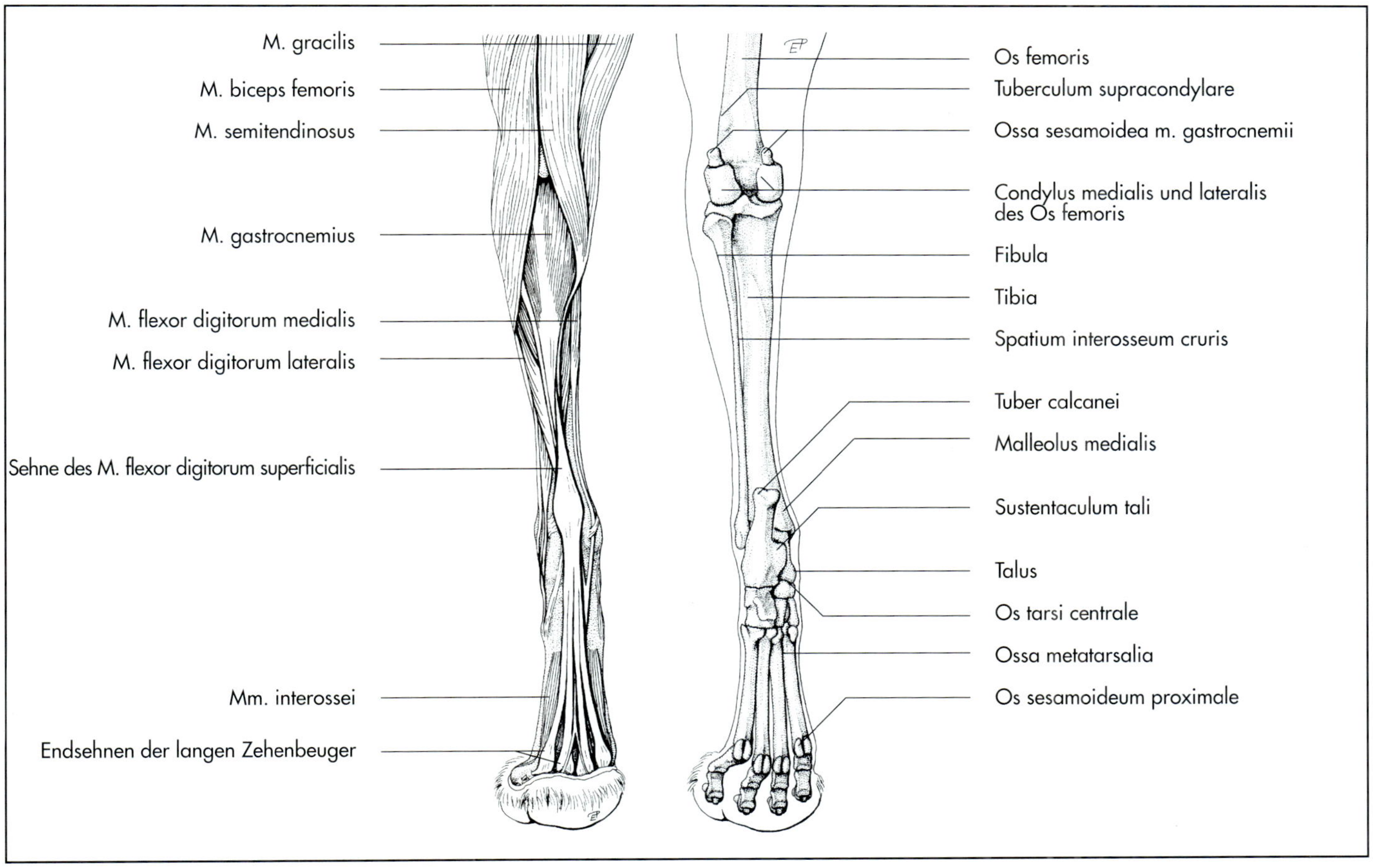

Abb. 4-91. Schematische Darstellung der Muskulatur und des Skeletts der Beckengliedmaße des Hundes (Kaudalansicht).

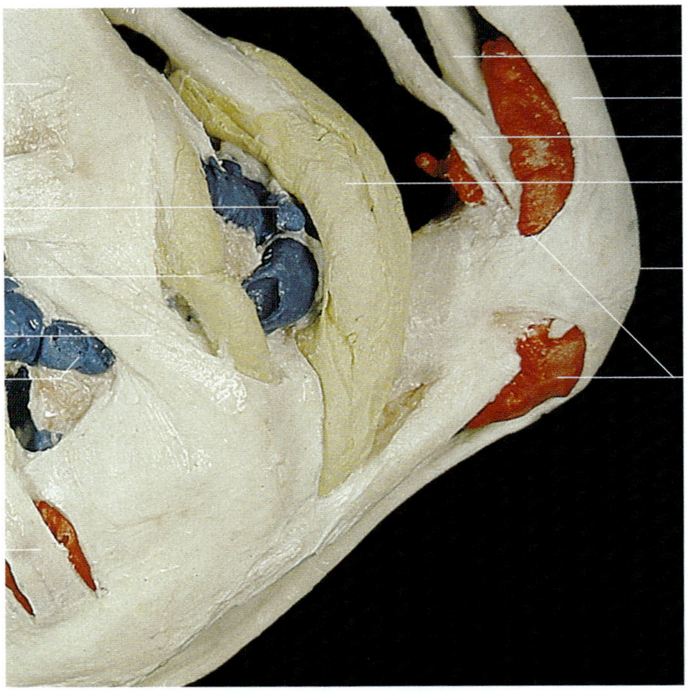

Abb. 4-92. Synoviale Einrichtungen am Sprunggelenk des Pferdes (Medialansicht).

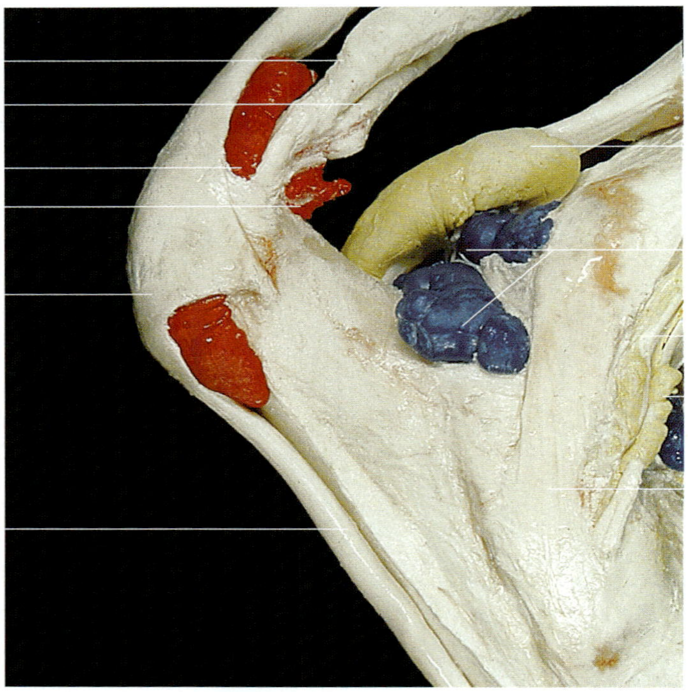

Abb. 4-93. Synoviale Einrichtungen am Sprunggelenk des Pferdes (Lateralansicht).

lateralen Condylus ossis femoris und setzt nach unterschiedlicher Aufspaltung seiner Endsehne distal am Tarsus und proximal am Metatarsus an.

Beim Pferd wirkt der M. fibularis tertius (Tendo femorotarseus) im Spannbandapparat derart, daß er das Kniegelenk mit dem Sprunggelenk funktionell verbindet. Diese Koppelung ist in Hinblick auf Statik und Dynamik der Hintergliedmaße von besonderer Bedeutung (s. Kap. 5, »Statik und Dynamik« S. 265). Diese Sehne nimmt zusammen mit dem M. extensor digitorum longus und von diesem bedeckt in der Fossa extensoria ossis femoris ihren Ursprung und zieht, im Sulcus extensorius der Tibia, unterlagert von einer Aussackung des Kniekehlgelenksacks, in der Tiefe sprunggelenkwärts.

Der M. fibularis tertius verläuft distal am Unterschenkel mit dem M. tibialis cranialis, unterkreuzt zusammen mit der Sehne des langen Zehenstreckers das proximale Retinaculum und spaltet sich in drei Schenkel. Der laterale Schenkel verläuft laterodistal und inseriert am Fersenbein und am Os tarsale IV. Der mittlere, breite Schenkel zieht parallel zur lateralen Endsehne des M. tibialis cranialis und setzt am Os

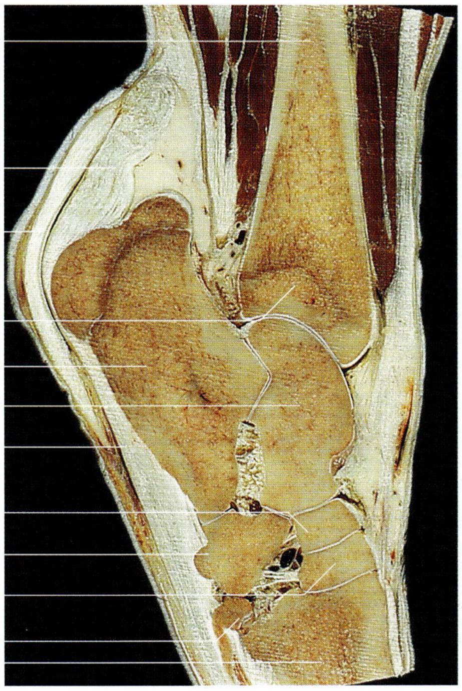

Abb. 4-94. Paramedianschnitt durch das Sprunggelenk eines Pferdes (lateral), Präparat Dr. Margit Teufel, Wien.

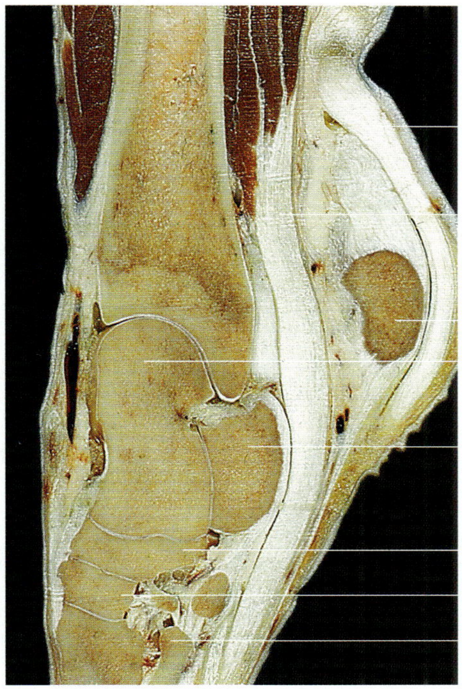

Abb. 4-95. Paramedianschnitt durch das Sprunggelenk eines Pferdes (medial), Präparat Dr. Margit Teufel, Wien.

tarsi centrale, am Os tarsale III und am Os metatarsale III an. Der mediale Schenkel inseriert fächerförmig ebenso am Os tarsi centrale, am Os tarsale III und am Os metatarsale III.

Der M. fibularis tertius wirkt als Beuger des Sprunggelenks. Er ist beim Pferd als rein sehniges Spannband ein wesentliches funktionelles Element der **»Spannsägenkonstruktion«** der Hintergliedmaße (s. Kap. 5, »Statik und Dynamik«).

Der **M. extensor digitorum longus (langer Zehenstrecker)** entspringt gemeinsam mit dem M. fibularis tertius in der Fossa extensoria des Condylus lat. ossis femoris und geht etwa in Höhe der Sprunggelenksbeuge in eine Sehne über (Abb. 4-86 u. 87). Die Endsehne spaltet sich nachfolgend entsprechend der tierartlich unterschiedlichen Ausbildung der Zehen und inseriert bei allen Haussäugetieren am Proc. extensorius der Phalanx distalis (Krallenbein, Klauenbein oder Hufbein).

Bei Fleischfressern liegt der Muskelbauch zwischen dem M. tibialis cranialis und dem M. fibularis longus meist oberflächlich und ist in seinem Ursprungsgebiet von einer Ausstülpung des lateralen Kniekehlgelenksacks (Recessus subextensorius) unterlagert (Abb. 4-88ff.). Seine kräftige Sehne teilt sich in vier Schenkel, die, von einer gemeinsamen Sehnenscheide umhüllt, in der Gelenkbeuge durch zwei Querbänder in ihrer Lage gehalten werden. Die aufgeteilten Endsehnen liegen nachfolgend der Mittelhand und den Zehengliedern dorsal auf, erhalten oberhalb des 2. Zehengelenks jeweils die Unterstützungsäste des M. interosseus und setzen am Krallenbein der vier Stützzehen an.

Beim Wiederkäuer ist der M. extensor digitorum longus mit dem M. fibularis tertius verbunden und von diesem bedeckt. Er spaltet sich in zwei Muskelbäuche. Die Endsehne des medialen Bauches zieht zur medialen Zehe, erhält in Höhe des Fesselbeins einen Unterstützungsast des M. interosseus und inseriert an der Phalanx media (Kronbein). Die Endsehne des lateralen Bauches spaltet sich in Höhe des Fesselgelenks und inseriert an der Phalanx dist. (Klauenbein) einer jeden Hauptzehe. Die Sehnen des lateralen Bauches sind von Sehnenscheiden umgeben.

Beim Pferd liegt der lange Zehenstrecker oberflächlich am Unterschenkel, seine Ursprungssehne wird von einem 12–15 cm langen Recessus subextensorius des Kniekehlgelenks unterlagert (Abb. 4-87 u. 96ff.). Die einheitliche Endsehne wird durch proximale, mittlere und distale Querbänder in der Beugefläche des Sprunggelenks gehalten. In diesem Bereich wird sie von einer Sehnenscheide umgeben, die sich distal des Sprunggelenks ca. 3–4 cm ausdehnt. Etwa handbreit distal des Sprunggelenks vereinigt sich die Endsehne des langen Zehenstreckers mit der Sehne des M. extensor digitorum lateralis. In Höhe des Fesselgelenks nimmt die Endsehne die beiden Unterstützungsäste des M. interosseus auf und inseriert am Proc. extensorius der Phalanx distalis (Hufbein).

Der M. extensor digitorum longus ist ein Strecker der Zehen und ein Hilfsbeuger des Sprunggelenks.

Der **M. extensor digitorum lateralis (seitlicher Zehenstrecker)** nimmt seinen Ursprung an der Fibula und am lateralen Seitenband des Kniegelenks. Er liegt bei Fleischfressern bedeckt vom M. fibularis longus in der Tiefe, bei den anderen Haussäugetieren oberflächlich. Bei Fleischfressern geht sein schwacher Muskelbauch in eine dünne Sehne über, die im Sprunggelenk über den Malleolus lat. zieht, das lange Seitenband unterkreuzt und dorsolateral am Metatarsus verläuft. Nach Vereinigung mit der Endsehne des langen Zehenstreckers für die 5. Zehe inserieren dort beide an der Phalanx distalis.

Beim Schwein endet je eine Sehne an der Haupt- und Nebenzehe. Beim Wiederkäuer entspringt dieser Muskel am lateralen Seitenband des Kniegelenks und am lateralen Condylus der Tibia. Seine starke Sehne zieht unter dem

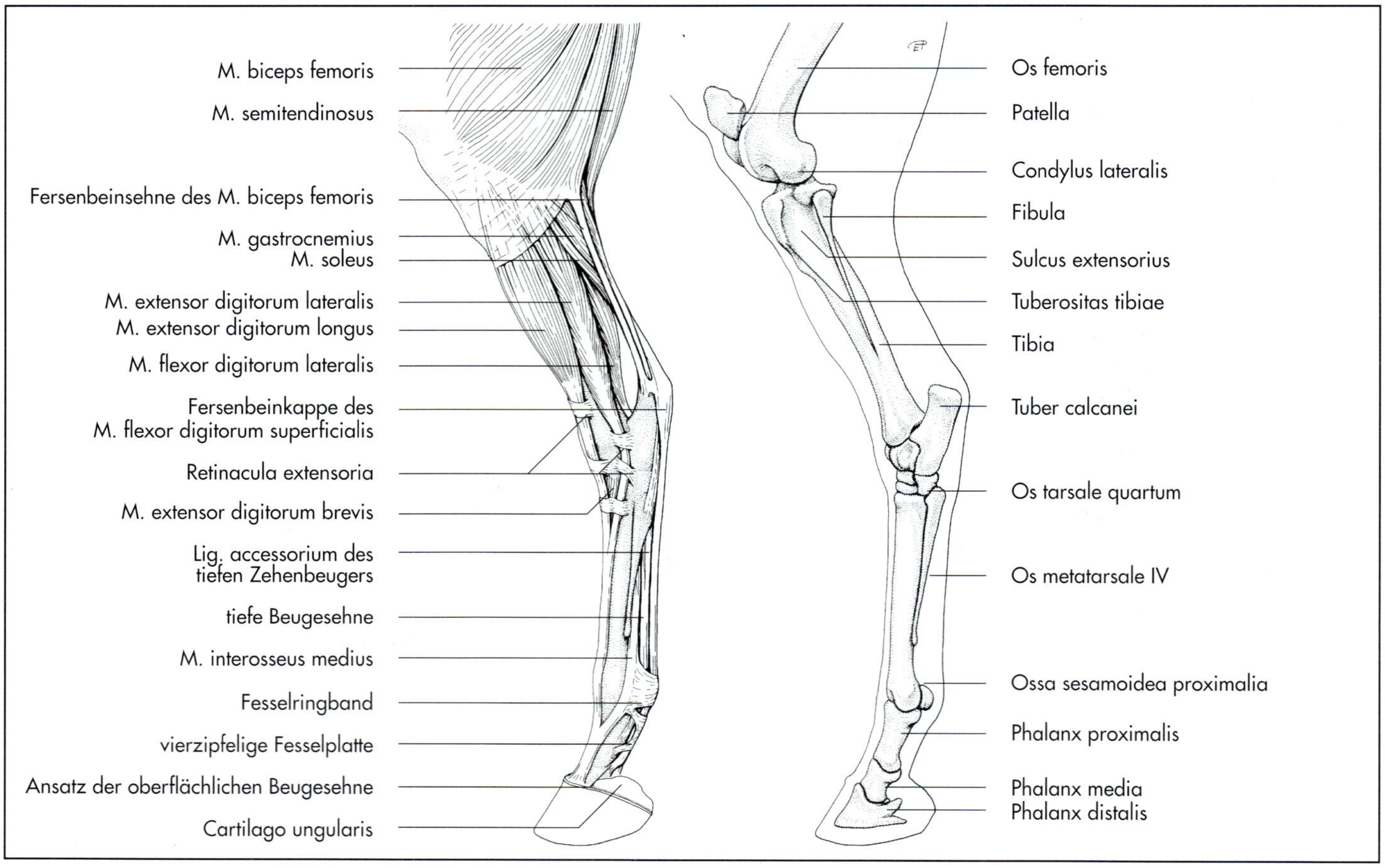

Abb. 4-96. Schematische Darstellung der Muskulatur und des Skeletts der Beckengliedmaße des Pferdes (Lateralansicht).

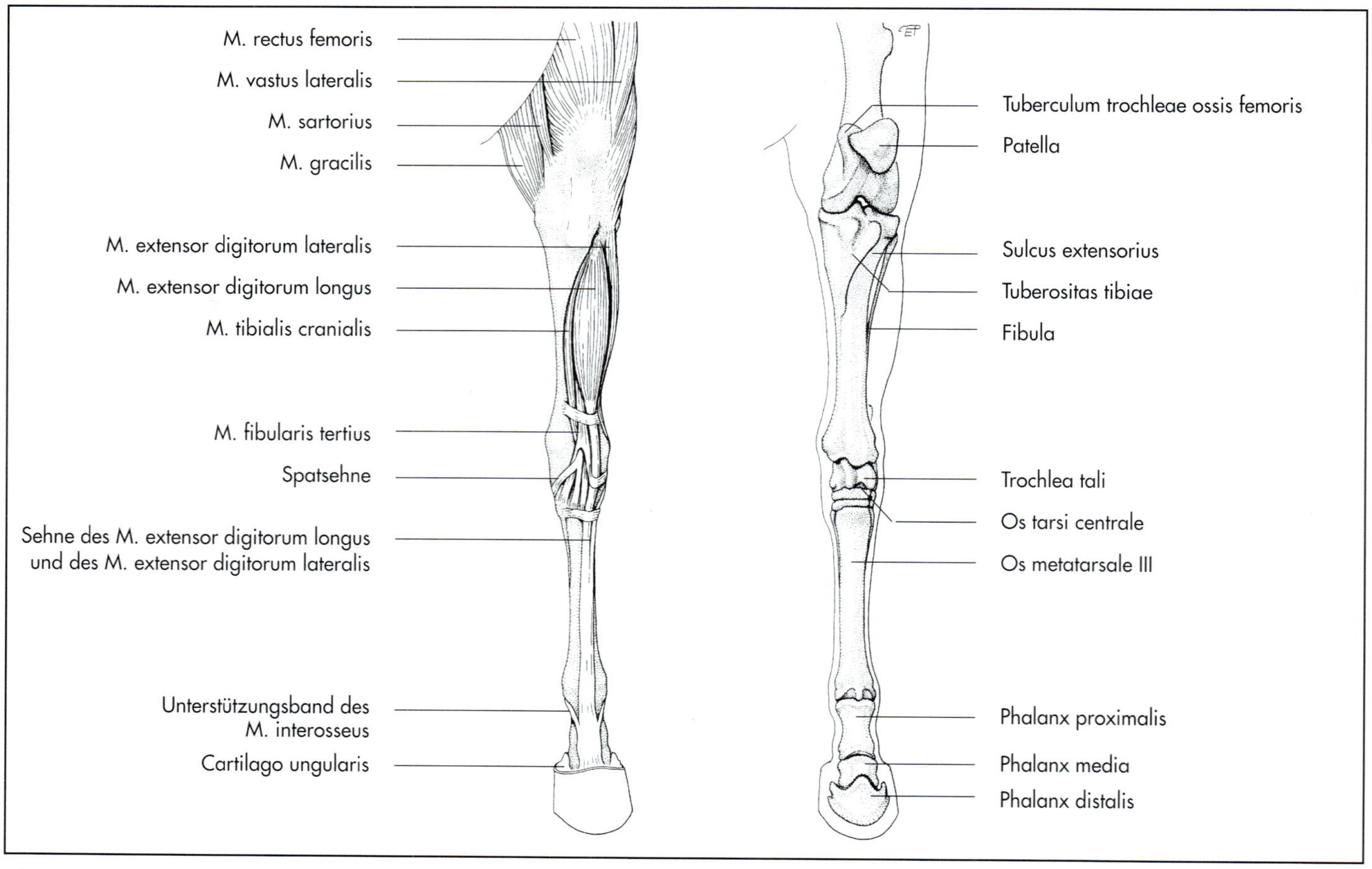

Abb. 4-97. Schematische Darstellung der Muskulatur und des Skeletts der Beckengliedmaße des Pferdes (Kranialansicht).

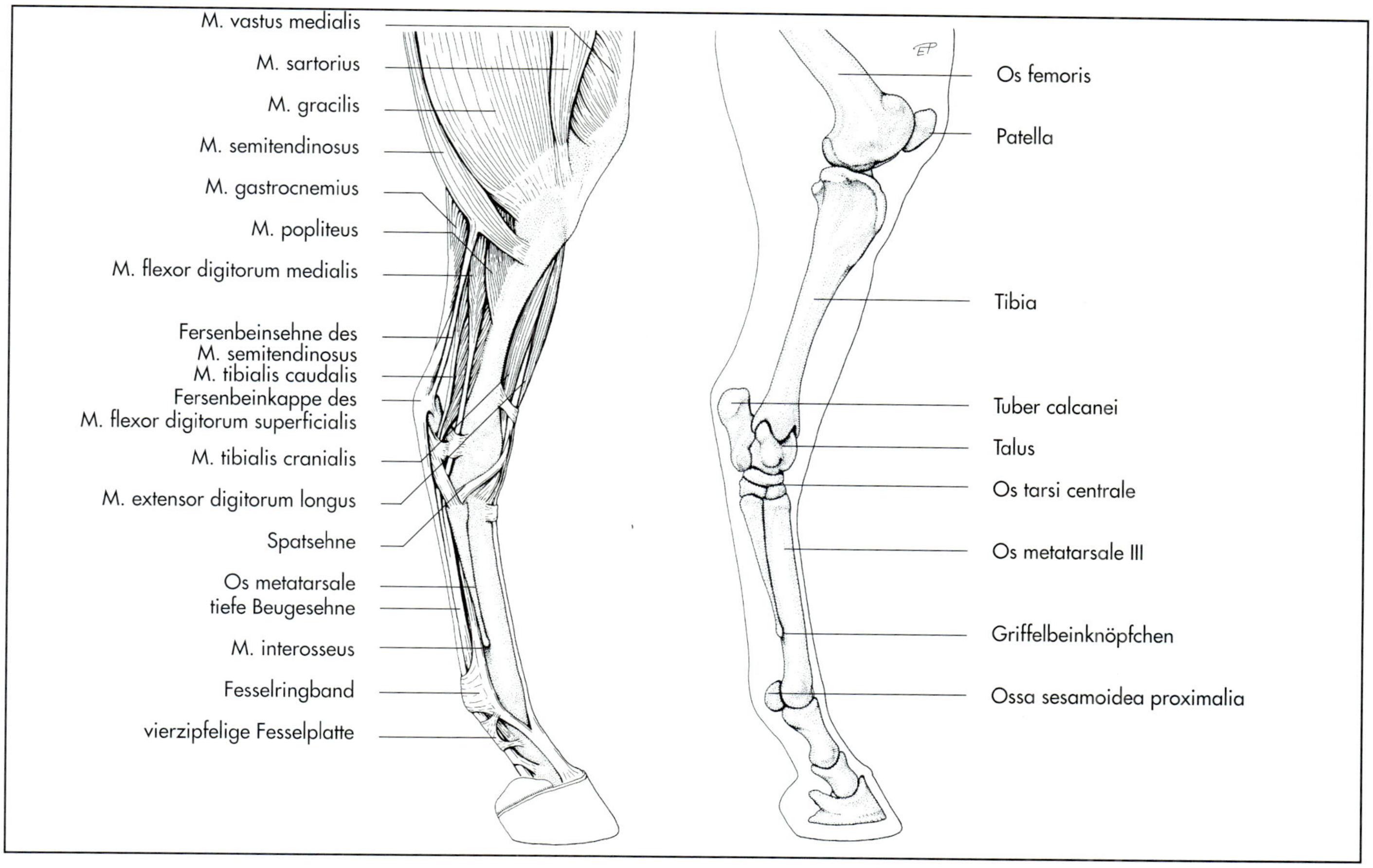

Abb. 4-98. Schematische Darstellung der Muskulatur und des Skeletts der Beckengliedmaße des Pferdes (Medialansicht).

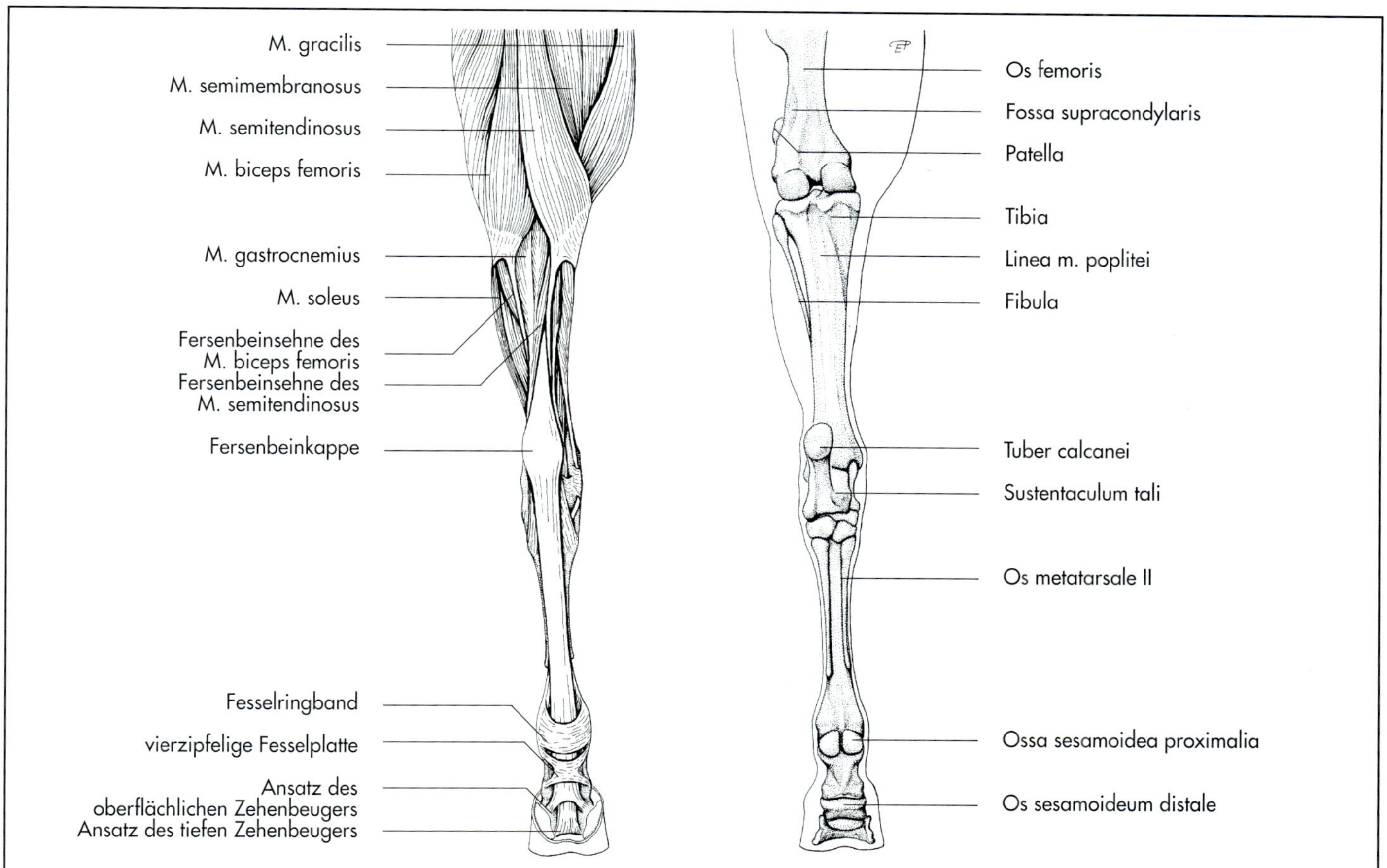

Abb. 4-99. Schematische Darstellung der Muskulatur und des Skeletts der Beckengliedmaße des Pferdes (Kaudalansicht).

Tab. 4-11. Beuger des Tarsalgelenks und Strecker der Zehengelenke.

Name Innervation	Ursprung	Ansatz	Funktion
N. fibularis			
M. tibialis cranialis	Condylus lat. tibiae	medial am Tarsus und proximal am Metatarsus	Beuger des Tarsus
M. fibularis longus (fehlt dem Pferd)	Fibula und Condylus lat. tibiae	T1 bzw. Mt 1	Beuger des Tarsus, Einwärtsdreher
M. fibularis brevis	Fibula	Mt 5	Beuger des Tarsus
M. fibularis tertius (fehlt den Fleischfressern)	Fossa extensoria ossis femoris	Ossa tarsalia Metatarsalia	Beuger des Tarsus, Strecker des Kniegelenks
M. extensor digitorum longus	Fossa extensoria ossis femoris	Proc. extensorius der Phalanx III	Zehenstrecker, Strecker des Kniegelenks
M. extensor digitorum lateralis	Fibula, Condylus lat. tibiae	Phalanx II der 5. bzw. 4. Zehe u. Proc. ext. des Hufbeins	Zehenstrecker
M. extensor hallucis longus	Fibula	2. Zehe	Strecker der 2. Zehe

M. fibularis longus auf die laterale Seite des Sprunggelenks, verlängert sich dorsolateral auf den Mittelfußknochen, nimmt den Unterstützungsast des M. interosseus auf und inseriert lateral an der Phalanx media (Kronbein) der 4. Zehe.

Beim Pferd ist der M. extensor digitorum lat. oberflächlich zwischen dem langen Zehenstrecker und M. flexor hallucis longus gelegen. Seine kräftige, rundliche Sehne verläuft über den Malleolus lat. des Sprunggelenks, fixiert durch proximale und distale Retinacula, zur lateralen Fläche des Sprunggelenks und verbindet sich distal des Tarsus mit der Sehne des M. extensor digitorum longus. Die seitliche Strecksehne ist in Höhe des Sprunggelenks von einer Sehnenscheide umgeben, die etwa zwei Finger breit proximal bzw. distal des Tarsus endet.

Der M. extensor digitorum lat. ist ein Strecker der Zehen und Hilfsbeuger des Sprunggelenks.

Der **M. extensor hallucis longus (langer Strecker der 1. Zehe)** ist nur bei Fleischfressern, Schwein und Schaf als eigenständiger Muskel ausgebildet, bei Ziege, Rind und Pferd verschmilzt er mit dem M. tibialis cranialis und inseriert am Mt III.

Bei Fleischfressern liegt dieser Muskel, vom langen Zehenstrecker und vom M. fibularis longus überdeckt, dem Unterschenkel auf, er entspringt an proximalen Abschnitten der Fibula und der Membrana interossea cruris. Seine schmale Endsehne zieht, oftmals aponeurotisch sich verbreiternd, am Metatarsalknochen II entlang bis zum Zehengrundgelenk der 2. (1.) Zehe.

Der M. extensor hallucis longus ist ein Strecker der 2. (1.) Zehe und Hilfsbeuger des Sprunggelenks.

Muskeln kaudal am Unterschenkel

Die Muskeln kaudal am Unterschenkel wirken als Strecker des Sprunggelenks und als Beuger der Zehen. Sie nehmen ihren Ursprung am distalen Ende des Oberschenkelknochens und proximal an der Tibia und der Fibula. Die Strecker des Sprunggelenks inserieren am Fersenbein. Die Endsehnen der langen Zehenbeuger sind mehrgelenkig und setzen entsprechend der tierartlich unterschiedlichen Anzahl von Zehen an den mittleren bzw. distalen Phalangen der Haupt- und Nebenzehen an. Gemeinsam ist dieser Muskelgruppe die Innervation durch den N. tibialis (Tab. 4-12).

Man unterscheidet kaudal am Unterschenkel:

- als **Strecker des Sprunggelenks** den
  - M. gastrocnemius,
  - M. soleus und
- als **Beuger der Zehen (lange Zehenbeuger)** den
  - M. flexor digitorum superficialis,
  - M. flexor digitorum profundus mit seinen **drei Köpfen,** den
    - M. tibialis caudalis,
    - M. flexor digitorum lateralis (früher M. flexor hallucis longus),
    - M. flexor digitorum medialis (früher M. flexor digitorum longus).

Der **M. gastrocnemius (Wadenmuskel)** ist ein kräftiger, doppelköpfiger Muskel, dessen **Caput laterale** und **Caput mediale** proximal der Kondylen des Oberschenkelbeins entspringen. Die gemeinsame Sehne formt die **Achillessehne (Tendo gastrocnemius)** und setzt am Fersenbein an (Abb. 4-86).Bei Fleischfressern nehmen die beiden Gastroknemiusköpfe am Labium laterale und mediale des Femurs

Tab. 4-12. Strecker des Sprunggelenks und Beuger der Zehengelenke.

Name Innervation	Ursprung	Ansatz	Funktion
N. tibialis			
M. gastrocnemius	distal Os femoris	Tuber calcanei (Achillessehne)	Strecker des Tarsus, Beuger des Knies
M. soleus	Fibula	Achillessehne	Strecker des Tarsus
M. flexor digitorum supf.	Fossa supracondylaris Tuberositas supracondylaris lat.	Phalanx media	Beuger des Knies, Zehenbeuger, Strecker des Tarsus
M. flexor digitorum prof.			
M. tibialis caudalis	Fibula und Tibia	tiefe Beugesehne Phalanx dist.	Zehenbeuger
M. flexor digitorum med.	Tibia	tiefe Beugesehne Phalanx dist.	Zehenbeuger
M. flexor digitorum lat.	Fibula und Tibia	tiefe Beugesehne Phalanx dist.	Zehenbeuger

ihren Ursprung, dessen Caput lat. bei der Katze besonders ausgeprägt zusätzlich noch an der Patella und an der Fascia lata entspringt (Abb. 4-88ff.). Beide Ursprungssehnen schließen je ein Vesalius-Sesambein ein. Getrennt durch eine Sehnenplatte sind die Gastroknemiusköpfe eng mit der oberflächlichen Beugesehne verbunden. Distal entwickelt sich aus den sehnigen Anteilen eine einheitliche **Endsehne (Achillessehne).** Diese zieht von oberflächlich kaudal über lateral unter die oberflächliche Beugesehne und setzt unter ihr am Tuber calcanei an. Zwischen dem Ende der Achillessehne, dem Fersenbeinhöcker und den Endsehnen der Mm. biceps femoris und semitendinosus ist ein Schleimbeutel lokalisiert.

Beim Pferd sind die beiden Muskelbäuche des M. gastrocnemius kräftig, spindelförmig und sehnig durchsetzt, bedeckt von den Hinterbackenmuskeln (Abb. 4-96ff.). Sie entspringen beidseitig der Fossa supracondylaris ossis femoris und schließen mit ihren Köpfen die oberflächliche Beugesehne ein. Die aus ihren Endsehnen geformte starke Achillessehne inseriert nach Drehung von kaudal über lateral proximal am Tuber calcanei, überlagert von der Fersenbeinkappe des M. flexor digitorum superficialis. Der M. gastrocnemius streckt das Sprunggelenk und hilft das Kniegelenk beugen.

Der **M. soleus (Schollenmuskel)** ist bei den meisten Haussäugetieren ein schwaches Muskelband, das dem Hund fehlt, bei der Katze jedoch gut entwickelt ist. Beim Wiederkäuer und Pferd entspringt er am proximalen Rudiment der Fibula, fächert sich in distokaudaler Verlaufsrichtung auf und verschmilzt mit dem lateralen Kopf des M. gastrocnemius. Beim Pferd geht die Endsehne dieses Muskels als Tendo solei in den Tendo gastrocnemius ein. Er ist ein Synergist des M. gastrocnemius (Abb. 4-86 u. 96).

Der **M. flexor digitorum superficialis (oberflächlicher Zehenbeuger)** nimmt seinen Ursprung in der Fossa supracondylaris ossis femoris, eingebettet zwischen die beiden Köpfe des M. gastrocnemius (Abb. 4-86). Seine in der Tiefe gelegene Sehne tritt in Höhe des Unterschenkels über medial nach plantar und liegt dann der Achillessehne am Fersenbeinhöcker großflächig auf (**»Fersenbeinkappe«).** Diese verbreiterte Sehnenkappe wird beidseitig am Tuber calcanei durch das Retinaculum med. bzw. lat. fixiert. Unter der Fersenbeinkappe ist stets eine **Bursa subtendinea calcanea** ausgebildet.

Die oberflächliche Beugesehne bildet in Höhe des Zehengrundgelenks eine röhrenartige Manschette um die Endsehne der tiefen Beugesehne (Manica flexoria) und inseriert an der Phalanx media der Stützzehen tierartlich unterschiedlicher Aufzweigung. Im Zehenendbereich verhalten sich die Endsehnen der beiden langen Beugesehnen wie an der Vordergliedmaße.

Bei Fleischfressern entspringt der M. flexor digitorum supf. meist als kräftiger Muskel an der Tuberositas supracondylaris lat. ossis femoris und am lateralen Sesambein, den Gastroknemiusköpfen benachbart (Abb. 4-88ff.). In der Mitte des Unterschenkels bündeln sich die kleineren Einzelsehnen zu einer abgeplatteten bis rundlichen oberflächlichen Beugesehne, die sich um die Achillessehne windet und verbreitert als Fersenbeinkappe am Tuber calcanei ansetzt. Die oberflächliche Beugesehne setzt sich plantar des Tarsus fort und gabelt sich zweimal. Die vier Endschenkel verlaufen über die Metatarsalknochen und inserieren an der Phalanx media der 2. bis 5. Zehe. Bei Wiederkäuern setzt die Endsehne wie beim Schwein an der Phalanx media der 3. und 4. Hauptzehe an.

Beim Pferd ist der oberflächliche Zehenbeuger stark sehnig durchsetzt als ein kontraktiles Spannband ausgebildet, das einen wesentlichen Bestandteil des **Fersensehnenstrangs (Tendo calcaneus communis)** und der **»Spannsägenkonstruktion«** darstellt. Er entspringt in der Fossa supracondylaris ossis femoris, dem lateralen Gastroknemiuskopf eng anliegend, und zieht als **Tendo plantaris** unterschenkelwärts. Auch beim Pferd windet sich die oberflächliche Beugesehne über medial nach kaudal, verbreitert sich zur Fersenbeinkappe und besitzt hier medial und lateral einen Zwischenansatz. An dieser Stelle ist stets eine Bursa subtendinea calcanei ausgebildet, die von medial drei Finger breit kranial des Tuber calcanei injizierbar ist. Identisch zum Verhalten an der Vordergliedmaße inseriert die oberflächliche Beugesehne an der Phalanx media (Kronbein) der Zehe.

Der oberflächliche Zehenbeuger beugt vorrangig die Stützzehen, er streckt aber auch das Sprunggelenk und wirkt als Hilfsbeuger des Kniegelenks. Beim Pferd ist dieser wesentlicher Bestandteil des Fersensehnenstrangs und der Spannsägenkonstruktion.

Der **M. flexor digitorum profundus (tiefer Zehenbeuger)** (Abb. 4-86, 87, 88ff., 96ff.) besteht aus drei selbständigen Köpfen, nämlich dem:

- M. tibialis caudalis,
- M. flexor digitorum lateralis,
- M. flexor digitorum medialis.

Diese drei Muskelbäuche entspringen an der Hinterfläche der Tibia und der Fibula (bzw. deren Rudiment) und am Condylus lat. der Tibia. In der Mitte des Unterschenkels bzw. distal des Tarsus bündeln sich tierartlich unterschiedlich die Einzelsehnen zur tiefen Beugesehne, die plantar des Mittelfußes distal zieht und an der Facies flexoria der Phalanx distalis der jeweiligen Zehen inseriert. In Höhe des Sprunggelenks werden die Einzelsehnen stets von Sehnenscheiden umhüllt.

Bei Fleischfressern liegt der **M. flexor digitorum lateralis** kaudolateral am Unterschenkel. Seine starke Sehne vereinigt sich mit der des M. flexor digitorum med. an der Plantarseite des Tarsus zur tiefen Beugesehne, die sich in Höhe der Mittelfußknochen in die vier Schenkel für die 2. bis 5. Zehe spaltet. Die einzelnen Sehnenschenkel verlaufen vergleichbar der Aufteilung an der Vordergliedmaße.

Der **M. flexor digitorum medialis** liegt medial des seitlichen tiefen Zehenbeugers. Dieser entspringt zusätzlich am Caput fibulae und an der Linea m. poplitei tibiae, seine dünne Sehne zieht mit dem M. tibialis caudalis zum Tarsus und verschmilzt dort mit der Sehne des M. flexor digitorum lateralis.

Der **M. tibialis caudalis** ist ein schwacher Muskel, der selbständig der Tibia kaudal direkt aufliegt, seine dünne Sehne verliert sich in den medialen Seitenbändern des Tarsus. Bei Fleischfressern wird die tiefe Beugesehne deshalb nur aus M. flexor digitorum lat. und med. gebildet.

Beim Schwein, Wiederkäuer und Pferd verhalten sich die drei Muskeln vergleichbar ähnlich, da ihre Sehnen sich einheitlich zur tiefen Beugesehne vereinigen. Der **M. flexor digitorum lateralis** nimmt seinen Ursprung am Condylus lateralis und an der Kaudalfläche der Tibia. Im distalen Abschnitt des Unterschenkels zieht seine kräftige Sehne, vereinigt mit der Sehne des M. tibialis caudalis, über das Sustentaculum tali. Proximal am Metatarus verschmilzt sie mit der Sehne des M. flexor digitorum med.

Der **M. tibialis caudalis** bedeckt den M. flexor digitorum lat., mit dessen Sehne er sich oberhalb des Sprunggelenks vereinigt. Der **M. flexor digitorum medialis** legt sich dem seitlichen tiefen Zehenbeuger medial an, seine rundliche Endsehne verläuft über die mediale Fläche des Sprunggelenks und verbindet sich plantar am Mittelfuß mit den anderen beiden Sehnen zur tiefen Beugesehne.

Die Insertion der tiefen Beugesehne an der Phalanx dist. (Klauen- oder Hufbein) verhält sich analog zur Vordergliedmaße, die Zahl der Endäste beträgt beim Schwein vier für die Haupt- und Nebenzehen, bei Wiederkäuern zwei allein für die Hauptzehen. Beim Pferd inseriert die tiefe Beugesehne verbreitert und ungespalten an der 3. Zehe (Hufbein). Sie gleitet auch hier, wie an der Vordergliedmaße, mit Hilfe der **Bursa podotrochlearis** plantar über das Strahlbein.

Der tiefe Zehenbeuger beugt vorrangig die Zehengelenke und ist Hilfsstrecker des Sprunggelenks.

Kurze Zehenmuskeln

Die kurzen Zehenmuskeln verhalten sich wie die der Vordergliedmaße. Meist treten sie nur bei Fleischfressern auf, können jedoch, wie die Mm. interossei, auch bei allen Haussäugetieren voll entwickelt sein.

Gemeinsame kurze Zehenmuskeln sind:

- M. extensor digitorum brevis,
- M. flexor digitorum brevis,
- Mm. interflexorii,
- Mm. lumbricales,
- Mm. interossei und
- M. quadratus plantae.

Der **M. extensor digitorum brevis (kurzer Zehenstrecker)** liegt dem Mittelfußknochen dorsal auf und verläuft lateral der langen Strecksehne. Er ist bei den Wiederkäuern und beim Pferd schwach ausgebildet, kräftig bei Fleischfressern und Schwein. Bei Fleischfressern spaltet er drei Sehnen ab, die sich weitergehend aufteilen. Die Endsehnen nehmen jeweils die Unterstützungsäste des M. interosseus auf, sie inserieren zusammen mit dem langen seitlichen Zehenstrecker (Abb. 4-86, 88, 89 u. 96).

Der **M. flexor digitorum brevis (kurzer Zehenbeuger)** besteht beim Hund aus nur wenigen Muskelfasern, bei der Katze aus einer dünnen, breitflächigen Muskelplatte, die in die oberflächliche Beugesehne eingelagert ist.

Die **Mm. interflexorii (Zwischenbeugemuskeln)** ziehen aus dem Bereich der Aufzweigung der tiefen Beugesehne an Äste der oberflächlichen Beugesehne, bei der Katze in Form von drei, beim Hund mit zwei Faserbündeln.

Die **Mm. lumbricales (wurmförmige Muskeln)** und die **Mm. interossei** verhalten sich wie an der Vordergliedmaße.

Der **M. quadratus plantae (viereckiger Sohlenmuskel)** ist bei der Katze kräftiger entwickelt als beim Hund. Er entspringt lateral am Fersenbein, zieht mediodistal zur tiefen Beugesehne und strahlt in die Sehne des M. flexor digitorum med. ein.

Besondere kurze Zehenmuskeln

Diese Muskelgruppe findet sich nur bei Fleischfressern und Schwein, sie verhält sich wie an der Vordergliedmaße.

5 Statik und Dynamik

J. Maierl, H. E. König und H.-G. Liebich

Die Statik beschäftigt sich mit den Konstruktionsprinzipien zur Erhaltung des Gleichgewichts im Stand der Ruhe und der Bewegung. Die Dynamik dagegen untersucht die Abläufe, die sich während der Lokomotion abspielen. Diesen physikalischen Gesetzmäßigkeiten sind auch die Körper von Tieren unterstellt.

Statik

Die Konstruktion des Körpers zeigt zwischen den Spezies eine große Variationsbreite. Diese spiegelt die spezifische Anpassung an die Anforderungen wider, die durch die natürliche Umgebung und die Art des Nahrungserwerbs an sie gestellt werden.

So müssen beispielsweise Karnivoren als Raubtiere oftmals hohe Geschwindigkeiten über eine kurze Strecke entwickeln, um ihre Beute zu fangen. Dagegen ist die Konstruktion des Körper von Pflanzenfressern darauf spezialisiert, große Mengen schwer verdaulichen Futters zu transportieren. Dies erfordert statische Strukturen des Körpers, die eine eher ausdauernde Fortbewegung über lange Strecken ermöglichen.

Der Bewegungsapparat des Pferdes zeichnet sich deshalb nicht nur durch große Stabilität und Mobilität, sondern auch durch passive Einrichtungen aus, die es gestatten, eigene und zusätzliche Lasten zum großen Teil ohne zusätzlichen Aufwand von Muskelkraft zu tragen. Pferde können auch mit geringem Energieverbrauch stehen. Von seinem Körperbau her ist das Pferd daher bestens als Reit-, Zug- und Tragtier geeignet. Vergleichbare passive Einrichtungen fehlen den Fleischfressern.

Ihre volle Leistungsfähigkeit bewahren sich auch die Tiere allerdings nur dann, wenn sie sich niederlegen und sich die Muskeln dabei vollständig entspannen.

Rumpfkonstruktion

Im Gegensatz zu früheren Arbeiten zum Bau des Rumpfes gehen neuere Untersuchungen von einer sogenannten **»Bogensehnenbrücke«** aus (Abb. 5-1). Dabei bildet der thorakolumbale Abschnitt der Wirbelsäule als flexible Struktur den dorsal flach gewölbten **»Bogen«.** Dieser erhält seine Elastizität durch:

- die Gelenke und Zwischenwirbelscheiben,
- die Bänder (Lig. supraspinale, Ligg. interspinalia, Ligg. flava) und
- die Rückenmuskulatur (lange und kurze Beweger der Wirbelsäule).

Die **»Sehne«** wird gebildet von den Bauchmuskeln, insbesondere vom M. rectus abdominis, der als aktiv kontrahierbare Muskelplatte den Brustkorb mit dem Becken verbindet. Aus statischer Sicht übernimmt die Tunica flava abdominis an der »Sehnenkonstruktion« einen wesentlichen, passiv unterstützenden Anteil.

»Bogen« und **»Sehne«** stehen indirekt miteinander in Verbindung. Am kranialen Ende geschieht dies über den Brustkorb und verlängert sich über die Halswirbelsäule bis zum Kopf. Der kaudale Abschnitt der »Bogensehnenkonstruktion« ist über den letzten Lendenwirbel mit dem Kreuzbein und über dieses mit dem Becken verbunden. Die Kontraktion der Bauchmuskulatur bewirkt eine Beugung des Bogens, während die Rückenmuskulatur diesen streckt.

Das **Gewicht der Eingeweide,** die an der Wirbelsäule aufgehängt sind, bewirkt ein ventrales Durchbiegen der Wirbelsäule. Zum anderen spannt dieses Gewicht durch Aufliegen auf der ventralen Bauchwand die »Sehne«. Dies zieht ein dorsales Aufbiegen des »Bogens« nach sich.

Zusätzlich beeinflußt auch die **Gliedmaßenmuskulatur** die Statik der Wirbelsäule. Sämtliche Muskeln, die die Schultergliedmaße nach vorne und die Beckengliedmaße nach hinten ziehen, bewirken eine **Beugung** des »Bogens«. Muskulatur mit der jeweils entgegengesetzten Wirkung auf die Gliedmaßen **strecken** die Wirbelsäule. Dieser Effekt ist an der Schultergürtelmuskulatur deutlicher ausgeprägt als an der Muskulatur der Beckengliedmaße.

Die Elastizität des Rumpfes wird vervollständigt durch die aktive Arbeit anderer Muskeln. Dies wird offensichtlich beim Pferd, dessen Rücken in der »Versammlung« nicht unter dem Reiter nachgibt, sondern dorsal gebogen ist.

Das Prinzip der »Bogensehnenkonstruktion« setzt sich auch in der **Halsgegend** fort. Die Halswirbelsäule mit ihren gelenkigen Verbindungen stellt den »Bogen« dar, während das elastische Nackenband zusammen mit der dorsalen Wirbelsäulenmuskulatur die »Sehne« bildet. Die Muskulatur, wie auch die Anteile des elastischen Nackenbands strahlen

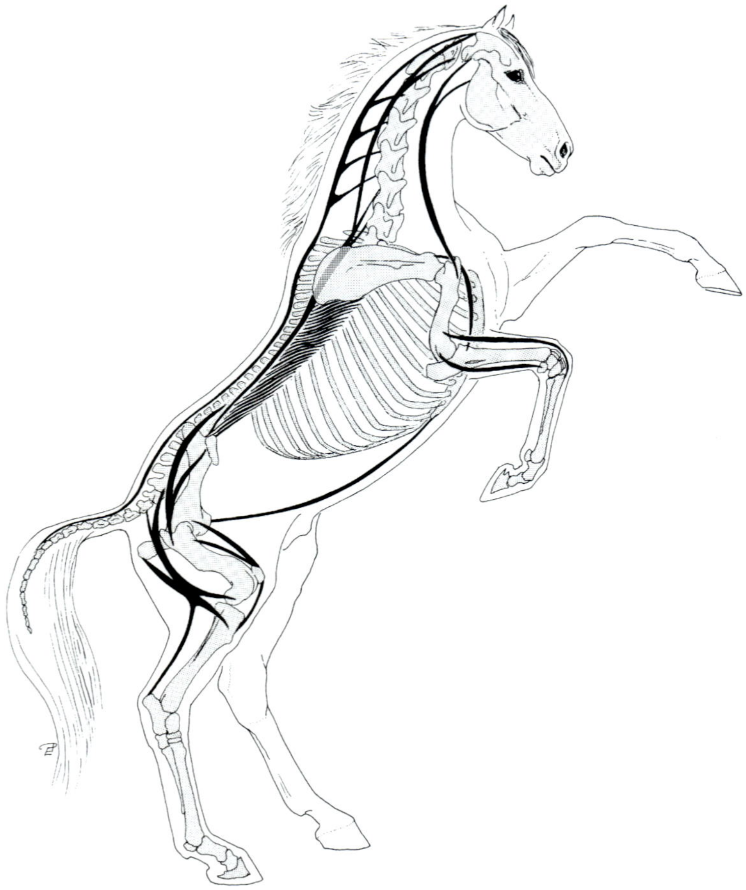

Abb. 5-1. Schematische Darstellung der Bogensehnenbrücke an einem Pferd während der Levade. Die Muskeln sind schwarz eingezeichnet, nach Komarek, 1993.

aus der Halsgegend über einen Ansatz an den Dornfortsätzen der ersten Brustwirbel in den Bereich der Rumpfbrücke ein. Dadurch wird funktionell die Verbindung zwischen beiden Bogensystemen hergestellt. Das Eigengewicht und das aktive Senken des Kopfes strecken den »Bogen«, während die »Sehne« ihn beugt (Heben des Kopfes).

Die **Lage des Massenmittelpunkts (Körperschwerpunkt)** ist ein wesentlicher Aspekt bei der Betrachtung stehender Tiere. Dieser hängt ab von der Tierart, variiert individuell innerhalb einer Spezies und wird von der Konstitution und der Gewichtsverteilung beeinflußt. Werden Hals und Kopf gehoben, wandert der Schwerpunkt kaudal, wird der Kopf gesenkt, bewegt sich dieser kranial. Auch die Bewegung der Gliedmaßen kann den Schwerpunkt zur Seite und nach vorne oder nach hinten verschieben.

Das **Gleichgewicht** wird im Stand nur dann aufrecht erhalten, wenn die Senkrechte vom Körperschwerpunkt auf das Rechteck trifft, das durch die vier Gliedmaßen gebildet wird. Dieser Punkt befindet sich beim Pferd am Schnittpunkt der Medianebene mit einer Querebene unmittelbar kaudal des Schaufelknorpels in Höhe einer Horizontalebene zwischen ventralem und mittlerem Drittel des Rumpfes. Er liegt damit etwa in Höhe der **Mitte der 12. Rippe.** Der Körperschwerpunkt liegt näher an den Schulter- als an der Beckengliedmaße. Deshalb ist das Körpergewicht nicht gleichmäßig auf alle vier Gliedmaßen verteilt. Die Schultergliedmaßen tragen 56%, die Beckengliedmaßen 44% des Körpergewichts. Dies resultiert daraus, daß Kopf und Hals mit ihrem erheblichen Gewicht weit vor den Vorderextremitäten gelagert sind.

Gliedmaßenkonstruktion

Die »Bogensehnenbrücke« des Rumpfes stützt sich auf vier Gliedmaßen. Die Lage des Körperschwerpunkts zeigt, daß die Vordergliedmaße sowohl im Stand als auch in der Bewegung mehr belastet wird als die Beckengliedmaße. Erstere dient dem **Auffangen der Last,** die ihr von hinten zugeschoben wird. Die Beckengliedmaße liefert die **Schubkraft** zur Vorwärtsbewegung. Vergleicht man das Gewicht der Muskulatur der Vordergliedmaße mit dem der Beckengliedmaße, so entfallen ca. 58% auf die Beckengliedmaße und ca. 42% auf die Vordergliedmaße.

Diese unterschiedlichen Funktionen der Gliedmaßen werden auch in deren Befestigung am Rumpf sichtbar. Während die Schultergliedmaße durch ihre muskulös-sehnige Aufhängung flexibel den Rumpf abstützt, ist die Beckengliedmaße für eine verlustfreie Übertragung des Bewegungsimpulses fest mit dem hinteren Ende der »Bogensehnenbrücke« im Iliosakralgelenk verbunden.

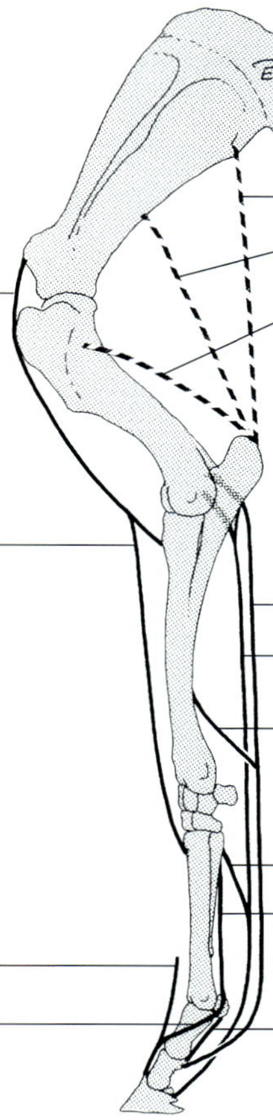

Abb. 5-2. Schematische Darstellung der Gelenkfixationsvorrichtungen an der Schultergliedmaße des Pferdes.

Schultergliedmaße

Die Vordergliedmaße übernimmt vornehmlich eine **Tragefunktion.** Dies wird durch die Reduktion der Knochen des Schultergürtels deutlich, von denen bei den Haussäugetieren bekanntlich lediglich das Schulterblatt entwickelt ist. Die Skapula ist mit dem Rumpf am Vorderende des Brückenbogens allein durch sehnige und muskulöse Strukturen **(Synsarkose)** ähnlich einem Tragegurt verbunden.

Die tragende Funktion der Schultergliedmaße übernehmen vorrangig die beiden **Mm. serrati ventrales,** zwischen denen der Thorax aufgehängt ist. Vor allem deren **Brustportion** ist mit einem hohen Gehalt an sehnigen Strukturen bestens geeignet, mit einem Minimum an Muskelarbeit ein erhebliches Gewicht zu tragen. Dieser anatomische Muskelbau ermöglicht die z. T. erheblichen Druck- und Stoßkräfte aufzufangen, die während des Standes, aber vor allem während der Bewegung auf die Vordergliedmaßen wirken. Die stärksten Kräfte wirken dabei beim Aufsetzen nach einem Sprung (Fig. 5-2).

Das **Drehfeld (Hypomochlion)** der Skapula liegt etwa in der Mitte der Facies serrata am Schulterblatt. Die Senkrechte, die durch das Drehfeld hindurchzieht, erreicht die Mitte der Fußungsfläche. Sie geht durch die Drehachse des Ellbogengelenks, den proximalen Abschnitt des Radius kranial vor das Karpalgelenk zur Mitte der Sohlenfläche. Das Karpalgelenk, der Hauptmittelfußknochen, das Zehengrundgelenk sowie das Krongelenk kommen hinter der Senkrechten der Schultergliedmaße zu liegen. Während des Stehens werden das Schulter-, das Ellbogen- und das Zehengrundgelenk in ihren physiologischen Winkeln fixiert, das Karpalgelenk muß in einer 180°-Position gehalten werden.

Die unterschiedliche Winkelung dieser Gelenke macht es notwendig, daß die Muskulatur auf jeder Seite eines Gelenks den Tierkörper ständig durch Feinanpassung im Gleichgewicht halten muß. Um diese zusätzliche Belastung der Muskulatur zu reduzieren sind in dieser die Anteile an unermüdlich-sehnigem Bindegewebe deutlich vermehrt. Ergänzend ist aus statischer Sicht der Bewegungsablauf der Gelenke auch durch straffe Faszien und Bänder sowie die Form der Gelenkflächen deutlich eingeschränkt.

Diese strukturellen Besonderheiten tragen wesentlich mit dazu bei, daß bei Großtieren die Bewegungsmöglichkeiten der Gliedmaßengelenke weitgehend auf Beugung und Streckung reduziert sind. Eine Ausnahme davon bildet lediglich das Schultergelenk.

Beim Pferd ist an der Vordergliedmaße ein sehnig-bandhafter Halteapparat entwickelt, der es Equiden ermöglicht, das Körpergewicht mit einem Minimum an Muskelarbeit zu tragen. In seiner Gesamtheit wird dieser als **Gelenkfixationsmechanismus** oder **Spannbandapparat** bezeichnet.

Das Pferd kann mit dieser effizienten Einrichtung lange Zeit stehen, ohne zu rasten. Für eine nachhaltige Erholung ist es allerdings notwendig, daß sich das Pferd niederlegt und dadurch die Spannung von der Muskulatur genommen wird.

Ohne diesen Gelenkfixationsmechanismus würde das Körpergewicht das Schultergelenk durch den Ansatz des M. serratus ventralis an der Facies serrata des Schulterblatts beugen. Dem wirken die **isometrische Kontraktion** des M. supraspinatus und weit wichtiger die des M. biceps brachii entgegen. Im letzteren steigt bei Beugung des Schultergelenks die Spannung an. Dies kann beim stehenden Tier aber nur geschehen, wenn der Ellbogenbeugung entgegengewirkt wird.

Neben der isometrischen Kontraktion auch des M. triceps brachii sind es vor allem die bindegewebigen Anteile der beiden Zehenbeuger. Diese geraten durch die Überstreckung des Fesselgelenks unter Spannung und halten dadurch mit ihren humeralen Köpfen das Ellbogengelenk in seiner Stellung. Zusätzlich inserieren am Ellbogengelenk die Seitenbänder exzentrisch **(Schnappgelenk)** mit der Folge, daß zum Beugen des Gelenkes erst ein Widerstand überwunden werden muß. Dadurch ist eine weitere passive Haltemöglichkeit geschaffen, die ohne Energieverbrauch die Winkelung der Gliedmaße aufrecht erhalten hilft.

Radius und Metakarpus sind mit ihrer langen Achse vertikal übereinander angeordnet. Dadurch ist das Karpalgelenk im 180°-Winkel und kann ohne größeren Muskelaufwand in seiner gestreckten Stellung gehalten werden. Ein Einknicken nach vorne wird durch den **Lacertus fibrosus** verhindert. Dieser tritt kurz vor dem Ansatz des M. biceps brachii als kräftiger, sehniger Strang aus dem Muskelbauch aus und strahlt in die Faszie über dem M. extensor carpi radialis ein. Mit dessen Endsehne endet der Lacertus fibrosus am Hauptmittelfußknochen und fixiert dadurch das Karpalgelenk (Abb. 5-2). Eine Überstreckung des Karpalgelenks wird durch die Bänder kaudal am Karpus, die Bänder des Os carpi accessorium und die Unterstützungsbänder der beiden Beugesehnen verhindert. Diese werden durch die physiologische Hyperextension im Fesselgelenk unter Spannung gehalten.

Einen ganz wesentlichen Anteil am passiven Halteapparat des Beines hat der **Fesseltragapparat,** der an Vorder- und Hinterfuß gleichermaßen ausgebildet ist. Dieser besteht aus dem M. interosseus medius (proximale Sesambeinbänder), den Sesambeinen, den mittleren und den distalen Sesambeinbändern. Seine Aufgabe ist es, eine allzu weite Hyperextension des Fesselgelenks während der Bewegung zu verhindern und Spitzenbelastungen auf die Gliedmaße federnd zu dämpfen.

Die beiden Beugesehnen unterstützen den Fesseltragapparat in dieser Funktion. Durch das obere Unterstützungsband (oberflächliche Beugesehne) und das untere (tiefe Beugesehne) werden die Muskelbäuche der Zehenbeuger entlastet. Bei Streckung des Fesselgelenks werden der Fesseltragapparat, die oberflächliche und die tiefe Beugesehne unter Spannung gesetzt.

Beckengliedmaße

Die Bemuskelung der Beckengliedmaße ist kräftiger als die der Vordergliedmaße ausgebildet, sie dient vorzugsweise dem **Vorwärtsschub des Rumpfes.** Um eine effiziente Übertragung dieses Vorwärtsimpulses sicherzustellen, ist eine enge Verbindung zwischen der Hintergliedmaße und dem Rumpf entwickelt, die durch die straffe Art. iliosacralis zwischen Kreuzbein und Becken gewährleistet wird.

Beim Pferd besteht auch an der Hintergliedmaße ein **Spannbandapparat.** Hierbei sorgen bandartig modifizierte Muskeln im Zusammenwirken mit Anpassungen des Skeletts für eine Reduzierung der Muskelarbeit, z.B. beim Tragen des Gewichts. Außerdem werden dadurch die Bewegungen des Knie- und des Sprunggelenks in gegenseitige Abhängigkeit gebracht. Lediglich für die Fixation des Hüftgelenks fehlt eine Fixationseinrichtung, so daß hierfür Muskelkraft und damit Energie, eingesetzt werden muß. Pferde, die längere Zeit stehen müssen, verlagern deshalb von Zeit zu Zeit das Gewicht von einer Beckengliedmaße auf die andere (Abb. 5-3).

Der Beckengliedmaße kommt nicht allein die Aufgabe zu, den Körper vorwärts zu bewegen, sie dient auch dazu, diesen im Stand zu tragen und zu unterstützen. Das Hüftgelenk bildet hierfür den Stützpunkt des Körpergewichts. Senkrecht unter diesem befindet sich der Huf. Eine Verbindungslinie zwischen dem Hüftgelenk und dem Huf verläuft kaudal des Kniegelenks und kranial des Sprung-, Fessel- und Krongelenks. Für die Fixation der distal des Hüftgelenks gelegenen Gelenke sind Sehnen ausgebildet, die während der Belastung im Stand unter Spannung gehalten werden.

Am Kniegelenk gleitet bei Beugung und Streckung die Patella auf der Trochlea femoris. Wird bei starker Streckung die Patella über den proximalen Rand der Gelenkfläche bewegt und gleichzeitig medial gezogen, kommt es zur **Fixation der Patella** am **medialen Rollkamm** des Oberschenkelbeins. Diese mediale Bewegung der Kniescheibe wird durch die Kontraktion des M. sartorius, des M. gracilis und des M. semimembranosus bewirkt, die gemeinsam am medialen Kniescheibenband ansetzen. Die Fixation der Kniescheibe an der Trochlea femoris wird dabei durch die Ausbildung einer Schlaufe ermöglicht, die aus dem medialen und dem mittleren Kniescheibenband zusammen mit dem medialen Ansatzknorpel entsteht **(»Einhaken«).** Der Vorgang wird auch als **»Schildern«** bezeichnet.

Bei Beugung des Kniegelenks unter der Körperlast spannen sich die geraden Kniescheibenbänder, die Kniescheibe sitzt nachfolgend dem nasenartigen Vorsprung des medialen Rollkamms auf. Damit wird das Kniegelenk in **Streckstellung blockiert.**

Zur Lösung dieser Fixation muß die Gliedmaße entlastet und die Kniescheibe durch den M. quadriceps femoris hochgezogen werden Gleichzeitig wird diese unter Mitwirkung des M. biceps femoris lateral bewegt und gelangt so wieder in die Trochlea ossis femoris zurück.

In engem funktionellen Zusammenhang mit der Feststellung des Kniegelenks steht die **Fixation des Sprunggelenks.** Dies wird erreicht durch zwei sehnige Stränge, die kranial und kaudal der Tibia verlaufen und jeweils am Oberschenkelbein und am Metatarsus bzw. Tarsus ansetzen.

Kranial ist dies der rein sehnige **M. fibularis tertius (Tendo femorotarseus),** der am lateralen Kondylus entspringt und distal am Tarsus und Metatarsus endet. Auf der kaudalen Unterschenkelseite übernimmt der stark sehnig durchsetzte **M. flexor digitorum supf.** die Gegenverspannung. Dieser entspringt kaudal am Oberschenkel zwischen den Gastroknemiusköpfen in der Fossa supracondylaris und hat einen Zwischenansatz am Tuber calcanei.

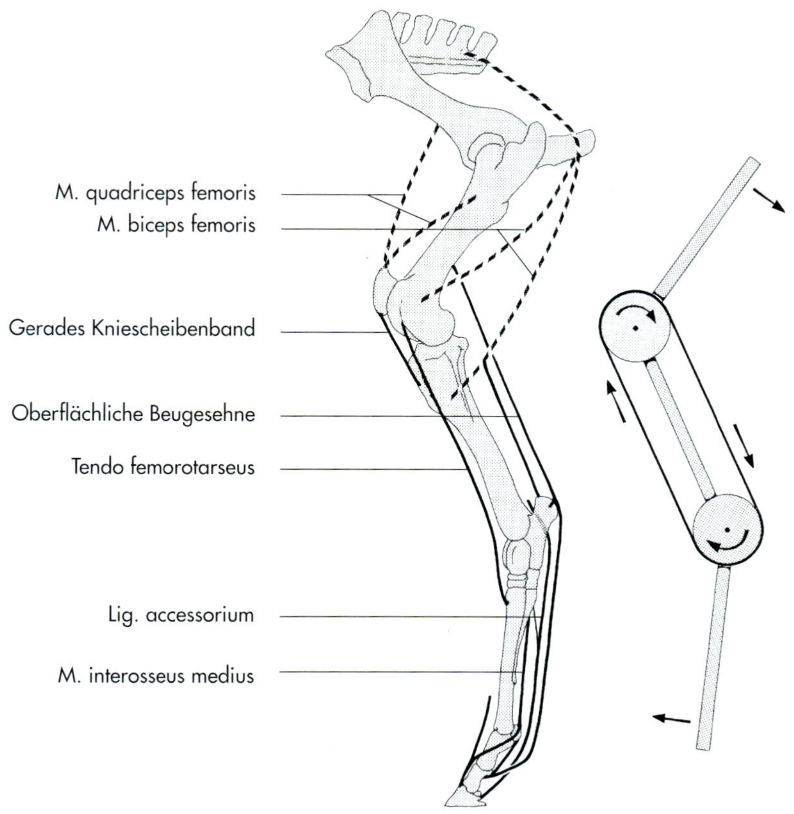

Abb. 5-3. Schematische Darstellung der »Spannsägenkonstruktion« an der Beckengliedmaße des Pferdes.

Durch die **Sehnen** des **Tendo femorotarseus** und des **Tendo plantaris** kommt es für die beiden Gelenke, Knie- und Sprunggelenk, während der Bewegung zu einer obligaten Koppelung. Beugung und Streckung sind nur gleichzeitig möglich. Die Bewegung der beiden Gelenke kann mit einem Treibriemen oder einer Spannsäge verglichen werden.

Der Ausdruck **»Spannsägenkonstruktion«** ist in diesem Zusammenhang des öfteren in Verwendung. Die Bedeutung der Spannsägenkonstruktion ist mit der Vorwärtsbewegung zu sehen, wonach die Verlängerung der Beckengliedmaße für den Vorwärtsschub schneller erfolgen kann. Demgegenüber spannen sich im Stand die Sehnen nach Einhaken der Patella und widersetzen sich damit der Beugung des Knie- und Sprunggelenks.

Es ist hervorzuheben, daß im Gegensatz zur Vordergliedmaße das **Basipodium (Tarsalgelenk)** eine **Winkelstellung** einnimmt. Es bedarf deshalb einer stärkeren Fixationseinrichtung, die durch den sehnigen **M. flexor digitorum supf.** erreicht wird. Die Stabilisierung des Zehengrundgelenks und der Zehengelenke erfolgt ähnlich wie an der Vordergliedmaße über den Fesseltragapparat und die Beugesehnen. Das Lig. accessorium des tiefen Zehenbeugers ist allerdings, wegen der insgesamt geringeren Belastung an der Beckengliedmaße, weniger kräftig.

Dynamik

Neben Bewegungen am Ort lassen sich Bewegungen mit Ortsveränderung unterscheiden. Zu den ersteren zählen das Ablegen, das Wälzen und das Aufstehen, Bewegungsvorgänge, die in ihrem Ablauf tierartlich sehr unterschiedlich verlaufen. Desweiteren führen Pferde als Droh- und Abwehrbewegungen das Aufrichten auf der Nachhand und das Ausschlagen aus. Das Aufrichten oder Steigen wird eingeleitet durch das Heben des Kopfes, wodurch der Schwerpunkt kaudal verlagert wird (siehe oben). Durch energisches Abstoßen mit den Vorderbeinen und kraftvolle Kontraktion der langen Rückenmuskeln wird die Last auf die Beckengliedmaße verlagert. Dadurch bleiben die Vordergliedmaßen für kurze Zeit frei.

Für das Ausschlagen mit einer Gliedmaße wird das Gewicht auf die Gegenseite verlagert und dadurch das Bein zur Abwehrbewegung frei. Unter Beugen der Gliedmaße und zielgerichtetem Strecken schlägt dann das Tier aus. Zum Ausschlagen mit beiden Beinen muß der Kopf gesenkt werden, wodurch sich der Schwerpunkt kranial verlagert. Die lange Rückenmuskulatur wird angespannt, das Pferd stößt sich vom Boden ab und schleudert mit einer energischen Bewegung die Beine nach hinten.

Die Bewegungen mit Ortsveränderung sind gekennzeichnet durch regelmäßig wiederkehrende Bewegungsmuster. Dabei

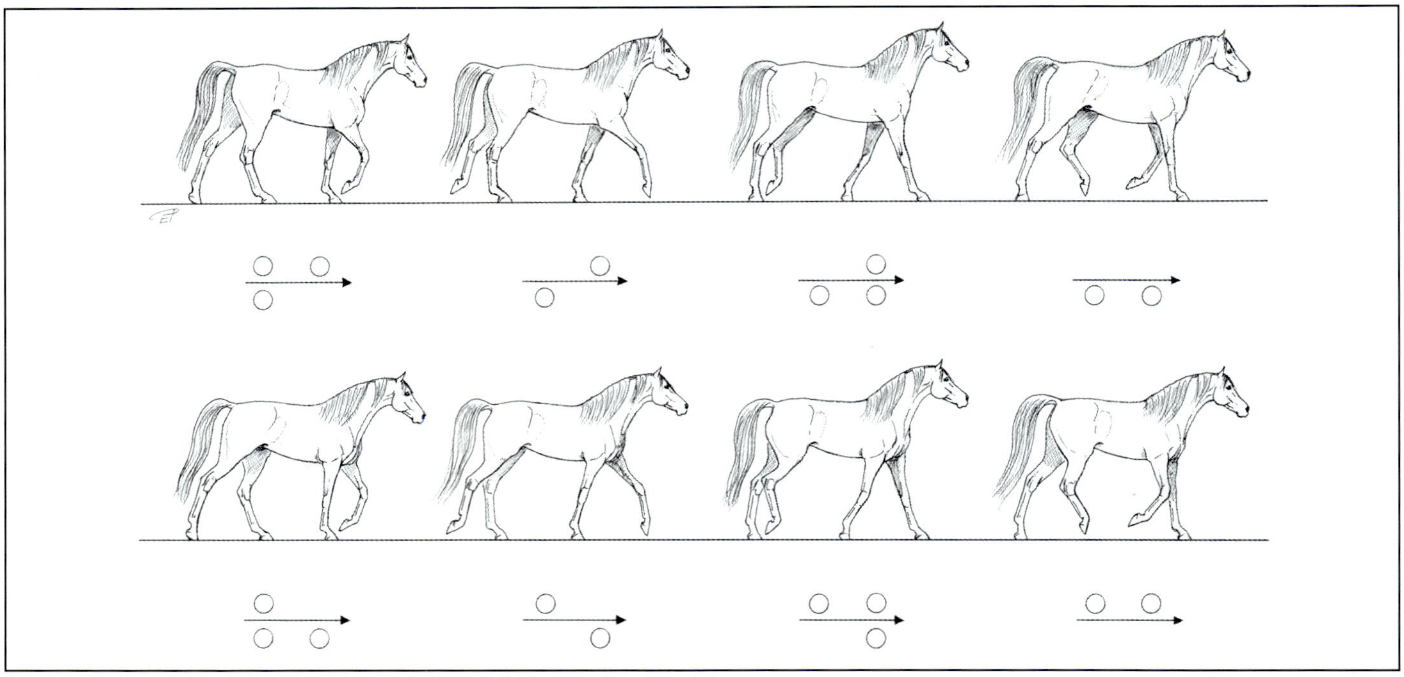

Abb. 5-4. Schematische Darstellung der Bewegungsphasen im Schritt.

werden bestimmte Muskelgruppen im Ablauf zyklisch aktiviert. Grundsätzlich läßt sich an beiden Gliedmaßen eine **Stützbeinphase** (Bodenkontakt mit Abrollen im Hufgelenk) und eine **Hangbeinphase** (Vorwärtsschwingen des Beines) unterscheiden.

Schultergliedmaße

Die Schultergliedmaße hat während der Bewegung vor allem die Aufgabe, den **Vorwärtsschub aus der Hintergliedmaße** abzustützen und den Rumpf zu tragen. Am Ende dieser Bewegungsphase ist das Bein weitgehend entlastet, es hebt ab und schwingt nach vorne **(Hangbeinphase).** Zur Verkürzung wird die Gliedmaße im Schultergürtel leicht angehoben und die Gelenke gebeugt (Beugemuskeln aller Gelenke). Das verkürzte Bein schwingt unter der Wirkung des M. brachiocephalicus nach vorne. Der M. trapezius und M. omotransversarius unterstützt diese Bewegung durch Drehung des Schulterblatts um sein Drehfeld am Übergang vom proximalen zum mittleren Drittel. Dabei wird das distale Ende kraniodorsal, der kaudale Winkel kaudoventral bewegt. Gegen Ende des Pendelausschlags nach vorne werden die Gelenke wieder gestreckt (M. triceps brachii, M. extensor carpi radialis und Zehenstrecker).

Die Gliedmaße wird durch diesen Bewegungsablauf wieder verlängert und bekommt schräg nach vorne gerichtet Bodenkontakt. Auf diese Weise wird die **Stützbeinphase** eingeleitet, in der der Körper erneut mit der gestreckten Gliedmaße über dem Hufgelenk abrollt. Dieser zweite Teil der Bewegung kann mit einem umgekehrten Pendel, vergleichbar einem Metronom, aufgefaßt werden. Die Streckung des Ellbogengelenks wird vornehmlich vom mächtigen M. triceps aufrechterhalten. Für das Schultergelenk ist der M. biceps verantwortlich, der über den Lacertus fibrosus auch das Karpalgelenk gestreckt hält. Der Rumpf wird während des Vorwärtsschubs angehoben, das Fesselgelenk etwas weiter überstreckt.

Während der Stützbeinphase wird das Schulterblatt in die entgegengesetzte Richtung gedreht: der M. latissimus dorsi und der M. pectoralis prof. einerseits sowie der M. rhomboideus andererseits ziehen das distale Ende kaudoventral bzw. die Schulterblattbasis kraniodorsal. Kurz vor dem Abheben der Zehen werden die oberflächliche Beugesehne und der M. interosseus medius entlastet, das Hufgelenk jedoch maximal gestreckt. Dadurch ist der tiefe Zehenbeuger mit seinem Lig. accessorium stark gespannt. Dies hat zur Folge, daß unmittelbar nach dem Abheben die Zehe gebeugt wird. Wie bereits oben beschrieben, geschieht dies während des Vorwärtsschwingens auch mit den übrigen Gelenken.

Beckengliedmaße

Der Bewegungsablauf an der Beckengliedmaße entspricht grundsätzlich dem der Schultergliedmaße. Schon die stärkere Bemuskelung zeigt jedoch, daß das hintere Gliedmaßenpaar den Vorwärtsschub während der Lokomotion bewirkt.

Zu Beginn der **Hangbeinphase** werden beim Abheben der Zehen alle Gelenke gebeugt (Beugemuskeln der Beckengliedmaße). Anschließend schwingt das Bein durch den Zug des M. tensor fasciae latae, des M. glutaeus supf., des M. sartorius und des M. iliopsoas nach vorne. Der M. iliopsoas sowie die Muskeln der kleinen Beckengesellschaft führen die Gliedmaße schräg nach vorne und außen, ein Vorgang, der durch die Muskeln medial am Oberschenkel eingeschränkt wird (M. sartorius, M. pectineus, M. gracilis). Durch diesen Gegenzug der medialen Oberschenkelmuskeln bleibt der Aufsetzpunkt der sich streckenden Gliedmaße nahe der Mittelebene.

Diese Bewegungsabläufe dienen als Vorbereitung zum Fußen der Extremität, an der alle Streckmuskeln der Gliedmaße beteiligt sind. Dem M. quadriceps femoris kommt dabei als Fixator des Kniegelenks besondere Bedeutung zu.

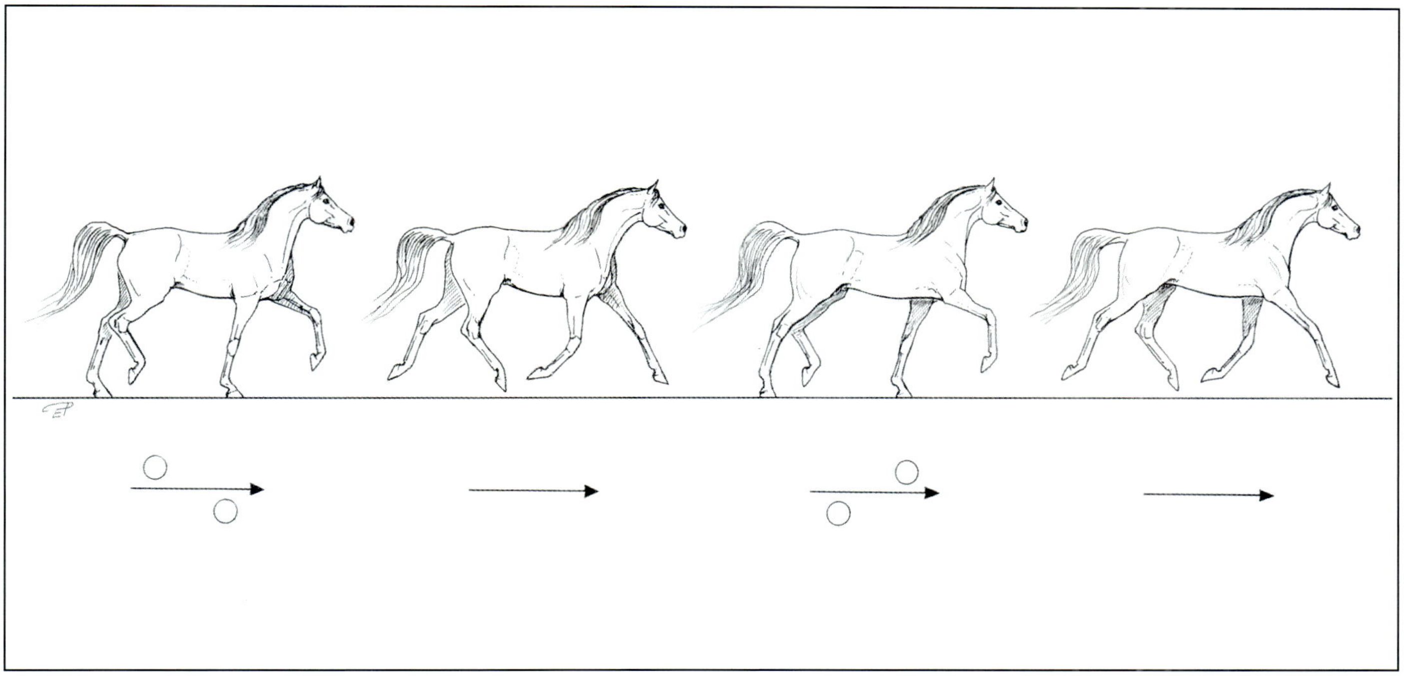

Abb. 5-5. Schematische Darstellung der Bewegungsphasen im Trab.

Der **Vorwärtsschub** für die Bewegung des Körpers während der Stützbeinphase kommt durch energische Kontraktion der Strecker des Hüftgelenks (v. a. des M. glutaeus medius), des Kniegelenks (M. quadriceps femoris) und des Sprunggelenks (v. a. M. gastrocnemius) zustande. Die Zehen werden durch den Zug des oberflächlichen und tiefen Zehenbeugers an den Boden gepreßt. Kräftig unterstützend wirken die Hinterbackenmuskeln (M. biceps femoris, M. semitendinosus, M. semimembranosus), in dem sie das Kniegelenk kaudal ziehen. Tatsächlich ist dies eine Relativbewegung, da der Huf auf griffigem Grund haftet, der Rumpf jedoch nach vorne geschoben wird. Diese Muskeln strecken nicht nur das Kniegelenk, sondern durch ihre Fersenbeinsehnen auch das Sprunggelenk. So kann, namentlich bei schnelleren Gangarten, der Körper nach vorne geschleudert werden.

Gangarten

In diesem Abschnitt wird auf die bewegungsdynamischen Besonderheiten der drei Grundgangarten **Schritt, Trab** und **Galopp** beim Pferd eingegangen. Der oben beschriebene Ablauf der Bewegungsphasen einzelner Gliedmaßen ist bei einer Gangart zu einer Schrittfolge kombiniert. Dabei unterstützen zeitweise, je nach Gangart, ein bis drei Beine den Körper. Man spricht deshalb von der Ein-, Zwei- oder Dreibeinstütze.

In der Regel befindet sich jede der stützenden Gliedmaßen in einer anderen Bewegungsphase. Die Zweibeinstütze kann die Beine einer Körperseite (sagittale Zweibeinstütze) oder diagonal gegenüberliegend einschließen (diagonale Zweibeinstütze). Bei der vorderen Dreibeinstütze fußen die beiden Vorderbeine mit einem der Hinterbeine, bei der hinteren Dreibeinstütze verhält es sich umgekehrt.

Im **Schritt** (Abb. 5-4) liegt die Schrittlänge bei etwa 1,8 m. Dies entspricht einer Geschwindigkeit von 1,8 m/s oder einer Strecke von ca. 6,5 km in einer Stunde. Die Schrittfolge ist eine regelmäßige Kombination aus Zwei- und Dreibeinstützen. Vereinfacht kann man sich den Schritt des Pferdes mit zwei hintereinander gehenden Menschen vorstellen, von denen der hinten gehende eine halbe Schrittlänge »voraus« geht.

Beim **Trab** (Abb. 5-5) erreicht die Schrittlänge rund 3,2 m. Damit steigt die Geschwindigkeit auf rund 4,6 m/s oder 16,5 km/h. Als Schrittfolge ist ein ständiger Wechsel zwischen den beiden diagonalen Zweibeinstützen möglich (vorne links – hinten rechts oder vorne rechts – hinten links). Man spricht in diesem Zusammenhang auch von einem **diagonalen Synchronismus.** Beim Abstoßen eines Beinpaars vor dem Wechsel auf das andere Gliedmaßenpaar wird der Rumpf zum Zeitgewinn nicht nur nach vorne, sondern auch nach oben gestoßen. Im vereinfachten Modell zweier hintereinander gehender Menschen laufen beide um einen Schritt versetzt.

Im **Galopp** (Abb. 5-6) als der schnellsten Gangart zeigen die Pferde eine durchschnittliche Schrittlänge von ca. 3,9 m. Daraus ergibt sich eine durchschnittliche Geschwindigkeit von 9,2 m/s oder theoretisch ca. 33 km/h. Im Renngalopp können deutlich höhere Werte erreicht werden (bis zu 7 m Schrittlänge und 19,4 m/s bzw. rund 70 km/h). Im Galopp kommt der Vorwärtsschub stets von einer der beiden Hintergliedmaßen in Richtung auf die diagonale Vordergliedmaße. Dadurch ist die Körperachse leicht schräg zur Fortbewegungsrichtung gestellt. Das bezogen auf die Kreisbahn äußere Hinterbein schiebt den Körper über Kombinationen aus Zwei- und Dreibeinstützen auf die diagonale Vordergliedmaße, die als Einbeinstütze als letztes Bein abrollt. Aufgrund dieser letzten Fußung kann man zwischen einem Links- und einem Rechtsgalopp unterscheiden. Den Stammesmuskeln kommt die Aufgabe zu, den Bogen der Brücke (Brust-Lenden-Wirbelsäule) und der vorderen Konsole (Kopf-Hals) zu versteifen.

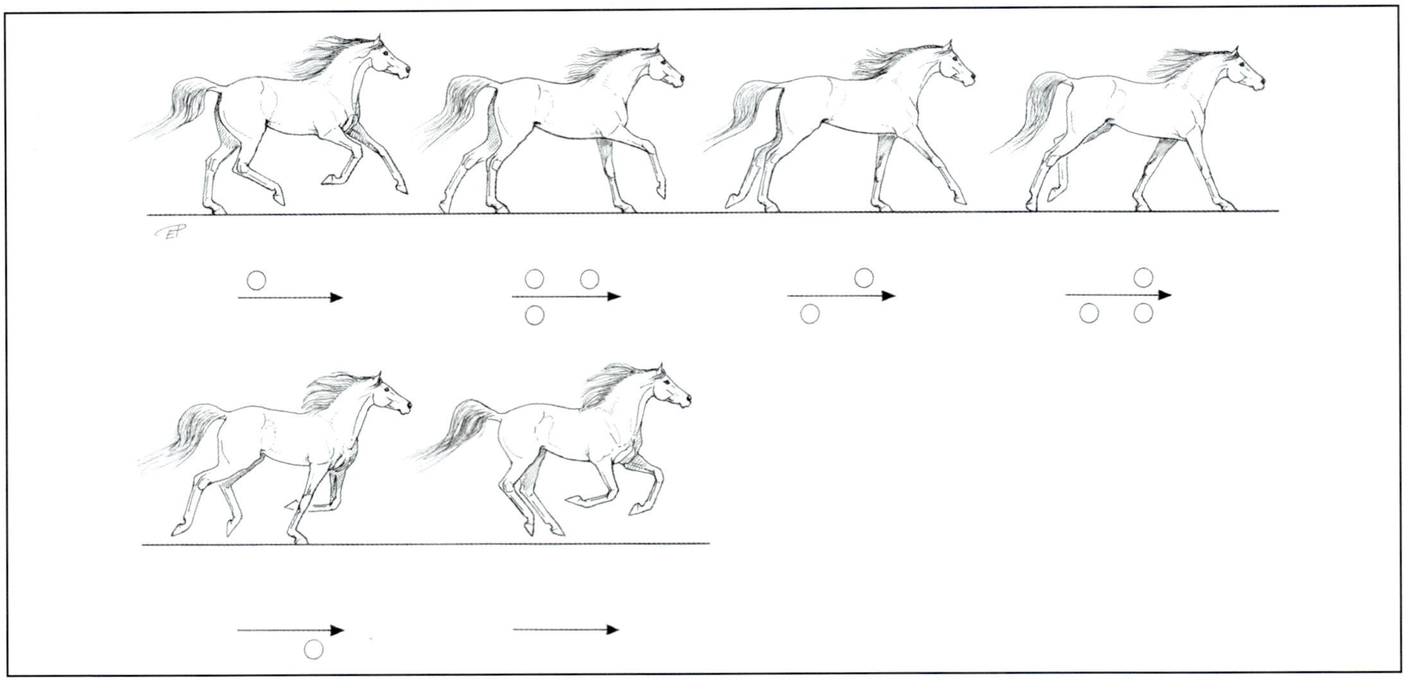

Abb. 5-6. Schematische Darstellung der Bewegungsphasen im Galopp (Linksgalopp).

Biomechanik der Gangarten

Der Bewegungsapparat und -ablauf beim Pferd zeigt eine synergistische Kombination aus hoher Ausdauer- und Sprintleistung. Dies hat für den Pflanzenfresser, der nahrungsbedingt stets eine große Last mit sich führt, eine besondere biologische Bedeutung, da im natürlichen Habitat oft erhebliche Distanzen zwischen Futter- und Wasserplätzen überwunden werden müssen. Dies macht ökonomische Fortbewegungsarten notwendig, die einen energiesparenden Einsatz der meist knappen Nahrungsenergie gestatten.

Vom Standpunkt der Biomechanik aus lassen sich die Beine bei den typischen Gangarten des Pferdes modellhaft als **Pendel** beschreiben, die beim Fußen unter der Bodenreaktionskraft wie Federn gestaucht werden. Neuere Untersuchungen gehen davon aus, daß die Pendelbewegung der Beine im Schritt mit der **Eigenschwingung (= Resonanzschwingung)** eines isolierten Pendels mit gleicher Massenverteilung übereinstimmt (Abb. 5-4). Diese Pendelbewegung ist eine energiesparende Art der Fortbewegung, da das Vorschwingen weniger Muskelarbeit und damit geringeren Energieaufwand erfordert als ohne dieses Resonanzphänomen.

Mit zunehmender Geschwindigkeit werden die Schwingzeiten der Gliedmaßen kürzer, das Pferd »verläßt« damit den günstigen Bereich der Resonanz. Damit würden Pendelschwingungen deutlich mehr Energie erfordern, da die Beine durch aktive Muskelarbeit zu schnellerem Schwingen gezwungen werden müßten. Deswegen kommen im Trab (Abb. 5-5) vor allem Federmechanismen zum Tragen, die deutlich höhere Resonanzfrequenzen aufweisen.

An der jeweiligen diagonalen Zweibeinstütze werden besonders die Zehenbeuger durch die Lastspitze beim Auffußen elastisch gedehnt und geben diese Energie beim Abfußen wieder als Bewegungsenergie zurück. Diese Muskeln verhalten sich vereinfacht wie Axialfedern. Im Trab sind funktionell zwei dieser Federn parallel geschaltet **(diagonaler Synchronismus,** siehe oben) und legen damit die Schwingung der Resonanzfrequenz fest.

Der Galopp (Abb. 5-6) ist in noch stärkerem Maße auf die Nutzung der Elastizität angewiesen. Durch die geänderte Bewegungsabfolge haben bis zu drei Beine gleichzeitig Bodenkontakt und wirken als Axialfedern. Dadurch wird der Federapparat noch »härter« und weist noch kürzere Eigenschwingungen auf.

Mit dem Wechsel von langsamen zu schnellen Gangarten wird stufenweise die Dauer eines Schrittes kürzer. Dieser Wert nähert sich von 1,2 s im Schritt über 0,7 s im Trab etwa einem Grenzwert von 0,3 s beim Renngalopp. Bei schnelleren Gangarten wird die höhere Geschwindigkeit vor allem durch die Verlängerung des Schritts erreicht. Dabei lassen sich die stufenweisen Änderungen der Schrittdauer (»Dreigang-Schaltgetriebe«) mit den Resonanzfrequenzen der entsprechenden Gangart begründen, die jeweils die energiesparendste Art der Fortbewegung vorgeben.

Zusätzlich zu den Federmechanismen in den Gliedmaßen kommt es zu einem rhythmischen Beugen und Strecken der Wirbelsäule im Brust-Lenden-Bereich. Neben den Gelenken der Wirbelsäule sind die Rücken- und Bauchmuskeln als wesentliche Bestandteile beteiligt.

Anatomische Schlüsselwörter

Ab	weg von
abaxialis	weg von der Achse
Abdomen	Bauch
abducens	wegführend
Abductor	Abzieher
accelerans	beschleunigend
accessorius	hinzukommend
Acetabulum	Essigschälchen
Acinus	Beere
Acromion	Schulterhöhe
Acropodium	äußerstes Gliedmaßenende
acusticus	Hören betreffend
acutus	scharf spitz
Adductor	Zuführer
Adhaesio	Anhaften
Aditus	Zugang
adnexus	daranhängend
adiposus	fettig
afferens	zubringend
Ala	Flügel
albugineus	weißlich
Allantois	embryonaler Harnsack
alveolaris	zum Alveolus gehörig
Alveolus	kleine Mulde
Alveus	Bauch, Aushöhlung
Amphiarthrosis	straff-federndes Gelenk
Ampulla	kolbenförmiges Gefäß
amygdaloideus	mandelähnlich
Anastomosis	die Vereinigung
analis	zum After gehörend
anconeus	zum Ellenbogen gehörig
Angulus	Winkel
Ansa	Schlinge
anserinus	gänsefußförmig
antebrachium	Unterarm
anterior	vorn liegend
Antrum	Höhle
Anulus	kleiner Ring
Anus	Ring; After
Aorta	große Körperschlagader
Apertura	Öffnung
Apex	Spitze
Aponeurosis	flache Sehne
Apophysis	Auswuchs
Appendix	Anhang
Aquaeductus	Wasserleitung
Arachnoidea	spinngewebsähnliche Haut
Arbor	Baum
arcuatus	gekrümmt
Arcus	Bogen
Area	leerer Platz, Fläche
areolaris	zum Warzenhof gehörig
arrector	Aufrichter
Arteria	Schlagader
Arteriola	kleine Schlagader
Articulatio	Gelenk
arytenoideus	gießbeckenähnlich
ascendens	ansteigend
asper	rauh
Asthenia	Schwäche
Asthma	Atemnot
Atlas	Träger
Atresia	Fehlen einer natürlichen Öffnung
Atrium	Vorhof
Atrophia	Schwund von Zellen
auricularis	ohrförmig; zum Ohr gehörig
Auris	Ohr
autochthon	an Ort und Stelle entstanden
autonomicus	selbstständig
Avis	Vogel
Axilla	Achselhöhle
Axis	Achse, der 2. Halswirbel, Dreher
Axon	die (Wagen)-achse, der axonale Fortsatz einer Nervenzelle
azygos	unpaar
Basis	Grundlage
Basipodium	Fußwurzel
biceps	zweiköpfig
bicuspidalis	zweizipfelig
bifidus	zweigeteilt
Bifurcatio	Gabelung
bilateralis	zweiseitig
biliaris	zur Galle gehörig
bilifer	galleführend
Bilis	Galle
biventer	zweibäuchig
Blast	Bildungsgewebe
Blastos	Keim
brachalis	zum Arm gehörend
brevis	kurz
bronchialis	zum Luftröhrenast gehörend
Bronchus	Ast der Luftröhre
Bucca	Wange
buccalis	zur Wange gehörend
Bulbus	Zwiebel
Bulla	Blase, Kapsel
Bursa	Beutel
Caecum	Blinddarm
caecus	blind
Calcaneus	Fersenbein
Calcar	Sporn
Calix	Kelch
Callus	Verhärtung
Calvaria	Schädeldach
Camera	Kammer
Canaliculus	kleiner Kanal
Canalis	Röhre
caninus	zum Hund gehörend
Capillus	Haar
Capitulum	Köpfchen
Capsula	kleine Kapsel
Caput	Kopf
Cardia	das Herz und der Magenmund
Caries	Fäulnis
carneus	fleischig
Carotis	Kopfschlagader
Carpus	Handwurzel
Cartilago	Knorpel
Caruncula	Fleischwärzchen
Cauda	Schwanz
caudalis	zum Schwanz hin
caudatus	geschwänzt
cavernosus	höhlenreich
Cavitas	Höhle
Cavum	Hohlraum
Cellula	kleine Kammer, Zelle
centralis	im Mittelpunkt liegend
Centrum	Mittelpunkt
cephalicus	zum Kopf gehörig
Cerebellum	Kleinhirn
Cerebrum	Gehirn
Cerumen	Ohrschmalz
cervicalis	zum Hals gehörig
Cervix	Hals
Chiasma	Kreuzung
Choana	Trichter
Chole	Galle
choledochus	galleführend
Chondro	Knorpel
Chondrosis	Knorpelbildung
Chorda	Saite
Choroidea	Aderhaut
Chylus	Darmlymphe
ciliaris	zum Augenlid gehörig
Cilium	Wimper
Cingulum	Gürtel
Circulus	Kreis
circum	ringsherum

Circumferentia	Umkreis
circumflexus	umgebogen
Cisterna	Wasserhöhle
Claustrum	Verschluß
Clavicula	Schlüsselbein
clinoideus	bettähnlich
Clitoris	Kitzler
Clivus	Abhang
Cloaca	Abwasserkanal
Clunis	Hinterbacke
coccygeus	zum Steißbein gehörig
Cochlea	Schnecke
coeliacus	zur Leibeshöhle gehörig
colicus	zum Grimmdarm gehörig
collagenosus	leimbildend
Collapsus	Zusammenbruch
collateralis	seitlich liegend
Colliculus	Hügelchen
Collum	Hals
Colon	Dickdarm
Colpos	Scheide
Columna	Säule
Commissura	Verbindung
communis	gemeinsam
compactus	zusammengedrängt
complexus	zusammengefaßt
compositus	zusammengesetzt
Compressio	Zusammendrücken
Concha	Muschel
Condylus	Gelenkhöcker
congenitalis	angeboren
Confluens	Zusammenfluß
conjugatus	verbunden
conjunctivus	der Verbindung dienend
Conjunctiva	Bindehaut
Connexio	Verbindung
Consecutio	Folge
Constrictor	Zusammenzieher
contactus	berührt
contortus	vielfach gewunden
Conus	Kegel
convolutus	gewunden
Cor	Herz
coracoideus	Raben(schnabel) ähnlich
Corium	Lederhaut
Cornea	Hornhaut
corniculatus	mit einem Hörnchen versehen
Cornu	Horn
Corona	Kranz
coronoideus	hakenähnlich
Corpus	Körper
Corpusculum	kleiner Körper
Corrugator	Runzler
Cortex	Rinde
corticalis	zur Rinde gehörend
Costa	Rippe
Coxa	Hüfte
Cranium	Schädel
crassus	dick
Cremaster	Aufhänger
cribrosus	siebartig
Cribrum	Sieb
cricoideus	ringförmig
Crista	Leiste
cruralis	zum Schenkel gehörig
Crus	Schenkel
Crypta	Einbuchtung
Cubitus	Ellenbogen
Culmen	höchster Punkt
cuneatus	keilförmig
cuneiformis	keilförmig
Cunnus	weibliche Scham
Cupula	kleine Kuppel
Curvatura	Biegung
curvus	gekrümmt
Cuspis	Lanzenspitze
cutaneus	zur Haut gehörend
Cuticula	Häutchen
Cutis	Haut
cyclicus	kreisförmig
cysticus	zur Gallenblase gehörend
cystis	Blase
cyto	Zelle
Dartos	abgehäutet
Decidua	hinfällige Haut
Declive	Abhang
Decussatio	Kreuzung
Defaecatio	Stuhlentleerung
deferens	herabführend
delabens	herabrollend
deltoideus	dreieckig
Dendritum	Baum
Dens	Zahn
Dentin	Zahnbein
Depressor	Herabdrückender
Dermis	Haut
descendens	herabsteigend
desmal	bindegewebig
dexter	rechtsseitig
Diameter	Durchmesser
Diaphragma	Scheidewand
Diaphysis	Mittelstück des Röhrenknochens
Diastema	Zwischenraum
Diastole	Erschlaffen des Herzkammermuskels
Diarthrosis	Gelenk
Diencephalon	Zwischenhirn
digastricus	zweibäuchig
digestorius	der Verdauung dienend
digitalis	zum Finger gehörend
Digitus	Finger
Dilatator	Erweiterer
Diplöe	Doppelschicht
dis-	auseinander
Discus	Scheibe
disseminatus	verteilt
distalis	weiter vom Rumpf entfernt
Diverticulum	Aussackung
dorsalis	rückseitig
Dorsum	Rücken
Dromos	Lauf
Ductus	Gang
Duodenum	Zwölffaches
durus	hart
dys-	fehlerhaft
Dysplasia	Fehlentwicklung
Dyspnoe	Atemnot
Ecto-	außerhalb
Ectopia	Organverlagerung nach außen
efferens	herausführend
Ejaculatio	Herausschleudern
embryonalis	zum Keimling gehörig
Eminentia	Erhöhung
Emissarium	Abfluß
en-	innerhalb
Enamelum	Glasur
Enarthrosis	Nußgelenk
Encephalon	Gehirn
endo-	innen
Endocardium	Innenauskleidung des Herzens
endokrin	nach innen absondernd
Enteron	Eingeweide
epi-	auf, drauf
Epicardium	seröser Überzug des Herzens
Epicondylus	auf dem Condylus liegender Fortsatz
Epidermis	Oberhaut
Epididymis	Nebenhoden
epigastricus	auf dem Bauch befindlich
Epiglottis	Kehldeckel
Epiphysis	Wachstumsfuge des Knochens
epiploicus	zum Netz gehörig
Epiploon	Netz
Epistropheus	Umdreher, 2. Halswirbel
epithelialis	zum Deckgewebe gehörig
equinus	vom Pferd stammend
Erector	Aufrichter
Ethmo	Sieb
ethmoidalis	siebähnlich
Excavatio	Aushöhlung
excretorius	ausscheidend
exo-	außen außerhalb
Exspiratio	Ausatmung
Extensor	Strecker
externus	außenliegend
extra-	außerhalb von etwas
Extremitas	Gliedmaße
Facialis	zum Gesicht gehörig
Facies	Gesicht
falciformis	sichelförmig
Falx	Sichel
Fascia	Binde
Fasciculus	kleines Bündel
Fastigium	Giebel
femininus	weiblich
femoralis	zum Oberschenkel gehörig
Femur	Oberschenkel
Fenestra	Fenster
Fetus	Gezeugtes, Leibesfrucht
Fibra	Faser
fibrosus	faserreich
Fibula	Spange
fibularis	zum Wadenbein gehörig
filiformis	fadenförmig
Filum	Faden
Fimbria	Franse
Fissura	Spalte
Fistula	Röhre
flavus	gelb
Flexor	Beuger
Flexura	Biegung
Flocculus	kleine Flocke
fluctans	fließend
foliatus	blattartig
Folium	Blatt
Folliculus	Säckchen
Fonticulus	kleine Quelle
Foramen	Loch
Formatio	Bildung
Fornix	Gewölbebogen
Fossa	Graben
Fovea	Grube
Foveola	Grübchen
Frenulum	Bändchen
Frons	Stirn
frontalis	zur Stirn gehörend
fundiformis	schleuderförmig
Fundus	Boden
fungiformis	pilzförmig
Funiculus	kleiner Strang
fusiformis	spindelförmig
Galea	lederner Helm
Gallus	Hahn
Ganglion	Nervenknoten

Gaster	Magen
Gastrocnemius	bauchiger Wadenmuskel
gemellus	doppelt
Genesis	Erzeugung
geniculatus	knieähnlich
genitalis	zu den Geschlechtsorganen gehörig
Genu	Knie
Gingiva	Zahnfleisch
Glabella	kleine Glatze
Glandula	kleine Eichel
Glans	Eichel
glenoidalis	flache Gelenkfläche
Glia	Leim
Globus	Kugel
Glomerulum	Knäuelchen
Glomus	Knäuel
Glossa	Zunge
Glottis	Stimmapparat
Glutaeus	Gesäßmuskel
glyco-	süßlich
Gomphosis	Einkeilung
gracilis	zierlich, dünn
Granulatio	Körnelung
granulosus	gekörnt
Graviditas	Schwangerschaft
griseus	grau
Gubernaculum	Leitband
gustatorius	dem Geschmack dienend
Gyrus	Windung
Habenula	Zügel
Haemalis	Blut bergend
Haematoma	Bluterguß
Hallux	große Zehe
hamatus	hakenförmig
Hamulus	kleiner Hacken
Helix	das Schneckengewinde
Hemisphaerium	Halbkugel
Hepar	Leber
Hernia	Bruch
heteros	ungleich
Hiatus	klaffende Öffnung
Hilus	kleiner Einschnitt
Hippocampus	Seepferd
homos	gleich
horizontalis	waagerecht
Humerus	Oberarmknochen
hyalos	durchsichtig
Hydro	Wasser
Hymen	Jungfernhäutchen
Hyoid	unterer Teil des Zungenbeins
hyper	über, übermäßig
hypo	unter
hypogastricus	unter dem Magen gelegen
hypoglossus	unter der Zunge gelegen
Hypophysis	unterer Hirnanhang
Hystera	Gebärmutter
Ikterus	Gelbsucht
Ileum	Krummdarm
Ileus	Darmverschluß
iliacus	zum Darmbein gehörig
impar	ungleich
Impressio	Eindruck
incisivus	zum Abschneiden geeignet
Incisura	Einschnitt
Incontinentia	Unvermögen
Incus	Amboß
inferior	weiter unten gelegen
infra	unterhalb von
infraspinatus	unterhalb der Schulterblattgräte gelegen
Infundibulum	Trichter
inguen	Leiste
inguinalis	zur Leiste gehörig
Insertio	Ansatzstelle
Inspiratio	Einatmung
Insufficientia	Unvermögen
Insula	Insel
insultus	verletzt
Integumentum	Hülle
inter	zwischen
intercapitalis	zwischen den Köpfchen
intermedius	in der Mitte zw. anderen gelegen
internus	innen
Intersectio	Einschnitt
Interstitium	Bindegewebe
intestinalis	zu den Eingeweiden gehörig
Intestinum	Eingeweide
intimus	innerstes
intra	innerhalb von
Intumescentia	Anschwellung
Involutio	Rückbildung
Iris	Regenbogenhaut
ischiadicus	zum Sitzbein gehörig
Ischium	Sitzbein
Isthmus	Engpaß
-itis	Endung zur Bezeichnung von Entzündungskrankheiten
Jejunus	nüchtern, leer
Jejunum	Leerdarm
jugularis	zur vorderen Halsseite gehörig
Jugum	Joch
Junctura	Verbindung
juvenilis	jugendlich
juxta	nahe bei
Kneme	Wade
Kondylos	Gelenkfortsatz
Kopros	Schmutz, Kot
-krinein	abscheiden
kryptos	verborgen
-klast (klaein)	zerbrechen
Kyphosis	konvexe Dorsalbiegung der Wirbelsäule
Labialis	zur Lippe gehörig
Labium	Lippe (paarig)
Labrum	Lippe (unpaar), Lefze
Labyrinthus	Irrgang
Lac	Milch
lacrimalis	zu den Tränen gehörig
lactiferus	milchführend
Lacuna	Vertiefung
Lamella	Plättchen
Lamina	Platte
laryngeus	zum Kehlkopf gehörig
Larynx	Kehlkopf
lateralis	seitlich
latissimus	sehr breit
Latus	Seite
latus	breit
Lemma	Hülle
Lemniscus	Band, Schleife
Lens	Linse
lentiformis	linsenförmig
leptos	weich, dünn
Leptomeninx	weiche Hirnhaut
Levator	Heber
liber	frei
Lien	Milz
lienalis	zur Milz gehörig
Ligamentum	Band
Limbus	Saum
Linea	Linie
Lingua	Zunge
lingualis	zur Zunge gehörig
Lingula	Züngelchen
Liquor	Flüssigkeit
Lobulus	Läppchen
Lobus	Lappen
longissimus	längstes
longitudinalis	längsgerichtet
longus	lang
Lordosis	Ventralbiegung der Wirbelsäule
lucidus	hell leuchtend
lumbalis	zur Lende gehörig
Lumbus	Lende
lumbricalis	regenwurmähnlich
lunatus	mondförmig, gekrümmt
Lupinus	Wolfszahn
luteus	gelb
Luxatio	Verrenkung
Lympha	Lymphe
lymphaticus	lymphatisch
Lymphonodulus	Lymphknötchen
Lymphonodus	Lymphknoten
Lysis	Auflösung
Lyssa	Tollwut, Wurm in der Zunge
Macro	groß
Macula	Fleck
magnus	groß
major	größer
malaris	zur Wange gehörig
Malleolus	Hämmerchen, Knöchel
Malleus	Schlägel, Hammer
Mamma	weibliche Brust, Euter
mammillaris	brustwarzenähnlich
Mandare	Kauen
Mandibula	Unterkiefer
Manubrium	Handgriff
Manus	Hand
Margo	Rand
masculinus	männlich
Masseter	Kaumuskel
masticatorius	zum Kauen dienend
mastoideus	brustwarzenförmig
Mastos	Euter
Mater	Mutter
maturus	reif, erwachsen
Maxilla	Oberkiefer
maximus	größter
Meatus	Gang
medialis	näher der Symmetrieebene
medianus	in der Mitte
Mediastinum	Mittelfell
medius	in der Mitte gelegen
Medulla	Mark
Membrana	feine Haut
membranaceus	häutig
Membrum	Glied
Meninx	Hirnhaut
Meniscus	Halbmond
mentalis	zum Kinn gehörend
Meros	Teil, Stück

Mesencephalon	Mittelhirn
Mesenchym	embryonales Bindegewebe
Mentum	Kinn
Mesenterium	Gekröse
mesialis	zur Mitte hin
meso-	mitten, zwischen
Mesothelium	Deckzellschicht der serösen Häute
meta	nach, hernach
Metacarpus	Mittelhand
Metanephros	Nachniere
Metaphysis	Wachstumszone des Knochens
Metaplasie	Gewebsumwandlung
Metastasis	Wanderung
Metra	Gebärmutter
micro	klein, fein
Mictio	Harnlassen
minor	kleiner
Miosis	Verengen der Pupille
mirabilis	wunderbar
Mitralis	zweizipfelige Segelklappe des linken Herzens
mobilis	beweglich
Modiolus	Achse der Schnecke
molaris	zum Mahlen geeignet
mollis	weich
monos	allein
Mons	Berg
Morbus	Krankheit
mortalis	sterblich
motoricus	beweglich
mucosus	schleimig
multi	viele
multifidus	vielfach gespalten
Musculus	Mäuschen
Mydriasis	Erweitern der Pupille
Myelencephalon	Nachhirn
Myelos	Mark
myentericus	zur Eingeweidemuskulatur gehörig
Mylae	Backenzähne
Mylo	Unterkiefer
Myo	Muskel
Myokard	Herzmuskulatur
Myometrium	Gebärmuttermuskulatur
Nares	Nasenlöcher
nasalis	zur Nase gehörig
Nasus	Nase
natalis	Geburt betreffend
neo	neu

Necrosis	Gewebstod
Nephros	Niere
Nervus	Nerv
Neurocranium	Hirnschädel
Neuron	Nervenzelle
Nidation	Einnistung der befruchteten Eizelle in der Gebärmutterschleimhaut
niger	schwarz
nodosus	knotig
Nodulus	Knötchen
Nodus	Knoten
non	nicht
Nucha	Nacken
Nucleus	Kern
nudus	nackt
nutritius	zum Ernähren dienend
Obliquus	schräg laufend
obliterans	nicht mehr in Gebrauch
oblongatus	verlängert
obturatorius	verstopfend
obtusus	stumpf
occipitalis	zum Hinterhaupt gehörig
Occiput	Hinterhaupt
occludens	verschließend
occlusalis	zum Verschließen geeignet
Oculus	Auge
Odus	Zahn
Oedema	Gewebewassersucht
Oesophagus	Speiseröhre
Olecranon	Ellenbogen
olfactorius	dem Riechen dienend
oligo	wenig, gering
Oliva	Olive
Omentum	Netz
Omos	Schulter
Omphalos	Nabel
Ontogenesis	Entwicklung des einzelnen Lebewesens
ophthalmicus	zum Auge gehörend
Ophthalmos	Auge
opponens	gegenüberstellend
opticus	zum Sehen dienend
Ora	Saum
oralis	zum Mund gehörig
orbicularis	kreisförmig
Orbita	Augenhöhle
orbitalis	zur Augenhöhle gehörig
Orchis	Hoden

Organum	Organ
Orificium	Mündung
Origio	Ursprung
Os	Mund
Os	Knochen
osseus	knöchern
Ossificatio	Verknöcherung
Osteogenesis	Knochenbildung
Osteon	Knochen
Osteoid	Knochengrundsubstanz
Ostium	Mündung
oticus	zum Ohr gehörig
ovalis	eiförmig
Ovarium	Eierstock
Ovulation	Eisprung
Ovum	Ei
Pachy-	dick, derb
Pachymeninx	harte Gehirnhaut
Palatum	Gaumen
pallidus	bleich
Pallium	Mantel
Palma	hohle Hand
palmaris	zur Handfläche gehörig
palpare	abtasten, klopfen
Palpebra	Augenlid
pampiniformis	rankenförmig
Pancreas	Bauchspeicheldrüse
pancreaticus	zur Bauchspeicheldrüse gehörig
Panniculus	Läppchen
Papilla	Warze
papillaris	warzenartig
para	neben längs
Parasit	Schmarotzer
Parasympathicus	ein Teil des unwillkürlichen Nervensystems
Parathyreoidea	die Nebenschilddrüse
Parenchyma	spezifisches Organgewebe
Paries	Wand
parietalis	zur Wand gehörend
Parodontium	Zahnhalteapparat
Parotis	Ohrspeicheldrüse
Pars	Teil
parvus	klein
Patella	Kniescheibe
Pecten	Weberkamm
pectineus	zum Schambeinkamm gehörig

pectoralis	zur Brust gehörig
Pectus	Brust
Pediculus	Füßchen, Stiel
Pedunculus	Stiel
pellucidus	durchsichtig
Pelvis	Becken
Penis	Rute, männliches Glied
pennatus	gefiedert
perforans	durchbohrend
Pericardium	Herzbeutel
Perichondrium	Knorpelhülle
Perikaryon	Zelleib einer Nervenzelle
Perineum	Damm
Periodontium	Zahnwurzelhaut
Periosteum	Knochenhaut
Peritoneum	Umspannendes
permanens	bleibend
peronaeus	zum Wadenbein gehörig
perpendicularis	senkrecht
persistere	bleiben
Pes	Fuß
petrosus	felsig
Phagie-	Fressen
Phalanx	Fingerglied
pharyngeus	zum Rachen gehörig
Pharynx	Rachen
Philtrum	Rinne der Oberlippe
Phlebos	Vene
Phrenes	Zwerchfell
phrenicus	zum Zwerchfell gehörig
Phylogenesis	Stammesentwicklung der Lebewesen
Pilus	Haar
Pinea	Zirbelzapfen
pinealis	fichtenzapfenähnlich
piriformis	birnenförmig
pisiformis	erbsenförmig
pius	zärtlich, weich
Placenta	Kuchen, Mutterkuchen
Planta	Fußsohle
Planum	Fläche
Platysma	Platte
Pleura	Brustfell
Plexus	Geflecht
Plica	Falte
Pneuma	Hauch, Luft
pneumaticus	lufthaltig
Podos	Fuß
Pollex	Daumen
Pons	Brücke
Poples	Kniekehle
popliteus	zur Kniekehle gehörig
Porta	Tor

Portio	Anteil
Porus	Durchgang
posterior	hinterer
prae	vor
praeputialis	zur Vorhaut gehörig
Praeputium	Vorhaut
primordialis	ursprünglich
princeps	wichtigstes
principalis	erster
procerus	schlank
Processus	Fortsatz
profundus	tief
prominens	hervorragend
Promontorium	Vorgebirge
Pronator	Neiger, Einwärtsdreher
proprius	eigen, allein gehörend
Prosencephalon	Vorderhirn
Prostata	Vorsteherdrüse
Protuberantia	stumpfe (Knochen-)Vorragung
proximalis	zum Rumpf hin
Psoas	Lende
pterygoideus	flügelförmig
Pteryx	Flügel
Ptosis	Herabsinken des Augenlides
Pubes	Schamgegend
pubicus	zur Schamgegend gehörig
pudendus	zur Scham gehörig
Pulmo	Lunge
pulmonalis	zur Lunge gehörig
Pulpa	Mark
pulposus	aus weichem Gewebe
Pulvinar	Kissen
Punctum	der Punkt
Pupilla	Sehloch
Putamen	Schale
Pyelos	Nierenbecken
pyloricus	zum Pförtner gehörig
Pylorus	Pförtner
Pyramis	Pyramide
Quadratus	viereckig
quadriceps	vierköpfig
quartus	vierter
Radialis	zur Speiche gehörig
Radiatio	Ausstrahlung
radicularis	zur Wurzel gehörig
Radius	(Rad-)Speiche
Radix	Wurzel
Ramus	Ast
Raphe	Naht
Recessus	Zurückweichen
rectalis	zum Mastdarm gehörig
Rectum	Mastdarm
rectus	gerade
recurrens	zurücklaufend
Regio	Lage
Ren	Niere
renalis	zur Niere gehörig
resorbere	aufsaugen
respiratorius	zur Atmung dienend
Rete	Netz
reticularis	netzförmig
Retina	Netzhaut
Retinaculum	Halteband
Retractor	Zurückzieher
retro	rückwärts, zurück
Rhis, Rhinos	Nase
Rhinencephalon	Riechhirn
Rhombencephalon	Rautenhirn
rhomboideus	rautenförmig
Rima	Spalte
rostralis	rüsselwärts
Rotator	Dreher
rotundus	rund
ruber	rot
Ruga	Runzel, Falte
Ruptura	Riß
Sacculus	Säckchen
Saccus	Sack
sacer	heilig
sacralis	zum Kreuzbein gehörend
sagittalis	in Pfeilrichtung
Saliva	Speichel
Salpinx	Eileiter
sanguineus	blutig
Saphena	große Hautvene
saphenus	verborgen
Sarko-	Fleisch-
sartorius	zum Schneiden dienend
Scala	Treppe
scalenus	schief
Scapula	Schulterblatt
Scapus	Schaft
Sclera	harte Augenhaut
Scrotum	Sack
Scutulum	Schildchen
sebaceus	talgig
Sebum	Talg
segmentalis	unterteilt
Segmentum	Abschnitt
Sella	Sessel
Sella turcica	Türkensattel
Semen	Samen
semi	halb
semicircularis	halbkreisförmig
semilunaris	halbmondförmig
seminalis	mit dem Samen verbunden
seminifer	samenführend
semimembranosus	halbhäutig
semitendinosus	halbsehnig
sensibilis	empfindsam
septalis	zur Scheidewand gehörig
septicus	mit Keimen behaftet
Septum	Scheidewand
serratus	gezähnt
serosus	reich an Serum
sesamoideus	sesamähnlich
sexualis	geschlechtlich
siccus	trocken
sigmoideus	sigmaförmig
simplex	einfach
sinister	linksseitig
Sinus	Bucht
Situs	Lage
sive	oder
Skeleton	Knochengerüst
skolios	gekrümmt
Skoliosis	seitliche Verbiegung der Wirbelsäule
solaris	sonnenähnlich
Solea	Sohle
Soleus	Schollenmuskel
solitarius	einzeln
Soma	Leib
Spatium	Zwischenraum
Sperma	Samen
sphaeroideus	kugelartig
Sphaira	Kugel
sphenoidalis	keilförmig
Sphincter	Schnürer, Ringmuskel
Spina	Dorn
spinalis	dornähnlich
spinosus	dornenreich
spiralis	kreisförmig
splanchnicus	zu den Eingeweiden gehörig
Splanchnon	Eingeweide
Splanchnocranium	Eingeweideschädel
Splen	Milz
splenicus	zur Milz gehörend
splenius	pflasterförmig
Spondylos	Wirbel
spongiosus	schwammig
Squama	Schuppe
squamosus	schuppig
Stapes	Steigbügel
Stasis	Stillstand
stellatus	sternförmig
stenos	eng
sterilis	unfruchtbar
sternalis	zum Brustbein gehörig
Sternum	Brustbein
Stigma	Zeichen
Stoma	Mund
Stratum	Schicht
striatus	gestreift
Struma	Kropf
styloideus	griffelförmig
Stylos	Griffel
sub	unter
Subcutis	Unterhaut
Substantia	Grundlage
sudoriferus	Schweiß enthaltend
Sulcus	Furche
super	über
superficialis	oberflächlich
superior	weiter oben gelegen
Supinator	Aufwärtsdreher
Sura	Wade
suralis	zur Wade gehörig
suspensorius	zum Aufhängen geeignet
Sustentaculum	Stütze
Sutura	Naht
Sympathicus	ein Teil des unwillkürlichen Nervensystems
Symphysis	Verwachsung
syn	zusammen
Synovia	Gelenkschmiere
synovialis	zur Gelenkschmiere gehörig
Synthesis	Zusammensetzung
Systole	Zusammenziehen des Herzmuskels
Tabula	Tafel
Tactus	Tastsinn
Taenia	Streifen
Talus	Sprungbein
Tarsus	Fußwurzel, Lidplatte
Tectum	Dach
Tegmentum	Haube
Tela	Gewebsschicht
Telencephalon	Endhirn
temporalis	zur Schläfe gehörend
Tempus	Schläfe, Zeit
tendineus	sehnig
tendinosus	sehnenreich
Tendo	Sehne
Tensor	Spanner
Tentorium	Zelt
tenuis	dünn
teres	rundlich
terminalis	Grenze bezeichnend
tertius	dritter
testicularis	zum Hoden gehörig
Testis	Hoden

Tetanie	Muskelkrampf
Textus	Gewebe
Thalamus	Schlafgemach
Theca	Kapsel, Hülle
therapeuein	heilen
thoracalis, thoracicus	zum Brustkorb gehörig
Thorax	Brustkorb
Thrombus	Blutpfropf
Thymus	Thymusdrüse
thyreoideus	schildförmig
Tibia	Schienbein
Tonsilla	Mandel
Torsio	Drehung
Torus	Wulst
Trabecula	Bälkchen
Trachea	Luftröhre
Tractus	Zug
trans	durch, hindurch
transversalis	quer
transversus	quer verlaufend
trapezius	trapezförmig
Trauma	Wunde
tri	drei
triangularis	dreieckig
triceps	dreiköpfig
tricuspidalis	dreizipfelig
trigeminus	dreifach
Trigonum	Dreieck
Trochanter	Rollbügel
Trochlea	Rolle
Trope	Änderung
Tropho	Nahrung
Trochos	Rad
Truncus	Stamm
Tuba	Trompete
Tuba auditiva	Ohrtrompete
Tuba uterina	Eileiter
Tuber	Höcker
Tuberculum	kleiner Höcker
Tuberositas	Rauhigkeit
Tubulus	kleine Röhre
Tumor	Geschwulst
Tunica	Gewebsschicht, Hülle
turbinalis	gewunden
tympanicus	zum Mittelohr gehörend
Tympanum	Handpauke
Ulna	Elle
ultra	jenseits
umbilicalis	zum Nabel gehörig
Umbilicus	Nabel
uncinatus	hakenförmig
Unguicula	Kralle
unguicularis	zur Kralle gehörig
Unguis	Nagel
Ungula	Huf
Urachus	Harngang
Ureter	Harnleiter
Urethra	Harnröhre
Urina	Harn
urogenitalis	zum Harn- und Geschlechtsapparat gehörig
Uterus	Gebärmutter
Utriculus	Schläuchlein
Uvea	Weintraube
Uvula	Zäpfchen
Vagina	Scheide
vagus	umherschweifend
Valgus	säbelbeinig, x-förmig verbogen
vallatus	umwallt
Valva	Klappe
Valvula	Kläppchen
varus	krummbeinig, o-förmig gebogen
Vas	Gefäß
vasculosus	gefäßreich
vastus	mächtig
Velum	Segel
Vena	Blutader
Venter	Bauch
ventralis	bauchwärts
Ventriculus	bauchiger Raum
ventricularis	zum Bauch gehörig
Vermis	Wurm
Vertebra	Wirbelknochen
vertebralis	zum Wirbel gehörig
Vertex	Scheitel
verticalis	senkrecht
Vesica	Blase
Vesicula	Bläschen
vesicularis	bläschenartig
vestibularis	zu einem Vorraum gehörig
Vestibulum	Vorhof
Villus	Zotte
Vinculum	Band
Vita	Leben
Vitellus	Dotter
vitreus	gläsern
Viscera	Eingeweide
Visus	Sehen
vocalis	tönend
Volvulus	Drehung
Vomer	Pflugscharbein
Vortex	Wirbel
Vulva	äußere weibliche Geschlechtsorgane
Xiphoideus	schwertförmig
Zele	Bruch
Zona	Gürtel
Zonula	kleiner Gürtel
zonularis	gestreift
zygomaticus	zum Jochbein gehörend

Sachverzeichnis

Kursiv gesetzte Seitenzahl = Abbildung

A

B

C

D

E

F

G

L

M

N

O

P

Q

R

S

T

U